河北省住房和城乡建设领域施工现场专业人员岗位培训系列用书

质量员基础知识
（土建、市政、装饰装修方向）

河北省建设工程质量研究会　组织编写

中国建材工业出版社

图书在版编目（CIP）数据

质量员基础知识．土建、市政、装饰装修方向/河北省建设工程质量研究会组织编写．--北京：中国建材工业出版社，2018.9

河北省住房和城乡建设领域施工现场专业人员岗位培训系列用书

ISBN 978-7-5160-2007-4

Ⅰ.①质…　Ⅱ.①河…　Ⅲ.①建筑工程—质量管理—岗位培训—自学参考资料②土木工程—工程质量—质量管理—岗位培训—自学参考资料③市政工程—工程质量—质量管理—岗位培训—自学参考资料④建筑装饰—工程质量—质量管理—岗位培训—自学参考资料　Ⅳ.①TU712

中国版本图书馆CIP数据核字（2017）第207364号

质量员基础知识（土建、市政、装饰装修方向）

河北省建设工程质量研究会　组织编写

出版发行：中国建材工业出版社

地　　址：北京市海淀区三里河路1号

邮　　编：100044

经　　销：全国各地新华书店

印　　刷：北京鑫正大印刷有限公司

开　　本：787mm×1092mm　1/16

印　　张：27

字　　数：660千字

版　　次：2018年9月第1版

印　　次：2018年9月第1次

定　　价：79.00元

本社网址：www.jccbs.com　**微信公众号：**zgjcgycbs

编 委 会

主编单位 河北省建设工程质量研究会

参编单位 河北工业大学

中铁十七局集团第三工程有限公司

中太建设集团股份有限公司

河北省建筑科学研究院

河北建工集团装饰工程有限公司

河北博大工程项目管理公司

河北大地建设科技有限公司

秦皇岛海三建设工程发展股份有限公司

金环建设集团有限公司

审核委员（排名不分先后）

焦印通 徐 菊 王振国 焦巍峰 孙翠兰

商秋红 李根源

编写委员（排名不分先后）

孟志军 申 禧 武海蔚 翟玉波 胡晓强

王 冠 阎西康 杨小明 刘 平 李振霞

李建华 苌建虹 姜 涛 李 云 王金哲

前　言

住房城乡建设部颁布了《建筑与市政工程施工现场专业人员职业标准》（JGJ/T 250—2011），于2012年1月1日起实施。为满足我省质量员的培训、考评需要，由编者组织具有较高理论水平和丰富实践经验的专家和学者，编写了河北省住房和城乡建设领域施工现场专业人员岗位培训用书《质量员基础知识（土建、市政、装饰装修方向）》。在编写内容中，以现行国家工程建设有关技术规范和标准为依据，结合河北省工程应用的实际和相关政策，将规范、标准要求具体化、系统化，使理论与实践有机地融为一体，有助于读者对知识的掌握以及实际操作能力的培养，具有实用性、针对性和通俗性，可作为质量员通用与基础知识及岗位与技能知识的培训和考核用书。

本书依据住房城乡建设部颁布的《建筑与市政工程施工现场专业人员考核评价大纲》编写。主要内容包括八章：第一章工程质量管理概述，第二章法律法规，第三章施工图的识读，第四章建筑结构体系与房屋构造，第五章建筑材料及检测，第六章建筑工程施工测量，第七章建筑与市政工程质量验收，第八章工程质量问题及质量事故处理。

在编写过程中，得到了河北省多家建筑业企业和建筑类院校的大力支持，在此表示诚挚的谢意。本书虽经过多次推敲修改，但由于时间仓促，加之编者水平有限，书中如有疏漏之处，恳请广大读者和专家学者批评指正，以便修订时加以补充、修改，使之更加完善。

编　者

2017年6月

目　　录

第一章　工程质量管理概述

第一节　工程质量管理及控制体系

一、工程质量、质量管理的概念和特点

（一）质量与工程质量的概念

1. 质量

《质量管理体系　基础和术语》（GB/T 19000—2008/ISO 9000：2005）中对质量的定义是：一组固有特性满足要求的程度。该定义可以从以下几方面去理解：

1）质量不仅是指产品质量，也可以是某项活动或过程的工作质量，还可以是质量管理体系运行的质量。质量是由一组固有特性组成，这些固有特性是指满足顾客和其他相关方的要求的特性，并由其满足要求的程度加以表征。

2）特性是指区分的特征。特性可以是固有的或赋予的，可以是定性的或定量的。质量特性是固有的特性，并通过产品、过程或体系设计和开发及其后之实现过程形成的属性。固有的意思是指在某事或某物中本来就有的，尤其是那种永久的特性。赋予的特性（如：某一产品的价格）并非是产品、过程或体系的固有特性，不是它们的质量特性。

3）满足要求就是应满足明示的（如合同、规范、标准、技术、文件、图纸中明确规定的）、通常隐含的（如组织的惯例、一般习惯）或必须履行的（如法律、法规、行业规则）的需要和期望。与要求相比较，满足要求的程度才反映为质量的好坏。对质量的要求除考虑满足顾客的需要外，还应考虑其他相关方即组织自身利益、提供原材料和零部件等的供方的利益和社会的利益等多种需求。例如需考虑安全性、环境保护、节约能源等外部的强制要求。只有全面满足这些要求，才能评定为好的质量或优秀的质量。

4）顾客和其他相关方对产品、过程或体系的质量要求是动态的、发展的和相对的。质量要求随着时间、地点、环境的变化而变化。如随着技术的发展、生活水平的提高，人们对产品、过程或体系会提出新的质量要求。因此应定期评定质量要求、修订规范标准，不断开发新产品、改进老产品，以满足已变化的质量要求。另外，不同国家不同地区因自然环境条件不同，技术发达程度不同、消费水平不同和民俗习惯等的不同会对产品提出不同的要求，产品应具有这种环境的适应性，对不同地区应提供不同性能的产品，以满足该地区用户的明示或隐含的要求。

2. 工程质量

建设工程质量简称工程质量。是指在国家现行的有关法律、法规、技术标准、设计文件和合同中，对工程的安全、适用、经济、环保、美观等特性的综合要求。

建设工程作为一种特殊的产品，除具有一般产品共有的质量特性，如性能、寿命、可靠性、安全性、经济性等满足社会需要的使用价值及其属性外，还具有特定的内涵。工程质量的特性，主要表现在以下七个方面：

1）适用性。即功能，是指工程满足使用目的的各种性能。包括：理化性能，结构性能，使用性能，外观性能等。

2）耐久性。即寿命，是指工程在规定的条件下，满足规定功能要求使用的年限，也就是工程竣工后的合理使用寿命周期。

3）安全性，是指工程建成后在使用过程中保证结构安全、保证人身和环境免受危害的程度。建设工程产品的结构安全度、抗震、耐火及防火能力，人民防空的抗辐射、抗核污染、抗冲击波等能力是否能达到特定的要求，都是安全性的重要标志。工程交付使用之后，必须保证人身财产、工程整体都有能免遭工程结构破坏及外来危害的伤害。工程组成部件，如阳台栏杆、楼梯扶手、电器产品漏电保护、电梯及各类设备等，也要保证使用者的安全。

4）可靠性。是指工程在规定的时间和规定的条件下完成规定功能的能力。工程不仅要求在交工验收时要达到规定的指标，而且在一定的使用时期内要保持应有的正常功能。

5）经济性。是指工程从规划、勘察、设计、施工到整个产品使用寿命周期内的成本和消耗的费用。

6）节能性，是指工程在设计与建造过程及使用过程中满足节能减排、降低能耗的标准和有关要求的程度。

7）与环境的协调性。是指工程与其周围生态环境协调，与所在地区经济环境协调以及与周围已建工程相协调，以适应可持续发展的要求。

上述七个方面的质量特性彼此之间是相互依存的。总体而言，适用、耐久、安全、可靠、经济、节能与环境适应性，都是必须达到的基本要求，缺一不可。

3. 工程质量的特点

建设工程质量的特点是由建设工程本身和建设生产的特点决定的。建设工程（产品）及其生产的特点：一是产品的固定性，生产的流动性；二是产品多样性，生产的单件性；三是产品形体庞大、高投入、生产周期长、具有风险性；四是产品的社会性，生产的外部约束性。正是由于上述建设工程的特点而形成了工程质量本身有以下特点：

1）影响因素多

建设工程质量受到多种因素的影响，如决策、设计、材料、机具设备、施工方法、施工工艺、技术措施、人员素质、工期、工程造价等，这些因素直接或间接地影响工程质量。

2）质量波动大

由于建筑生产的单件性、流动性，不像一般工业产品的生产那样，有固定的生产流水线、有规范化的生产工艺和完善的检测技术、有成套的生产设备和稳定的生产环境，所以工程质量容易产生波动且波动大。同时由于影响工程质量的偶然性因素和系统性因素比较多，其中任一因素发生变动，都会使工程质量产生波动。如材料规格品种使用错误、施工方法不当、操作未按规程进行、机械设备过度磨损或出现故障、设计计算失误等等，都会发生质量波动，产生系统因素的质量变异，造成工程质量事故。为此，要严防出现系统性因素的质量变异，要把质量波动控制在偶然性因素范围内。

3）质量隐蔽性

建设工程在施工过程中，分项工程交接多、中间产品多、隐蔽工程多，因此质量存在隐蔽性。若在施工中不及时进行质量检查，事后只能从表面上检查，很难发现内在的质量问题，这样就容易产生判断错误，即第二类判断错误（将不合格品误认为合格品）。

4）终检的局限性

工程项目建成后不可能像一般工业产品那样依靠终检来判断产品质量，或将产品拆卸、解体来检查其内在的质量，或对不合格零部件进行更换。而工程项目的终检（竣工验收）难以进行工程内在质量的检验，发现隐蔽的质量缺陷。因此，工程项目的终检存在一定的局限性。这就要求工程质量控制应以预防为主，防患于未然。

5）评价方法的特殊性

工程质量的检查评定及验收是按检验批、分项工程、分部工程、单位工程进行的。检验批的质量是分项工程乃至整个工程质量检验的基础，检验批质量主要取决于主控项目和一般项目抽样检验的结果。隐蔽工程在隐蔽前要检查验收，涉及结构安全的试块、试件以及有关材料，要按规定进行见证取样检验，涉及结构安全和使用功能的重要分部工程要进行抽样检测。工程质量是在施工单位按合格质量标准自行检查评定的基础上，由监理工程师（或建设单位项目负责人）组织有关单位、人员进行检验确认验收。这种评价方法体现了“验评分离、强化验收、完善手段、过程控制”的指导思想。

（二）质量管理与项目质量管理的概念

1. 质量管理的概念

《质量管理体系　基础和术语》（GB/T 19000—2008/ISO 9000：2005）关于质量管理的定义是：在质量方面指挥和控制组织的协调活动。通常包括制定质量方针和质量目标以及质量策划、质量控制、质量保证和质量改进。所以，质量管理就是建立和确定质量方针、质量目标及职责，并在质量管理体系中通过质量策划、质量控制、质量保证和质量改进等手段来实施和实现全部质量管理职能的所有活动。

质量方针是由组织的最高管理者正式发布的关于质量方面的全部意图和方向。质量目标是组织在质量方面所追求的目的。质量目标通常依据组织的质量方针制定，并对组织的相关职能和层次分别规定质量目标。如：某一施工企业的质量管理目标，施工企业最高管理者应依据工程建设相关法律法规及规章，结合企业的规模、特点及建筑市场环境进行策划，确定企业的工程质量目标；而对于某一建设项目，施工企业就应依据企业的质量方针和质量目标，针对项目施工承包合同约定及建设单位的期望，制定项目质量目标。

质量方针是组织的声明和承诺，是组织向顾客和社会打出的一面旗帜；质量目标是要达到的质量指标。

2. 质量管理的基本思想

质量管理是人们有目的的活动，要使这个活动顺利有效地进行，就要求管理者有正确的指导思想。

1）以预防为主的思想

全面质量管理要求把管理工作的重点，从“事后把关”转移到“事先预防”上来，从“管结果”变为“管因素”，实行“预防为主”的方针，将不合格品消灭在产品形成过程之中。

2）为用户服务的思想

外部表现在为顾客服务；内部表现在上道工序为下道工序服务，“下道工序就是用户”（内部用户原则）。

3）“质量第一”的思想

企业必须把质量放在第一位。要有强烈的质量意识，要科学地确定质量方针并安排人力、物力、财力，以保证生产出优质产品。

4）质量与经济统一的思想

质量管理提倡质量与数量统一，质量与技术统一，质量与效益统一，防止盲目追求过剩质量，反对不顾成本（或需要）的所谓“高质量”，要以最经济的手段，生产出满足用户需要的产品。质量管理者应追求的是，在满足用户需要的前提下以尽可能少的投入，生产出质量“适宜”、物美价廉的产品，以取得质量与经济的统一。这一思想的要点在于既不可以片面追求过剩质量，而使成本大大提高；也不能为了降低成本，而使质量大大下降，影响质量的适用性。

5）以人为本的管理思想

在开展质量管理活动中，人的因素是最积极、最重要的因素。质量是依靠人产生出来的，质量管理是人们有目的的活动。要抓好质量管理，应树立以人为主体的管理思想。

3. 质量管理4项基本原则

基本原则一：质量的定义是符合。

质量以符合用户的利益和需求为原则，质量的定义就是符合要求，而不是好。“好、卓越、美丽、独特”等描述都是主观和含糊的，不从用户的利益与需求出发，单纯追求高质量，往往会提高工程造价、延长工程工期，结果会适得其反。“符合用户的利益和需求”的原则，使用户满意，才是企业要追求的目标。对施工企业来讲，工程质量价值衡量的准则为：设计规定和施工质量验收规范（标准）＋合同约定质量要求（合格、优质）。

质量的要求必须可以清晰的表达，以帮助组织在可测知的目标的基础上，而不是在经验或个人观点的基础上采取行动。如果管理层想让员工第一次就把事情做对，组织必须清楚地告诉员工事情是什么，并且通过领导、培训和营造一种合作的氛围来帮助员工达到这一目标。

基本原则二：质量系统是预防。

质量是做出来的，不是靠检验出来的。产生质量的系统是预防，是在错误出现之前就消除错误成因。预防产生质量，而检验并不能产生质量。检验告知已发生的事情太迟，检验可挑出一部分缺陷得以处理，但也会遗漏一些缺陷，产生不符合项。预防发生在过程的设计阶段，包括沟通、计划、验证以及逐步消除出现不符合的时机。通过预防产生质量，要求资源的配置能保证工作正确地完成，而不是把资源浪费在问题的查找和补救上面。

企业全员的质量控制，包括管理的和操作的质量控制，重点应是对本职工作失误的一种预防，一种事前的控制，而非事后的检验。

克劳士比认为，培训、纪律、榜样和领导可以产生预防，管理层必须下决心持续地致力于营造以预防为导向的工作环境。

基本原则三：工作标准是零缺陷。

工作标准是零缺陷，而不是“差不多就好”；“差不多就好”是不可容忍的。“差不多就好”是说，我们将在某些时候满足要求，或者是每次都符合大部分要求而已，这是顾客无法接受的。

质量改进过程的终极目标是零缺陷的产品和服务，即让质量成为习惯。零缺陷并不仅仅是一个激励士气的口号，而是一种工作态度和对预防的承诺。零缺陷的工作态度应该是“不害怕、不接收、不放过”。零缺陷并不意味着产品必须是完美无缺的，而是指组织中的每个人都要有决心第一次及每一次都符合要求，并且不接受不符合要求的东西。

“零缺陷”思想主张企业发挥人的主观能动性来进行经营管理，生产者、工作者要努力使自己的产品、业务没有缺点，并向着高质量标准目标而奋斗。它要求生产工作者从一开始就本着严肃认真的态度把工作做得准确无误，在生产中从产品的质量、成本与消耗和交货期等方面的要求来合理安排，而不是依靠事后的检验来纠正。“零缺陷”强调预防系统控制和过程控制，依靠团队力量、制度约束，第一次把事情做对并符合我们承诺的顾客要求。零缺陷作为一种心态：第一次就把事情做对，避免双重标准，“决不允许有错误”，“我们非常重视预防”，我们只有在符合全部要求时才能通过。开展“零缺陷”运动可以提高全员对产品质量和业务质量的责任感，从而保证产品质量和工作质量。

基本原则四：质量的衡量标准是“不符合用户要求的总代价”。

质量是用不符合要求的代价来衡量，而不是用指数。指数是一种把不符合项用相关的坏消息进行软处理的方法，如果我们软化了坏消息，那么管理者将永远不会采取行动。不符合要求的代价是浪费的心力、时间、人力、物资等所增大的质量成本，是不必要的代价。增大的质量成本不仅包括那些明显的因素，比如返工和废品的损失，还应包括诸如花时间处理投诉和担保等问题在内的管理成本。如：质量管理部门及缺陷预防的投入、质量教育经费、质检程序支出、售前、售后服务的花费、保修期的费用、支付给用户的理赔金等“不符合用户要求”的总的代价。通过展示不符合项的货币价值，可以增加管理者对质量问题的关注，从而促使他们选择时机去进行质量改进，并且这些不符合成本可以成为质量改进取得成效的见证。

4. 项目质量管理概念

《建设工程项目管理规范》（GB/T 50326—2006）关于项目质量管理的定义是：为确保工程项目的质量特性满足要求而进行的计划、组织、指挥、协调和控制等活动。项目质量管理是建设、勘察、设计、施工、监理等单位的共同职责，项目参建各单位的项目经理必须调动与项目质量有关的所有人员的积极性，共同做好本职工作，完成项目质量管理的任务。项目质量管理的基本要求是：

（1）项目参建各单位应遵照《建设工程质量管理条例》和《质量管理体系》（GB/T 19000）族标准的要求，建立持续改进质量管理体系，设立专职管理部门或专职人员。

（2）质量管理应坚持预防为主的原则，按照策划、实施、检查、处置的循环方式进行系统运作。

（4）质量管理应满足发包人及其他相关方的要求以及建设工程技术标准和产品的质量要求。

（5）通过对人员、机具、设备、材料、方法、环境等要素的过程管理，实现过程、产品和服务的质量目标。

（6）项目质量管理实施程序：进行质量策划，确定质量目标→编制质量计划→实施质量计划→总结项目质量管理工作，提出持续改进的要求。

5. 施工企业质量管理

施工企业质量管理是指施工企业为满足相关的质量要求而采取的各项活动。按照《工程建设施工企业质量管理规范》（GB/T 50430—2007）的规定，施工企业质量管理的主要活动包括：质量方针和质量目标的建立；组织机构和职责的设置；人力资源管理；施工机具管理；投标及合同管理；建筑材料、构配件和设备管理；分包管理；工程项目施工质量管理；施工质量检查与验收；工程项目竣工交付使用后的服务；质量管理自查与评价；质量信息管理和质量管理改进。施工企业的质量管理是针对与工程质量形成有关的各项工作的管理，工程质量形成相关的工作主要有：确定和落实质量管理方针，制定质量目标，明确企业发展的方向，并通过目标的落实、分解及考核，确定改进方向；根据质量管理的范围和内容确定组织机构，明确管理职责；实施人力资源管理，确保人员能力满足质量管理需要，各项质量活动的职责得以落实；对工程项目实施全过程管理，确实履行工程承包合同；对工程分包、劳务分包、设备租赁、技术服务等实施管理；对工程施工所需的材料、设备实施管理，保证项目施工资源的充分；按照国家和地方的有关规定（法律法规、技术标准及规范、规程等）在施工全过程中对施工质量检查和验收，并做好质量检查、验收记录；收集、传递、分析和利用工程质量信息、质量管理信息，评工程质量和质量管理水平并确定改进方向；对质量管理和工程质量实施改进，从而不断提高质量管理水平。

1）施工企业质量方针

施工企业质量方针应与施工企业的经营管理方针相适应，体现施工企业的质量管理宗旨和方向，包括：

（1）遵守国家法律、法规，满足合同约定的质量要求；

（2）在工程施工过程中及交工后，认真服务于发包方和社会，增强其满意程度，树立施工企业在市场中的良好形象；

（3）追求质量管理改进，提高质量管理水平

2）工程项目施工质量管理基本要求

（1）施工企业应依照相关法律法规，结合自身特点及外部环境建立与建设单位质量管理要求相协调的工程项目施工质量管理制度，并认真贯彻实施；

（2）对工程项目施工质量管理的质量策划、施工设计、施工准备、施工质量和服务予以控制。

（3）施工企业施工项目部应负责工程项目施工质量管理，其机构设置和人员配备应满足质量管理的需要。

（4）施工企业应对施工项目部的施工质量管理进行监督、指导、检查和考核。

3）施工质量控制的原则

建筑施工是把设计蓝图转变成工程实体的过程，也是最终形成建筑产品质量的重要阶段。因而，施工阶段的质量控制自然就成为提高工程质量的关键。

（1）坚持“质量第一，用户至上”原则。建筑产品是一种特殊商品，使用年限长，相对来说购买费用较大，直接关系到人民生命财产的安全。所以，工程项目施工阶段，必须始终把“质量第一，用户至上”作为质量控制首要原则。

（2）坚持“以人为核心”原则。人是质量的创造者，质量控制必须把人作为控制的动力，调动人的积极性、创造性，增强人的责任感，提高人的质量意识，减少甚至避免人的失误，以人的工作质量来保证工序质量、促进工程质量的提高。

（3）坚持“以预防为主”原则。以预防为主，就是要从对工程质量的事后检查转向事前控制、事中控制；从对产品质量的检查转向对工作过程质量的检查、对工序质量的检查、对中间产品（工序或半成品、构配件）的检查。这是确保施工项目质量的有效措施。

（4）坚持“用质量标准严格检查，一切用数据说话”原则。质量标准是评价建筑产品质

量的尺度，数据是质量控制的基础和依据。产品质量是否符合质量标准，必须通过严格检查，用实测数据说话。

（5）坚持“遵守科学、公正、守法”的职业规范。施工项目管理人员在处理质量方面的问题时，应尊重客观事实，尊重科学，正直、公正，不持偏见；遵纪守法、杜绝不正之风；既要坚持原则、严格要求、秉公办事，又要谦虚谨慎、实事求是、以理服人。

二、质量控制体系

（一）质量控制与质量控制主体

1. 质量控制的概念

根据国家标准《质量管理体系　基础和术语》（GB/T 19000—2008/ISO 9000：2005）的定义，质量控制是质量管理的一部分，是致力于满足质量要求的一系列相关活动。这些活动主要包括：

（1）设定目标：即设定要求，确定需要控制的标准、区间、范围、区域；

（2）测量结果：测量满足所设定目标的程度；

（3）评价：即评价控制的能力和效果；

（4）纠偏：对不满足设定目标的偏差，及时纠偏，保持控制能力的稳定性。

质量控制是在明确的质量目标和具体的条件下，通过行动方案和资源配置的计划、实施、检查和监督，进行质量目标的事前预控、事中控制和事后纠偏控制，实现预期质量目标的系统过程。

2. 工程项目质量控制的概念

工程质量控制贯穿于工程项目实施的全过程，其侧重点是按照既定目标、准则、程序，使产品和过程的实施保持受控状态，预防不合格的发生，持续稳定地生产合格品。工程质量涵盖工程项目的设计质量、材料及设备质量、施工质量和影响项目运行或运营的环境质量等，且各质量均应符合相关的技术规范和标准规定，满足建设单位质量要求。为此，工程项目质量控制的定义是：在工程项目实施整个过程中（包括工程项目的勘察设计、招标采购、施工安装、竣工验收等阶段），工程项目参与各方致力于实现建设单位要求的工程项目质量总目标的一系列活动。建设工程项目质量控制的目标，就是实现由项目决策阶段所确定的质量目标，使工程项目的适用性、安全性、耐久性、可靠性、节能性、经济性及与环境的协调性等方面满足建设单位需要，并符合国家法律、行政法规和技术标准、规范的要求。建设工程项目质量控制的任务就是对项目参建各方的工程质量行为，以及涉及项目工程实体质量的设计质量、材料及设备质量、施工安装质量等进行控制。项目质量目标最终是由项目工程实体的质量来体现，而项目工程实体的质量最终是通过施工作业过程形成，设计质量、材料及设备质量也要在施工过程中进行检验，因此，施工质量控制是项目质量控制的重点。

3. 工程项目质量控制主体

工程质量控制按其实施主体不同，分为自控主体和监控主体。前者是指直接从事质量职能的活动者，后者是指对他人质量能力和效果的监控者，主要包括以下四个方面：

1）建设单位的工程质量控制。建设单位属于监控主体，其质量控制包括建设全过程各阶段。决策阶段的质量控制，主要是通过项目可行性研究，选择最佳建设方案，使项目的质量要求符合建设单位的意图，并与投资目标、所在地区环境相协调；工程勘察设计阶段的质量控制，主要是选择好勘察设计单位，保证工程设计符合决策阶段确定的质量要求以及有关技术规范、标准的规定，保证设计文件、图纸符合现场和施工的实际条件，其深度能满足施工的需要；工程施工阶段的质量控制，一是择优选择能保证工程质量的施工单位，二是择优选择服务质量好的监理单位，委托其严格监督施工单位按设计图纸进行施工，并形成符合合同文件规定质量要求的最终建设产品。

2）工程监理单位的质量控制。工程监理单位属于监控主体，主要是受建设单位的委托，根据法律法规、工程建设标准、勘察设计文件及合同，制定和实施相应的监理措施，采用旁站、巡视、平行检验和检查验收等方式，代表建设单位在施工阶段对工程质量进行监督和控制，以满足建设单位对工程质量的要求。

3）勘察设计单位的质量控制。勘察设计单位属于自控主体，它是以法律、法规及合同为依据，对勘察设计的整个过程进行控制，包括工作质量和成果文件质量的控制，确保提交的勘察设计文件所包含的功能和使用价值，满足建设单位工程建造的要求。

4）施工单位的质量控制。施工单位属于自控主体，它是以工程合同、设计图纸和技术规范为依据，对施工准备阶段、施工阶段、竣工验收交付阶段等施工全过程的工作质量和工程质量进行的控制，以达到施工合同文件规定的质量要求。

4. 工程参建各方的质量责任和义务

《中华人民共和国建筑法》和《建设工程质量管理条例》（国务院第279令）规定，建设、勘察、设计、施工、监理单位的都要依法对建设工程质量承担责任和义务。

1）建设单位的质量责任和义务

（1）建设单位要根据工程特点和技术要求，按有关规定将工程发包给具有相应资质等级的单位，不得将建设工程肢解发包。凡法律法规规定建设工程勘察、设计、施工、监理以及工程建设有关重要设备、材料采购应实行招标的必须进行招标，择优选定中标者；不得迫使承包方以低于成本的价格竞标；不得任意压缩合理工期；不得明示或暗示设计单位或施工单位违反建设强制性标准，降低建设工程质量。

（2）建设单位必须向有关的勘察、设计、施工、工程监理等单位提供与建设工程有关的原始资料，且对原始资料真实、准确、齐全负责。

（3）实行监理的建设工程，建设单位应当委托具有相应资质等级的工程监理单位进行监理。

（4）建设单位应当将施工图设计文件报县级以上人民政府建设行政主管部门或者其他有关部门审查。施工图设计文件未经审查批准的，不得使用。

（5）建设单位在领取施工许可证或者开工报告前，应当按照国家有关规定办理工程质量监督手续。

（6）按照合同约定，由建设单位采购建筑材料、建筑构配件和设备的，建设单位应当保证建筑材料、建筑构配件和设备符合设计文件和合同要求。建设单位不得明示或者暗示施工单位使用不合格的建筑材料、建筑构配件和设备。

（7）涉及建筑主体和承重结构变动的装修工程，建设单位应当在施工前委托原设计单位或者具有相应资质等级的设计单位提出设计方案；没有设计方案的，不得施工。房屋建筑使用者在装修过程中，不得擅自变动房屋建筑主体和承重结构。

（9）建设单位收到建设工程竣工报告后，应当组织设计、施工、工程监理等有关单位进行竣工验收。建设工程经验收合格的，方可交付使用。

（10）建设单位应当严格按照国家有关档案管理的规定，及时收集、整理建设项目各环节的文件资料，建立、健全建设项目档案，并在建设工程竣工验收后，及时向建设行政主管部门或者其他有关部门移交建设项目档案。

2）勘察、设计单位的质量责任和义务

（1）从事建设工程勘察、设计的单位应当依法取得相应等级的资质证书，在其资质等级许可的范围内承揽工程，并不得转包或者违法分包所承揽的工程。

（2）勘察、设计单位必须按照工程建设强制性标准进行勘察、设计，并对其勘察、设计的质量负责。注册建筑师、注册结构工程师等注册执业人员应当在设计文件上签字，对设计文件负责。

（3）勘察单位提供的地质、测量、水文等勘察成果必须真实、准确。

（4）设计单位应当根据勘察成果文件进行建设工程设计。设计文件应当符合国家规定的设计深度要求，注明工程合理使用年限。

（5）设计单位在设计文件中选用的建筑材料、建筑构配件和设备，应当注明规格、型号、性能等技术指标，其质量要求必须符合国家规定的标准。除有特殊要求的建筑材料、专用设备、工艺生产线等外，设计单位不得指定生产厂、供应商。

（6）设计单位应当就审查合格的施工图设计文件向施工单位做出详细说明。

（7）设计单位应当参与建设工程质量事故分析，并对因设计造成的质量事故，提出相应的技术处理方案。

3）施工单位的质量责任和义务

（1）施工单位应当依法取得相应等级的资质证书，在其资质等级许可的范围内承揽工程；不得转包或者违法分包工程。

（2）施工单位对建设工程的施工质量负责。施工单位应当建立质量责任制，确定工程项目的项目经理、技术负责人和施工管理负责人。建设工程实行总承包的，总施工单位应当对全部建设工程质量负责；建设工程勘察、设计、施工、设备采购的一项或者多项实行总承包的，总施工单位应当对其承包的建设工程或者采购的设备的质量负责。

（3）总施工单位依法将建设工程分包给其他单位的，分包单位应当按照分包合同的约定对其分包工程的质量向总施工单位负责，总施工单位与分包单位对分包工程的质量承担连带责任。

（4）施工单位必须按照工程设计图纸和施工技术标准施工，不得擅自修改工程设计，不得偷工减料。施工单位在施工过程中发现设计文件和图纸有差错的，应当及时提出意见和建议。

（5）施工单位必须按照工程设计要求、施工技术标准和合同约定，对建筑材料、建筑构配件、设备和商品混凝土进行检验，检验应当有书面记录和专人签字；未经检验或者检验不合格的，不得使用。

（6）施工单位必须建立、健全施工质量的检验制度，严格工序管理，作好隐蔽工程的质量检查和记录。隐蔽工程在隐蔽前，施工单位应当通知建设单位和建设工程质量监督机构。

（7）施工人员对涉及结构安全的试块、试件以及有关材料，应当在建设单位或者工程监理单位监督下现场取样，并送具有相应资质等级的质量检测单位进行检测。

(8) 施工单位对施工中出现质量问题的建设工程或者竣工验收不合格的建设工程，应当负责返修。

(9) 施工单位应当建立、健全教育培训制度，加强对职工的教育培训；未经教育培训或者考核不合格的人员，不得上岗作业。

4) 工程监理单位的质量责任和义务

(1) 工程监理单位应当依法取得相应等级的资质证书，并在其资质等级许可的范围内承担工程监理业务。工程监理单位不得转让工程监理业务。

(2) 工程监理单位与被监理工程的施工单位以及建筑材料、建筑构配件和设备供应单位不得有隶属关系或者其他利害关系的，不得承担该项建设工程的监理业务。

(3) 工程监理单位应当依照法律、法规以及有关技术标准、设计文件和建设工程承包合同，代表建设单位对施工质量实施监理，并对施工质量承担监理责任。

(4) 工程监理单位应当选派具备相应资格的总监理工程师和监理工程师进驻施工现场。未经监理工程师签字，建筑材料、建筑构配件和设备不得在工程上使用或者安装，施工单位不得进行下一道工序的施工。未经总监理工程师签字，建设单位不拨付工程款，不进行竣工验收。

(5) 监理工程师应当按照工程监理规范的要求，采取旁站、巡视和平行检验等形式，对建设工程实施监理。

(二) 质量控制体系的组织框架

质量控制体系是指为满足产品的质量要求，而实时进行的质量测量和监督检查系统。质量控制体系的构成包括，作业标准、作业流程、作业记录以及监督检查组织机构。其中，作业标准和作业流程属于质量控制依据；作业记录是原始的作业过程及其结果的记载，它不但是质量符合规定要求的证据，又是分析和改进质量的参考数据；作业标准、作业流程和作业记录都属于质量控制文件。监督检查组织机构属于实施质量控制的组织，是规定了质量控制职责、权限和质量控制相关管理内容的一组人员和相关设备；质量控制体系的组织框架就是指实施质量控制的这一组人员的相互组织关系架构。

1. 项目质量控制体系的组织框架

建设工程项目质量控制体系是一个一次性的质量控制工作体系，根据项目管理的实际需要而建立，随着项目的完成和项目管理组织的解体而消失。它是工程项目管理组织的一个目标控制体系，与项目投资控制、进度控制、职业健康安全与环境管理等目标控制体系共同依托于同一项目管理的组织机构，以工程项目为对象，由项目实施的总组织者负责建立的面向项目对象开展质量控制的工作体系。项目实施的总组织者是依据工程建设的承包模式确定的，对于分阶段依次对勘察、设计、施工、安装等任务进行分别招标发包模式，项目实施的总组织者为建设单位或其委托的工程项目管理单位，各承包企业根据项目质量控制体系的要求，建立隶属于总的项目质量控制体系的设计项目、施工项目、采购供应项目等质量控制作为子系统，具体实施其质量责任范围内的质量管理和目标控制；对于工程总承包模式（DB 总承包或 EPC 总承包），项目实施的总组织者为工程总施工单位，工程项目的设计质量、材料及设备质量、施工质量控制隶属工程总承包质量控制体系范畴。项目质量控制体系的组织框架分别如图 1-1、图 1-2 所示。

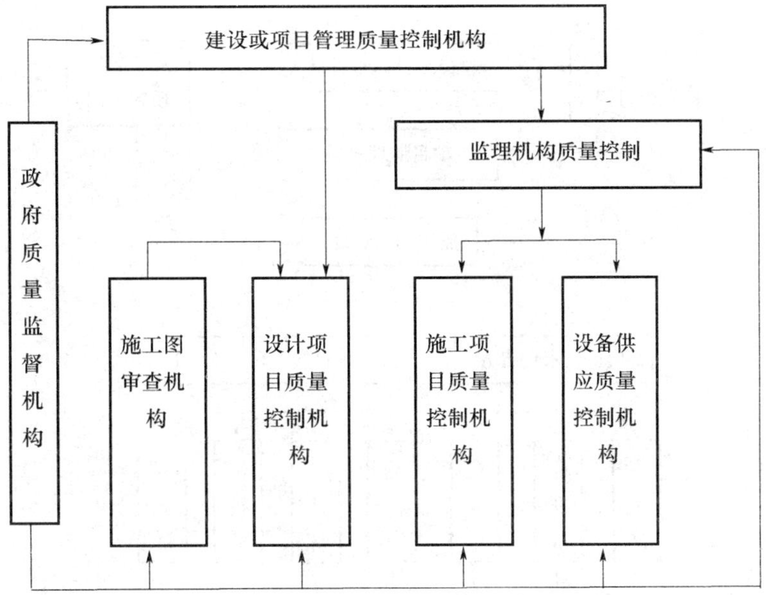

图 1-1　分阶段招标项目质量控制体系组织框架

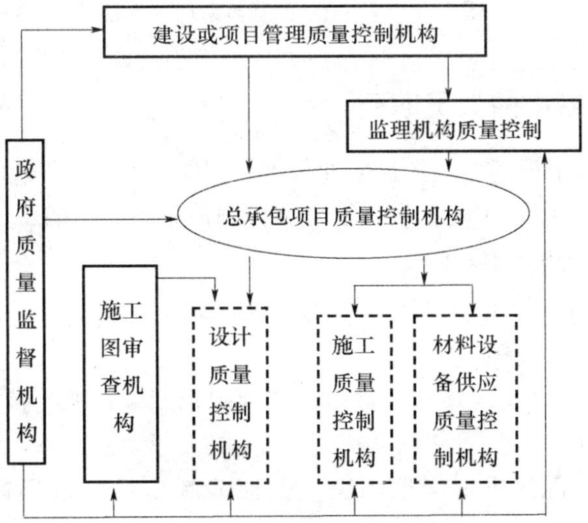

图 1-2　总承包模式项目质量控制体系组织框架

2. 施工质量控制体系组织框架

工程勘察设计将项目决策阶段确定的项目质量目标和水平具体化，形成设计说明书和图纸等相关文件，为施工提供直接依据，是决定工程质量的关键环节。对控制设计质量，我国实行了施工图审查制度，未通过施工图审查合格的设计文件不作为施工的依据，不能用于施工。而工程施工活动决定了设计意图能否体现，它直接关系到工程的安全可靠、使用功能的保证，以及外表观感能否体现建筑设计的艺术水平，在一定程度上，工程施工是形成实体质量的决定性环节，是工程项目质量控制的重点。施工质量控制体系组织以项目为中心，以项目经理为管理主体，以技术负责人为技术权威的项目组织管理模式，采用 PDCA 循环的动态控制方法进行全面质量管理，以实现项目的质量控制目标。施工质量控制体系的组织框架如

图 1-3 所示。

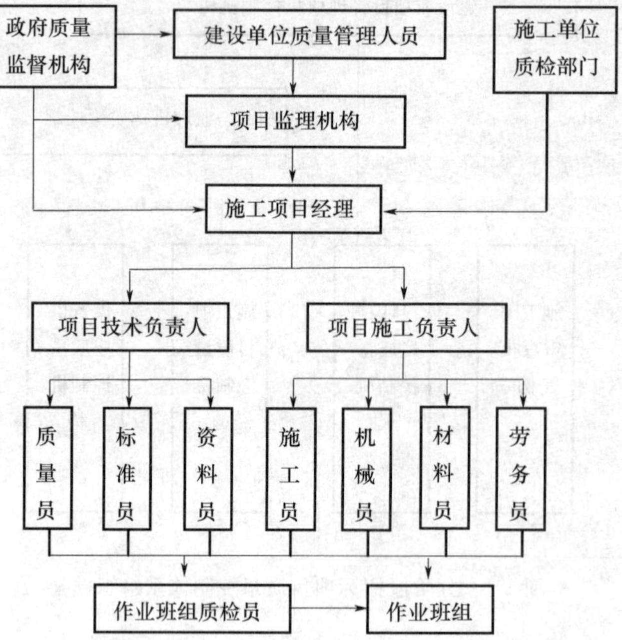

图 1-3　施工质量控制体系组织框架

三、质量控制体系中的人员职责

《建筑与市政工程施工现场专业人员职业标准》（JGJ/T 250—2011）和河北省《建设工程施工现场质量管理规范》中，对施工质量管理和控制体系中人员的工作职责做了相应的规定。

（一）项目负责人的工作职责

项目负责人受单位法人委托，在单位总工程师或技术负责人业务指导下，对工程项目质量管理工作全面负责。其职责主要包括：

1. 贯彻执行国家有关法律法规和各级质量管理规章制度，严格执行施工验收规范、技术标准，落实单位质量目标；

2. 建立健全施工项目部质量保证体系，主持编制项目质量目标和质量计划，并组织实施；

3. 组织质量检查，参加分部工程和单位工程质量验收，并对分部工程质量等级进行评定；

4. 组织实施材料、构配件半成品的采购订货、生产、运输和贮存，做好原材料、机具设备的租赁、进场、堆放等工作；

5. 定期召开质量专题会议，研究解决施工中存在的质量问题。对项目的整个施工活动和质量管理进行协调、指挥和监督；

6. 负责对分包单位的管理，定期组织对分包方施工质量的监督检查；

7. 按照国家现行相关规定，落实施工现场带班制度。

（二）项目技术负责人的工作职责

在项目经理的领导下，对项目施工技术工作和工程质量具体负责。其职责主要包括：

1. 贯彻执行施工规范、规程、标准和技术管理制度，组织项目相关技术人员熟识合同文件和施工图纸，参加图纸会审和设计交底；

2. 负责编制项目施工组织设计、施工方案、关键和特殊工序的作业指导书，审批分包单位施工方案和技术文件；

3. 向专业施工班组进行技术和质量交底并进行技术指导；

4. 参加分项、分部工程质量验收，对分项工程质量等级进行评定；

5. 负责项目技术复核工作，对工程定位、轴线、标高的测量结果进行复查；

6. 落实施工中的重大技术问题和质量问题处理方案；

7. 检查、指导施工技术资料的整理、收集和归档工作，主持竣工技术文件的编制，参加竣工验收；

8. 组织项目科技攻关和新技术、新材料、新设备、新工艺的应用；

9. 负责设计变更和技术洽商的管理。

（三）施工员的主要工作职责

1. 参与施工组织管理策划；

2. 参与制定管理制度

3. 参与图纸会审、技术核定；

4. 负责施工作业班组的技术交底；

5. 负责组织测量放线、参与技术复核；

6. 参与制定并调整施工进度计划、施工资源需求计划，编制施工作业计划；

7. 参与做好施工现场组织协调工作，合理调配生产资源；落实施工作业计划；

8. 参与现场经济技术签证、成本控制及成本核算；

9. 负责施工平面布置的动态管理；

10. 参与质量、环境与职业健康安全的预控；

11. 负责施工作业的质量、环境与职业健康安全过程控制，参加隐蔽、分项、分部和单位工程的质量验收；

12. 参与质量、环境与职业健康安全问题的调查，提出整改措施并监督落实；

13. 负责编写施工日志、施工记录等相关施工资料；

14. 负责汇总、整理和移交施工资料。

（四）质量员的主要工作职责

1. 认真执行各项质量管理规定及质量标准，落实质量管理体系的实施。搞好新工艺，新产品的推广实施，全面监督各分部分项工程的施工质量及全过程；

2. 参与进行施工质量策划和参与制定质量管理制度；

3. 参与材料、设备的采购；

4. 负责核查进场材料、设备的质量保证资料，监督进场材料的抽样复验，严格按施工图纸要求和国家现行验收规范的规定审核、鉴定原材料、成品和半成品，做出合格或不合格的结论；

5. 负责监督、跟踪施工试验，负责计量器具的符合性审查；

6. 参与施工图会审和施工方案审查；

7. 参与制定工序质量控制措施；

8. 严格执行施工过程中的三检制度，坚持按施工工序施工，每道工序、部位有检评，上一道工序不合格，不进行下一道工序的施工，并追查责任班组的责任；负责工序质量检查和关键工序、特殊工序的旁站检查，参与交接检验、技术复核；

9. 负责隐蔽验收、检验批和分项工程质量验收的检查评定及报验工作，做好原始记录和数据处理工作，对所填写的各种数据负责，参与分部工程和单位工程的质量验收、评定；

10. 参与制定质量通病预防和纠正措施；

11. 负责监督质量缺陷的处理；

12. 参与质量事故的调查、分析和处理；

13. 负责质量检查的记录，编制质量资料；

14. 负责汇总、整理、移交质量资料。

（五）安全员的主要工作职责

1. 参与制定施工项目安全生产管理计划；

2. 参与建立安全生产责任制度；

3. 参与制定施工现场安全事故应急救援预案；

4. 参与开工前安全条件检查；

5. 参与施工机械、临时用电、消防设施等的安全检查；

6. 负责防护用品和劳保用品的符合性审查；

7. 负责作业人员的安全教育培训和特种作业人员资格审查；

8. 参与编制危险性较大的分部、分项工程专项施工方案；

9. 参与施工安全技术交底；

10. 负责施工作业安全及消防安全的检查和危险源的识别，对违章作业和安全隐患进行处置；

11. 参与施工现场环境监督管理；

12. 参与组织安全事故应急救援演练，参与组织安全事故救援；

13. 参与安全事故的调查、分析；

14. 负责安全生产的记录、安全资料的编制；

15. 负责汇总、整理、移交安全资料。

（六）标准员的主要工作职责

1. 参与企业标准体系表的编制；

2. 负责确定工程项目应执行的工程建设标准，编列标准强制性条文，并配置标准有效版本；

3. 参与制定质量安全技术标准落实措施及管理制度；

4. 负责组织工程建设标准的宣贯和培训；

5. 参与施工图会审，确认执行标准的有效性；

6. 参与编制施工组织设计、专项施工方案、施工质量计划、职业健康安全与环境计划，确认执行标准的有效性；

7. 负责建设标准实施交底；

8. 负责跟踪、验证施工过程标准执行情况，纠正执行标准中的偏差，重大问题提交企业标准化委员会；

9. 参与工程质量、安全事故调查，分析标准执行中的问题；

10. 负责汇总标准执行确认资料、记录工程项目执行标准的情况，并进行评价；

11. 负责收集对工程建设标准的意见、建议，并提交企业标准化委员会；

12. 负责工程建设标准实施的信息管理。

（七）材料员的主要工作职责

1. 参与编制材料、设备配置计划；

2. 参与建立材料、设备管理制度；

3. 负责收集材料、设备的价格信息，参与供应单位的评价、选择；

4. 负责材料、设备的选购，参与采购合同的管理；

5. 负责进场材料、设备的验收和抽样复检；

6. 负责材料、设备进场后的接收、发放、储存管理；

7. 负责监督、检查材料、设备的合理使用；

8. 参与回收和处置剩余及不合格材料、设备；

9. 负责建立材料、设备管理台账；

10. 负责材料、设备的盘点、统计；

11. 参与材料、设备的成本核算；

12. 负责材料、设备资料的编制；

13. 负责汇总、整理、移交材料和设备资料。

（八）机械员的主要工作职责

1. 参与制定施工机械设备使用计划，负责制订维护保养计划；

2. 参与制定施工机械设备管理制度；

3. 参与施工总平面布置及机械设备的采购或租赁；

4. 参与审查特种设备安装、拆卸单位资质和安全事故应急救援预案、专项施工方案；

5. 参与特种设备安装、拆卸的安全管理和监督检查；

6. 参与施工机械设备的检查验收和安全技术交底，负责特种设备使用备案、登记；

7. 参与组织施工机械设备操作人员的教育培训和资格证书查验，建立机械特种作业人员档案；

8. 负责监督检查施工机械设备的使用和维护保养，检查特种设备安全使用状况；

9. 负责落实施工机械设备安全防护和环境保护措施；

10. 参与施工机械设备事故调查、分析和处理；

11. 参与施工机械设备定额的编制，负责机械设备台账的建立；

12. 负责施工机械设备常规维护保养支出的统计、核算、报批；

13. 参与施工机械设备租赁结算。

（九）劳务员的主要工作职责

1. 参与制定劳务管理计划；

2. 参与组建项目劳务管理机构和制定劳务管理制度；

3. 负责验证劳务分包队伍资质，办理登记备案；参与劳务分包合同签订，对劳务队伍现场施工管理情况进行考核评价；

4. 负责审核劳务人员身份、资格，办理登记备案；

5. 参与组织劳务人员培训；

6. 参与或监督劳务人员劳动合同的签订、变更、解除、终止及参加社会保险等工作；

7. 负责或监督劳务人员进出场及用工管理；

8. 负责劳务结算资料的收集整理，参与劳务费的结算；

9. 参与或监督劳务人员工资支付、负责劳务人员工资公示及台账的建立；

10. 参与编制、实施劳务纠纷应急预案；

11. 参与调解、处理劳务纠纷和工伤事故的善后工作；

12. 负责编制劳务队伍和劳务人员管理资料；

13. 负责汇总、整理、移交劳务管理资料；

（十）资料员的主要工作职责

1. 参与制订施工资料管理计划；

2. 参与建立施工资料管理规章制度；

3. 负责建立施工资料台帐，进行施工资料交底；

4. 负责施工资料的收集、审查及整理；

5. 负责施工资料的往来传递、追溯及借阅管理；

6. 负责提供管理数据、信息资料；

7. 负责施工资料的立卷、归档；

8. 负责施工资料的封存和安全保密工作；

9. 负责施工资料的验收与移交；

10. 参与建立施工资料管理系统；

11. 负责施工资料管理系统的运用、服务和管理。

第二节　工程质量控制的方法

一、施工质量的影响因素

工程建设的不同阶段，对工程项目质量的形成起着不同的作用和影响。项目可行性研究阶段，确定工程项目的质量要求，并与投资目标相协调。项目决策阶段对项目的建设方案做出决策，确定工程项目应达到的质量目标和水平。工程地质勘察是为建设场地的选择和工程的设计与施工提供水文地质资料依据；工程设计是根据建设项目总体需要和水文地质报告、气象资料，对工程的外形和内在的实体质量进行筹划、研究、构思、设计和描绘，形成设计说明书和图纸等相关文件，使得质量目标和水平具体化，为施工提供直接依据。工程设计质量是决定工程质量的关键环节。工程施工将设计意图建成工程项目实体，它直接关系到工程的安全可靠、使用功能的保证和外表观感能否体现建筑设计的艺术水平。在一定程度上，工程施工是形成实体质量的决定性环节。工程竣工验收就是对项目施工阶段的质量通过检查评定、试车运转，考核项目质量是否达到设计要求；是否符合决策阶段确定的质量目标和水平，并通过验收确保工程项目的质量。所以工程竣工验收对质量的影响是保证最终产品的质量。

影响工程质量的因素很多，但归纳起来主要有五个方面，即人（Man）材料（Material）机械（Machine）方法（Method）和环境（Environment），简称为4M1E因素。

1. 人员素质：人是生产经营活动的主体，也是工程项目建设的决策者、管理者、操作者，人员的素质，都将直接和间接地对规划、决策、勘察、设计和施工的质量产生影响，是影响工程质量的一个重要因素。因此，建筑行业实行经营资质管理和各类专业从业人员持证上岗制度是保证人员素质的重要管理措施。

2. 工程材料：指构成工程实体的各类建筑材料、构配件、半成品等，它是工程建设的物质条件，是工程质量的基础。工程材料选用是否合理、产品是否合格、材质是否经过检验、保管使用是否得当等，都将直接影响建设工程的结构刚度和强度，影响工程外表及观感，影响工程的使用功能，影响工程的使用安全。

3. 机械设备：机械设备可分为两类：一是指组成工程实体及配套的工艺设备和各类机具，它们构成了建筑设备安装工程或工业设备安装工程，形成完整的使用功能。二是指施工过程中使用的各类机具设备，简称施工机具设备，它们是施工生产的手段。工程用机具设备其产品质量优劣，直接影响工程使用功能质量。施工机具设备是施工生产的手段，对工程质量也有重要的影响。施工机具设备的类型是否符合工程施工特点，性能是否先进稳定，操作是否方便安全等，都将会影响工程项目的质量。

4. 方法：指工艺方法、操作方法和施工方案。在工程施工中，施工方案是否合理，施工工艺是否先进，施工操作是否正确，都将对工程质量产生重大的影响。大力推进采用新技术、新工艺、新方法，不断提高工艺技术水平，是保证工程质量稳定提高的重要因素。

5. 环境条件：是指对工程质量特性起重要作用的环境因素，包括：工程技术环境，工程作业环境，工程管理环境，周边环境等。环境条件往往对工程质量产生特定的影响。加强环境管理，改进作业条件，把握好技术环境，辅以必要的措施，是控制环境对质量影响的重要保证。

二、施工质量控制的基本环节和一般方法

1. 施工质量控制的基本环节

施工质量控制应贯彻全面、全过程质量管理的思想，运用动态控制原理，进行质量的事前控制、事中控制、事后控制。

1）事前质量控制。在正式施工前进行的事前主动质量控制，通过编制施工质量计划，明确质量目标，制定施工方案，设置质量管理点，落实质量责任，分析可能导致质量目标偏离的各种影响因素，针对这些影响因素制定有效的预防措施，防患于未然。

事前质量控制要求针对质量控制对象的控制目标、活动条件、影响因素进行周密分析，找出薄弱环节，制定有效的控制措施和对策。

2）事中质量控制。在施工质量形成过程中，对影响施工质量的各种因素进行全面的动态控制。首先是作业者在作业过程对自己质量活动行为的约束和技术能力的发挥，以完成符合预定质量目标的作业任务；其次是对质量活动过程和结果的监督控制。事中质量控制的目标是确保工序质量合格，杜绝质量事故发生；事中控制的关键是坚持质量标准，控制的重点是工序质量、工作质量和质量控制点的控制。

3）事后质量控制。也称为事后质量把关，以使不合格的工序或最终产品不流入下道工序、不进入市场。事后控制包括对质量活动结果的评价、认定和对质量偏差的纠正；对不合格产品进行整改和处理。控制的重点是发现施工质量方面的缺陷，并通过分析提出施工质量改进的措施，保持质量处于受控状态。

这三大环节不是相互孤立和截然分开的，而是共同构成有机的系统过程，实质上就是质量管理 PDCA 循环的具体化，应在每一滚动循环中不断提高，达到质量管理和质量控制的持续改进。

2. 施工质量控制的一般方法

1）质量文件审核

审核有关技术文件、报告或报表，是对工程质量进行全面监督、检查与控制的重要手段。主要包括 8 类质量文件。即①施工单位的技术资质证明文件和质量保证体系文件；②施工组织设计和施工方案及技术措施；③有关材料和半成品及构配件的质量检验报告；④有关应用新技术、新工艺、新材料的现场试验报告和鉴定报告；⑤反映工序质量动态的统计资料或控制图表；⑥设计变更和图纸修改文件；⑦有关工程质量事故的处理方案；⑧相关方面在现场签署的有关技术签证和文件等。

2）现场质量检查

现场质量检查包括开工前的检查；工序交接检查；隐蔽工程的检查；停工后复工检查；分项、分部工程完工后检查；成品保护检查等 6 类质量检查。现场质量检查的方法主要有目测法、实测法和试验法等。

（1）目测法，即凭借感官进行检查，也称观感质量检验。这类方法主要是根据质量要求，采用看、摸、敲、照等手法对检查对象进行检查。所谓"看"，就是根据质量标准要求进行外观检查；"摸"，就是通过触摸手感进行检查、鉴别；"敲"，就是运用敲击工具进行音感检查；"照"，就是通过人工光源或反射光照射，检查难以看到或光线较暗的部位。

（2）实测法，即利用量测工具或计量仪表，将数据与施工规范、质量标准的要求及允许偏差值进行对照，以此判断质量是否符合要求。量测的手法可归纳为：靠、吊、量、套四种。所谓"靠"，就是用直尺、塞尺检查诸如墙面、地面、路面等的平整度；"量"，是指用测量工具和计量仪表等检查断面尺寸、轴线、标高、温度、间距等的偏差；"吊"，就是利用托线板以及线锤吊线检查垂直度；"套"，是以方尺套方，辅以塞尺检查阴阳角方正、踢脚线的垂直度、门窗口的对角线等。

（3）试验法，指通过进行现场试验或试验室试验等必要的试验手段，取得数据，分析判断质量情况检查方法。主要包括理化试验和无损测试或现场检验。

① 理化试验。工程中常用的理化试验包括物理力学性能方面的检验和化学成分及其含量的测定等两个方面。力学性能的检验如各种力学指标的测定，包括抗拉强度、抗压强度、抗弯强度、抗折强度、冲击韧性、硬度、承载力等；各种物理性能方面的测定，如密度、含水量、密封性、凝结时间、安定性及抗渗、耐磨、耐热性能等；化学成分及其含量的测定，如钢筋中的磷、硫含量，混凝土中粗骨料的活性氧化硅成分，以及耐酸、耐碱、抗腐蚀性能等。此外，还有按规定进行的现场试验，如桩或地基的静载试验、排水管道的灌水试验、通球试验、压力管道强度和严密性试验、防水层的蓄水或淋水试验等

② 无损检测。利用专门的仪器仪表从表面探测结构物、材料、设备的内部组织结构或损

伤情况。常用的无损检测方法有超声波探伤、X射线探伤、γ射线探伤等。

三、施工准备阶段的质量控制

施工准备阶段的质量控制是指项目正式施工活动开始前，对各项准备工作及影响质量的各因素和有关方面进行的质量控制。施工准备是为保证施工生产正常进行而必须事先做好的工作。施工准备工作不仅是在工程开工前要做好，而且贯穿于整个施工过程。施工准备的基本任务就是为施工项目建立必要的施工条件，确保施工生产顺利进行，确保工程质量符合要求。

（一）质量文件审核

1. 图纸会审和设计交底

《房屋建筑和市政基础设施工程施工图设计文件审查管理办法》（中华人民共和国住房和城乡建设部令第13号）规定，“国家实施施工图设计文件（含勘察文件，以下简称施工图）审查制度。施工图未经审查合格的，不得使用。从事房屋建筑工程、市政基础设施工程施工、监理等活动，以及实施对房屋建筑和市政基础设施工程质量安全监督管理，应当以审查合格的施工图为依据”。施工项目部的质量员，应参加施工单位内部的图纸审核工作，熟悉和核对设计图纸，充分了解拟建项目的特点、设计意图和工艺、关键部位、质量要求；对于审图中发现的问题，及时汇报项目技术负责人并以书面形式报告建设单位。

1）质量员参加设计交底会应了解的基本内容。

（1）设计主导思想、建筑艺术构思和要求、采用的设计规范、确定的抗震等级、防火等级、基础、结构、内外装修及机电设备设计（设备选型）等；

（2）对主要建筑材料、构配件和设备的要求、所采用的新材料、新工艺、新技术、新设备的要求以及施工中特别注意的事项等；

（3）对建设单位、施工单位和监理单位提出的对施工图的意见和建议的答复。

2）质量员参加设计交底应着重了解的内容。

（1）有关地形、地貌、水文气象、工程地质及水文地质等自然条件方面；

（2）主管部门及其他部门（如规划、环保、农业、交通、旅游等）对本工程的要求、市场供应的建筑材料情况等；

（3）设计意图方面：诸如设计思想、设计方案比选的情况、基础开挖及基础处理方案、结构设计意图、设备安装和调试要求、施工进度与工期安排等；

（4）施工应注意事项方面：如对建筑材料方面的要求、主体工程设计中采用新结构或新工艺对施工提出的要求、为实现进度安排而应采用的施工组织和技术保证措施。

3）施工图纸的现场核对。施工图纸现场核对主要包括以下几个方面：

（1）图纸与说明书是否齐全，是否通过了图审机构审查合格。

（2）地下构筑物、障碍物、管线是否探明并标注清楚。

（3）图纸中有无遗漏、差错或相互矛盾之处（错、漏、碰、缺），图纸表示方法是否清楚并符合标准要求；

（4）地质及水文地质等基础资料是否充分、可靠，地形、地貌与现场实际情况是否相符。

（5）所需材料的来源有无保证，是否有可替代产品；新材料、新技术的采用有无问题。

（6）所提出的施工工艺、方法是否合理，是否切合实际，是否存在不便于施工之处，能否保证质量要求。

(7) 施工图或说明书中所涉及的各种标准、图册、规范、规程等，施工现场是否具备。

对于存在的问题，要求施工单位以书面形式提出，在设计单位以书面形式进行解释或确认后，才能进行施工。

2. 施工组织设计的审核

施工组织设计是指导施工准备和组织施工的全面性技术经济文件。编制施工组织设计要进行两方面的控制：一是制定施工方案时，必须进行技术经济比较，使工程项目满足符合性、有效性和可靠性要求，取得施工工期短、成本低、安全生产、效益好的经济质量；二是选定施工方案后，制定施工进度时，必须考虑施工顺序、施工流向，主要分部分项工程的施工方法，特殊项目的施工方法和技术措施能否保证工程质量。

1) 施工组织设计的审核程序

(1) 在工程项目开工前约定的时间内，施工单位必须完成施工组织设计的编制及内部自审批准工作，填写《施工组织设计（方案）报审表》报送项目监理机构。

(2) 总监理工程师在约定的时间内，组织专业监理工程师审查，提出意见后，由总监理工程师审核签认。需要施工单位修改时，由总监理工程师签发书面意见，退回施工单位修改后再报审，总监理工程师重新审查。

(3) 已审定的施工组织设计由项目监理机构报送建设单位。

(4) 施工单位可按审定的施工组织设计文件组织施工。如需对其内容做较大的变更，应在实施前将变更内容书面报送项目监理机构审核。

(5) 规模大、结构复杂或属新结构、特种结构的工程，项目监理机构对施工组织设计审查后，还应报送监理单位技术负责人审查，提出审查意见后由总监理工程师签发，必要时与建设单位协商，组织有关专业部门和有关专家会审。

(6) 规模大，工艺复杂的工程、群体工程，经建设单位批准可分阶段报审施工组织设计；技术复杂或采用新技术的分项、分部工程，施工单位还应编制该分项、分部工程的施工方案，报项目监理机构审查。

2) 施工组织设计审查的基本内容

(1) 编审程序应符合相关规定。

(2) 施工单位现场项目管理机构的质量管理、技术管理、质量保证体系健全，质量保证措施切实可行且有针对性。

(3) 施工现场总体布置是否合理，是否有利于保证工程的正常顺利施工，是否有利于工程保证质量，施工总平面图布置是否与地貌环境、建筑平面协调一致。

(4) 施工组织设计（方案）中工期、质量目标应与施工合同相一致；施工进度、施工方案及工程质量保证措施应符合施工合同要求。

(5) 施工组织设计中的施工布置和程序应符合本工程的特点及施工工艺，满足设计文件要求。

(6) 施工组织设计应优先选用成熟的、先进的施工技术，且对本工程的质量、安全和降低造价有利。

(7) 进度计划是否合理，能否保证施工的连续性和均衡性，工、料、机进场与进度计划的协调性。

（8）施工机械设备的选择是否考虑了对施工质量的影响与保证。

（9）安全、环保、消防和文明施工措施切实可行并符合工程建设的有关规定。

（10）资金、劳动力、材料、设备等资源供应计划应满足工程施工需要。

（11）施工组织设计中若有提高工程造价的，应取得建设单位同意。

3）审核施工组织设计时应掌握的原则

（1）施工组织设计编制、审查和批准应符合规定的程序，审批手续齐全。

（2）施工组织设计应符合国家的技术政策，充分考虑承包合同规定的条件、施工现场条件及法规条件的要求，突出“质量第一、安全第一”的原则。

（3）施工组织设计的针对性：施工单位是否了解并掌握了本工程的特点及难点，施工条件是否分析充分。

（4）施工组织设计的可操作性：施工单位是否有能力执行并保证工期和质量目标；该施工组织设计是否切实可行，便于验证。

（5）技术方案的先进性：施工组织设计采用的技术方案和措施是否先进适用，技术是否成熟。

（6）质量管理和技术管理体系，质量保证措施是否健全且切实可行。

（7）安全、环保、消防和文明施工措施是否切实可行并符合有关规定。

（8）在满足合同和法规要求的前提下，对施工组织设计的审查，应尊重施工单位的自主技术决策和管理决策。

4）施工组织设计审查的注意事项

（1）重要的分部、分项工程的施工方案。施工单位在开工前，应向项目监理机构提交为完成该项工程的施工方法、施工机械设备及人员配备与组织、质量管理措施以及进度安排等翔实、完整的方案，报请项目监理机构审查认可后方能实施。

（2）在施工顺序上应符合先地下、后地上；先土建、后设备；先主体、后围护的基本规律。施工流向要合理，平面和立面施工要考虑施工的质量保证与安全保证；考虑使用的先后和区段的划分，与材料、构配件的运输不发生冲突。

（3）施工方案与施工进度计划的一致性。施工进度计划的编制应以确定的施工方案为依据，正确体现施工的总体部署、流向顺序及工艺关系等。

（4）施工方案与施工平面图布置的协调一致。施工平面图的静态布置内容，如临时施工供水、供电、供热、供气管道、施工道路、临时办公房屋、物资仓库等，以及动态布置内容，如施工材料模板、工具器具等，应做到布置有序，有利于各阶段施工方案的实施。

（二）现场施工准备的质量控制（现场核查）

1. 工程定位及标高基准控制

工程测量放线是建设工程产品由设计转化为实物的第一步。施工测量质量的好坏，直接决定工程的定位和标高是否正确，并制约施工过程有关工序的质量。因此，质量员应将其作为保证工程质量的一项重要内容加以控制，工程测量人员应具有规定的资格，测量仪器精度应满足工程要求，并事先报经监理工程师审核认可。

1）施工单位必须对建设单位提供的原始坐标点、基准线和水准点等测量控制点进行复核，并将复测结果上报监理工程师审核，批准后施工单位才能据此进行准确的测量放线，建立施工测量控制网，并对其正确性负责，同时做好基桩的保护。

2）复测施工测量控制网。在新建大中型建筑施工场地上，施工测量控制网一般布设成正方形或矩形格网组成，称为建筑方格网（或矩形网）。对于面积不大又不十分复杂的建筑设计，常采用平行于主要建筑物的轴线布设一条或若干条基线，作为施工测量的平面控制，称为建筑基线。在工程平面图上，建筑物或构筑物的平面位置一般是用施工坐标系统表示，施工控制网的起标坐标和起始方向，一般根据测量控制点来测定，测定建筑物主轴线或长方向线即可作为施工平面控制网的起始方向，以后在控制网加密或建筑物定位时，不再利用测量控制点来定向，以免使建筑物产生不同位移和偏转，影响工程质量。复测施工测量控制网就是要抽检建筑方格网、控制高程的水准网点以及标桩埋设位置等

2. 施工平面布置的控制

施工临时设施的布置遵守严格控制在建筑红线之内、紧凑合理、尽量减少施工用地、尽量利用原有建筑物或构筑物、满足施工需要及安全文明施工的原则进行设计，尽可能做到：职工宿舍、办公场所及材料储存、加工场地的布置在满足施工需要、安全文明施工的前提下，各阶段的施工布置尽量统一，不产生多次拆、搭或移地重建，减少临时建设的投资；各项施工设施（工程材料、周转材料储存场所，加工场地及施工机械设备等）的布置在满足方便施工、安全防火、环境保护和劳动保护要求的前提下，尽量减少场内二次搬运及运距；场内的交通布置尽量合理，避免各工种间的相互干扰；最大限度地减少对环境的影响和保证附近的交通和水电等市政设施的正常运转。

质量员的施工平面布置控制，就是检查施工现场总体布置是否符合上述要求，布置是否合理，是否有利于保证施工的正常、顺利地进行，是否有利于保证质量，特别是要对场区的道路、防洪排水、器材存放、给水及供电、混凝土供应及主要垂直运输机械设备布置等方面予以重视。

3. 材料构配件采购订货的控制

1）凡由施工单位负责采购的原材料、半成品或构配件，在采购订货前应向监理工程师申报；对于重要的材料，还应提交样品，供试验或鉴定，有些材料则要求供货单位提交理化试验单（如预应力钢筋的硫、磷含量等），经监理工程师审查认可后，方可进行订货采购。

2）对于半成品或构配件，可按经过审批认可的设计文件和图纸要求采购订货，质量应满足有关标准和设计的要求，交货期应满足施工及安装进度安排的需要。

3）供货厂家是制造材料、半成品、构配件主体，考查优选合格的供货厂家，是保证采购、订货质量的前提。为此，大宗的器材或材料的采购应当实行招标采购的方式。

4）对于半成品和构配件的采购、订货，监理工程师应提出明确的质量要求，质量检测项目及标准；出厂合格证或产品说明书等质量文件的要求，以及是否需要权威性的质量认证等。

5）某些材料，诸如瓷砖等装饰材料，订货时最好一次订齐和备足货源，以免由于分批而出现色泽不一的质量问题。

6）供货厂方应向需方（订货方）提供质量文件，用以表明其提供的货物能够完全达到需方提出的质量要求。

质量证明文件通常包括出厂合格证及中文技术说明书、型式检验报告及相关性能检测报告等。进口产品应包括出入境商品检验合格证明。适用时也可包括进场验收、进场复验、见证取样检验和现场实体检验等资料。

4. 施工机械配置的控制

1）施工机械设备的选择，除应考虑施工机械的技术性能、工作效率，工作质量，可靠性

及维修难易、能源消耗，以及安全、灵活等方面对施工质量的影响与保证外，还应考虑其数量配置对施工质量的影响与保证条件。此外，要注意设备型式应与施工对象的特点及施工质量要求相适应。在选择机械性能参数方面，也要与施工对象特点及质量要求相适应，例如选择起重机械进行吊装施工时，其起重量、起重高度及起重半径均应满足吊装要求。力争做到技术上先进、生产上适用、经济上合理、使用上安全、操作上方便。

2）审查施工机械设备的数量是否足够。

3）审查所需的施工机械设备，是否按已批准的计划备妥；所准备的机械设备是否与监理工程师审查认可的施工组织设计或施工计划中所列者相一致；所准备的施工机械设备是否都处于完好的可用状态等等。

4）使用操作要求合理使用机械设备，正确地进行操作，是保证项目施工质量的重要环节。应贯彻“人机固定”原则，实行定机、定人、定岗位职责的使用管理制度。

四、施工阶段的质量控制

施工是形成工程项目实体的过程，也是决定最终产品质量的关键阶段，施工阶段的质量控制是整个工程质量控制的重点。施工过程体现在一系列的作业活动中，作业活动的效果将直接影响到施工过程的施工质量。因此，质量员的质量控制工作应体现在对作业活动的控制上。

为确保施工质量，质量员要对施工过程进行全过程全方位的质量监督、控制与检查。就整个施工过程而言，可按事前、事中、事后进行控制。就一个具体作业而言，质量员控制管理仍涉及事前、事中及事后。质量员的质量控制主要围绕影响工程施工质量的因素进行。

（一）作业技术准备状态的（事前）控制

作业技术准备状态是指各项施工准备工作在正式开展作业技术活动前，是否按预先计划的安排落实到位的状况。做好作业技术准备状况的检查，有利于实际施工条件的落实，避免计划与实际两张皮，承诺与行动相脱离。

1. 质量控制点的控制

质量控制点是指为了保证作业过程质量而确定的重点控制对象、关键部位或薄弱环节。设置质量控制点是保证达到施工质量要求的必要前提，施工项目部技术负责人或质量员在拟定质量控制工作计划时，应予以详细地考虑，并以制度来保证落实。对于质量控制点，一般要事先分析可能造成质量问题的原因，针对原因制定对策和措施进行预控，在工程施工前根据施工过程质量控制的要求，列出质量控制点明细表，提交监理审核确认，在此基础上实施质量预控（详见本节六设置施工质量控制点的原则和方法）。

2. 作业技术交底的控制

施工单位做好技术交底，是取得好的施工质量的条件之一。为此，每一分项工程开始实施前均要进行交底。作业技术交底是对施工组织设计或施工方案的具体化，是更细致、更明确、更加具体的技术实施方案，是工序施工或分项工程施工的具体指导文件。技术交底书由施工项目部中技术人员编制，并经项目技术负责人批准实施。技术交底的内容包括：任务范围、施工方法、质量要求和验收标准，施工过程中需注意的问题，可能出现意外的措施及应急方案，文明施工和安全防护措施以及成品保护要求等。技术交底要紧紧围绕和具体施工有关的操作者、机械设备、使用的材料、构配件、工艺、工法、施工环境、具体管理措施等方面进行，交底中要明确具体的步骤和方法，做什么、谁来做、如何做、作业标准和要求、什么时间完成等。

关键部位，或技术难度大，施工复杂的检验批，分项工程施工前，施工单位的技术交底书（作业指导书）要报项目监理机构审批，并在技术交底前告知项目监理机构以便其派人参加见证技术交底活动。对监理工程师审查认为其不能保证作业活动质量要求的技术交底书，施工单位要进行修改补充。没有做好技术交底的工序或分项工程，不得进入正式实施。

3. 进场材料构配件的质量控制

1）运到施工现场的原材料、半成品或构配件、设备，进场前施工项目部应组织进行进场验收，按规定要求进行外观质量检查和规格、型号、技术参数及质量证明文件核查，对有复试要求的按规定进行进场复验，自检合格后应及时向项目监理机构报《工程材料/构配件/设备报审表》并附材料清单和质量证明资料、按规定要求进行检验的检验或试验报告、施工单位自检的进场验收记录；经专业监理工程师审查并签认其质量合格后，方可进场在工程上使用。凡是没有产品出厂合格证明及检验不合格者，不得进场。

如果监理工程师认为施工单位提交的有关产品合格证明的文件以及施工单位提交的检验和试验报告，仍不足以说明到场产品的质量符合要求时，监理工程师可以再行组织复检或见证取样试验，确认其质量合格后方允许进场。

2）进口材料的检查、验收，应会同国家商检部门进行。如在检验中发现质量问题或数量不符合规定要求时，应取得供货方或商检人员签署的商务记录，在规定的索赔期内进行索赔。

3）材料构配件存放条件的控制。质量合格的材料、构配件进场后，到其使用或安装时通常都要经过一定的时间间隔。在此时间内如果对材料等的存放、保管不良可能导致质量状况的恶化，如损伤、变质、损坏，甚至不能使用。材料、半成品、构配件的存放、保管条件及时间也是进场材料构配件质量控制的重要内容。

对于材料、半成品、构配件等应当根据它们的特点、特性以及对防潮、防晒、防锈、防腐蚀、通风、隔热以及温度、湿度等方面的不同要求安排适宜的存放条件以保证其存放质量。例如，对水泥的存放应当防止受潮，存放时间一般不宜超过 3 个月，以免受潮结块；硝铵炸药的湿度达 3%以上时即易结块、拒爆，存放时应妥为防潮；胶质炸药（硝化甘油）冰点温度高（+13℃以下），冻结后极为敏感易爆，存放温度应予以控制；某些化学原材料应当避光、防晒；某些金属材料及器材应防锈蚀等。

4）对于某些当地材料及现场配制的制品，一般要求施工单位事先进行试验，达到要求的标准方准施工。

4. 环境状态的控制

包括施工作业环境的控制、施工质量管理环境的控制和现场自然环境条件的控制。

1）施工作业环境的控制。所谓作业环境条件，主要是指诸如：水、电或动力供应、施工照明、安全防护设备、施工场地空间条件和通道以及交通运输和道路条件等。质量员应事先检查施工作业环境条件方面的有关准备工作是否已做好安排和准备妥当；当确认其准备可靠、有效后，方准许其进行施工。

2）施工质量管理环境的控制。施工质量管理环境主要是指施工单位的质量管理体系和质量控制自检系统是否处于良好的状态，系统的组织结构、管理制度、检测制度、检测标准、人员配备等方面是否完善和明确，质量责任制是否落实，能否满足施工项目质量控制的需求，这是保证作业效果的重要前提。因此，质量员在进行质量控制时，也应对施工质量管理环境进行检查，发现问题及时向项目经理报告，提出改进意见或建议。

3）现场自然环境条件的控制。质量员应重视现场自然环境条件，预测未来的施工期间自然环境条件可能出现对施工作业质量的不利影响，事先要有充分的认识并做好充足的准备，采取有效措施与对策以保证工程质量。

5. 进场施工机械设备性能及工作状态的控制

1）施工机械设备的进场检查。机械设备进场前，施工项目部应向项目监理机构报送进场设备清单，列出进场机械设备的型号、规格、数量、技术性能（技术参数）、设备状况、进场时间。机械设备进场，施工项目部要核对其是否与进场设备清单一致，与计划是否和相符，能否满足施工进度的需求。

2）工作状态的检查。审查进场施工机械设备的使用、保养记录，进行试运行检查其工作状态及实际技术性能；重要的工程机械，施工项目部应经常检查施工作业中机械设备的工作状况，防止带病运行。发现问题，及时修理，以保持良好的作业状态。

3）特殊设备安全运行的审核。对于需现场安装垂直运输设备及有关特殊安全要求的设备，进入现场后在使用前，必须按有关规定进行检测鉴定，报经施工安全监督部门审查核定，符合要求并办好相关手续后方允许投入使用。

4）大型临时设备的检查。设备使用前，取得本单位上级安全主管部门的审查批准，办好相关手续后，方可批准投入使用。

6. 施工测量及计量器具性能、精度的控制

1）质量检测机构（试验室）的控制

（1）工程作业开始前，施工项目部应依据施工图设计文件和法律法规、技术标准，编制施工项目检验试验项目清单及见证取样计划，并报项目监理机构审核确认；

（2）核查拟委托的工程质量检测机构资质证书及许可范围，检验试验项目必须在其资质证书许可的范围内委托；

（3）工程作业开始前，施工单位应向项目监理机构报送质量检测机构的资质证明文件，列出拟委托其检测试验的项目、资质等级及试验范围、法定计量部门对试验设备出具的计量检定证明、试验室管理制度、试验人员资格证等，经监理工程师检查确认后方可委托其进行检验试验。未经项目监理机构审核同意，不得委托其进行检验试验。

2）工地计量器具的控制

（1）工程开工前，施工项目部应根据项目质量计划、施工组织设计、施工方案对检测设备的精度要求和生产需要，编制《计量检测设备配备计划书》。建立施工项目部计量器具的目录和检定周期台账档案。

（2）施工测量及计量器具使用前，施工单位应向项目监理机构提交测量仪器的型号、技术指标、精度等级、法定计量部门的标定证明，监理工程师审核确认后，施工测量及计量器具方可在施工项目中使用。

（3）计量检测设备每次使用前进行校准对零检查后，方可开始计量测试。若发现计量检测设备偏离标准状态，应立即停用，重新校验核准。如出现损坏或性能下降时，应及时进行修理和重新检定。在作业过程中应经常检查

7. 施工现场劳动组织及作业人员上岗资格的控制

1）现场劳动组织的控制。劳动组织涉及从事作业活动的操作者、管理者以及相应的各种管理制度。

（1）操作人员。从事作业活动的操作者数量必须满足作业活动的需要，相应工种配置能保证作业有序持续进行，不能因人员数量及工种配置不合理而造成停顿。

（2）管理人员到位。作业活动的直接负责人（包括技术负责人），专职质检人员，安全员，与作业活动有关的测量人员、材料员、试验员必须在岗。

（3）相关制度要健全。如管理层及作业层各类人员的岗位职责，作业活动现场的安全、消防规定，作业活动中环保规定，试验室及现场试验检测的有关规定，紧急情况的应急处理规定等。同时要有相应措施及手段，以保证制度、规定的落实和执行。

2）作业人员上岗资格。从事特殊作业的人员（如电焊工、电工、起重工、架子工、爆破工），必须持证上岗。

（二）作业技术活动运行过程的（事中）控制

工程施工质量是在施工过程中形成的，而不是最后检验出来的；施工过程是由一系列相互联系与相互制约的作业活动所构成，施工单位必须建立健全施工质量的三级检查制度并严格贯彻实施，再加以项目经理机构的监控，保证作业活动的效果与质量是施工过程质量控制的基础。

1. 施工单位的自检及监理的检查验收

1）施工单位的自检系统。施工单位是施工质量的直接实施者和责任者。在施工过程中，质量员依据已建立的质量自检体系并确保其有效运作。施工单位的自检体系主要表现在以下几点：

（1）自检：是指由施工人员对自己的施工作业或已完成的分项工程进行自我检验，实施自我控制、自我把关，及时消除异常因素，以防止不合格产品进入下道作业。自检形成自检记录表。

（2）互检：是指同组施工人员之间对所完成的作业或分项工程进行互相检查，或是本班组的质量检查员的抽检，或是下道作业对上道作业的交接检验，是对自检的复核和确认。交接检查形成交接记录表。

（3）专检：是指质量检验员对分部、分项工程进行检验，用以弥补自检、互检的不足。

为实现上述三点，施工项目部必须有整套的制度及工作程序，具有相应的试验设备及检测仪器，配备数量满足需要的专职质检人员及试验检测人员。实行三检制，要合理确定好自检、互检和专检的范围。一般情况下，原材料、半成品、成品的检验以专职检验人员为主，生产过程的各项作业的检验则以施工现场操作人员的自检、互检为主，专职检验人员巡回抽检为辅。“三检制”的实施一般程序是：工程施工工序完工后，由施工现场负责人组织质量“自检”，自检合格后，报请项目经理部，组织上下道工序“互检”，互检合格后由现场施工员报请质量检查人员进行“专检”。“自检”记录由施工现场负责人填写并保存，“互检”记录由领工员负责填写（要求上下道工序施工负责人签字确认）并保存，“专检”记录由各相关质量检查人员负责填写，每周汇总报施工项目部保存。

2）监理的检查与验收，是对施工单位作业活动质量的复核与确认；监理的检查决不能代替施工单位的自检，而且，监理的检查必须是在施工单位自检并确认合格的基础上进行的。

质量员没检查或检查不合格不能报监理工程师验收。

2. 技术复核工作

凡涉及施工作业技术活动基准和依据的技术工作，都应该严格进行专人负责的复核性检查，以避免基准失误给整个工程质量带来难以补救的或全局性的危害。技术复核是施工单位履行技术工作责任的一项经常性工作任务，贯穿于整个的施工过程中，其复核结果应报送监理复验确认后，才能进行后续相关的施工。

常见的施工测量复核有：

1）民用建筑的测量复核。建筑物定位测量、基础施工测量、墙体皮数杆检测、楼层轴线检测、楼层间高层传递检测等。

2）工业建筑测量复核。厂房控制网测量、桩基施工测量、柱模轴线与高程检测、厂房结构安装定位检测、动力设备基础与预埋螺栓检测。

3）高层建筑测量复核：建筑场地控制测量、基础以上的平面与高程控制、建筑物中垂准检测、建筑物施工过程中沉降变形观测等。

4）管线工程测量复核：管网或输配电线路定位测量、地下管线施工检测、架空管线施工检测、多管线交汇点高程检测等。

3. 见证取样送检工作

见证是指由监理人员现场监督施工单位某工序全过程完成情况的活动。见证取样则是指对工程项目使用的材料、半成品、构配件的现场取样、工序活动效果的检查实施见证。

依据《河北省房屋建筑工程和市政基础设施工程实行见证取样和送检的管理规定》（冀建质【2003】121号）及《关于进一步加强房屋建筑和市政基础设施工程见证取样管理工作的通知》（冀建质【2012】87号）规定：

1）施工单位、监理单位（建设单位）应配备足够的取样员、见证人员，每个工程项目配备的取样员、见证人员均不少于两人，且应持证上岗。

2）涉及结构安全、使用功能的试块、试件、材料及构配件必须实行见证取样和送检，比例不少于有关技术标准中规定应取样数量的30%。重点工程、国家投资的公共建筑和市政基础设施、保障性安居工程、建筑节能工程实行见证取样和送检的比例为100%。①用于承重结构的混凝土试块；②用于承重墙体的砌筑砂浆试块；③用于承重结构的钢筋及连接接头试件；④用于承重墙的砖和混凝土小型砌块；⑤用于拌制混凝土和砌筑砂浆的水泥；⑥用于承重结构的混凝土中使用的掺合料和外加剂；⑦地下室、屋面、厕浴间使用的防水材料；⑧用于承重的钢结构试件；⑨预应力钢绞线、锚夹具；⑩沥青、沥青混合料；⑪道路工程用无机结合料稳定材料；⑫建筑外窗；⑬建筑节能工程用保温材料、绝热材料、黏结材料、增强网、幕墙玻璃、隔热型材、散热器、风机盘管机组、低压配电系统选择的电缆、电线等；⑭国家及地方标准、规范规定和合同约定的其他见证取样和送检项目。

3）下列建筑给排水及采暖工程、建筑电气工程所用的材料、成品、半成品、配件见证取样和送检的数量按每批数量的3%抽取，且不少于一组（件）。

（1）用于水暖安装工程的管道、阀门；

（2）用于电气安装工程的电线、电缆、开关、插座、配电箱（盘）。

4）建筑工程装饰材料的见证取样的范围按《民用建筑工程室内污染控制规范》中的强制性条文有关规定执行。数量按相关规范、规定执行。

5）工程施工前，施工技术负责人组织有关人员根据预算表和材料进场计划以及相关标准和规范，编制施工检测试验计划，并根据施工检测试验计划制订相应的见证取样和送检计划。见证取样和送检计划应报监理单位审查并监督实施。

6）见证取样人员确定后，应在见证取样和送检前书面告知该工程的质量监督机构和承担相应见证试验的检测机构。见证取样人员更换时，应在见证取样和送检前将更换后的见证取样人员信息告知监督机构和检测机构。

4. 工程变更的管理

施工过程中，由于原设计文件存在差错或遗漏，或由于设计文件与施工现场条件相互矛盾，或由于外界自然条件的变化遇到一些原设计未预料到的情况，或由于建设单位要求的改变，或由于施工工艺方面的限制，或由于资源市场的原因等均会涉及工程变更。做好工程变更的控制工作，是作业过程质量控制的重要内容之一。

1）施工过程中遇到下列情况，无法正常施工或施工条件发生变化时，应办理设计变更或技术洽商手续，并形成书面文件。

（1）建筑或结构发生变化；

（2）使用功能的改变；

（3）使用的材料品种的改变，材料代换；

（4）建筑尺寸变化；

（5）安装设备的改变；

（6）设计错误和遗漏；

（7）施工工艺或施工方法改变；

（8）工程建设中不可预见的情况发生及处理；

（9）国家法律或标准、规范修改影响工程施工；

（10）设计认为有必要的修改及补充。

2）施工项目部应根据工程变更内容可提出技术修改或设计变更。

（1）技术修改。所谓技术修改，是指施工单位根据施工现场具体条件和自身的技术、经验及施工设备等条件，在不改变原设计图纸和技术文件的原则前提下，提出的对设计图纸和技术文件的某些技术上的修改要求，例如，对某种规格的钢筋采用替代规格的钢筋、对基坑开挖边坡的修改等。

施工项目部提出技术修改要求时，应向项目监理机构提交《工程变更单》，说明要求修改的内容及原因或理由，并附图和有关文件。技术修改问题一般可由专业监理工程师组织施工单位和现场设计代表参加，经各方同意后签字并形成纪要，作为工程变更单附件，经总监批准后实施。

（2）设计变更。所谓设计变更，是指施工期间，对于设计单位在设计图纸和设计文件中所表达的设计标准状态的改变和修改。

施工项目部提出工程设计变更要求，首先应就要求变更的问题填写《工程变更单》，送交项目监理机构。这种变更，一般均会涉及到设计单位重新出图的问题，总监理工程师根据承包单位的申请进行评估，并与设计、建设、施工单位研究并作出变更的决定。

3）对原设计文件存在的缺陷提出的工程变更，或建设单位要求改变原设计文件的工程变更，或工程变更涉及结构安全、建筑节能、环境保护和主要使用功能，应由原设计单位编制设计变更文件。

4）涉及结构安全、建筑节能、环境保护和主要使用功能的设计变更文件，建设单位送交原施工图审查机构重新审查批准后方可实施。

5）施工项目部应建立工程变更台账，项目技术负责人负责工程变更的批准和办理，项目部资料员负责设计变更、技术洽商的接收、登记、整理、发放和保存，工程竣工后统一纳入工程档案。

6）质量员收到工程变更单后应及时将施工图的相关内容进行变更，并注明工程变更单的编号、标注日期并签名。

需注意的是在工程施工过程中，无论是建设单位或者施工及设计单位提出的工程变更或图纸修改，都应通过监理工程师审查并经有关方面研究，确认其必要性后，由总监理工程师发布变更指令方能生效予以实施。

5. 计量工作质量监控

计量控制是工程项目质量保证的重要内容，是施工项目质量管理的一项基础工作。施工过程中的计量工作，包括施工生产时的投料计量、施工测量、监测计量以及对项目、产品或过程的测试、检验、分析计量等。其主要任务是统一计量单位制度，组织量值传递，保证量值统一。计量控制的工作重点是：建立计量管理部门和配置计量人员；建立健全和完善计量管理的规章制度；严格按规定有效控制计量器具的使用、保管、维修和检验；监督计量过程的实施，保证计量的准确。质量员对计量工作的质量控制包括以下内容：

1）施工过程中使用的计量仪器、检测设备、称重衡器的质量控制，确保计量设备、器具始终处于有效期和标准状态下工作。

2）从事计量作业人员技术水平资质的审核，尤其是现场从事施工测量的测量工，从事试验、检验的试验工应持证上岗。

3）现场计量操作的质量控制。作业者的实际作业质量直接影响到作业效果的评价，计量作业现场的质量控制主要是检查其操作方法是否得当。如对仪器的使用、数据的判读、数据的处理和整理方法、原始数据的检查。在抽样检查中，现场检查取点数量，检测仪器的布置是否正确、合理，检测部位是否有代表性，能否反映真实的质量状况，也是计量工作质量的控制内容。

6. 质量记录资料的监控

质量资料是施工承包单位进行工程施工或安装期间，实施质量控制活动的记录，还包括监理工程师对这些质量控制活动的意见及施工承包单位对这些意见的答复，他详细地记录了工程施工阶段质量控制活动的全过程。因此，它不仅在工程施工期间对工程质量的控制有重要作用，而且在工程竣工和投入运行后，对于查询和了解工程建设的质量情况以及工程维修和管理也能提供大量有用的资料和信息。质量记录资料包括以下三方面内容。

1）施工现场质量管理检查记录资料；

2）工程材料质量记录；

3）施工过程作业活动质量记录资料。

施工或安装过程可按分项、分部、单位工程建立相应的质量记录资料。施工质量记录资料应真实、准确、完整，相关各方人员的签字齐备、字迹清楚、结论明确，与施工过程的进展同步。

（三）作业技术活动结果的（事后）控制

作业技术活动结果的控制是施工过程中间产品及最终产品质量控制的方式，只有作业活动的中间产品质量都符合要求，才能保证最终单位工程产品的质量，其主要内容包括：基槽（基坑）验收、隐蔽工程验收、工序交接验收、检验批或分项分部工程的验收、联动试车或设备的试运转、单位工程或整个工程项目的竣工验收、不合格的处理和成品保护等。这里仅介绍工序活动效果的控制及成品保护，其他部分内容见《第四章　建筑与市政工程质量验收》。

1. 工序施工效果控制

1）工序质量的检验

工序质量的检验，就是对工序活动的效果进行评价。工序活动的效果，归根结底就是指通过每道工序所完成的工程项目质量或产品的质量如何，是否符合质量标准。为此，工序质量检验工作的内容主要有下列几项：

（1）标准具体化。就是把设计要求、技术标准、工艺操作规程等转换成具体而明确的质量要求，并在质量检验中正确执行这些技术法规。

（2）度量。是指对工程或产品的质量特性进行检测度量。其中包括检查人员的感观度量、机械器具的测量和仪表仪器的测试，以及化验与分析等。通过度量，提出工程或产品质量特征值的数据报告

（3）比较。所谓比较，就是把度量出来的质量特征值同该工程或产品的质量技术标准进行比较，视其有何差异。

（4）判定。就是根据比较的结果来判断工程或产品的质量是否符合规程、标准的要求，并作出结论。判定要用事实、数据说话，防止主观、片面，真正做到以事实、数据为依据，以标准、规范为准绳。

（5）处理。是指根据判定的结果，对合格与优良的工程或产品的质量予以认证；对不合格者，则要找原因，采取对策措施予以调整、纠偏或返工。

（6）记录。要贯穿于整个质量检验的过程中，就是把度量出来的质量特征值，完整、准确、及时地记录下来，以供统计、分析、判定、审核和备查用。

2）工序施工效果主要反映工序产品的质量特征和特性指标。按现行施工质量验收规范规定，下列工程质量必须进行现场质量检测，合格后才能进行下道工序：

（1）地基基础工程：①地基及复合地基承载力静载检测，②桩的承载力检测，③桩身完整性检测。

（2）主体结构工程：①混凝土、砂浆强度现场检测，②钢筋保护层厚度检测，③混凝土预制构件结构性能检测。

（3）建筑幕墙工程：①铝塑复合板的剥离强度检测，②石材的弯曲强度；室内用花岗石的放射性检测，③玻璃幕墙用结构胶的邵氏硬度、标准条件拉伸黏结强度、相容性试验；石材用结构胶黏结强度及石材用密封胶的污染性检测，④建筑幕墙的气密性、水密性、风压变形性能、层间变位性能检测，⑤硅酮结构胶相容性检测。

（4）钢结构及管道工程：①钢结构及钢管焊接质量无损检测，②钢结构、钢管防腐及防火涂装检测，③钢结构节点、机械连用紧固标准件及高强螺栓力学性能检测。

2. 成品保护的控制

1）合理安排施工顺序

主要根据工程实际，合理安排不同工序间施工先后顺序，防止后道工序影响或损坏前道工序。例如：先做顶棚装修，后做地面，避免顶棚装修对地面的影响。

2）根据产品特点，可分别对成品和半成品采取护、包、盖、封等具体措施。所谓“包”就是进行包裹，将被保护物包裹起来，防止损伤或污染。例如对镶面大理石可用立板包裹捆扎保护，铝合金门窗可用布包扎保护。“护”就是提前防护，以防止成品发生损伤和污染；如门口在推车易碰部位，在小车轴的高度钉上防护盖铁；进出口台阶垫方木、木板等过人；外墙大角立板固定保护。“盖”就是表面覆盖，用表面覆盖的方法防止堵塞或损伤。例如对地漏，排水管落水口等安装就位后加以覆盖，以防止异物落入而被堵塞。“封”就是局部封闭．以防止人员或其他物体损坏所建设成品。如楼梯施工后，应将楼梯口暂时封闭，待达到上人强度并采用保护措施后再开放；防水做完后，应暂时封闭其出入口。

3）加强成品保护责任制度，加强对成品保护的工作巡查，发现问题及时处理。

五、交工验收阶段的质量控制和方法

（一）最终质量检验和试验

单位工程质量验收也称质量竣工验收，是建筑工程投入使用前的最终质量检验，是最重要的一次验收。验收合格的条件有五个：除构成单位工程的各分部工程应该合格、且有关的资料文件应完整以外，还须进行以下三方面的检查。

涉及安全和使用功能的分部工程应进行检验资料的复查。不仅要全面检查其完整性（不得有漏检缺项），而且对分部工程验收时补充进行的见证抽样检验报告也要复核。这种强化验收的手段体现了对安全和主要使用功能的重视。

此外，对主要使用功能还须进行抽查。使用功能的检查是对建筑工程和设备安装工程最终质量的综合检验，也是用户最关心的内容。因此，在分项、分部工程验收合格的基础上，竣工验收时再作全面检查。抽查项目是在检查资料文件的基础上由参加验收的各方人员商定，并用计量、计数的抽样方法确定检查部位。检查要求按有关专业工程施工质量验收标准的要求进行。

最后，还须由参加验收的各方人员共同进行观感质量检查。观感质量验收，往往难以定量，只能以观察、触摸或简单量测的方式进行，并由个人的主观印象判断，检查结果并不给出“合格”或“不合格”的结论，而是综合给出质量评价，最终确定是否通过验收。

单位工程技术负责人应按编制竣工资料的要求收集和整理原材料、构件、零配件和设备的质量合格证明材料、验收材料，各种材料的试验检验资料，隐蔽工程、分项工程和竣工工程验收记录，其他的施工记录等。

（二）技术资料的整理

技术资料，特别是永久性技术资料，是施工项目进行竣工验收的主要依据，也是项目施工情况的重要记录。因此，技术资料的整理要符合有关规定及规范的要求，必须做到准确、齐全，能够满足建设工程进行维修、改造、扩建时的需要，其主要内容有：

1. 工程项目开工报告；

2. 工程项目竣工报告；

3. 图纸会审和设计交底记录；
4. 设计变更通知单；
5. 技术变更核定单；
6. 工程质量事故发生后调查和处理资料；
7. 水准点位置、定位测量记录、沉降及位移观测记录；
8. 材料、设备、构件的质量合格证明资料；
9. 试验、检验报告；
10. 隐蔽工程验收记录及施工日志；
11. 竣工图；
12. 质量验收评定资料；
13. 工程竣工验收资料。

(三) 施工质量缺陷的处理

我国国家标准 GB/T 19000 中“缺陷”的含义是：“未满足与预期或规定用途有关的要求”。要注意区别“缺陷”和“不合格”两个术语的含义。不合格是指未满足要求，该“要求”是指“明示的、习惯上隐含的或必须履行的需求或期望”，是一个包含多方面内容的“要求”，当然，也应包括“与期望或规定的用途有关的要求”。而“缺陷”是指未满足其中特定的（与预期或规定用途有关的）要求，例如，安全有关的要求。它是一种特定范围内的“不合格”，因涉及产品责任称之为“缺陷”。对于工程质量缺陷可采用的处理方案：

1. 修补处理

当工程的某些部分的质量虽未达到规定的规范、标准或设计要求，存在一定的缺陷，但经过修补后还可达到要求的标准，又不影响使用功能或外观要求的，可以做出进行修补处理的决定。例如，某些混凝土结构表面出现蜂窝麻面，经调查、分析，该部位经修补处理后，不影响其使用及外观要求。

2. 返工处理

当工程质量未达到规定的标准或要求，有明显的严重质量问题，对结构的使用和安全有重大影响，而又无法通过修补办法给予纠正时，可以做出返工处理的决定。例如，某工程预应力按混凝土规定张力系数为 1.3，但实际仅为 0.9，属于严重的质量缺陷，也无法修补，只能做出返工处理的决定。

3. 限制使用

当工程质量缺陷按修补方式处理无法保证达到规定的使用要求和安全，而又无法返工处理的情况下，不得已时可以做出结构卸荷、减荷以及限制使用的决定。

4. 不做处理

某些工程质量缺陷虽不符合规定的要求或标准，但其情况不严重，经过分析、论证和慎重考虑后，可以做出不做处理的决定。可以不做处理的情况有：不影响结构安全和使用要者；经过后续工序可以弥补的不严重的质量缺陷；经复核验算，仍能满足设计要求的质量缺陷。

(四) 工程竣工文件的编制和移交准备

1. 竣工资料整理，绘制竣工图，编制竣工决算。
2. 竣工验收报告；建设项目总说明；技术档案建立情况；建设情况；效益情况；存在和

遗留问题等。

3. 竣工验收报告书的主要竣工项目概况一览表；已完单位工程一览表；已完设备一览表；应完未完设备一览表；单位工程质量汇总项目（工程）总体质量评价表。

工程项目交接是在工程质量验收之后，由施工单位向业主进行移交项目所有权的过程。工程项目移交前，施工单位要编制竣工结算书，还应将成套工程技术资料进行分类整理，编目建档。

（五）产品防护

竣工验收期要定人定岗，采取有效防护措施，保护已完工程，发生丢失、损坏时应及时补救。设备、设施未经允许不得擅自启用，防止设备失灵或设施不符合使用要求。

（六）撤场计划

工程交工后，项目经理部编制的撤场计划的内容应包括：施工机具、暂设工程、建筑残土、剩余构件在规定时间内全部拆除运走，达到场清地平；有绿化要求的，达到树活草青。

六、设置施工质量控制点的原则和方法

施工质量控制点的设置是施工质量计划的重要组成内容。施工质量控制点是施工质量控制的重点对象，实施质量控制点的跟踪控制是工程质量控制的有效手段。在工程项目进行的不同阶段，依据项目的实际情况，设置不同的质量控制点，通过对控制点的设置，将工程质量总目标分解为各控制点的分目标，以便通过对各控制点分目标的控制，来实现对工程质量总目标的控制。

（一）设置质量控制点的作用

1. 设置质量控制点，可以将复杂的工程质量总目标分解为一系列简单分项的目标控制；

2. 由于质量控制点目标单一，且干扰因素便于测定，有利于质量管理人员制订、实施纠偏措施和控制对策；

3. 通过对工序或操作质量控制点质量目标的实现，为分项分部工程质量目标提供保证，从而可以保证工程质量总目标的最终实现；

4. 有利质量管理人员检测分项控制目标，计算分项控制目标与实际标准值的偏差；

5. 有利于质量管理人员及时分析和掌握质量控制点所处的环境因素，易于分析各种干扰条件，对有关分项目标产生的影响及其影响程序的测定。

（二）质量控制点的设置

质量控制点应选择那些技术要求高、施工难度大、对工程质量影响大或是发生质量问题时危害大的对象进行设置。一般选择下列部位或环节作为质量控制点：

1. 对工程质量形成过程产生直接影响的关键部位、工序、环节及隐蔽工程，如预应力结构的张拉工序，钢筋混凝土结构中的钢筋架立；

2. 施工过程中的薄弱环节，或者质量不稳定的工序、部位或对象，如地下防水层施工；

3. 对后续工程施工或对后续工序质量、安全有重大影响的工序、部位或对象，如预应力结构中预应力钢筋质量、模板的支撑与固定等；

4. 采用新技术、新工艺、新材料的部位或环节；

5. 施工质量无把握的、施工条件困难的或技术难度大的工序或环节，如复杂曲线模板的

放样等；

6. 用户反馈指出的和过去有过返工的不良工序。

综上所述，是否设置为质量控制点，主要视其对质量特性影响的大小、危害程度以及质量保证的难度大小而定。

（三）质量控制点的重点控制对象

质量控制点的重点控制对象主要包括以下几个方面。

1. 人的行为。对某些作业或操作，应以人为重点进行控制，例如：高空、高温、水下、危险作业等，对人的身体素质或心理素质应有相应的要求；技术难度大或精度要求高的作业，如复杂模板放样、精密的设备安装以及重型构件吊装等对人的技术水平均有较高要求。

2. 物的状态。在某些工序或操作中，则应以物的状态作为控制的重点。例如：加工精度与施工机具有关；计量不准与计量设备、器具本身的精度、状态密切相关；危险源与失稳、倾覆、腐蚀、毒气、振动、冲击、火花、爆炸等有关，也与立体交叉、多工种密集作业场所有关等。也就是说，根据不同工序的特点，有的应以控制机具设备为重点，有的应以防止失稳、倾覆、过热、腐蚀等危险源为重点、有的则应以作业场所作为控制的重点。

3. 材料的质量与性能。材料的质量与性能是直接影响工程质量的重要因素，在某些工序中应作为控制的重点。如：钢结构工程中使用的高强螺栓，钢筋混凝土工程中使用的钢筋、水泥，防水工程中使用的石油沥青卷材等，是直接影响工程质量的关键因素，施工中应对其进场验收进行重点控制，必须检查核对其出厂合格证，并按要求进行相关性能指标的见证取样复验。

4. 施工方法与关键操作。那些易对工程质量产生重大影响的施工方法和直接影响工程质量的关键操作应作为控制的重点，如大模板施工中模板的稳定和组装问题，液压滑模施工时支撑杆稳定问题、升板法施工中提升差的控制等对工程质量、施工安全具有重大影响；预应力钢筋的张拉工艺操作过程及张拉力的控制，是可靠地建立预应力值和保证预应力构件质量的关键过程。

5. 施工技术参数。例如对填方路堤进行压实时，对填土含水量等参数的控制是保证填方质量的关键；对于岩基水泥灌浆，灌浆压力和吃浆率；砌体工程的砂浆配合比、灰缝饱满度；混凝土的外加剂参量、水灰比，冬季施工混凝土受冻临界强度等技术参数是质量控制的重要指标。

6. 技术间歇。有些作业之间需要有必要的技术间歇时间，例如砖墙砌筑后与抹灰工序之间，应在墙体砌筑后 7～14 天时间，让墙体充分的沉陷、稳定、干燥，再抹灰；抹灰与粉刷或喷涂之间，也应保证有足够的间歇时间；混凝土浇筑后至拆模之间也应保证一定的间歇时间；混凝土大坝坝体分块浇筑时，相邻浇筑块之间也必须保证足够的间歇时间等。

7. 施工顺序。对某些工作必须严格作业之间的顺序，例如，对于冷拉钢筋应当先对焊、后冷拉，否则会失去冷强；对于屋架固定一般应采取对角同时施焊，以免焊接应力使已校正的屋架发生变位等。

8. 易发生或常见的质量通病。如：混凝土工程的蜂窝、麻面、孔洞，墙、地面的空鼓、裂缝，防水工程的渗水、漏水等。

9. 新技术、新材料及新工艺的应用，由于缺乏经验，施工时可作为重点进行严格控制。

10. 产品质量不稳定和不合格率较高的工序应列为重点，认真分析，严格控制。

11. 特殊地基或特种结构。如大孔性湿陷性黄土、膨胀土等特殊土地基的处理、大跨度和超高结构等难度大的施工环节和重要部位等都应予特别重视。

总之，质量控制点的选择要准确、有效，一方面需要有经验的工程技术人员来进行选择，另一方面也要集思广益，集中群众智慧由有关人员充分讨论，在此基础上进行选择。选择时要根据对重要的质量特性进行重点控制的要求，选择质量控制的重点部位，重点工序和重点的质量因素作为质量控制点，进行重点控制和预控，这是进行质量控制的有效方法。

（四）质量控制点的管理

首先，要做好施工质量控制点的事前质量预控工作。其次，要向施工作业班组进行认真交底。同时，还要做好施工质量控制点的动态设置和动态跟踪管理。

1. 针对所设置的质量控制点或分部、分项工程，要事先分析施工中可能发生的质量问题和隐患，分析可能产生的原因，并提出相应的对策，采取有效的措施进行预先控制，编写质量控制点明细表和检查表，以防在施工中发生质量问题。

2. 按施工工艺要求绘制质量控制点工艺流程图，并按人、机、料、法、环、测六方面进行原因分析，提出影响质量特性的主要因素，可在实际调查的基础上用因果分析图分析。

3. 根据原因分析，制定对策和措施，确定控制的标准和方法，然后编写详细的专项施工方案和作业指导书。对于危险性较大的分部分项工程或特殊施工过程，除按一般过程质量控制的规定执行外，专项施工方案需经施工单位技术负责人审批及监理工程师签字；超过一定规模的危险性较大的分部分项工程，还要组织专家对专项方案进行论证。专项施工方案和作业指导书应发给作业班组和质量员，作业前施工员、技术员做好交底和记录，履行签字手续，并组织认真学习，使操作人员在明确工艺标准、质量要求的基础上进行作业。。

4. 质量控制点，按照不同的性质和管理要求，细分为“见证点”和“待检点”进行施工质量的监督和检查。凡属“见证点”的施工作业，施工方必须在该项作业开始前24小时，书面通知现场监理机构到位旁站，见证施工作业过程；凡属“待检点”的施工作业，如隐蔽工程等，施工方必须在完成施工质量自检的基础上，提前24小时通知项目监理机构进行检查验收，然后才能进行工程隐蔽或下道工序的施工。未经过项目监理机构检查验收合格，不得进行工程隐蔽或下道工序的施工。

5. 在施工过程中，操作人员应按专项施工方案和作业指导书施工作业，质量员应随时跟踪检查并认真详细地做好记录，及时发现问题，纠正问题，使质量特性达到规定的质量标准，保证控制目标的实现。

第三节　施工项目质量计划

一、质量策划的概念及内容

（一）质量策划的概念

国标《质量管理体系　基础和术语》（GB/T 19000—2008/ISO 9000：2005）中质量策划的定义是：质量管理的一部分，致力于制定质量目标并规定必要的运行过程和相关资源，以实现质量目标。项目质量策划就是围绕着项目所进行的质量目标策划、运行过程策划、确定相关资源等活动的过程。项目质量策划包括：识别和确定必要的作业过程，配置所需的人力和物力资源，以确保达到预期质量目标所进行的周密考虑和统筹安排的过程。具体地说，就是根据项目内外部环境制定项目质量目标和计划，同时为保证这些目标的实现，规定相关资源的配置。可从以下几方面准确理解和把握项目质量策划的含义：

1. 项目质量策划应致力于设定质量目标。要使顾客和委托人满意，就必须理解和满足他们的要求，设定符合项目实际的质量目标，做到项目既符合法律法规、技术规范要求，又能实现顾客和委托人的期望，甚至超越顾客和委托人的期望。因此，在设定项目质量目标时应考察项目委托人的质量方针，使两者保持一致，并使质量目标符合质量方针的要求。每一层次的项目管理者都应对相应层次的质量策划负责。这种策划应注重对高效地实现项目质量目标和要求所需的过程做出规定。

通过质量策划做出正确的决策，对项目管理质量和产品质量能否满足顾客的需要起着十分关键的作用。

2. 项目质量策划包括识别和确认项目质量形成的过程，项目质量策划的关键是制定质量目标并设法使其实现，也就是项目质量目标策划和项目质量形成过程策划时，应规定相关职能和层次上的分质量目标，即项目管理机构应在各层次上都建立起相应的质量目标。因此，项目质量策划就成为了项目各级管理者的重要职责，其职责对项目质量管理过程所需的资源和持续改进显得非常重要。

3. 项目质量策划应明确形成项目质量各过程应配置的资源。要实现项目的质量管理目标就必须规定形成项目质量各过程的作业流程以及各类人员在项目质量形成过程中的职责，确保每一过程都能按照计划、执行、检查和处理的模式循环的进行控制，并为此提供必要的条件，包括人员、设备、材料、技术、资金和必需的环境，以保证各质量过程的顺利进行。

4. 项目质量策划不能看作是一次性的过程，随着顾客及相关方的需求和期望的变化，项目质量管理机构应该对质量管理的过程或对产品实现过程进行改进，每次改进都应进行质量策划，并确保质量策划在受控的状态下进行。

5. 项目质量策划的结果应形成文件，一般是质量计划文件，也可以是适用于项目运行需要的其他管理文件，如施工组织设计、施工方案等。

（二）质量策划的内容

1. 设定质量目标。质量策划应根据企业质量方针或上一级质量目标的要求，以及顾客和其他相关方的需求和期望，来设定具体的质量目标。对施工项目质量策划来讲，质量目标必须满足施工合同约定的质量目标。

2. 确定达到目标的途径。即确定达到目标所需要的过程。这些过程可能是链式的，从一个过程到另一个过程，最终直到目标的实现。也可能是并列的，各个过程的结果共同指向目标的实现。还可能是上述两种方式的结合，既有链式的过程，又有并列的过程。事实上，任何一个质量目标的实现，都需要多种过程。因此，在质量策划时，要充分考虑所需要的过程。

3. 确定相关的职责和权限。质量策划是对相关的过程进行的一种事先的安排和部署，而任何过程必须由人员来完成。质量策划的难点和重点就是落实质量职责和权限。如果某一个过程所涉及的质量职能未能明确，没有文件给予具体规定（这种情况事实上是常见的），会出现推诿扯皮现象。

4. 确定所需的其他资源，包括人员、设施、材料、信息、资金、环境等。但并不是所有的质量策划都需要确定的这些资源，只有那些新增的、特殊的、必不可少的资源，才需要纳入到质量策划中来。

5. 确定实现目标的方法和工具。一般情况下，具体的方法和工具可以由承担该项质量职能的部门或人员去选择；但对某项质量职能或某个过程是一种新的工作或者是一种需要改进的工作，质量策划时需要确定其实现目标的方法和工具。

6. 确定其他的策划需求。包括质量目标和具体措施（也就是已确定的过程）完成的时间，检查或考核的方法，业绩成果的评价指标，完成后的奖励方法，所需的文件和记录等。其中，完成时间是必不可少的，应当确定下，而其他策划要求则可以根据具体情况来确定。

二、施工质量计划的内容

质量计划通常是质量策划的结果之一，质量管理体系文件的组成内容。《质量管理体系 基础和术语》（GB/T 19000—2008/ISO 9000：2005）对质量计划的定义是：对特定的项目、产品、过程或合同，规定由谁及何时应使用所涉及的质量管理过程、产品实现过程及相关资源的文件。在合同环境下，质量计划是企业向顾客表明质量管理方针、目标及其具体实现的方法、手段和措施的文件，体现企业对质量责任的承诺和实施的具体步骤。施工质量计划是指确定施工质量目标和如何达到这些质量目标所规定必要的作业过程、专门的质量措施和资源等，是施工施工单位对建设单位的质量保证和工程项目质量控制的依据，其主要内容包括：

1. 编制依据。

2. 工程概况。阐述主要工程特点及施工条件（合同条件、法规条件和现场条件等）分析。

3. 质量目标。包含施工项目的质量总目标及其分解目标。

4. 组织机构。包括质量管理组织机构和职责，人员及资源配置计划。

5. 确定施工工艺与操作方法的技术方案和施工组织方案，对质量控制及管理组织协调进行系统描述。

6. 必要的质量控制手段、施工过程、服务、检验和试验程度等。包括施工材料、设备等物资的质量管理及控制措施，施工质量检验、检测、试验工作的计划安排及其实施方法与接收准则；

7. 确定关键工序和特殊过程（确定施工质量控制点及其跟踪控制的方式与要求），并编制作业指导书。

8. 与施工阶段相适应的检验、试验、测量、验证要求及其相应的质量记录要求。

9. 改进和完善质量计划的程序。

三、施工质量计划的编制

（一）施工质量计划的编制依据

1. 工程承包合同、经施工图审查机构审核通过的施工设计图纸及相关文件；

2. 企业和施工项目部的质量管理体系文件及其要求；；

3. 国家和地方相关的法律、法规、技术标准、规范，有关施工操作规程；

4. 施工组织设计、专项施工方案等。

（二）施工质量计划的编制方法

1. 施工质量计划由施工承包企业编制。在平行发包模式下，各施工单位应分别编制施工质量计划。在总分包模式下，施工总承包单位应编制总承包工程范围的施工质量计划；各分包单位编制相应分包范围的施工质量计划，作为施工总承包单位质量计划的深化和组成部分。施工总承包单位有责任对各分包单位施工质量计划的编制进行指导和审核，并承担相应施工质量的连带责任。

2. 施工质量计划编制原则。一是施工质量计划应满足工程项目合同质量要求和项目质量目标值得实现，且符合企业的质量方针和质量目标，并与质量管理体系文件的内容相一致。二是施工质量计划应重点体现从工序、分项工程、分部工程到单位工程的过程控制，且应体现从资源投入到完成工程质量最终检验和试验的全过程控制；成为对外质量保证和对内质量控制的依据。三是施工质量计划应在施工程序、控制组织、控制措施、控制方式等方面，形成一个有机的质量计划系统，确保实现项目质量总目标和各分解目标的控制能力。

3. 施工质量计划涵盖的范围。按整个工程项目质量控制的要求，施工质量计划应与建筑安装工程施工任务的实施范围相一致；对具体施工任务施工单位而言，应能满足其履行工程承包合同质量责任的要求。

4. 施工质量计划的审批

施工质量计划（或施工组织设计）编成后，应按照工程施工管理程序进行审批，包括施工企业内部的审批和项目监理机构的审核。

1）企业内部的审批。施工单位的项目施工质量计划的编制与审批，应根据企业质量管理程序性规定的权限和流程进行。通常是由施工项目部主持编制，报企业组织管理层批准。

2）监理工程师的审查。施工单位必须填写《施工组织设计（方案）报审表》并附施工质量计划（或施工组织设计，或施工方案），报送项目监理机构审查。对监理工程师审查出不符合法律法规、设计要求、技术标准及施工承包合同约定的，施工单位应进行修改；对其所提出的建议、希望等意见是否采纳以及采纳的程度，由负责质量计划编制的施工单位自主决策。经总监理工程师审核、签认后方可实施。

3）施工质量计划在实施过程中如因条件变化需要对某些重要决定进行修改时，其修改内容仍应按照相应程序经过审批后执行。

正确执行施工质量计划的审批程序，是正确理解工程质量目标和要求，保证施工部署、技术工艺方案和组织管理措施的合理性、先进性和经济性的重要环节，也是进行施工质量事前预控的重要方法。要充分发挥质量自控主体和监控主体的共同作用，在坚持项目质量标准和质量控制能力的前提下，正确处理企业利益和项目利益的关系，应先从履行工程承包合同的角度，审查实现合同质量目标的合理性和可行性，以项目质量计划向建设单位提供可信任的依据。二是正确对项目监理机构审查所提出的建议、希望、要求，应在满足合同和相关法规要求的情况下，自主决定是否采纳以及采纳的程度，确定质量计划的调整、修改和优化，并对相应执行结果承担责任。三是严格按规定程序审查批准的施工质量计划的实施，在实施过程中确因条件变化需要对某些重要决定进行修改时，其修改内容仍应按照原审查批准程序经审批后方可执行。

5. 施工项目质量计划的编制要求及方法

施工项目质量计划应由项目经理主持编制。质量计划作为对外质量保证和对内质量控制的依据文件，应体现施工项目从分项工程、分部工程到单位工程的过程控制，同时也要体现从资源投入到完成工程质量最终检验和试验的全过程控制。施工项目质量计划编制的要求及方法主要包括以下几个方面。

1）了解工程概况，收集有关资料。质量计划编制阶段应重点了解工程项目组成、建设单位的项目质量目标、项目投标技术文件（项目管理规划大纲，或施工组织设计，或施工方案、施工工艺）等内容。收集的资料主要有施工及施工质量验收规范（规程）、施工质量评价标准、施工安全技术规范（规程）、绿色施工规范和类似的工程经验等资料。

2）确定项目质量目标并且分解目标。施工质量总目标应满足施工合同约定的质量标准。按项目质量总目标和项目的组成与划分，依据《建筑工程施工质量评价标准》（GB/T 50375—2006）对质量目标进行分解，确定项目质量目标。施工合同范围内的全部工程的安全和功能符合施工图设计文件要求，检验批、分项、分部、单位工程质量达到施工质量验收标准，合格率 100%。合同约定质量标准有优质要求时，应达到施工质量评价标准所对应的优质标准（优良工程、高等级优良工程）。如：某工程项目的质量计划中质量目标。

（1）总体质量目标：确保“安济杯”，争创“鲁班奖”。

（2）具体质量目标：确保各分部工程合格率 100%，优良率 90%；观感质量为“好”。

（3）质量目标分解：项目质量目标分解控制见表 1-1。

表 1-1　项目质量目标分解控制表

总体目标	分部工程总目标	分部工程名称	质量目标	分项工程合格率	质量评价得分
确保“安济杯” 争创“鲁班奖”	合格率 100% 优良率：90%	地基工程	确保优良	100%	≥90
		主体结构	确保优良	100%	≥95
		建筑屋面	确保优良	100%	≥92
		装饰装修	确保优良	100%	≥95
		安装工程	确保优良	100%	≥95

3）设置质量管理机构，确定各岗位管理职责。根据工程项目特点、施工组织、工程进度计划和已建立的项目质量目标树，配备质量管理人员、设备和器具，确定各级人员的质量责任，建立项目的质量管理体系。形成由项目经理领导，技术质量负责人策划并组织实施，质量管理人员检查监督，专业承包商、施工作业队组各负其责的质量管理网络。

项目经理是工程项目实施的最高负责人，对工程符合设计、验收规范、标准要求负责；对各阶段、各工号按期交工负责。建立以项目经理责任制为中心的全面质量责任制，设置项目质量管理体系的组织机构框架，规定各岗位职责（参见本章第一节中质量控制体系的人员职责）。如：项目质量副经理（或技术负责人）负责本工程质量计划和质量文件的实施及日常质量管理工作；当有更改时，负责更改后的质量文件活动的控制和管理。项目生产副经理对工程进度负责，调配人力、物力保证按图纸和规范施工，协调同建设单位及项目经理机构、分包商的关系，负责审核结果、整改措施和质量纠正措施和实施。质量员、标准员、资料员、劳务员、测量员、试验员、计量员及施工队长、班组质检员、作业人员等负责质量“三检”和工序、检验批、分项工程施工的全过程的质量控制，使其符合设计文件和规范要求；有工程变更的符合变更要求，有特殊规定者符合特殊要求，并达到确定的质量分目标。材料员、机械员负责材料、构件、机械设备等的采购、进场验收或退货、索赔，有特殊要求的物资、构件、机械设备执行质量副经理的指令。对建设单位提供的物资和机械设备负责按合同规定进行验收；对分包商提供的物资和机械设备按合同规定进行验收。

4）制定项目质量控制程序。根据工程项目施工管理的基本程序，结合项目特点，在制定项目总体质量计划后，列出施工过程阶段、节点和总体质量水平有影响的项目，作为具体实施的质量控制点。针对施工质量控制的难点采取不同的施工技术措施；制定施工项目部的质量控制程序。施工项目部质量控制程序主要有：原材料及安装设备的检查试验和标识程序、施工过程的质量检查程序、不合格产品的控制程序、试验室的试验工作程序、计量器具的控制程序、施工质量记录的控制程序和交工验收程序等。

5）工程项目实现过程策划。根据施工质量目标和质量控制程序制定施工方案编制计划。并规定施工组织设计或专项项目质量的编制要点及接口关系。规定重要施工过程的技术交底和质量策划要求。规定新技术、新材料、新结构、新设备的策划要求。规定重要过程验收的准则或技艺评定方法。

6）资源提供。规定施工项目部管理人员及操作工人的岗位任职标准及考核认定方法。规定项目人员流动时进出人员的管理程序。规定人员进场（包括供方队伍、临时工、新进场人员）培训的内容、考核、记录等。规定对新技术、新结构、新材料、新设备修订操作方法和操作人员进行培训并记录等。规定施工所需的临时设施（含临建、办公设备、住宿房屋等）、支持性服务手段、施工设备及通讯设备等。

7）材料设备质量管理及控制措施。根据工程进度计划，编制相应的资源计划表。做好材料、机械、设备、劳务及试验等采购控制。

（1）建设单位提供的材料、机械设备等产品的过程控制。当施工合同约定部分原材料、设备由建设单位提供时。质量计划应对建设单位如何标识、控制其提供产品的质量提出要求；规定检查、检验、验证建设单位提供产品满足规定要求的方法及交接程序和交接记录；规定建设单位提供产品不满足规定的处理办法。

（2）材料、机械、设备、劳务及试验等采购控制。由企业自行采购的工程材料、工程机械设备、施工机械设备、工具等，质量计划应做出具体的规定。如：①对供方产品标准及质量管理体系的要求；②选择、评估、评价和控制供方的方法；③必要时对供方质量计划的要求及引用的质量计划；④采购的法规要求；⑤有可追溯性（追溯所考虑对象的历史、应用情况或所处场所的能力）要求时，要明确追溯内容的形成，记录、标志的主要方法。⑥需要的特殊质量保证证据。

8）检验、试验、测量设备的过程控制。规定要在本工程项目上使用所有检验、试验、测量和计量设备的控制和管理制度，包括：①设备的标识方法；②设备校准的方法；③标明、记录设备校准状态的方法；④明确哪些记录需要保存，以便一旦发现设备失准时，便确定以前的测试结果是否有效。

9）施工工艺过程的控制

（1）对工程从合同签订到交付全过程的控制方法做出规定。对工程的总进度计划、分段进度计划、分包工程的进度计划、特殊部位进度计划、中间交付的进度计划等做出过程识别和管理规定。

(2) 界定关键过程和特殊过程，规定工程实施全过程各阶段的控制方案、措施、方法及特别要求等。主要包括下列过程：①施工准备；②深基坑边坡支护及开挖工程施工；③地基处理；④基础和地下室施工；⑤主体工程施工；⑥设备安装；⑦装饰装修施工；⑧建筑节能施工；⑨附属建筑施工；⑩分包工程施工；⑪冬期、雨期、高温期施工；⑫特殊工程施工；⑬交付。

(3) 规定工程实施过程需用的程序文件、作业指导书（如工艺标准、操作规程、工法等），作为方案和措施必须遵循的办法。

(4) 规定对隐蔽工程、特殊工程进行控制、检查、鉴定验收、中间交付的方法。

(5) 规定工程实施过程需要使用的主要施工机械、设备、工具的技术和工作条件，运行方案，操作人员上岗条件和资格等内容，作为对施工机械设备的控制方式。

(6) 规定对各分包单位在项目上的工作表现及其工作质量进行评估的方法、评估结果送交的部门、对分包单位的管理办法等，以此控制分包单位。

10) 安装和调试的过程控制。对于工程给水排水、采暖、电气、建筑智能、通风空调、机械设备等的安装、检测、调试、验评、交付、不合格的处置等内容规定方案、措施、方式。由于这些工作同土建施工交叉配合较多，因此对于交叉接口程序、验证哪些特性、交接验收、检测、试验设备要求、特殊要求等内容要做明确规定，以便各方面实施时遵循。

11) 检验、试验和测量的过程控制。根据工程项目的进度及各个阶段的特点，规定材料、构件、施工条件、结构形式在什么条件、什么时间必须进行检验、试验、复验的要求，以验证是否符合规范规定和设计要求。

依据合同规定建立现场试验室，配置相应的试验设备，完善试验条件，规定试验人员资格和试验内容；对于特定要求，要规定试验程序及对程序过程进行控制的措施。

对于需要进行状态检验和试验的内容，必须规定每个检验试验点所需检验、试验的特性、所采用程序、验收准则、必需的专用工具、技术人员资格、标识方式、记录等要求。

对于法律法规要求监理（建设）单位见证、旁站的检验、试验过程或部位（见证取样送检），要规定该过程或部位在何处、何时、如何按规定由第三方试验、检验。

对于监理（建设）单位要求见证或试验的过程或部位，要规定该过程或部位的所在地，见证或试验时间，如何按规定进行检验试验，前后接口部位的要求等内容。例如屋面、卫生间的渗漏试验。

对于施工安全设施、用电设施、施工机械设备安装、使用、拆卸等，要规定专门安全技术方案、措施、使用的检查验收标准等内容。要编制现场计量网络图、明确工艺计量、检测计量、经营计量的网络、计量器具的配备方案、检测数据的控制管理和计量人员的资格。

编制控制测量、施工测量的方案，制定测量仪器配置，人员资格、测量记录控制、标识确认、纠正、管理等措施。

要编制分项、分部、单位工程和项目检查验收、交付验评的方案，作为交验时进行控制的依据。

12) 搬运、贮存、包装、成品保护和交付过程的控制。规定工程实施过程在形成的分项、分部、单位工程的半成品、成品保护方案、措施、交接方式等内容，作为保护半成品、成品的准则。规定工程中间交付、竣工交付、工程的收尾、维护、验评、后续工作处理的方案、措施，作为竣工的控制方式。规定材料、构件、设备运输、装卸、收存的控制方案、措施，作为管理的控制方式。规定重要材料及工程设备的包装防护方案及方法。

13）产品标识和可追溯性控制。隐蔽工程、检验批质量验评、特殊要求的工程等必须做可追溯性记录，质量计划要对其可追溯性范围、程序、标识、所需记录及如何控制和分发这些记录等内容做出规定。施工现场测量基准点（基准线和水准点）、坐标控制点、标高控制点，沉降观察点、安全标志、标牌等是工程重要标识，质量计划要对这些标识的准确性控制措施、记录等内容做出规定。重要材料（水泥、钢材、构件等）及重要施工设备的运作须具有可追溯性。

14）数据分析和统计技术应用的过程控制。规定各岗位人员收集信息的内容，传递的方式和归档的职责；规定数据分析的项目、内容和频次；规定应用统计技术进行数据分析的项目和方法；规定数据分析结果的评审及处理方法。

15）施工过程管理的改进控制。规定在项目上识别改进过程的职责并对重点部位进行改进要求；规定采取预防和纠正措施的时机或过程；规定预防、纠正措施效果评估的时机及人员职责。

16）不合格品的控制。要编制工种、分项、分部工程不合格产品出现的方案、措施，以及防止与合格之间发生混淆的标识和隔离措施。规定哪些范围不允许出现不合格；明确一旦出现不合格哪些允许修补返工，哪些必须推倒重来，哪些必须局部更改设计或降级处理。

编制控制质量事故发生的措施及一旦发生后的处置措施。

第四节　施工项目管理

一、施工项目管理的基本概念

（一）项目与建设项目的概念

1. 项目的概念与特点

项目（Project）是指为达到某一明确的目标（或目的），按确定的约束条件（时间、费用和质量等）完成的，由一系列相互关联的独特、复杂活动组成的特殊过程。项目是指一个过程，而不是指过程终结后所形成的成果，例如某个住宅小区的建设过程是一个项目，而建设完成后的住宅楼及其配套设施是这个项目完成后形成的产品。以项目管理的角度而言，项目作为一个专门术语，它具有如下几个基本特点：

1）一个项目必须有明确的目标；

2）任何项目都是在一定的限制条件下进行的，包括资源条件的约束（人力、财力和物力等）和人为的约束，其中质量（工作标准）、进度、费用目标是项目普遍存在的三个主要约束条件；

3）项目是一次性的任务，由于目标、环境、条件、组织和过程等方面的特殊性，不存在两个完全相同的项目，即项目不可能重复；

4）任何项目都有其明确的起点时间和终点时间，它是在一段有限的时间内存在的；

5）多数项目在其进行过程中，往往有许多不确定的因素。

2. 建设项目的概念和特点

《建设项目管理规范》（GB/T 50326—2006）对建设项目的定义是："为完成依法立项的新建、扩建、改建等各类工程而进行的、有起止日期的、达到规定要求的一组相互关联的受控活动组成的特定过程，包括策划、勘察、设计、采购、施工、试运行、竣工验收和考核评价等。简称为项目"。建设项目除具有一般项目的基本特点外，还有自身的特点。工程项目的特点主要表现在以下几个方面。

1）具有明确的建设目标：每个项目都具有确定的目标，包括成果性目标和约束性目标。成果性目标是指对项目的功能性要求，也是项目的最终目标；约束性目标是指对项目的约束和限制，如质量、投资、进度等量化的条件。

2）具有特定的对象：任何项目都具有具体的对象，建设成果和建设过程固定在某一地点。

3）一次性：项目都是具有特定目标的一次性任务，有明确的起点和终点，任务完成即告结束，所有项目没有重复。

4）生命周期性：项目的一次性决定了项目具有明确的起止点，即任何项目都具有诞生、发展和结束的时间，也就是项目的生命周期。

5）整体性：按照总体设计建设，可以形成若干单位工程的总体。

6）复杂性：涉及的单位多，各单位之间关系协调的难度和工作量大；工程技术的复杂性不断提高，出现了许多新技术、新材料和新工艺；大中型项目的建设规模大；社会、政治和经济环境对工程项目的影响，特别是对一些跨地区、跨行业的大型工程项目的影响，越来越复杂；涉及面广；一个建设项目涉及建设规划、计划、土地管理、银行、税务、法律、设计、施工、材料供应、设备、交通、城管等诸多部门，因而项目组织者需要做大量的协调工作。

7）有特殊的组织和法律条件：项目的参与单位之间主要以合同作为纽带相互联系，并以合同作为分配工作、划分权力和责任关系的依据。项目参与方之间在此建设过程中的协调主要通过合同、法律和规范实现。

8）作用和影响具有长期性：每个建设项目的建设周期、运行周期、投资回收周期都很长，因此其影响面大、作用时间长。

9）环境因素制约多：每个建设项目都受建设地点的气候条件、水文地质、地形地貌等多种环境因素的制约。

（二）施工项目管理的概念

1. 施工项目和施工项目管理的概念

施工项目是指建筑企业自工程施工投标开始到保修期满为止的全过程中完成的项目。施工项目管理是指建筑企业运用系统的观点、理论和科学技术对施工项目进行的计划、组织、监督、控制、协调等全过程管理。施工项目管理以项目经理责任制为中心，以合同为依据，按施工项目的内在规律，实现资源的优化配置和对各生产要素的有效管理。

2. 施工项目管理的特点

1）施工项目的管理者是建筑施工企业。其他单位均不进行施工项目管理，如建设单位对项目的管理称为建设项目管理，设计单位对项目的管理称为设计项目管理。

2）施工项目管理的对象是施工项目。施工项目管理的周期包括工程投标、签订工程项目承包合同、施工准备、施工、竣工验收、保修等。施工项目管理具有先有交易活动，后有“产成品”（工程项目）；生产活动与市场交易活动同时进行，双方都投入生产管理，生产活动和交易活动很难分开。

3）施工项目管理的内容是在一个长时间进行的有序过程中按阶段变化的。由于各阶段管理的内容差异很大，因此要求管理者必须进行有针对性的动态管理，并使资源优化组合，以提高施工效率和施工效益。

4）施工管理项目要求强化组织协调工作。施工活动中往往涉及到复杂的经济关系、技术关系、法律关系、行政关系和人际关系等关系，因此，必须通过强化组织协调的办法才能保证施工的顺利进行。主要强化方法是优选项目经理，建立调度机构，配备称职的调度人员，努力使调度工作科学化、信息化，建立起动态的控制体系。

（三）施工项目管理的全过程

施工项目管理的对象是施工项目寿命周期各阶段的工作。施工项目寿命周期可分为五个阶段，构成了施工项目管理有序的全过程。

1. 投标、签约阶段

投标、签约阶段的目标是力求中标，签订工程承包合同。主要工作包括：①建筑施工企业从经营战略的高度做出是否投标争取承包该项目的决策；②决定投标以后从企业自身、相关单位、市场、现场等多方面、多渠道地尽可能地获取大量信息；③对掌握的信息认真分析梳理，进行施工项目管理策划，编制《施工项目管理规划大纲》；④编制既能使企业盈利、又有望中标的投标文件，并在投标截止时间前将投标文件送达规定地点；⑤如果中标，则与招标方进行谈判，依法签订工程承包合同。

2. 施工准备阶段

施工准备阶段的目标是使工程具备开工和连续施工的基本条件。主要工作包括：①依据工程承包合同约定委派项目经理，组建施工项目部，根据工程项目管理的需要建立健全管理机构，配备管理人员；②企业管理层与项目经理协商签订《项目管理目标责任书》，明确项目管理目标、项目经理的责权利及相关工作的内容、要求、评价、考核等事项；③由项目经理组织编制《施工项目管理实施规划》（施工组织设计）；④进行各项施工准备，协助建设单位办理安全、质量监督备案及施工许可，满足开工条件时向监理（建设）单位报送《施工现场质量管理检查记录》和开工报审，待批准开工。

3. 施工阶段

施工阶段的目标是完成工程承包合同规定的全部施工任务，实现施工项目管理的各项（进度、质量、成本、安全）控制目标。这是一个自开工至竣工的实施过程，在这一过程中，施工项目部既是决策机构，又是责任机构。企业管理层、建设单位、监理单位的作用是支持、监督与协调。施工阶段主要工作包括：①按《施工项目管理实施规划》（施工组织设计）的安排进行施工，努力做好动态控制工作，保证质量、进度、安全、成本目标的全面实现；②管理职业健康安全和环境，实行文明施工；③严格履行合同，协调好内外关系，处理好合同变更及索赔；④做好记录、检查、分析和改进工作。

4. 验收交工与结算阶段

验收交工与结算阶段的目标是对项目成果进行总结、评价及工程结算。主要工作包括：①工程收尾、试运转，整理竣工文件，进行工程预验收；②接受正式验收；③移交竣工文件，进行工程结算；④总结工作，编制竣工总结报告，签订《工程质量保修书》，办理工程交付手续。⑤兑现《施工项目管理目标责任书》，施工项目部解体。

5. 用后服务阶段

用后服务阶段的目标是保证使用单位正常使用，发挥应有功能和效益，反馈信息，改进工作，提高企业信誉。主要工作包括：①根据《工程质量保修书》的约定做好保修工作；②为保证工程正常使用而作必要的技术咨询和服务；③进行工程回访，听取使用单位意见，总结经验教训，观察使用中的问题，进行必要的维护、维修和保修；④配合科研等需要，进行沉陷、抗震性能等观察。

二、施工项目管理的内容及组织

（一）施工项目管理的内容

1. 建立施工项目管理组织——施工项目部

1）由企业采用适当的方式选聘称职的施工项目经理；

2）根据施工项目组织原则，选用适当的组织形式，组建施工项目管理机构，明确责任、权限和义务；

3）在遵守企业规章制度的前提下，根据施工项目管理的需要，制定施工项目管理制度。

2. 编制施工项目管理规划

施工项目规划是对施工项目管理组织、内容、方法、步骤、重点进行预测和决策做出具体安排的纲领性文件。施工项目管理规划的内容主要有：

1）进行工程项目分解，形成施工对象分解体系，以确定阶段控制目标，从局部到整体地进行施工活动和施工项目管理；

2）建立施工项目管理工作体系，绘制施工项目管理工作体系图和施工项目管理工作信息流程图；

3）编制施工项目管理规划，确定管理点，形成文件，以利执行。

3. 进行施工项目的目标控制

施工项目的控制目标分为施工进度控制目标、施工质量控制目标和施工成本控制目标，由于在施工项目目标的控制过程中，会不断受到各种客观因素的干扰，各种风险因素有随时发生的可能性，故应通过组织协调和风险管理，对施工项目目标进行动态控制。

4. 对施工项目的生产要素进行优化配置和动态管理

施工项目的生产要素是施工项目目标得以实现的保证，主要包括劳动力、材料、设备、资金和技术（即 5M）以及信息、环境。生产要素管理的内容包括：

1）分析各项生产要素的特点；

2）按照一定原则、方法对施工项目生产要素进行优化配置，并对配置状况进行评价；

3）对施工项目的各项生产要素进行动态管理。

5. 职业健康安全与环境管理

1）坚持安全第一、预防为主和防治结合的方针，建立并持续改进职业健康安全与环境管理管理体系。项目经理应负责项目职业健康安全与环境管理的全面管理工作。项目负责人、专职安全生产管理人员应持证上岗。施工项目在领取施工许可证前，向工程所在地的建筑施工安全监督管理机构办理建设工程安全生产备案手续；

2）识别并评价危险源及风险；确定职业健康安全与环境管理目标；

3）进行项目职业健康安全与环境管理策划，编制并实施项目职业健康安全与环境管理技术措施计划；

4）职业健康安全与环境管理技术措施计划实施结果验证；

5）持续改进相关措施和绩效。

6. 施工项目的合同管理

由于施工项目管理是在市场条件下进行的特殊交易活动的管理，这种交易活动从投标开始，并持续于项目管理的全过程，必须依法签订合同，进行履约经营。合同管理的好坏直接涉及项目管理及工程施工的技术经济效果和目标实现。因此，要从招投标开始，加强工程承包合同的签订、履行管理。同时还应注意索赔管理，讲究方法和技巧，提供充分的证据，以取得较好的经济效益。

7. 施工项目的信息管理

现代化管理要依靠信息。施工项目管理是一项复杂的现代化的管理活动，更要依靠大量信息及对大量信息的管理，并应用计算机进行辅助。注意信息的收集与储存，使本项目的经验和教训得到记录和保留，为以后的项目管理服务，故认真记录总结，建立档案及保管制度是非常重要的。

8. 组织协调

组织协调指以一定的组织形式、手段和方法，对项目管理中产生的关系不畅进行疏通，对产生的干扰和障碍予以排除的活动。在控制与管理的过程中，由于各种条件和环境的变化，必然形成不同程度的干扰，使原计划的实施产生困难，这就必须协调。协调为顺利“控制”服务，协调与控制的目的都是保证目标实现。

（二）施工项目管理的组织

施工项目管理组织，是指为进行施工项目管理、实现组织职能而进行组织系统的设计与建立、组织运行和组织调整三个方面。组织系统的设计与建立，是指经过筹划、设计，建成一个可以完成施工项目管理任务的组织机构，建立必要的规章制度，划分并明确岗位、层次、部门的责任和权力，建立和形成管理信息系统及责任分担系统，并通过一定岗位和部门内人员的规范化的活动和信息流通实现组织目标。

1. 组织的职能

组织职能是项目管理基本职能之一，其目的是通过合理设计和职权关系结构来使各方面的工作协同一致。项目管理的组织职能包括五个方面：

1）组织设计。包括选定一个合理的组织系统，划分各部门的权限和职责，确立各种基本的规章制度。包括生产指挥系统组织设计、职能部门组织设计等等。

2）组织联系。就是规定组织机构中各部门的相互关系，明确信息流通和信息反馈的渠道，以及它们之间的协调原则和方法。

3）组织运行。就是按分担的责任完成各自的工作，规定各组织体的工作顺序和业务管理活动的运行过程。组织运行要抓好三个关键性问题，一是人员配置；二是业务交圈；三是信息反馈。

4）组织行为。就是指应用行为科学、社会学及社会心理学原理来研究、理解和影响组织中人们的行为、言语、组织过程、管理风格以及组织变更等。

5）组织调整。组织调整是指根据工作的需要，环境的变化，分析原有的项目组织系统的缺陷、适应性和效率性，对原组织系统进行调整和重新组合，包括组织形式的变化、人员的变动、规章制度的修订或废止、责任系统的调整以及信息流通系统的调整等。

2. 施工项目管理组织机构的作用

1）组织机构是施工项目管理的组织保证。项目经理在启动项目实施之前，首先要做组织准备，建立一个能完成管理任务、令项目经理指挥灵便、运转自如、效率很高的项目组织机构——施工项目部，其目的就是为了提供进行施工项目管理的组织保证。一个好的组织机构，可以有效地完成施工项目管理目标，有效地应付环境的变化，有效地供给组织成员生理、心理和社会需要，形成组织力，使组织系统正常运转，产生集体思想和集体意识，完成项目管理任务。

2）形成一定的权力系统以便进行集中统一指挥。权力由法定和拥戴产生。“法定”来自于授权，“拥戴”来自于信赖。法定或拥戴都会产生权力和组织力。组织机构的建立，首先是以法定的形式产生权力。权力是工作的需要，是管理地位形成的前提，是组织活动的反映。没有组织机构，便没有权力，也没有权力的运用。权力取决于组织机构内部是否团结一致，越团结，组织就越有权力、越有组织力，所以施工项目组织机构的建立要伴随着授权，以便权力的使用能够实现施工项目管理的目标。要合理分层，层次多，权力分散；层次少，权力集中。所以要在规章制度中把施工项目管理组织的权力阐述明白，固定下来。

3）形成责任制和信息沟通体系。责任制是施工项目组织中的核心问题。没有责任也就不成其为项目管理机构，也就不存在项目管理。一个项目组织能否有效地运转，取决于是否有健全的岗位责任制。施工项目组织的每个成员都应肩负一定责任，责任是项目组织对每个成员规定的一部分管理活动和生产活动的具体内容。

信息沟通是组织力形成的重要因素。信息产生的根源在组织活动之中，下级（下层）以报告的形式或其他形式向上级（上层）传递信息；同级不同部门之间为了相互协作而横向传递信息。越是高层领导，越需要信息，越要深入下层获得信息。原因就是领导离不开信息，有了充分的信息才能进行有效决策。

3. 施工项目管理组织机构的设置原则

1）目的性原则。施工项目组织机构设置的根本目的，是为了产生组织功能，实现施工项目管理的总目标。从这一根本目标出发，就会因目标设事、因事设机构定编制，按编制设岗位定人员，以职责定制度授权力。

2）精干高效原则。施工项目组织机构的人员设置，以能实现施工项目所要求的工作任务（事）为原则，尽量简化机构，做到精干高效。人员配置要从严控制二三线人员，力求一专多能，一人多职。同时还要增加项目管理班子人员的知识含量，着眼于使用和学习锻炼相结合，以提高人员素质。

3）管理跨度和分层统一原则。管理跨度亦称管理幅度，是指一个主管人员直接管理的下属人员数量。跨度大，管理人员的接触关系增多，处理人与人之间关系的数量随之增大。故跨度太大时，领导者及下属常会出现应接不暇之烦。组织机构设计时，必须使管理跨度适当。然而跨度大小又与分层多少有关。这就要根据领导者的能力和施工项目的大小进行权衡。美国管理学家戴尔曾调查 41 家大企业，管理跨度的中位数是 6－7 人之间。对施工项目管理层来说，管理跨度更应尽量少些，以集中精力于施工管理。在鲁布格工程中，项目经理下属 33

人，分成了所长、课长、系长、工长四个层次，项目经理的跨度是5。项目经理在组建组织机构时，必须认真设计切实可行的跨度和层次，画出机构系统图，以便讨论、修正、按设计组建。

4）业务系统化管理原则。由于施工项目是一个开放的系统，由众多子系统组成一个大系统，各子系统之间，子系统内部各单位工程之间，不同组织、工种、工序之间，存在着大量结合部，这就要求项目组织也必须是一个完整的组织结构系统，恰当分层和设置部门，以便在结合部上能形成一个相互制约、相互联系的有机整体，防止产生职能分工、权限划分和信息沟通上相互矛盾或重叠。要求在设计组织机构时以业务工作系统化原则作指导，周密考虑层间关系、分层与跨度关系、部门划分、授权范围、人员配备及信息沟通等，使组织机构自身成为一个严密的、封闭的组织系统，能够为完成项目管理总目标而实行合理分工及协作。

5）弹性和流动性原则。工程建设项目的单件性、阶段性、露天性和流动性是施工项目生产活动的主要特点，必然带来生产对象数量、质量和地点的变化，带来资源配置的品种和数量变化。于是要求管理工作和组织机构随之进行调整，以使组织机构适应施工任务的变化。

6）项目组织与企业组织一体化原则

项目组织是企业组织的有机组成部分，企业是它的母体，归根结底，项目组织是由企业组建的。从管理方面来看，企业是项目管理的外部环境，项目管理的人员全部来自企业，项目管理组织解体后，其人员仍回企业。即使进行组织机构调整，人员也是进出于企业人才市场的。施工项目的组织形式与企业的组织形式有关，不能离开企业的组织形式去谈项目的组织形式。

（三）施工项目管理组织结构的形式

组织形式亦称组织结构的类型，是指一个组织以什么样的结构方式去处理层次、跨度、部门设置和上下级关系。施工项目组织的形式与企业的组织形式是不可分割的。加强施工项目管理就必须进行企业管理体制和内部配套改革。

1. 工作队式项目组织

1）特征：

（1）项目经理在企业内招聘或抽调职能人员组成管理机构（工作队），由项目经理指挥，独立性大。

（2）项目管理班子成员在工程建设期间与原所在部门断绝领导与被领导关系。原单位负责人员负责业务指导及考察，但不能随意干预其工作或调回人员。

（3）项目管理组织与项目同寿命。项目结束后机构撤销，所有人员仍回原所在部门和岗位。

2）适用范围：适用于大型项目、工期要求紧迫的项目、要求多工种多部门密切配合的项目。因此，它要求项目经理素质要高，指挥能力要强，有快速组织队伍及善于指挥来自各方人员的能力。

3）优点：

（1）项目经理从职能部门抽调或招聘的是一批专家，他们在项目管理中相互配合，协同工作，可以取长补短，有利于培养一专多能的人才并充分发挥其作用。

（2）各专业人才集中在现场办公；减少了扯皮和等待时间，办事效率高，解决问题快。

（3）项目经理权力集中，运权的干扰少，故决策及时，指挥灵便。

（4）由于减少了项目与职能部门的结合部，项目与企业的结合部关系弱化，故易于协调关系，减少了行政干预，使项目经理的工作易于开展。

（5）不打乱企业的原建制，传统的直线职能制组织仍可保留。

4）缺点：

（1）各类人员来自不同部门，具有不同的专业背景，互相不熟悉，难免配合不力。

（2）各类人员在同一时期内所担负的管理工作任务可能有很大差别，因此很容易产生忙闲不均，可能导致人员浪费。特别是对稀缺专业人才，难以在企业内调剂使用。

（3）职工长期离开原单位，即离开了自己熟悉的环境和工作配合对象，容易影响其积极性的发挥。而且由于环境变化，容易产生临时观点和不满情绪。

（4）职能部门的优势无法发挥作用。由于同一部门人员分散，交流困难，也难以进行有效的培养、指导，削弱了职能部门的工作。当人才紧缺而同时又有多个项目需要按这一形式组织时，或者对管理效率有很高要求时，不宜采用这种项目组织类型。

2. 部门控制式项目组织

1）特征：这是按职能原则建立的项目组织。它并不打乱企业现行的建制，把项目委托给企业某一专业部门或委托给某一施工队，由被委托的部门（施工队）领导，在本单位选人组合负责实施项目组织，项目终止后恢复原职。

2）适用范围：一般适用于小型的、专业性较强、不需涉及众多部门的施工项目。

3）优点：

（1）人才作用发挥较充分。这是因为由熟人组合办熟悉的事，人事关系容易协调。

（2）从接受任务到组织运转启动，时间短。

（3）职责明确，职能专一，关系简单。

（4）项目经理无需专门训练便容易进入状态。

4）缺点：

（1）不能适应大型项目管理需要，而真正需要进行施工项目管理的工程正是大型项目。

（2）不利于对计划体系下的组织体制（固定建制）进行调整。

（3）不利于精简机构。

3. 矩阵制项目组织

1）特征：

（1）项目组织机构与职能部门的结合部同职能部门数相同。多个项目与职能部门的结合部呈矩阵状。

（2）把职能原则和对象原则结合起来，既发挥职能部的纵向优势，又发挥项目组织的横向优势。

（3）专业职能部门是永久性的，项目组织是临时性的。职能部门负责人对参与项目组织的人员进行组织调配、业务指导和管理考察。项目经理将参与项目组织的职能人员在横向上有效地组织在一起，为实现项目目标协同工作。

（4）矩阵中的每个成员或部门，接受原部门负责人和项目经理的双重领导。但部门的控制力大于项目的控制力。部门负责人有权根据不同项目的需要和忙闲程度，在项目之间调配本部门人员。一个专业人员可能同时为几个项目服务，特殊人才可充分发挥作用，免得人才在一个项目中闲置又在另一个项目中短缺，大大提高人才利用率。

（5）项目经理对“借”到本施工项目部来的成员，有权控制和使用。当感到人力不足或某些成员不得力时，他可以向职能部门求援或要求调换，辞退回原部门。

（6）施工项目部的工作有多个职能部门支持，项目经理没有人员包袱。但要求在横向和纵向有良好的信息沟通及良好的协调配合，对整个企业组织和项目组织的管理水平和组织渠道畅通提出了较高的要求。

2）适用范围：

（1）适用于同时承担多个需要进行项目管理工程的企业。在这种情况下，各项目对专业技术人才和管理人员都有需求，加在一起数量较大。采用矩阵制组织可以充分利用有限的人才对多个项目进行管理，特别有利于发挥稀有人才的作用。

（2）适用于大型、复杂的施工项目。因大型复杂的施工项目要求多部门、多技术、多工种配合实施，在不同阶段，对不同人员，有不同数量和搭配各异的需求。显然，部门控制式机构难以满足这种项目要求；混合工作队式组织又因人员固定而难以调配。人员使用固化，不能满足多个项目管理的人才需求。

3）优点：

（1）它兼有部门控制式和工作队式两种组织的优点，即解决了传统模式中企业组织和项目组织相互矛盾的状况，把职能原则与对象原则融为一体，求得了企业长期例行性管理和项目一次性管理的一致性。

（2）能以尽可能少的人力，实现多个项目管理的高效率。理由是通过职能部门的协调，一些项目上的闲置人才可以及时转移到需要这些人才的项目上去，防止人才短缺，项目组织因此具有弹性和应变力。

（3）有利于人才的全面培养。可以使不同知识背景的人在合作中相互取长补短，在实践中拓宽知识面；发挥了纵向的专业优势，可以使人才成长有深厚的专业训练基础。

4）缺点：

（1）由于人员来自职能部门，且仍受职能部门控制，故凝聚在项目上的力量减弱，往往使项目组织的作用发挥受到影响。

（2）管理人员如果身兼多职地管理多个项目，便往往难以确定管理项目的优先顺序，有时难免顾此失彼。

（3）双重领导。项目组织中的成员既要接受项目经理的领导，又要接受企业中原职能部门的领导。在这种情况下，如果领导双方意见和目标不一致、乃至有矛盾时，当事人便无所适从。要防止这一问题产生，必须加强项目经理和部门负责人之间的沟通，还要有严格的规章制度和详细的计划，使工作人员尽可能明确在不同时间内应当干什么工作。

（4）矩阵制组织对企业管理水平、项目管理水平、领导者的素质、组织机构的办事效率、信息沟通渠道的畅通，均有较高要求，因此要精于组织，分层授权，疏通渠道，理顺关系。由于矩阵制组织的复杂性和结合部多，造成信息沟通量膨胀和沟通渠道复杂化，致使信息梗阻和失真。于是，要求协调组织内部的关系时必须有强有力的组织措施和协调办法以排除难题。为此，层次、职责、权限要明确划分。有意见分歧难以统一时，企业领导要出面及时协调。

4. 事业部制项目组织

1）特征：

（1）企业成立事业部，事业部对内是职能部门，对外享有相对独立的经营权或一个独立单位。事业部可以按地区设置，也可以按工程类型或经营内容设置。事业部能较迅速适应环境变化，提高企业的应变能力，调动部门积极性。当企业向大型化、智能化发展并实行作业层和经营管理层分离时，事业部制是一种很受欢迎的选择，既可以加强经营战略管理，又可以加强项目管理。

（2）在事业部下设置施工项目部。项目经理由事业部选派，一般对事业部负责，有的可以直接对建设单位负责，是根据其授权程度决定的。

2）适用范围：事业部制项目组织适用于大型经营性企业的工程承包，特别是适用于远离公司本部，在一个地区内有长期市场或一个企业有多种专业化施工力量时采用。

3）优点：事业部制项目组织有利于延伸企业的经营职能，扩大企业的经营业务，便于开拓企业的业务领域。还有利于迅速适应环境变化以加强项目管理。

4）缺点：按事业部制建立项目组织，企业对施工项目部的约束力减弱，协调指导的机会减少，故有时会造成企业结构松散，必须加强制度约束，加大企业的综合协调能力。

三、施工项目目标控制

（一）施工项目目标控制的概念和要求

1. 施工项目目标控制的概念

所谓控制，是根据组织的计划和事先规定的标准，监督检查各项活动及其结果，并根据偏差或调整行动或调整计划，使计划和实际相吻合，保证目标实现。

施工项目目标控制是指为实现施工项目目标而对施工项目实施过程中各项活动及其结果的监督检查（收集数据）、与计划目标对比分析、采取措施纠正偏差等一系列活动。其目的是排除干扰、实现合同目标。施工项目目标控制包括进度控制、质量控制、安全控制和成本控制。

1）施工项目进度控制。施工项目进度控制是指在既定的工期内，编制出最优的施工进度计划，在执行该计划的施工中，经常检查施工实际进度情况，并将其与计划进度相比较，若出现偏差，便分析产生的原因和对工期的影响程度，找出必要的调整措施，修改原计划，不断地如此循环，直至工程竣工验收。施工项目进度控制的总目标是确保施工项目的既定目标工期的实现，或者在保证施工质量、施工安全和不因此而增加施工实际成本的条件下，适当缩短施工工期。

2）施工项目质量控制。施工项目质量控制是指对项目的实施情况进行监督、检查和测量，将项目实施结果与事先制定的项目质量标准进行比较，并进行质量误差与问题的确认、项目质量问题的原因分析和采取纠偏措施以消除项目质量差距与问题等一系列活动。这类项目质量管理活动是一项贯穿项目全过程的项目质量管理工作。

3）施工项目成本控制。施工项目成本控制是指在施工项目实施过程中对生产经营所发生的费用，进行科学管理，有效监督，时时调节和有效限制，并及时纠正将要发生和已经发生的偏差，把各项施工费用控制在预算时的计划成本范围之内，以保证施工项目成本目标的有效实现。

4）施工项目安全控制。施工项目安全控制是指施工企业对施工过程中的安全生产工作进行的策划、组织、指挥、协调、控制和改进等一系列活动。从而保证施工中的人身安全、设备安全、结构安全、财产安全和适宜的施工环境，促进生产发展，保持社会稳定。安全控制的客体是施工现场中一切人的不安全行为、物的不安全状态、作业环境的不安全因素及管理缺陷等。

2. 施工项目目标控制的要求

1）施工项目目标控制的责任主体是施工企业，因此应组织以施工项目经理为首的施工项目目标控制体系，且应有项目经理和相关的专业人员组成各目标控制分体系，集体履行目标控制的责任。

2）项目目标控制应遵循P-D-C-A循环法则，进行事前控制、事中控制和事后控制的全过程控制活动，以实现目标控制的持续改进。因此目标控制应按程序依次操作。

3）项目目标控制的基本方法是“目标管理方法”（MBO），其本质是“以目标指导行动”。因此要确定控制总目标，然后自上而下进行目标分解，落实责任，指定措施，按照措施控制实现目标的活动，从而自下而上地实现项目目标管理责任书中的责任目标。

4）施工项目目标和控制措施是在项目实施规划的基础上确定的。项目管理实施规划以项目管理目标责任书中制定的目标为依据编制。

5）进度、质量、安全、成本四项目标控制是各自独立的，也是平等的，但是他们之间却有着对立统一的关系。过于强调哪一个都会影响到其他，因此确定目标必须进行认真的设计和科学的决策。要进行动态控制，搞好协调。总的精神是：不求全优秀，只求综合为优，在保证质量和安全的前提下，使进度合理、节约成本。

6）施工项目目标控制要执行法律法规标准制度等有关规定。

7）实施总分包的项目，目标控制由总包单位全面负责，分包单位控制其分包任务的控制并向总包单位负责，对分包单位发生的问题，总施工单位和分包单位承担连带责任。

（二）施工项目目标控制的任务

施工项目目标控制的任务是以项目进度、质量、安全、成本控制为主要内容的四大控制，施工项目进度、质量、成本、安全目标是施工项目的约束条件，也是施工效益的象征，其中前三项是施工项目成果，而施工安全是实现施工项目成果的保障条件，没有施工安全保障，就谈不上施工效益。

施工项目进度控制的任务是根据施工进度总目标及资源优化配置的原则编制计划并付诸实施，在进度计划的实施过程中对实际进度监督检查，对出现的偏差情况进行分析，采取补救措施或调整；使得施工顺序合理、衔接工序适当，连续、均衡、有节奏的施工，实现计划工期，完成合同工期。

施工项目质量控制的任务是通过对施工方案和资源配置的计划，实施，检查和处置；使得分部分项工程达到质量检验评定标准的要求，实现施工组织设计中保证施工质量的技术组织措施和质量等级，保证合同质量目标的实现。

施工项目成本控制的任务是运用必要的技术手段和管理手段对物化劳动和活劳动消耗进行科学组织和严格监督；实现施工组织设计的降低成本措施，降低每个分项工程的直接成本，实现施工项目部盈利目标，实现施工企业的盈利目标及合同造价。

施工项目安全控制的任务是通过对生产要素具体状态（人的不安全行为、物的不安全状态、作业环境的不安全因素及管理缺陷等）的控制，实现施工组织设计的安全设计和措施，使人的行为安全、物的状态安全，断绝环境危险源。使施工项目效益目标的实现，得到充分保证。

（三）施工项目目标控制的措施

1. 施工项目进度控制的措施

施工项目进度控制采取的主要措施有组织措施、技术措施、合同措施、经济措施和信息管理措施等。

1）组织措施主要包括：重视健全项目管理的组织体系，落实各层次的进度控制的人员（符合进度控制岗位资格要求的人员）及具体任务、工作责任；建立进度控制的组织系统；按照施工项目的结构、进展的阶段或合同结构等进行项目分解，确定各分项进度控制的工期目标，建立进度控制的工期目标体系；确定进度控制工作制度，如检查时间、检查方法、协调会议时间、参加人员等；建立工程进度报告制度及进度信息沟通网络；建立图纸审查、工程变更和设计变更管理制度；对影响进度的主要因素进行分析和预测，制定调整施工实际进度的组织措施，如：增加工作面，组织更多的施工队伍；采用两班或三班制，增加每天的施工时间；增加劳动力和施工机械的数量。

2）技术措施是采取加快施工进度的技术方法。包括：采用缩短施工期的新材料、新工艺、新技术；改进施工工艺和施工技术，缩短工艺技术间歇时间；采用更先进的施工方法，以减少施工过程的数量（如将现浇框架方案改为预制装配方案）；采用更先进的施工机械。

3）合同措施是指以合同形式保证工期进度的实现。即：与分包单位签订施工合同的合同工期与有关进度计划目标相协调；供货、供电、运输、构件加工等合同约定与有关进度计划目标相协调。

4）经济措施是指实现进度计划的资金保证措施和加快施工进度的经济激励措施。包括落实实现进度目标的保证资金；签订并实施有关工期与进度的经济承包责任制；建立并实施有关工期与进度的奖惩制度；采取加快进度的技术措施给予相应的经济补偿等。

5）信息管理措施是指建立完善的工程统计管理体系和统计制度，详细、准确、及时地收集施工实际进度的有关资料进行整理统计与计划进度比较，定期地向建设单位提供比较报告。

2. 施工项目质量控制的措施

1）提高施工管理及作业人员的自身素质。施工管理及作业人员素质的高低对工程质量起着决定性的作用。首先应提高施工人员的质量意识。施工人员应牢固树立五大观念：质量第一的观念、预控为主的观念、为用户服务的观念、用数据说话的观念以及社会效益、企业效益（质量、成本、工期相结合）综合效益观念。其次是提高人的技术素质。管理、技术人员应有较强的质量规划、目标管理、施工组织和技术指导、质量检查的能力；生产人员应有精湛的技术技能、一丝不苟的工作作风，严格执行质量标准和操作规程的法制观念；服务人员则应做好技术和生活服务，以出色的工作质量，间接地保证工程质量。

提高人的素质，靠质量教育、靠精神和物质激励的有机结合，靠培训和优选。因此，要搞好培训教育工作，要对施工管理及现场作业人员进行质量知识、施工技术、安全知识等方面进行教育和培训，提高施工及现场作业人员的综合素质。

2）建立完善的工程质量保证体系。工程质量保证体系是指现场施工管理组织的施工质量自控体系或管理系统，即施工单位为保证工程项目的质量管理和目标控制，以现场施工管理组织机构为基础，通过质量目标的确定和分解，管理人员和资源的配置，质量管理制度的建立和完善，形成具有质量控制和质量保证能力的工作系统。

施工项目质量保证体系的内容应根据施工管理的需要并结合工程特点进行设置，具体内容包括：

（1）施工项目质量控制的目标分解；

（2）施工项目质量控制的工作分工；

（3）施工项目质量控制的基本制度；

（4）施工项目质量控制的工作流程；

（5）施工项目质量计划或施工组织设计；

（6）施工项目质量控制点的设置和控制措施的制定；

（7）施工项目质量控制关系网络设置及运行措施。

3）提高施工管理水平。每项工程有总体施工方案，每一分项工程施工之前也要做到方案先行，并且施工方案必须实行分级审批制度；方案审完后还要做出样本，反复对样本中存在的问题进行修改，直至达到设计要求方可执行。在工程施工过程中，根据出现的新问题、新情况，及时对施工方案进行修改。

4）加强原材料的质量控制。一是提高采购人员的基本素质和质量鉴定水平，任用具有一定专业知识又忠于事业的人担任该项工作。二是采购材料要广开门路、综合比较、择优选择。三是施工现场材料员要会同质量员、建设、监理等有关人员对原材料、设备进场进行检查验收。质量证明文件应完整有效，特殊材料及设备有说明书和检验报告、生产许可证等，技术性能和观感质量符合要求，并按规定进行复试和见证取样试验。

5）确保施工工序的质量。工程项目的施工过程，是由一系列相互关联、相互制约的工序所构成，工序质量是构成工程质量的最基本的单元。上道工序存在质量缺陷或隐患，不仅使本工序质量达不到标准要求，而且直接影响下道工序及后续工程的质量和安全，进而影响最终成品的质量。因此，在施工中要严格建立和落实“三检”制度，在每一道工序进行中，必须坚持自检、互检和交接检，上道工序不合格不得进行下道工序。并采用数理统计方法，进行统计、分析，来判断工序的质量是否稳定、正常；若不稳定，产生异常情况须及时采取对策和措施予以改善，实现对工序质量的控制。对监理人员检查发现的质量问题，应分析产生的原因，并采取合适的措施予以纠正和预防，处理完毕，报经监理复核确认合格后方可进行下道工序。

6）加强施工项目的过程控制：

（1）施工人员的控制。施工项目管理人员有项目经理统一指挥，各自按岗位标准进行工作，公司随时对项目管理人员的工作状态进行控制，并如实记录考查结果存入工程档案之中，依据考核结果，奖优罚劣。

（2）施工材料的控制。施工材料的选购，必须是经过考查后合格的、信誉好的材料供应商。在材料进场前必须先报验，经进场验收、按规定复试及见证取样试验合格的方可使用。对于部分构件、金属结构及设备等成品材料，除严把进场关外，安装前还要根据有关技术标准、规程及设计文件要求做进一步检查，确认符合要求时，方可安装。

（3）施工工艺的控制。施工工艺的选定应力求符合工程实际，讲求实用性和周全性，保证工艺的先进性、合理性。公司工程部应针对分项工程编制作业指导书，并下发各基层项目部技术人员，施工前做好技术交底，并视具体情况，注意对施工工艺进行必要的调整与优化，减少因施工工艺不当而影响工程质量的可能性。

（4）施工环境的控制。施工环境主要包括技术环境、自然环境和施工管理环境。在技术环境方面，一是重视设计文件的审核与设计变更的处理，准确理解设计意图，了解工程特点，确保准确无误按图施工；二是准确理解和运用施工技术规范、规程、质量检查方法和评定标准，为搞好施工质量提供技术保证。在施工管理环境方面，既要实行全面质量管理，建立质量保证和质量检查、监控两个体系，强化单元工程质量评定和分部工程验收签证制度；还要实行工程资金支付签证办法和“优质优价，返工自负”的奖惩制度，为工程创造一个良好的施工管理环境。在自然环境方面，要根据工程特点和具体条件，应对影响质量的环境因素，采取有效的措施严加控制，尽可能多方面、多渠道、及时了解诸如气候等各种自然环境的变化情况，以便采取相应的措施，将自然因素对施工质量的影响降到最低限度。

加强施工质量专项检查，开展自检、互检和专检活动，及时处理质量问题。各工序完工后由班组长组织质量员对本工序进行自检、互检。自检时，严格执行技术交底及现行规范、标准，在自检中发现问题由班组自行处理并填写自检记录，班组自检记录填写完整，自检的问题已确认修正后，方可由项目专职质检员进行验收。

3. 施工项目成本控制的措施

1）组织措施。完善高效的组织是项目成本控制的保障，设置强有力的施工项目部和协作网络，可以最大限度地发挥各级管理人员的积极性和创造性，因此必须建立完善的、科学的、分工合理的、责权利明确的项目成本控制体系。

（1）建立完善的组织机构。企业应建立和完善项目管理层作为成本控制中心的功能和机制。成立以项目经理为第一责任人，由工程技术、物资结构、试验测量、质量管理、合同管理、财务等相关部门领导组成的成本管理领导小组，主要负责施工项目部的成本管理、指导和考核，进行项目经济活动分析，制定成本目标及其实现的途径与对策，同时制定成本控制管理办法及奖惩办法等。

（2）建立以项目经理为中心的成本控制体系。在项目部建立一个成本控制量化责任体系，在这个体系中按内部各岗位和作业层进行成本目标分解，明确各管理人员和作业层的成本责任、权限及相互关系。实施有效的激励措施和惩戒措施，通过责权利相结合，使责任人积极有效地承担成本控制的责任和风险。

（3）项目经理是项目成本管理的第一责任人，全面组织项目部的成本管理工作，应及时掌握和分析盈亏状况，并迅速采取有效措施；工程技术部是整个工程项目施工技术和进度的负责部门，应在保证质量、按期完成任务的前提下尽可能采取先进技术，以降低工程成本；经营部主管合同实施和合同管理工作，负责工程进度款的申报和催款工作，处理施工赔偿问题，经济部应注重加强合同预算管理，增创工程预算收入；财务部主管工程项目的财务工作，应随时分析项目的财务收支情况，合理调度资金；施工项目部的其他部门和班组都应精心组织，为增收节支尽责尽职。

2）技术措施。采取技术措施是在施工阶段充分发挥技术人员的主观能动性，对标书中主要技术方案作必要的技术经济论证，以需求较为经济可靠的方案，从而降低工程成本，包括采用新材料、新技术、新工艺，节约能耗，提高机械化操作等。

（1）进行经济合理的施工组织设计。经济合理的施工组织设计是编制施工预算文件，进行成本控制的依据，保证在工程的实施过程中能以最少的消耗取得最大的效益。施工组织设计要根据工程的建筑特点和施工条件等，考虑工期与成本的辩证统一关系，正确选择先进的、经济合理的施工方案，合理布置施工现场；采用先进的施工方法和施工工艺，不断提高工业化、现代化水平；注意施工过程中各工种的作业转换和交接，加快工程进度，缩短工期。正确选择施工方案是降低成本的关键所在，制订先进的、经济合理的施工方案，可达到缩短工期、提高质量、降低成本之目的，包括施工方法的确定、施工机具的选择、施工顺序的安排和流水施工的组织。

（2）加强技术质量管理。主要是研究推广新产品、新技术、新结构、新材料、新机器及其他技术革新措施；在施工过程中努力寻求并贯彻实施各种降低消耗，提高工效的新工艺、新技术、新材料等降低成本的技术措施，提高经济效果。

（3）在工程中要随时收集实际发生的成本数据和施工形象进度，掌握市场信息，及时提出改善施工或变更施工组织设计，按照施工组织设计进度计划安排施工，克服和避免盲目突击赶工现象，消除赶工造成工程成本激增的情况。

（4）严把质量关，杜绝返工现象，缩短验收时间，节省费用开支。

3）经济措施：

（1）材料费控制管理。主要是改进材料的采购、运输、收发、保管等方面的工作，减少各个环节的损耗。在保质保量前提下，择优购料，节约采购费用；降低运输成本；减少资金占用；降低存货成本。合理堆置现场材料，避免和减少二次搬运；严格材料进场验收和限额领料制度；制订并贯彻节约材料的技术措施，合理使用材料，综合利用一切资源。

（2）人工费的控制。主要要严格控制人工费，加强定额用工管理。主要是改善劳动组织、合理使用劳动力，减少窝工浪费，提高工作效率；执行劳动定额，实行合理的工资和奖励制度；加强技术教育和培训工作；压缩非生产用工和辅助用工，严格控制非生产人员比例。

（3）机械费的控制。根据工程的需要，正确选配和合理利用机械设备，做好机械设备的保养修理工作，避免不正当使用造成机械设备的闲置，提高机械的完好率、利用率和使用效率；加快施工进度、降低机械使用费。同时还可以考虑通过设备租赁等方式来降低机械使用费。

（4）间接费及其他直接费控制。主要是精减管理机构，合理确定管理幅度与管理层次，节约施工管理费；实行定额管理，制定费用分项分部门的定额指标，有计划地控制各项费用开支，对各项费用进行相应的审批制度。

4）管理措施：

（1）积极采用降低成本的管理新技术。如系统工程、工业化工程、全面质量管理、价值工程等，其中价值工程是寻求降低成本途径的行之有效的管理方法。

（2）加强合同管理和索赔管理。合同管理和索赔管理是降低工程成本、提高经济效益的有效途径。项目管理人员应保证在施工过程严格按照项目合同进行执行，收集保存施工中与合同有关的资料，必要时可根据合同及相关资料要求索赔，确保施工过程中尽量减少不必要的费用支出和损失，从法律上保护自己的合法权益。

项目成本控制的组织措施、技术措施、经济措施、管理措施，四者是融为一体、相互作用的。施工项目部是项目成本控制中心，要以投标报价为依据，制定项目成本控制目标，各部门和各班组通力合作，形成以市场投标报价为基础的经济优化的施工方案、材料机械、劳动力配备及先进、有效的标准化管理的项目成本控制体系。

综上分析，施工项目管理与项目成本控制是相辅相成的，只有加强施工项目管理，才能控制项目成本；也只有达到项目成本控制的目的，加强施工项目管理才有意义。施工项目成本控制体现了施工项目管理的本质特征，并代表着施工项目管理的核心内容。施工项目成本控制是施工项目管理绩效评价的客观、公正的标尺。

4. 施工项目安全控制的措施

1）安全组织措施：

（1）建立施工项目安全组织系统。

（2）建立与项目安全组织系统相配套的各专业、部门、生产岗位的安全责任系统。

（3）安全生产责任制。安全生产责任制是指企业对施工项目部各级领导、各个部门、各类人员所规定的在他们各自职责范围内对安全生产应负责任的制度。安全生产责任制应根据"管生产必须管安全"、"安全生产人人有责"的原则，明确各级领导、各职能部门和各类人员在施工生产活动中应负的安全责任，其内容应充分体现责、权、利相统一的原则。施工项目部应根据安全生产责任制的要求，把安全责任目标分解到岗，落实到人。安全生产责任制必须经项目经理批准后实施。

（4）施工安全纪律。落实安全责任，遵守安全生产纪律和操作规程是安全控制的关键。施工安全纪律主要包括：①牢固树立"安全第一"意识，在生产中把安全放在首位。②未经安全教育培训合格不得上岗，非操作者严禁进入危险区域；特种作业必须持特种作业资格证上岗。③机械设备、机具使用，必须做到"定人、定机"制度；未经有关人员同意，非操作人员不得使用；电动机械设备，必须有漏电保护装置和可靠保护接零，方可启动使用。④遵守劳动纪律，服从领导和安全检查人员的指挥，工作时思想集中，坚守岗位，未经许可不得从事非本工种作业；严禁酒后上班；不得在禁止烟火的地方吸烟动火。⑤严格执行操作规程，不得违章指挥和违章作业；对违章作业的指令有权拒绝，并有责任制止他人违章作业。⑥按照作业要求，正确穿戴个人防护用品，进入施工现场必须戴安全帽；在没有防护设施的高空、悬崖和陡坡施工必须系安全带；登高、高空作业不得穿硬底和带钉易滑的鞋；高处作业材料和工具等物件不得上抛下掷；严禁赤脚或穿高跟鞋、拖鞋进入施工现场。⑦在施工现场行走要注意安全，不得攀登脚手架、井字架、龙门架和随吊篮上下。⑧正确使用防护装置和防护设施，对各种防护装置、防护设施和警告、安全标志等不得任意拆除和随意挪动。因作业需要拆除的，作业完毕后，必须立即恢复。

2）安全制度措施。施工项目部必须执行国家、行业及河北省的安全法规、标准，并以此制定本项目的安全管理制度，主要包括：

（1）行政管理方面：安全生产责任制度；安全生产例会制度；安全生产教育制度；安全生产检查制度；伤亡事故管理制度；劳保用品发放及使用管理制度；安全生产奖惩制度；工程开竣工的安全制度；施工现场安全管理制度；安全技术措施计划管理制度；特殊作业安全管理制度；环境保护、工业卫生工作管理制度；锅炉、压力容器安全管理制度；场区交通安全管理制度；防火安全管理制度；意外伤害保险制度；安全检举和控告制度等。

（2）技术管理方面：关于施工现场安全技术要求的规定；各专业工种安全技术操作规程；设备维护检修制度等。

3）施工安全技术措施。施工安全技术措施是指在施工项目生产活动中，针对工程特点、施工现场环境、施工方法、劳动组织、施工机械及各项安全防护设施等制定的确保安全施工，保护环境，防止工伤事故和职业病危害，从技术上采取的预防措施。

施工安全技术措施应具有超前性、针对性、可靠性和可操作性。施工安全技术措施的主要内容见表 1-2 和表 1-3。

表 1-2　施工准备阶段安全技术措施

	内　　容
技术准备	了解工程设计对安全施工的要求。 调查工程的自然环境（水文、地质、气候、洪水、雷击等）和施工环境（粉尘、噪声、地下设施、管道和电缆的分布、走向等）对施工安全及施工对周围环境安全的影响。 改扩建工程施工与建设单位使用、生产发生交叉，可能造成双方伤害时，双方应签订安全施工协议，搞好施工与生产的协调，明确双方责任，共同遵守安全事项。 在施工组织设计中，编制切实可行、行之有效的安全技术措施，并严格履行审批手续，送安全部门备案。
物资准备	及时供应质量合格的安全防护用品（安全帽、安全带、安全网等）满足施工需要。 保证特殊工种（电工、焊工、爆破工、起重工等）使用工具器械质量合格，技术性能良好。 施工机具、设备（起重机、卷扬机、电锯、平面刨、电气设备等）、车辆等需要经安全技术性能检测，鉴定合格，防护装置齐全，制动装置可靠，方可进厂使用。 施工周转材料（脚手杆、扣件、跳板等）须经认真挑选，不符合安全要求禁止使用。
施工现场准备	按施工总平面图要求做好现场施工准备。 现场各种临时设施、库房，特别是炸药库、油库的布置，易燃易爆品存放都必须符合安全规定和消防要求，须经公安消防部门批准。 电气线路、配电设备符合安全要求，有安全用电防护措施。 场内道路通畅，设交通标志，危险地带设危险信号及禁止通行标志，保证行人、车辆通行安全。 现场周围和陡坡，沟坑处设围栏、防护板，现场入口处设“无关人员禁止入内”的警示标志。 塔吊等起重设备安置要与输电线路、永久或临设工程间有足够的安全距离，避免碰撞，以保证搭设脚手架、安全网的施工距离。 现场设消防栓、有足够的有效的灭火器材、设施。
施工队伍准备	总包单位及分包单位都应持有《施工企业安全资格审查认可证》方可组织施工。 新工人、特殊工种工人须经岗位技术培训、安全教育后，持合格证上岗。 高险难作业工人须经身体检查合格，具有安全生产资格，方可施工作业。 特殊工种作业人员，必须持有《特种作业操作证》方可上岗。

表 1-3　施工阶段安全技术措施

	内　　容
一般工程	单项工程、单位工程均有安全技术措施，分部分项工程有安全技术具体措施。施工前由技术负责人向参加施工的有关人员进行安全技术交底，并应逐级签发和保存“安全交底任务单”。 安全技术应与施工生产技术统一，各项安全技术措施必须在相应的工序施工前落实好。如：根据基坑、基槽、地下室开挖深度、土质类别，选择开挖方法，确定边坡的坡度和采取的防止塌方的护坡支撑方案；脚手架、吊篮等选用及设计搭设方案和安全防护措施；高处作业的上下安全通道；安全网（平网、立网）的架设要求，范围（保护区域）、架设层次、段落；对施工电梯、井架（龙门架）等垂直运输设备的位置、搭设要求，稳定性、安全装置等要求；施工洞口的防护方法和主体交叉施工作业区的隔离措施；场内运输道路及人行通道的布置；在建工程与周围人行通道及民房的防护隔离措施。 操作者严格遵守相应的操作规程，实行标准化作业。 施工现场的危险地段应设有防护、保险、信号装置及危险警告标志。 针对采用的新工艺、新技术、新设备、新结构制定专门的施工安全技术措施 在明火作业现场（焊接、切割等）有防火、防爆措施 考虑不同季节的气候对施工生产带来的不安全因素可能造成的各种突发性事故，从防护上、技术上、管理上有预防自然灾害的专门安全技术措施。如：夏季进行作业，应有防暑降温措施；雨季进行作业，应有防触电、防雷、防沉陷坍塌、防台风和防洪排水等措施；冬季进行作业，应有防风、防火、防冻、防滑和防煤气中毒等措施。 特殊工程、特殊作业及危险性较大的分部分项应有按规定程序批准的专项施工方案，超过一定规模的危险性较大的分部分项的专项施工方案应通过专家论证。
拆除工程	详细调查拆除工程结构特点、结构强度，电线线路、管道设施等现状，制定可靠的安全技术方案。 拆除建筑物之前，在建筑物周围划定危险警戒区域，设立安全围栏，禁止无关人员进入作业现场。 拆除工作开始前，先切断被拆除建筑物的电线、供水、供热、供煤气的通道。 拆除工作应自上而下顺序进行，禁止数层同时拆除，必要时要对底层或下部结构进行加固。 栏杆、楼梯、平台应与主体拆除配合进行，不能先行拆除。 拆除作业工人应站在脚手架或稳固的结构部位上操作，拆除承重梁、柱之前应拆除其承重的全部结构，并防止其他部分坍塌。 拆下的材料要及时清理运走，不得在旧楼板上集中堆放，以免超负荷。 拆除建筑物内需要保留的部分或设备，要事先搭好防护棚。 一般不采用推倒方法拆除建筑物，必须采用推倒方法时，应采取特殊安全措施。

4）安全教育。安全教育包括安全思想教育、安全纪律教育、安全知识教育、安全技能教育和安全法制教育。安全教育能增强人的安全生产意识，提高安全生产知识，有效地防止人的不安全行为，减少人失误，是进行人的行为控制的重要方法和手段。因此，进行安全教育要适时、宜人，内容合理、方式多样，形成制度。组织安全教育做到严肃、严格、严密、严谨，讲求实效。

对参加施工的工人进入岗位前应完成三级安全教育，进入岗位前，均进行入场安全教育和岗位安全技术教育，并对全体场内施工人员进行上岗后的经常性安全技术教育；在施工进程中组织定期或不定期的安全技术教育；事故发生后的安全再教育。安全教育的主要内容见见表 1-4。

表 1-4　安全教育的主要内容

类别	内　　容
安全思想教育	安全生产重要意义的认识，增强关心人、保护人的责任感教育。 党和国家安全生产劳动保护方针、政策教育。 安全与生产辩证关系教育。 职业道德教育。
安全纪律教育	企业的规章制度、劳动纪律、职工守则及操作现场安全规章制度。 ②安全生产奖惩条例
安全知识教育	施工生产一般流程，主要施工方法 施工生产危险区域及其安全防护的基本知识和安全生产注意事项 工种、岗位安全生产知识和注意事项 典型事故案例介绍与分析 消防器材使用和个人防护用品使用知识 事故、灾害的预防措施及紧急情况下的自救知识和现场保护、抢救知识
安全技能教育	本岗位、工种的专业安全技能知识。 特殊工种的安全知识及自我保护知识。 安全生产技术、劳动卫生和安全操作规程及施工组织设计中针对性安全技术要求。 新工艺、新技术实施中特定的安全技术规定。 特定环境中的安全注意事项。
安全法制教育	安全生产法律法规、行政法规 生产责任制度及奖罚条例

四、施工资源与现场管理

（一）资源管理的任务与内容

1. 施工项目资源管理的概念

依据《建设工程项目管理规范》（GB/T 50326—2006）术语中对项目资源管理的定义，施工项目资源管理是：对施工项目所需人力、材料、机具、设备、技术和资金所进行的计划、组织、指挥、协调和控制等活动。

资源管理包括人力资源管理、材料管理、机械设备管理、技术管理和资金管理。施工项目部应建立并持续改进项目资源管理体系，完善管理制度、确定管理责任、规范管理程序，通过对项目资源的全过程管理，实现资源优化配置、动态控制和成本节约的目的。

施工项目资源管理的全过程包括项目资源的计划、配置、控制和处置四个环节。

（1）编制资源管理计划。计划是优化配置和组合的手段，目的是对资源投入量、投入时间、投入步骤做出合理安排，以满足项目实施的需要。资源管理计划编制的依据是资源供应条件、现场条件和项目管理实施规划，计划内容应包括建立资源管理制度、资源使用计划、供应和处置计划、控制程序和责任体系等。

（2）资源优化配置。配置是按照编制的计划保证项目的需要。优化是资源管理目标的计划预控，通过项目管理实施规划和施工组织予以实现，包括市场资源和内部资源的合理选择、供应、使用。优化配置就是按照优化的原则安排各资源在时间和空间上的位置，满足生产经营活动的需要，在数量、比例上合理，实现最佳的经济效益。

（3）资源控制。控制是根据每种资源的特性，设计合理的措施，进行动态配置和组合，协调投入，合理使用，不断纠正偏差，以尽可能少的资源满足项目要求，达到节约资源的目的。动态控制是资源管理目标的过程控制，包括对资源利用率和使用效率的监督、闲置资源的清退、资源随项目实施任务的增减变化及时调度等，通过不断调整各种资源的配置和组合，最大限度地使用好施工项目部有限的人、财、物去完成施工任务，始终保持各种资源的最优组合，努力节约成本，追求最佳经济效益。

（4）资源处置。处置是在各种资源投入、使用和产生核算的基础上，进行使用效果分析，一方面是对管理效果的总结，找出经验和问题，评价管理活动；另一方面又为管理提供反馈信息，指导下一阶段的管理工作，并持续改进。

2. 施工项目资源管理的目的和要求

1）施工项目资源管理的目的。施工项目资源管理的目的就是节约活劳动和物化劳动。具体说来有以下几点：

（1）施工项目资源管理就是将资源进行适时、适量的优化配置，按比例配置资源并投入到施工生产中去，以满足需要

（2）进行资源的优化组合，即投入施工项目的各种资源在施工项目中搭配适当、协调，使之更有效地形成生产力

（3）在施工项目运行过程中，对资源进行动态管理

（4）在施工项目运行中，合理地节约使用资源

2）施工项目资源管理的要求。在现代施工项目管理中，对施工项目资源管理计划有三个要求：

（1）必须纳入到施工项目进度管理中。资源作为项目的限制条件，要考虑到资源的限制和资源的供应过程对工期的影响，通过假设可用资源的投入量，满足工期的要求，在大型项目施工中，成套生产设备的生产、供应、安装计划常常是整个项目计划的主体。

（2）必须纳入到成本管理中，并作为降低成本的措施。

（3）在制定实施方案以及技术管理和质量控制中，必须包括资源管理的内容。

3. 施工项目资源管理应遵循的程序

1）编制资源计划。按合同要求，依据资源供应条件、现场条件和项目管理实施规划，编制包括资源管理制度、资源使用计划、资源配置计划（供应计划和处置计划）、控制程序、责任体系等内容的施工项目资源管理计划，确定投入资源的数量和时间，以满足项目实施进度的需要。

2）资源供应。根据工程进度的需要和项目资源配置计划，做好各种资源的供应工作，以

保证合同工期的实现。

3）过程控制。应根据每种资源的特性，采取科学的措施，进行动态配置和组合，协调投入，合理使用，以尽可能少的资源，满足工程项目的使用，达到降低成本，节约资源的目的。

4）资源调整。定期对资源的投入、使用情况进行核算分析，并对新的资源计划进行及时的调整和修改，以求得更好的经济效益和社会信誉。

5）资源管理考核。通过对资源投入、使用、调整以及计划与实际的对比分析，找出管理中存在的问题，并对其进行评价的管理活动。通过考核及时反馈信息，达到改进和提高管理水平的目的。

4. 施工项目资源管理的内容

1）人力资源管理。施工项目人力资源管理是指对该项目的人力资源所进行的计划、适当的培训、合理的配置、准确的评估和有效的激励等方面的一系列管理工作。具体内容包括：编制人力资源需求计划、人力资源配置计划和人力资源培训计划；人力资源的选择、订立劳务分包合同、教育培训和考核等人力资源管理；以有关管理目标或约定为依据，对人力资源管理方法、组织规划、制度建设、团队建设、使用效率和成本管理等进行分析和评价的人力资源管理考核。

当前，我国在建筑业企业中设置劳务分包企业序列，施工总承包企业和专业承包企业的作业人员按合同由劳务分包公司提供，劳动力管理主要依靠劳务分包公司，但不能以包代管。施工项目部劳动力管理以人力资源需求计划为基础；以选择优质、诚信的劳务分包队伍，签订规范的劳务分包合同为重点；通过对劳务分包合同执行的检查、监督，实现劳动力的动态管理；通过考核评价来促使劳务分包公司加强劳务人员培训，加强对劳务人员作业质量和效率的检查监督，进行适当激励，提高劳动效率，保证作业质量。这是施工项目部进行劳动力管理的重要任务。具体管理内容有：

（1）组建项目劳务管理机构和制定劳务管理制度；

（2）根据施工进度计划和作业特点优化配置人力资源，制定劳动力需求计划，确定劳务分包的资质、施工技术等要求；

（3）择优选择建筑劳务队伍，签订劳务分包合同。劳务分包合同的内容应包括：作业任务、应提供的劳动力人数；进度要求及进场、退场时间；双方的管理责任；劳务费计取及结算方式；奖励与处罚条款。

（4）加强劳动力的动态管理。审核劳务人员身份、资格，组织劳务人员培训；监督劳务人员进出场及用工管理。

（5）加强对人力资源的教育培训和思想管理；加强对劳务人员作业质量和效率的检查。

（6）对劳务队伍现场施工管理情况进行考核评价。

2）材料管理。建筑材料按在生产中的作用可分为主要材料、辅助材料和其他材料。其中主要材料指在施工中被直接加工，构成工程实体的各种材料，如钢材、水泥、木材、沙子、石等。辅助材料指在施工过程中有助于产品的形成，但不构成实的材料，如促凝剂、脱模剂、润滑物等。其他材料是指不构成工程实体，但又是施工中必需的材料，如燃料、油料、砂纸、棉纱等。按供应方式可分为建设单位供应材料、暂估价材料和施工单位采购的材料。

材料管理是施工项目部为顺利完成工程施工任务，合理使用和节约材料，努力降低材料成本所进行的材料计划、订货采购、运输、库存保管、供应加工、使用、回收等一系列的组织和管理工作。主要工作包括材料管理计划、材料管理控制和材料管理考核。材料管理计划应包括材料需求量计划、材料使用计划和分阶段材料计划。材料管理控制应包括材料供应单位的选择、订立采购供应合同、出厂或进场验收、储存管理、使用管理及不合格品处置等。材料管理考核工作应对材料计划、使用、回收以及相关制度进行效果评价；材料管理考核应坚持计划管理、跟踪检查、总量控制、节超奖罚的原则。

项目经理是现场材料管理全面领导责任者；材料员是施工现场材料管理直接责任人；班组料具员在材料员业务指导下，协助班组长组织并监督本班组合理领、用、退料。施工项目现场材料管理的工作内容及要求包括：

（1）按计划保质、保量、及时供应材料。

（2）材料员要与预算员等有关专业技术人员结合，根据设计文件、消耗量定额及施工进度计划及时编制工程项目材料总需要量计划和年、季、月、周需要量计划。

（3）材料的计量设备必须经具有资格的机构定期检验，确保计量所需要的精确度。检验不合格的设备不允许使用。

（4）材料仓库的选址应有利于材料的进出和存放，符合防火、防雨、防盗、防风、防变质的要求。

（5）材料进场验收。在材料进场时根据进料计划、送料凭证、质量保证书或产品合格证，按质量验收规范和计量检测规定进行进场验收。进入现场的材料应有生产厂家的材质证明（包括厂名、品种、出厂日期、出厂目编号、试验数据）和出厂合格证；进场验收应包含数量验收和质量认证，要求复检的材料要有取样送检证明报告；新材料未经试验鉴定，不得用于工程中；现场配制的材料应经试配，使用前应经认证；验收要做好相应的记录和标识、办理验收手续；不合格的材料应更换、退货或让步接收（降级使用），严禁使用不合格的材料。

（6）材料的储存与保管。①材料入库，应建立台账；并按型号、品种分区堆放，并分别编号、标识；②易燃易爆的材料应专门存放、专人负责保管，并有严格的防火、防爆措施；③有防湿、防潮要求的材料，应采取防湿、防潮措施，并做好标识；④有保质期的库存材料应定期检查，防止过期，并做好标识；⑤易损坏的材料应保护好外包装，防止损坏；⑤仓储管理要日清、月结，定期盘点、账物相符。

（7）建立材料使用限额领料制度。凡工程用料，凭限额领料单领发材料；超限额的用料，用料前应办理手续，填写超限额领料单，注明消耗原因，经签发批准后实施；建立领发料台账，记录领发状况和节超状况。

（8）实施材料使用监督制度。现场材料管理责任者应对现场材料的使用进行分工监督，监督内容包括：是否按材料计划合理用料，是否严格执行配合比，是否认真执行领发料手续，是否按规定进行用料交底和作业交接，是否按要求保护材料等。是否做到随领随用、谁用谁清，做到工完、料净、场清；建立监督记录；对存在的问题应及时分析和处理，做到情况有记录、原因有分析、责任有明确、处理有结果。

（9）材料回收。班组余料必须收回，及时办理退料手续，并在领料单中登记扣除；设施用料、包装物及容器在使用周期结束后组织回收，建立回收台账，处理好经济关系。

（10）制定周转材料保管、使用制度。

3）机械设备管理。施工项目的机械设备，主要是指作为大型工具使用的大、中、小型机械，它既是固定资产，又是劳动手段。所谓机械设备管理，就是根据所承担施工项目的具体情况，科学优化选择和配备施工机械设备，并在生产过程中合理使用、维修保养等各项管理工作。机械设备管理的全过程管理，是从对施工机械设备的选择开始，投入生产领域使用、保养、修理、改造、更新，直到报废退出生产领域为止的管理。其关键在使用环节，使用的关键是提高机械效率，提高机械效率必须提高设备的利用率和完好率。利用率的提高依靠人对设备的合理调配，完好率的提高在于设备的保养与维修。因此应严格实行责任制，依操作规程加强机械设备的使用、保养和维修。

施工项目机械设备管理内容包括编制机械设备管理计划、机械设备管理控制和机械设备管理考核。机械管理计划包括机械设备需求计划、机械设备使用计划和机械设备保养计划，机械设备管理控制应包括机械设备购置与租赁管理、使用管理、操作人员管理、报废和出场管理等，机械设备管理考核应对项目机械设备的配置、使用、维护以及技术安全措施、设备使用效率和使用成本等进行分析和评价。现场施工机械设备管理应满足下列要求：

（1）对进场的机械设备必须进行安装验收，并做到资料齐全准确。进入现场的机械设备在使用中应做好维护和管理。

（2）采取技术、经济、组织、合同措施保证施工机械设备合理使用，提高施工机械设备的使用效率，用养结合，降低项目的机械使用成本。

（3）机械设备操作人员应持证上岗、实行岗位责任制，严格按照操作规范作业，搞好班组核算，加强考核和激励。

4）技术管理。技术管理是施工项目部在项目施工的过程中，对各项技术活动过程和技术工作资源进行科学管理的总称。技术活动过程是指技术计划、技术运用、技术评价等。技术工作资源是指技术人才、技术装备、技术规程等。技术作用的发挥，除决定于技术本身的水平外，很大程度上还依赖于技术管理水平。没有完善的技术管理，先进的技术是难以发挥作用的。施工项目技术管理的任务有四项：一是正确贯彻国家和行政主管部门的技术政策，贯彻上级对技术工作的指示与决定；二是研究、认识和利用规律，科学地组织各项技术工作，充分发挥技术的作用；三是确定正常的生产技术秩序，进行文明施工，以技术保工程质量；四是努力提高技术工作的经济效果，使技术与经济有机地结合起来。

（1）施工项目部根据项目规模设项目技术负责人；在企业总工程师和技术管理部门的指导下，建立技术管理体系。

（2）施工项目技术管理工作内容包括：

① 技术管理基础工作：实行技术责任制，执行技术标准与技术规程，制定技术管理制度，开展科学实验，交流技术情报，管理技术文件等。

② 施工准备技术工作：图纸会审、编制施工组织设计、技术交底等。

③ 施工过程技术工作：施工工艺管理、技术试验、技术核实、技术检验、变更设计等。

④ 技术开发与更新工作：技术培训、技术革新、技术改造、合理化建议等。

⑤ 技术经济分析与评价。

（3）施工项目部的技术工作要求：

① 施工项目部在接到工程图纸后，按过程控制程序文件要求进行内部审查，并汇总意见。

② 项目技术负责人应参与发包人组织的设计会审，提出设计变更意见，进行一次性设计变更洽商。

③ 在施工过程中，如发现设计图纸中存在问题，或因施工条件变化必须补充设计，或需要材料代用，可向设计人提出工程变更洽商书面资料。工程变更洽商应由项目技术负责人签字。

④ 编制施工方案，经审核、批准，并报监理审核签认后方可实施。

⑤ 技术交底必须贯彻施工验收规范、技术规程、工艺标准、质量检验评定标准等要求。书面资料应由签发人和审核人签字，使用后归入技术资料档案。

⑥ 施工项目部应将分包人的技术管理纳入技术管理体系，并对其施工方案的制定、技术交底、施工试验、材料试验、分项工程预检和隐检、竣工验收等进行系统的过程控制。

⑦ 对后续工序质量有决定作用的测量与放线、模板、翻样、预制构件吊装、设备基础、各种基层、预留孔、预埋件、施工缝等应进行施工预验并做好记录。

⑧ 各类隐蔽工程应进行隐检、做好隐验记录、办理隐验手续，参与各方责任人应确认、签字。

⑨ 施工项目部应按项目管理实施规划和企业的技术措施纲要实施技术措施计划。

⑩ 施工项目部应设标准员、资料员，做好技术资料的收集、整理和归档工作，并建立技术资料台账。

5）资金管理。施工项目的资金是施工项目部占用和支配物资和财产的货币表现，是市场流通的手段，是进行生产经营活动的必要条件和物资基础。因此，资金管理直接关系到施工项目能否顺利进行和施工项目的经济效益。

资金管理是指施工项目部根据工程项目施工过程中资金运动的规律，进行资金预测、编制资金计划、筹集投入资金、资金使用（支出）、资金核算与分析等一系列资金管理工作。项目的资金管理要以保证收入、节约支出、防范风险和提高经济效益为目的。通过对资金的预测和对比及资金计划等方法，不断进行分析对比，调整与考核，以达到降低成本，提高效益的目的。

5. 施工资源管理的任务

项目资源管理的任务就是按照项目的实施计划编制资源的需求和供应计划，将项目实施所需用的资源按正确的时间、正确的数量供应到正确的地点，并降低资源成本消耗。

1）确定资源类型及数量。包括：确定项目施工所需的各层次管理人员各个工种工人的数量，确定项目施工所需的各种物质资源的品种、类型、规格和相应的数量，确定项目施工所需的各种施工设施的定量需求，确定项目施工所需的各种来源的资金的数量。

2）确定资源的分配计划。包括编制人员需求分配计划、物质需求分配计划、施工机械设备和设施需求分配计划及资金需求分配计划。在各项计划中，明确各种施工资源的需求在时间及相应子项目或工程部位上的分配。

3）编制资源进度计划。资源进度计划是施工资源按时间的供应计划，应视项目对施工资源的需求情况和施工资源的供应条件而确定编制那种资源进度计划。编制资源进度计划能合理地考虑施工资源的运作，这将有利于提高施工质量，降低施工成本和加快施工进度。

4）施工资源进度计划的执行与动态调整。在施工开始前和施工过程中应落实和执行所编制的有关资源管理的计划，并视需求对其进行动态的调整。

（二）施工现场管理的任务与内容

1. 施工现场管理的概念

施工现场是指从事工程施工活动经批准占用的施工场地。它既包括红线以内占用的建筑用地和施工用地，又包括红线以外现场附近，经批准占用的临时施工用地。

施工现场管理是指施工项目部按照施工现场管理的有关规定和城市建设管理的有关法规，科学合理地安排使用施工现场，协调各专业管理和各项施工活动，控制污染，创造文明安全的施工环境和人、材、物、资金流畅通的施工秩序所进行的一系列管理工作。

2. 施工现场管理的任务

1）全面完成生产计划规定的任务，含产量、产值、质量、工期、资金、成本、利润和安全等。

2）按施工规律组织生产，优化生产要素的配置，实现高效率和高效益。

3）搞好劳动组织和班组建设，不断提高施工现场人员的思想和技术素质。

4）加强定额管理，降低物料盒能源的消耗，减少生产储备和资金占用，不断降低生产成本。

5）优化专业管理，建立完善管理体系，有效地控制施工现场的投入和产出。

6）加强施工现场的标准化管理，使人流、物流高效有序。

7）治理施工现场环境，改变“脏、乱、差”的状况，注意保护施工环境，做到施工不扰民。

3. 施工现场管理的内容

1）规划及报批施工用地。根据施工项目及建筑用地的特点科学规划，充分、合理使用施工现场场内占地。当场内空间不足时，应会同发包人按规定向城市规划部门、公安交通部门申请，经批准后，方可使用场外施工临时用地。

2）设计施工现场平面图：

（1）根据建筑总平面图、单位工程施工图、拟定的施工方案、现场地理位置和环境及政府部门的管理标准，充分考虑现场布置的科学性、合理性、可行性，设计施工总平面图、单位工程施工平面图

（2）单位工程施工平面图应根据施工内容和分包单位的变化，设计出阶段性施工平面图，并在阶段性进度目标开始实施前，通过施工协调会议确认后实施

3）建立施工现场管理组织：

（1）项目经理全面负责施工过程中的现场管理，并建立施工项目现场管理组织体系。施工项目现场管理组织应由主管生产的副经理、主任工程师、分包人、生产、技术、质量、安全、保卫、消防、材料、环保、卫生等管理人员组成。

（2）建立施工项目现场管理规章制度和管理标准、实施措施、监督办法和奖惩制度。

（3）根据工程规模、技术复杂程度和施工现场的具体情况，遵循“谁生产、谁负责”的原则，建立按专业、岗位、区片的施工现场管理责任制，并组织实施。

（4）建立现场管理例会和协调制度，通过调度工作实施的动态管理，做到经常化、制度化。

4）建立文明施工现场：

（1）遵循国务院及地方建设行政主管部门颁布的施工现场管理法规和规章认真管理施工现场，做到文明施工、安全有序、整洁卫生、不扰民、不损害公众利益。

（2）按审核批准的施工总平面图布置和管理施工现场，规范场容。

（3）施工项目部应对施工现场场容、文明形象管理做出总体策划和部署，分包人应在施工项目部指导和协调下，按照分区划块原则做好分包人施工用地场容、文明形象管理的规划。

（4）经常检查施工项目现场管理的落实情况，听取社会公众、近邻单位的意见，发现问题，及时处理，不留隐患，避免再度发生，并实施奖惩。

（5）接受政府建设行政主管部门的考评机构和企业对建设工程施工现场管理的定期抽查、日常检查、考评和指导。

（6）加强施工现场文明建设，展示和宣传企业文化，塑造企业及施工项目部的良好形象。

5）及时清场转移：

（1）施工结束后，应及时组织清场，向新工地转移。

（2）组织剩余物资退场，拆除临时设施，清除建筑垃圾，按市容管理要求恢复临时占用土地。

第五节　ISO 9000 质量管理体系

一、ISO 9000 质量管理体系的要求

1. ISO 9000 族核心标准

ISO 9000 族标准是针对组织的管理结构、人员、技术能力、各项规章制度、技术文件和内部监督机制等一系列体现组织保证产品及服务质量的管理措施的标准。它由核心标准、一般标准、技术报告、小册子四类文件组成，其核心标准包括：

ISO 9000——表述质量管理体系基础知识并规定质量管理体系术语。现行版本是《质量管理体系　基础和术语》（GB/T 19000—2008/ISO 9000：2005）；

ISO 9001——规定质量管理体系要求，用于证实组织具有提供满足顾客要求和适用的法规要求的产品的能力，目的在于增进顾客满意。现行版本是《质量管理体系　要求》（GB/T 19001—2008/ISO 9001：2008）；

ISO 9004——提供考虑质量管理体系的有效性和效率两方面的指南。该标准的目的是改进组织业绩并达到顾客及其他相关方满意。现行版本是《追求组织的持续成功 质量管理方法》（GB/T 19004—2011/ISO 9004：2009）；

ISO 90011——提供审核管理体系的指南。现行版本是《管理体系审核指南》（GB/T 19011—2013/ISO 19011：2011）。

2. 质量管理体系文件的构成

质量体系文件由 4 个层次的文件构成，包括：

第一层　质量手册

向组织内部和外部提供关于质量管理体系的一致信息的文件称为质量手册，它是证明或描述质量体系的主要文件；质量手册规定质量基本结构，是实施和保持质量体系应长期遵循的文件；质量手册至少应包含组织的质量方针和对所采用的质量体系标准的全部适用要素的描述。

第二层　程序文件

程序是为完成某项活动所规定的方法；描述程序的文件称为程序文件；质量体系程序文件对影响质量的活动做出规定；是质量手册的支持性文件；应包含质量体系中采用的全部要素的要求和规定；每一质量体系程序文件应针对质量体系中一个逻辑上独立的活动，并规定该质量活动记录的标识、贮存、保护、检索、保留和处置所需的控制。

第三层　管理文件、技术文件、质量计划、作业指导书，包括外来文件（法律法规、标准、规范、行业文件等）

管理文件：公司各项管理制度、规定、办法、导则、细则等。

技术文件：包括产品实现所需的产品技术标准、检验标准、产品实现的工艺流程，指标、卡片、手册、说明书、图纸等。

质量计划：质量计划是针对某项产品、项目或合同，规定专门的质量措施、资源和活动顺序的文件；质量计划总是针对某一特定目标，如合同、项目或产品的特定要求达到质量目标所进行的筹划安排。

作业指导书：作业指导书是指为保证过程的质量而制订的程序；作业指导书也是一种程序，只不过其针对的对象是具体的作业活动，而程序文件描述的对象是某项系统性的质量活动；作业指导书是质量体系程序文件的支持性文件。作业指导书有时也称为工作指导令或操作规范、操作规程、工作指引等。内容包括：用于施工、操作、检验、安装等具体过程的作业指导书。

第四层　质量记录表格

质量记录是已完成的活动或达到的结果提供客观证据的文件。质量记录为证明满足质量要求的程度或为质量体系的要素运行的有效性提供客观证据。质量记录的某些目的是证实、可追溯性的预防措施和纠正措施。质量记录应保持清晰、易于识别和检索。

每个组织确定其所需文件的多少和详略程度及使用的媒体。这取决于下列因素，诸如组织的类型和规模、过程的复杂性和相互作用、产品的复杂性、顾客要求、适用的法规要求、经证实的人员能力以及满足质量管理体系要求所需证实的程度。

质量管理体系文件应予以控制，应编制形成文件的程序，以规定以下方面所需的控制：

1）文件发布前得到批准，以确保文件是充分的；

2）必要时对文件进行评审、更新并再次批准；

3）确保文件的更改和现行修订状态得到识别；

4）确保在使用处可获得有关版本的适用文件；

5）确保文件保持清晰、易于识别；

6）确保外来文件得到识别，并控制其分发；

7）防止作废文件的非预期使用，若因任何原因而保留作废文件时，对这些文件进行适当的标识。

质量记录是一种特殊类型质量管理体系文件，应编制形成质量记录的程序，以规定质量记录的标识、贮存、保护、检索、保存期限和处置所需的控制。

3. 质量管理体系的建立和运行

《质量管理体系　基础和术语》（GB/T 19000—2008/ISO 9000：2005）提出建立和实施质量管理体系的方法包括以下步骤：

1）确定顾客和其他相关方的需求和期望；

2）建立组织的质量方针和质量目标；

3）确定实现质量目标必需的过程和职责；

4）确定和提供实现质量目标必需的资源；

5）规定测量每个过程的有效性和效率的方法；

6）应用这些测量方法确定每个过程的有效性和效率；

7）确定防止不合格并消除产生原因的措施；

8）建立和应用持续改进质量管理体系的过程。

上述方法也适用于保持和改进现有的质量管理体系。采用上述方法的组织能对其过程能力和产品质量树立信心，为持续改进提供基础，从而增进顾客和其他相关方满意并使组织成功。

任何组织在生产经营过程中都自觉不自觉地思考和追求以下四方面的问题：

（1）以顾客为关注焦点，识别顾客的需求，不断地向顾客提供所需的，并达到国家规定的要求和顾客期望的产品或服务。

（2）确保在产品生产或服务的活动中，选用先进的设施，采取先进的生产技术或服务活动，加强控制，节约资源、能源，减少或防止任何对周边环境造成不良影响的行为或活动。

（3）确保在产品生产或服务的活动中，强调以人为本的原则，采用适于人身安全与健康的活动与环境，防止出现安全事故，维护员工的身体健康。

（4）降低成本，提高效益，这是企业以及最高管理者为经营企业的根据目标，只有产生了效益企业才能有发展；才能结合作者和投资者提供更多的回报；才能给社会做出更大的贡献。

上述四方面问题体现了社会效益和经济效益的协调发展，应该是任何一个企业管理者的追求。单纯强调节某些方面，忽视其他方面都会影响企业的形象，影响组织的发展，严重的还会受到国家相关法律、法规的制裁。

二、质量管理的八大原则

GB/T 19000—2008/ISO 9000：2005 在“质量管理原则”中明确列出的八项质量管理原则分别是：以顾客为关注焦点、领导作用、全员参与、过程方法、管理系统方法、持续改进、基于事实的决策方法、与供方互利的关系；它包括了四个对象（顾客、领导、员工、供应方）三个方法（过程、系统、决策）和一个目标（持续改进）。

1. 以顾客为关注焦点

ISO 9000 以顾客为关注焦点原则是指“组织依存于顾客。因此，组织应当理解顾客当前和未来的需求，满足顾客要求并争取超越顾客期望”。

GB/T 19000—2008 对顾客的定义是“接收产品的组织或个人”。委托人、消费者、最终受益者均为顾客，而且顾客不仅是组织外部的，也可以是组织内部的。按全面质量管理的观点，“下一道过程”就是“上一道过程”的顾客。

顾客的要求是顾客需求的反映，包括明示的（明确表达的。如合同、设计文件要求和技术标准规定）、通常隐含的（虽然没有提出，但可以理解，双方有默契的。）和应履行的（法律法规规定和强制性标准要求。如厨房，厕所不漏水；装修完后屋内有害物质含量达标等）。

顾客的期望在很大程度上是隐含的，“顾客的期望”往往高于顾客的要求。达到“顾客的要求”，顾客便认可；满足“顾客的期望”，可大大提高顾客满意程度；如果超越了“顾客的期望”，顾客可能可给予很高评价。组织“以顾客为关注焦点”最鲜明的表现，就是努力超越顾客的期望。如工程质量达到国家合格标准——这是达到顾客的要求；各项允许偏差项目实测值小于国家标准——这是满足顾客的期望；观感质量非常完美，看不到任何一点瑕疵——这就是超越了顾客的期望。

以顾客为关注焦点源于现代的质量理念，即判断产品质量的唯一标准就是让顾客满意。组织只有充分识别顾客的需求和期望，通过有效的运作使顾客得到满足，才能赢得顾客满意，组织才能生存和发展。其二，提高利用组织资源的有效性以满足或超过顾客的期望，使顾客得到超值的满足，才能最终赢得顾客，提高顾客的忠诚度以赢得充分业务。其三，顾客的需求和希望是不断变化的，组织应持续地识别顾客当前和未来的需求，通过快速灵活地对市场机会做出反应，依据顾客需求持续不断地给顾客提供满意和期望的产品和服务以增加收入和市场份额，创造市场竞争优势，最终赢得市场。

2. 领导作用

ISO 9000 领导作用原则是“领导者应确保组织的目的和方向一致。他们应当创造并保持良好的内部环境，使员工能充分参与实现组织目标的活动”。

这里讲的领导作用，主要是针对最高管理者的作用；对于其他各层管理者，在自已管辖的范围内，也应发挥相应的作用。作为最高管理者应依就相关方的需求，结合组织提供产品或服务的类型、规模和特点进行策划，确定组织的奋斗目标，以及实现组织目标的措施，并确定目标的责任制。为达到符合组织宗旨与方向的目的，要建立和培育共同的组织文化，营造群策群力、团结互助的工作环境。

领导的作用可归纳为以下几个方面：

1）领导是质量方针的制定者。如果领导未能解决对质量的认识问题，没有坚定的质量信念，在制定质量方针时未能真正“以顾客为关注焦点”，那么，即使质量方针中有诸如“质量第一”之类的语言也只是空谈。

2）领导是质量职能活动和质量任务的分配者。组织的质量职能活动和质量任务未分配，质量方针也就不可能落实；质量职能活动和质量任务分配不恰当，也会造成职责不明确，协调不好，使质量职能和质量任务就不能很好地完成。

3）领导是资源的分配者。质量管理体系要建立和运行，都应有必要的资源和相关条件，如人员、设施、工作环境、信息、供方和合作关系、自然资源以及财务等资源。资源投入不足或资源本身质量强加，都难以使质量管理体系取得预期的效果。领导在此负有重要职责

4）创造全员参与，实现组织目标的环境。扫除员工参与的各种障碍，给员工参与创造条件；激励员工参与，对员工参与后做出成绩给予评价和奖励。

5）领导的带头作用。领导应自觉的遵纪守法，照章办事，为员工起带头示范作用。如果领导不遵守规章制度、不按程序办事，不注重自已的工作质量，质量管理体系就会形同虚设。

6）领导在关键时候的决策。组织的质量管理体系在运行中，难免不发生种种矛盾和分歧，如工程质量与工程进度、费用发现冲突时，如果领导不按既定的质量方针处理，牺牲质量以求进度或追求利润优先，很可能造成严重后果。上行下效，员工就会把质量方针束之高阁、抛之脑后。

7）领导担负着质量管理体系持续改进的责任。组织要在竞争中获胜，只能靠持续不断的

改进，不断优化管理和创造适宜的环境。如果领导没有这种意识和心态，得过且过，质量管理体系就只能流于形式了。

3. 全员参与

ISO 9000全员参与原则是指“各级人员都是组织之本，唯有其充分参与，才能使他们为组织的利益发挥其才干”。

人是社会生产力诸因素中最积极、最活跃进的因素。在今天的新经济时代，人力资源是组织最宝贵的资源更为突显。在质量管理体系中，人是最具创新精神、最重要的因素。

产品质量是组织各部门、各环节全部工作的综合反映，任何一个环节、任何一个人的工作质量都会不同程度地、直接或间接地影响产品质量。因此，应把所有人员的积极性和创造性都充分地调动起来，不断提高人的素质，人人关心产品质量，人人做好本职工作，全体参与质量管理，全体员工共同努力，才能生产出顾客满意的产品。要达到全员参与，组织至少应当做好以下工作：

1）加强组织宗旨和实现组织目标的教育，不断地激励员工积极参与，鼓励员工为实现目标要求献计献策。使员工理解贡献的重要性，做到奖罚分明。

2）全员参与并不是让员工不分主次、不讲程序地参与组织的所有活动，而是要让员工理解其各自在质量管理体系工作中的职责、作用、工作内容和目标，使员工自觉担负起对问题负责和解决问题的责任。

3）敞开员工参与渠道。组织应当有相应的沟通渠道，使员工能够将自己的意见和建议及时向有关领导或管理人员反映，并给员工提供充分的参与机会。如：开展形式多样的群众性质量管理活动、内部质量审核时吸收员工代表参与、安排一定比例的员工参与加强质量改进管理活动等。

4）给员工持续的提供参与组织在产品生产或服务过程中技术和技能的培训，使员工主动寻找增强自身能力的机会，确保员工在组织管理中具备应有的能力。

4. 过程方法

ISO 9000过程方法原则是指“将活动和相关的资源作为过程进行管理，可以更高效地得到期望的结果”。

一组将输入转化为输出的相互关联或相互作用的活动称为过程；通过使用资源和管理，将输入转化为输出的一项或一组活动可视为一个过程。系统地识别和管理组织所应用的过程，特别是这些过程之间的相互作用，称为“过程方法”。为了更高效的得到期望的结果，怎样运用过程方法进行质量管理呢？

1）树立过程意识。建立“产品是‘过程的结果’，程序是‘为进行某项活动或构成所规定的途径’，任何将所接收的输入转化为输出的活动都可视为过程”的意识。

2）过程识别。识别和确定实现目标要求的所有过程，描述这些过程之间的相互作用。经过程简化、排序，强调主要过程，并依据需求进行策划。

3）过程确认。分析每个过程的输入、输出及其转换，制定并执行过程的程序；研究过程之间的接口关系，从中确定每个过程在相关要求中的控制点，使过程的输入、输出满足规定的质量要求。

4）过程控制与改进。努力寻求各过程控制点的控制方法和控制手段，对过程的运行进行测量和分析，当信息反映有异常倾向时应立即采取措施，使其恢复正常，当发现过程存在不足或缺陷以及有改进机会时及时进行过程改进，确保所以过程都能得到有效的控制。

5）落实职责。任何过程都需要人去控制才能完成。因此，应有严格的岗位职责，确保人力资源投入和岗位责任制的落实。

一切工作都是通过过程来完成的，控制质量就要控制与质量有关的所有过程。过程方法体现了对过程的计划、实施、检查和处置，即 P-D-C-A 的应用。

5. 管理的系统方法

ISO 9000 管理的系统方法原则是指“将相互关联的过程作为系统加以识别、理解和管理，有助于组织提高实现目标的有效性和效率”。

“系统”是“相互关联和相互作用的一组要素”。管理的系统方法是以过程为基础，对系统中的过程进行识别和管理，包括对过程的协调和优化。通过确定组织拟实现的目标要求，通过实现目标要求的管理活动，打破部门壁垒，形成一个能自我约束、自我完善并相互关联的运行机制。这样不仅能促使目标的实现，而且由于各个过程的协调运作，减少浪费、缩短周期，降低成本、提高效率，最终能确保有效的实现目标要求。质量管理的系统方法主要步骤为：

1）设立目标：既设定质量方针和目标；

2）目标分解：把目标分解到部门、个人；

3）定出目标完成期限：明确总目标、分目标的完成期限；

4）设定目标检测方法：明确总目标、分目标的统计方法和检讨频率；

5）文件发布：把目标的含义、统计方法公布，并广泛宣传，使各阶层的人员理解，并为之努力奋斗；

6）制订达成目标的可行的措施，并予以实施，同步进行定期的统计和检讨；

7）通过目标的检讨，寻找差距，制订新措施，再实施，再检讨，直至达成目标；

8）达成了目标，把实施的措施文件化，然后再定更高的目标，更上一层楼。

管理的系统方法不同与过程方法，过程方法管理的是一种活动，系统方法管理的是一组活动；过程方法旨在高效的达到过程的目标，系统方法通过优化和协调过程来实现组织的目标。质量管理的系统方法是从系统的分析有关数据、资料或客观事实开始，确定要达到的优化目标；然后通过系统工程，设计或策划为达到目标而应采取的各项措施和步骤，以及应配置的资源，形成一个完整的方案；结合组织的管理体系，按 PDCA 运行模式，循环实施。

6. 持续改进

ISO 9000 在持续改进原则中指出“持续改进总体业绩应当是组织的一个永恒目标”。“持续改进”的定义是：“增强满足要求的能力的循环活动”。其内涵包括：

1）事物是不断发展的，顾客的需求和期望及竞争对手是不断变化的，组织要生存、要发展，就需要及时识别和掌握这些变化，建立持续改进的运行机制。这是组织发展、增强参与市场竞争并取得优胜的一个重要条件。这是因为市场千变万化，顾客的需求和期望增多且越来越高，竞争对手在前进，同行的产品水平和管理水平不断提高，人才竞争日趋激烈。时代在前进，技术在进步，若总以老产品、老面孔、老管埋模式来应对这种变化，则随着时间的推移，迟早会被顾客抛弃。

2）市场严格遵循适者生存的规律。因此，组织必须在经营理念、组织体制、运行机制、人员素质、产品适应性和新品、超值服务诸方面进行改进，以改善企业的总体业绩、提高竞争实力并让所有相关方都满意。由于改进是无止境的，所以持续改进应是组织的永恒目标。组织要在市场竞争中立于不败之地，就必须适应这种永恒变化的环境，坚持持续改进。持续改进也是一个过程，为此对其应进行动态管理，若不能不间断地进行，则如“逆水行舟，不进则退”。

3）组织依据其需求建立的质量管理体系，在制定其方针目标时明确的向社会表明了持续改进其业绩的承诺。

4）组织依据PDCA循环模式，树立问题意识，从不合格、有效性和效率上找问题，策划并确立目标，确定改进的过程并实施，测量并评价改进目标，通过管理评审评价组织质量管理体系的适宜性和有效性，制定更高的目标。

持续改进质量管理体系的目的在于增加提升顾客和其他相关方满意的概率，持续改进包括下述活动：

（1）分析和评价现状，以识别改进区域；

（2）确定改进目标；

（3）寻找可能的解决办法，以实现这些目标；

（4）评价这些解决办法并做出选择；

（5）实施选定的解决办法；

（7）测量、验证、分析和评价实施的结果，以确定这些目标已经实现；

（8）正式采纳更改。

必要时，对结果进行评审，以确定进一步改进的机会。从这种意义上说，改进是一种持续的活动。顾客和其他相关方的反馈以及质量管理体系的审核和评审均能用于识别改进的机会。

7. 基于事实的决策方法

ISO 9000在基于事实的决策方法原则中指出，“有效决策是建立在数据和信息分析的基础上”。其内涵包括：

1）数据和信息的分析可为决策科学化提供依据，决策应以真实、可靠的数据和信息分析结果为基础，这是把组织的管理体系形成一个自我完善、自我约束运行机制的基本保证。而缺乏数据分析，缺乏具体事实为基础，进行“拍脑袋”式的决策，往往导致组织定位不正确，产生误导，会使组织迷失方向。

2）数据和信息收集的及时性和准确性是事实的基础，真实的数据既可以定性反映客观事实，又可以定量描述客观事实，给人以清晰明确的数量概念；通过数据分析可以探求事物的发展规律和趋势，这样就可以更好地分析问题、解决问题。统计技术是数据处理和分析的有效工具。

3）组织管理要通过监视、测量和内部审核，不断发现不符合规定的事实，通过分析和判断，针对产生不符合事实的原因，采取相应的纠正与预防措施，不断地完善质量管理体系，确保实现组织方针和目标要求。

基于事实的决策方法要求领导应当做到：

（1）不要迷信自己的感受、经验和能力，要深入调查研究，掌握必要的信息和数据，用事实说话。

（2）要有适当的信息和数据来源，不仅掌握各种质量报表、报告的信息，还要经常的进行实地检查，听取员工反映等，尽量掌握第一手资料。

（3）对收集来的数据和信息应持正确的态度。数据和信息经多次传递，很可能失真，或由于种种原因存在不真实的问题（浮夸、瞒报、虚报、收集数据时不负责任等）；决策者的既要依靠这些上报来的数据和信息，又不能绝对化，应多一个考虑，多一点自己调查研究，并将两者综合起来。

（4）对数据和信息进行分析和正确的决策方法。收集并分析数据和信息只是正确决策的基础，并不是决策的本身。正确的决策离不开真实可靠的数据和信息，也离不开正确的决策方法。领导要提高自己的决策能力，还需要掌握现代的决策方法，选择最佳的方案。

（5）对决策进行评价并进行必要的修正、决策付诸实施后，领导还要注意收集实施后的数据和信息，对决策进行评价，以发现决策实施后出现的新问题。必要时，还应修正决策甚至改变决策，使决策取得预期的效果。

8. 与供方互利的关系

ISO 9000 在“与供方互利的关系”原则中强调，“组织与供方是相互依存的，互利的关系可增强双方创造价值的能力”。

1）“与供方互利的关系”原则的内涵

随着生产社会化的不断发展组织的生产活动分工越来越细，专业化程度越来越高，促进生产技术水平越来越高，成本不断降低，产品质量也相应大幅度提高。通常产品不再可能由一个企业从原材料、加工、装配直至形成顾客使用的产品，而是通过多个组织分工协作，即通过供应链来完成的。这样使得组织仅仅成为产品生产过程中的一个链节，增强了组织与供方的相互依存、加强协作、建立稳定的互利的协作关系的重要性；任何一个组织都有其供方或合作伙伴，供方（或合作伙伴）提供的高质量的产品才能使组织为顾客提供高质量产品得到保证，确保了顾客满意，会更好地促进彼此的发展。

组织的市场扩大，则为供方和合作伙伴增加了提供更多产品机会。所以组织与供方合作与交流是非常重要的。它将最终促使组织与供方都增强了创造价值的能力，优化成本和资源，对市场和顾客需求联合起来做出快速的反应，从而使双方都可获得更多的效益，形成双赢的局面。

识别和选择好的供方，权衡双方的利益关系，营造沟通的渠道，确定共享的技术和资源，才能提高组织的绩效。

因此，“与供方互利的关系”原则的内涵可从以下几方面理解：

（1）供方提供高质量的产品是组织为顾客提供高质量产品的保证，才能确保顾客满意；

（2）适时向供方提供信息，使他们最大限度地做出贡献，可增强对市场的变化联合做出灵活和快速的反应；

（3）建立合作关系可降低成本，使资源配置达到最优化，共享收益，共担损失；

（4）为供方提供资源方面的支持（如提供信息、知识、专项技能、技术、过程以及共同培训等），可以增强供需双方创造价值的能力。

2）建立互利关系的基本要求

组织应建立和保持识别、选择和评价供方的过程，确保供方提供的产品和其他资源满足组织的需求和期望，与规范建立互利关系，组织应做好下列工作：

（1）识别并选择关键供方。组织应识别并选择关键供方，首先要考察供方对组织活动的贡献，以及为组织和其他相关方创造价值的能力；选择供方数量要最佳，不可太多，也不可太少。同一种“采购产品”的供方，至少应有两个供方才可以竞争，才会使其有成为最佳供方的愿望；同一种“采购产品”的供方过多，将给组织增加管理难度和管理成本。

(2) 进行双向沟通。组织和供方之间要建立适当的沟通渠道，及时沟通，从而促进问题的迅速解决，避免因延误或争议造成费用的损失。

(3) 与供方合作，确认其过程能力。组织可以通过第三方审核的方式，对供方的质量体系进行考察和确认。当然，评价其质量表现、对其提供的样品进行确认性检验等方式也是可行的，要针对具体情况来确定采取何种方法。

(4) 对供方提供的产品进行监视。与供方合作并不是对其提供的“采购产品”放任，应进行严格监视，如：驻厂检验、进货检验等。

(5) 鼓励供方实施持续的质量改进并参与联合改进。持续的质量改进可以提高供方的业绩，使供方获益，从而也使组织获益。组织应持续提高供方能力的可能性，可制定联合改进计划，与供方一起进行改进，在改进中增加双方的理解和友谊，并共享知识。

(6) 邀请供方参与组织的设计和开发活动。不断创新、不断设计和开发新产品，是组织活力所在。邀请供方参与这一活动，对供方来说获得了继续经营的机会，并能共享组织的知识；对组织来说，通过与供方的合作，也可提高组织自身的能力，降低设计和开发的费用及风及，获得更好的“采购产品”的设计。

(7) 共同确定发展战略。与供方合作，共同确定发展战略，可以减少双方的风险，获得更大的发展机会

(8) 对供方获得的成果进行评价和奖励。承认和奖励对供方是一个鼓舞，可以促使他们更加努力。

(9) 组织应基于对供方绩效的定期评价和反馈，与其共同追求对他们所提供产品的质量、价格、交付以及管理体系有效性的持续改进。

(10) 组织应不断地评审和加强与供方的关系，同时也要考虑其短期和长期目标的平衡。

三、建设工程质量管理中实施 ISO 9000 标准的意义

ISO 9000 族标准是在总结了世界经济发达国家的质量管理实践经验的基础上制订的具有通用性和指导性的国际标准，可简要的概括为“人人有职责、事事有程序、作业有标准、体系有监督、不良有纠正”。实施 ISO 9000 族标准，可以促进组织质量管理体系的改进和完善，对促进国际经济贸易活动、消除贸易技术壁垒、、提高组织的管理水平都能起到良好的作用。实施 ISO 9000 族标准的意义可概况为以下几方面：

1. 有利于提高产品质量，保护消费者利益

现代科学技术的高速发展，使产品向高科技、多功能、精细化和复杂化发展。组织是按照技术规范生产产品的，但当技术规范本身不完善或组织质量管理体系不健全时，组织就无法保证持续地提供满足要求的产品；而消费者在购买或使用这些产品时，一般也很难在技术上对产品质量加以鉴别。如果组织按 ISO 9000 族标准建立了质量管理体系，通过体系的有效应用，促进组织持续地改进产品特性和过程的有效性和效率，实现产品质量的稳定和提高，这无疑是对消费者利益的一种最有效的保护，也增加了消费者（采购商）在选购产品时对合格供应商的信任程度。

2. 为提高组织的运作能力提供了有效的方法

ISO 9000 族标准鼓励组织在建立、实施和改进质量管理体系时采用过程方法，通过识别和管理相互关联和相互作用的过程，以及对这些过程进行系统的管理和连续的监测与控制，以实现持续地提供顾客满意的产品的目的。此外，质量管理体系提供了持续改进的框架，帮助组织能够不断地识别并满足顾客及其他相关方的要求，从而不断地增强顾客和其他相关方的满意程度。因此，ISO 9000 族标准为组织有效的提高运作能力和增强市场竞争能力提供了有效的方法。

3. 有利于增进国际贸易，消除技术壁垒

在国际经济技术合作中，ISO 9000 族标准被作为相互认可的基础，ISO 9000 的质量管理体系认证制度也在国际范围中得到互认，并纳入合格评定的程序之中。技术壁垒协定（TBT）是世界贸易组织（WTO）达成的一系列协定之一，它涉及技术法规、标准和合格评定程序。贯彻 ISO 9000 族标准为国际经济技术合作提供了国际通用的共同语言和准则，取得质量管理体系认证，已成为参与国内和国际贸易、增强竞争能力的有力武器。因此，贯彻 ISO 9000 族标准对消除技术壁垒、排除贸易障碍起到了十分积极的促进作用。

4. 有利于组织的持续改进和持续满足顾客的需求和期望

顾客要求产品具有满足其需求和期望的特性，这些需求和期望在产品的技术要求或规范中表述。但是顾客的需求和期望是不断变化的，这就促使组织要持续地改进产品的特性和过程的有效性。而质量管理体系就为组织持续改进其产品和过程提供了一条行之有效的途径。ISO 9000 族标准将质量管理体系要求和产品要求区分开来，它不是取代产品要求，而是把质量管理体系要求作为对产品要求的补充，这样有利于组织的持续改进和持续满足顾客的需求和期望。

第六节 质量统计分析的基本知识

质量统计就是把数理统计方法应用于产品生产过程的抽样检验，通过收集、整理质量数据，研究样本质量特性数据的分布规律，分析和推断生产过程质量的总体状况，帮助发现质量问题，从而及时采取措施，纠正和预防质量事故，改变传统的事后把关的质量控制方式，为事前质量控制和过程质量控制，提供了有效的科学手段。

一、数理统计的基本概念、抽样调查的方法

（一）数理统计的基本概念

1. 总体与个体：总体也称母体，是所研究对象的全体；每一个要研究的对象称为个体，它是组成总体的基本元素；总体中含有个体的数目通常用 N 表示。若对一批产品质量进行检验，该批产品是总体，其中的每件产品是个体，当 N 是一个有限的数值时，则称之为有限总体；若在生产过程中进行产品检测以评估质量控制能力，应该把整个生产过程过去、现在及将来的产品视为总体，随着生产的进行，N 是无限的，称之为无限总体。

2. 样本：样本也称子样，是从总体中抽取出来，并根据对其研究结果推断总体质量特征的那部分个体。从总体中被抽中的个体称为样品，从总体中所取出的部分个体叫作总体的一个样本，样本中样品的数目称为样本容量，用 n 表示。

3. 抽样：又称取样。从欲研究的全部产品中抽取一部分样品。其基本要求是要保证所抽取的样品对全部产品具有充分的代表性，而所抽取的每一个样品又具有相互独立性。每一个样品检测到的某一质量数据（质量特征值，如：几何尺寸、重量、强度、标高、位移、合格品数、缺陷点数等）视为个体，而欲研究的全部产品的该质量特征值集合则视为总体。抽样的目的是从被抽取样品质量数据的分析、研究结果来估计和推断全部产品的质量特性，是科学实验、质量检验、社会调查普遍采用的一种经济有效的工作和研究方法。

4. 统计推断工作过程：质量统计推断工作是运用质量统计方法在生产过程中或一批产品中，随机抽取样本，通过对样品进行检测和整理加工，从中获得样本质量数据信息，并以此为依据，以概率数理统计为理论基础，对总体的质量状况做出分析和判断。

5. 统计量：统计量是样本的一个函数，若样本容量为 n，它也就是 n 个随机变量的函数，并且要求这个函数是不依赖于任何未知参数的随机变量。常用的统计量有：样本均值、样本方差、样本标准差、样本变异系数、样本偏度、样本峰度、样本协方差及样本相关系数等。

（二）抽样的方法

数理统计的基本思想方法是用样本估计总体，即当总体容量很大或检测过程具有一定的破坏性时，不直接去研究总体，而是通过从总体中抽取一个样本，根据样本去估计总体的相应情况，样本的抽取是否得当对研究总体来说十分关键，掌握正确的抽样方法是十分重要的。

抽样方法包括随机抽样法和非随机抽样法，详见图 1-4，质量控制中常用的主要方法是简单随机抽样、系统抽样和分层抽样三种，本教材仅对这三种抽样方法做一简要介绍。

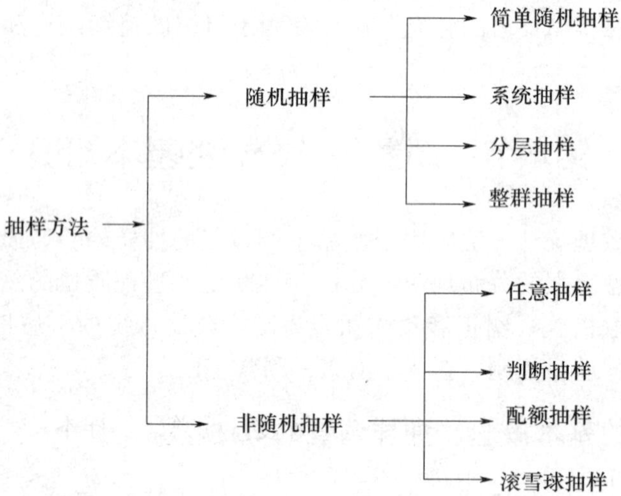

图 1-4　抽样方法

1. 简单随机抽样

设一个总体的个体数为 N。从中逐个的不放回的抽取 n 个个体作为样本（$n \leqslant N$），如果每次抽取时总体内的各个个体被抽到的机会都相等，这样的抽样方法称为简单随机抽样。简单随机抽样每次抽取一个个体时任一个体被抽到的概率为 $1/N$；在整个抽样过程中各个个体被抽到的概率为 n/N。简单随机抽样的主要特征：①总体有限（总体中的个体数量是有限的）；②逐个抽取（在抽取样本时必须一个一个的抽取）；③不放回抽取（每次抽取出来之后不能重新放回总体中）；④机会均等（总体中的每个个体被抽到的机会是一样的 n/N）。

简单随机抽样有两种常用方法：抽签法和随机数表法。

1）抽签法：把总体中的 N 个个体编号，把号码写在号签上，将号签放入一个容器中，搅拌均匀后，每次从中抽取一个号签，连续抽取 n 次，就得了一个容量为 n 的样本，这样的方法叫做抽签法。抽签法的一般步骤为：

（1）编号：将总体中的 N 个个体编号为 1 到 N；

（2）制签：将这 N 个号码写在形状、大小相同的号签上；

（3）搅拌均匀：将号签放在一个容器中，并搅拌均匀；

（4）抽签：从容器中逐个（每次只能抽出 1 个）不放回的连续抽出 n 个号签；

（5）确定样本：在总体中取出与抽到的号签编号一致的 n 个个体组成样本。

抽签法抽样优点是简单易行，当总体个数不多时容易搅拌均匀，个体有均等的机会被抽中，从而能保证样本的代表性。但当总体个数较多时很难搅拌均匀，产生的样本代表性差的可能性很大，并且制作号签也十分麻烦。

2）随机数表法：

利用随机数表作为工具进行抽样的方法称为随机数表法。随机数表是将 0～9 的 10 个自然数，按编码位数的要求（如两位一组，三位一组，五位甚至十位一组），利用特制的摇码器（或计算机）自动地逐个摇出（或计算机生成）一定数目的号码编成的表。用随机数表法从含有 N 个个体的总体中抽取一个容量为 n 的样本的一般步骤为：

（1）编号：根据 N 的位数，将总体中的 N 个个体从小到大依序编号（每个号码位数相同）；

（2）选定初始值：①要随机选，②应在面对随机数表之前就指出开始数字的纵横位置，③随机数表中所选纵横位置的数即为选定初始值；

（3）选号：从选定的数开始，沿着一定的方向（向右或向左或向上或向下），按照对个体编号的位数（两位或三位或四位）读出一个号码，得到的号码不在编号范围内的跳过，在编号中的取出，若前面取出过的号码（重复号码）也跳过，如此继续下去，直到取满 n 个号码为止。

（4）确定样本：根据选定的号码在总体中取出组成容量 n 的样本。

一般地，随机数表用计算机生成是等概率的，再加上以任选一个数作为开始，读数的方向可以向左、向右、向上、向下等等，因此利用随机数表抽取样本保证了被抽取个体的概率相等。

随机数表法的优点与抽签法相同，也是简单易行，但避免了抽签法中总体个数较多时制作号签费时、费力的麻烦和号签可能因搅拌不均匀而产生样本代表性差的问题。其缺点是当总体容量很大时仍不方便，编号工作繁重；对于复杂的总体，样本的代表性难以保证；不能利用总体的已知信息等。但是比抽签法公平。

随机抽样并不是随意或随便抽取，因为随意或随便抽取都会带有主观或客观的影响因素。随机抽样只适用于总体单位数量有限、容量较少的抽样类型。

2. 系统抽样

系统抽样又称等距抽样，当总体中的个体数较多时，先将容量较大的总体分成均衡的几个部分，在某一个部分内用简单随机抽样法抽取一个个体，然后按照预先确定的规则，从每一部分抽取 1 个个体，得到所需的样本，这样的抽样方法称为系统抽样。

系统抽样适用于总体中的个体数较多的情况，它与简单随机抽样的联系在于将总体均分成几部分后的每一部分进行抽样时，采用是简单随机抽样。因此，它与简单随机抽样一样，系统抽样是等可能抽样，它是客观、公平的；再则，总体中的个体数恰好能被样本容量整除时，可用它们的比值作为系统抽样的间隔；当总体中的个体数不能被样本容量整除时，可用简单随机抽样先从总体中剔除少量个体，使剩下的个体数能被样本容量整除在进行系统抽样。用系统抽样方法从含有 N 个个体的总体中抽取一个容量为 n 的样本的一般步骤为：

(1) 编号：采用随机的方式将总体中的个体编号；

(2) 分段：为将整个的编号进行分段，要确定分段的间隔 k：当 N/n 是整数时，$k=N/n$；当 N/n 不是整数时，用简单随机抽样从总体中剔除一些个体使剩下的总体中的个体数 N' 能被 n 整除，这时 $k=N'/n$；

(3) 抽取起始点：在第 1 段用简单随机抽样确定起始的个体编号 t；

(4) 抽样，确定样本：按照事先确定的规则（常将 t 加上间隔 k）抽取样本。

系统抽样法的优点有：①抽样方法简便；②易得到一个按比例分配的样本，抽样误差较小。其缺点有：①仍需对每个个体编号；②当观察单位按顺序有周期趋势或单调性趋势时，产生明显偏性。

系统抽样适合于容量较大而差异不太大的总体，它相对于简单随机抽样方式最主要的优势就是经济性。系统抽样方式比简单随机抽样更为简单，花的时间更少，并且花费也少。使用系统抽样方式最大的缺陷在于总体单位的排列上。一些总体单位数可能包含隐蔽的形态（周期趋势或单调性）时就不能保证样本的代表性。由此可见，只要抽样者对总体结构有一定了解时，充分利用已有信息对总体单位进行排队后再抽样，则可提高抽样效率。

3. 分层抽样

分层抽样又称分组抽样或分类（类型）抽样，是先将总体的个体按某种特征分为若干互不交叉的次级总体（层），然后按照一定的比例，从每一层中独立抽取一定数量的个体，组成一个样本，这样的抽样方法称为分层抽样。

分层抽样尽量利用了事先掌握的信息，当总体是由差异明显的几部分组成时，为了使样本更客观地反映总体情况，常将总体中的个体按不同的特点（或某种特征）分成层次比较分明的几部分，然后按照各部分所占的比例，对每一部分实施简单随机抽样（或系统抽样）。使其充分保持样本结构和总体结构的一致性，这对提高样本的代表性是非常重要的。分层抽样的特点是将科学分组法与抽样法结合在一起，每个个体被抽到的概率都相等。分组减小了各抽样层变异性的影响，抽样保证了所抽取的样本具有足够的代表性。用分层抽样方法从含有 N 个个体的总体中抽取一个容量为 n 的样本的一般步骤为：

(1) 分层：遵循不重复、不遗漏的原则，按某种特征将总体分成互不相交的层。

(2) 确定各层抽取个体数：按比例 $k=n/N$ 确定每层抽取个体的个数 $(n/N)\cdot N_i$ 个。

(3) 各层抽样：各层分别按简单随机抽样（或系统抽样）的方法抽取。

(4) 确定样本：综合每层抽样，组成样本。

分层抽样的优点是：分层使得层内差别小而层间差别大、样本具有较强的代表性；抽样过程中综合选用各种抽样方法，在一定程度上控制了抽样误差，提高了效率。因此分层抽样是一种实用、操作性强、应用比较广泛的抽样方法。其不足之处是事先应了解各层的总体含量，最优分配还应了解标准差。

系统抽样是对于样本容量较大而相互之间差距不是很大的总体比较好，它包括抽样和估计两个环节；而分层抽样是对于样本容量较大且差距较明显的总体比较适合，他包括分层、抽样和估计三个环节；简单随机抽样是系统抽样和分层抽样得以进行的基础。在很多问题中，应该把三者结合起来，才会达到更好的效果。它们的特点、联系及适用范围见表 1-5。

表 1-5 简单随机抽样、系统抽样和分层抽样的特点、联系及适用范围

类别	共同点	特 点	相互联系	适用范围
简单随机抽样	（1）抽样过程中每个个体被抽到的可能性相等； （2）每次抽出个体后不再将它放回。	从总体中逐个抽取	系统抽样、分层抽样的基础	容量较小的总体
系统抽样		将总体平均分成几部分，按事先确定的规则分别在各部分中抽取	在起始部分抽样时采用简单随机抽样	容量较大的总体
分层抽样		将总体分成几层，按各层个体数之比抽取	各层抽样时采用简单随机抽样或系统抽样	总体容量较大且由差异明显的几部分组成

二、施工质量数据抽样和统计分析方法

（一）施工质量数据抽样的基本方法

1. 质量数据的分类

根据质量数据的特点，可以将其分为计量值数据和计数值数据。

1）计量值数据：计量值数据是可以连续取值的数据，属于连续型变量。

2）计数值数据（离散性数据）：计数值数据是只能按 0，1，2，……数列取值计数的数据，属于离散型变量。计数值数据又可分为计件值数据和计点值数据。

（1）计件值数据，表示具有某一质量标准的产品个数。如总体中合格品数、一级品数。

（2）计点值数据，表示个体（单件产品、单位长度、单位面积、单位体积等）上的缺陷数、质量问题点数等。如检验钢结构构件涂料涂装质量时，构件表面的焊渣、焊疤、油污、毛刺数量等。

2. 质量数据收集

1）全数检验：全数检验是对总体中的全部个体逐一观察、测量、计数、登记，从而获得对总体质量水平评价结论的方法。

全数检验一般比较可靠，能提供大量的质量信息，但要消耗很多人力、物力、财力和时间，特别是不能用于具有破坏性的检验和过程质量控制，应有上具有局限性。

2）随机抽样检验：抽样检验是按照随机抽样的原则，从总体中抽取部分个体组成样本，根据对样品进行检测的结果，推断总体质量水平的方法。抽样的具体方法有：简单随机抽样、系统抽样、分层抽样等（详见本节“抽样的方法”）。

当总体很大时，很难一次抽样完成预定的目标。多阶段抽样是将各种单阶段抽样方法结合使用，通过多次随机抽样来实现的抽样方法。

3. 质量数据的特征值

样本数据特征值是由样本数据计算的描述样本质量数据波动规律的指标。统计推断就是根据这些样本数据特征值来分析、判断总体的质量状况。常用的有描述数据分布集中趋势的算术平均数、中位数和描述数据分布离中趋势的极差、标准偏差、变异系数等。

1）描述数据集中趋势的特征值

（1）算术平均数

算术平均数又称均值，是消除了个体之间个别偶然的差异，显示出所有个体共性和数据

一般水平的统计指标，它由所有数据计算得到，是数据的分布中心，对数据的代表性好。其计算公式为：

总体算术平均数 μ：

$$\mu = 1/N(X_1 + X_2 + \cdots + X_N) = 1/N\sum X_i$$

式中 N——总体中个体数；

X_i——总体中第 i 个的个体质量特性值。

样本算术平均数

$$\overline{x} = 1/n(x_1 + x_2 + \cdots + x_n) = 1/n\sum x_i$$

式中 n——样本容量；

x_i——样本中第 i 个样品的质量特性值。

（2）样本中位数。

样本中位数是将样本数据按数值大小有序排列后，位置居中的数值。当样本数 n 为奇数时，数列居中的一位数即为中位数；当样本数 n 为偶数时，取居中两个数的平均值作为中位数。例：现有一组数据（已经排序）：2，3，4，4，5，5，5，5，6，6，7，7，8 共有 13 个数据，处于中间位置的是第 7 个数据，样本中位数即为：样本中位数＝x（7）＝5；若该组数据为偶数列：2，3，4，4，5，5，5，6，6，7，7，8，共 12 个数据，则样本中位数＝x（6）＋x（7）/2＝（5＋5）/2＝5。

2）描述数据离中趋势的特征值

（1）极差 R

极差是数据中最大值与最小值之差，是用数据变动的幅度来反映其分散状况的特征值。其计算公式为：$R=X_{max}-X_{min}$。

（2）标准偏差

标准偏差简称标准差或均方差，是个体数据与均值离差平方和的算术平均数的算术根，是大于 0 的正数。总体的标准差用 σ 表示；样本的标准差用 S 表示。标准差值小说明分布集中程度高，离散程度小，均值对总体（样本）的代表性好；标准差的平方是方差，有鲜明的数理统计特征，能确切说明数据分布的离散程度和波动规律，是最常用的反映数据变异程度的特征值。

① 总体的标准偏差 σ：

$$\sigma = \sqrt{\frac{\sum_{i=1}^{n}(x_i - \mu)^2}{N}}$$

样本的标准偏差 S：

$$S = \sqrt{\frac{\sum_{i=1}^{n}(x_i - \overline{x})^2}{n-1}}$$

样本的标准偏差 S 是总体标准差 σ 的无偏估计。在样本容量较大（$n \geqslant 50$）时，上式中的分母（$n-1$）可简化为 n。

（3）变异系数 C_v

变异系数又称离散系数，是用标准差除以算术平均数得到的相对数。它表示数据的相对离散波动程度。变异系数小，说明分布集中程度高，离散程度小，均值对总体（样本）的代表性好。其计算公式为：$C_v=\sigma/\mu$（总体）或 $C_v=S/\overline{x}$（样本）。

4. 质量数据分布的规律性

一个能反映质量数据规律性的分布，即以质量标准为中心的质量数据分布，它可用一个“中间高、两端低、左右对称”的几何图形表示，即一般服从正态分布。

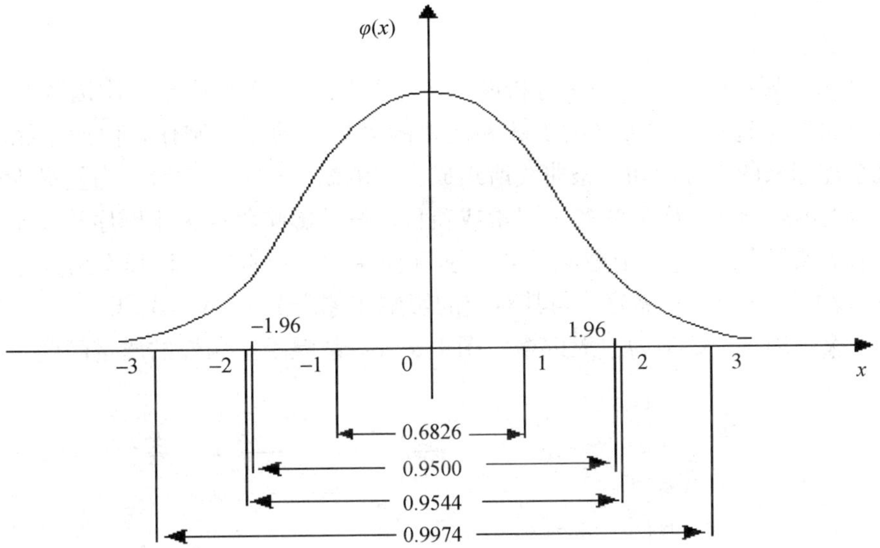

图 1-5　正态分布概率密度曲线

一般计量值数据服从正态分布，计件值数据服从二项分布，计点值数据服从泊松分布等。实践中只要是受许多起微小作用的因素影响的质量数据，都可认为是近似服从正态分布的。

（二）数据统计分析的基本方法

1. 统计调查表法

统计调查表法又称统计调查分析法，它是利用专门设计的统计表对质量数据进行收集、整理和粗略分析质量状态的一种方法。

在质量控制活动中，利用统计调查表收集数据，简便灵活，便于整理，实用有效。它没有固定格式，可根据需要和具体情况，设计出不同统计调查表。常用的有：①分项工程作业质量分布调查表；②不合格项目调查表；③不合格原因调查表；④施工质量检查评定用调查表等。

应当指出，统计调查表往往同分层法结合起来应用，可以更好、更快地找出问题的原因，以便采取改进的措施。

2. 分层法

分层法又叫分类法，是将调查收集的原始数据，根据不同的目的和要求，按某一性质进行分组、整理的分析方法。分层的结果使数据各层间的差异突出地显示出来，层内的数据差异减少了。在此基础上再进行层间、层内的比较分析，可以更深入地发现和认识质量问题的原因。由于产品质量是多方面因素共同作用的结果，因而对同一批数据，可以按不同性质分层，使我们能从不同角度来考虑、分析产品存在的质量问题和影响因素。常用的分层标志有：①按操作班组或操作者分层；②按使用机械设备型号分层；③按操作方法分层；④按原材料供应单位、供应时间或等级分层；⑤按施工时间分层；⑥按检查手段、工作环境等分层。

分层法是质量控制统计分析方法中最基本的一种方法。其他统计方法一般都要与分层法配合使用，如排列图法、直方图法、控制图法、相关图法等，常常是首先利用分层法将原始数据分门别类，然后再进行统计分析。

3. 排列图法

1）排列图法的概念

排列图又叫帕累托图或主次因素分析图，它是找出影响产品质量主次因素的一种简单而有效的图表方法。它是根据“关键的少数和次要的多数”的原理制作，由两个纵坐标、一个横坐标、几个连起来的直方形和一条曲线所组成。左侧纵坐标表示频数，右侧纵坐标表示累计频率，横坐标表示影响产品质量的各个因素或项目，按其影响程度大小顺序从左至右排列，直方图的高度示意该因素（项目）的影响大小。实际应用中，通常按累计频率划分为0%～80%、80%～90%、90%～100%三部分，与其对应的影响因素分别为A、B、C三类。A类为主要因素，B类为次要因素，C类为一般因素。图1-6所示某混凝土构件的质量问题。

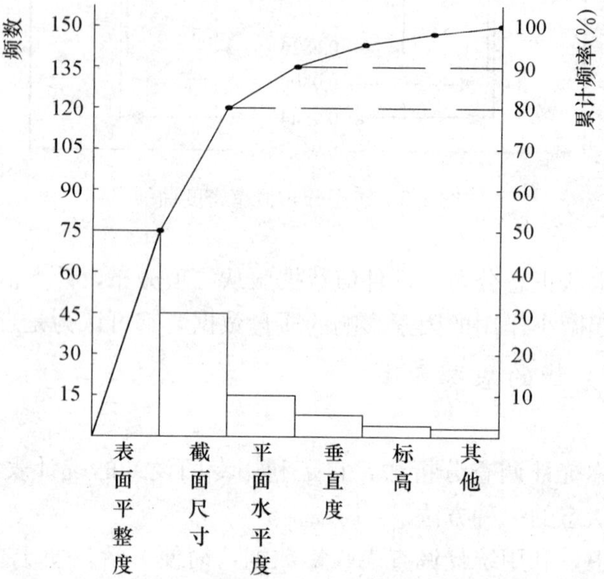

图1-6　混凝土构件质量问题排列图

2）排列图的观察与分析

（1）观察直方形，大致可看出各项目的影响程度。排列图中的每个直方形都表示一个质量问题或影响因素。影响程度与各直方形的高度成正比。

（2）利用ABC分类法，确定主次因素。将累计频率曲线按0%～80%、80%～90%、90%～100%分为三部分，各曲线下面所对应的影响因素分别为A、B、C三类因素。如图所示，表面平整度、截面尺寸为A类因素（主要问题），平面水平度为B类因素，垂直度、标高及其他为C类因素。

3）排列图的应用

排列图可以形象、直观地反映主次因素。其主要应用有：①按不合格点的内容分类，可以分析出造成质量问题的薄弱环节。②按生产作业分类，可以找出生产不合格品最多的关键过程。③按生产班组或单位分类，可以分析比较各单位技术水平和质量管理水平。④将采取提高质量措施前后的排列图对比，可以分析措施是否有效。⑤此外还可以用于成本费用分析、安全问题分析等。

4. 因果分析图法

1）因果分析图的概念

因果分析图法是利用因果分析图来系统整理分析某个质量问题（结果）与其产生原因之间关系的有效工具。因果分析图也称特性要因图，又因其形状常被称为树枝图或鱼刺图。因果分析图由质量特性（即质量结果指某个质量问题）要因（产生质量问题的主要原因）枝干（指一系列箭线表示不同层次的原因）主干（指较粗的直接指向质量结果的水平箭线）等所组成。

2）绘制和使用因果分析图时应注意的问题

（1）集思广益。绘制时要求绘制者熟悉专业施工方法技术，调查、了解施工现场实际条件和操作的具体情况。要以各种形式，广泛收集现场工人、班组长、质量检查员、工程技术人员的意见，集思广益，相互启发、相互补充，使因果分析更符合实际。

（2）制定对策。绘制因果分析图不是目的，而是要根据图中所反映的主要原因，制订改进的措施和对策，限期解决问题，保证产品质量。具体实施时，一般应编制一个对策计划表。

5. 直方图法

1）直方图的用途

直方图法即频数分布直方图法，它是将收集到的质量数据进行分组整理，绘制成频数分布直方图，用以描述质量分布状态的一种分析方法，所以又称质量分布图法。

通过直方图的观察与分析，可了解产品质量的波动情况，掌握质量特性的分布规律，以便对质量状况进行分析判断。同时可通过质量数据特征值的计算，估算施工生产过程总体的不合格品率，评价过程能力等。

2）直方图的绘制方法

（1）收集整理数据：用随机抽样的方法抽取数据，一般要求数据在50个以上。

（2）计算极差 R：极差 R 是数据中最大值和最小值之差。

（3）对数据分组：包括确定组数、组距和组限。

① 确定组数 k。确定组数的原则是分组的结果能正确地反映数据的分布规律。组数应根据数据多少来确定。组数过少，会掩盖数据的分布规律；组数过多，使数据过于零乱分散，也不能显示出质量分布状况。一般可参考下列经验数值确定：

数据总数 n	分组数 k	数据总数 n	分组数 k	数据总数 n	分组数 k
50～100	6～10	100～250	7～12	250以上	10～20

② 确定组距 h，组距是组与组之间的间隔，也即一个组的范围。各组距应相等，于是有：极差≈组距×组数，即 $R \approx h \cdot k$。

因而组数、组距的确定应结合级差综合考虑，适当调整，还要注意数值尽量取整，使分组结果能包括全部变量值，同时也便于以后的计算分析。

③ 确定组限。每组的最大值为上限，最小值为下限，上、下限统称组限。确定组限时应注意使各组之间连续，即较低组上限应为相邻较高组下限，这样才不致使有的数据被遗漏。对恰恰处于组限值上的数据，其解决的办法有二：一是规定每组上（或下）组限不计在该组内，而计入相邻较高（或较低）组内；二是将组限值较原始数据精度提高半个最小测量单位。

（4）编制数据频数统计表：统计各组频数，频数总和应等于全部数据个数。

（5）绘制频数分布直方图。

3）直方图的观察与分析

（1）观察直方图的形状、判断质量分布状态

作完直方图后，首先要认真观察直方图的整体形状，看其是否是属于正常型直方图。正常型直方图就是中间高，两侧底，左右接近对称的图形。出现非正常型直方图时，表明生产过程或收集数据作图有问题。这就要求进一步分析判断，找出原因，从而采取措施加以纠正。凡属非正常型直方图，其图形分布有各种不同缺陷，归纳起来一般有五种类型。

① 折齿型，是由于分组组数不当或者组距确定不当出现的直方图。

② 左（或右）缓坡型，主要是由于操作中对上限（或下限）控制太严造成的。

③ 孤岛型，是原材料发生变化，或者临时他人顶班作业造成的。

④ 双峰型，是由于用两种不同方法或两台设备或两组工人进行生产，然后把两方面数据混在一起整理产生的。

⑤ 绝壁型，是由于数据收集不正常，可能有意识地去掉下限以下的数据，或是在检测过程中存在某种人为因素所造成的。

（2）将直方图与质量标准比较，判断实际生产过程能力。正常型直方图与质量标准相比较，一般有六种情况。

① 图 1-7（a）中，B 在 T 中间，质量分布中心与质量标准中心 M 重合，实际数据分布与质量标准相比较两边还有一定余地。这样的生产过程质量是很理想的，说明生产过程处于正常的稳定状态。在这种情况下生产出来的产品可认为全都是合格品。

② 图 1-7（b）中，B 虽然落在 T 内，但质量分布中心与 T 的中心 M 不重合，偏向一边。这样如果生产状态一旦发生变化，就可能超出质量标准下限而出现不合格品。出现此情况时应迅速采取措施，使直方图移到中间来。

③ 图 1-7（c）中，B 在 T 中间，且 B 的范围接近了 T 的范围，没有余地，生产过程一旦发生小的变化，产品的质量特性值就可能超出质量标准。出现这种情况时，必须立即采取措施，以缩小质量分布范围。

④ 图 1-7（d）中，B 在 T 中间，但两边余地太大，说明加工过于精细，不经济。在这种情况下，可以对原材料、设备、工艺、操作等控制要求适当放宽些，有目的地使 B 扩大，从而有利于降低成本。

⑤ 图 1-7（e）中，质量分布范围 B 已超出标准下限之外，说明已出现不合格品。此时必须采取措施进行调整，使质量分布位于标准之内。

⑥ 图 1-7（f）中，质量分布范围完全超出了质量标准上、下界限，散差太大，产生许多废品，说明过程能力不足，应提高过程能力，使质量分布范围 B 缩小。

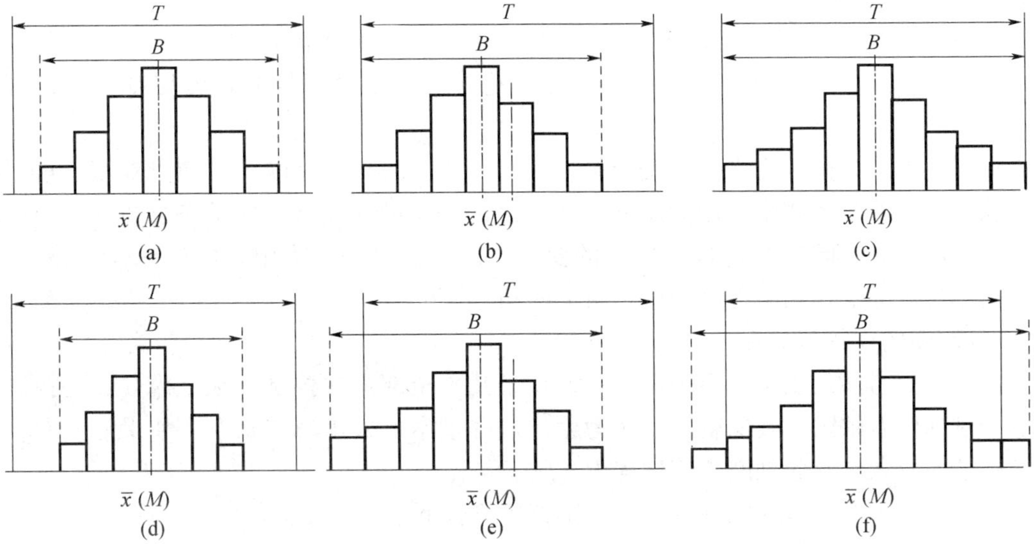

图 1-7　正常型直方图与质量标准上下限比较

6. 控制图法

1）控制图的基本形式及其用途

控制图又称管理图。它是在直角坐标系内画有控制界限，描述生产过程中产品质量波动状态的图形。利用控制图区分质量波动原因，判明生产过程是否处于稳定状态的方法称为控制图法。

（1）控制图的基本形式

横坐标为样本（子样）序号或抽样时间，纵坐标为被控制对象，即被控制的质量特性值。控制图上一般有三条线：在上面的一条虚线称为上控制界限，用符号 UCL 表示；在下面的一条虚线称为下控制界限，用符号 LCL 表示；中间的一条实线称为中心线，用符号 CL 表示。中心线标志着质量特性值分布的中心位置，上下控制界限标志着质量特性值允许波动范围。

在生产过程中通过抽样取得数据，把样本统计量描在图上来分析判断生产过程状态。如果点子随机地落在上、下控制界限内，则表明生产过程正常处于稳定状态，不会产生不合格品；如果点子超出控制界限，或点子排列有缺陷，则表明生产条件发生了异常变化，生产过程处于失控状态。

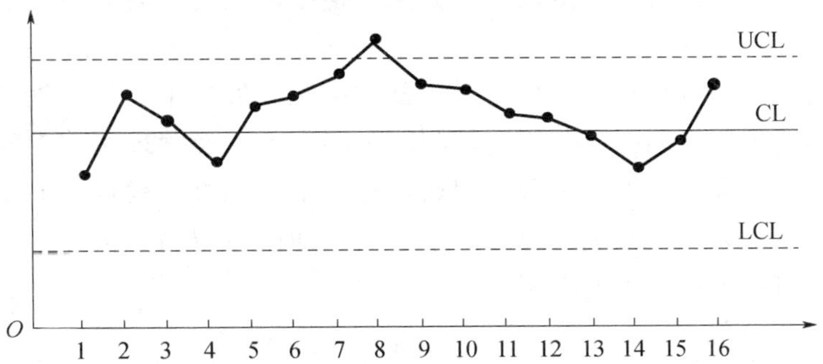

图 1-8　控制图

（2）控制图的用途

控制图是用样本数据来分析判断生产过程是否处于稳定状态的有效工具。它的用途主要有两个，一是过程分析，即分析生产过程是否稳定；二是过程控制，即控制生产过程质量状态。

前面讲述的排列图、直方图法是质量控制的静态分析法，反映的是质量在某一段时间里的静止状态。在质量控制中单用静态分析法显然是不够的，还必须有动态分析法。只有动态分析法，才能随时了解生产过程中质量的变化情况，及时采取措施，使生产处于稳定状态，起到预防出现废品的作用。控制图就是典型的动态分析法。

2）控制图的观察与分析

当控制图同时满足以下两个条件：一是点子几乎全部落在控制界限之内；二是控制界限内的点子排列没有缺陷。我们就可以认为生产过程基本上处于稳定状态。如果点子的分布不满足其中任何一条，都应判断生产过程为异常。

（1）点子几乎全部落在控制界线内，是指应符合下述三个要求：

① 连续 25 点以上处于控制界限内。

② 连续 35 点中仅有 1 点超出控制界限。

③ 连续 100 点中不多于 2 点超出控制界限。

（2）点子排列没有缺陷，是指点子的排列是随机的，而没有出现异常现象。这里的异常现象是指点子排列出现了“链”、“多次同侧”、“趋势或倾向”、“周期性变动”、“接近控制界限”等情况。

① 链。是指点子连续出现在中心线一侧的现象。出现五点链，应注意生产过程发展状况。出现六点链，应开始调查原因：出现七点链，应判定工序异常，需采取处理措施。

② 多次同侧。是指点子在中心线一侧多次出现的现象，或称偏离。下列情况说明生产过程已出现异常：在连续 11 点中有 10 点在同侧；在连续 14 点中有 12 点在同侧；在连续 17 点中有 14 点在同侧；在连续 20 点中有 16 点在同侧。

③ 趋势或倾向。是指点子连续上升或连续下降的现象。连续 7 点或 7 点以上上升或下降排列，就应判定生产过程有异常因素影响，要立即采取措施。

④ 周期性变动。即点子的排列显示周期性变化的现象。这样即使所有点子都在控制界限内，也应认为生产过程为异常。

⑤ 点子排列接近控制界限。是指点子落在了 $\mu\pm2$ 以外和 $\mu\pm3\sigma$ 以内。如属下列情况的判定为异常：连续 3 点至少有 2 点接近控制界限；连续 7 点至少有 3 点接近控制界限；连续 10 点至少有 4 点接近控制界限。

以上是分析用控制图判断生产过程是否正常的准则。如果生产过程处于稳定状态，则把分析用控制图转为管理用控制图。分析用控制图是静态的，而管理用控制图是动态的。随着生产过程的进展，通过抽样取得质量数据把点描在图上，随时观察点子的变化，一是点子落在控制界限外或界限上，即判断生产过程异常，点子即使在控制界限内，也应随时观察其有无缺陷，以对生产过程正常与否做出判断。

7. 相关图法

1）相关图法的用途

相关图又称散布图。在质量控制中它是用来显示两种质量数据之间关系的一种图形。质量数据之间的关系多属相关关系。一般有三种类型：一是质量特性和影响因素之间的关系；二是质量特性和质量特性之间的关系；三是影响因素和影响因素之间的关系。

我们可以用 y 和 x 分别表示质量特性值和影响因素，通过绘制散布图，计算相关系数等，分析研究两个变量之间是否存在相关关系，以及这种关系密切程度如何，进而对相关程度密切的两个变量，通过对其中一个变量的观察控制，去估计控制另一个变量的数值，以达到保证产品质量的目的。这种统计分析方法，称为相关图法。

2）相关图的绘制方法

（1）收集数据：要成对地收集两种质量数据，数据不得过少。

（2）绘制相关图

在直角坐标系中，一般 x 轴用来代表原因的量或较易控制的量；y 轴用来代表结果的量或不易控制的量。然后将数据中相应的坐标位置上描点，便得到散布图。

3）相关图的观察与分析

相关图中点的集合，反映了两种数据之间的散布状况，根据散布状况我们可以分析两个变量之间的关系。归纳起来，有以下六种类型。

（1）正相关。散布点基本形成由左至右向上变化的一条直线带，即随 x 增加，y 值也相应增加，说明 x 与 y 有较强的制约关系。此时，可通过对 x 控制而有效控制 y 的变化。

（2）弱正相关。散布点形成向上较分散的直线带。随 x 值的增加，y 值也有增加趋势，但 x、y 的关系不像正相关那么明确。说明 y 除受 x 影响外，还受其他更重要的因素影响。需要进一步利用因果分析图法分析其他的影响因素。

（3）不相关。散布点形成一团或平行于 x 轴的直线带。说明 x 变化不会引起 y 的变化或其变化无规律，分析质量原因时可排除 x 因素。

（4）负相关。散布点形成由左向右向下的一条直线带。说明 x 对 y 的影响与正相关恰恰相关。

（5）弱负相关。散布点形成由左至右向下分布的较分散的直线带。说明 x 与 y 的相关关系较弱，且变化趋势相反，应考虑寻找影响 y 的其他更重要的因素。

（6）非线性相关。散布点呈一曲线带，即在一定范围内 x 增加，y 也增加；超过这个范围 x 增加，y 则有下降趋势，或改变变动的斜率呈曲线形态。

第二章　法律法规

本章主要介绍施工企业参与工程建设活动应遵守的法律法规，通过学习提高法制意识，增强依法办事的能力

第一节　概　　述

一、建设工程法律法规的概念

工程建设和建筑业法律法规是指由国家权力机关或者其授权的行政机关制定的，旨在调整国家及其有关机构、企事业单位、社会团体、公民之间在建设活动中或建设行政管理活动中发生的各种社会关系的法律、法规的统称。

建筑活动指从事土木建筑工程、线路管道和设备安装工程的新建、扩建、改建及建筑装饰装修活动。

建设行政执法是指建设行政主管部门和被授权或被委托的单位，依法对各项建设活动和建设行为进行监督检查，并对违法行为执行行政处罚的行为。具体包括：建设行政决定，包括行政许可、行政命令和行政奖励；建设行政检查，包括实地检查和书面检查；建设行政处罚，包括财产处罚、行为处罚和惩戒；建设行政强制执行。

二、建设工程法律法规体系

（一）建设工程法律法规体系的概念

建设法规体系是指已经制定和需要制定的建设法律、建设行政法规和建设部门规章构成的一个相互联系、相互补充、相互协调的完整统一的框架结构。

（二）我国建设法规体系的构成

1. 建设法律

法律指由全国人民代表大会及其常委会制定颁行的属于国务院建设行政主管部门主管业务范围的各项法律，它们是建设法规体系的核心和基础。如《中华人民共和国建筑法》《中华人民共和国安全生产法》等。

2. 建设行政法规

行政法规指由国务院制定颁行的属于建设行政主管部门主管业务范围的各项法规。如《建设工程安全生产管理条例》、《建设工程质量管理条例》等。

3. 建设部门规章

建设部门规章指由国务院建设行政主管部门或其与国务院其他相关部门联合制定颁行的法规。如《建筑企业资质管理规定》《房屋建筑工程质量包修法》等。

4. 地方性建设法规

地方性建设法规指由省、自治区、直辖市人民代表大会及其常委会制定颁行的或经其批

准颁行的由下级人大或常委会制定的建设方面的法规。如《河北省建筑条例》《河北省城市建设管理条例》等。

5. 地方建设规章

地方建设规章指由省、自治区、直辖市人民政府制定颁行的或经其批准的由其所辖城市人民政府制定的建设方面的规章。如《河北省城市建设档案管理规定》、《河北省建设工程安全生产监督管理规定》等。

第二节 《建筑法》

《中华人民共和国建筑法》经1997年11月1日第八届全国人大常委会第28次会议通过；根据2011年4月22日第十一届全国人大常委会第20次会议《关于修改〈中华人民共和国建筑法〉的决定》修正。《中华人民共和国建筑法》分总则、建筑许可、建筑工程发包与承包、建筑工程监理、建筑安全生产管理、建筑工程质量管理、法律责任、附则8章85条，自1998年3月1日起施行。共计八章八十五条。

《中华人民共和国建筑法》的立法目的：为了加强对建筑活动的监督管理，维护建筑市场秩序，保证建筑工程的质量和安全，促进建筑业健康发展，

一、从业资格的有关规定

《中华人民共和国建筑法》中从业资格的有关规定：

第十二条 从事建筑活动的建筑施工企业、勘察单位、设计单位和工程监理单位，应当具备下列条件：

（一）有符合国家规定的注册资本；

（二）有与其从事的建筑活动相适应的具有法定执业资格的专业技术人员；

（三）有从事相关建筑活动所应有的技术装备；

（四）法律、行政法规规定的其他条件。

第十三条 从事建筑活动的建筑施工企业、勘察单位、设计单位和工程监理单位，按照其拥有的注册资本、专业技术人员、技术装备和已完成的建筑工程业绩等资质条件，划分为不同的资质等级，经资质审查合格，取得相应等级的资质证书后，方可在其资质等级许可的范围内从事建筑活动。

第十四条 从事建筑活动的专业技术人员，应当依法取得相应的执业资格证书，并在执业资格证书许可的范围内从事建筑活动。

二、建筑安全生产管理的有关规定

《中华人民共和国建筑法》中建筑安全生产管理的有关规定：

第三十六条 建筑工程安全生产管理必须坚持安全第一、预防为主的方针，建立健全安全生产的责任制度和群防群治制度。

第三十八条 建筑施工企业在编制施工组织设计时，应当根据建筑工程的特点制定的相应的安全技术措施；对专业性较强的工程项目，应当编制专项安全施工组织设计，并采取安全技术措施。

第三十九条　建筑施工企业应当在施工现场采取维护安全、危险、预防火灾等措施；有条件的，应当对施工现场实行封闭管理。

施工现场对毗邻的建筑物、构筑物和特殊作业环境可能造成损害的，建筑施工企业应当采取安全防护措施。

第四十一条　建筑施工企业应当遵守有关环境保护和安全生产的法律、法规的规定，采取控制和处理施工现场的各种粉尘、废气、废水、固定废物以及噪声、振动对环境的污染和危害的措施。

第四十四条　建筑施工企业必须依法加强对建筑安全生产的管理，执行安全生产责任制度，采取有效措施，防止伤亡和其他安全生产事故的发生。

建筑施工企业的法定代表人对本企业的安全生产负责。

第四十五条　施工现场安全由建筑施工企业负责。实行施工总承包的，由总承包单位负责。分包单位向总承包单位负责，服从总承包单位对施工现场的安全生产教育培训；未经安全生产教育培训的人员，不得上岗作业。

第四十七条　建筑施工企业和作业人员在施工过程中，应当遵守有关安全生产的法律、法规和建筑行业安全规章、规程，不得违章指挥或者违章作业。作业人员有权对影响人身健康的作业程序和作业条件提出发主进意见，有权获得安全生产所需的防扩用品。作业人员对危及生命安全和人身健康的行为有权提出、批评检举和控告。

第四十八条　建筑施工企业必须为从事危险作业的职工办理意外伤害保险，支付保险费。

第五十一条　施工中发生事故时，建筑施工企业应当采取紧急措施减少人员伤亡和事故损失，并国家有关规定及时向有关部门报告。

三、建筑工程质量管理的有关规定

《中华人民共和国建筑法》中建筑工程质量管理的有关规定：

第五十二条　建筑工程勘察、设计、施工的质量必须符合国家有关建筑工程安全标准的要求，具体管理办法由国务院规定。

有关建筑工程安全的国家标准不能适应确保建筑安全的要求时，应当及时修订。

第五十四条　建设单位不得以任何理由，要求建筑设计单位或者建筑施工企业在工程设计或者施工作业中，违反法律、行政法规和建筑工程质量、安全标准，降低工程质量。

建筑设计单位和建筑施工企业对建设单位违反前款规定提出的降低工程质量的要求，应当予以拒绝。

第五十五条　建筑工程实行总承包的，工程质量由工程总承包单位负责，总承包单位将建筑工程分包给其他单位的，应当对分包工程的质量与分包单位承担连带责任。分包单位应当接受总承包单位的质量管理。

第五十八条　建筑施工企业对工程的施工质量负责。

建筑施工企业必须按照工程设计图纸和施工技术标准施工，不得偷工减料。工程设计的修改由原设计单位负责，建筑施工企业不得擅自修改工程设计。

第五十九条　建筑施工企业必须按照工程设计要求、施工技术标准和合同的约定，对建筑材料、建筑构配件和设备进行检验，不合格的不得使用。

第六十条　建筑物在合理使用寿命内，必须确保地基基础工程和主体结构的质量。

建筑工程竣工时，屋顶、墙面不得留有渗漏、开裂等质量缺陷；对已发现的质量缺陷，建筑施工企业应当修复。

第六十一条　交付竣工验收的建筑工程，必须符合规定的建筑工程质量标准，有完整的工程技术经济资料和经签署的工程保修书，并具备国家规定的其他竣工条件。

建筑工程竣工经验收合格后，方可交付使用；未经验收或者验收不合格的，不得交付使用。

第六十二条　建筑工程实行质量保修制度。

建筑工程的保修范围应当包括地基基础工程、主体结构工程、屋面防水工程和其他土建工程，以及电气管线、上下水管线的安装工程，供热、供冷系统工程等项目；保修的期限应当按照保证建筑物合理寿命年限内正常使用，维护使用者合法权益的原则确定。具体的保修范围和最低保修期限由国务院规定。

第三节　《安全生产法》

《中华人民共和国安全生产法》由中华人民共和国第九届全国人民代表大会常务委员会第二十八次会议于2002年6月29日通过公布；2014年8月31日第十二届全国人民代表大会常务委员会第十次会议通过全国人民代表大会常务委员会关于修改《中华人民共和国安全生产法》的决定，自2014年12月1日起施行。共计7章114条。

《中华人民共和国安全生产法》的立法目的：为了加强安全生产工作，防止和减少生产安全事故，保障人民群众生命和财产安全，促进经济社会持续健康发展。

一、生产经营单位安全生产保障的有关规定

《中华人民共和国安全生产法》中生产经营单位安全生产保障的有关规定：

第十六条　国家对在改善安全生产条件、防止生产安全事故、参加抢险救护等方面取得显著成绩的单位和个人，给予奖励。

第十七条　生产经营单位应当具备本法和有关法律、行政法规和国家标准或者行业标准规定的安全生产条件；不具备安全生产条件的，不得从事生产经营活动。

第十八条　生产经营单位的主要负责人对本单位安全生产工作负有下列职责：

（一）建立、健全本单位安全生产责任制；

（二）组织制定本单位安全生产规章制度和操作规程；

（三）组织制定并实施本单位安全生产教育和培训计划；

（四）保证本单位安全生产投入的有效实施；

（五）督促、检查本单位的安全生产工作，及时消除生产安全事故隐患；

（六）组织制定并实施本单位的生产安全事故应急救援预案；

（七）及时、如实报告生产安全事故。

第十九条　生产经营单位的安全生产责任制应当明确各岗位的责任人员、责任范围和考核标准等内容。

生产经营单位应当建立相应的机制，加强对安全生产责任制落实情况的监督考核，保证安全生产责任制的落实。

第二十条　生产经营单位应当具备的安全生产条件所必需的资金投入，由生产经营单位的决策机构、主要负责人或者个人经营的投资人予以保证，并对由于安全生产所必需的资金投入不足导致的后果承担责任。

有关生产经营单位应当按照规定提取和使用安全生产费用，专门用于改善安全生产条件。安全生产费用在成本中据实列支。安全生产费用提取、使用和监督管理的具体办法由国务院财政部门会同国务院安全生产监督管理部门征求国务院有关部门意见后制定。

第二十一条　矿山、金属冶炼、建筑施工、道路运输单位和危险物品的生产、经营、储存单位，应当设置安全生产管理机构或者配备专职安全生产管理人员。

前款规定以外的其他生产经营单位，从业人员超过一百人的，应当设置安全生产管理机构或者配备专职安全生产管理人员；从业人员在一百人以下的，应当配备专职或者兼职的安全生产管理人员。

第二十二条　生产经营单位的安全生产管理机构以及安全生产管理人员履行下列职责：

（一）组织或者参与拟订本单位安全生产规章制度、操作规程和生产安全事故应急救援预案；

（二）组织或者参与本单位安全生产教育和培训，如实记录安全生产教育和培训情况；

（三）督促落实本单位重大危险源的安全管理措施；

（四）组织或者参与本单位应急救援演练；

（五）检查本单位的安全生产状况，及时排查生产安全事故隐患，提出改进安全生产管理的建议；

（六）制止和纠正违章指挥、强令冒险作业、违反操作规程的行为；

（七）督促落实本单位安全生产整改措施。

第二十三条　生产经营单位的安全生产管理机构以及安全生产管理人员应当恪尽职守，依法履行职责。

生产经营单位作出涉及安全生产的经营决策，应当听取安全生产管理机构以及安全生产管理人员的意见。

生产经营单位不得因安全生产管理人员依法履行职责而降低其工资、福利等待遇或者解除与其订立的劳动合同。

危险物品的生产、储存单位以及矿山、金属冶炼单位的安全生产管理人员的任免，应当告知主管的负有安全生产监督管理职责的部门。

第二十四条　生产经营单位的主要负责人和安全生产管理人员必须具备与本单位所从事的生产经营活动相应的安全生产知识和管理能力。

危险物品的生产、经营、储存单位以及矿山、金属冶炼、建筑施工、道路运输单位的主要负责人和安全生产管理人员，应当由主管的负有安全生产监督管理职责的部门对其安全生产知识和管理能力考核合格。考核不得收费。

危险物品的生产、储存单位以及矿山、金属冶炼单位应当有注册安全工程师从事安全生产管理工作。鼓励其他生产经营单位聘用注册安全工程师从事安全生产管理工作。注册安全工程师按专业分类管理，具体办法由国务院人力资源和社会保障部门、国务院安全生产监督管理部门会同国务院有关部门制定。

第二十五条　生产经营单位应当对从业人员进行安全生产教育和培训，保证从业人员具备必要的安全生产知识，熟悉有关的安全生产规章制度和安全操作规程，掌握本岗位的安全操作技能，了解事故应急处理措施，知悉自身在安全生产方面的权利和义务。未经安全生产教育和培训合格的从业人员，不得上岗作业。

生产经营单位使用被派遣劳动者的，应当将被派遣劳动者纳入本单位从业人员统一管理，对被派遣劳动者进行岗位安全操作规程和安全操作技能的教育和培训。劳务派遣单位应当对被派遣劳动者进行必要的安全生产教育和培训。

生产经营单位接收中等职业学校、高等学校学生实习的，应当对实习学生进行相应的安全生产教育和培训，提供必要的劳动防护用品。学校应当协助生产经营单位对实习学生进行安全生产教育和培训。

生产经营单位应当建立安全生产教育和培训档案，如实记录安全生产教育和培训的时间、内容、参加人员以及考核结果等情况。

第二十六条　生产经营单位采用新工艺、新技术、新材料或者使用新设备，必须了解、掌握其安全技术特性，采取有效的安全防护措施，并对从业人员进行专门的安全生产教育和培训。

第二十七条　生产经营单位的特种作业人员必须按照国家有关规定经专门的安全作业培训，取得相应资格，方可上岗作业。

特种作业人员的范围由国务院安全生产监督管理部门会同国务院有关部门确定。

第二十八条　生产经营单位新建、改建、扩建工程项目（以下统称建设项目）的安全设施，必须与主体工程同时设计、同时施工、同时投入生产和使用。安全设施投资应当纳入建设项目概算。

第二十九条　矿山、金属冶炼建设项目和用于生产、储存、装卸危险物品的建设项目，应当按照国家有关规定进行安全评价。

第三十条　建设项目安全设施的设计人、设计单位应当对安全设施设计负责。

矿山、金属冶炼建设项目和用于生产、储存、装卸危险物品的建设项目的安全设施设计应当按照国家有关规定报经有关部门审查，审查部门及其负责审查的人员对审查结果负责。

第三十一条　矿山、金属冶炼建设项目和用于生产、储存、装卸危险物品的建设项目的施工单位必须按照批准的安全设施设计施工，并对安全设施的工程质量负责。

矿山、金属冶炼建设项目和用于生产、储存危险物品的建设项目竣工投入生产或者使用前，应当由建设单位负责组织对安全设施进行验收；验收合格后，方可投入生产和使用。安全生产监督管理部门应当加强对建设单位验收活动和验收结果的监督核查。

第三十二条　生产经营单位应当在有较大危险因素的生产经营场所和有关设施、设备上，设置明显的安全警示标志。

第三十三条　安全设备的设计、制造、安装、使用、检测、维修、改造和报废，应当符合国家标准或者行业标准。

生产经营单位必须对安全设备进行经常性维护、保养，并定期检测，保证正常运转。维护、保养、检测应当做好记录，并由有关人员签字。

第三十四条　生产经营单位使用的危险物品的容器、运输工具，以及涉及人身安全、危险性较大的海洋石油开采特种设备和矿山井下特种设备，必须按照国家有关规定，由专业生产单位生产，并经具有专业资质的检测、检验机构检测、检验合格，取得安全使用证或者安全标志，方可投入使用。检测、检验机构对检测、检验结果负责。

第三十五条　国家对严重危及生产安全的工艺、设备实行淘汰制度，具体目录由国务院安全生产监督管理部门会同国务院有关部门制定并公布。法律、行政法规对目录的制定另有规定的，适用其规定。

省、自治区、直辖市人民政府可以根据本地区实际情况制定并公布具体目录，对前款规定以外的危及生产安全的工艺、设备予以淘汰。

生产经营单位不得使用应当淘汰的危及生产安全的工艺、设备。

第三十六条　生产、经营、运输、储存、使用危险物品或者处置废弃危险物品的，由有关主管部门依照有关法律、法规的规定和国家标准或者行业标准审批并实施监督管理。

生产经营单位生产、经营、运输、储存、使用危险物品或者处置废弃危险物品，必须执行有关法律、法规和国家标准或者行业标准，建立专门的安全管理制度，采取可靠的安全措施，接受有关主管部门依法实施的监督管理。

第三十七条　生产经营单位对重大危险源应当登记建档，进行定期检测、评估、监控，并制定应急预案，告知从业人员和相关人员在紧急情况下应当采取的应急措施。

生产经营单位应当按照国家有关规定将本单位重大危险源及有关安全措施、应急措施报有关地方人民政府安全生产监督管理部门和有关部门备案。

第三十八条　生产经营单位应当建立健全生产安全事故隐患排查治理制度，采取技术、管理措施，及时发现并消除事故隐患。事故隐患排查治理情况应当如实记录，并向从业人员通报。

县级以上地方各级人民政府负有安全生产监督管理职责的部门应当建立健全重大事故隐患治理督办制度，督促生产经营单位消除重大事故隐患。

第三十九条　生产、经营、储存、使用危险物品的车间、商店、仓库不得与员工宿舍在同一座建筑物内，并应当与员工宿舍保持安全距离。

生产经营场所和员工宿舍应当设有符合紧急疏散要求、标志明显、保持畅通的出口。禁止锁闭、封堵生产经营场所或者员工宿舍的出口。

第四十条　生产经营单位进行爆破、吊装以及国务院安全生产监督管理部门会同国务院有关部门规定的其他危险作业，应当安排专门人员进行现场安全管理，确保操作规程的遵守和安全措施的落实。

第四十一条　生产经营单位应当教育和督促从业人员严格执行本单位的安全生产规章制度和安全操作规程；并向从业人员如实告知作业场所和工作岗位存在的危险因素、防范措施以及事故应急措施。

第四十二条　生产经营单位必须为从业人员提供符合国家标准或者行业标准的劳动防护用品，并监督、教育从业人员按照使用规则佩戴、使用。

第四十三条　生产经营单位的安全生产管理人员应当根据本单位的生产经营特点，对安全生产状况进行经常性检查；对检查中发现的安全问题，应当立即处理；不能处理的，应当及时报告本单位有关负责人，有关负责人应当及时处理。检查及处理情况应当如实记录在案。

生产经营单位的安全生产管理人员在检查中发现重大事故隐患，依照前款规定向本单位有关负责人报告，有关负责人不及时处理的，安全生产管理人员可以向主管的负有安全生产监督管理职责的部门报告，接到报告的部门应当依法及时处理。

二、从业人员权利和义务的有关规定

《中华人民共和国安全生产法》中从业人员权利和义务的有关规定：

第二十一条　矿山、金属冶炼、建筑施工、道路运输单位和危险物品的生产、经营、储存单位，应当设置安全生产管理机构或者配备专职安全生产管理人员。

前款规定以外的其他生产经营单位，从业人员超过一百人的，应当设置安全生产管理机构或者配备专职安全生产管理人员；从业人员在一百人以下的，应当配备专职或者兼职的安全生产管理人员。

第三十七条　生产经营单位对重大危险源应当登记建档，进行定期检测、评估、监控，并制定应急预案，告知从业人员和相关人员在紧急情况下应当采取的应急措施。

生产经营单位应当按照国家有关规定将本单位重大危险源及有关安全措施、应急措施报有关地方人民政府安全生产监督管理部门和有关部门备案。

第四十四条　生产经营单位应当安排用于配备劳动防护用品、进行安全生产培训的经费。

第四十五条　两个以上生产经营单位在同一作业区域内进行生产经营活动，可能危及对方生产安全的，应当签订安全生产管理协议，明确各自的安全生产管理职责和应当采取的安全措施，并指定专职安全生产管理人员进行安全检查与协调。

第四十六条　生产经营单位不得将生产经营项目、场所、设备发包或者出租给不具备安全生产条件或者相应资质的单位或者个人。

生产经营项目、场所发包或者出租给其他单位的，生产经营单位应当与承包单位、承租单位签订专门的安全生产管理协议，或者在承包合同、租赁合同中约定各自的安全生产管理职责；生产经营单位对承包单位、承租单位的安全生产工作统一协调、管理，定期进行安全检查，发现安全问题的，应当及时督促整改。

第四十七条　生产经营单位发生生产安全事故时，单位的主要负责人应当立即组织抢救，并不得在事故调查处理期间擅离职守。

第四十八条　生产经营单位必须依法参加工伤保险，为从业人员缴纳保险费。

国家鼓励生产经营单位投保安全生产责任保险。

第四十九条　生产经营单位与从业人员订立的劳动合同，应当载明有关保障从业人员劳动安全、防止职业危害的事项，以及依法为从业人员办理工伤保险的事项。

生产经营单位不得以任何形式与从业人员订立协议，免除或者减轻其对从业人员因生产安全事故伤亡依法应承担的责任。

第五十条　生产经营单位的从业人员有权了解其作业场所和工作岗位存在的危险因素、防范措施及事故应急措施，有权对本单位的安全生产工作提出建议。

第五十一条　从业人员有权对本单位安全生产工作中存在的问题提出批评、检举、控告；有权拒绝违章指挥和强令冒险作业。

生产经营单位不得因从业人员对本单位安全生产工作提出批评、检举、控告或者拒绝违章指挥、强令冒险作业而降低其工资、福利等待遇或者解除与其订立的劳动合同。

第五十二条　从业人员发现直接危及人身安全的紧急情况时，有权停止作业或者在采取可能的应急措施后撤离作业场所。

生产经营单位不得因从业人员在前款紧急情况下停止作业或者采取紧急撤离措施而降低

其工资、福利等待遇或者解除与其订立的劳动合同。

第五十三条　因生产安全事故受到损害的从业人员，除依法享有工伤保险外，依照有关民事法律尚有获得赔偿的权利的，有权向本单位提出赔偿要求。

第五十四条　从业人员在作业过程中，应当严格遵守本单位的安全生产规章制度和操作规程，服从管理，正确佩戴和使用劳动防护用品。

第五十五条　从业人员应当接受安全生产教育和培训，掌握本职工作所需的安全生产知识，提高安全生产技能，增强事故预防和应急处理能力。

第五十六条　从业人员发现事故隐患或者其他不安全因素，应当立即向现场安全生产管理人员或者本单位负责人报告；接到报告的人员应当及时予以处理。

第五十七条　工会有权对建设项目的安全设施与主体工程同时设计、同时施工、同时投入生产和使用进行监督，提出意见。

工会对生产经营单位违反安全生产法律、法规，侵犯从业人员合法权益的行为，有权要求纠正；发现生产经营单位违章指挥、强令冒险作业或者发现事故隐患时，有权提出解决的建议，生产经营单位应当及时研究答复；发现危及从业人员生命安全的情况时，有权向生产经营单位建议组织从业人员撤离危险场所，生产经营单位必须立即作出处理。

工会有权依法参加事故调查，向有关部门提出处理意见，并要求追究有关人员的责任。

第五十八条　生产经营单位使用被派遣劳动者的，被派遣劳动者享有本法规定的从业人员的权利，并应当履行本法规定的从业人员的义务。

三、安全生产监督管理的有关规定

《中华人民共和国安全生产法》中安全生产监督管理的有关规定：

第五十三条　因生产安全事故受到损害的从业人员，除依法享有工伤保险外，依照有关民事法律尚有获得赔偿的权利的，有权向本单位提出赔偿要求。

第五十四条　从业人员在作业过程中，应当严格遵守本单位的安全生产规章制度和操作规程，服从管理，正确佩戴和使用劳动防护用品。

第五十五条　从业人员应当接受安全生产教育和培训，掌握本职工作所需的安全生产知识，提高安全生产技能，增强事故预防和应急处理能力。

第五十六条　从业人员发现事故隐患或者其他不安全因素，应当立即向现场安全生产管理人员或者本单位负责人报告；接到报告的人员应当及时予以处理。

第五十七条　工会有权对建设项目的安全设施与主体工程同时设计、同时施工、同时投入生产和使用进行监督，提出意见。

工会对生产经营单位违反安全生产法律、法规，侵犯从业人员合法权益的行为，有权要求纠正；发现生产经营单位违章指挥、强令冒险作业或者发现事故隐患时，有权提出解决的建议，生产经营单位应当及时研究答复；发现危及从业人员生命安全的情况时，有权向生产经营单位建议组织从业人员撤离危险场所，生产经营单位必须立即作出处理。

工会有权依法参加事故调查，向有关部门提出处理意见，并要求追究有关人员的责任。

第五十八条　生产经营单位使用被派遣劳动者的，被派遣劳动者享有本法规定的从业人员的权利，并应当履行本法规定的从业人员的义务。

第五十九条　县级以上地方各级人民政府应当根据本行政区域内的安全生产状况，组织有关部门按照职责分工，对本行政区域内容易发生重大生产安全事故的生产经营单位进行严格检查。

安全生产监督管理部门应当按照分类分级监督管理的要求，制定安全生产年度监督检查计划，并按照年度监督检查计划进行监督检查，发现事故隐患，应当及时处理。

第六十条　负有安全生产监督管理职责的部门依照有关法律、法规的规定，对涉及安全生产的事项需要审查批准（包括批准、核准、许可、注册、认证、颁发证照等，下同）或者验收的，必须严格依照有关法律、法规和国家标准或者行业标准规定的安全生产条件和程序进行审查；不符合有关法律、法规和国家标准或者行业标准规定的安全生产条件的，不得批准或者验收通过。对未依法取得批准或者验收合格的单位擅自从事有关活动的，负责行政审批的部门发现或者接到举报后应当立即予以取缔，并依法予以处理。对已经依法取得批准的单位，负责行政审批的部门发现其不再具备安全生产条件的，应当撤销原批准。

第六十一条　负有安全生产监督管理职责的部门对涉及安全生产的事项进行审查、验收，不得收取费用；不得要求接受审查、验收的单位购买其指定品牌或者指定生产、销售单位的安全设备、器材或者其他产品。

第六十二条　安全生产监督管理部门和其他负有安全生产监督管理职责的部门依法开展安全生产行政执法工作，对生产经营单位执行有关安全生产的法律、法规和国家标准或者行业标准的情况进行监督检查，行使以下职权：

（一）进入生产经营单位进行检查，调阅有关资料，向有关单位和人员了解情况；

（二）对检查中发现的安全生产违法行为，当场予以纠正或者要求限期改正；对依法应当给予行政处罚的行为，依照本法和其他有关法律、行政法规的规定作出行政处罚决定；

（三）对检查中发现的事故隐患，应当责令立即排除；重大事故隐患排除前或者排除过程中无法保证安全的，应当责令从危险区域内撤出作业人员，责令暂时停产停业或者停止使用相关设施、设备；重大事故隐患排除后，经审查同意，方可恢复生产经营和使用；

（四）对有根据认为不符合保障安全生产的国家标准或者行业标准的设施、设备、器材以及违法生产、储存、使用、经营、运输的危险物品予以查封或者扣押，对违法生产、储存、使用、经营危险物品的作业场所予以查封，并依法作出处理决定。

监督检查不得影响被检查单位的正常生产经营活动。

第六十三条　生产经营单位对负有安全生产监督管理职责的部门的监督检查人员（以下统称安全生产监督检查人员）依法履行监督检查职责，应当予以配合，不得拒绝、阻挠。

第六十四条　安全生产监督检查人员应当忠于职守，坚持原则，秉公执法。

安全生产监督检查人员执行监督检查任务时，必须出示有效的监督执法证件；对涉及被检查单位的技术秘密和业务秘密，应当为其保密。

第六十五条　安全生产监督检查人员应当将检查的时间、地点、内容、发现的问题及其处理情况，作出书面记录，并由检查人员和被检查单位的负责人签字；被检查单位的负责人拒绝签字的，检查人员应当将情况记录在案，并向负有安全生产监督管理职责的部门报告。

第六十六条　负有安全生产监督管理职责的部门在监督检查中，应当互相配合，实行联合检查；确需分别进行检查的，应当互通情况，发现存在的安全问题应当由其他有关部门进行处理的，应当及时移送其他有关部门并形成记录备查，接受移送的部门应当及时进行处理。

第六十七条　负有安全生产监督管理职责的部门依法对存在重大事故隐患的生产经营单

位作出停产停业、停止施工、停止使用相关设施或者设备的决定，生产经营单位应当依法执行，及时消除事故隐患。生产经营单位拒不执行，有发生生产安全事故的现实危险的，在保证安全的前提下，经本部门主要负责人批准，负有安全生产监督管理职责的部门可以采取通知有关单位停止供电、停止供应民用爆炸物品等措施，强制生产经营单位履行决定。通知应当采用书面形式，有关单位应当予以配合。

负有安全生产监督管理职责的部门依照前款规定采取停止供电措施，除有危及生产安全的紧急情形外，应当提前二十四小时通知生产经营单位。生产经营单位依法履行行政决定、采取相应措施消除事故隐患的，负有安全生产监督管理职责的部门应当及时解除前款规定的措施。

第六十八条　监察机关依照行政监察法的规定，对负有安全生产监督管理职责的部门及其工作人员履行安全生产监督管理职责实施监察。

第六十九条　承担安全评价、认证、检测、检验的机构应当具备国家规定的资质条件，并对其作出的安全评价、认证、检测、检验的结果负责。

第七十条　负有安全生产监督管理职责的部门应当建立举报制度，公开举报电话、信箱或者电子邮件地址，受理有关安全生产的举报；受理的举报事项经调查核实后，应当形成书面材料；需要落实整改措施的，报经有关负责人签字并督促落实。

第七十一条　任何单位或者个人对事故隐患或者安全生产违法行为，均有权向负有安全生产监督管理职责的部门报告或者举报。

第七十二条　居民委员会、村民委员会发现其所在区域内的生产经营单位存在事故隐患或者安全生产违法行为时，应当向当地人民政府或者有关部门报告。

第七十三条　县级以上各级人民政府及其有关部门对报告重大事故隐患或者举报安全生产违法行为的有功人员，给予奖励。具体奖励办法由国务院安全生产监督管理部门会同国务院财政部门制定。

第七十四条　新闻、出版、广播、电影、电视等单位有进行安全生产公益宣传教育的义务，有对违反安全生产法律、法规的行为进行舆论监督的权利。

第七十五条　负有安全生产监督管理职责的部门应当建立安全生产违法行为信息库，如实记录生产经营单位的安全生产违法行为信息；对违法行为情节严重的生产经营单位，应当向社会公告，并通报行业主管部门、投资主管部门、国土资源主管部门、证券监督管理机构以及有关金融机构。

四、安全事故应急救援与调查处理的规定

《中华人民共和国安全生产法》中安全事故应急救援与调查处理的规定：

第七十条　负有安全生产监督管理职责的部门应当建立举报制度，公开举报电话、信箱或者电子邮件地址，受理有关安全生产的举报；受理的举报事项经调查核实后，应当形成书面材料；需要落实整改措施的，报经有关负责人签字并督促落实。

第七十一条　任何单位或者个人对事故隐患或者安全生产违法行为，均有权向负有安全生产监督管理职责的部门报告或者举报。

第七十二条　居民委员会、村民委员会发现其所在区域内的生产经营单位存在事故隐患或者安全生产违法行为时，应当向当地人民政府或者有关部门报告。

第七十三条　县级以上各级人民政府及其有关部门对报告重大事故隐患或者举报安全生产违法行为的有功人员，给予奖励。具体奖励办法由国务院安全生产监督管理部门会同国务院财政部门制定。

第七十四条　新闻、出版、广播、电影、电视等单位有进行安全生产公益宣传教育的义务，有对违反安全生产法律、法规的行为进行舆论监督的权利。

第七十五条　负有安全生产监督管理职责的部门应当建立安全生产违法行为信息库，如实记录生产经营单位的安全生产违法行为信息；对违法行为情节严重的生产经营单位，应当向社会公告，并通报行业主管部门、投资主管部门、国土资源主管部门、证券监督管理机构以及有关金融机构。

第七十六条　国家加强生产安全事故应急能力建设，在重点行业、领域建立应急救援基地和应急救援队伍，鼓励生产经营单位和其他社会力量建立应急救援队伍，配备相应的应急救援装备和物资，提高应急救援的专业化水平。

国务院安全生产监督管理部门建立全国统一的生产安全事故应急救援信息系统，国务院有关部门建立健全相关行业、领域的生产安全事故应急救援信息系统。

第七十七条　县级以上地方各级人民政府应当组织有关部门制定本行政区域内生产安全事故应急救援预案，建立应急救援体系。

第七十八条　生产经营单位应当制定本单位生产安全事故应急救援预案，与所在地县级以上地方人民政府组织制定的生产安全事故应急救援预案相衔接，并定期组织演练。

第七十九条　危险物品的生产、经营、储存单位以及矿山、金属冶炼、城市轨道交通运营、建筑施工单位应当建立应急救援组织；生产经营规模较小的，可以不建立应急救援组织，但应当指定兼职的应急救援人员。

危险物品的生产、经营、储存、运输单位以及矿山、金属冶炼、城市轨道交通运营、建筑施工单位应当配备必要的应急救援器材、设备和物资，并进行经常性维护、保养，保证正常运转。

第八十条　生产经营单位发生生产安全事故后，事故现场有关人员应当立即报告本单位负责人。

单位负责人接到事故报告后，应当迅速采取有效措施，组织抢救，防止事故扩大，减少人员伤亡和财产损失，并按照国家有关规定立即如实报告当地负有安全生产监督管理职责的部门，不得隐瞒不报、谎报或者迟报，不得故意破坏事故现场、毁灭有关证据。

第八十一条　负有安全生产监督管理职责的部门接到事故报告后，应当立即按照国家有关规定上报事故情况。负有安全生产监督管理职责的部门和有关地方人民政府对事故情况不得隐瞒不报、谎报或者迟报。

第八十二条　有关地方人民政府和负有安全生产监督管理职责的部门的负责人接到生产安全事故报告后，应当按照生产安全事故应急救援预案的要求立即赶到事故现场，组织事故抢救。

参与事故抢救的部门和单位应当服从统一指挥，加强协同联动，采取有效的应急救援措施，并根据事故救援的需要采取警戒、疏散等措施，防止事故扩大和次生灾害的发生，减少人员伤亡和财产损失。

事故抢救过程中应当采取必要措施，避免或者减少对环境造成的危害。

任何单位和个人都应当支持、配合事故抢救，并提供一切便利条件。

第八十三条　事故调查处理应当按照科学严谨、依法依规、实事求是、注重实效的原则，及时、准确地查清事故原因，查明事故性质和责任，总结事故教训，提出整改措施，并对事故责任者提出处理意见。事故调查报告应当依法及时向社会公布。事故调查和处理的具体办法由国务院制定。

事故发生单位应当及时全面落实整改措施，负有安全生产监督管理职责的部门应当加强监督检查。

第八十四条　生产经营单位发生生产安全事故，经调查确定为责任事故的，除了应当查明事故单位的责任并依法予以追究外，还应当查明对安全生产的有关事项负有审查批准和监督职责的行政部门的责任，对有失职、渎职行为的，依照本法第八十七条的规定追究法律责任。

第八十五条　任何单位和个人不得阻挠和干涉对事故的依法调查处理。

第八十六条　县级以上地方各级人民政府安全生产监督管理部门应当定期统计分析本行政区域内发生生产安全事故的情况，并定期向社会公布。

第四节　《建设工程安全生产管理条例》《建设工程质量管理条例》

《建设工程安全生产管理条例》经2003年11月12日国务院第28次常务会议通过，2003年11月24日国务院总理温家宝签署第393号国务院令予以公布，自2004年2月1日起施行。总计八章七十一条。

《建设工程安全生产管理条例》的立法目的：为了加强建设工程安全生产监督管理，保障人民群众生命和财产安全。

《建设工程质量管理条例》经2000年1月10日国务院第25次常务会议通过，2000年1月30日发布起施行。凡在中华人民共和国境内从事建设工程的新建、扩建、改建等有关活动及实施对建设工程质量监督管理的，必须遵守本条例。全文共九章八十二条。

《建设工程质量管理条例》的立法目的：为了加强对建设工程质量的管理，保证建设工程质量，保护人民生命和财产安全。

一、施工单位安全责任的有关规定

《建设工程安全生产管理条例》中施工单位安全责任的有关规定：

第二十条　施工单位从事建设工程的新建、扩建、改建和拆除等活动，应当具备国家规定的注册资本、专业技术人员、技术装备和安全生产等条件，依法取得相应等级的资质证书，并在其资质等级许可的范围内承揽工程。

第二十一条　施工单位主要负责人依法对本单位的安全生产工作全面负责。施工单位应当建立健全安全生产责任制度和安全生产教育培训制度，制定安全生产规章制度和操作规程，保证本单位安全生产条件所需资金的投入，对所承担的建设工程进行定期和专项安全检查，并做好安全检查记录。

施工单位的项目负责人应当由取得相应执业资格的人员担任，对建设工程项目的安全施工负责，落实安全生产责任制度、安全生产规章制度和操作规程，确保安全生产费用的有效使用，并根据工程的特点组织制定安全施工措施，消除安全事故隐患，及时、如实报告生产安全事故。

第二十二条　施工单位对列入建设工程概算的安全作业环境及安全施工措施所需费用，应当用于施工安全防护用具及设施的采购和更新、安全施工措施的落实、安全生产条件的改善，不得挪作他用。

第二十三条　施工单位应当设立安全生产管理机构，配备专职安全生产管理人员。

专职安全生产管理人员负责对安全生产进行现场监督检查。发现安全事故隐患，应当及时向项目负责人和安全生产管理机构报告；对违章指挥、违章操作的，应当立即制止。

专职安全生产管理人员的配备办法由国务院建设行政主管部门会同国务院其他有关部门制定。

第二十四条　建设工程实行施工总承包的，由总承包单位对施工现场的安全生产负总责。

总承包单位应当自行完成建设工程主体结构的施工。

总承包单位依法将建设工程分包给其他单位的，分包合同中应当明确各自的安全生产方面的权利、义务。总承包单位和分包单位对分包工程的安全生产承担连带责任。

分包单位应当服从总承包单位的安全生产管理，分包单位不服从管理导致生产安全事故的，由分包单位承担主要责任。

第二十五条　垂直运输机械作业人员、安装拆卸工、爆破作业人员、起重信号工、登高架设作业人员等特种作业人员，必须按照国家有关规定经过专门的安全作业培训，并取得特种作业操作资格证书后，方可上岗作业。

第二十六条　施工单位应当在施工组织设计中编制安全技术措施和施工现场临时用电方案，对下列达到一定规模的危险性较大的分部分项工程编制专项施工方案，并附具安全验算结果，经施工单位技术负责人、总监理工程师签字后实施，由专职安全生产管理人员进行现场监督：

（一）基坑支护与降水工程；

（二）土方开挖工程；

（三）模板工程；

（四）起重吊装工程；

（五）脚手架工程；

（六）拆除、爆破工程；

（七）国务院建设行政主管部门或者其他有关部门规定的其他危险性较大的工程。

对前款所列工程中涉及深基坑、地下暗挖工程、高大模板工程的专项施工方案，施工单位还应当组织专家进行论证、审查。

本条第一款规定的达到一定规模的危险性较大工程的标准，由国务院建设行政主管部门会同国务院其他有关部门制定。

第二十七条　建设工程施工前，施工单位负责项目管理的技术人员应当对有关安全施工的技术要求向施工作业班组、作业人员作出详细说明，并由双方签字确认。

第二十八条　施工单位应当在施工现场入口处、施工起重机械、临时用电设施、脚手架、出入通道口、楼梯口、电梯井口、孔洞口、桥梁口、隧道口、基坑边沿、爆破物及有害危险气体和液体存放处等危险部位，设置明显的安全警示标志。安全警示标志必须符合国家标准。

施工单位应当根据不同施工阶段和周围环境及季节、气候的变化，在施工现场采取相应的安全施工措施。施工现场暂时停止施工的，施工单位应当做好现场防护，所需费用由责任方承担，或者按照合同约定执行。

第二十九条　施工单位应当将施工现场的办公、生活区与作业区分开设置，并保持安全距离；办公、生活区的选址应当符合安全性要求。职工的膳食、饮水、休息场所等应当符合卫生标准。施工单位不得在尚未竣工的建筑物内设置员工集体宿舍。

施工现场临时搭建的建筑物应当符合安全使用要求。施工现场使用的装配式活动房屋应当具有产品合格证。

第三十条　施工单位对因建设工程施工可能造成损害的毗邻建筑物、构筑物和地下管线等，应当采取专项防护措施。

施工单位应当遵守有关环境保护法律、法规的规定，在施工现场采取措施，防止或者减少粉尘、废气、废水、固体废物、噪声、振动和施工照明对人和环境的危害和污染。

在城市市区内的建设工程，施工单位应当对施工现场实行封闭围挡。

第三十一条　施工单位应当在施工现场建立消防安全责任制度，确定消防安全责任人，制定用火、用电、使用易燃易爆材料等各项消防安全管理制度和操作规程，设置消防通道、消防水源，配备消防设施和灭火器材，并在施工现场入口处设置明显标志。

第三十二条　施工单位应当向作业人员提供安全防护用具和安全防护服装，并书面告知危险岗位的操作规程和违章操作的危害。

作业人员有权对施工现场的作业条件、作业程序和作业方式中存在的安全问题提出批评、检举和控告，有权拒绝违章指挥和强令冒险作业。

在施工中发生危及人身安全的紧急情况时，作业人员有权立即停止作业或者在采取必要的应急措施后撤离危险区域。

第三十三条　作业人员应当遵守安全施工的强制性标准、规章制度和操作规程，正确使用安全防护用具、机械设备等。

第三十四条　施工单位采购、租赁的安全防护用具、机械设备、施工机具及配件，应当具有生产（制造）许可证、产品合格证，并在进入施工现场前进行查验。

施工现场的安全防护用具、机械设备、施工机具及配件必须由专人管理，定期进行检查、维修和保养，建立相应的资料档案，并按照国家有关规定及时报废。

第三十五条　施工单位在使用施工起重机械和整体提升脚手架、模板等自升式架设设施前，应当组织有关单位进行验收，也可以委托具有相应资质的检验检测机构进行验收；使用承租的机械设备和施工机具及配件的，由施工总承包单位、分包单位、出租单位和安装单位共同进行验收。验收合格的方可使用。

《特种设备安全监察条例》规定的施工起重机械，在验收前应当经有相应资质的检验检测机构监督检验合格。

施工单位应当自施工起重机械和整体提升脚手架、模板等自升式架设设施验收合格之日起 30 日内，向建设行政主管部门或者其他有关部门登记。登记标志应当置于或者附着于该设备的显著位置。

第三十六条　施工单位的主要负责人、项目负责人、专职安全生产管理人员应当经建设行政主管部门或者其他有关部门考核合格后方可任职。

施工单位应当对管理人员和作业人员每年至少进行一次安全生产教育培训，其教育培训情况记入个人工作档案。安全生产教育培训考核不合格的人员，不得上岗。

第三十七条　作业人员进入新的岗位或者新的施工现场前，应当接受安全生产教育培训。未经教育培训或者教育培训考核不合格的人员，不得上岗作业。

施工单位在采用新技术、新工艺、新设备、新材料时，应当对作业人员进行相应的安全生产教育培训。

第三十八条　施工单位应当为施工现场从事危险作业的人员办理意外伤害保险。

意外伤害保险费由施工单位支付。实行施工总承包的，由总承包单位支付意外伤害保险费。意外伤害保险期限自建设工程开工之日起至竣工验收合格止。

二、施工单位质量责任和义务的有关规定

《建设工程质量管理条例》中施工单位质量责任和义务的有关规定：

第二十五条　施工单位应当依法取得相应等级的资质证书，并在其资质等级许可的范围内承揽工程。

禁止施工单位超越本单位资质等级许可的业务范围或者以其他施工单位的名义承揽工程。禁止施工单位允许其他单位或者个人以本单位的名义承揽工程。

施工单位不得转包或者违法分包工程。

第二十六条　施工单位对建设工程的施工质量负责。

施工单位应当建立质量责任制，确定工程项目的项目经理、技术负责人和施工管理负责人。

建设工程实行总承包的，总承包单位应当对全部建设工程质量负责；建设工程勘察、设计、施工、设备采购的一项或者多项实行总承包的，总承包单位应当对其承包的建设工程或者采购的设备的质量负责。

第二十七条　总承包单位依法将建设工程分包给其他单位的，分包单位应当按照分包合同的约定对其分包工程的质量向总承包单位负责，总承包单位与分包单位对分包工程的质量承担连带责任。

第二十八条　施工单位必须按照工程设计图纸和施工技术标准施工，不得擅自修改工程设计，不得偷工减料。

施工单位在施工过程中发现设计文件和图纸有差错的，应当及时提出意见和建议。

第二十九条　施工单位必须按照工程设计要求、施工技术标准和合同约定，对建筑材料、建筑构配件、设备和商品混凝土进行检验，检验应当有书面记录和专人签字；未经检验或者检验不合格的，不得使用。

第三十条　施工单位必须建立、健全施工质量的检验制度，严格工序管理，作好隐蔽工程的质量检查和记录。隐蔽工程在隐蔽前，施工单位应当通知建设单位和建设工程质量监督机构。

第三十一条　施工人员对涉及结构安全的试块、试件以及有关材料，应当在建设单位或者工程监理单位监督下现场取样，并送具有相应资质等级的质量检测单位进行检测。

第三十二条　施工单位对施工中出现质量问题的建设工程或者竣工验收不合格的建设工程，应当负责返修。

第三十三条　施工单位应当建立、健全教育培训制度，加强对职工的教育培训；未经教育培训或者考核不合格的人员，不得上岗作业。

第五节　《劳动法》《劳动合同法》

《中华人民共和国劳动法》经1994年7月5日第八届全国人民代表大会常务委员会第八次会议通过，1994年7月5日中华人民共和国主席令第二十八号公布，1995年1月1日起施行；2009年8月27日第十一届全国人民代表大会常务委员会第十次会议通过《全国人民代表大会常务委员会关于修改部分法律的决定》。共计十三章一百零七条。

《中华人民共和国劳动法》的立法目的：为了保护劳动者的合法权益，调整劳动关系，建立和维护适应社会主义市场经济的劳动制度，促进经济发展和社会进步。

《中华人民共和国劳动合同法》经由中华人民共和国第十届全国人民代表大会常务委员会第二十八次会议于2007年6月29日通过，2008年1月1日起施行。2012年12月28第十一届全国人民代表大会常务委员会第三十次会议通过《全国人民代表大会常务委员会关于修改〈中华人民共和国劳动合同法〉的决定》，2013年7月1日起施行。共计八章九十八条。

《中华人民共和国劳动合同法》的立法目的：为了完善劳动合同制度，明确劳动合同双方当事人的权利和义务，保护劳动者的合法权益，构建和发展和谐稳定的劳动关系。

一、劳动合同和集体合同的有关规定

《中华人民共和国劳动法》中劳动合同和集体合同的有关规定：

第十六条　劳动合同是劳动者与用人单位确立劳动关系、明确双方权利和义务的协议。建立劳动关系应当订立劳动合同。

第十七条　订立和变更劳动合同，应当遵循平等自愿、协商一致的原则，不得违反法律、行政法规的规定。

劳动合同依法订立即具有法律约束力，当事人必须履行劳动合同规定的义务。

第十八条　下列劳动合同无效：

（一）违反法律、行政法规的劳动合同；

（二）采取欺诈、威胁等手段订立的劳动合同。

无效的劳动合同，从订立的时候起，就没有法律约束力。确认劳动合同部分无效的，如果不影响其余部分的效力，其余部分仍然有效。

劳动合同的无效，由劳动争议仲裁委员会或者人民法院确认。

第十九条　劳动合同应当以书面形式订立，并具备以下条款：

（一）劳动合同期限

（二）工作内容；

（三）劳动保护和劳动条件

（四）劳动报酬；

（五）劳动纪律

（六）劳动合同终止的条件；

（七）违反劳动合同的责任。

劳动合同除前款规定的必备条款外，当事人可以协商约定其他内容。

第二十条　劳动合同的期限分为有固定期限、无固定期限和以完成一定的工作为期限。

劳动者在同一用人单位连续工作满十年以上，当事人双方同意延续劳动合同的，如果劳动者提出订立无固定期限的劳动合同，应当订立无固定期限的劳动合同。

第二十一条　劳动合同可以约定试用期。试用期最长不得超过六个月。

第二十二条　劳动合同当事人可以在劳动合同中约定保守用人单位商业秘密的有关事项。

第二十三条　劳动合同期满或者当事人约定的劳动合同终止条件出现，劳动合同即行终止。

第二十四条　经劳动合同当事人协商一致，劳动合同可以解除。

第二十五条　劳动者有下列情形之一的，用人单位可以解除劳动合同：

（一）在试用期间被证明不符合录用条件的；

（二）严重违反劳动纪律或者用人单位规章制度的

（三）严重失职，营私舞弊，对用人单位利益造成重大损害的；

（四）被依法追究刑事责任的。

第二十六条　有下列情形之一的，用人单位可以解除劳动合同，但是应当提前三十日以书面形式通知劳动者本人：

（一）劳动者患病或者非因工负伤，医疗期满后，不能从事原工作也不能从事由用人单位另行安排的工作的

（二）劳动者不能胜任工作，经过培训或者调整工作岗位，仍不能胜任工作的；

（三）劳动合同订立时所依据的客观情况发生重大变化，致使原劳动合同无法履行，经当事人协商不能就变更劳动合同达成协议的。

第二十七条　用人单位濒临破产进行法定整顿期间或者生产经营状况发生严重困难，确需裁减人员的，应当提前三十日向工会或者全体职工说明情况，听取工会或者职工的意见，经向劳动行政部门报告后，可以裁减人员。

用人单位依据本条规定裁减人员，在六个月内录用人员的，应当优先录用被裁减的人员。

第二十八条　用人单位依据本法第二十四条、第二十六条、第二十七条的规定解除劳动合同的，应当依照国家有关规定给予经济补偿。

第二十九条　劳动者有下列情形之一的，用人单位不得依据本法第二十六条、第二十七条的规定解除劳动合同：

（一）患职业病或者因工负伤并被确认丧失或者部分丧失劳动能力的

（二）患病或者负伤，在规定的医疗期内的；

（三）女职工在孕期、产期、哺乳期内的

（四）法律、行政法规规定的其他情形。

第三十条　用人单位解除劳动合同，工会认为不适当的，有权提出意见。如果用人单位违反法律、法规或者劳动合同，工会有权要求重新处理；劳动者申请仲裁或者提起诉讼的，工会应当依法给予支持和帮助。

第三十一条　劳动者解除劳动合同，应当提前三十日以书面形式通知用人单位。

第三十二条　有下列情形之一的，劳动者可以随时通知用人单位解除劳动合同：

（一）在试用期内的；

（二）用人单位以暴力、威胁或者非法限制人身自由的手段强迫劳动的

（三）用人单位未按照劳动合同约定支付劳动报酬或者提供劳动条件的。

《中华人民共和国劳动合同法》中劳动合同和集体合同的有关规定：

第七条　用人单位自用工之日起即与劳动者建立劳动关系。用人单位应当建立职工名册备查。

第八条　用人单位招用劳动者时，应当如实告知劳动者工作内容、工作条件、工作地点、职业危害、安全生产状况、劳动报酬，以及劳动者要求了解的其他情况；用人单位有权了解劳动者与劳动合同直接相关的基本情况，劳动者应当如实说明。

第九条　用人单位招用劳动者，不得扣押劳动者的居民身份证和其他证件，不得要求劳动者提供担保或者以其他名义向劳动者收取财物。

第十条　建立劳动关系，应当订立书面劳动合同。

已建立劳动关系，未同时订立书面劳动合同的，应当自用工之日起一个月内订立书面劳动合同。

用人单位与劳动者在用工前订立劳动合同的，劳动关系自用工之日起建立。

第十一条　用人单位未在用工的同时订立书面劳动合同，与劳动者约定的劳动报酬不明确的，新招用的劳动者的劳动报酬按照集体合同规定的标准执行；没有集体合同或者集体合同未规定的，实行同工同酬。

第十二条　劳动合同分为固定期限劳动合同、无固定期限劳动合同和以完成一定工作任务为期限的劳动合同。

第十三条　固定期限劳动合同，是指用人单位与劳动者约定合同终止时间的劳动合同。

用人单位与劳动者协商一致，可以订立固定期限劳动合同。

第十四条　无固定期限劳动合同，是指用人单位与劳动者约定无确定终止时间的劳动合同。

用人单位与劳动者协商一致，可以订立无固定期限劳动合同。有下列情形之一，劳动者提出或者同意续订、订立劳动合同的，除劳动者提出订立固定期限劳动合同外，应当订立无固定期限劳动合同：

（一）劳动者在该用人单位连续工作满十年的；

（二）用人单位初次实行劳动合同制度或者国有企业改制重新订立劳动合同时，劳动者在该用人单位连续工作满十年且距法定退休年龄不足十年的；

（三）连续订立二次固定期限劳动合同，且劳动者没有本法第三十九条和第四十条第一项、第二项规定的情形，续订劳动合同的。

用人单位自用工之日起满一年不与劳动者订立书面劳动合同的，视为用人单位与劳动者已订立无固定期限劳动合同。

第十五条　以完成一定工作任务为期限的劳动合同，是指用人单位与劳动者约定以某项工作的完成为合同期限的劳动合同。

用人单位与劳动者协商一致，可以订立以完成一定工作任务为期限的劳动合同。

第十六条　劳动合同由用人单位与劳动者协商一致，并经用人单位与劳动者在劳动合同文本上签字或者盖章生效。

劳动合同文本由用人单位和劳动者各执一份。

第十七条　劳动合同应当具备以下条款：

（一）用人单位的名称、住所和法定代表人或者主要负责人；

（二）劳动者的姓名、住址和居民身份证或者其他有效身份证件号码；

（三）劳动合同期限；

（四）工作内容和工作地点；

（五）工作时间和休息休假；

（六）劳动报酬；

（七）社会保险；

（八）劳动保护、劳动条件和职业危害防护；

（九）法律、法规规定应当纳入劳动合同的其他事项。

劳动合同除前款规定的必备条款外，用人单位与劳动者可以约定试用期、培训、保守秘密、补充保险和福利待遇等其他事项。

第十八条　劳动合同对劳动报酬和劳动条件等标准约定不明确，引发争议的，用人单位与劳动者可以重新协商；协商不成的，适用集体合同规定；没有集体合同或者集体合同未规定劳动报酬的，实行同工同酬；没有集体合同或者集体合同未规定劳动条件等标准的，适用国家有关规定。

第十九条　劳动合同期限三个月以上不满一年的，试用期不得超过一个月；劳动合同期限一年以上不满三年的，试用期不得超过二个月；三年以上固定期限和无固定期限的劳动合同，试用期不得超过六个月。

同一用人单位与同一劳动者只能约定一次试用期。

以完成一定工作任务为期限的劳动合同或者劳动合同期限不满三个月的，不得约定试用期。

试用期包含在劳动合同期限内。劳动合同仅约定试用期的，试用期不成立，该期限为劳动合同期限。

第二十条　劳动者在试用期的工资不得低于本单位相同岗位最低档工资或者劳动合同约定工资的百分之八十，并不得低于用人单位所在地的最低工资标准。

第二十一条　在试用期中，除劳动者有本法第三十九条和第四十条第一项、第二项规定的情形外，用人单位不得解除劳动合同。用人单位在试用期解除劳动合同的，应当向劳动者说明理由。

第二十二条　用人单位为劳动者提供专项培训费用，对其进行专业技术培训的，可以与该劳动者订立协议，约定服务期。

劳动者违反服务期约定的，应当按照约定向用人单位支付违约金。违约金的数额不得超过用人单位提供的培训费用。用人单位要求劳动者支付的违约金不得超过服务期尚未履行部分所应分摊的培训费用。

用人单位与劳动者约定服务期的，不影响按照正常的工资调整机制提高劳动者在服务期期间的劳动报酬。

第二十三条　用人单位与劳动者可以在劳动合同中约定保守用人单位的商业秘密和与知识产权相关的保密事项。

对负有保密义务的劳动者，用人单位可以在劳动合同或者保密协议中与劳动者约定竞业限制条款，并约定在解除或者终止劳动合同后，在竞业限制期限内按月给予劳动者经济补偿。

劳动者违反竞业限制约定的，应当按照约定向用人单位支付违约金。

第二十四条　竞业限制的人员限于用人单位的高级管理人员、高级技术人员和其他负有保密义务的人员。竞业限制的范围、地域、期限由用人单位与劳动者约定，竞业限制的约定不得违反法律、法规的规定。

在解除或者终止劳动合同后，前款规定的人员到与本单位生产或者经营同类产品、从事同类业务的有竞争关系的其他用人单位，或者自己开业生产或者经营同类产品、从事同类业务的竞业限制期限，不得超过二年。

第二十五条　除本法第二十二条和第二十三条规定的情形外，用人单位不得与劳动者约定由劳动者承担违约金。

第二十六条　下列劳动合同无效或者部分无效：

（一）以欺诈、胁迫的手段或者乘人之危，使对方在违背真实意思的情况下订立或者变更劳动合同的；

（二）用人单位免除自己的法定责任、排除劳动者权利的；

（三）违反法律、行政法规强制性规定的。

对劳动合同的无效或者部分无效有争议的，由劳动争议仲裁机构或者人民法院确认。

第二十七条　劳动合同部分无效，不影响其他部分效力的，其他部分仍然有效。

第二十八条　劳动合同被确认无效，劳动者已付出劳动的，用人单位应当向劳动者支付劳动报酬。劳动报酬的数额，参照本单位相同或者相近岗位劳动者的劳动报酬确定。

第三章　劳动合同的履行和变更

第二十九条　用人单位与劳动者应当按照劳动合同的约定，全面履行各自的义务。

第三十条　用人单位应当按照劳动合同约定和国家规定，向劳动者及时足额支付劳动报酬。

用人单位拖欠或者未足额支付劳动报酬的，劳动者可以依法向当地人民法院申请支付令，人民法院应当依法发出支付令。

第三十一条　用人单位应当严格执行劳动定额标准，不得强迫或者变相强迫劳动者加班。用人单位安排加班的，应当按照国家有关规定向劳动者支付加班费。

第三十二条　劳动者拒绝用人单位管理人员违章指挥、强令冒险作业的，不视为违反劳动合同。

劳动者对危害生命安全和身体健康的劳动条件，有权对用人单位提出批评、检举和控告。

第三十三条　用人单位变更名称、法定代表人、主要负责人或者投资人等事项，不影响劳动合同的履行。

第三十四条　用人单位发生合并或者分立等情况，原劳动合同继续有效，劳动合同由承继其权利和义务的用人单位继续履行。

第三十五条　用人单位与劳动者协商一致，可以变更劳动合同约定的内容。变更劳动合同，应当采用书面形式。

变更后的劳动合同文本由用人单位和劳动者各执一份。

第四章　劳动合同的解除和终止

第三十六条　用人单位与劳动者协商一致，可以解除劳动合同。

第三十七条　劳动者提前三十日以书面形式通知用人单位，可以解除劳动合同。劳动者在试用期内提前三日通知用人单位，可以解除劳动合同。

第三十八条　用人单位有下列情形之一的，劳动者可以解除劳动合同：

（一）未按照劳动合同约定提供劳动保护或者劳动条件的；

（二）未及时足额支付劳动报酬的；

（三）未依法为劳动者缴纳社会保险费的；

（四）用人单位的规章制度违反法律、法规的规定，损害劳动者权益的；

（五）因本法第二十六条第一款规定的情形致使劳动合同无效的；

（六）法律、行政法规规定劳动者可以解除劳动合同的其他情形。

用人单位以暴力、威胁或者非法限制人身自由的手段强迫劳动者劳动的，或者用人单位违章指挥、强令冒险作业危及劳动者人身安全的，劳动者可以立即解除劳动合同，不需事先告知用人单位。

第三十九条　劳动者有下列情形之一的，用人单位可以解除劳动合同：

（一）在试用期间被证明不符合录用条件的；

（二）严重违反用人单位的规章制度的；

（三）严重失职，营私舞弊，给用人单位造成重大损害的；

（四）劳动者同时与其他用人单位建立劳动关系，对完成本单位的工作任务造成严重影响，或者经用人单位提出，拒不改正的；

（五）因本法第二十六条第一款第一项规定的情形致使劳动合同无效的；

（六）被依法追究刑事责任的。

第四十条　有下列情形之一的，用人单位提前三十日以书面形式通知劳动者本人或者额外支付劳动者一个月工资后，可以解除劳动合同：

（一）劳动者患病或者非因工负伤，在规定的医疗期满后不能从事原工作，也不能从事由用人单位另行安排的工作的；

（二）劳动者不能胜任工作，经过培训或者调整工作岗位，仍不能胜任工作的；

（三）劳动合同订立时所依据的客观情况发生重大变化，致使劳动合同无法履行，经用人单位与劳动者协商，未能就变更劳动合同内容达成协议的。

第四十一条　有下列情形之一，需要裁减人员二十人以上或者裁减不足二十人但占企业职工总数百分之十以上的，用人单位提前三十日向工会或者全体职工说明情况，听取工会或者职工的意见后，裁减人员方案经向劳动行政部门报告，可以裁减人员：

（一）依照企业破产法规定进行重整的；

（二）生产经营发生严重困难的；

（三）企业转产、重大技术革新或者经营方式调整，经变更劳动合同后，仍需裁减人员的；

（四）其他因劳动合同订立时所依据的客观经济情况发生重大变化，致使劳动合同无法履行的。

裁减人员时，应当优先留用下列人员：

（一）与本单位订立较长期限的固定期限劳动合同的；

（二）与本单位订立无固定期限劳动合同的；

（三）家庭无其他就业人员，有需要扶养的老人或者未成年人的。

用人单位依照本条第一款规定裁减人员，在六个月内重新招用人员的，应当通知被裁减的人员，并在同等条件下优先招用被裁减的人员。

第四十二条　劳动者有下列情形之一的，用人单位不得依照本法第四十条、第四十一条的规定解除劳动合同：

（一）从事接触职业病危害作业的劳动者未进行离岗前职业健康检查，或者疑似职业病病人在诊断或者医学观察期间的；

（二）在本单位患职业病或者因工负伤并被确认丧失或者部分丧失劳动能力的；

（三）患病或者非因工负伤，在规定的医疗期内的；

（四）女职工在孕期、产期、哺乳期的；

（五）在本单位连续工作满十五年，且距法定退休年龄不足五年的；

（六）法律、行政法规规定的其他情形。

第四十三条　用人单位单方解除劳动合同，应当事先将理由通知工会。用人单位违反法律、行政法规规定或者劳动合同约定的，工会有权要求用人单位纠正。用人单位应当研究工会的意见，并将处理结果书面通知工会。

第四十四条　有下列情形之一的，劳动合同终止：

（一）劳动合同期满的；

（二）劳动者开始依法享受基本养老保险待遇的；

（三）劳动者死亡，或者被人民法院宣告死亡或者宣告失踪的；

（四）用人单位被依法宣告破产的；

（五）用人单位被吊销营业执照、责令关闭、撤销或者用人单位决定提前解散的；

（六）法律、行政法规规定的其他情形。

第四十五条　劳动合同期满，有本法第四十二条规定情形之一的，劳动合同应当续延至相应的情形消失时终止。但是，本法第四十二条第二项规定丧失或者部分丧失劳动能力劳动者的劳动合同的终止，按照国家有关工伤保险的规定执行。

第四十六条　有下列情形之一的，用人单位应当向劳动者支付经济补偿：

（一）劳动者依照本法第三十八条规定解除劳动合同的；

（二）用人单位依照本法第三十六条规定向劳动者提出解除劳动合同并与劳动者协商一致解除劳动合同的；

（三）用人单位依照本法第四十条规定解除劳动合同的；

（四）用人单位依照本法第四十一条第一款规定解除劳动合同的；

（五）除用人单位维持或者提高劳动合同约定条件续订劳动合同，劳动者不同意续订的情形外，依照本法第四十四条第一项规定终止固定期限劳动合同的；

（六）依照本法第四十四条第四项、第五项规定终止劳动合同的；

（七）法律、行政法规规定的其他情形。

第四十七条　经济补偿按劳动者在本单位工作的年限，每满一年支付一个月工资的标准向劳动者支付。六个月以上不满一年的，按一年计算；不满六个月的，向劳动者支付半个月工资的经济补偿。

劳动者月工资高于用人单位所在直辖市、设区的市级人民政府公布的本地区上年度职工月平均工资三倍的，向其支付经济补偿的标准按职工月平均工资三倍的数额支付，向其支付经济补偿的年限最高不超过十二年。

本条所称月工资是指劳动者在劳动合同解除或者终止前十二个月的平均工资。

第四十八条　用人单位违反本法规定解除或者终止劳动合同，劳动者要求继续履行劳动合同的，用人单位应当继续履行；劳动者不要求继续履行劳动合同或者劳动合同已经不能继续履行的，用人单位应当依照本法第八十七条规定支付赔偿金。

第四十九条　国家采取措施，建立健全劳动者社会保险关系跨地区转移接续制度。

第五十条　用人单位应当在解除或者终止劳动合同时出具解除或者终止劳动合同的证明，并在十五日内为劳动者办理档案和社会保险关系转移手续。

劳动者应当按照双方约定，办理工作交接。用人单位依照本法有关规定应当向劳动者支付经济补偿的，在办结工作交接时支付。

用人单位对已经解除或者终止的劳动合同的文本，至少保存二年备查。

二、劳动安全卫生的有关规定

《中华人民共和国劳动法》中劳动安全卫生的有关规定：

第五十二条　用人单位必须建立、健全劳动安全卫生制度，严格执行国家劳动安全卫生规程和标准，对劳动者进行劳动安全卫生教育，防止劳动过程中的事故，减少职业危害。

第五十三条　劳动安全卫生设施必须符合国家规定的标准。

新建、改建、扩建工程的劳动安全卫生设施必须与主体工程同时设计、同时施工、同时投入生产和使用。

第五十四条　用人单位必须为劳动者提供符合国家规定的劳动安全卫生条件和必要的劳动防护用品，对从事有职业危害作业的劳动者应当定期进行健康检查。

第五十五条　从事特种作业的劳动者必须经过专门培训并取得特种作业资格。

第五十六条　劳动者在劳动过程中必须严格遵守安全操作规程。

劳动者对用人单位管理人员违章指挥、强令冒险作业，有权拒绝执行；对危害生命安全和身体健康的行为，有权提出批评、检举和控告。

第五十七条　国家建立伤亡事故和职业病统计报告和处理制度。县级以上各级人民政府劳动行政部门、有关部门和用人单位应当依法对劳动者在劳动过程中发生的伤亡事故和劳动者的职业病状况，进行统计、报告和处理。

第三章　施工图的识读

第一节　工程图的基本规定

工程图是表达工程设计的重要技术资料，是施工的依据（工程师的语言）。为统一工程图样的画法，便于交流技术和提高制图效率，国家制定了一系列标准。目前共有 6 种建筑工程图标准：

《房屋建筑制图统一标准》（GB/T 50001—2010）；

《总图制图标准》（GB/T 50103—2010）；

《建筑制图标准》（GB/T 50104—2010）；

《建筑结构制图标准》（GB/T 50105—2010）；

《给水排水制图标准》（GB/T 106—87）；

《采暖通风与空气调节制图标准》（GB/T 50114—2010）。

通过上述标准对建筑工程制图进行规范。

一、图纸幅面

图幅是指绘图时采用的图纸幅面。为了合理使用图纸，图纸的幅面尺寸应符合表 3-1。

表 3-1　图纸基本幅面尺寸

<table>
<tr><td>幅面代号</td><td>A0</td><td>A1</td><td>A2</td><td>A3</td><td>A4</td></tr>
<tr><td>$B \times L$</td><td>841×1189</td><td>594×841</td><td>420×594</td><td>297×420</td><td>210×297</td></tr>
<tr><td>c</td><td colspan="3">10</td><td colspan="2">5</td></tr>
<tr><td>a</td><td colspan="5">25</td></tr>
</table>

各号幅面的尺寸关系（图 3-1）是：沿上一号幅面的长边对裁，即为次一号幅面的大小。

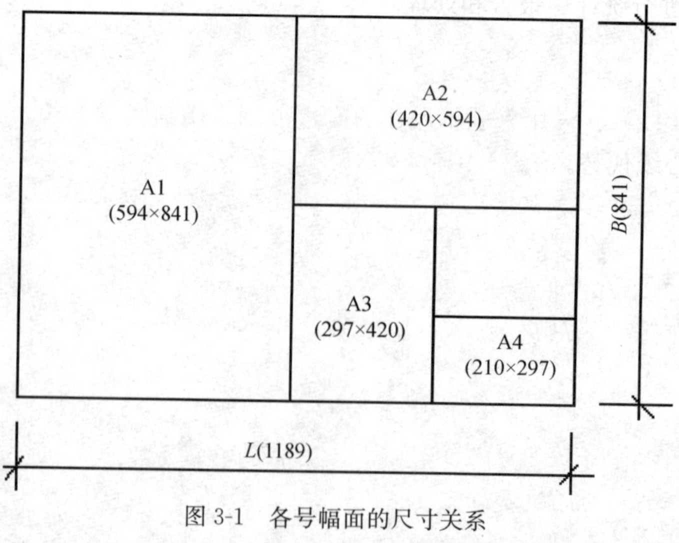

图 3-1　各号幅面的尺寸关系

二、图线

1. 图线型式及应用

建筑工程图的图线线型有实线、虚线、点画线、双点画线、折断线、波浪线等。每种线型（除折断线、波浪线外）又有粗、中、细三种不同的线宽（见表 3-2）。

表 3-2　常用工程图线种类

名称		线型	线宽	一般用途
实线	粗		b	主要可见轮廓线
	中		$0.5b$	可见轮廓线
	细		$0.25b$	可见轮廓线、图例线等
虚线	粗		b	见有关专业制图标准
	中		$0.5b$	不可见轮廓线
	细		$0.25b$	不可见轮廓线、图例线等
点画线	粗		b	见有关专业制图标准
	中		$0.5b$	见有关专业制图标准
	细		$0.25b$	中心线、对称线等
双点画线	粗		b	见有关专业制图标准
	中		$0.5b$	见有关专业制图标准
	细		$0.25b$	假想轮廓线
折断线			$0.25b$	断开界线
波浪线			$0.25b$	断开界线

三、尺寸标注

1. 基本规则：

1）尺寸数值为物体真实大小，与绘图比例及绘图的准确度无关。

2）以毫米为单位，如采用其他单位时，则必须注明单位名称。

3）每个尺寸一般只标注一次，并应标注在最能清晰地反映该物体特征的视图上。

2. 尺寸的组成（图 3-2）

尺寸界线（细实线）——用来表示尺寸的度量范围。用细实线绘制，并可用图形的轮廓线、轴线或对称中心线代替。

尺寸线——表示所注尺寸的度量方向和长度。用细实线绘制，并应与被标注的长度平行，且不宜超出尺寸界线，不能用其他线代替或与其他线重合。

尺寸数字——表示尺寸的大小。尺寸数字一般写在尺寸线的上方、左方或尺寸线的中断处。在建筑工程图上，一律用阿拉伯数字标注工程形体实际尺寸，它与绘图所用的比例无关。图样上的尺寸单位，除标高及总平面图以米为单位外，均必须以毫米为单位。因此，图样上的尺寸数字无需注写单位。尺寸数字高度一般是 3.5mm。

尺寸起止符号（尺寸线终端）——尺寸的起止点。有箭头和 45°短划两种。标注直径、半径、角度时一般用箭头。

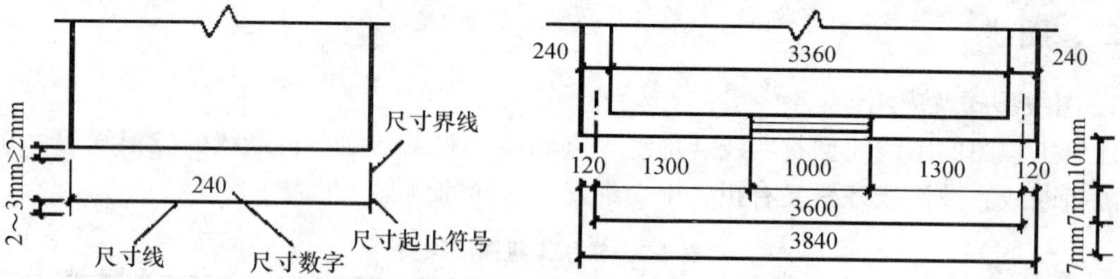

图 3-2　尺寸的组成

四、常用建筑材料图例

当工程形体采用剖面图表达时，为了表达工程形体的材料，通常需要在剖切面上画出工程形体的材料图例。常用的建筑材料图例如表 3-3 所示。

表 3-3　常用建筑材料图例举例

名称	图例	名称	图例
自然土壤		砂、灰土	
夯实土壤		毛石	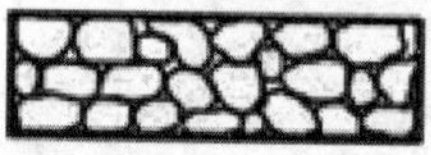
普通砖		金属	
混凝土		木材	
钢筋混凝土		玻璃	
饰面砖		粉刷	

第二节　建筑施工图

建筑施工图是房屋建筑工程图纸中最基本的图样，简称“建施”。建筑施工图用来表明房屋的规划位置、外部形状、内部布局等内容。

建筑施工图是施工单位进行施工的依据，其内容主要包括图纸目录、建筑的设计说明书、总平面图、平、立、剖面图、构件详图等。整套图纸要求完整详细、前后统一、尺寸齐全、正确无误等。

建筑施工图中的各类图样，主要采用正投影法绘制。平面图、立面图、剖面图是建筑施工图中最重要的图，它们可根据需要绘制在同一张图纸上，也可分别绘制在多张图纸上。

房屋建筑的实际形体较大、建筑施工图常采用较小的比例绘制。但有时为了表达构造复杂的部分结构，还需在施工图中绘制比例较大的详图，如节点大样等。

房屋建筑的构配件和材料种类繁多，为了作图简便和标准化，常采用一系列的图形符号来代表建筑构配件、设备、建筑材料等，这类图形符号被称作图例。“国标”中规定了图例的画法（参见表 3-3）。

一、建筑施工图中常用的符号

1. 定位轴线

建筑施工图中通常用轴线来标定房屋中的墙、柱等承重构件，并按一定规则进行编号，称为定位轴线（图 3-3）。用于平面时，称平面定位轴线。定位轴线是施工时定位放线及构件安装的依据，用来确定房屋主要结构或构件的位置及其尺寸，是反映房屋开间、进深的标志尺寸。

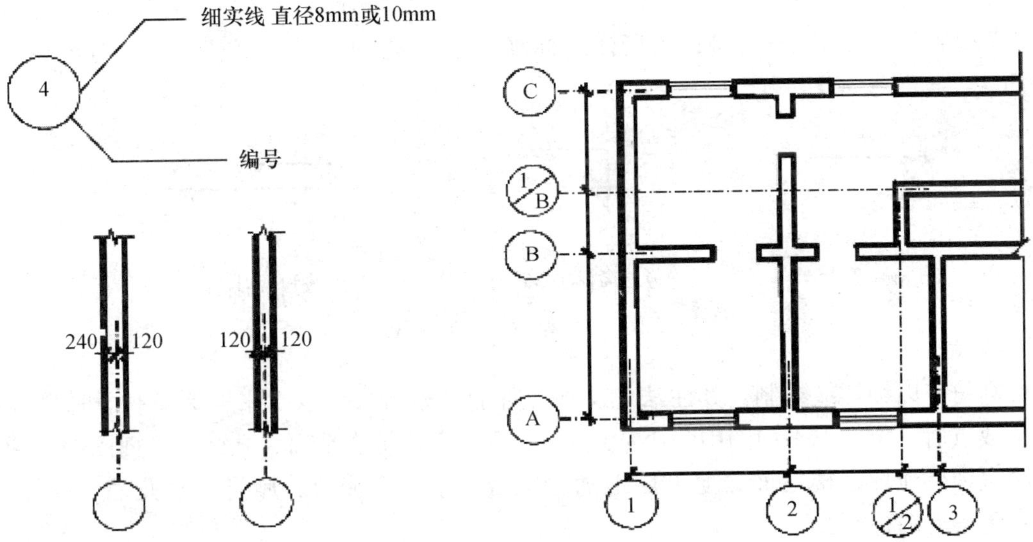

图 3-3　定位轴线

定位轴线采用点画线表示，轴线编号写在直径为 8mm 的圆圈内。平面定位轴线编号原则：水平方向采用阿拉伯数字，从左向右依次编写；垂直方向采用大写拉丁字母，从下至上依次编写，其中 I、O、Z 不得使用，避免同 1、0、2 混淆。

对于一些与主要承重构件相联系的次要构件，其定位轴线一般可作为附加轴线，编号采用分数表示，其中分母表示前一轴线的编号，分子表示附加轴线的编号，如图 3-4 所示。

图 3-4　附加定位轴线

其他定位轴线的各种注法如图 3-5 所示。

2. 标高符号

标高是标注建筑物某一部位高度的一种尺寸形式，分为绝对标高和相对标高。

绝对标高是以青岛市外的黄海海平面作为零点所测定的高度尺寸。相对标高常以房屋首层室内主要地面定为相对零点（±0.000）而测定的高度尺寸。当所注的标高高于±0.000 时

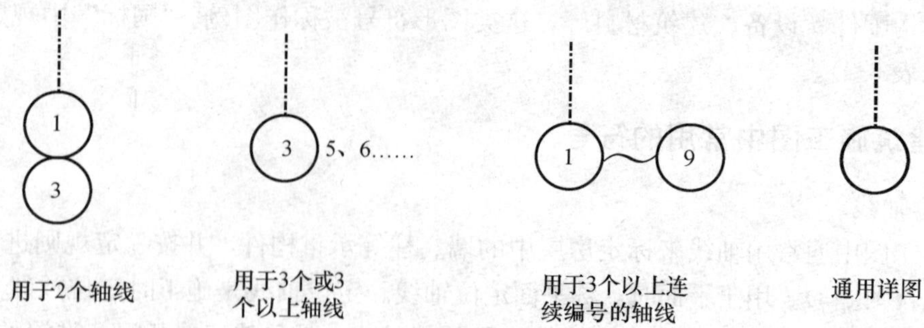

图 3-5　定位轴线的各种注法

为“正”，注写时省去“+”号；当所注的标高低于±0.000 时为“负”，注写时需在标高数字前加注“－”号（图 3-6）。

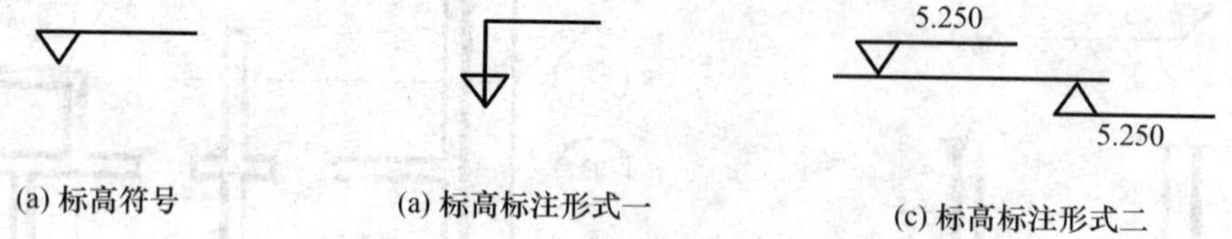

图 3-6　相对标高的标注

标高符号以细实线绘制，其注法如图 3-7 所示。标高数值以“米”为单位，通常需要标注为小数点后三位（总平面图中为小数点后二位）。在建筑物平面、立面、剖面图中，通常需要标注室内外地坪、楼地面、地下层地面、阳台、平台、檐口、屋脊、女儿墙、雨篷、门、窗、台阶等处的标高。

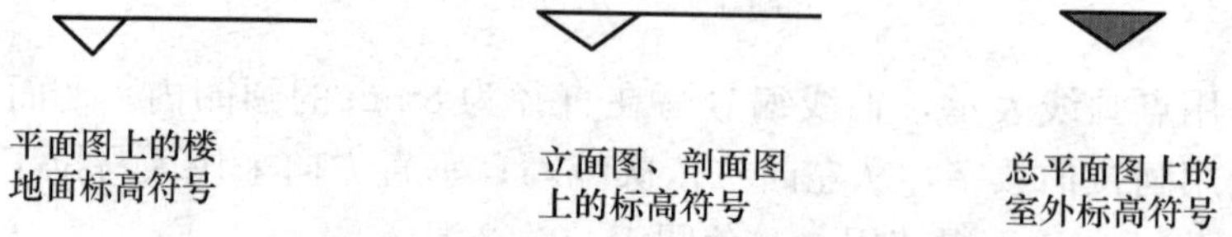

图 3-7　标高符号的画法

房屋的标高还分为建筑标高和结构标高（图 3-8）。建筑标高是构件包括装饰层在内的装修完成后的标高；结构标高则不包括构件表面的装饰层厚度，是构件的毛面标高。建筑平面图、立面图、剖面图及其详图通常注写建筑标高，结构施工图一般注写结构标高。

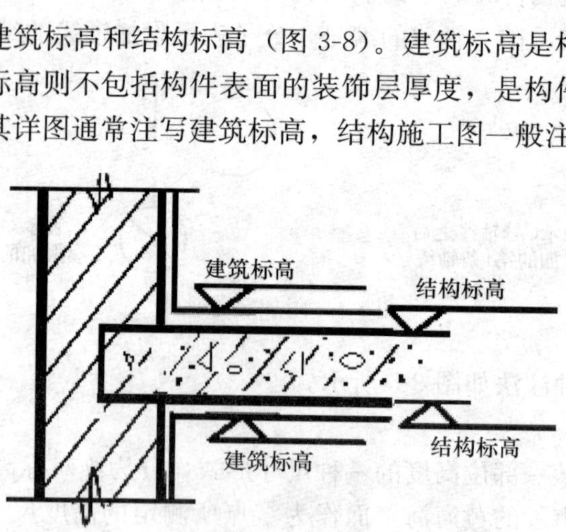

图 3-8　建筑标高和结构标高的画法

3. 平面图中索引符号与详图符号

施工图样中的某一局部或构件，由于比例尺较小，建筑物上许多细部构造无法表示清楚，根据施工需要，有时必须另外绘制比例尺较大的详图。为方便施工时查阅图样，常常用索引符号注明画出详图的位置、详图的编号及详图所在的图纸编号。

索引符号用一引出线指出要画详图的地方，在线的另一端为一细实线圆圈，其直径为10mm。引出线对准圆心，过圆心在圆内画一水平线，以分数形式，分子为详图编号，分母为该详图所在图纸的图纸号。若详图在与被索引图样在同一张图纸内，则分母为用一水平细实线表示。若所索引的详图采用标准图，应在索引符号水直径的延长线上加注该标准图测的编号。当索引符号用于索引剖面详图时，应在被剖切的部位绘制剖切位置线。引出线所在一侧应为剖视方向（图 3-9）。

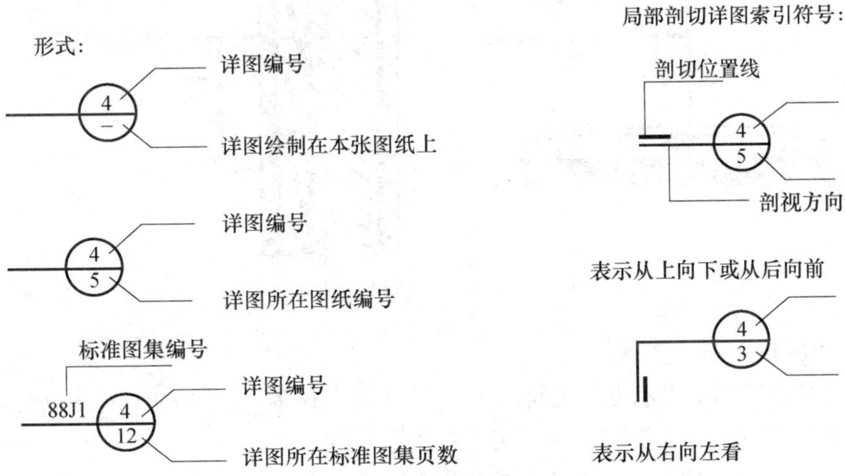

图 3-9　索引符号

详图符号用来表示详图的编号和被索引图纸号，通常用一粗实线圆绘制，直径为 14mm。详图与被索引的图样在同一张图纸内时，应在圆圈内注明详图编号，若不在同一张图纸内时，圆圈内画一水平线，分子注明详图的编号，分母注明被索引的图纸编号（图 3-10）。

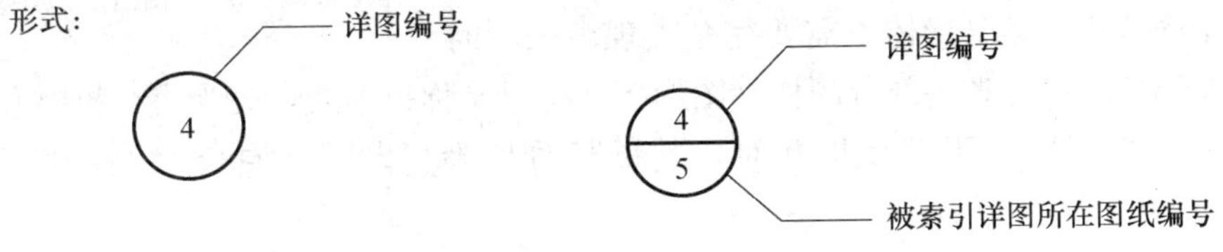

图 3-10　详图符号示例

建筑施工图样中许多建筑物细部构造往往需要标注文字说明，可使用细实线画出引出线，一端标出要注解的地方，一端用与水平方向成 30°、45°、60°、90°的直线或经过上述角度再折为水平的折线，在端部或上部标出文字说明。同时引出几个相同部分的引出线，宜相互平行，也可画成集中于一点的放射线（图 3-11）。

为了对多层构造部位加以说明，可以用引出线表示（图 3-12）。

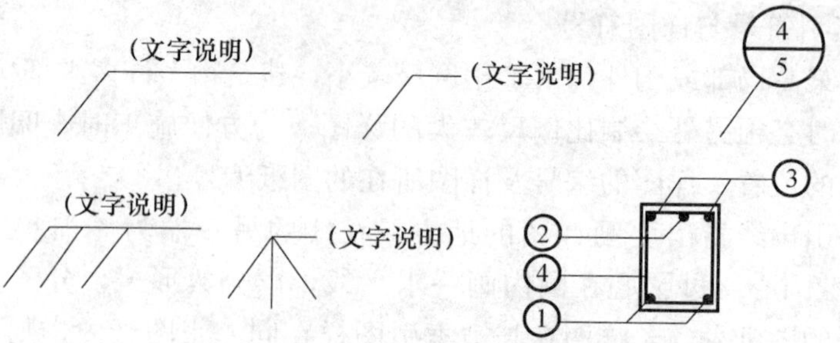

图 3-11　引出线符号

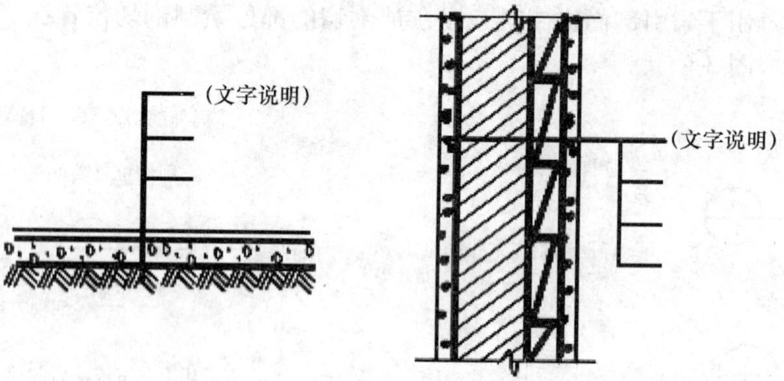

图 3-12　引出线符号示例

4. 指北针和风玫瑰图

指北针是建筑施工图中表示方位的符号，一般采用直径为 24mm 的细实线圆绘制，指北针指向北方，指针尖部应注“北”或“N”字。有些采用风向频率玫瑰图（简称风玫瑰），不仅表示指北方向，而且反映出当地平均统计的各个方向的吹风频率（实线表示全年的统计，虚线表示 7、8、9 三个月的统计），如图 3-13 所示。

指北针和风玫瑰通常绘制在总平面图、房屋建筑的首层平面图内。

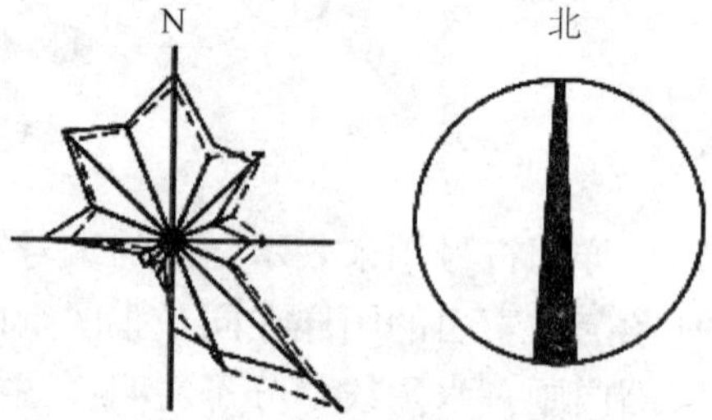

图 3-13　指北针和风玫瑰示例

5. 图形折断符号

建筑施工图样中，若某形体不需要完全表现出来的时候，可采用图形折断符号省去部分图样。图形折断符号又称折断线，分为直线折断和曲线折断。

直线折断：当图形采用直线折断时，其折断符号为折断线，它经过被折断的图面。如图 3-40（a）所示。

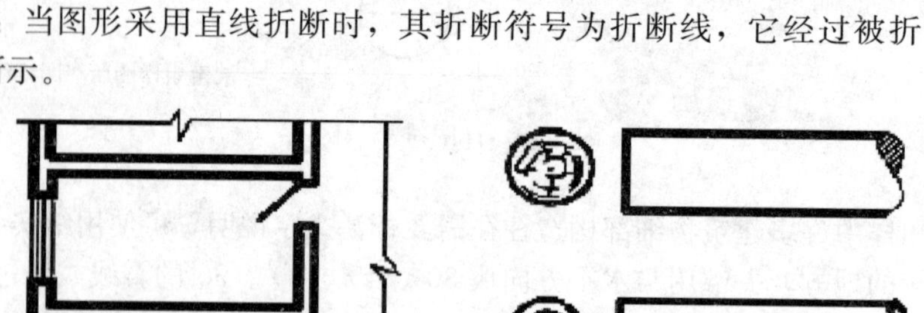

(a) 直线折断　　(a) 曲线折断

图 3-14　图形折断符号

曲线折断：对圆形构件的图形折断，其折断符号为曲线。如图 3-14（b）所示。

6. 连接符号

对于较长的构件，当其长度方向的形状相同或按一定规律变化时，可断开绘制，断开处应用连接符号表示。连接符号为折断线（细实线），并用大写拉丁字母表示连接编号（图 3-15）。

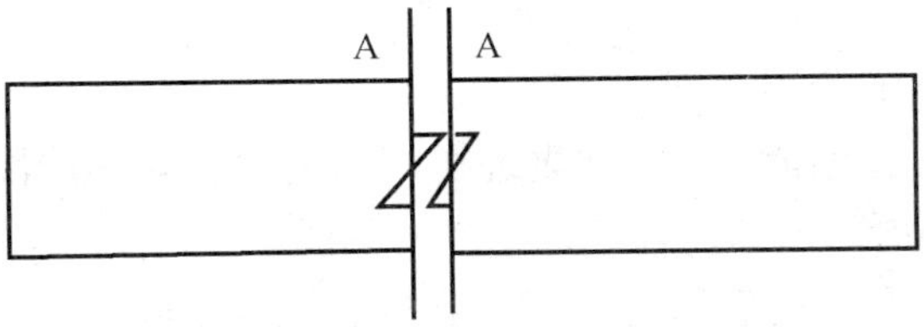

图 3-15　连接符号

二、图纸目录和建筑设计说明

1. 图纸目录

图纸目录是整套建筑施工图中的首页，是查阅图纸的主要依据，包括图纸的类别、编号、图名、图幅大小以及备注等栏目（表 3-4）。

图纸目录一般包括整套图纸的目录，应有建筑施工图目录、结构施工图目录、给水排水施工图目录、采暖通风施工图目录和建筑电气施工图目录。

如果施工图中采用标准图，通常需在图纸目录中写出所使用标准图的名称、图集编号、图号或页码。

表 3-4　某教学楼建筑施工图目录

序号	图纸名称	图号	张数	图幅
建筑施工图				
1	总平面图	建总施-00	1	A2
2	建筑设计说明，门窗表	建施-01	1	A2
3	底层平面图	建施-02	1	A1
4	2-4 层平面图	建施-03	1	A1
5	5，6 层平面图	建施-04	1	A1
6	屋顶平面图	建施-05	1	A1
7	①-⑩立面图	建施-06	1	A1
8	⑩-①立面图	建施-07	1	A1
9	1-1 剖面图、2-2 剖面图	建施-08	1	A1

2. 建筑设计说明

建筑设计说明是施工图样的必要补充，主要是对图样中未能表达清楚的内容加以详细的文字说明，通常包括工程概况、建筑设计的依据、设计标高、构造要求以及对施工单位的要求。

构造要求通常以工程做法表的形式表现。工程做法表主要是对建筑各部位构造做法用表格的形式加以详细说明。在表中对各施工部位的名称、做法等详细表达清楚，如采用标准图集中的做法，应注明所采用标准图集的代号、做法编号，如有改变，在备注中说明。

建筑设计说明中往往好包括门窗表。门窗表是对建筑物所有不同类型的门窗统计后列成的表格，以备施工、预算需要。在门窗表中应反映门窗的类型、大小、所选用的标准图集及其类型编号，如有特殊要求，应在备注中加以说明。

三、建筑总平面图

1. 建筑总平面图的形成和用途

将新建工程及四周一定范围内的所有建筑物、构筑物连同其周围的地形、地物状况用水平投影方法和相应的图例所画出的图样，即为总平面图。

建筑总平面图用以表示新建房屋的位置、朝向、与原有建筑物的关系，以及周围道路、绿化和给水、排水、供电条件等方面的情况，作为新建房屋施工定位、土方施工、设备管网平面布置，安排在施工时进入现场的材料和构件、配件堆放场地、构件预制的场地以及运输道路的依据。

建筑总平面图常用的比例是 1∶500、1∶1000、1∶2000 等。

2. 建筑总平面图的图示内容

1）图名、比例、补充图例等。

2）新建建筑所处的地形。

3）新建建筑的具体位置，在总平面图中应详细地表达出新建建筑的定位方式（测量坐标网坐标代号宜用 X、Y 表示；施工坐标网坐标代号宜用 A、B 表示）。

4）注明新建房屋底层室内地面和室外整平地面的绝对标高。

5）相邻有关建筑、拆除建筑的大小、位置或范围。

6）附近的地形、地物、地貌等，如道路、河流、水沟、池塘、土坡等。

7）绿化规划、管道布置、指北针或风玫瑰图。

以上内容，根据具体工程的特点和实际情况而定。

3. 建筑总平面图的识读

1）了解图名、比例及其有关文字说明。

2）了解工程性质、用地范围、地形地貌和周围环境情况。

3）了解新建建筑的平面形状和准确位置。

4）了解房屋室内地面和室外平面绝对标高。

5）了解建筑的朝向和风向，看指北针或风向频率玫瑰图。

6）了解新建房屋四周的道路、绿化。

7）了解建筑物周围的给水、排水、供暖和供电的位置，管线布置走向。

表 3-5 为常用建筑总平面图图例。

表 3-5　常用建筑总平面图图例

名称	图例	说明
新建的建筑物	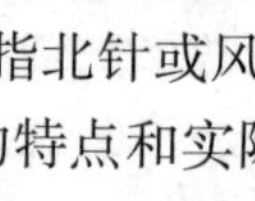	1. 上图为不画出入口图例，下图为画出出土口图例 2. 有时在图形内右上角以点数或数字（高层）表示层数 3. 用粗实线绘制
原有建筑物	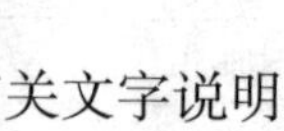	1. 应注明拟利用者 2. 用细实线绘制

续表

名称	图例	说明
计划扩建的预留地或建筑物		用中虚线绘制
拆除的建筑物	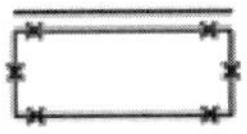	用细实线绘制
新建的地下建筑物或构筑物		用粗虚线绘制
围墙及大门	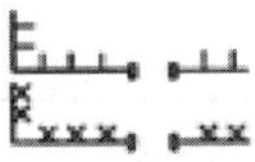	1. 上图为砖石、混凝土或金属材料的围墙 2. 下图为镀锌铁丝网、篱笆等围墙 3. 如仅表示围墙时不画大门
坐标	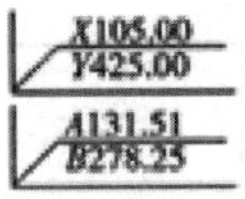	上图表示测量坐标，下图表示施工坐标
填挖边坡	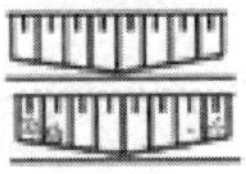	边坡较长时，可在一端或两端局部表示
护坡		
室内标高		
室外标高	▼143.00	
原有道路		
计划扩建的道路		
人行道	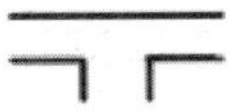	
雨水井与消火栓井		上图表示雨水井，下图表示消火栓井
草地		

4. 建筑总平面图的示例

图 3-16 为某建筑总平面图。总平面图上的建筑物、构筑物的名称，一般直接标注在图上。当图样比例较小或图面有足够位置时，也可编号列表注在图内。

1）周围地形、环境及朝向。如图该小区坐落于青年大街、民主路、中心路、新运大街围成的区域内。周围是住宅和运动场，地形平坦，但向西北方向逐渐增高，

该小区共有 4 栋待建建筑，分别为两栋三层或两栋四层（由建筑占地图上形右上角的点数得出）。待建建筑坐北朝南，周边有围墙。

图中指北针指示的大致方向为上北下南，左西右东。小区的主入口设置在小区西侧。

2）新建建筑物的定位。如图，新建建筑物的定位采用测量坐标定位。图中给出了坐标轴线、每栋建筑物的准确坐标以及新建建筑物长、宽尺寸。同时左下角建筑还给出了与附近已有建筑物的距离，以方便确定新建建筑物的相对位置和校核。

3）尺寸。总平面图中坐标、标高和距离等尺寸通常以“米”为单位，保留小数点后 2 位，不足时以“0”补齐。

4）标高。总平面图中应标注新建房屋首层地面和室外整平地坪的绝对标高（高程）。图 3-16中室外绝对标高为 48.00m，室内绝对标高为 48.30m。

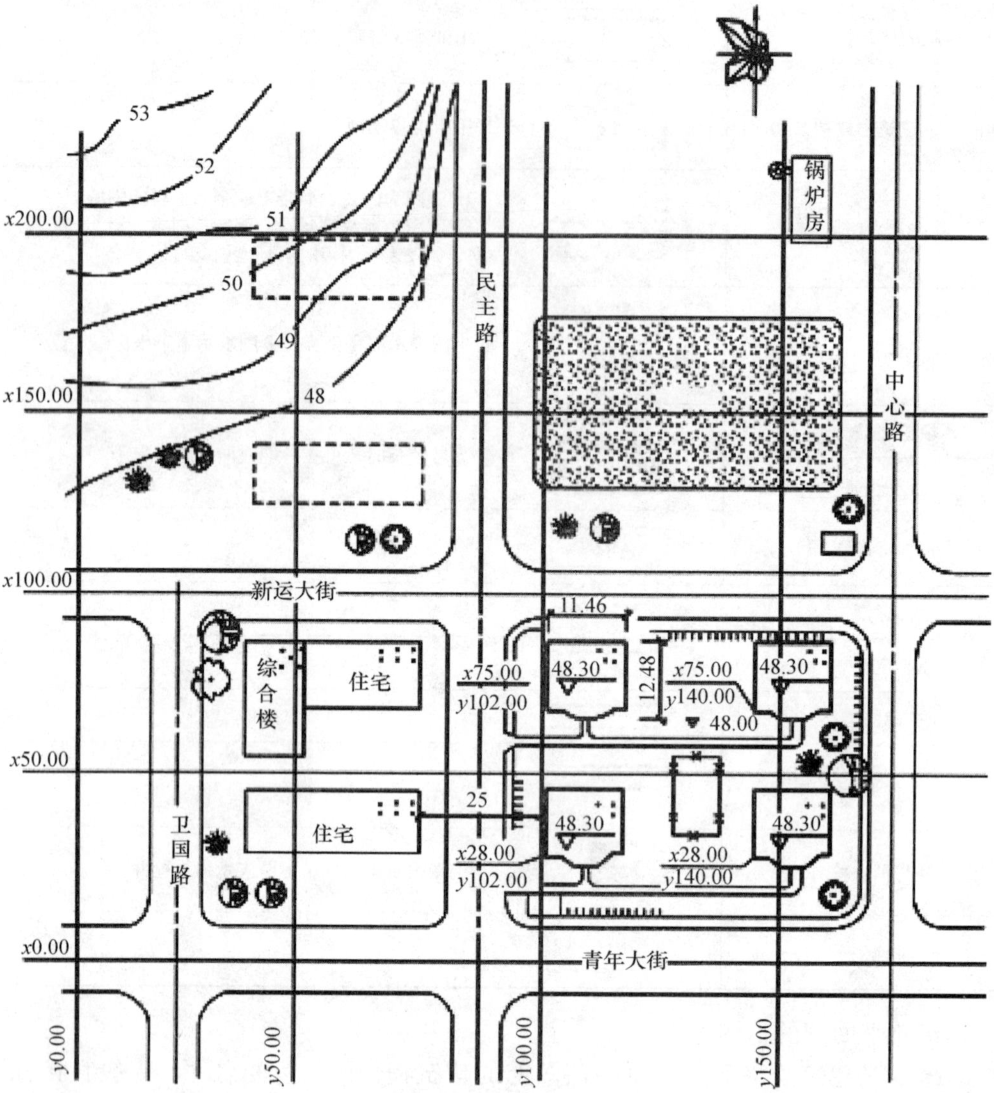

图 3-16　建筑总平面图的示例

四、建筑平面图

建筑平面图是用一个假想的水平剖切平面沿略高于窗台的位置剖切房屋后，移去上面的部分，对剩下部分向水平面做正投影，所得的水平剖面图，称为建筑平面图，简称平面图（见图 3-17）。它反映出房屋的平面形状、大小和布置；墙、柱的位置、尺寸和材料；门窗的类型和位置等。

建筑平面图是建筑施工图的基本样图之一，可作为施工放线，砌筑墙、柱，设备安装、室内装修及编制预算的重要依据。

1. 建筑平面图的图示方法

一般房屋有几层，就应有几个平面图，包括首层平面图、标准层平面图、顶层平面图和屋顶平面图。多层或高层房屋建筑每层及屋顶均应绘制平面图，若中间若干层的平面布置完全一致时，则可将这些完全相同的平面图用一个标准层平面图来表示，并在图中注明其层数。例如标准层平面图（二层～十八层），并分别在平面图中标注各层的地面标高。

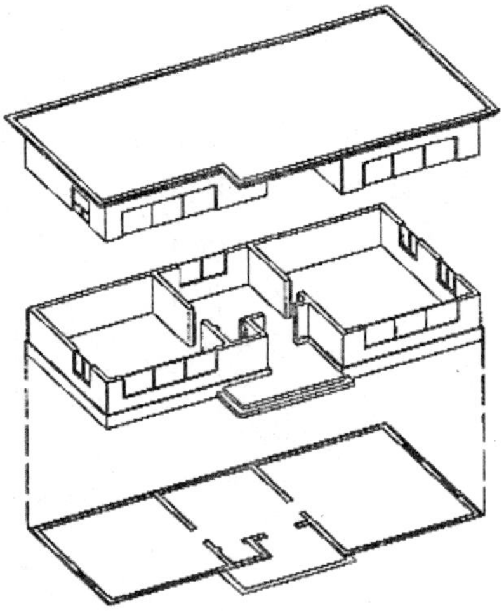

图 3-17　建筑平面图的形成

因平面图是剖面图，因此平面图是按剖面图的图示方法绘制，即被剖切平面剖切到的墙、柱等轮廓用粗实线表示，未被剖切到的部分如室外台阶、散水、楼梯以及尺寸线等用细实线表示，门的开启线用中粗实线表示。

建筑平面图下方标注相应的图名及采用的比例。常用的比例是 1∶50、1∶100 或 1∶200，其中 1∶100 使用最多。

建筑平面图的方向一般与总平面图的方向一致，平面图的长边与横式幅面图纸的长边一致。

2. 建筑平面图的图示内容

1）表示所有轴线及其编号，以及墙、柱、墩的位置、尺寸。

2）表示所有房间的名称及其门窗的位置、编号与大小。

3）注出室内外的有关尺寸及室内楼地面的标高。

4）表示电梯、楼梯的位置及楼梯上下行方向及主要尺寸。

5）表示阳台、雨篷、台阶、斜坡、烟道、通风道、管井、消防梯、雨水管、散水、排水沟、花池等位置及尺寸。

6）表示室内设备，如卫生器具、水池、工作台、隔断及重要设备的位置、形状。

7）表示地下室、地坑、地沟、墙上预留洞、高窗等位置尺寸。

8）在底层平面图上画有剖面图的剖切符号及编号，左下方或右下方画有指北针。

9）标注有关部位的详图索引符号。

10）综合反映其他工种如水、暖、电、煤气等对土建工程的要求：各工种要求的水池、地沟、配电箱、消火栓、预埋件、墙或楼板上的预留洞等在平面图中标有其位置和尺寸。

11）屋顶平面图上一般要表示出女儿墙、檐沟、屋面坡度、分水线与雨水口、变形缝、楼梯间、水箱间、天窗、上人孔、消防梯及其他构筑物、索引符号等。

以上内容根据具体建筑物的实际情况的不同而有所不同。

3. 平面图尺寸

1）外部尺寸：在外墙外侧标注三道尺寸。

第一道（最外一道）尺寸：房屋外轮廓的总尺寸，即从一端的外墙边到另一端外墙边的总长和总宽。可用于计算建筑面积和占地面积。

第二道（中间一道）尺寸：房屋定位轴线间尺寸，一般横向轴线间的尺寸为开间尺寸，纵向轴线间的尺寸为进深尺寸。

第三道（最里一道）尺寸：分段尺寸，表示门窗洞口宽度和位置，墙垛分段以及细部构造等。

2）内部尺寸：

外墙以内的全部尺寸，主要用于注明内墙门窗洞口的位置及其宽度、墙体厚度、卫生器具、灶台和洗涤盆等固定设备的位置及其大小。此外，还应表明楼、地面的相对标高，以及房间的名称，门窗编号。

4. 建筑平面图图例

建筑平面图图例见表 3-6。

表 3-6　建筑构造及配件图例

序号	名称	图例	说　明
1	墙体		应加注文字或填充图例表示墙体材料，在项目设计图纸说明中列材料图例表给予说明
2	隔断		包括板条抹灰，木制、石膏板、金属材料等隔断；适用于到顶与不到顶隔断
3	栏杆		
4	楼梯	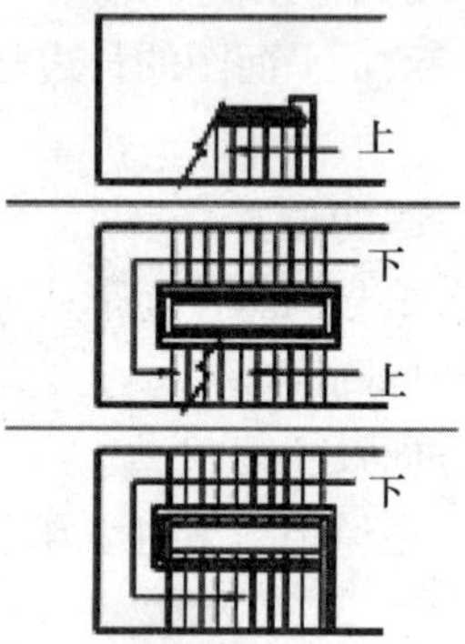	1. 上图为底层楼梯平面，中图为中间层楼梯平面，下图为顶层楼梯平面。 2. 楼梯及栏杆扶手的形式和楼梯踏步数应按实际情况绘制
5	坡道	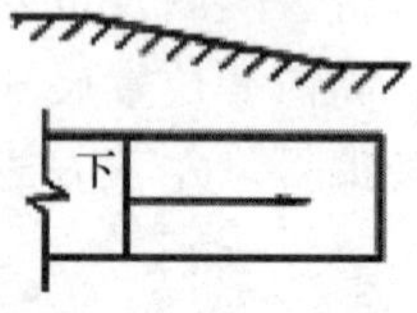 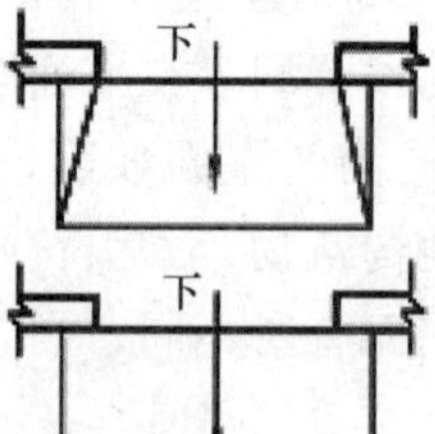	上图为长坡道，下图为门口坡道
6	检查孔	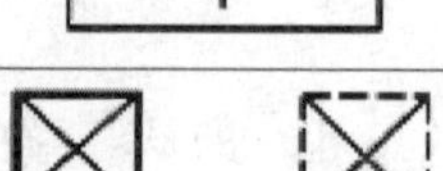	左图为可见检查孔，右图为不可见检查孔
7	孔洞	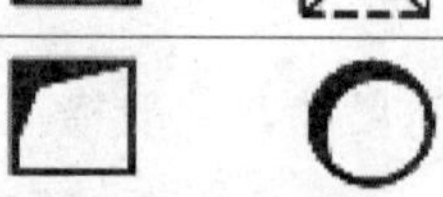	阴影部分可以涂色代替
8	坑槽		

序号	名称	图例	说　　明
9	墙体留洞	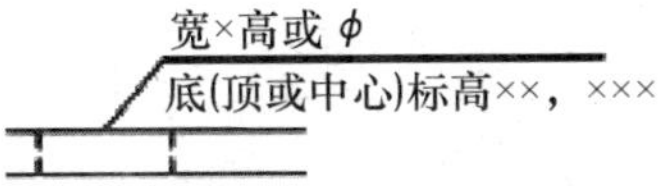	1. 以洞中心或洞边定位 2. 宜以涂色区别墙体和留洞位置
10	墙体留槽	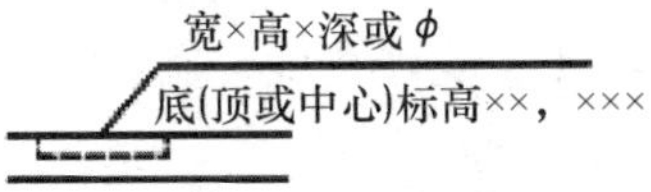	
11	烟道	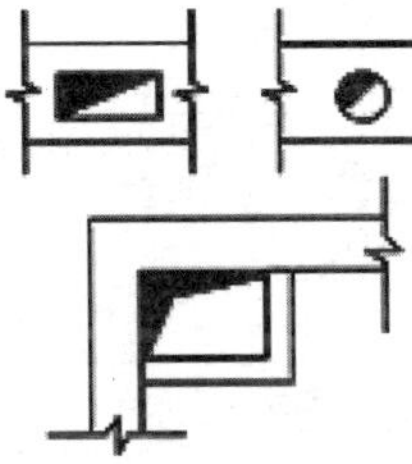	1. 阴影部分可以涂色代替 2. 烟道与墙体为同一材料，其相接处墙身线应断开
12	通风道	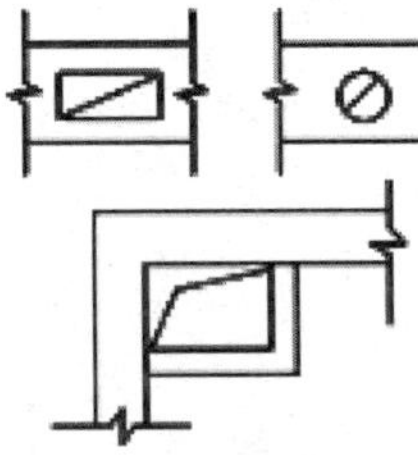	
13	新建的墙和窗		1. 本图以小型砌块为图例，绘图时一般按所用材料的图例绘制；不宜以图例绘制的，可在墙面上以文字和代号注明。 2. 小比例绘图时，平、剖面图窗线用单粗实线表示
14	改建时保留的原有墙和窗	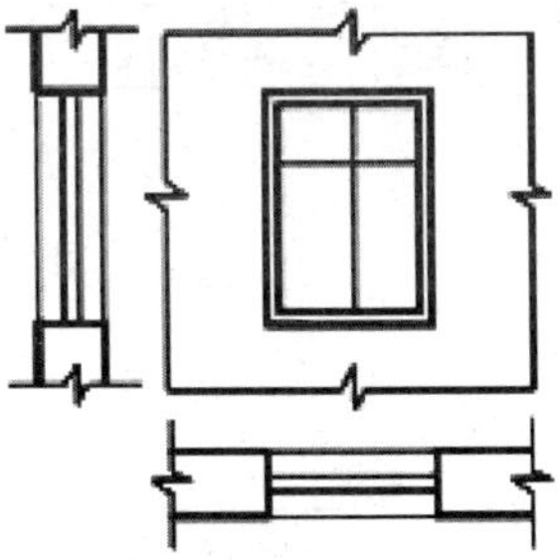	
15	应拆除的墙	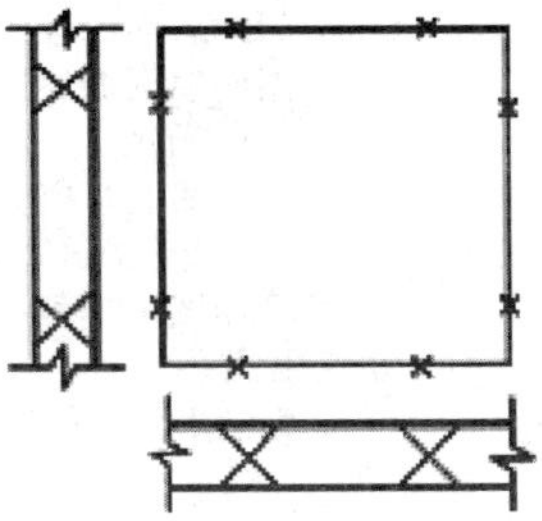	

续表

序号	名称	图例	说　明
16	在原有的墙和楼板上新开的洞	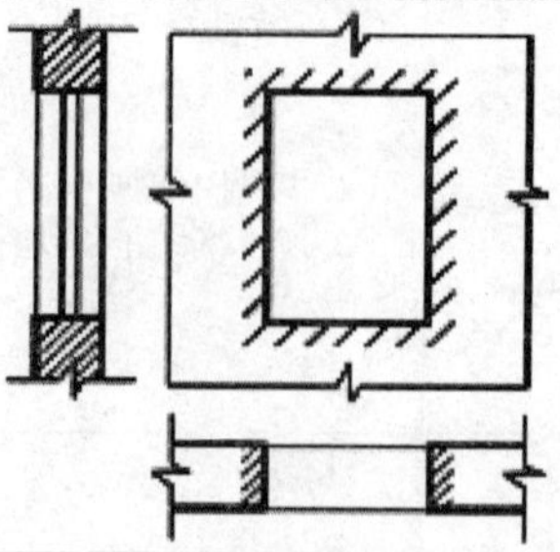	
17	在原有洞旁扩大的洞	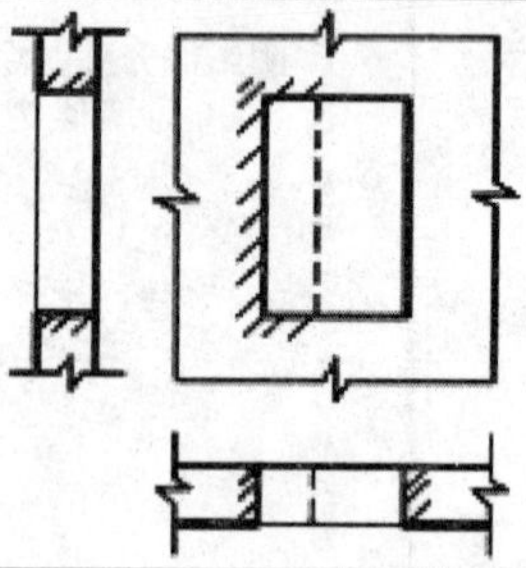	
18	在原有墙和楼板上全部填塞的洞	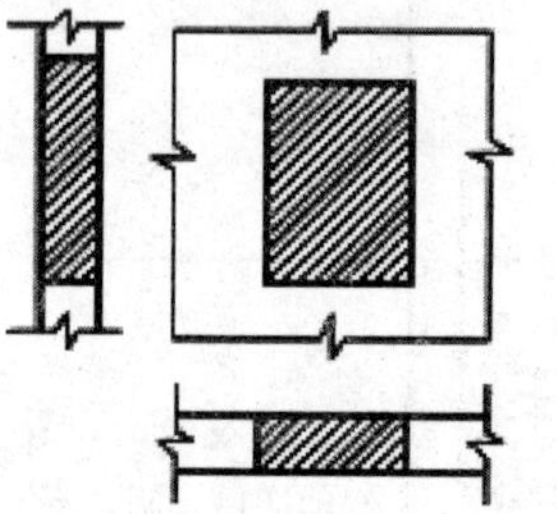	
19	在原有墙和楼板上局部填塞的洞	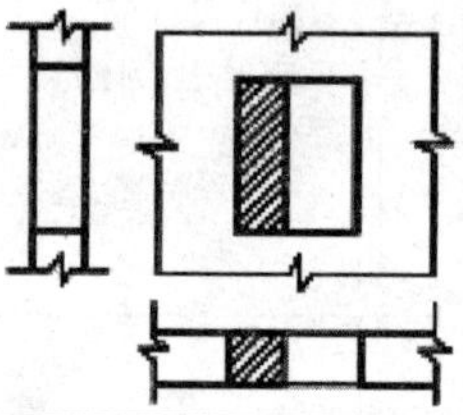	
20	空门洞	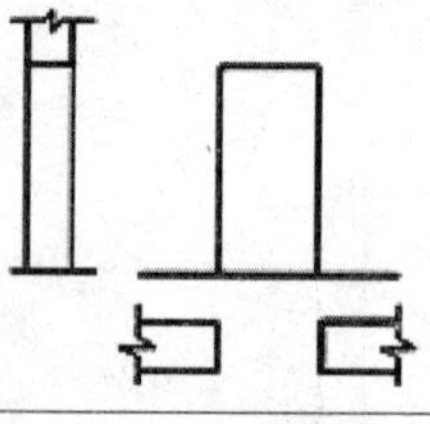	
21	单扇门（包括平开和单面弹簧）	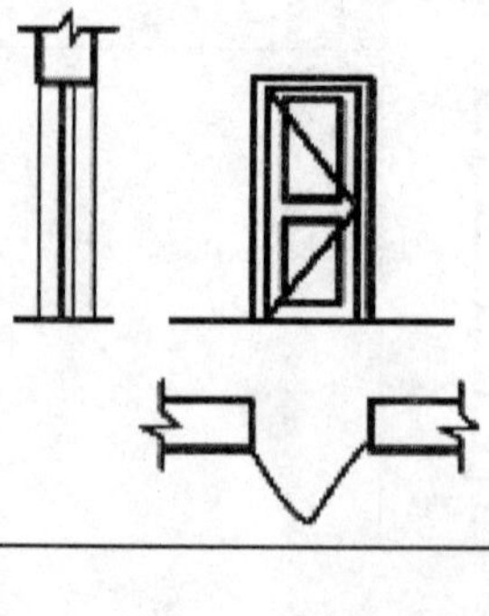	1. 门的名称代号为 M。 2. 图例中剖面图左方为外、右方为内；平面图下为外，上为内。 3. 立面图上开启方向线交角的一侧为安装合页的一侧，实线为外开，虚线为内开。 4. 平面图上门线一般按 90°或 45°绘出，开启弧线也绘出。 5. 立面形式一般按实际情况绘制。

序号	名称	图例	说　　明
22	双扇门（包括平开和单面弹簧）	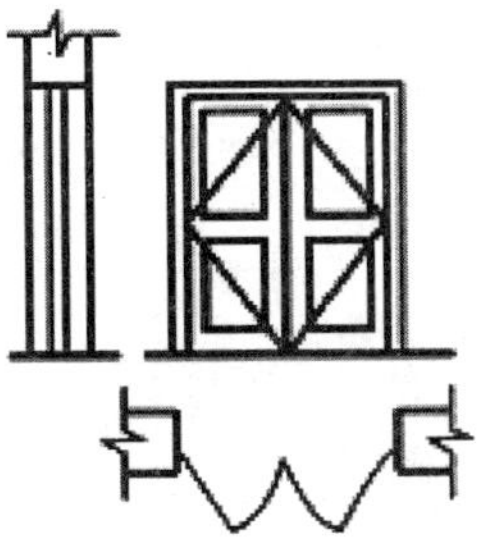	
23	对开折叠门	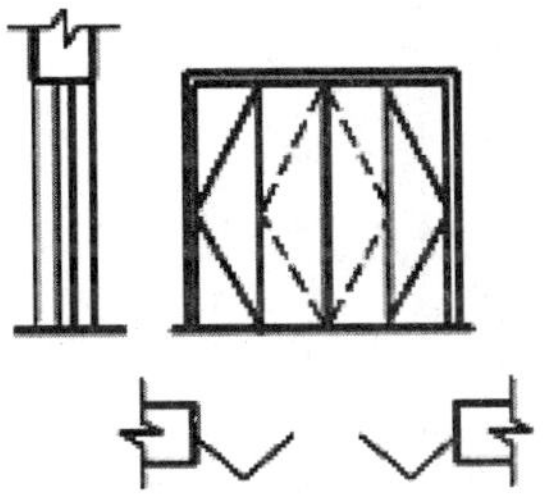	
24	推拉门		
25	单扇双面弹簧门	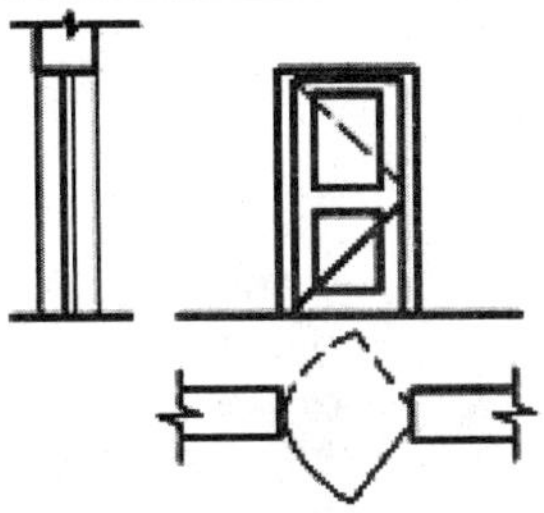	
26	双扇双面弹簧门	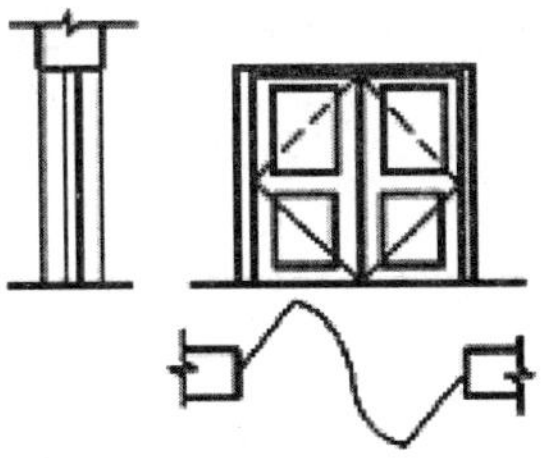	
27	转门	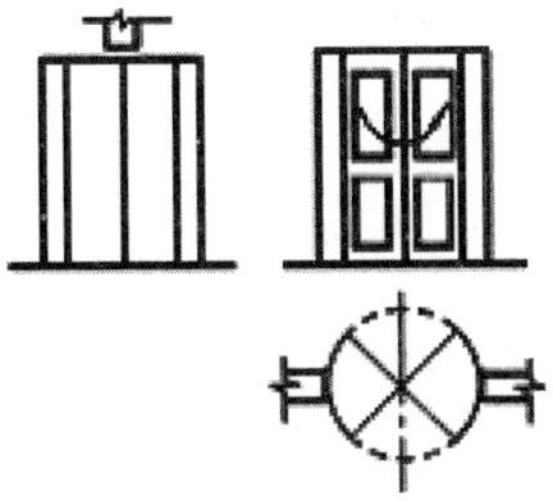	

续表

序号	名称	图例	说　　明
28	自动门	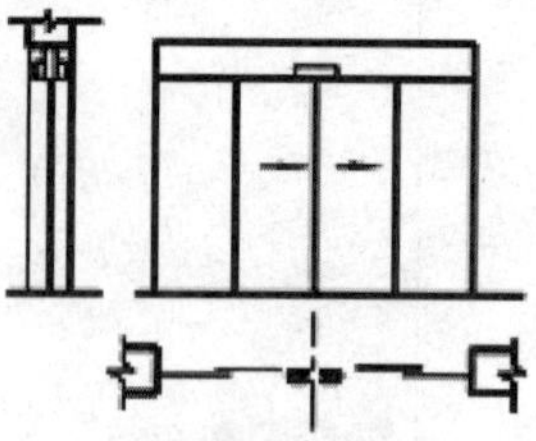	
29	竖向卷帘门	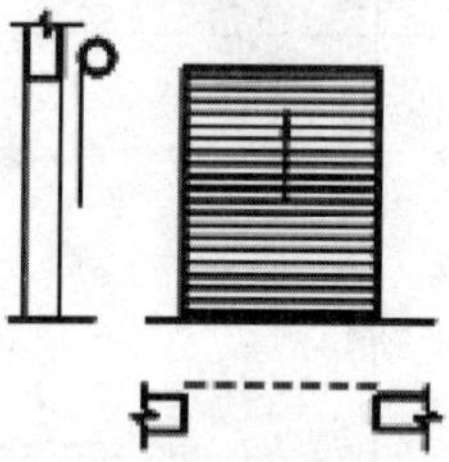	
30	单层固定窗	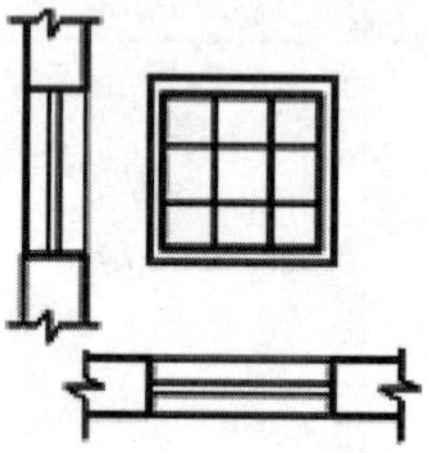	1. 窗的名称代号为 C。 2. 图例中剖面图左为外、右为内；平面图下为外，上为内。 3. 立面图中斜线表示窗的开启反向，实线为外开，虚线为内开。开启方向线交角的一侧为安装合页的一侧。 4. 平面图和剖面图上的虚线仅表示开关方式，在设计图中一般不绘出。 5. 立面形式一般按实际情况绘制
31	单层外开上悬窗	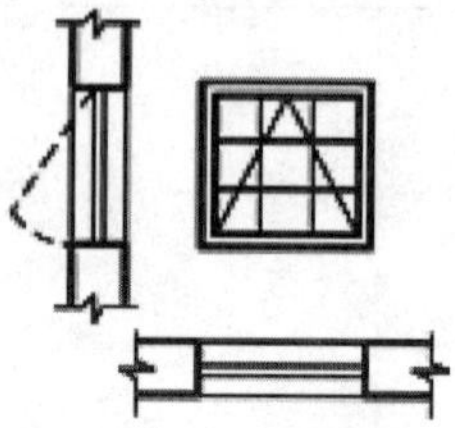	
32	单层中悬窗	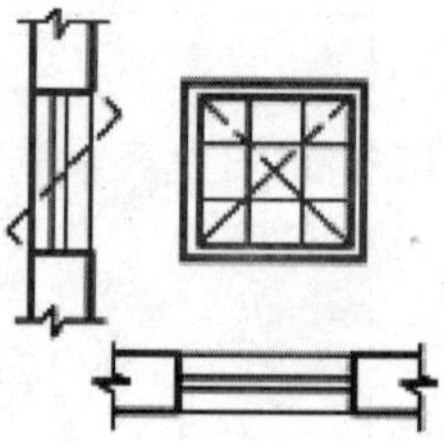	
33	单层内开下悬窗	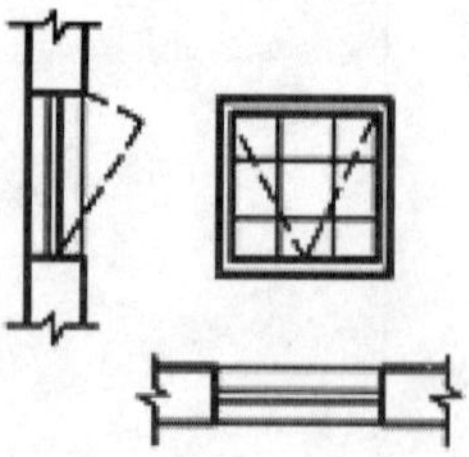	

续表

序号	名称	图例	说　明
34	单层内开平开窗	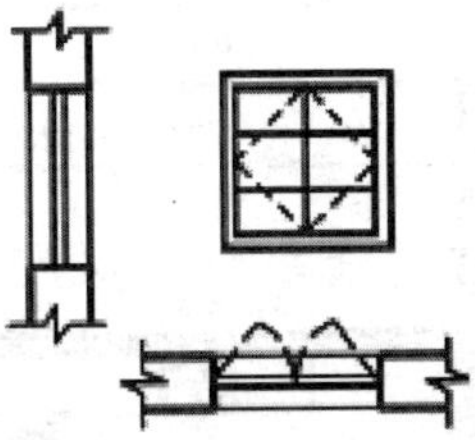	
35	单层外开平开窗	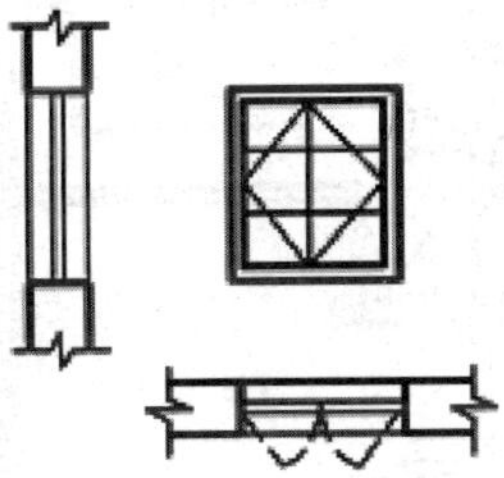	

5. 建筑平面图的识读

1）首层平面图的识读（图 3-18）

（1）了解平面图的图名、比例。

（2）了解建筑的朝向，看指北针。

（3）了解建筑的结构形式。

（4）了解建筑的平面布置。

（5）了解建筑平面图上的尺寸。

（6）了解建筑中各组成部分的标高情况。

（7）了解门窗的位置及编号。

（8）了解建筑剖面图的剖切位置、索引标志。

（9）了解各专业设备的布置情况。

首层平面图与其他层平面相比增加两项内容：指北针、剖切符号。

2）其他楼层平面图的识读（图 3-19）

其他楼层平面图包括标准层平面图和顶层平面图，其形成与底层平面图的形成相同。在标准层平面图上，为了简化作图，已在底层平面图上表示过的内容不再表示。识读标准层平面图时，重点应与底层平面图对照异同。

3）屋顶平面图的识读

屋顶平面图主要表示三个方面的内容：

（1）屋面的排水情况，如排水分区、天沟、屋面坡度、雨水口的位置等。

（2）突出屋面的物体，如电梯机房、水箱、检查孔、天窗、烟筒等。

（3）细部做法，如高出屋面泛水、天沟、变形缝、雨水口等。

五、建筑立面图

1. 建筑立面图的形成与作用

在与建筑立面平行的铅直投影面上所做的正投影图称为建筑立面图，简称立面图。它主

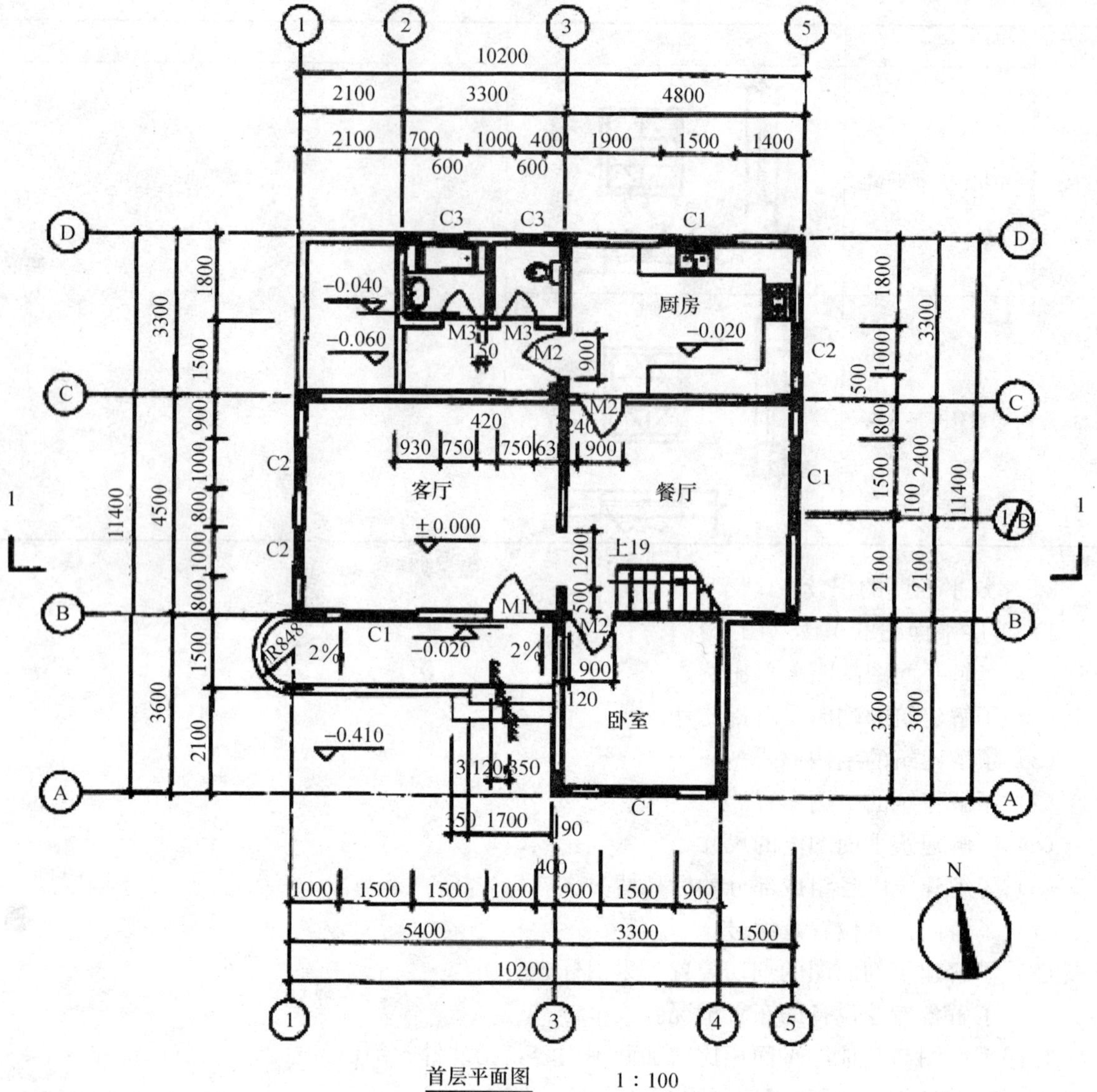

注：外墙为180灰砂砖墙，内墙为120灰砂砖墙。

图 3-18 首层平面图

要反映房屋的外观形状，如房屋的高度、层数、屋顶和门窗的形式、位置，以及外墙立面装修的做法等。

立面图的命名方式有以下三种：

1）用朝向命名：建筑物的某个立面面向哪个方向，就称为那个方向的立面图，如东立面图、西立面图、南立面图、北立面图等。

2）按外貌特征命名：将建筑物反映主要出入口或显著地反映外貌特征的那一面称为正立面图，其余立面图依次为背立面图、左立面图和右立面图。

3）用建筑平面图中的首尾轴线命名：按照观察者面向建筑物从左到右的轴线顺序命名，如①－⑤立面图。如图 3-20 所示。

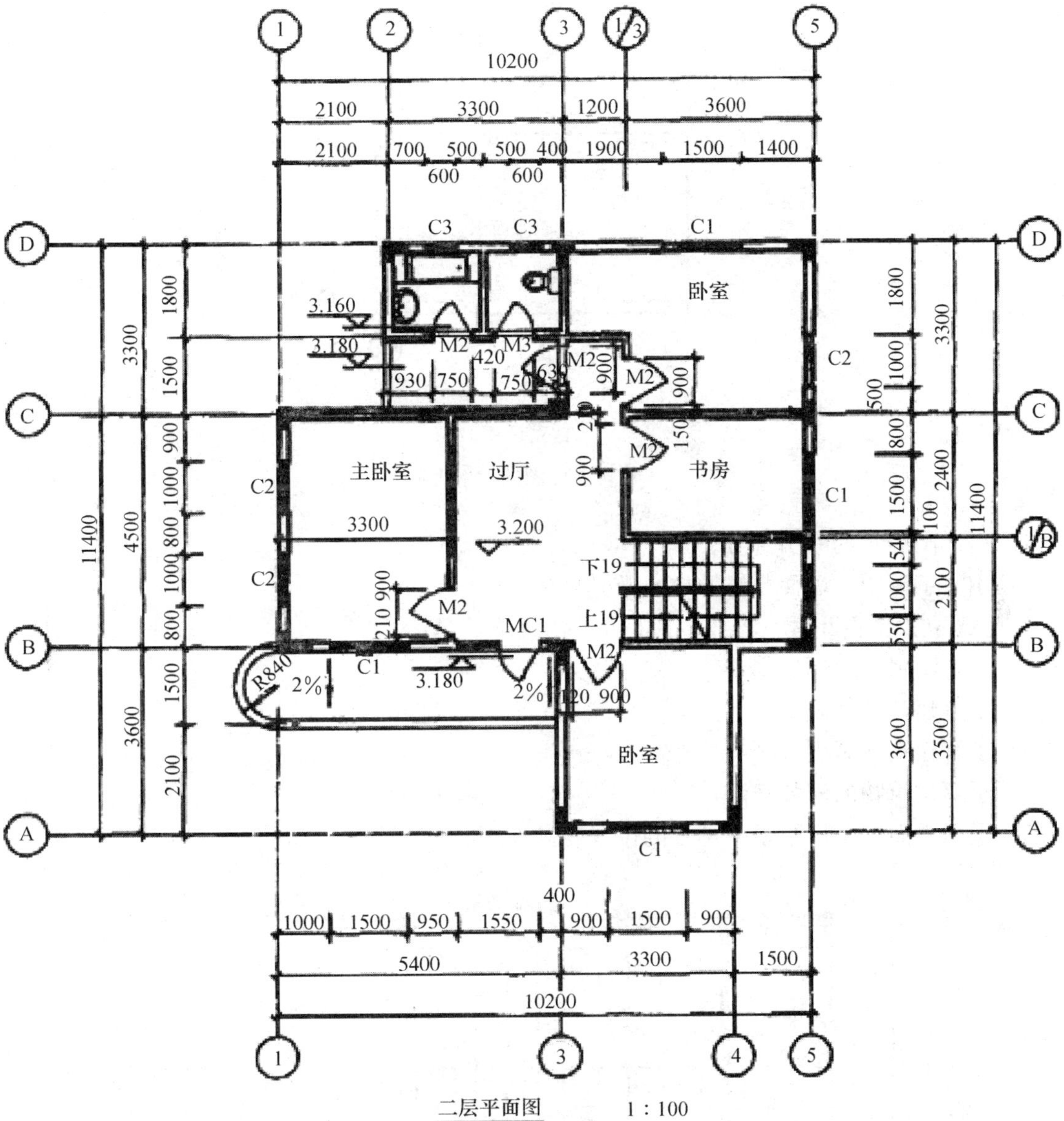

注：外墙为180灰砂砖墙，内墙为120灰砂砖墙。

图 3-19　标准层平面图

2. 建筑立面图的图示方法及内容

立面图反映建筑外貌，室内的构造与设施均不显示。由于图的比例较小，门窗和建筑细部不能详细表示，只有其基本轮廓，或用规定的图例加以表示。

建筑立面图的图示内容主要是：

1）从建筑物外可以看见的室外地面线、房屋的勒脚、台阶、花池、门、窗、雨篷、阳台、室外楼梯、墙体外边线、檐口、屋顶、雨水管、墙面分格线等内容。

2）建筑物立面上的主要标高。

3）建筑物两端的定位轴线及其编号。

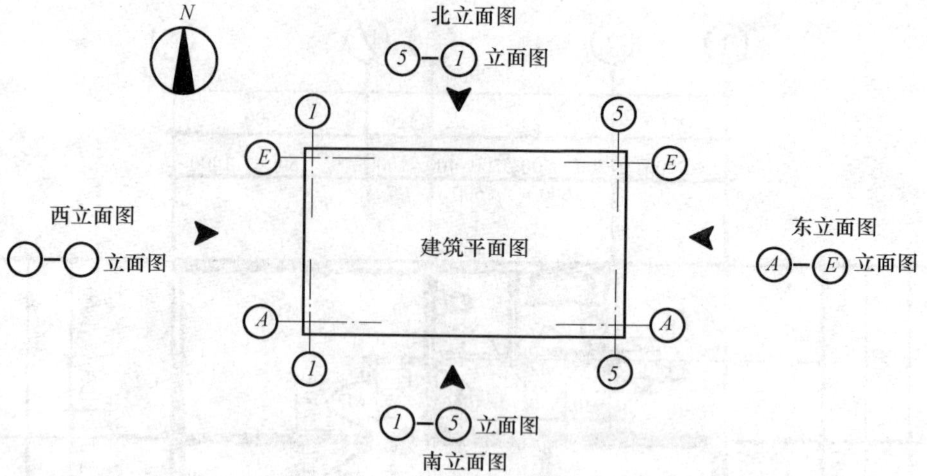

图 3-20　建筑立面图的投射方向与名称

4）需详图表示的索引符号。

5）用文字说明外墙面装修的材料及其做法。

3. 建筑立面图的识读（图 3-21）

1）了解图名、比例。

2）了解建筑的外貌。

3）了解建筑的高度。

4）了解建筑物的外装修。

5）了解立面图上详图索引符号的位置与其作用。

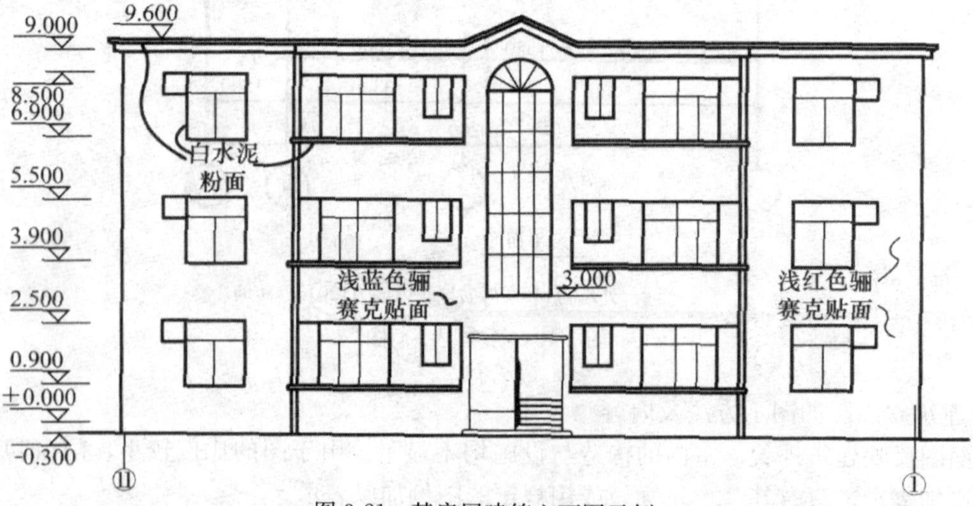

图 3-21　某房屋建筑立面图示例

六、建筑剖面图

1. 建筑剖面图的形成与作用

假想用一个或一个以上垂直于外墙轴线的铅垂剖切平面剖切建筑，得到的剖面图称为建筑剖面图，简称剖面图。

建筑剖面图用以表示建筑内部的结构构造、垂直方向的分层情况、各层楼地面、屋顶的构造及相关尺寸、标高等，是与平、立面图相互配合的不可缺少的重要图样之一。

2. 建筑剖面图的图示内容与图示方法

剖面图的数量根据房屋的具体情况和施工实际需要确定。剖面图通常横向设置，有时也纵向设置。剖面图的剖切位置根据图纸的用途或设计深度，一般选择能反映全貌、构造特征以及有代表性的部位剖切，如楼梯间、门窗洞口等。主要表示房屋的内部结构、分层情况、各层高度、楼面和地面的构造以及各配件在垂直方向的相互关系等内容。图中包括被剖切到的断面（或用构配件的图例表达）和按投射方面可见的构配件，以及必要的尺寸、标高等。

剖面图的投影方向及图名与建筑首层平面图的剖切符号保持一致。剖切符号用阿拉伯数字、罗马数字或拉丁字母进行编号，如 1—1 剖面图、2—2 剖面图、A—A 剖面图等。

剖面图通常是由一个剖面平面剖切得到，担当房屋内部的形状复杂，且又分布在不同的层次上时，采用几个相互平行的剖切平面对房屋进行剖切，及采用阶梯剖面的方法，将各剖切平面所截到的形状同时画在一个剖面图中。

剖面图中一般用一条加粗实线来表示室内外地面线。图中不表示地面以下的基础部分，基础部分将由结构施工图中的基础图来表达。

3. 建筑剖面图的识读（图 3-22）

1）了解图名、比例，与底层平面图对照，确定剖切位置及投影方向。

2）了解墙柱及其定位轴线。了解房屋内部构造和结构形式，如各层梁板、楼板、屋面的结构形式、位置及其与墙（柱）相互关系。

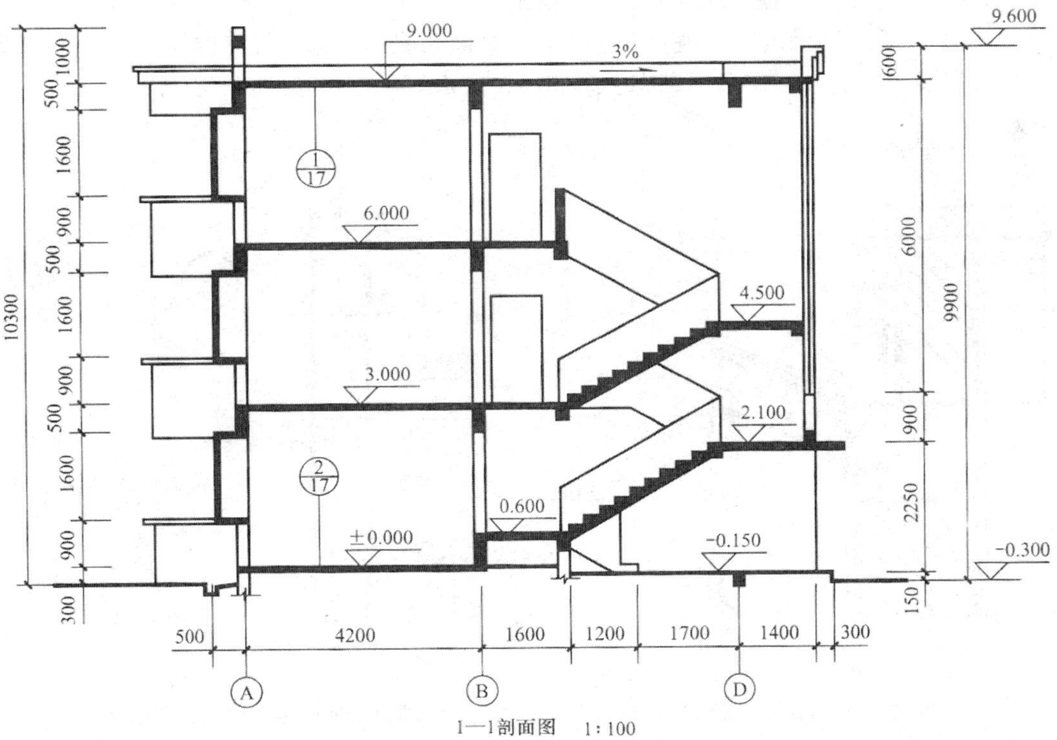

图 3-22 某房屋建筑剖面图示例

3）了解可见的部分，如室内底层地面、各层楼面、顶棚、屋顶、门窗、楼梯、阳台、雨棚、留洞、墙裙、踢脚、防潮层、室外地面、散水、排水沟等。楼地面、屋面构造一般采用引出线分层以文字说明。若另画有详图，可在详图中了解。

4）了解剖面图上的高度尺寸标注和标高。高度尺寸可反映外部尺寸和内部尺寸。外部尺寸包括门窗洞口高度，层间高度及总高度（室外地面至檐口或女儿墙顶）等。内部尺寸包括隔断、平台及室内门窗的高度等。剖面图中标高包括室内外地面、各层楼面与楼梯平台、檐口或女儿墙顶面、高出屋面的水池顶面、楼梯间顶面、电梯间顶面等处的标高。

5）了解详图索引符号的位置和编号；

6）看图中有关部位坡度的标注。

七、建筑详图

建筑平、立、剖反映了房屋的全貌，但由于绘图的比例小，一些细部的构造、做法、所用材料不能直接表达清楚，为了适应施工的需要，需将这些部分用较大的比例单独画出，这样的图称为建筑详图，简称详图。

建筑详图是建筑平、立、剖面图的补充，是建筑施工中的重要依据之一。详图的特点是比例大，反映的内容详尽，常用的比例有 1∶50、1∶20、1∶10、1∶5、1∶2、1∶1 等。

需要绘制的详图包括局部构造详图（如墙身详图、楼梯详图、门窗详图等）、房间设备详图（如卫生间详图、实验室详图等）及内外装修详图（如顶棚详图、花饰详图等）。

1. 墙身详图

墙身详图实际上是建筑剖面图的局部放大图。

图 3-23、图 3-24 图示内容：主要表达地面、楼面、屋面和檐口等处的构造，楼板与墙体的连接形式以及门窗洞口、窗台、勒脚、防潮层、散水等细部做法。

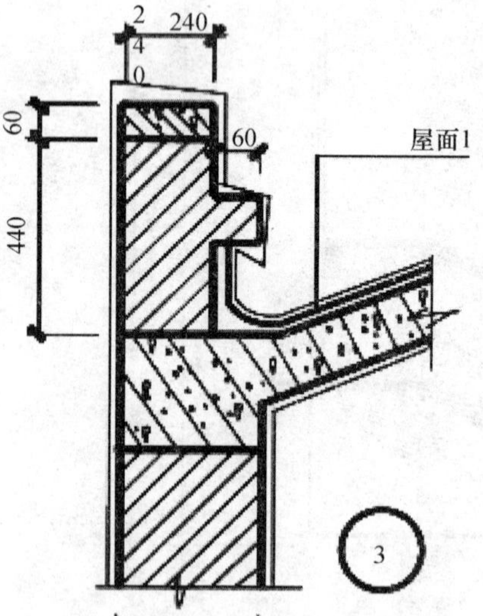

图 3-23　墙身檐口构造详图示例

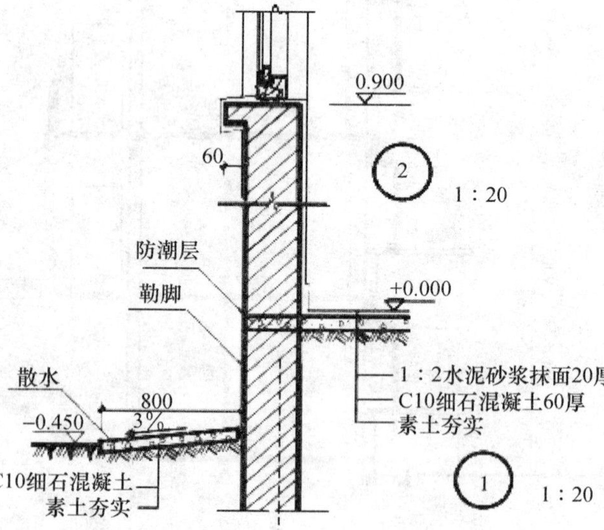

图 3-24　墙身与地面构造做法详图示例

房屋建筑施工图中勒脚、散水的节点详图表示房屋外墙的防潮、防水和排水的做法。勒脚采用防水和耐久性好的材料，以保护接近地面部分的墙身免受雨水侵蚀，并防止机械性的破坏。散水是沿外墙四周向外做出的倾斜坡面，其作用是迅速排走勒脚附近的水用以防止雨水或地面水侵蚀墙基。

2. 楼梯详图

楼梯是多层房屋中上下交通的主要设施，通常由楼梯段、休息平台、栏杆或栏板组成。楼梯的构造较复杂在建筑平、立、剖面图中很难将其表示清楚，因此通常需另绘制楼梯详图。楼梯详图主要表示楼梯的类型、结构形式、各部位的尺寸及装修做法等，是楼梯施工放样的主要依据。

楼梯详图分为建筑详图与结构详图，应分别绘制并编入建筑施工图和结构施工图中。楼梯的建筑详图通常包括楼梯平面图、楼梯剖面图、踏步和栏杆等节点详图。

1）楼梯平面图

将建筑平面图中楼梯间的比例放大后画出的图样，称为楼梯平面图，比例通常为 1 ∶ 50，包含楼梯底层平面图、楼梯标准层平面图和楼梯顶层平面图等（图 3-25）。

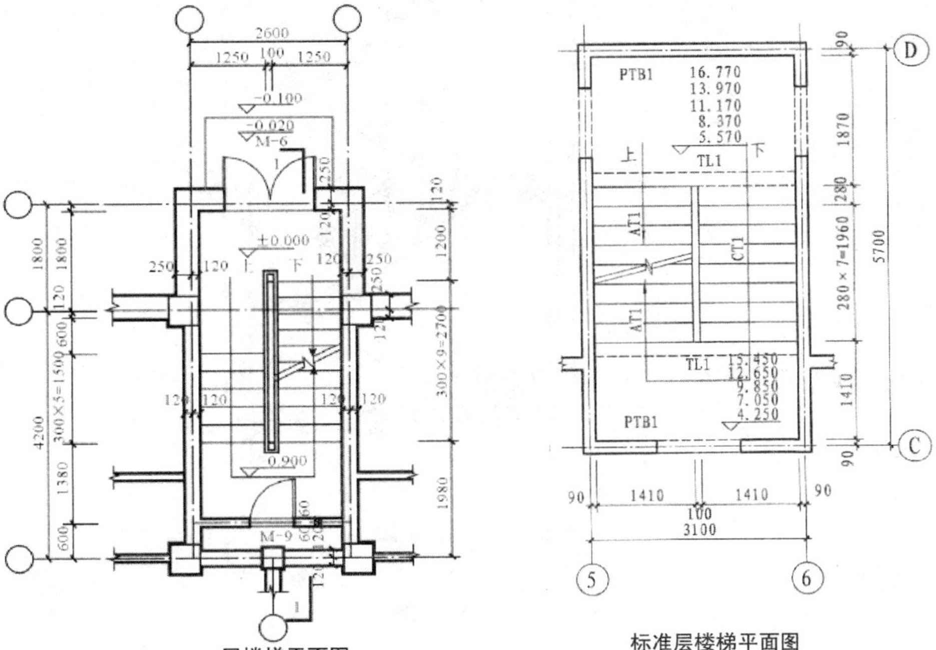

一层楼梯平面图 1 : 50　　标准层楼梯平面图

图 3-25　楼梯平面图示例

楼梯平面图主要表明楼梯段的长度和宽度、上行或下行的方向、踏步数和踏面宽度、楼梯休息平台的宽度、栏杆扶手的位置以及其他一些平面形状。因此在楼梯平面图中应注明楼梯间的开间和进深、楼地面和平台面的尺寸、各细部的详细尺寸等，此外在楼层地面和休息平台面上还应标注出各层的标高。

在楼梯平面图中为防止剖切线与踏步线（为水平线）混淆，在楼梯剖切位置通常以 45°的折断符号来表示。楼梯的上行或下行方向是以各层楼地面为基准来进行标注的。向上者称上行、向下者称下行，并用长线箭头和文字在楼梯段上注明上、下的方向。

阅读楼梯平面图时应注意：在底层平面图中，只有一个被剖切到的梯段和栏板，该梯段为上行梯段。顶层平面图中由于剖切平面在安全栏板之上，故剖切平面未剖到任何梯段，能看到两段完整的下行梯段和楼梯平台，在梯口处只有一个注有“下”字的长箭头。标准层平面图中既有被剖到的向上行走的梯段，还有该层向下行走的完整梯段，以及楼梯平台及平台向下行走的部分梯段。

2）楼梯剖面图

楼梯剖面图是用假想的铅垂剖切平面通过各层的一个梯段和门窗洞口将楼梯垂直剖切，向另一未剖到的梯段方向投影所作的剖面图，如图 3-26 所示。

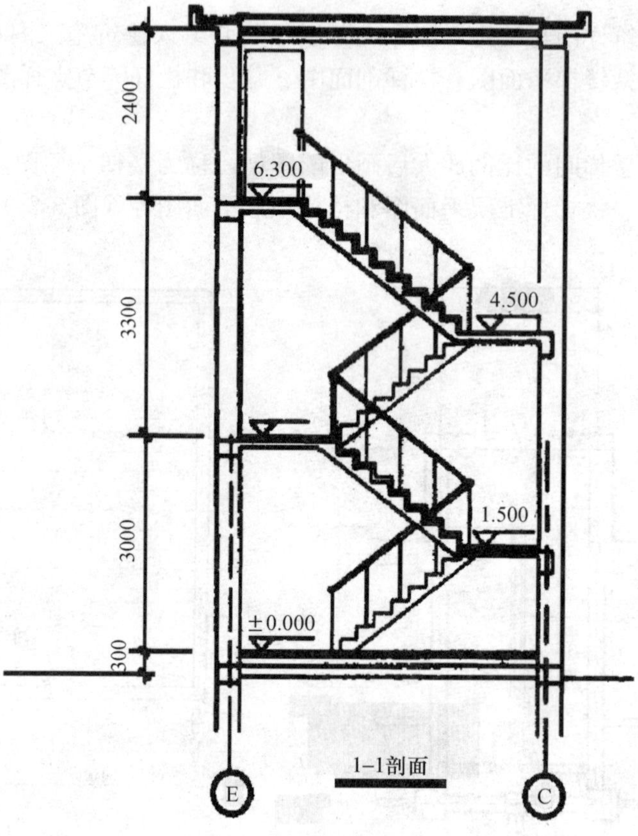

图 3-26　楼梯剖面图示例

楼梯剖面图主要表达楼梯踏步、平台的构造、栏杆的形状以及相关尺寸，比例一般为 1：50、1：30 或 1：40。

楼梯剖面图应注明各楼楼层面、平台面、楼梯间窗洞的标高、踢面的高度、踏步的数量以及栏杆的高度。

阅读楼梯剖面图时应注意了解楼梯的构造形式、楼梯在竖向和进深方向的有关尺寸、楼梯段、平台、栏杆、扶手等的构造和用料说明、被剖切梯段的踏步级数以及图中的索引符号等。

3）楼梯节点详图

楼梯节点详图主要表达楼梯栏杆、踏步、扶手的做法，如采用标准图集，则直接引注标准图集代号，如采用的形式特殊，则用 1：10、1：5、1：2 或 1：1 的比例详细表示其形状、大小、所采用材料以及具体做法（图 3-27）。

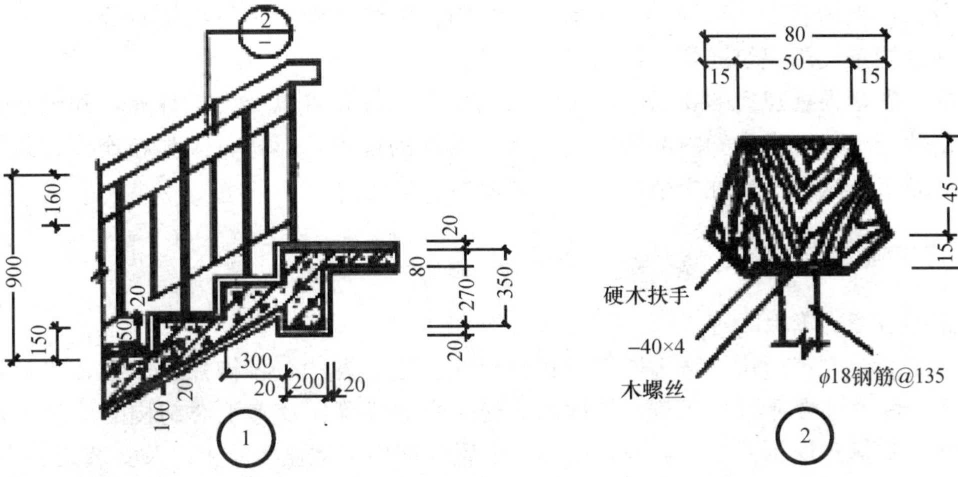

图 3-27　楼梯节点详图示例

3. 卫生间详图

由于建筑平面图的比例较小，卫生间平面图只能反映出卫生洁具的形状和数量，并不能具体反映这些洁具的具体位置、地面排水情况、地漏位置等，通常需要画出卫生间详图，该详图的比例通常为 1∶50。如图 3-28 为某商住楼的卫生间详图。

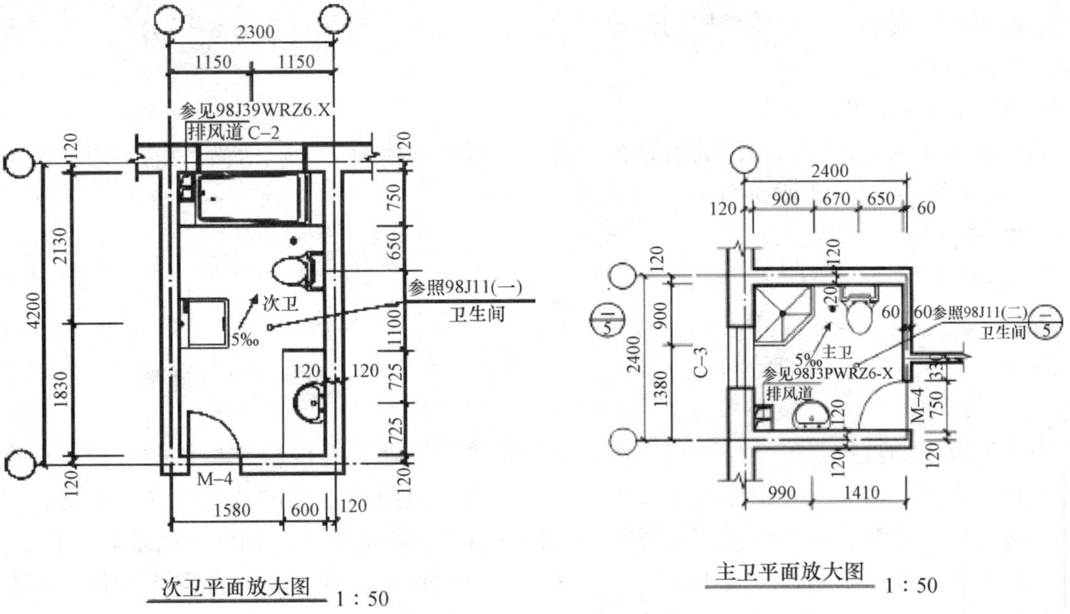

图 3-28　卫生间详图示例

第三节　结构施工图

房屋由屋盖、楼板、梁、柱、墙、基础等基本构件组成。房屋各部分自身重量、设备及家具的重量、人群的重量等，均由各类承重构件传递到基础，再由基础传至地基。房屋建筑中的承重构件通常采用钢筋混凝土、钢、木及砖石等材料。房屋建筑按照其采用的主要承重结构材料分为：钢筋混凝土结构、钢结构、木结构、砌体结构（砖石结构）等，其中钢筋混凝土、砌体结构是民用建筑通常采用的结构形式。

结构施工图是根据建筑的要求，经过结构选型和构件布置以及力学计算，确定建筑各承重构件的形状、材料、大小和内部构造，把这些构件的位置、形状、大小和连接方式绘制成图样，指导施工，这种图样称为结构施工图，简称“结施”。

一、结构施工图概述

1. 结构施工图的作用

结构施工图主要表达建筑结构构件的布置形式、连接方法、各构件的详细做法及相互关系，同时也反映其他专业（如建筑、给排水、暖通、电气等）及施工对结构的要求，是施工定位、放线、基槽开挖、支模板、绑扎钢筋、设置预埋件、浇注混凝土以及安装梁、板、柱，编制预算和施工进度计划的重要依据。

2. 结构施工图的组成

1）结构设计说明

说明新建建筑的结构类型、耐久年限、地震设防烈度、地基状况、材料强度等级、选用的标准图集、新结构与新工艺及特殊部位的施工顺序、方法及质量验收标准。

2）结构平面布置图

结构平面布置图表达建筑结构构件的平面布置，包括基础平面图、楼层结构平面图和屋顶结构平面布置图。

3）结构构件详图

结构构件详图表达结构构件的形状、大小、材料和具体做法。包括梁、板、柱构件详图，基础详图，楼梯详图和其他详图。

3. 钢筋混凝土知识简介

1）混凝土

混凝土是建筑工程中常用的建筑材料，其抗压强度等级有 C15、C20、C25、C30、C35、C40、C45、C50、C55、C60、C65、C70、C75 和 C80 等。混凝土的强度等级愈高，其抗压强度愈高。

由于混凝土的抗拉强度低，当用其作为受弯构件时，通常在混凝土构件的受拉区内配置一定数量的钢筋，以充分发挥混凝土抗压强度高和钢筋抗拉强度高的特点，共同承受荷载并满足工程结构的需要。这种由钢筋和混凝土两种材料共同构成整体的构件（如基础、板、梁、柱等）即为钢筋混凝土构件。其中在施工现场浇筑的构件称为现浇钢筋混凝土构件，而在现场以外预先制作完毕，并运到现场安装的构件则称为预制钢筋混凝土构件。

2）钢筋

钢筋主要用于钢筋混凝土的配筋，是土木工程中用量最大的建筑材料之一。钢筋在钢筋混凝土构件中的分类和作用是：

受力筋：构件中承受拉应力和压应力的钢筋。用于梁、板、柱等各种钢筋混凝土构件中（见图 3-29）。

箍筋：构件中承受一部分斜拉应力（剪应力），并固定纵向钢筋的位置。用于梁和柱中。

架立筋：与梁内受力筋、箍筋一起构成钢筋的骨架。

分布筋：与板内受力筋一起构成钢筋的骨架，垂直于受力筋。

构造筋：因构造要求和施工安装需要配置的钢筋。

钢筋的保护层：为了使钢筋在构件中不被锈蚀，加强钢筋与混凝土的黏结力，必须设置混凝土保护层。保护层的最小厚度由构件、环境、混凝土强度等级决定，见表 3-7。

在建筑工程中，常用普通钢筋主要是：热轧光圆钢筋 HPB300，强度较低，易于弯折，可用作中小型构件的受力筋和箍筋，用 Φ 表示；热轧带肋钢筋 HRB335、HRB400、HRB500，强度高可用于钢筋混凝土构件的受力钢筋和预应力钢筋，用Φ、Φ表示；热处理钢筋 RRB400，焊接性能与热轧钢筋相比有一定差异，延性和强屈比稍低，适用于一般钢筋混凝土结构及抗震等级为三、四的抗震结构，用Φ^{R} 表示。

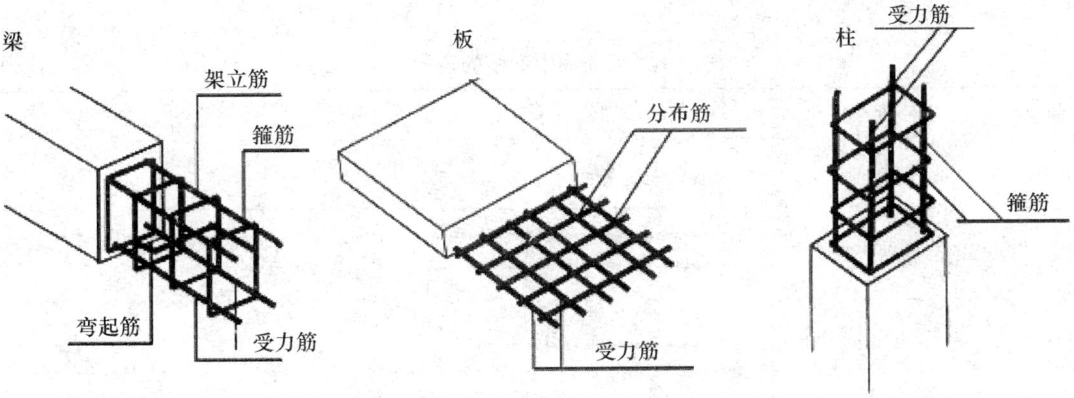

图 3-29　构件中的钢筋示意图

表 3-7　钢筋的混凝土保护层最小厚度（mm）

环境类别	板、墙、壳	梁、柱、杆
一	15	20
二 a	20	25
二 b	25	35
三 a	30	40
三 b	40	50

注：1. 混凝土强度等级不大于 C25 时，表中保护层厚度数值应增加 5mm。
2. 钢筋混凝土基础应设置混凝土垫层，基础中钢筋的混凝土保护层厚度应从垫层顶面算起，且不应小于 40mm。

钢筋的标注方法如图 3-30 所示。

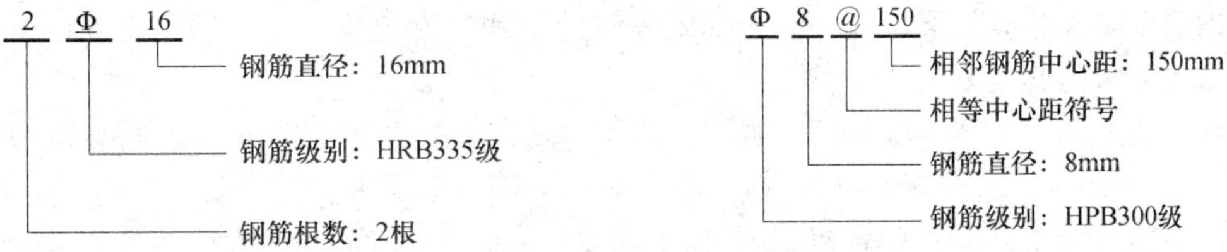

图 3-30　钢筋的标注示例

钢筋的弯钩：为了增加钢筋与混凝土的黏结力，绑扎骨架中的钢筋，尤其是一级受力筋，通常在两端做成半圆形弯钩或直弯钩。

标准的半圆弯钩：一个弯钩需增加长度为 6.25d。

例如：直径为 20 的钢筋弯钩长度为 6.25×20=125mm，一般取 130mm。

箍筋弯钩：箍筋分为封闭式、开口式、抗扭式三种。

封闭式和开口式箍筋的弯钩的直平部分长度同半圆弯钩一样取 5d。抗扭式箍筋弯钩的平直部分长度按设计确定，一般取 10d。

钢筋的图示方法：为了表达钢筋混凝土内部钢筋配置情况，将混凝土构件假定为透明体，构件的轮廓用细实线画出，钢筋用粗实线及黑圆点表示。按表 3-8 所列的规定图示方法表示。

表 3-8 配筋图中钢筋的表示方法

序号	名称	图例	说明
1	钢筋横断面		
2	无弯钩的钢筋端部		下图表示长短钢筋投影重叠时，短钢筋的端部用 450 斜画线表示
3	带半圆弯钩的钢筋端部		
4	带直钩的钢筋端部		
5	带丝扣的钢筋端部		
6	外弯钩的钢筋搭接		
7	带半圆弯钩的钢筋搭接		
8	带直钩的钢筋搭接		
9	花篮螺丝钢筋接头		
10	机械链接的钢筋接头	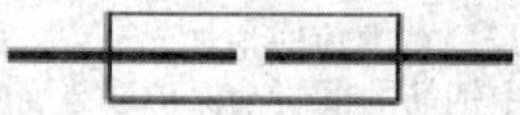	

3）钢筋混凝土构件和详图

用钢筋混凝土制成的梁、板、柱、基础等称为钢筋混凝土构件。全部用钢筋混凝土构件承重的结构称为钢筋混凝土结构。

在结构施工图中，结构构件的位置用其图例代号表示，这些代号用汉语拼音的第一个大写字母表示。如：QL（圈梁）、GL（过梁）、WB（屋面板）、KJ（框架）、YT（阳台）、XB（现浇板）等。《建筑结构制图标准》（GB/T 50105—2010）规定了结构构件的代号。结构施工图中常用结构构件代号见表 3-9。

表 3-9 常用结构构件代号

序号	名称	代号	序号	名称	代号	序号	名称	代号
1	板	B	15	吊车梁	DL	29	设备基础	SJ
2	屋面板	WB	16	圈梁	QL	30	桩	ZH
3	空心板	KB	17	过梁	GL	31	柱间支撑	ZC
4	槽形板	CB	18	连系梁	LL	32	水平支撑	SC
5	折板	ZB	19	基础梁	JL	33	垂直支撑	CC
6	密肋板	MB	20	楼梯梁	TL	34	梯	T
7	楼梯板	TB	21	檩条	LT	35	雨篷	YP
8	挡雨板或沟盖板	GB	22	屋架	WJ	36	阳台	YT
9	挡雨板或檐口板	YB	23	托架	TJ	37	梁垫	LD
10	吊车安全走道板	DB	24	框架	KJ	38	预埋件	M
11	墙板	QB	25	刚架	GJ	39	钢筋网	W
12	天沟板	TGB	26	支架	ZJ	40	钢筋骨架	G
13	梁	L	27	柱	Z	41		
14	屋面梁	WL	28	基础	J	42		

二、基础结构图

基础是建筑物地面以下的承重构件，它承受建筑物上部传来的各种荷载，并将其传递给地基。基础结构图是表示建筑地面以下基础部分的平面布置和详细构造的图样，通常包括基础平面图和基础详图，它是施工放线、开挖基坑和砌筑基础的依据。

基础的形式一般取决于上部建筑的结构形式、建筑物荷载大小以及地质地形条件等因素。基础的形式种类较多，常用的包括：条形基础、独立基础、片筏基础、箱型基础和桩基础等。基础通常采用钢筋混凝土、砖石等建筑材料砌筑。

1. 基础设计说明

基础设计说明主要用来说明场地土的质量、基础材料的强度等级、质量要求、基槽开挖深度的要求以及基础各部位的施工要求等。

2. 基础平面图

1）基础平面图的形成与作用

假想用一个水平剖切平面沿建筑底层地面下一点剖切建筑，将剖切平面上面的部分去掉，并移去回填土所得到的水平投影图，称为基础平面图（图 3-31）。

基础平面图主要表达基础的平面位置、形式及其种类，是基础施工时定位、放线、开挖基坑的依据。

基础平面图的比例一般与建筑平面图的比例相同。

2）基础平面图的识读

了解图名、比例。

与建筑平面图对照，了解基础平面图的定位轴线、轴线编号、轴线间尺寸等。

了解基础的平面布置，结构构件的种类、位置、代号。

了解剖切编号，通过剖切编号了解基础的种类，各类基础的平面尺寸、基础底面标高、基础梁的位置及编号等。

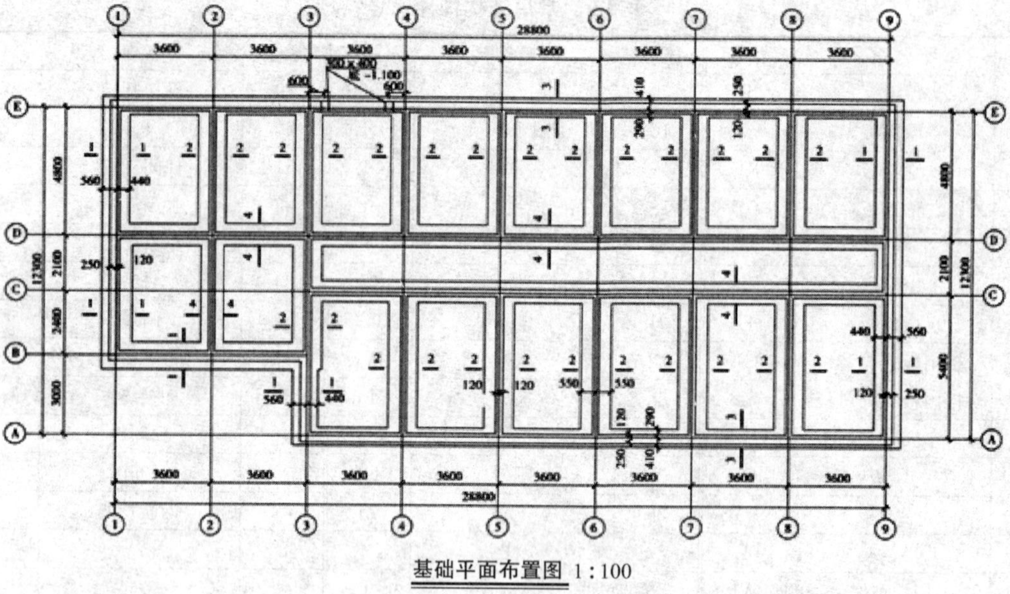

图 3-31　条形基础平面图示例

阅读基础设计说明，了解基础的施工要求、用料。

联合阅读基础平面图与设备施工图，了解设备管线穿越基础的准确位置，洞口的形状、大小以及洞口上方的过梁要求。

3. 基础详图

1）基础详图的形成与作用

基础详图是基础断面图，剖切位置在基础平面图上，具体表示基础的形状、大小、材料和构造做法，是基础施工的重要依据（图 3-32）。

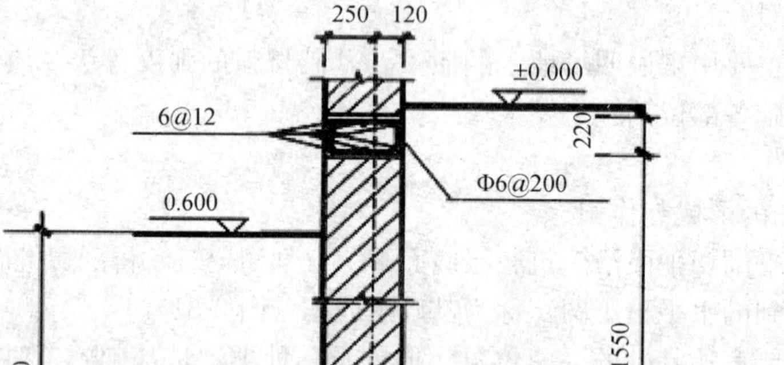

图 3-32　条形基础详图示例

如基础为钢筋混凝土基础，应重点突出钢筋在混凝土基础中的位置、形状、数量和规格。基础详图通常采用较大的比例（如 1：20、1：10 等）。

2）基础详图的识读

了解图名与比例，因基础的种类往往比较多，读图时，将基础详图的图名与基础平面图的剖切符号、定位轴线对照，了解该基础在建筑中的位置。

了解基础的形状、大小与材料。

了解基础各部位的标高，计算基础的埋置深度。

了解基础的配筋情况。

了解垫层的厚度尺寸与材料。

了解基础梁的配筋情况。

了解管线穿越洞口的详细做法。

了解室内外地面及基础底面的做法。

了解施工说明等。

三、结构平面图

1. 楼层结构平面图的形成和作用

钢筋混凝土结构通常包括框架、框架剪力墙及筒体结构。用一个假想的水平剖切平面从结构各层楼板层中间剖切楼板层，得到的水平剖面图，称为楼层结构平面布置图，简称楼层结构平面图。楼层结构平面图主要表示各楼层结构构件（如墙、梁、板、柱等）的平面位置。

结构施工图内容一般包括楼层（楼板、屋面板）结构平面布置图以及从各平面布置图中索引表示的各构件（梁、柱）的配筋详图（图 3-33），是建筑结构施工时构件布置、安装的重要依据。

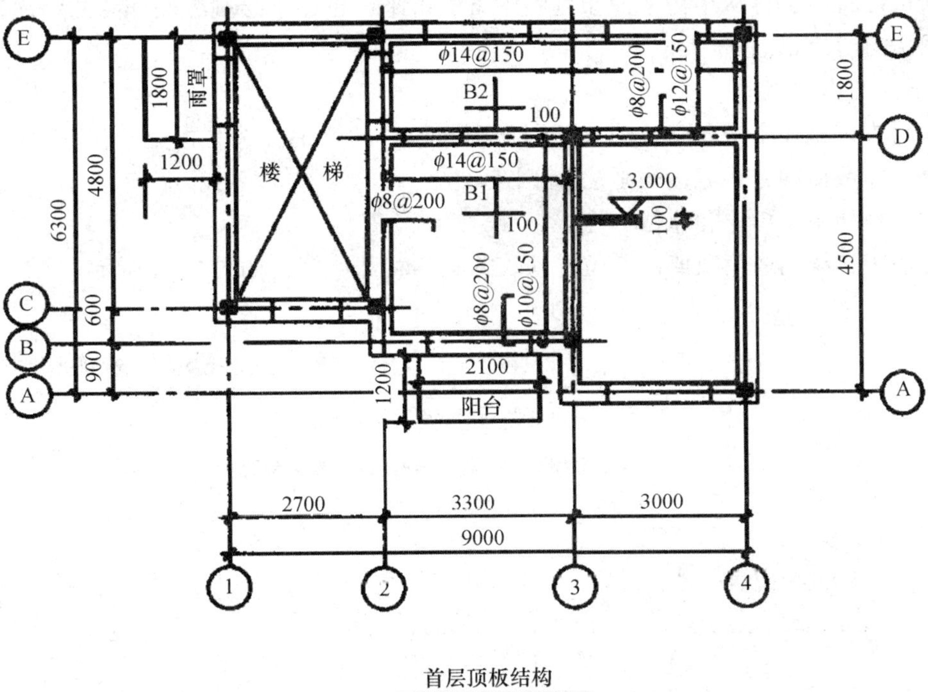

图 3-33 结构布置平面图

2. 楼层结构平面图的图示方法

在楼层结构平面图中外轮廓线用中粗实线表示，被楼板遮挡的墙、柱、梁等，用细虚线表示，其他用细实线表示。图中的结构构件用构件代号表示。楼层结构平面图的比例应与建筑平面图的比例相同。

现浇钢筋混凝土楼板配筋通常包括受力筋、分布筋和支座钢筋三种类型。配筋图中用粗实线表示每一种受力筋及支座钢筋（也称负弯矩筋或负筋），并注明其类型、直径及间距，对分布筋通常另加注释而不直接绘出。此外凡位于板底部的钢筋，其弯钩通常绘制成向上或向左；反之位于板顶部的钢筋，其弯钩通常绘制成向下或向右。

当现浇板配筋简单时，直接在结构平面图中表明钢筋的弯曲及配置情况，注明编号、规格、直径、间距。当配筋复杂或不便表示时，用对角线表示现浇板的范围。

3. 楼层结构平面图的识读

了解图名与比例。

与建筑平面图对照，了解楼层结构平面图的定位轴线。

通过结构构件代号了解该楼层中结构构件的位置与类型。

了解现浇板的配筋情况及板的厚度。

了解各部位的标高情况，并与建筑标高对照，了解装修层的厚度。

如有预制板，了解预制板的规格、数量等级和布置情况。

四、平面整体表示法识图

平面整体表达方式是把结构构件的尺寸和配筋等，按照平面整体表示方法制图规则，整体直接表达在各类构件的结构平面布置图上，再与标准构造详图配合，构成完整的结构设计，改变了传统的那种将构件从结构平面布置图中索引出来，再逐个绘制配筋详图的繁琐方法。

1. 梁平法施工图识图

1）平面注写方式识图

平面注写方式是在梁平面布置图上分别在不同编号的梁中各选一根梁，在其上注写截面尺寸和配筋具体数值的方式表达梁平法施工图。

平面注写包括集中标注和原位标注。

集中标注表达梁的通用数值，原位标注表达梁的特殊数值。如图 3-34 所示。

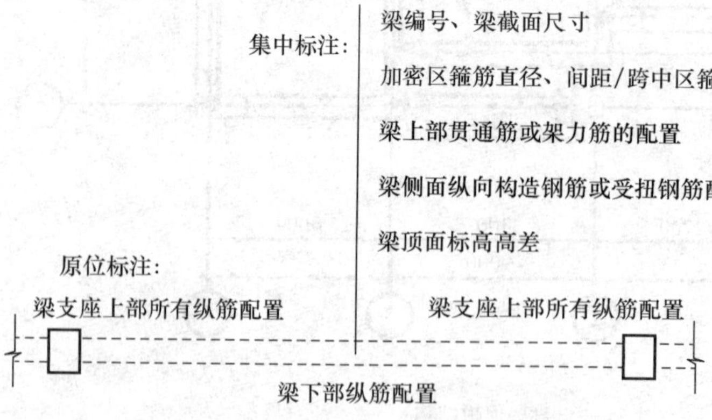

图 3-34　梁的平面注写方式

梁集中标注的内容为四项必注值和一项选注值，它们分别是：

（1）梁编号：梁编号为必注值，编号方法如表 3-10 所示。

（2）梁截面尺寸：梁截面尺寸为必注值，用 $b\times h$ 表示。当有悬挑梁，且根部和端部的高度不相同时，用 $b\times h_1/h_2$ 表示。

（3）梁箍筋：梁箍筋为必注值，包括箍筋级别、直径、加密区与非加密区间距及支数。

（4）梁上部贯通筋和架立筋根数。

（5）梁顶面标高高差：此项为选注值。梁顶面标高高差是指相对于结构层楼面标高的高差值。

表 3-10　梁的代号汇总

梁类型	代号	序号	跨数及是否带有悬挑
楼层框架梁	KL	××	（××）、（××A）或（××B）
屋面框架梁	WKL	××	（××）、（××A）或（××B）
框支梁	KZL	××	（××）、（××A）或（××B）
非框架梁	L	××	（××）、（××A）或（××B）
悬挑梁	XL	××	（××）、（××A）或（××B）

梁原位标注的内容中，应标注梁支座上部所有纵筋、梁下部纵筋、侧面纵向构造钢筋或侧面抗扭纵筋、附加箍筋获吊筋，将其直接绘制在平面图中的梁上。图 3-35 为四个梁截面系采用传统表示方法绘制，用于对比按平法注写方式表达的同样内容。实际采用平法注写方式表达时，平法绘图中不需绘制梁截面配筋图和图中相应截面剖切符号。

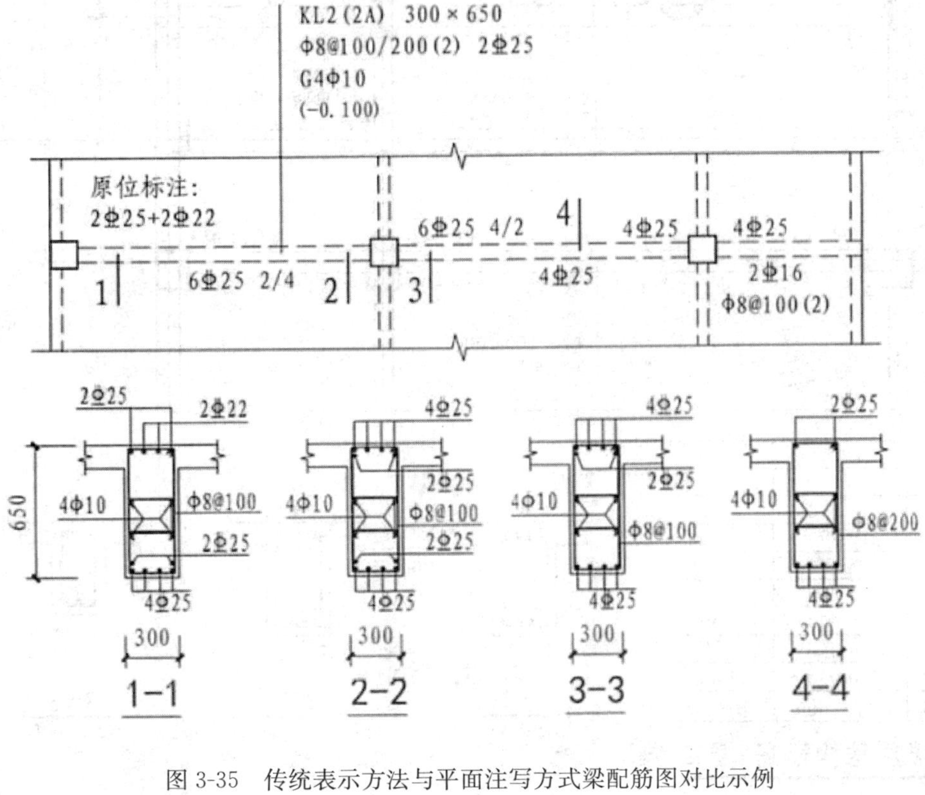

图 3-35　传统表示方法与平面注写方式梁配筋图对比示例

2）截面注写方式识图

截面注写方式是在分标准层绘制的梁平面布置图上分别在不同编号的梁中各选择一根梁用剖面号引出配筋图，并在其上注写截面尺寸和配筋具体数值的方式表达梁平法施工图。如图 3-36 所示。

在截面配筋图上注写截面尺寸 $b \times h$、上部筋、下部筋、侧面筋和箍筋的具体数值时，其表达方式与平面注写方式相同。

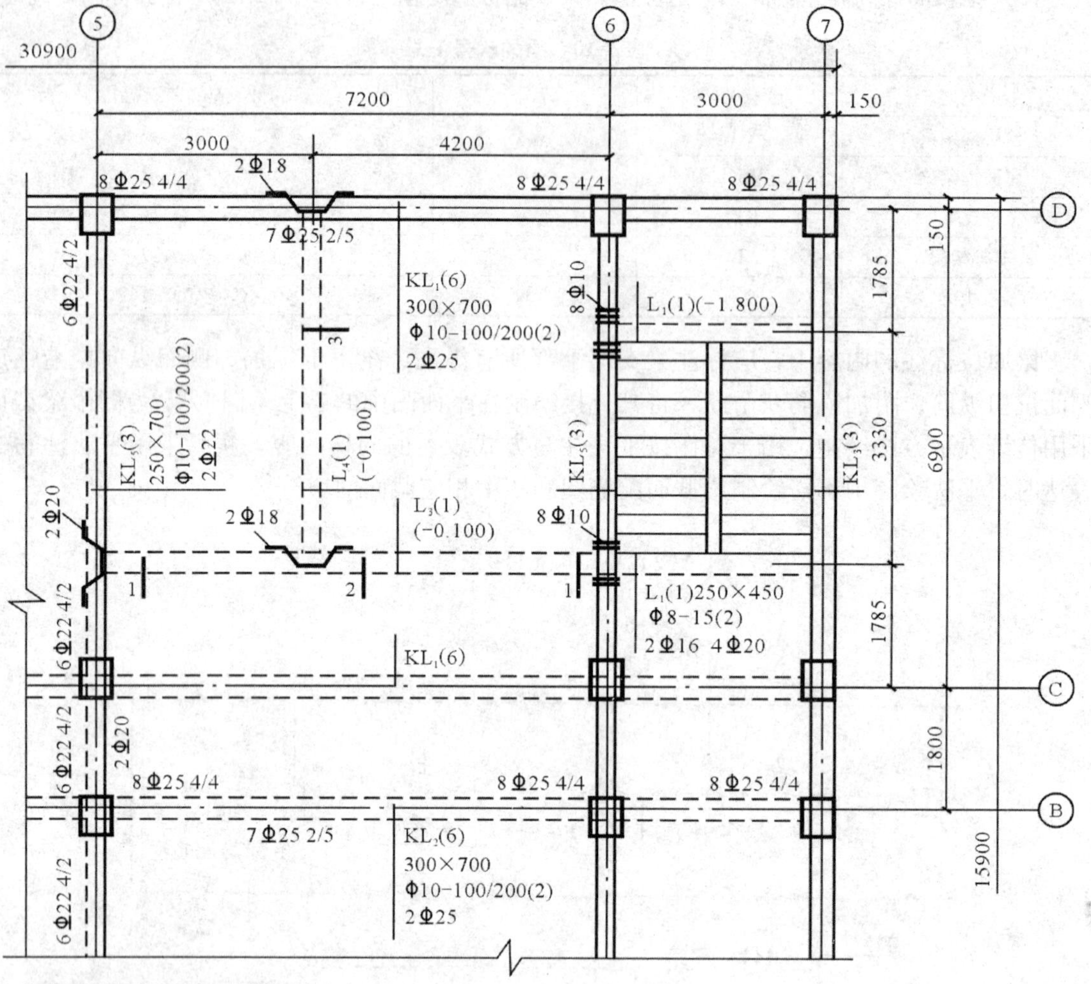

9	30.270	3.60
8	26.670	3.60
7	23.070	3.60
6	19.470	3.60
5	15.870	3.60
4	12.270	3.60
3	8.670	3.60
2	4.470	4.20
1	-0.030	4.50
层号	标高(mm)	层高(m)

楼层结构标高、层高

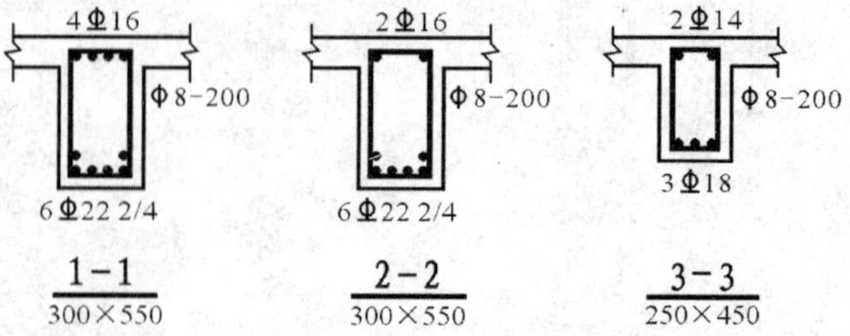

图 3-36 梁的截面注写方式

2. 柱平法施工图识图

1）列表注写方式识图

列表注写方式是在柱平面布置图上分别在同一编号的柱中选择一个截面标注几何参数代号；在柱表中注写柱号、柱段起止标高、几何尺寸与配筋的具体数值，并配以各种柱截面形状及其箍筋类型图的方式表达柱平法施工图（图 3-37）。

注写柱编号：柱编号由类型编号和序号组成，编号方法见表 3-11。

注写各段柱的起止标高：自柱根部往上以变截面位置或截面未变但配筋改变处为界分段注写。

注写截面尺寸 $b \times h$ 及轴线关系的几何参数代号 b_1、b_2 和 h_1、h_2 的具体数值：须对应于各段柱分别注写。

注写柱纵筋：包括钢筋级别、直径和间距，分角筋、截面 b 边中部筋和 h 边中部筋三项。

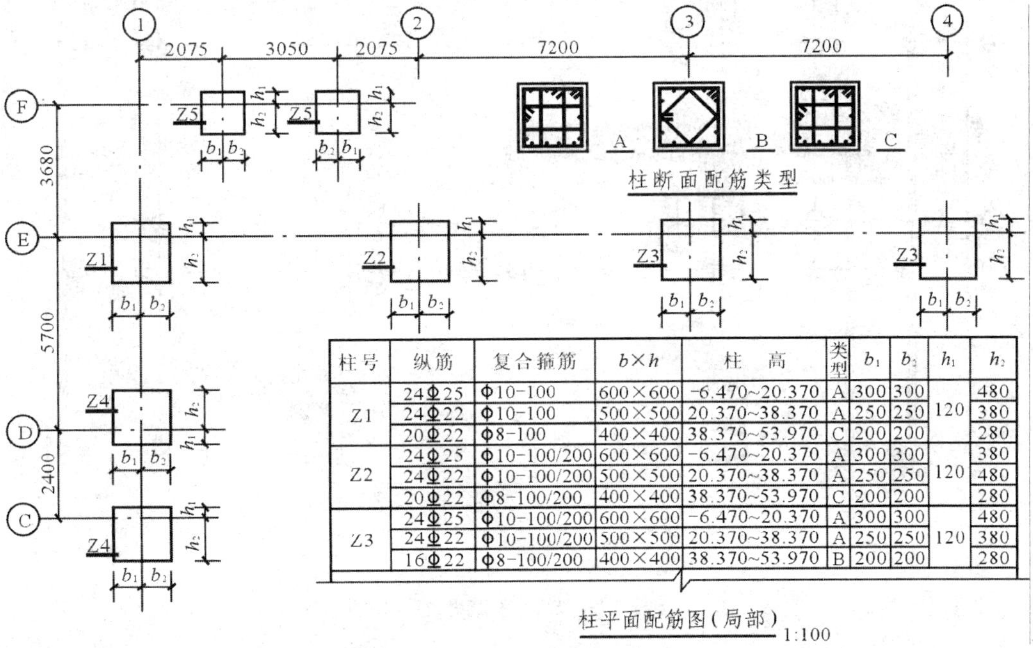

柱号	纵筋	复合箍筋	$b \times h$	柱　高	类型	b_1	b_2	h_1	h_2
Z1	24Φ25	Φ10-100	600×600	-6.470~20.370	A	300	300	120	480
	24Φ22	Φ10-100	500×500	20.370~38.370	A	250	250		380
	20Φ22	Φ8-100	400×400	38.370~53.970	C	200	200		280
Z2	24Φ25	Φ10-100/200	600×600	-6.470~20.370	A	300	300	120	380
	24Φ22	Φ10-100/200	500×500	20.370~38.370	A	250	250		480
	20Φ22	Φ8-100/200	400×400	38.370~53.970	C	200	200		280
Z3	24Φ25	Φ10-100/200	600×600	-6.470~20.370	A	300	300	120	480
	24Φ22	Φ10-100/200	500×500	20.370~38.370	A	250	250		380
	16Φ22	Φ8-100/200	400×400	38.370~53.970	B	200	200		280

图 3-37　柱的列表注写方式

表 3-11　列表注写方式柱的编号组成

梁类型	代号	序号
框架柱	KZ	××
框支柱	KZZ	××
梁上柱	LZ	××
剪力墙上柱	QZ	××

2）柱平法施工图截面注写方式

柱平法施工图截面注写方式是在分标准层绘制的柱平面布置图的柱截面上分别在同一编号的柱中选择一个截面，以直接注写截面尺寸和配筋具体数值的方式表达柱平法施工图（图 3-38）。

柱的编号方法见表 3-12。

表 3-12　截面注写方式柱的编号组成

梁类型	代号	序号
框架柱	KZ	××
框支柱	KZZ	××
芯柱	XZ	××
梁上柱	LZ	××
剪力墙上柱	QZ	××

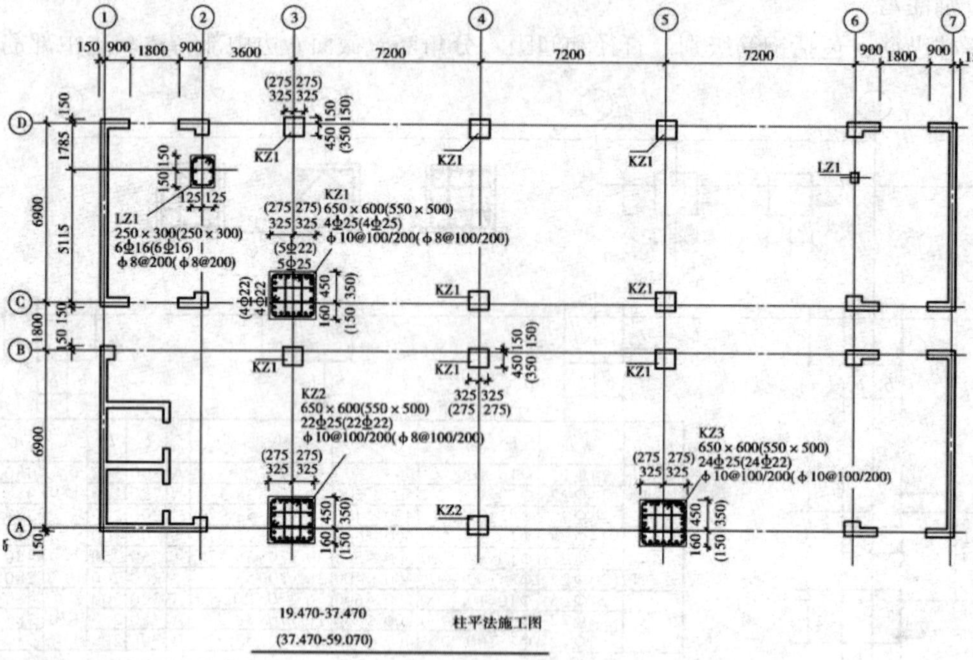

图 3-38　柱平法施工图截面注写方式示例

3. 楼板（屋面板）平法施工图识图

在楼板（屋面板）平法施工图中，板注写的内容包括板块的集中标注和板支座的原位标注。通常情况下，结构平面图的坐标方向为：图面从左至右为 X 方向，从下至上为 Y 方向。板块集中标注的内容为：板块编号（楼面板为 LB、屋面板为 WB）、板厚、贯通纵筋，以及当板面标高不同时的标高高差（相对于结构楼面标高）。板支座上部非贯通纵筋、纯悬挑板上部受力钢筋。图 3-39 为平法表示的楼面板标示示例。

第四节　装饰施工图

一、装饰施工图的组成

装饰施工图是用于表达建筑物室内室外装饰美化要求的图样。

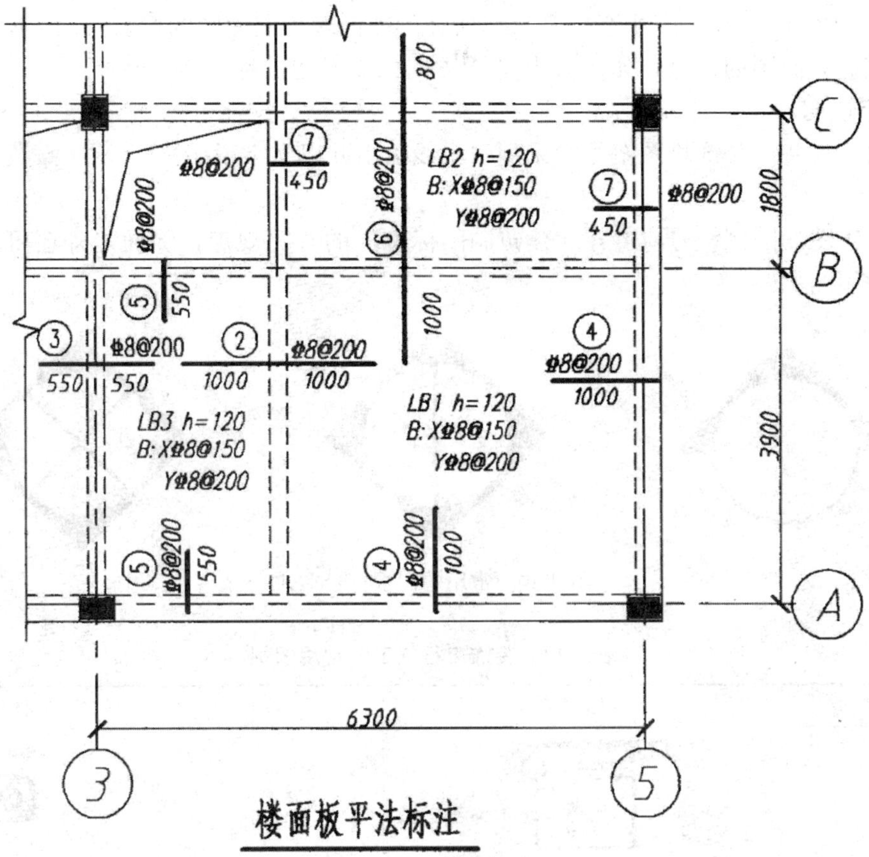

图 3-39　楼面板的平法标注示

它是以透视效果图为主要依据，采用正投影等投影法反映建筑的装饰结构、装饰造型、饰面处理，以及反映家具、陈设、绿化等布置内容。

图纸内容一般有平面布置图、顶棚平面图、装饰立面图、装饰剖面图和节点详图等。有时为体现装修效果，还常绘制装修效果图（一般为透视图）等。

二、装饰施工图的特点

装饰施工图与建筑施工图的图示方法、尺寸标注、图例代号等基本相同。

装饰施工图是在建筑施工图的基础上，结合环境艺术设计的要求，更详细地表达了建筑空间的装饰做法及整体效果。

它既反映了墙、地、顶棚三个界面的装饰结构、造型处理和装修做法，又图示了家具、织物、陈设、绿化等的布置。

三、装饰施工图的有关规定和常用符号

1. 符号

标高符号、剖切符号、详图符号、详图索引符号与建筑施工图相同。为了表示室内立面在平面图上的位置，通常在平面图中用内视符号注明视点位置、方向及立面编号，立面编号

常用拉丁字母或阿拉伯数字，按顺时针顺序排列，如图 3-40 所示。符号中的圆圈用细实线绘制，直径 8～12mm。图 3-40 中箭头和字母所在的方向表示立面图的投射方向，同时相应字母也被作为相应立面图的编号，如箭头指向 A 方向的立面图被称为 A 立面图。

2. 文字说明

对材料、设备、装饰物图案等常采用引出线引出并以文字说明。

3. 图例

装修施工图的图例符号应遵守《建筑制图标准》的有关规定，除此之外还可采用表 3-13 为一部分常用图例。

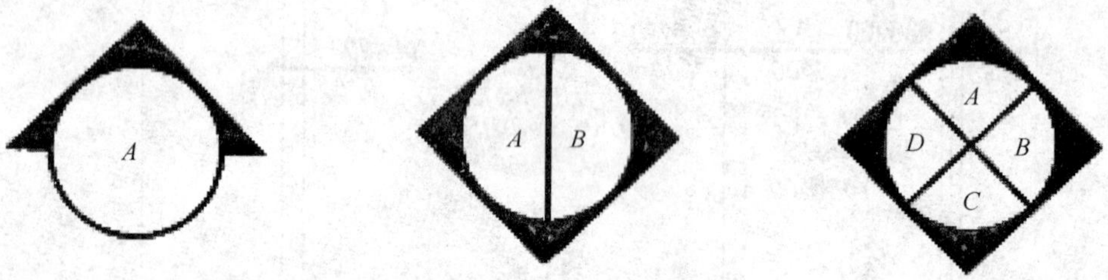

图 3-40　常用的内视符号形式

表 3-13　装饰工程施工图常用图例

名称	图例	名称	图例
双人床		洗衣机	
衣柜		煤气炉	
电视机		空调	
冰箱		书柜	
餐桌		鞋柜	
坐式大便器		洗菜盆	
餐边柜		蹲式大便器	
组合沙发	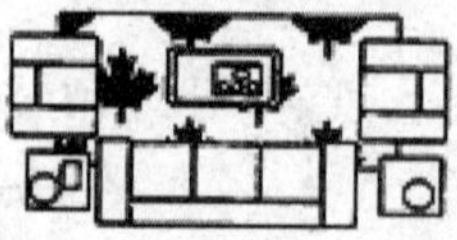	植物	

四、装饰施工图的内容

1. 平面布置图

形成：平面布置图是假想用一水平的剖切平面，沿需装饰的房间的门窗洞口处作水平全剖切，移去上面部分，对剩下部分所作的水平正投影图（图 3-41）。

平面布置图的比例一般采用 1∶100、1∶50、1∶60，内容比较少时采用 1∶200。

剖切到的墙、柱等结构体的轮廓用粗实线表示，其他内容均用细实线表示。

2. 图示内容：

尺寸：图上尺寸内容有三种：一是建筑结构体的尺寸；二是装饰布局和装饰结构的尺寸；三是家具、设备等尺寸。

室内家具、设备、陈设、织物、绿化的摆放位置及说明。

表明门窗的开启方式及尺寸。

各面墙的立面投影符号（或剖切符号）。

表明装饰结构的平面布置、具体形状及尺寸，表明饰面的材料和工艺要求。

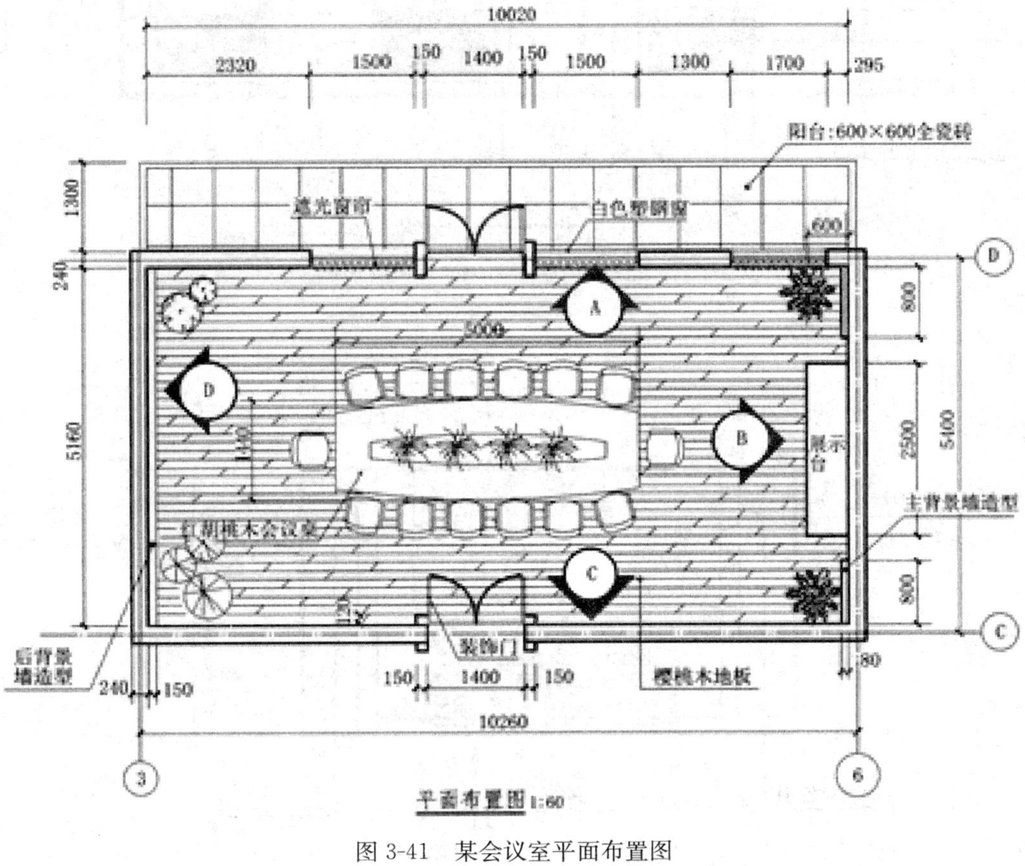

图 3-41　某会议室平面布置图

五、顶棚平面图

形成：用一个假想的水平剖切平面，沿需装饰房间的门窗洞口处作水平全剖切，移去下面部分，对剩余的上面部分所作的镜像投影，就是顶棚平面图。

顶棚平面图用于反映房间顶面的形状、装饰做法及所属设备的位置、尺寸等内容。

图示内容要反映顶棚范围内的装饰造型及尺寸；反映顶棚所用的材料规格、灯具灯饰、空调风口及消防报警等装饰内容及设备的位置等。

六、装饰立面图

将建筑物装饰的外观墙面或内部墙面向铅直的投影面所作的正投影图就是装饰立面图。

图上主要反映墙面的装饰造型、饰面处理，以及剖切到的顶棚的断面形状、投影到的灯具或风管等内容（图 3-42、图 3-43）。

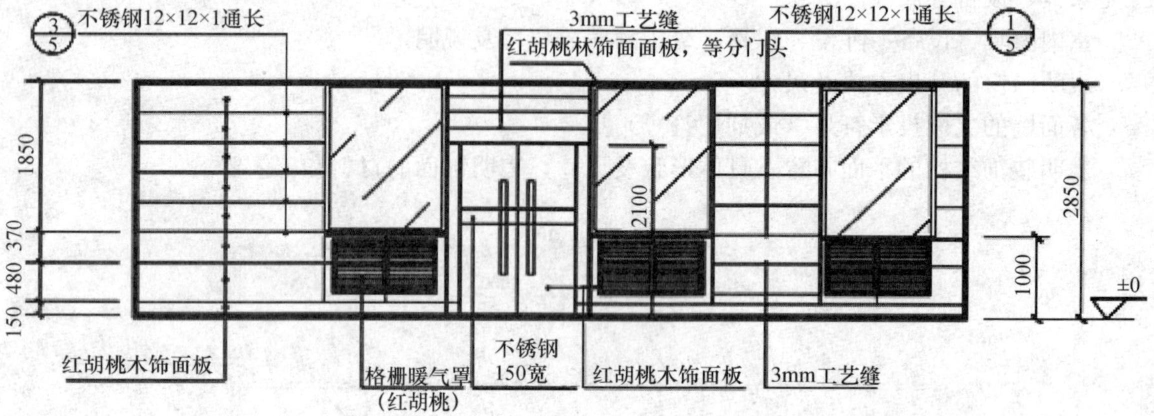

A向立面图 1：80

图 3-42　装饰立面图——A 向立面图

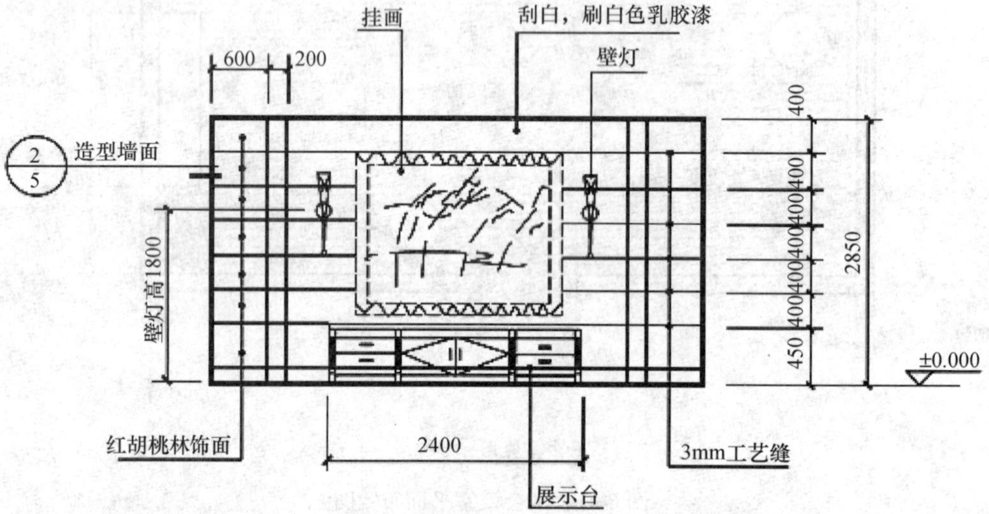

B向立面图 1：80

图 3-43　装饰立面图——B 向立面图

装饰立面图所用比例为 1：100、1：50 或 1：25。室内墙面的装饰立面图一般选用较大比例。

图示内容包括：

图中用相对于本层地面的标高，标注地台、踏步等的位置尺寸。

顶棚面的距地标高及其叠级（凸出或凹进）造型的相关尺寸。

墙面造型的样式及饰面的处理。

墙面与顶棚面相交处的收边做法。门窗的位置、形式及墙面、顶棚面上的灯具及其他设备。

固定家具、壁灯、挂画等在墙面中的位置、立面形式和主要尺寸。

墙面装饰的长度及范围，以及相应的定位轴线符号、剖切符号等。

建筑结构的主要轮廓及材料图例。

七、装饰剖面图及节点详图

剖面图的形成：装饰剖面图是将装饰面（或装饰体）整体剖开（或局部剖开）后，得到的反映内部装饰结构与饰面材料之间关系的正投影图（见图 3-44）。一般采用 1∶10～1∶50 的比例，有时也画出主要轮廓、尺寸及做法。

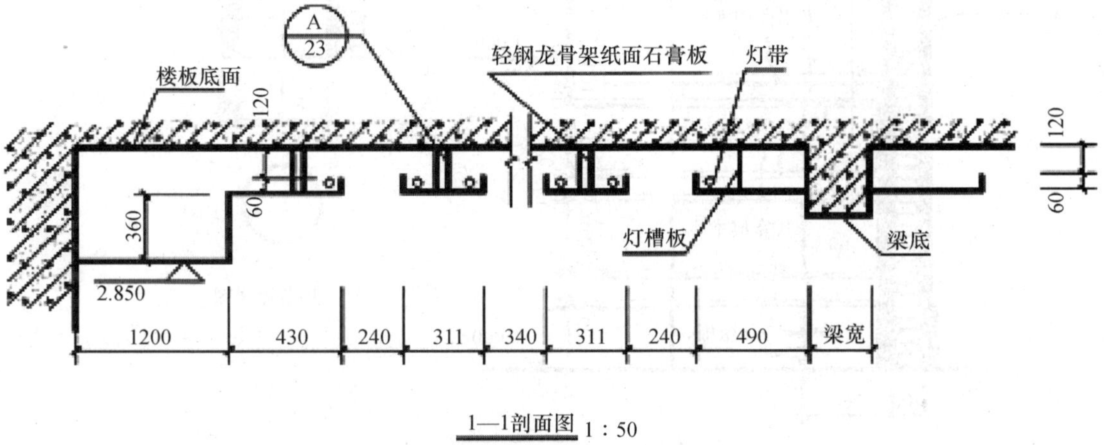

图 3-44　装饰剖面图——顶棚剖面图

八、节点详图

节点详图是前面所述各种图样中未明之处，用较大的比例画出的用于施工图的图样（也称作大样图）（见图 3-45、46）。

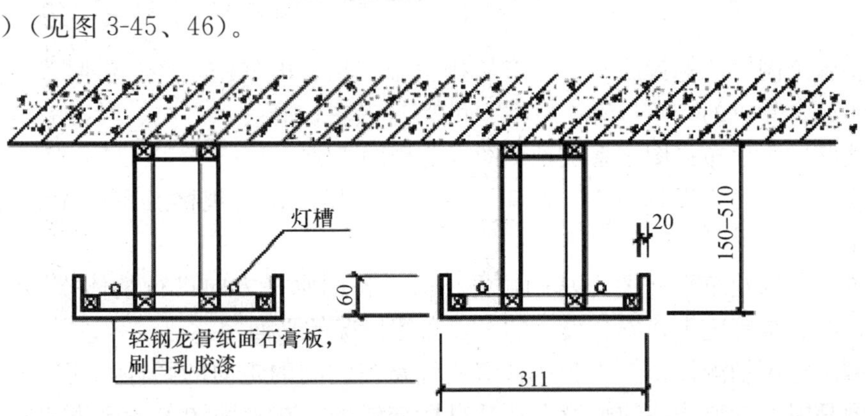

图 3-45　节点详图——顶棚节点图

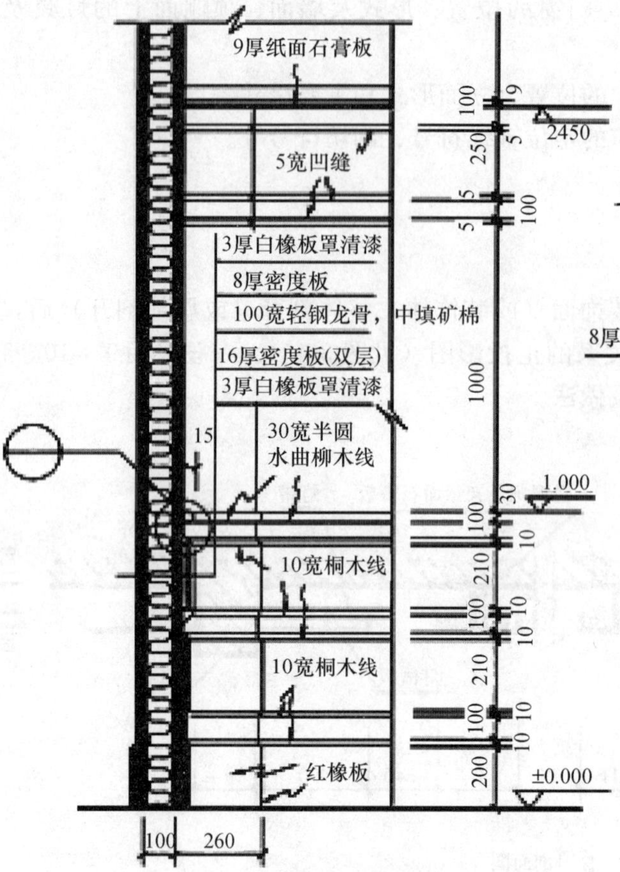

(a)装饰剖面图

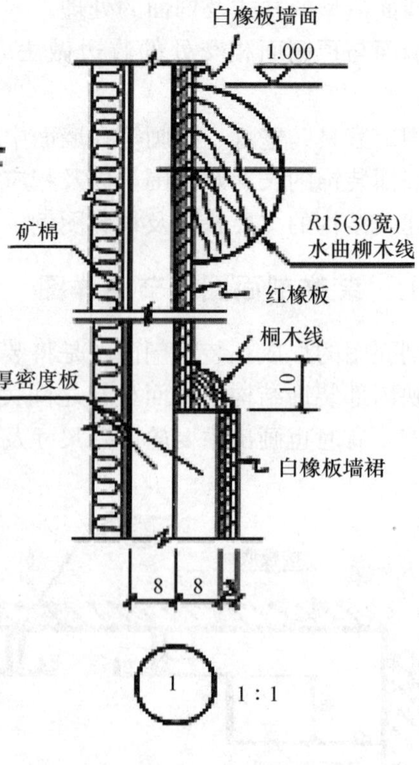

(b)节点详图

图 3-46 墙装饰剖面图及节点详图

第五节 设备施工图

建筑设备施工图（简称设施）主要有给排水施工图、电气施工图、供暖施工图、通风与空调施工图组成。常见的有给排水、电器、供暖施工图，简称水、电、暖，一般由设计总说明、管道（线路）平面布置图、系统轴测图以及详图组成。

设计总说明主要说明设计意图，施工要求、可采用的设备规格及图中无法表达的内容，用文字表达出来。

平面布置图是以建筑平面图为基础，将相应设备向水平方向进行整体投影绘制出来的，用来表达水、电、暖等施工、安装设备的平面布置情况的平面图。

系统轴测图是用轴测投影方式表达管道或线路在空间的走向的图样，简称系统图。之所以采用轴测图是因为管道线路的敷设常常是纵横交错的，在平面图上较难表明它们的空间走向。通常电气施工图不必画成轴测图的形式，只用示意图表示线路系统关系。

详图表示某些设备的详细构造与安装做法的图样称为详图。凡标准图集上有的详图都不再表示。

设备施工图中所表示的设备装置和管道、线路多采用统一的图例符号表示，因此，在阅读设备施工图时，一定要先了解与图样相关的图例符号及其代表的内容。

在设备施工图中，各种管道或线路走向都有一定顺序。例如在一幢房屋内：

给水系统：引入管—水表节点—立管—干管—支管—用水设备；

电气系统：进户线—配电盘—干线—分配电盘—支线—用电设备；

供暖系统：供暖干管—立管—支管—散热设备—回水干管。

因此，在读设备施工图时，应按一定顺序去阅读。

一、建筑给水排水施工图

1. 建筑给排水施工图的分类

建筑给排水施工图分为室内给排水施工图和室外给排水施工图。

室内给排水施工图表示一幢建筑内部的给水排水工程设施情况，主要表达房屋内的浴厕、厨房等，工业厂房中的锅炉间、澡堂、化验室以及其他需要用水房间的管道布置，一般包括平面图、系统图、屋面排水平面图、剖面图和详图等。

室外给排水施工图表达的范围较广，既可以表示某一区域或一个城市的给水排水管网的布置以及各种取水、出水、净水结构和水处理的设置，也可以表示工矿企业内的厂区或一个住宅区建筑物外部的给水排水工程设施。其内容包括平面图、高程图、纵剖面图和横剖面图以及详图等。

2. 给排水施工图的图示特点

1）常用图例

建筑给排水图纸上的管道、卫生器具、设备等均按照《给水排水制图标准》（GB/T 50106—2010）使用统一的图例来表示（表 3-14）。

表 3-14　给排水常用图例

名称	图例	备注	名称	图例	备注
生活给水管			管堵		
废水管	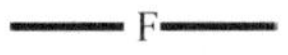	可与中水源水管合用	法兰堵盖		
污水管			闸阀	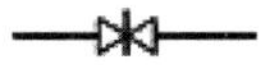	
管道交叉	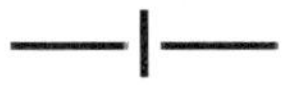	在下方和后面的管应断开	截止阀	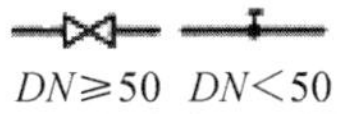	
三通连接			浮球阀	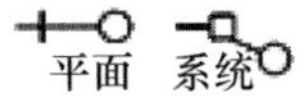	
四通连接			放水龙头	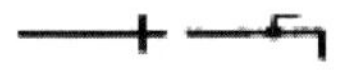	左侧为平面，右侧为系统
多孔管			台式洗脸盆		
管道立管	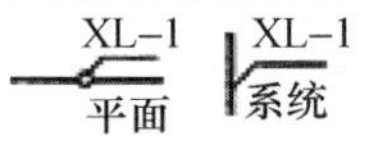	X 为管道类别，L 为立管，1 为编号	浴盆	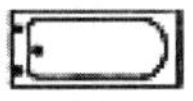	
存水弯	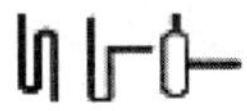		盥洗槽		

续表

名称	图例	备注	名称	图例	备注
立管检查口			污水池		
通气帽			坐式大便器		
圆形地漏		通用，如为无水封地漏应加存水弯	小便槽		
自动冲洗水箱	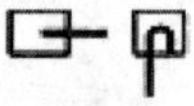		淋浴喷头	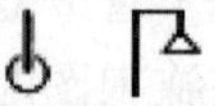	
法兰连接			阀门井，检查井		
承插连接			水表		

2）图线

建筑给排水施工图的线宽 b 应根据图纸的类别、比例和复杂程度确定。一般线宽 b 宜为 0.7mm 或 1.0mm。当在同一套图样中，只有一种管道时，通常用粗实线来表示管道。若有好几种不同管道，为避免混淆和更为清晰起见，可用不同线型来表示各种系统管道，并在图例中进行说明，比如 J 表示水，画成粗实线，F 表示废水，W 表示污水，Y 表示雨水，X 表示消防，而排水用粗虚线表示等。

3）比例

管道的平面布置图一般用建筑平面图，比例与建筑平面图相同。系统原理图是轴测图，主要是说明整个系统及其布置、连接等，可以不按比例表示。

4）标高

室内工程应标注相对标高；室外工程应标注绝对标高，当无绝对标高资料时，可标注相对标高，但应与总图专业一致。

下列部位应标注标高：沟渠和重力流管道的起止点、转角点、连接点、变尺寸（管径）点及交叉点；压力流管道中的标高控制点；管道穿外墙、剪力墙和构筑物的壁及底板等处；不同水位线处；构筑物和土建部分的相关标高。

压力管道应标注管中心标高，沟渠和重力流管道宜标注沟（管）内底标高。

标高的标注方法应符合下列规定：

平面图中：管道标高应按图 3-47 所示的方式标注；平面图中，沟渠标高应按图 3-48 所示的方式标注。

剖面图中：管道及水位的标高应按图 3-49 所示的方式标注。

轴测图中：管道标高应按图 3-50 所示的方式标注。

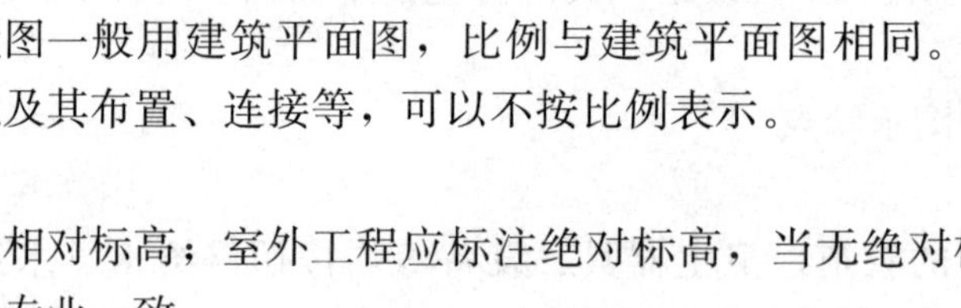

图 3-47　平面图中管道标高标注

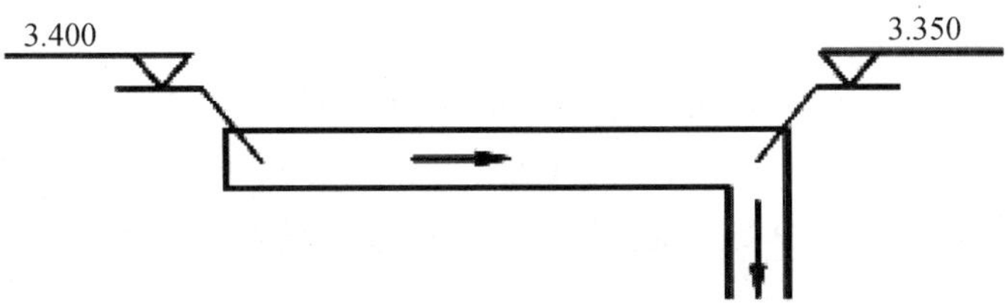

图 3-48　平面图中沟渠标高标注

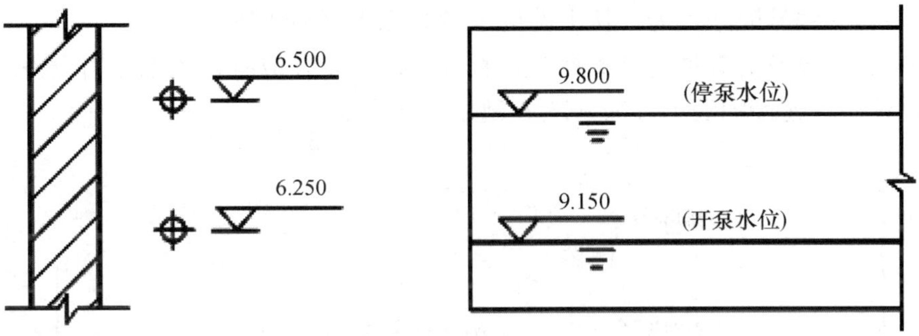

图 3-49　剖面图中管道及水位标高标注

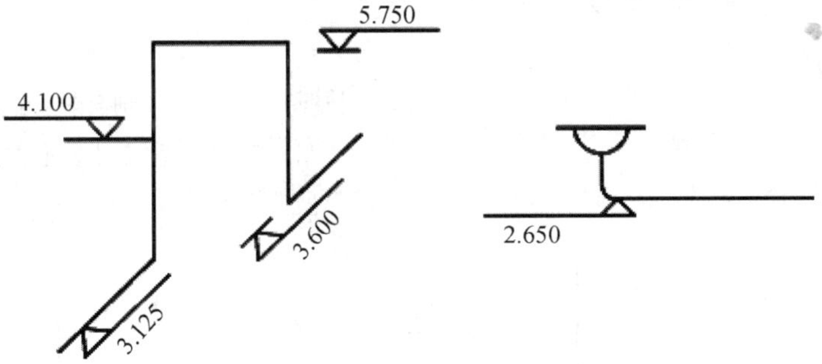

图 3-50　轴测图中管道标高标注

5）管径

管径应以 mm 为单位。水煤气输送钢管（镀锌或非镀锌）、铸铁管等管材，管径宜以公称直径 *DN* 表示（如 *DN*15、*DN*50）；无缝钢管、焊接钢管（直缝或螺旋缝）、铜管、不锈钢管等管材，管径宜以外径 D×壁厚表示（如 *D*108×4、*D*159×4.5 等）；钢筋混凝土（或混凝土）管、陶土管、耐酸陶瓷管、缸瓦管等管材，管径宜以内径 *d* 表示（如 *d*230、*d*380 等）；塑料管材，管径宜按产品标准的方法表示。当设计均用公称直径 *DN* 表示管径时，应用公称直径 *DN* 与相应产品规格对照表。管径的标注方法如图 3-51 所示。

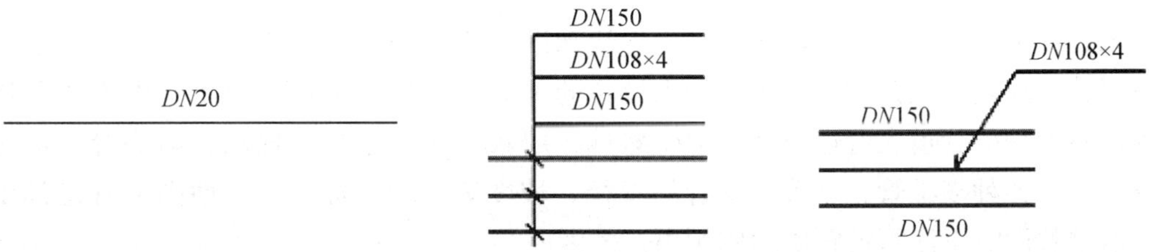

图 3-51　管径表示法

6）编号

当建筑物的给水引入管或排水排出管的数量超过 1 根时，宜进行编号，编号宜按图 3-52 所示的方法表示。

建筑物穿越楼层的立管，其数量超过 1 根时宜进行编号，编号宜按图 3-53 所示的方法表示。

在总平面图中，当给排水附属构筑物的数量超过 1 个时，宜进行编号。编号方法为：构筑物代号～编号；给水构筑物的编号顺序宜为：从水源到干管，再从干管到支管，最后到用户；排水构筑物的编号顺序宜为：从上游到下游，先干管后支管。

当给排水机电设备的数量超过 1 台时，宜进行编号，并应有设备编号与设备名称对照表。

7）管道转向、连接的表示方法（图 3-54、图 3-55、）

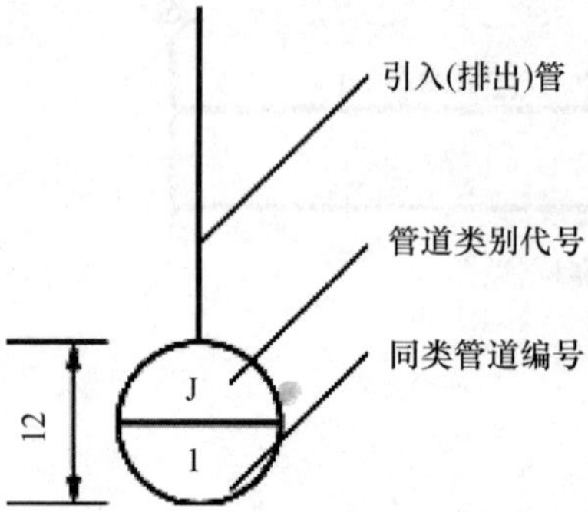

图 3-52　给水引入管或排水排出管编号表示方法

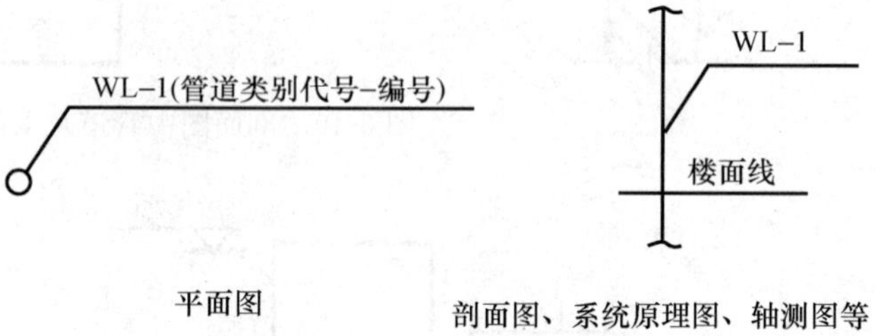

图 3-53　立管编号表示方法

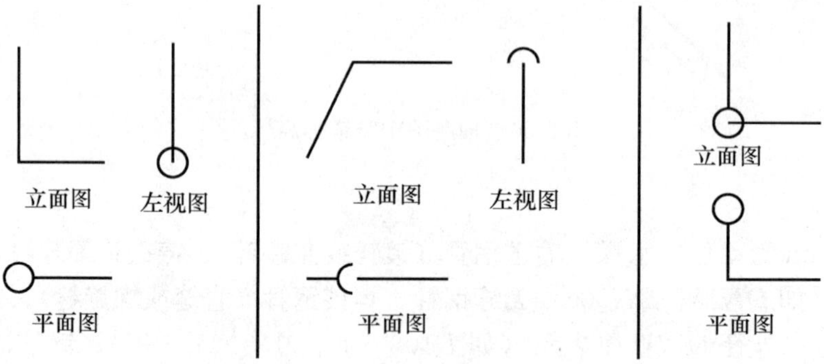

图 3-54　管道转向的表示方法

3. 室内给排水施工图的基本内容

1）平面布置图

给水、排水平面图应表达给水、排水管线和设备的平面布置情况。

根据建筑规划，在设计图纸中，用水设备的种类、数量、位置，均要作出给水和排水平面布置；各种功能管道、管道附件、卫生器具、用水设备，如消火栓箱、喷头等，均应用各种图例表示；各种横干管、立管、支管的管径、坡度等，均应标出。平面图上管道都用单线绘出，沿墙敷设时不注管道距墙面的距离。

一张平面图上可以绘制几种类型的管道，一般来说给水和排水管道可以在一起绘制。若

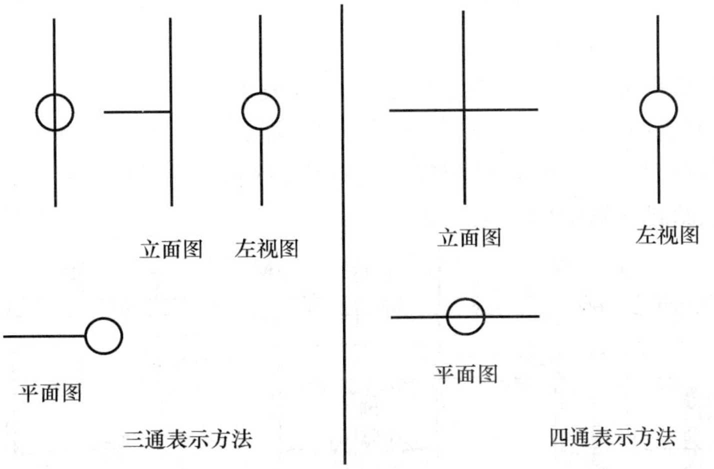

图 3-55　管道三通、四通的表示方法

图纸管线复杂，也可以分别绘制，以图纸能清楚地表达设计意图而图纸数量又很少为原则。

在各层平面布置图上，各种管道、立管应编号标明。

2）系统图

系统图，也称“轴测图”，系统图上应标明管道的管径、坡度，标出支管与立管的连接处，以及管道各种附件的安装标高，标高的±0.000 应与建筑图一致。系统图上各种立管的编号应与平面布置图相一致。系统图均应按给水、排水、热水等各系统单独绘制，以便于施工安装和概预算应用。

建筑居住小区给排水管道一般不绘系统图，但应绘管道纵断面图。

3）施工详图

凡平面布置图、系统图中局部构造因受图面比例限制而表达不完善或无法表达的，为使施工概预算及施工不出现失误，必须绘出施工详图。通用施工详图系列，如卫生器具安装、排水检查井、雨水检查井、阀门井、水表井、局部污水处理构筑物等，均有各种施工标准图，施工详图宜首先采用标准图。

4）设计施工说明及主要材料设备表

用工程绘图无法表达清楚的给水、排水、热水供应、雨水系统等管材、防腐、防冻、防露的做法；或难以表达的诸如管道连接、固定、竣工验收要求、施工中特殊情况技术处理措施，或施工方法要求严格必须遵守的技术规程、规定等，可在图纸中用文字写出设计施工说明。工程选用的主要材料及设备表，应列明材料类别、规格、数量，设备品种、规格和主要尺寸。

此外，施工图还应绘出工程图所用图例。

所有以上图纸及施工说明等应编排有序，写出图纸目录。

4. 室内给排水施工图的识读

阅读主要图纸之前，应当先看说明和设备材料表，然后以系统图为线索深入阅读平面图、系统图及详图。

阅读时，应三种图相互对照来看。先看系统图，对各系统做到大致了解。看给水系统图时，可由建筑的给水引入管开始，沿水流方向经干管、立管、支管到用水设备；看排水系统图时，可由排水设备开始，沿排水方向经支管、横管、立管、干管到排出管。

1）平面图的识读

室内给排水管道平面图是施工图纸中最基本和最重要的图纸，常用的比例是 1：100 和 1：50两种。它主要表明建筑物内给排水管道及卫生器具和用水设备的平面布置（见图 3-56）。图上的线条都是示意性的，同时管材配件如活接头、补心、管箍等也不画出来，因此在识读图纸时还必须熟悉给排水管道的施工工艺。

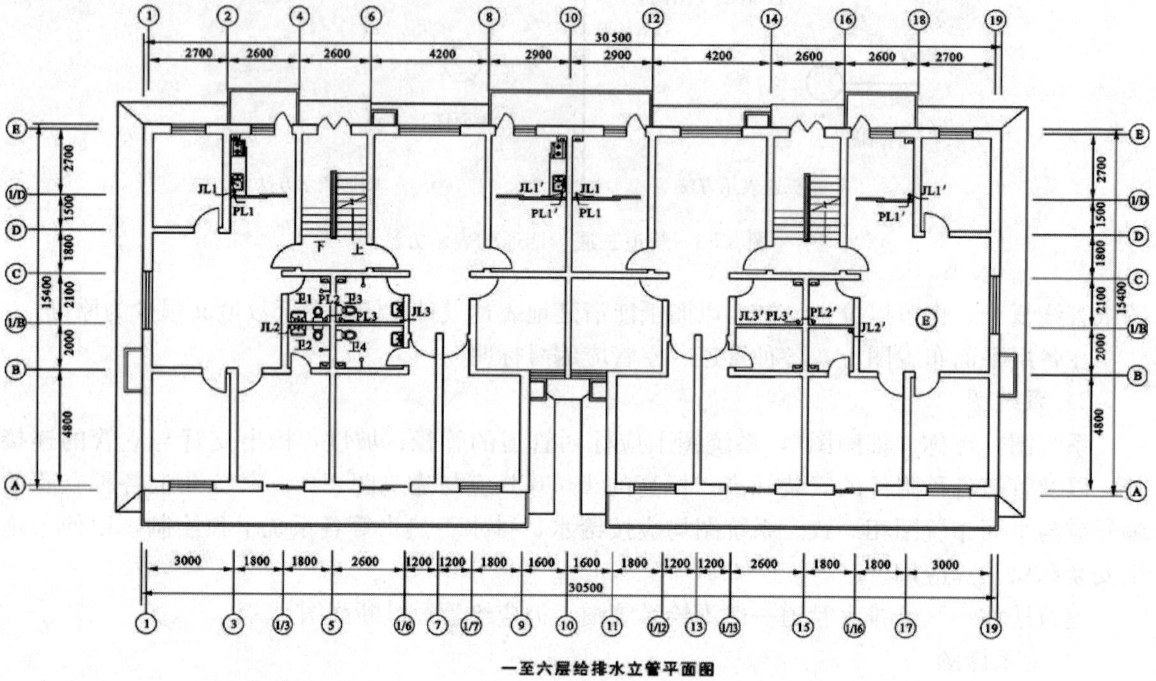

图 3-56　室内给排水管道平面图示例

在识读管道平面图时，应该掌握的主要内容和注意事项如下：

查明卫生器具、用水设备和升压设备的类型、数量、安装位置、定位尺寸。

弄清给水引入管和污水排出管的平面位置、走向、定位尺寸、与室外给排水管网的连接形式、管径及坡度等。

查明给排水干管、立管、支管的平面位置与走向、管径尺寸及立管编号。从平面图上可清楚地查明是明装还是暗装，以确定施工方法。

消防给水管道要查明消火栓的布置、口径大小及消防箱的形式与位置。

在给水管道上设置水表时，必须查明水表的型号、安装位置以及水表前后阀门的设置情况。

对于室内排水管道，还要查明清通设备的布置情况，清扫口和检查口的型号和位置。

2）系统图的识读

给排水管道系统图主要表明管道系统的立体走向。

在给水系统图上，卫生器具不画出来，只需画出水龙头、淋浴器莲蓬头、冲洗水箱等符号；用水设备如锅炉、热交换器、水箱等则画出示意性的立体图，并在旁边注以文字说明（图 3-57）。

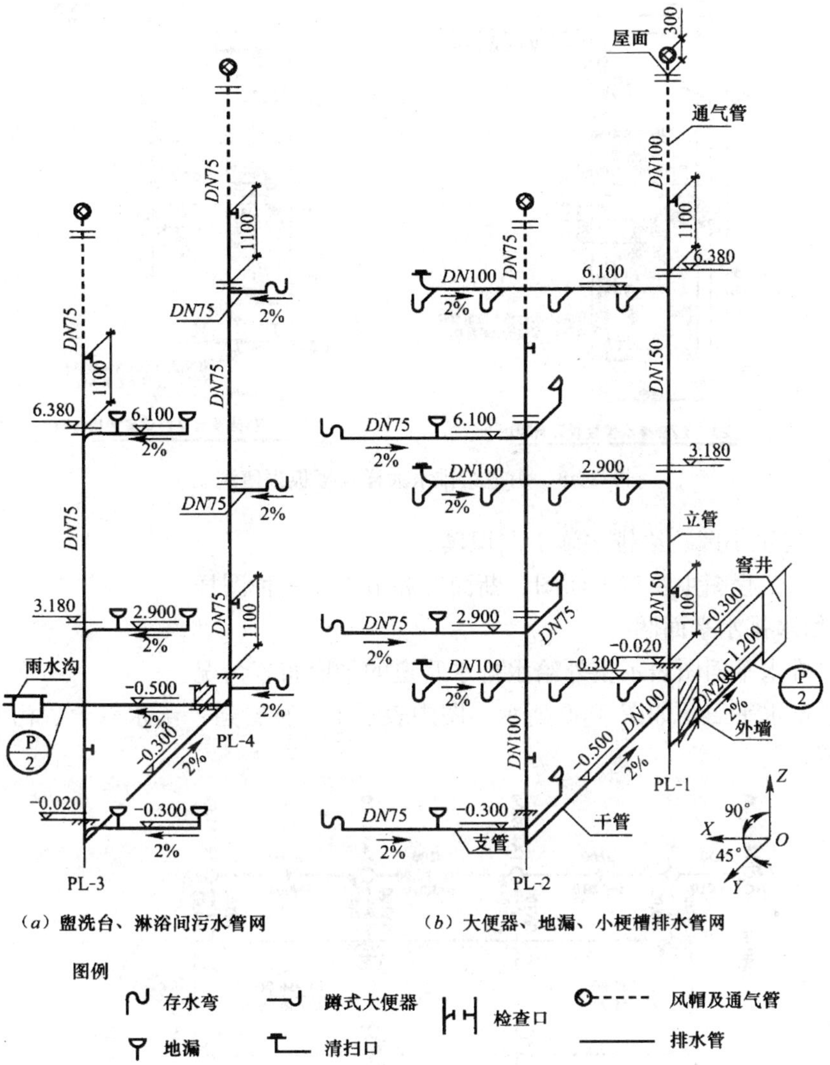

图 3-57　室内给排水管道系统图示例

在排水系统图上也只画出相应的卫生器具的存水弯或器具排水管。

在识读系统图时，应掌握的主要内容和注意事项如下：

查明给水管道系统的具体走向，干管的布置方式，管径尺寸及其变化情况，阀门的设置，引入管、干管及各支管的标高。

查明排水管道的具体走向，管路分支情况，管径尺寸与横管坡度，管道各部分标高，存水弯的形式，清通设备的设置情况，弯头及三通的选用等。识读排水管道系统图时，一般按卫生器具或排水设备的存水弯、器具排水管、横支管、立管、排出管的顺序进行。

系统图上对各楼层标高都有注明，识读时可据此分清管路是属于哪一层的。

3）详图的识读

室内给排水工程的详图包括节点图、大样图、标准图，主要是管道节点、水表、消火栓、水加热器、开水炉、卫生器具、套管、排水设备、管道支架等的安装图及卫生间大样图等（图 3-58）。

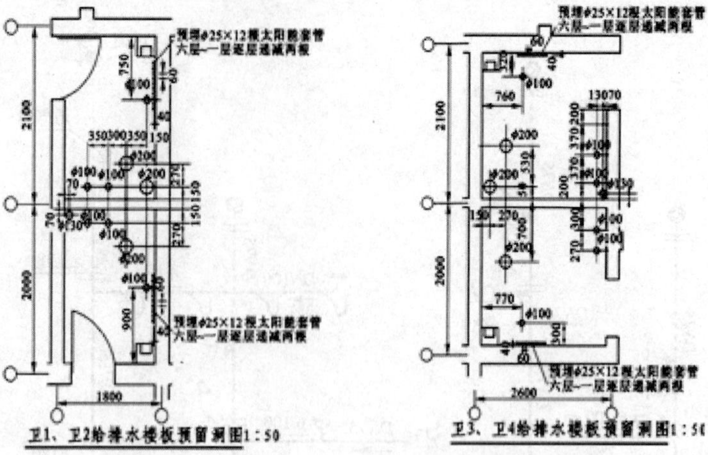

图 3-58 厨卫给排水大样及楼板预留洞图

5. 室外（建筑小区）给排水施工图识读

室外给排水工程图主要有平面图、断面图和节点图三种图样。

1）室外给水排水平面图

室外给水排水平面图表示室外给水排水管道的平面布置情况。

某室外给排水平面图如图 3-59 所示。图中表示了三种管道：给水管道、污水排水管道和雨水排水管道。

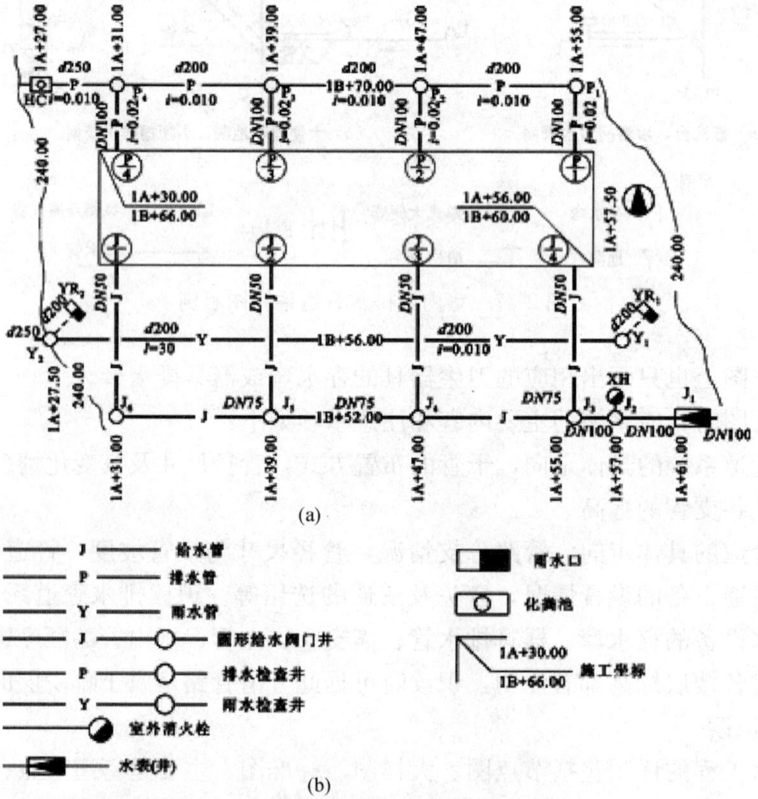

(a)

(b)

图 3-59 某室外给排水平面图及图例

(a) 平面图；(b) 图例

2）室外给水排水管道断面图

室外给水排水管道断面图分为给水排水管道纵断面图和给水排水管道横断面图两种，其中，常用给水排水管道纵断面图。室外给水排水管道纵断面图是室外给水排水工程图中的重要图样，它主要反映室外给水排水平面图中某条管道在沿线方向的标高变化、地面起伏、坡度、坡向、管径和管基等情况。

室外给水排水管道纵断面图的识读步骤：

(1) 首先看是哪种管道的纵断面图，然后看该管道纵断面图形中有哪些节点。

(2) 在相应的室外给水排水平面图中查找该管道及其相应的各节点。

(3) 在该管道纵断面图的数据表格内查找其管道纵断面图形中各节点的有关数据。

图 3-60 是某室外给水排水平面图 3-59（a）的给水、污水排水和雨水管道的纵断面图。

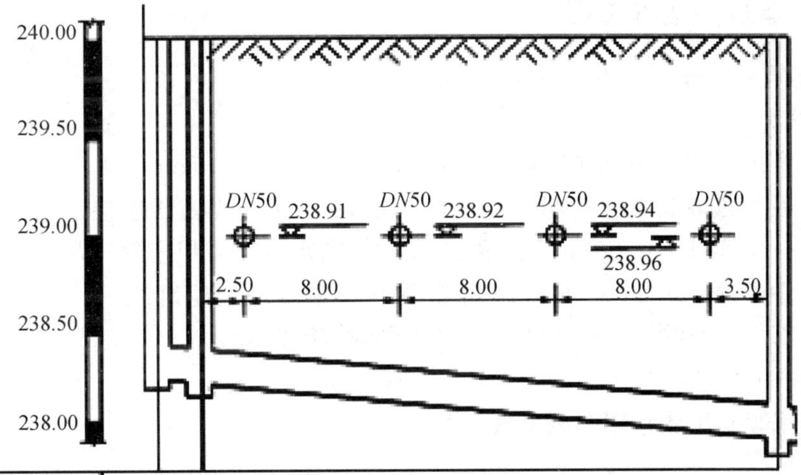

设计地面标高(m)	240.00		240.00		240.00
设计管内底标高(m)	238.22		238.20 238.20		237.90
坡 度		0.01		0.01	
管 径d(mm)		200		200	
平面距离(m)		2		30	
编号	YR_1		Y_1		
管道基础			混凝土带形基础		

图 3-60　雨水管道纵断面图

3）室外给水排水节点图

在室外给水排水平面图中，对检查井、消火栓井和阀门井以及其内的附件、管件等均不作详细表示。为此，应绘制相应的节点图，以反映本节点的详细情况。

室外给水排水节点图分为给水管道节点图、污水排水管道节点图和雨水管道节点图三种图样。给水管道节点图（图 3-61）。

室外给水管道节点图识读时可以将室外给水管道节点图与室外给水排水平面图中相应的给水管道图对照着看，或由第一个节点开始，顺次看至最后一个节点止。

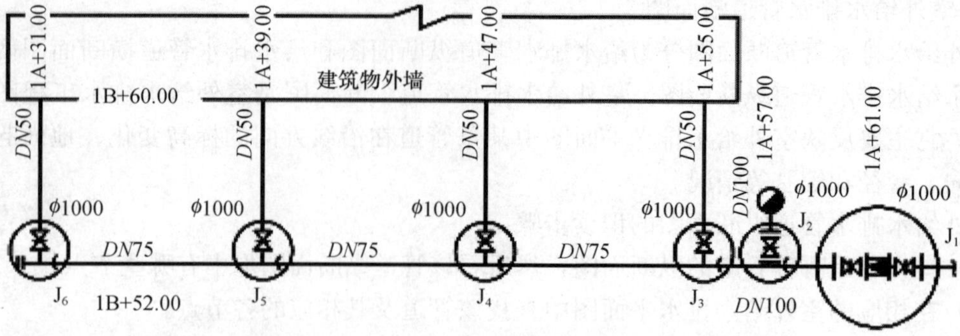

图 3-61 图 3-59 中给水管道的节点图

二、建筑采暖施工图

1. 建筑采暖施工图的一般规定

1）线型

基本宽度 b 宜选用 0.18mm、0.35mm、0.5mm、0.7mm、1.0mm。采暖供水、供汽干管、立管及部件轮廓线——粗实线（b）；散热器及与散热器连接支管线，采暖、通风设备轮廓线——中实线（0.5b）；采暖回水管、凝结水管——粗虚线（b）；风管被遮挡部分的轮廓线——中虚线（0.5b）；原有风管轮廓线，采暖地沟轮廓线——细虚线（0.25b）；设备、风道、及部件中心线，定位轴线——细点画线（0.25b）。

2）图例

建筑采暖施工图常用图例见表 3-15。

表 3-15 建筑采暖施工图常用图例

序号	名称	图例	说明
1	管道	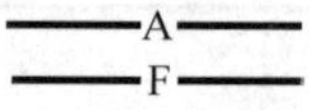	用汉语拼音字头表示管道类别
2	采暖供水（汽）管采暖回（凝结）水管	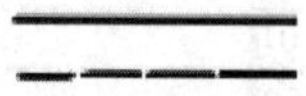	用图例表示管道类别
3	保温管		
4	软管		
5	方形伸缩器		
6	套管伸缩起	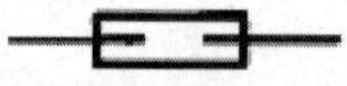	
7	波形伸缩器	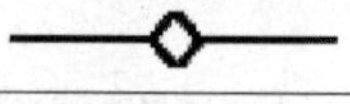	
8	球形伸缩器		
9	流向		
10	丝堵		
11	滑动支架		
12	截止阀	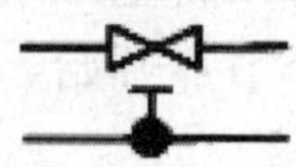	

续表

序号	名称	图例	说明
13	闸阀		
14	止回阀		
15	安全阀		
16	减压阀		左侧：低压；右侧：高压
17	散热放风门	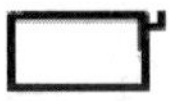	
18	手动排气阀		
19	自动排气阀		
20	疏水器		
21	散热器三通阀		
22	散热器	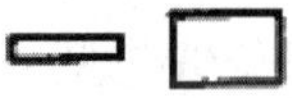	左侧：平面；右侧：立面
23	集气罐		
24	除污器		上图：平面；下图：立面
25	暖风机		
26	风管		
27	送风口	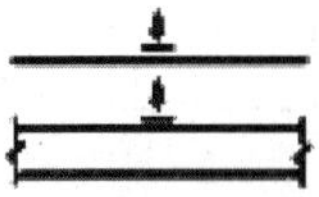	
28	回风口	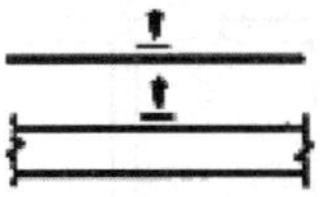	
29	插板阀	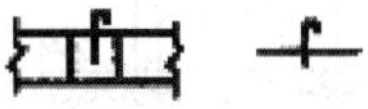	本图例也适用于斜插板
30	蝶阀		
31	风管止回阀	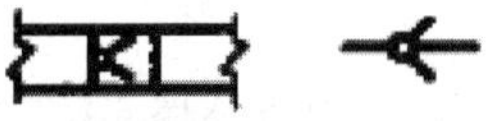	
32	防火阀	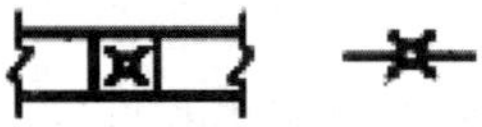	
33	风机		流向：自三角形的底边至顶点

2. 室内供暖施工图的组成

室内采暖施工图的组成包括系统平面图、系统轴测图、详图、系统剖面图、文字说明等。图纸目录、设计施工说明、设备及主要材料表等，如单独成图时，其编号一般排在平面图等图纸之前，编排顺序为图纸目录、设计施工说明、设备及主要材料表等。

3. 采暖工程施工图的主要内容和识读

1）平面图

室内供暖平面图表示建筑各层供暖管道与设备的平面布置（图 3-62）。内容包括：

采暖系统施工安装有关的尺寸。

热力入口位置，供、回水总管名称、管径。

干、立、支管位置和走向，管径以及立管（平面图上为小圆圈）编号。

散热器的类型、位置和数量。各种类型的散热器规格和数量标注方法为：

（1）柱型、长翼型散热器只注数量（片数）；

（2）圆翼型散热器注明根数、排数，如 3×2（每排根数×排数）；

（3）光管散热器注明管径、长度、排数，如 $D108\times200\times4$ [管径（mm）×管长（mm）×排数]；

（4）闭式散热器注明长度、排数，如 1.0×2 [长度（m）×排数]；

（5）膨胀水箱、集气罐、阀门位置与型号；

（6）补偿器型号、位置，固定支架位置。

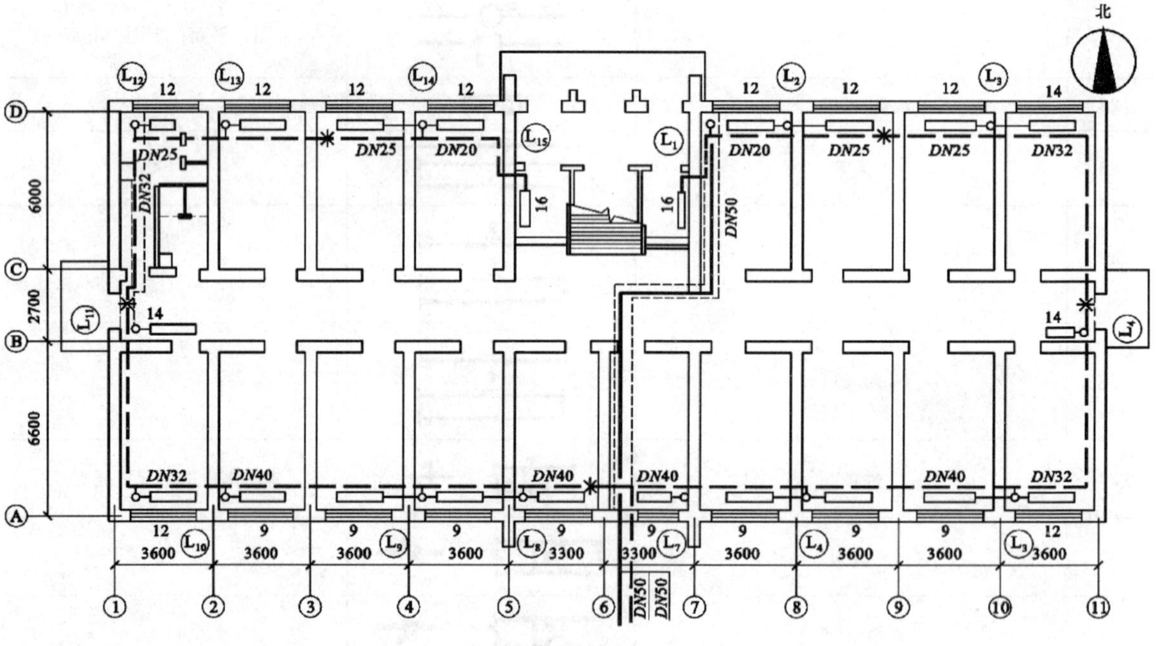

图 3-62　某办公楼底层采暖系统布置平面图

对于多层建筑，各层散热器布置基本相同时，也可采用标准层画法。在标准层平面图上，散热器要注明层数和各层的数量。

平面图中散热器与供水（供汽）、回水（凝结水）管道的连接按图 3-63 中所示方式进行。

当平面图、剖面图中的局部要另绘详图时，应在平面图或剖面图中标注索引符号。

主要设备或管件（如支架、补偿器、膨胀水箱、集气罐等）在平面上的位置。

用细虚线画出的采暖地沟、过门地沟的位置。

识读平面图，要了解系统在水平方向的分布，热水或蒸汽主干管道进入口和其在室内的走向、回水干管的走向及出口、立管和散热器的布置等。

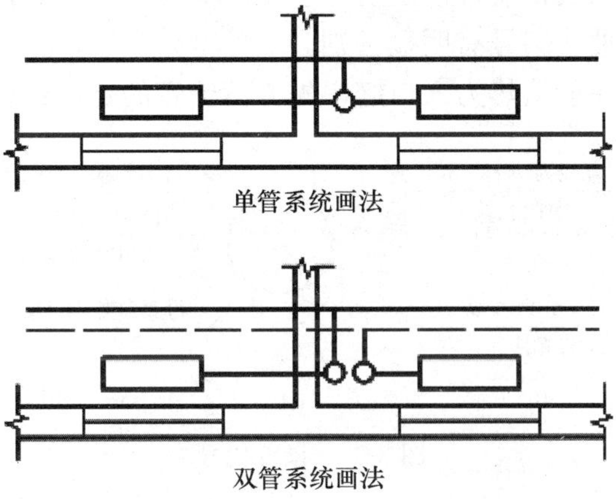

图 3-63　平面图中散热器与管道连接

2）系统轴测图

系统轴测图简称系统图。与平面图配合，表明了整个采暖系统的全貌，如图 3-64 所示。

系统图的布置方向一般包括水平方向和垂直方向。散热器、管道及其附件（阀门、疏水器）均在图上表示出来。此外，图上还标注各立管编号、各段管径和坡度、散热器片数、干管的标高等。

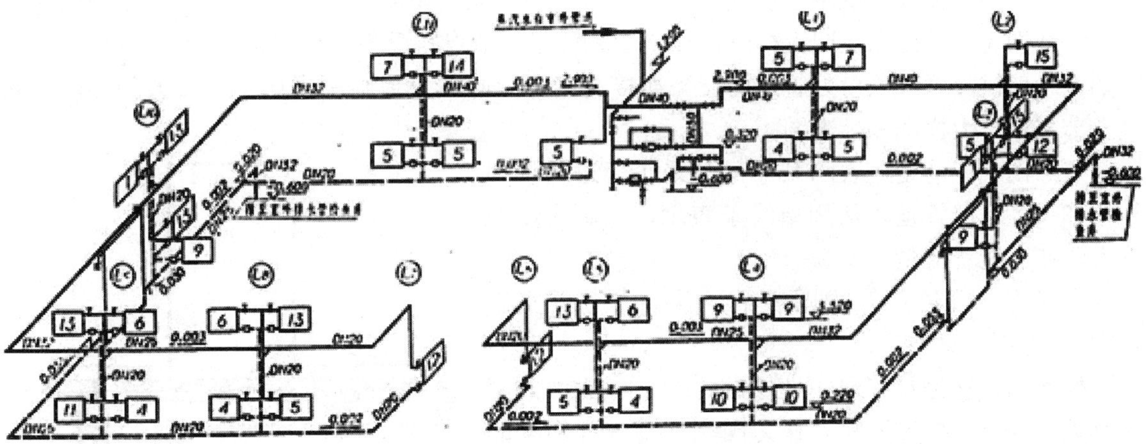

图 3 64　某办公楼采暖系统布置图

供暖系统图一般包括如下内容：

采暖管道的走向、空间位置、坡度，管径及变径的位置，管道与管道之间连接方式；散热器与管道的连接方式，例如是竖单管还是水平串联的，是双管上分或是下分等；管路系统中阀门的位置、规格；集气罐的规格、安装形式（立式或是卧式）；蒸汽供暖疏水器和减压阀的位置、规格、类型；节点详图的索引号等。

系统图应按规定进行编号，并标注散热器的数量。

采暖系统编号、入口编号由系统代号和顺序号组成。室内采暖系统代号“N”，其画法如图图 3-65 所示，其中图（b）为系统分支画法。

竖向布置的垂直管道系统，要标注立管号，如图 3-66 所示。为避免引起误解，有时只标注序号，但注意其与建筑轴线编号有明显区别。

阅读供暖系统图时，一般从热力入口起，先弄清干管的走向，再逐一看各立、支管。

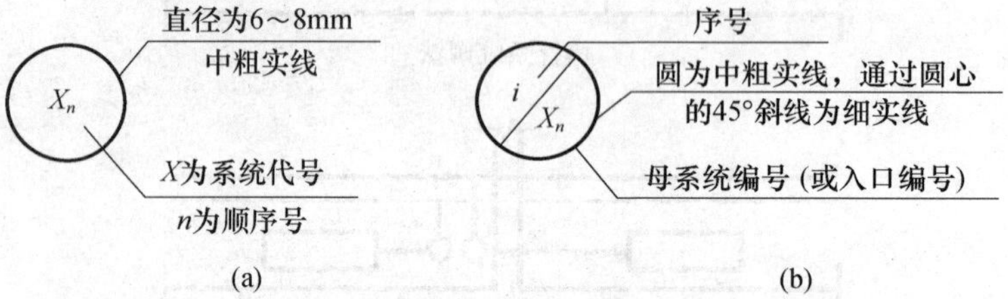

图 3-65　系统代号

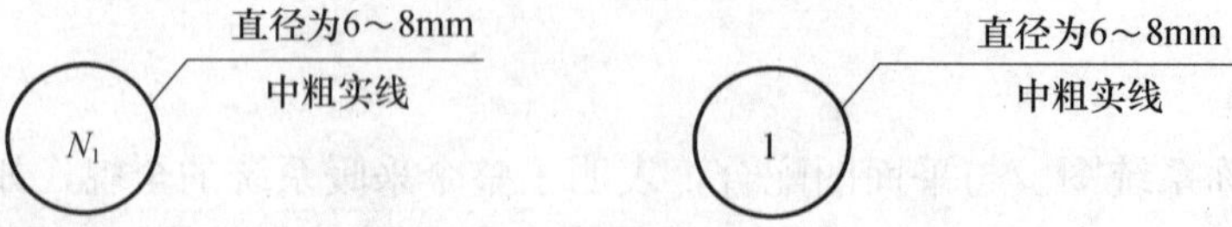

图 3-66　立管号

3）详图

在供暖平面图和系统图上表达不清楚、用文字也无法说明的地方，可用放大比例的施工图——详图表示。详图也叫大样图用以表示采暖系统节点与设备的详细构造及安装尺寸要求，例如，一般供暖系统入口处管道的交叉连接复杂，因此需要另画一张比例比较大的详图。它包括节点图、大样图和标准图。

节点图：能清楚地表示某一部分采暖管道的详细结构和尺寸，但管道仍然用单线条表示，只是将比例放大，使人能看清楚（图 3-67）。

大样图：管道用双线图表示，看上去有真实感（图 3-68、图 3-69）。

标准图：它是具有通用性质的详图，一般由国家或有关部委出版标准图案，作为国家标准或部标准的一部分颁发。

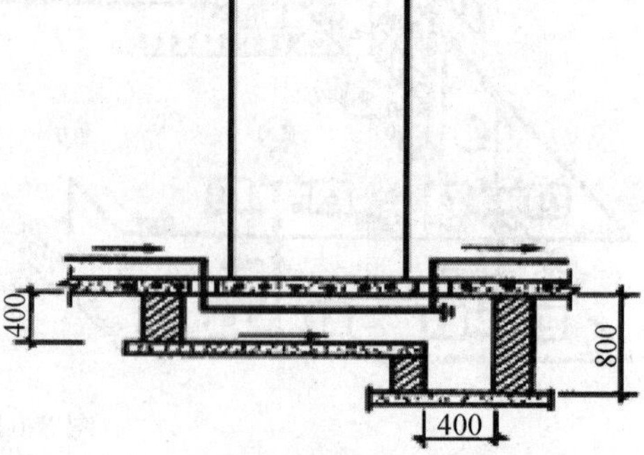

图 3-67　回水管跨门做法

4）采暖系统剖面图

采暖系统剖面图的内容：

采暖系统剖（立）面图要表达房屋和采暖系统在高度方向的构造和布置情形。

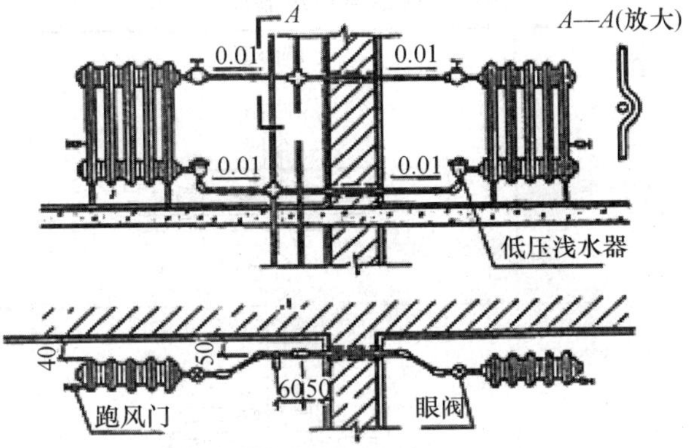

图 3-68　散热器安装图

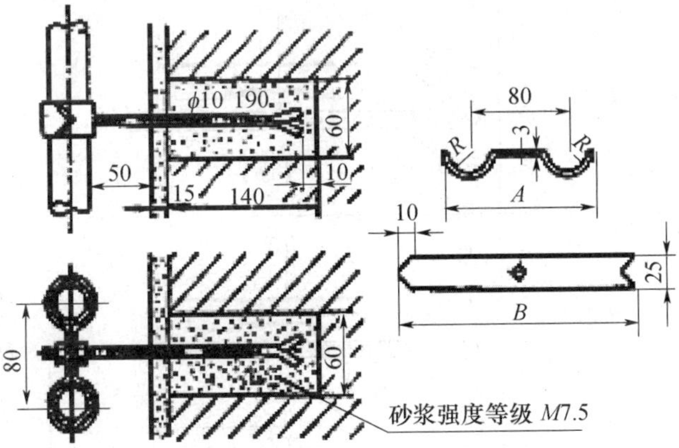

图 3-69　立管和卡子的安装

系统剖面图中标注设备的名称及型号、散热器的规格和数量、立管编号、管道的截面尺寸、标高及坡度等，写上必需的注释或说明等。

5）设计说明

室内供暖系统的设计说明一般包括以下内容：

建筑物的采暖面积、热源的种类、热媒参数、系统总热负荷。

采用散热器的型号及安装方式、系统形式。

在安装和调整运转时应遵循的标准和规范。

在施工图上无法表达的内容，如管道保温、油漆等。

管道连接方式，所采用的管道材料。

在施工图上未作表示的管道附件安装情况，如在散热器支管与立管上是否安装阀门等。

6）主要设备材料表

为了便于施工备料，保证安装质量和避免浪费，使施工单位能按设计要求选用设备和材料，一般的施工图均应附有设备及主要材料表，简单项目的设备材料表可列在主要图纸内。设备材料表的主要内容有编号、名称、型号、规格、单位、数量、质量、附注等。

4. 管道与散热器连接

管道与散热器连接画法见表 3-16。

表 3-16　管道与散热器连接画法

系统形式	楼层	平面图	轴测图
双管上分式	顶层	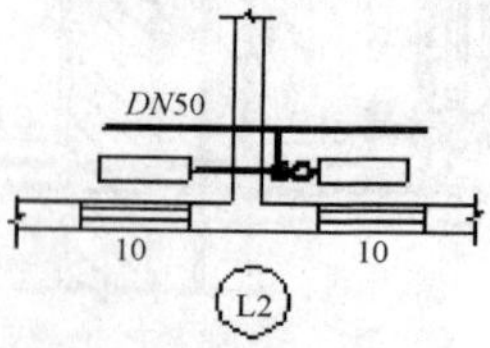	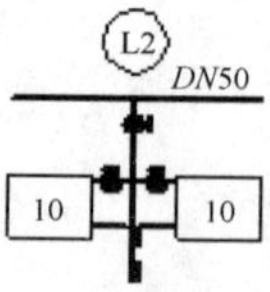
	中间层	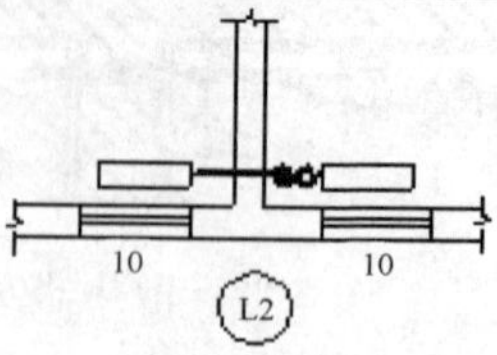	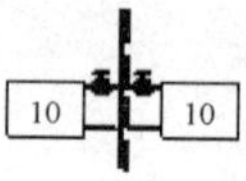
	底层	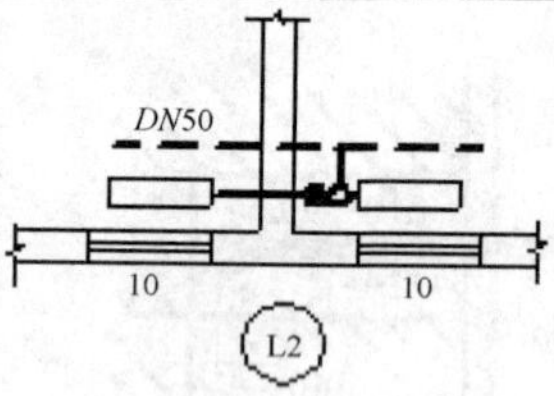	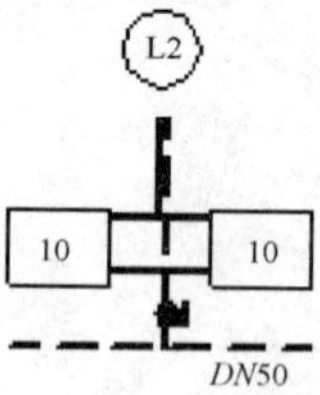
单管上分式	顶层	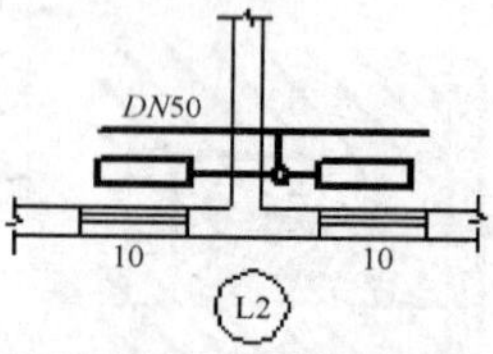	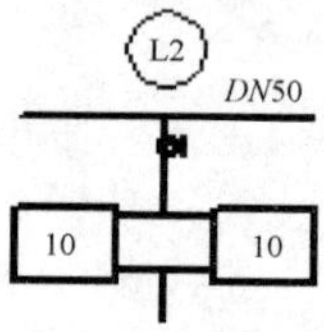
	中间层	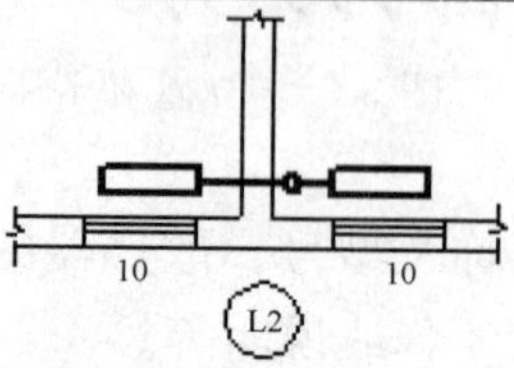	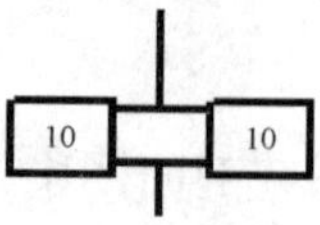
	底层	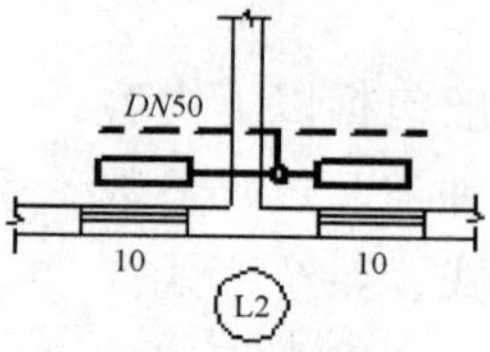	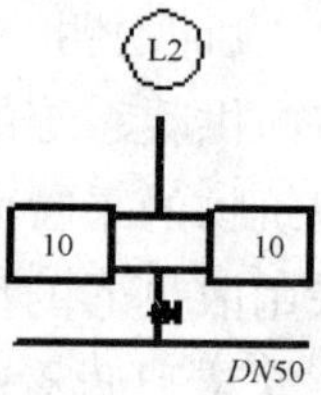

三、建筑电气施工图

1. 建筑电气施工图的一般规定

电气施工图是建筑电气技术人员进行设计施工、购置设备材料、编制审核工程概预算，以及指导电气设备的运行、维护和检修的依据。

电气施工图种类很多，一般按功用可以分成电气系统图、内外线工程图、动力工程图、照明工程图、弱电工程图及各种电气控制原理图等。

1）建筑电气施工图的特点

建筑电气施工图中连接导线使用非常多。导线可以采用多线和单线的表示方法。当每根导线均绘出时称为多线表示，如图 3-70 所示。当用单线表示的多根导线其中有导线离开或汇入时，一般可加一段短斜线来表示，如图 3-71 所示。导线上的短斜线的根数表示导线的根数，也可用短斜线加数字的方法来表示（图 3-72）。为了使表达的意义明确并且整齐美观，连接线一般水平和垂直布置，尽量减少交叉。

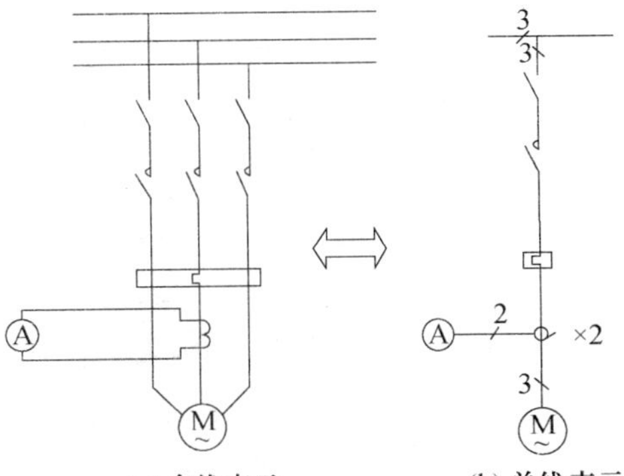

(a) 多线表示　　(b) 单线表示

图 3-70　导线的表示方法

建筑电气施工图中的电气元件和电气设备并不采用比例画其形状和尺寸，均采用图形符号进行绘制。

为了进一步对设计意图进行说明，在电气工程图上往往还有文字标注和文字说明，对设备的容量、安装方式、线路的敷设方法等进行补充说明。

2）建筑电气施工图的组成

建筑电气施工图由目录、设备材料表、施工说明、系统图、平面图等组成。

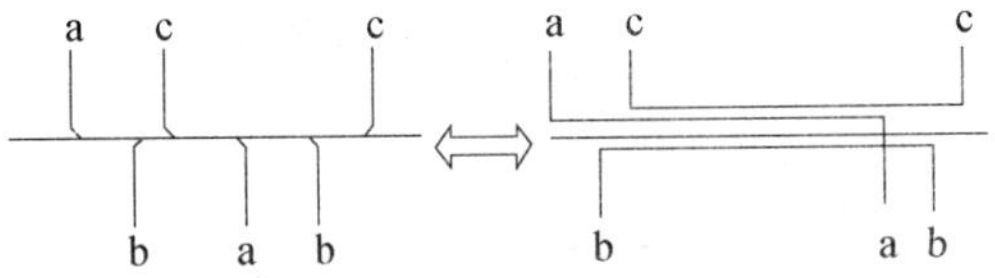

图 3-71　导线汇入或离开线组

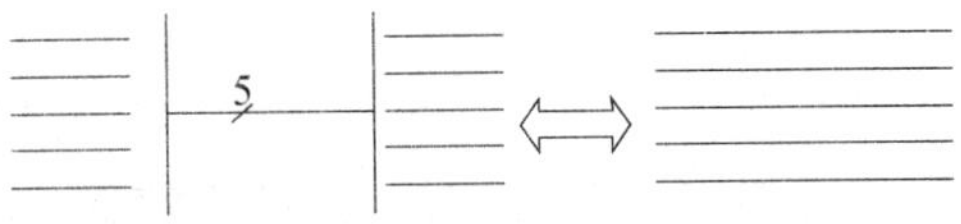

图 3-72　简图中导线的示意表示方法

3）电气线路在平面图上的表示方法

电气施工图一般都绘制在简化了的土建平面图上，为了突出重点，土建部分用细实线表示，电气管线用粗实线表示。导线的文字标注形式为：$a-b\ (c\times d)\ e-f$。其中，a 为线路的编号；b 为导线的型号；c 为导线的根数；d 为导线的截面积（mm^2）；e 为敷设方式；f 为线路的敷设部位。

例如：WP1－BV（3×50＋1×35）CTCE，则表示：1 号动力线路，导线型号为铜芯塑料绝缘线，3 根 $50mm^2$、1 根 $35mm^2$，沿顶板面用电缆桥架敷设。

又如：WL2－BV（3×2.5）SC15WC，则表示：2 号照明线路、3 根 $2.5mm^2$ 铜芯塑料绝缘导线穿钢管沿墙暗敷。

线路敷设方式及附设部位的文字符号见表 3-17、表 3-18。

表 3-17　线路敷设方式的文字符号

序号	中文名称	符号	备注
1	暗敷	C	
2	明敷	E	
3	铝皮线卡	AL	
4	电缆桥架	CT	
5	金属软管	F	
6	水煤气管	G	
7	瓷绝缘子	G	

续表

序号	中文名称	符号	备注
8	钢索敷设	M	
9	金属线槽	T（MT）	
10	电线管	C（PC）	
11	塑料管	PL（PCL）	含尼龙线卡
12	塑料线卡	PR	
13	塑料线槽	S（SC）	
14	半硬塑料管	FPC	
15	直接埋设	DB	

表 3-18　线路敷设部位的文字符号

序号	中文名称	符号
1	沿梁或垮梁敷设	B（AB）
2	沿柱或垮柱敷设	A（AC）
3	沿墙面敷设	W（WC）
4	沿天棚或顶面板敷设	CE
5	吊顶内敷设	SCE
6	暗敷在梁内	BC
7	暗敷在柱内	CLC
8	墙内敷设	W
9	地板或地面下敷设	F（FR）
10	暗敷在屋面或顶板内	CC

4）照明及动力设备在平面图上的标注方法

用电设备的文字标注为：$\frac{a}{b}$或$\frac{a}{b}+\frac{c}{d}$

其中，a 为设备编号；b 为额定功率（kW）；c 为线路首端熔断器或断路器整定电流（A）；d 为安装标高（m）。

配电箱的文字标注为：ab/c 或 a-b-c，当需要标注引入线的规格时，则标注为：

$$a\frac{b-c}{d\ (e\times f)\ -g}$$

例如：AP4（XL-3-2）÷40，则表示 4 号动力配电箱，其型号为 XL-3-2，功率为 40kW。

又如：AL4-2（XRM-302-20）÷10.5，则表示第四层的 2 号配电箱，其型号为 XRM-302-20，功率为 10.5kW。

照明灯具的标注形式为：$a-b\frac{e\times d\times l}{e}f$

例如：$10-YG_{2-2}\frac{2\times 40}{2.5}ch$

则表示 10 盏型号为 YG2-2 的双管荧光灯，采用链吊式安装方式，高度为 2.5m。

灯具的安装方式标注文字符号的意义见表 3-19。

表 3-19 照明灯具安装方式标注文字符号

序号	中文名称	符号
1	链吊	C
2	管吊	P（DS）
3	线吊	WP
4	吸顶	$(\overline{\mathrm{C}})$
5	嵌入	R
6	壁装	W

2. 照明工程施工图

1）识图步骤

首先看图纸目录—阅读施工图说明—电气总平面图—系统图—分层平面图—了解标准图集。

2）读图实例

以一栋三单元，六层砖混结构，现浇混凝土楼板为例，说明照明工程图的识读过程。见图 3-73～图 3-77。

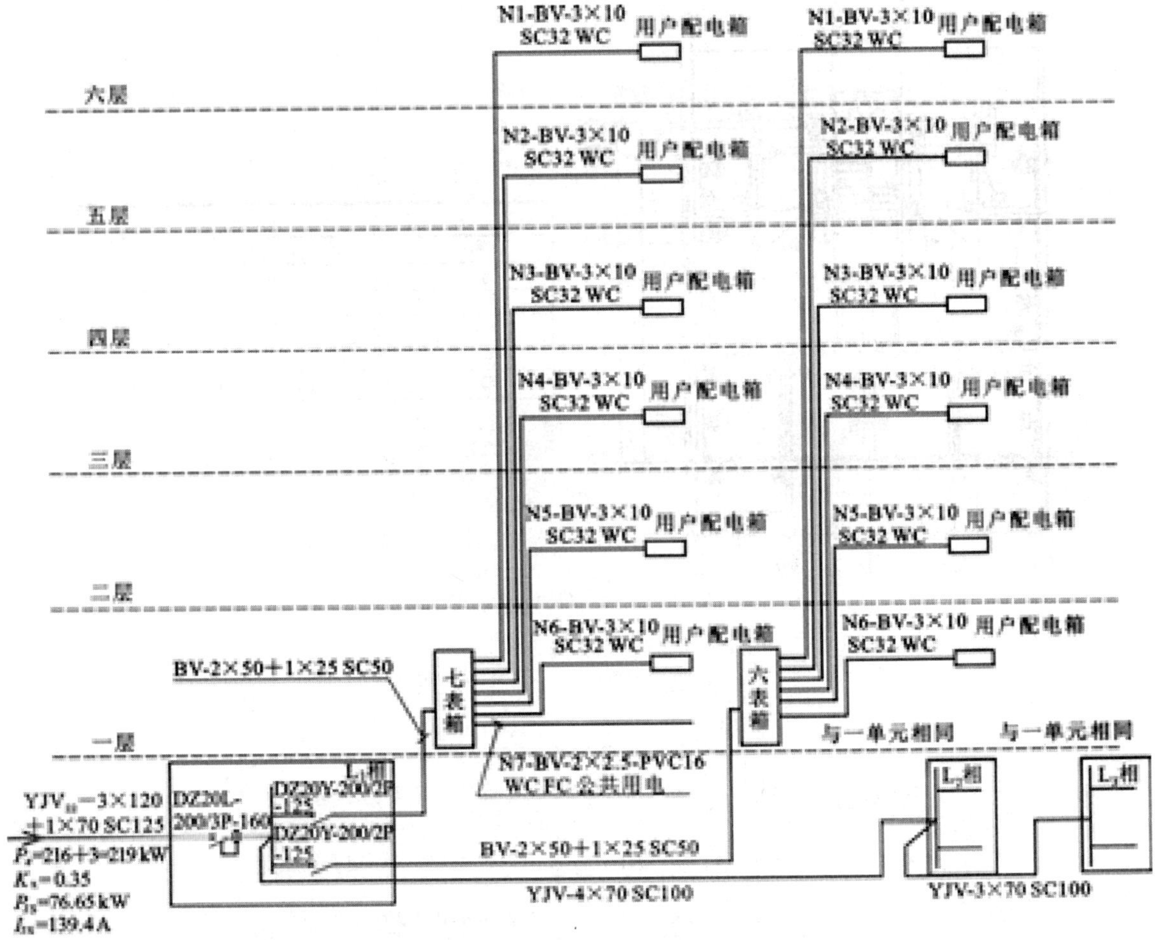

图 3-73 配电系统图

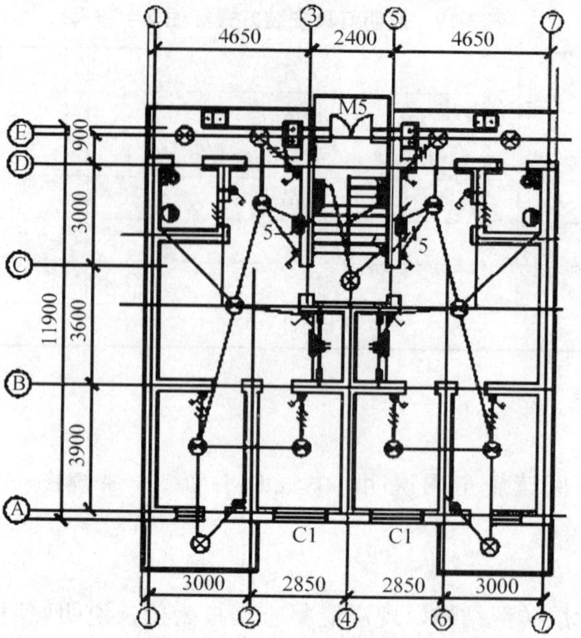

图 3-74　一层照明平面图

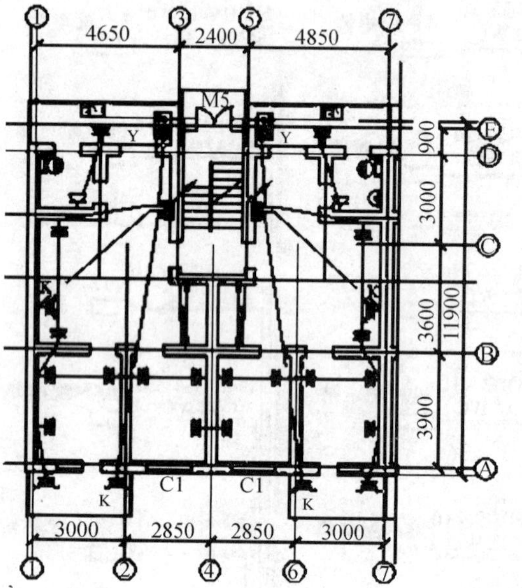

图　例	说　明
	一般插座距地0.3m
	卫生间防水插座距地1.8m
K	空调插座距地1.8m
Y	油烟机插座距地0.2m　防溅型
	阳台插座距地1.8m　带开关
	炊具插座距地0.5m　带熔断器

图 3-75　一层插座平面图

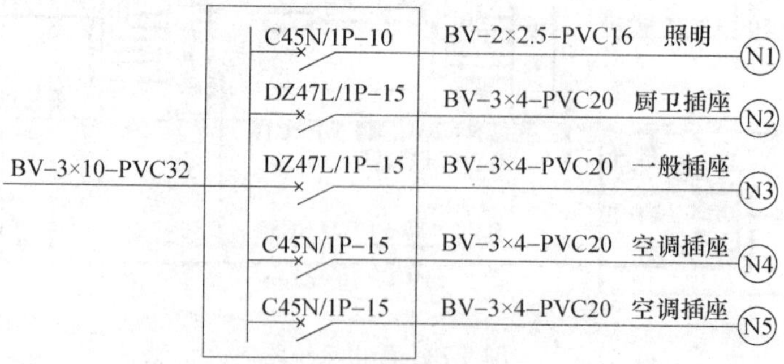

图 3-76　用户配电箱接线方案图

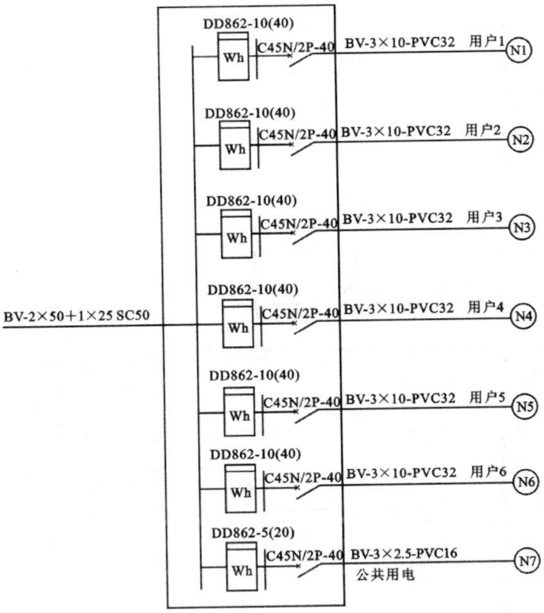

主要设备材料表

序号	图例	名称	规格	备注
1		照明电表箱	SFBX-q/7	700×600×180 距地1.5m
2		照明电表箱	SFBX-q/6	550×600×180 距地1.5m
3		电缆π接箱	非标准型	500×600×180 距地0.5m
4		户配电箱	XMR23-1	400×260×120 距地2.0m
5		电视分配器箱	非标准型	250×300×150 距地2.2m
6		电话组线箱	MXF604-30型	300×200×160 距地2.2m
7		花灯	200W	由甲方定型
8		吸顶灯	40W	由甲方定型
9		壁灯	40W	距顶0.2m留出线口
10		局部照明灯	15W	吸顶密闭型
11		暗装四极开关	250V 10A	距地1.3m
12		暗装三极开关	250V 10A	安装高度见平面图
13		暗装双极开关	250V 10A	安装高度见平面图
14		暗装单极开关	250V 10A	安装高度见平面图
15		安全型三极暗装插座	250V 16A	安装高度见平面图
16		带开关三极暗装插座	250V 10A	安装高度见平面图
17		安全型带开关单相暗装插座	250V 10A	安装高度见平面图
18		密闭接地单相插座	250V 10A	安装高度见平面图
19		暗装接地五孔单相插座	250V 10A	安装高度见平面图
20		暗装接地五孔带熔断器插座	250V 10A	
21		电视插座		距地0.3m
22		电话插座		距地0.3m
23		对讲防护门系统	由甲方定型	
24		呼叫户内话机		

图 3-77 七表箱接线方案图

为便于理解图 3-74 中的接线关系，以从客厅到卧室的支线为例画出了接线原理图，如图 3-78所示。

图 3-79 画出了接线原理图和平面图，不得在管线中间进行导线接头，而只能在接线盒或灯头盒及开关盒内进行。

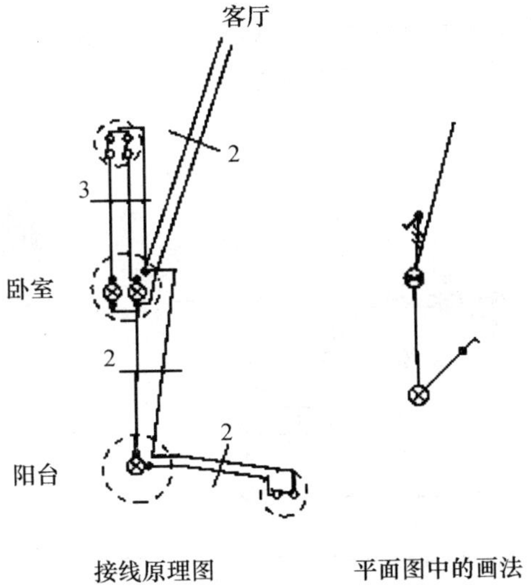

图 3-78 照明灯具接线根数关系

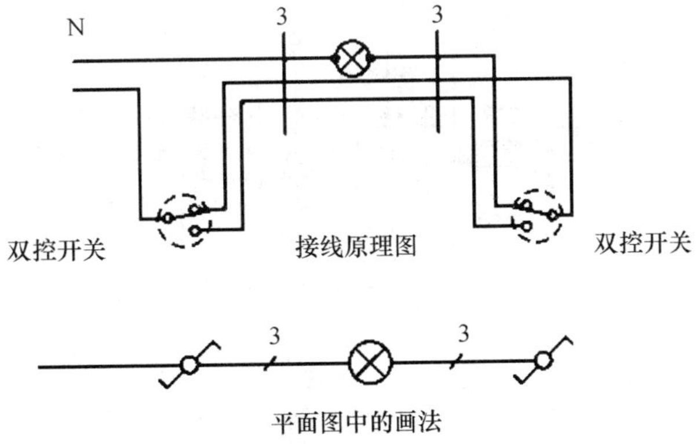

图 3-79 两地控制同一照明灯具接线关系

3. 防雷接地平面图读图示例

1）防雷工程平面图

设计说明：本建筑防雷按三类防雷建筑物考虑，用 $\phi10$ 镀锌圆钢在屋顶周边设置避雷网，每隔 1m 设置一处支持卡子。

利用构造柱内主筋作为防雷引下线，共分八处分别引下，要求作为引下线的构造柱主筋自下而上通长焊接，上面与避雷网，下面与基础钢筋网连接，施工中注意与土建密切配合。所有突出屋面的金属管道及构件均应与避雷网可靠连接。

图 3-80 为一住宅楼的屋顶防雷平面图。

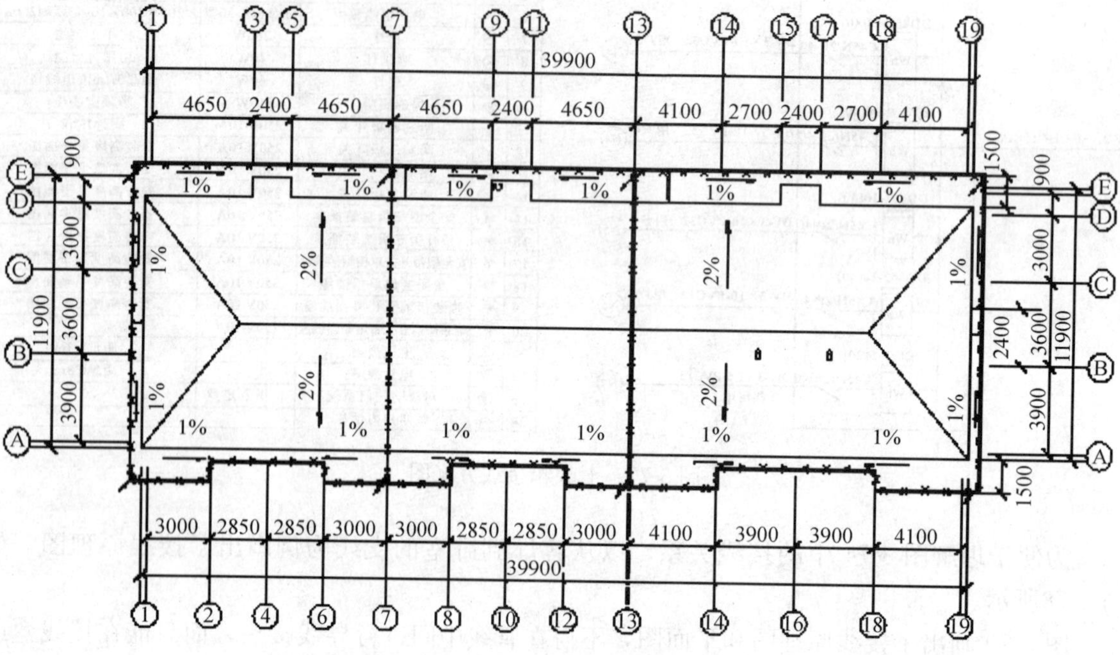

图 3-80　屋顶防雷平面图

2）接地平面图

图 3-81 为总等电位连接平面图，由于整个连接体都与作为接地体的基础钢筋网相连，可以满足重复接地的要求，故没有另外再做重复接地。大部分做法采用标准图集，图中给出了标准图集的名称和页数。

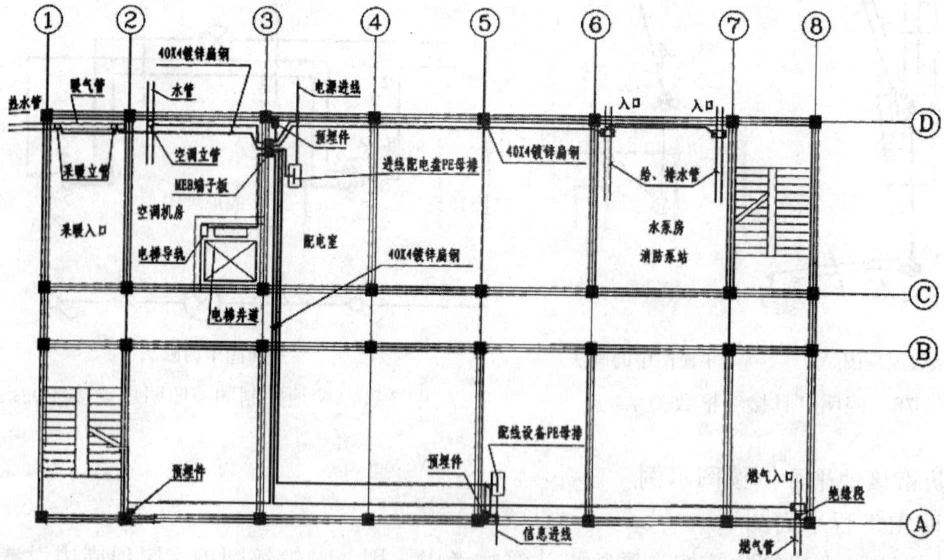

图 3-81　干线及总等电位接地平面图

4. 建筑电气控制电路读图示例

1）电动机控制

点动与长动控制：图 3-82 中 KM 为一接触器，接触器实质是一个电磁开关，当接触器线圈得电时，在电磁铁作用下，动合触点闭合，动断触点打开。

在图 3-83 中与 SB 并联了一个 KM 辅助动合触点，当 KM 得电后 SB2（启动按钮）由于辅助触点的闭合而失去了作用，称该辅助触点为自锁触点。

正反转控制：电动机的转动方向取决于通入三相绕组中电流的相序，所以只要对调接到电动机上三根相线的任意两根线的位置就可改变电动机的转向。

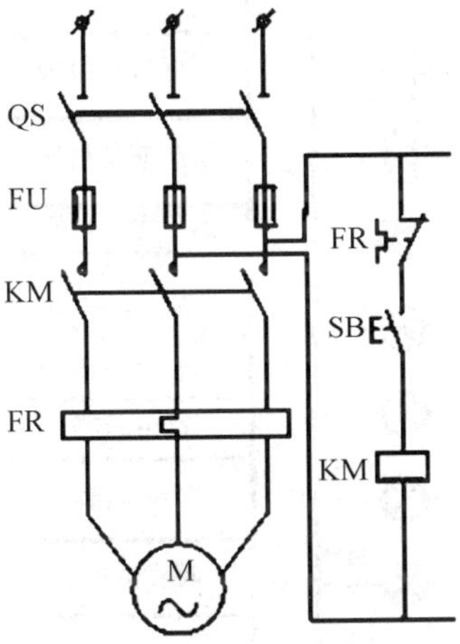

图 3-82　点动控制电路

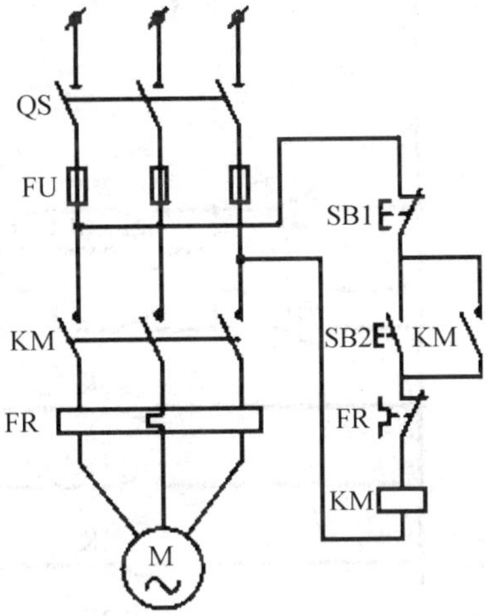

图 3-83　长动控制电路

图 3-84 中，SB2 为正转启动按钮，注意到在 KM1（正转接触器）的控制回路中串入了 KM2 的辅助触点，这样做的目的是为了防止 KM1、KM2 同时得电而发生短路事故。这两个触点具有相互制约的作用，称为互锁触点。

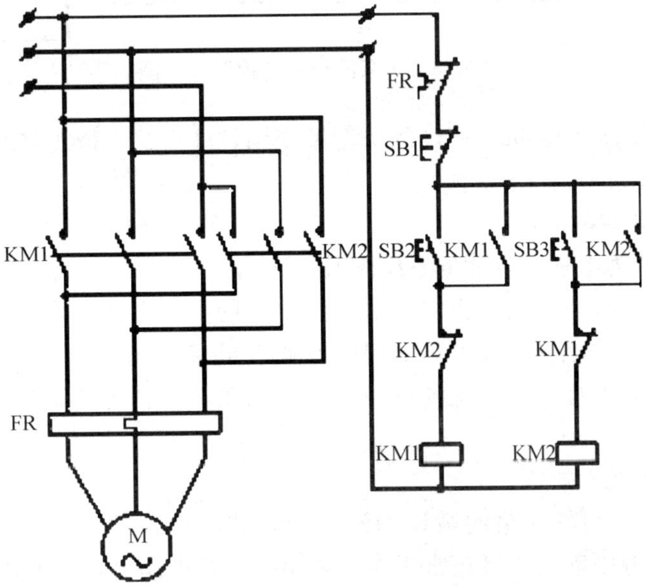

图 3-84　正反转控制电路

2）单台水泵直接启动控制线路

图 3-85 为一单台水泵直接启动液位控制装置，它除了可以进行低水位（补水 B 型）自动启动水泵外，还可以实现高水位（排水 P 型）自动启动水泵进行排水。此外，还可以进行声音高低水位的报警。

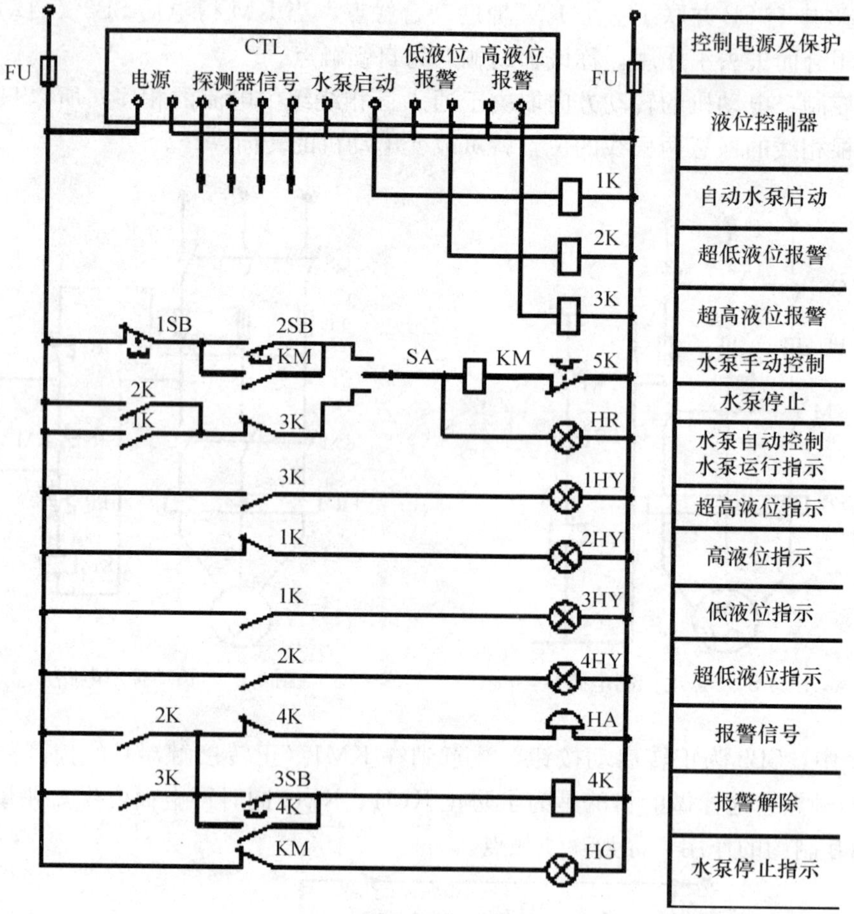

图 3-85　水泵液位自动控制原理图

液位测试信号可以根据所选传感器的类型及现场具体情况进行线路的敷设。

5. 建筑弱电电气施工图

1）有线电视、电话系统

图 3-86、图 3-87 为电视、电话的系统图及平面图。从图中可以看出，电话及有线电视均采用电缆埋地引入后在地下层明敷再穿管引至各单元的电话组线箱和电视分配器箱。而电视及电话设备的安装一般由电视台及电讯部门的专业人员来完成。从平面图可看出在楼梯间设了主线箱及分配器箱，客厅和主卧室各设一个电视插座，电话系统采用传统布线方式，每户考虑两对线。

2）对讲防护门系统

由图 3-88、图 3-89 可知线路的敷设和设备的安装要求，采用的是 DH 型对讲防护门系统，该系统为保证电源中断后仍可正常工作，采用不间断电源 UPS。UPS 的电源引自设于一层的七电表箱。

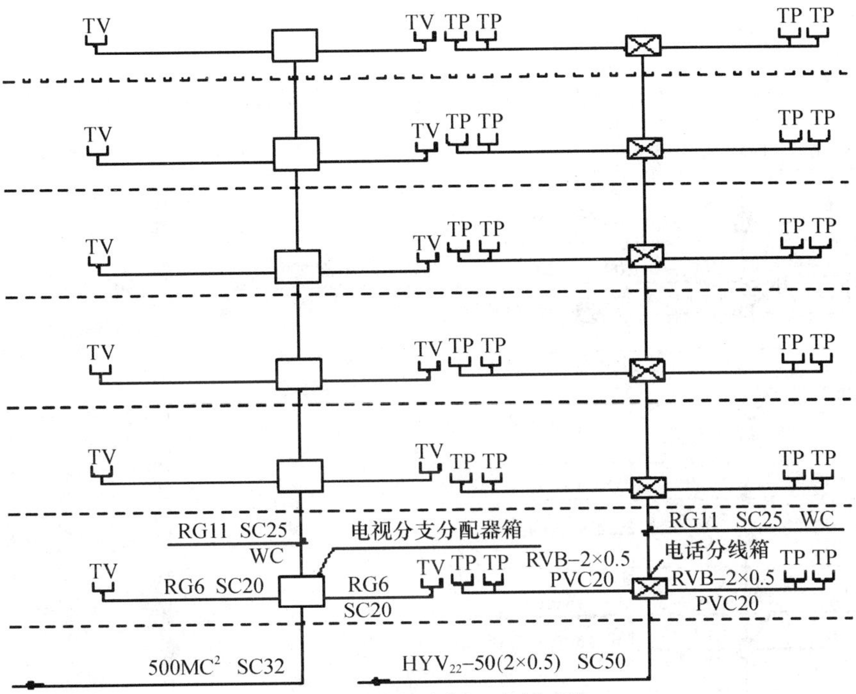

图 3-86　有线电视、电话系统

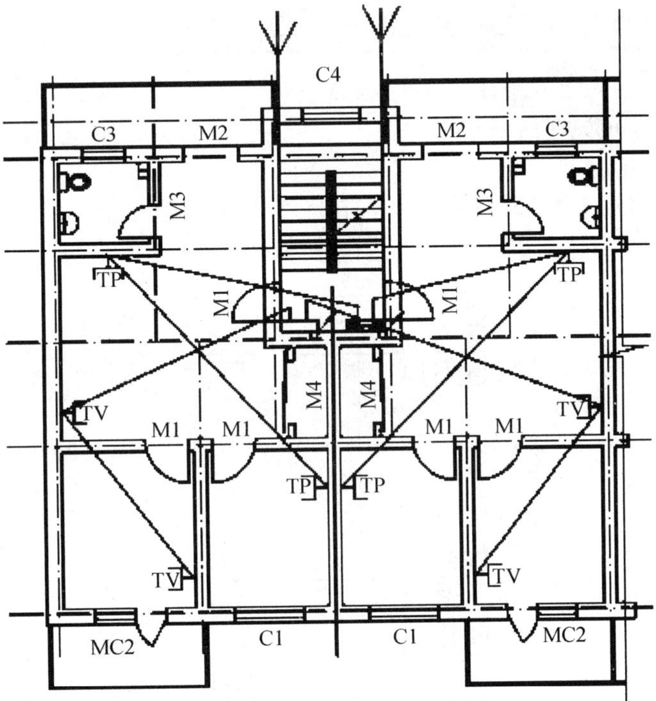

图 3-87　标准层弱电平面图

6. 住宅智能化系统

1）三表自动抄收系统

所谓三表出户是指电能表、水表和煤气表通过传感器将计量信号集中传输到一个集中的计量箱，集中显示管理数据。

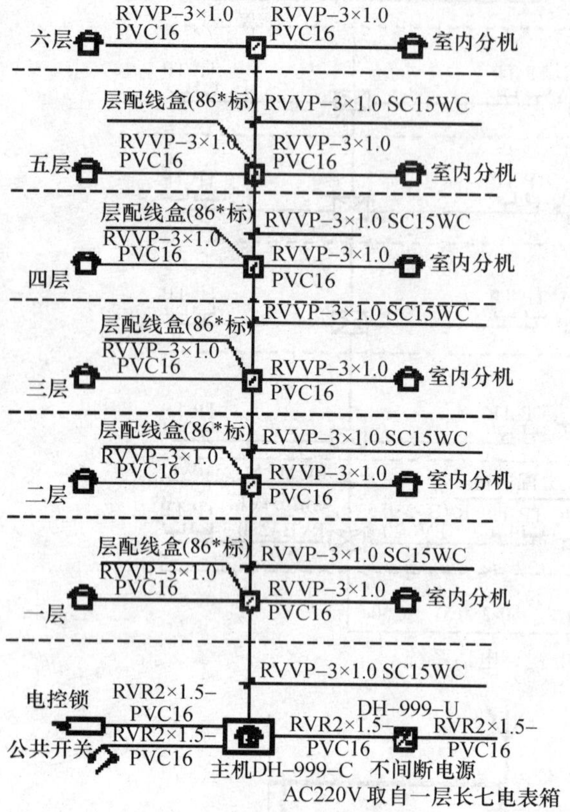

图 3-88 对讲防护门系统图

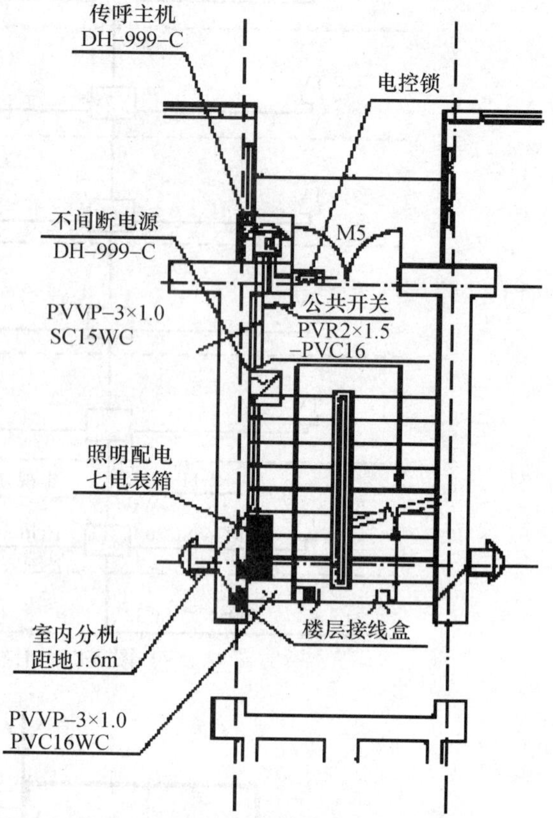

图 3-89 首层对讲防护门布线平面图

图 3-90 为一典型的三表自动抄收系统，在图中电能表在智能电表箱内，两块水表可以是一块为冷水表，另一块为热水表，也可以是位于不同给水干管的用水计量。

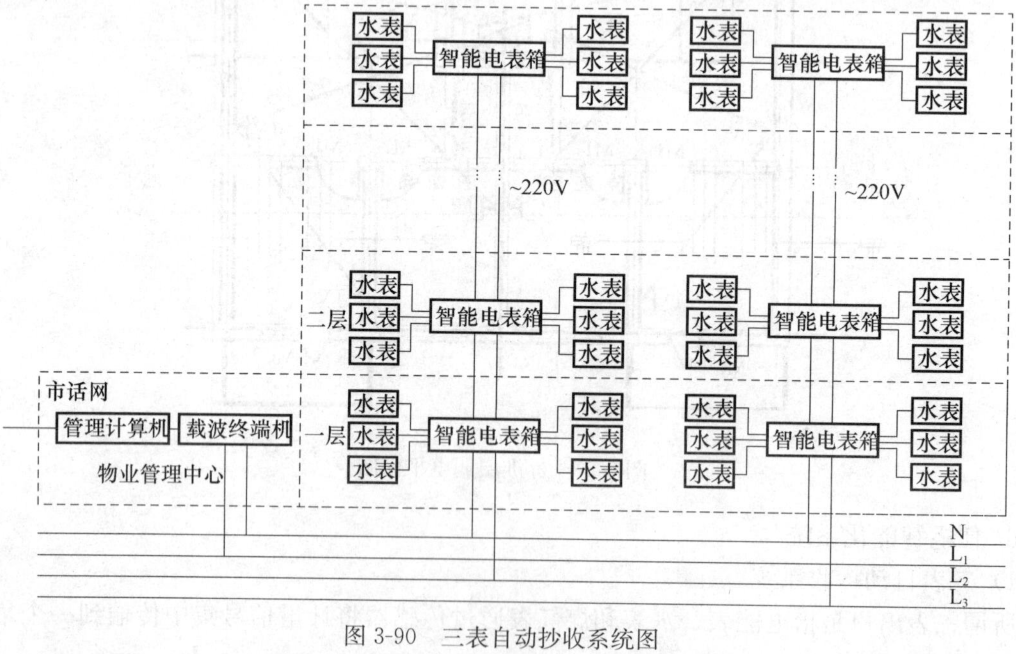

图 3-90 三表自动抄收系统图

2）家庭智能化系统

图 3-91 中绘出了煤气泄漏探测器、被动红外探测器、水、气表传感器及门磁、窗磁、紧急按钮等器件的安放位置及安装的要求。

图 3-92、图 3-93 为系统图。该图给出了整个系统布线的总体情况。

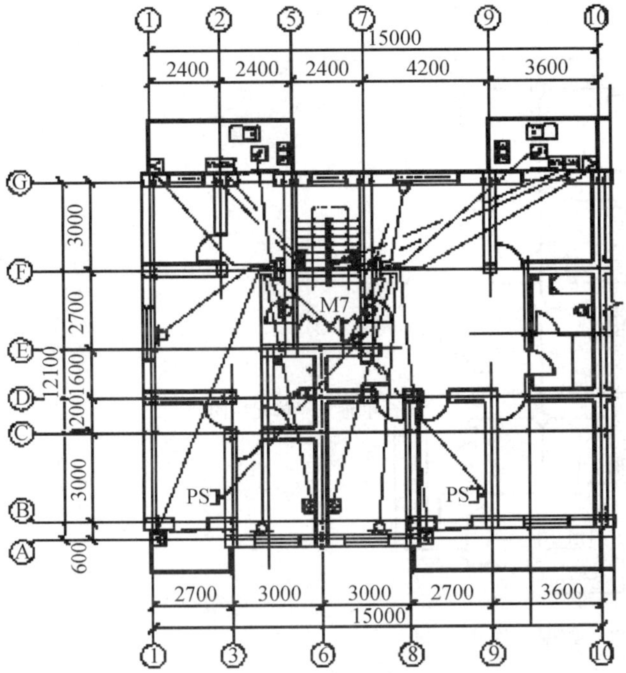

序号	图例	名　称	备　注
1		煤气泄露控测器	吸顶安装
2		被动红外控测器	距顶0.3m安装
3		家庭智能终端盒	与话机合为一体
4		水表 WM	
5		气表 GM	
6		紧急按钮	距地1.3m安装
7		门磁、窗磁	
8		数据插座	距地0.3m安装

图 3-91　家庭智能安防组合平面图

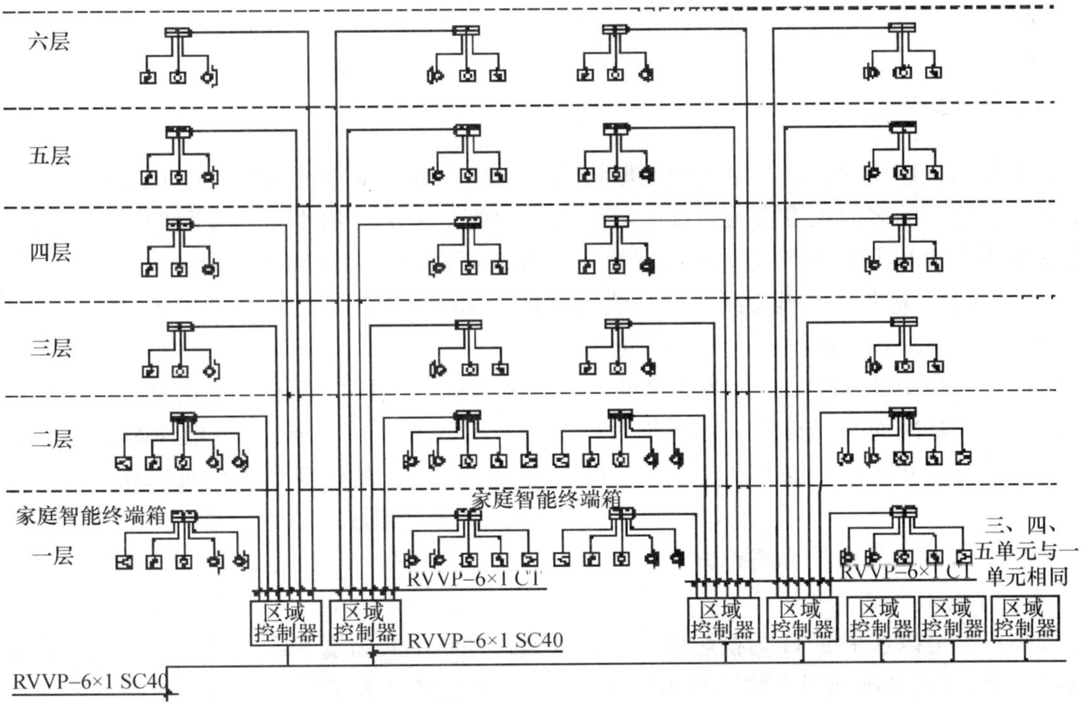

图 3-92　家居智能安防系统图

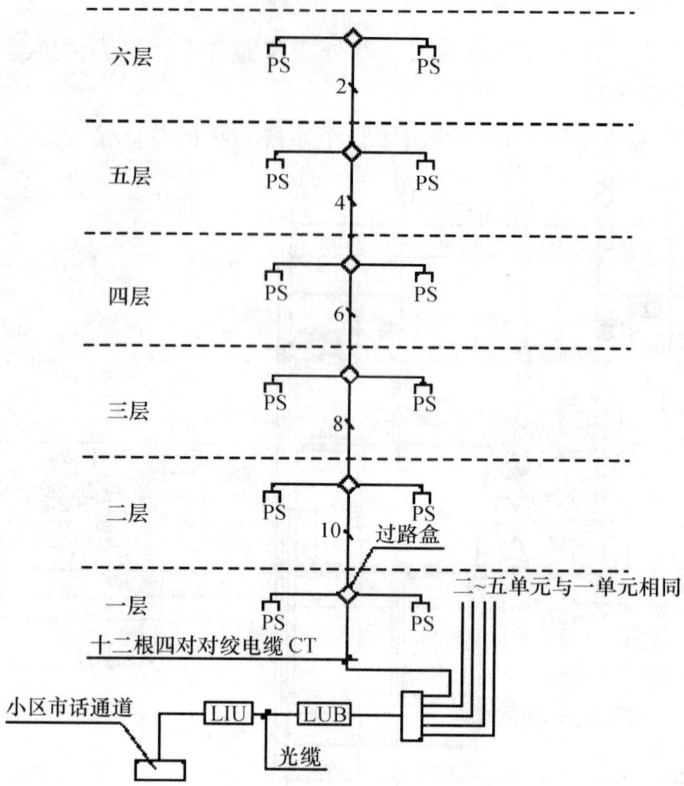

图 3-93　数据插座系统图

第六节　市政工程施工图

一、标高投影

对于地形、地貌的表达，由于地面形状的复杂性，而且地形的高度、宽度之间相差很大，故采用前面使用的多面正投影图很难清楚表达。为此常采用一组平行、等距的水平面与地面截交线向水平的基准面进行投射，得到的一组标有高度数字水平面投影图，称为标高投影，如图 3-94 所示。称各水平截交线为等高线。这种用标注高度数字的等高线来表达空间形体形状的方法称为标高投影法。

标高投影图中的基准面一般为水平面，当以海平面（我国以黄海的平均海平面高度作为基准高度）为基准面时，其标高称为绝对标高，尺寸单位为米（m），一般注写带小数后两位，且不注写尺寸单位。也可以设定某一水平面为基准面，其标高则为相对标高，高于其基准面为“＋”（不注写“＋”号），低于其基准面为“—”（需注写“—”号）。

1. 点、直线、平面的标高投影

1）点的标高投影

标高投影是以水平面 H 为投影面，称为基面，并约定其高度为零。基准面以上的高程为正（可省略＋），基准面以下的高程为负（—），单位为米。为了表示几何元素间的距离或线段的长度，标高投影中要附以比例尺。

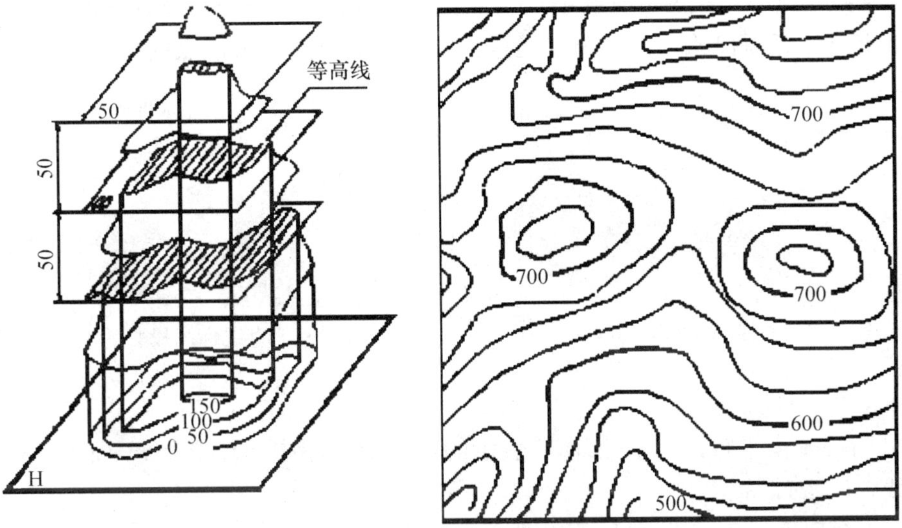

图 3-94 标高投影的形成

将点向 H 面作正投影，在点的水平投影旁，标注出该点与水平投影面的高度距离（高程），便得到该点的标高投影，如 a_5 表示 H 平面上方 5m 处的 A 点投影，b_{-3}表示 H 平面下方 3m 处的 B 点投影。用比例尺丈量，即可知 A、B、C 任意两点间的实际水平距离（图 3-95）。

2）直线的标高投影

在直线的 H 面投影 ab 上，标出它的两个端点 a 和 b 的标高，就是直线 AB 的标高投影。例如 a_4、b_2（图 3-96）。

直线的标高投影还可以用直线上一点的标高投影，并标注直线的坡度和方向表示。如图 3-97中箭头表示下坡方向，i 为直线的坡度符号，表示直线上任意两点的高度差与其水平距离之比。

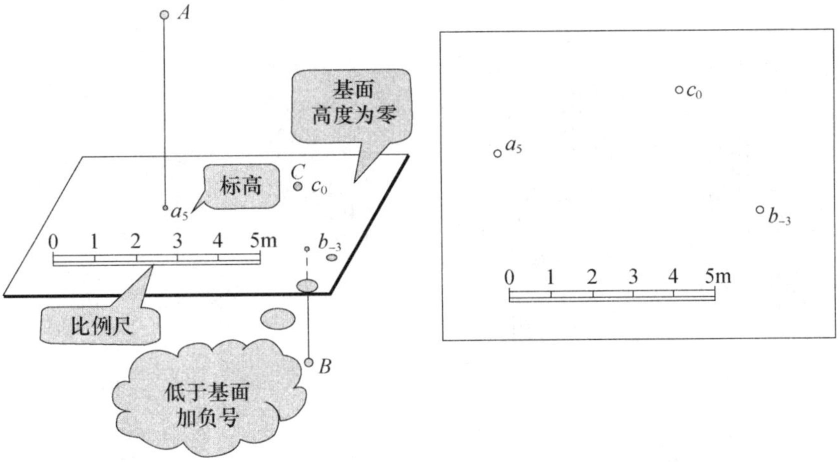

图 3-95 点标高投影

当直线上两点间的高度差为 1 个单位时，它们的水平距离称为直线的平距，用符号 l 表示。已知直线 AB 的标高投影，它的长度，即 AB 的水平距离为 L，AB 两点间的高差为 H，则直线的坡度 $i=H/L$；直线的平距 $l=L/H$；平距＝1/坡度。当 i 值越大，表示直线越陡，坡度愈大，平距 l 愈小；相反 i 值越小，表示直线越缓，坡度愈小，平距 l 愈大。据此可以在已知直线上定出任意高程的点，也可以通过已知直线上的点，求该点的高程。

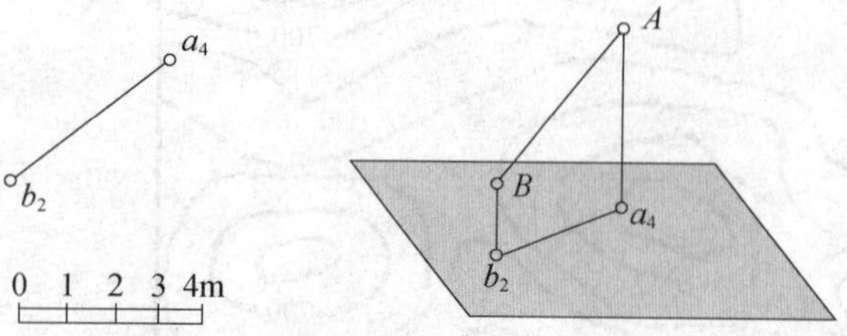

图 3-96　直线 AB 的标高投影

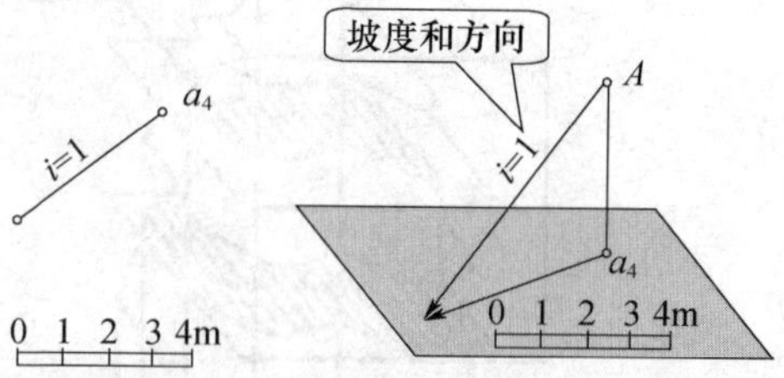

图 3-97　直线标高投影的坡度和方向表示

3）平面的标高投影

图 3-98 为一个由平行四边形 $ABCD$ 表示的平面 P，图中 AB 位于 H 面上，是平面 P 与 H 面的交线，以 PH 标记。

如果以一系列平行于基准面 H 且相距为一单位的水平面截割平面 P，则得到 P 面上一组水平线 I-I、II-II 等，他们的 H 投影为 1-1，2-2 等，称为该平面的等高线。

平面 P 的等高线都平行于 PH，且间隔相等。这个间隔，称为平面的间距。平面的等高线为一组相互平行的水平线，其标高投影仍相互平行。

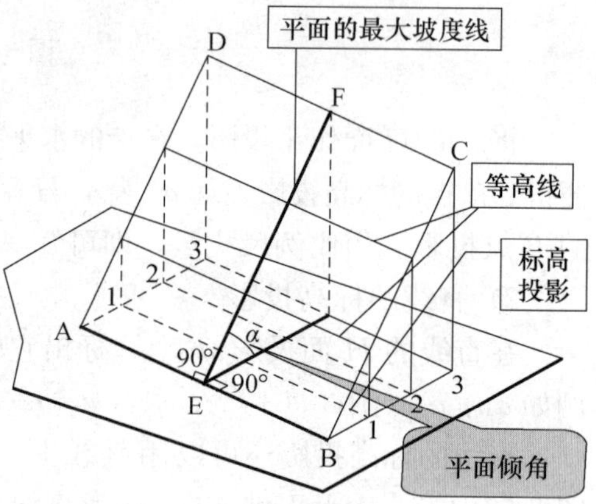

图 3-98　平面的标高投影

4）求平面交线

在标高投影中，两平面（或曲面）或相互平行或相交。两平面（或曲面）的交线，就是两平面（或曲面）上相同高程等高线交点的连线，如图 3-99 所示。相邻两坡面的交线称为坡面交线；坡面与地面的交线称为坡脚线（或开挖线）。

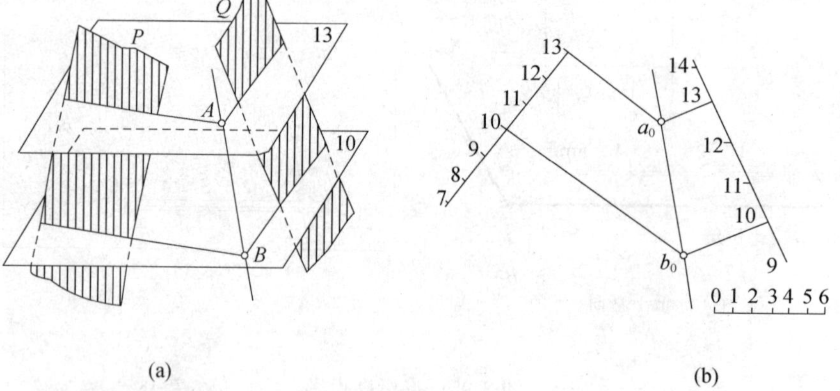

图 3-99　两平面交线

用引辅助平面的方法可求它们的交线。所引辅助平面与两已知平面的交线，分别是两已知平面上相同整数标高的等高线，他们必然相交于一点。引两个辅助平面，可得两个交点，连接起来，即得交线。

2. 曲线和曲面的标高投影

曲线的标高投影，由曲线上一系列点的标高投影的连线表示。如图 3-100（a）所示，为呈水平位置的曲线，即为等高线，只标注一个标高；如图 3-100（b）所示为非水平曲线的标高投影。

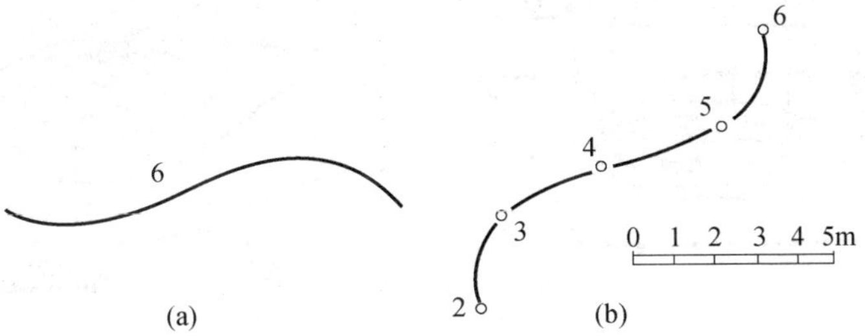

图 3-100　曲线的标高投影

曲面的标高投影，由曲面上一组等高线表示。如图 3-101 所示为圆锥面的标高投影。可见正圆锥面的标高投影是一组等距的同心圆，而斜圆锥面坡度大的一侧等高线较密，坡度小的一侧等高线较稀。

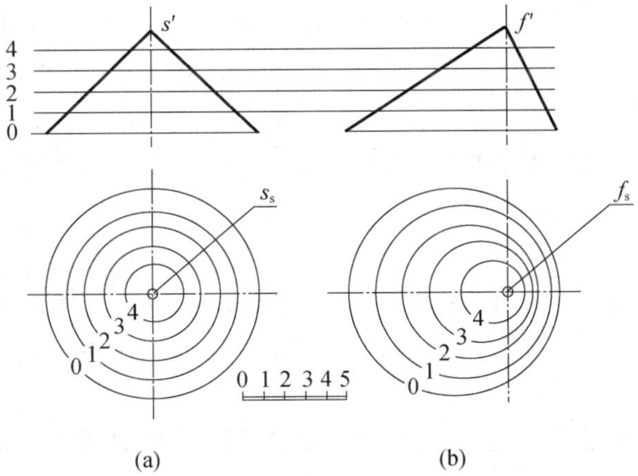

图 3-101　圆锥面的标高投影

地形图是以一系列整数高程的水平面与山地相截，将所得的截交线投影到水平面上，即得一系列不规则形状的地形等高线，注上相应的高程，就是山地标高投影图（图 3-102）。地形图中逢 0、5 的地形等高线用粗实线画出，称为计曲线。等高线上的高程数字的字头按规定指向上坡方向，相邻等高线之间的高差称为等高距。

二、道路工程图

道路是供车辆及行人等通行的工程设施。按其使用特点可分为铁路、公路、城市道路等。这里主要以公路及城市道路作为介绍对象。

道路的基本组成部分包括路基、路面、桥梁、涵洞、隧道、防护工程以及排水设备等构造物。道路工程图是由表达路线整体状况的路线工程图（路线平面图、路线纵断面图、路基

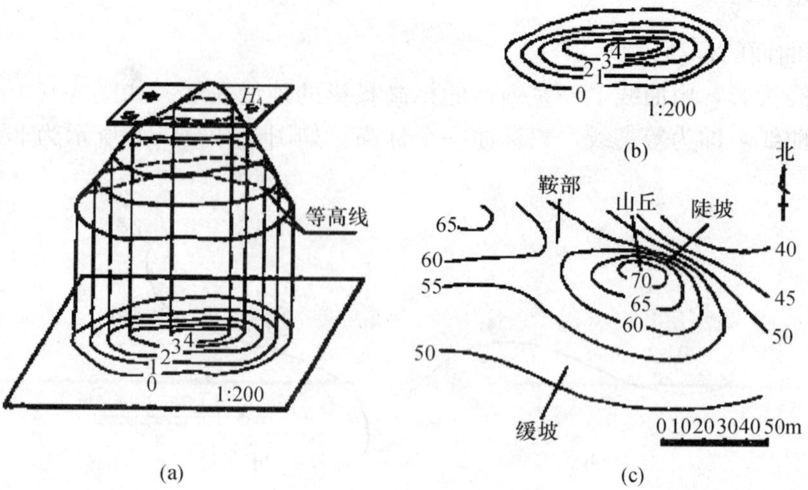

图 3-102　地形面的标高投影

横断面图）和表达各工程实体构造的桥梁、隧道、涵洞等工程图组成。

道路的竖向高差和平面弯曲变化都是与地形起伏紧密相关的，因此其图示方法有其自身的特点。一般以地形面的标高投影图作为平面图，以纵向展开断面图作为立面图，以横断面作为侧面图，并且大都各自画在单独的图纸上，主要运用这三种工程图，来表达道路的空间位置、线型和尺寸。

1. 道路路线平面图

路线平面图用以表达路线的方向、平面线型（直线和左、右弯道）以及沿线两侧一定范围内的地形、地物状况。

1）地形部分

比例尺：山岭区采用 1∶2000；丘陵和平原区采用 1∶5000。

路线方位：有两种表示方法：一是使用指北针，其箭头所指方向为正北方。二是采用坐标网，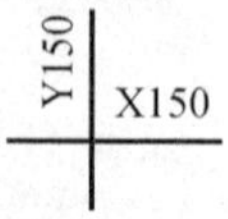

表示 X 轴为南北线，正向为北；Y 轴为东西线，正向为东。该坐标网表示距坐标网原点北 150、东 150 单位（m）。

地貌：用等高线表示。等高线越稠密，表示高差越大，反之，高差越小。相邻等高线高差为 2m。

地物：用图例表示。常用图例见表 3-20。

表 3-20　道路工程常用地物图例

名称	图例	名称	图例	名称	图例
机场		港口		井	
学校		变电室		房屋	
土堤	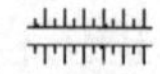	水渠		烟囱	
河流		冲沟		人工开挖	

名称	图例	名称	图例	名称	图例
铁路		公路		大车道	
小路		低压电线高压电线		电讯线	
果园	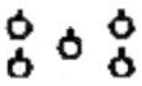	旱地	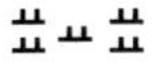	草地	
林地		水田		菜地	
导线点	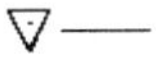	三角点		图根点	
水准点		切线交点		指北针	
涵洞		通道		隧道	
桥梁（大、中桥按实际线度绘制）	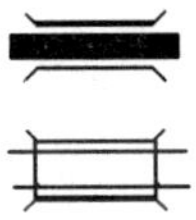	分离式立交 a）主线上跨 b）主线下穿	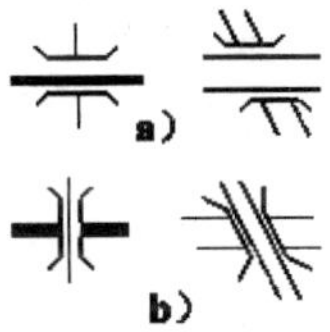	互通式立交	
养护机构		管理机构		隔离墩	
防护栏					

2）路线部分

路线平面图中采用粗实线表示道路中心线（设计线）；路线的长度用里程表示，由左往右递增。路线左侧表示为公里桩，两个公里桩之间路线上用垂直于路线的短线表示百米桩（图 3-103）。

图中沿路线每隔一定距离设有水准点，作为附近路线上测定线路桩之用。

 BM1 / 53.173 BM1 表示 1 号水准点；53.173 为 1 号水准点的高程，单位为（m）。

路线的平面线型有直线和曲线。对于曲线路线的转弯处，用交角点编号表示，如 JD6 表示为 6 号交角点。α 为偏角（α_z 为左偏角，α_y 为右偏角），指沿路的前进方向向左或向右偏转的角度。还有圆曲线设计半径 R、切线长 T、曲线长 L、外矢距 E 以及设有缓和曲线的缓和曲线长 L_S 都可以在路线平面图中的曲线表中查得。路线平面图中对曲线还需标出曲线起点 ZY（直圆）、中点 QZ（曲中）和曲线终点 YZ（圆直）的位置，对带有缓和曲线的路线则需标出 ZH（直缓）、HY（缓圆）和 YH（圆缓）、HZ（缓直）的位置，如图 3-104 所示。

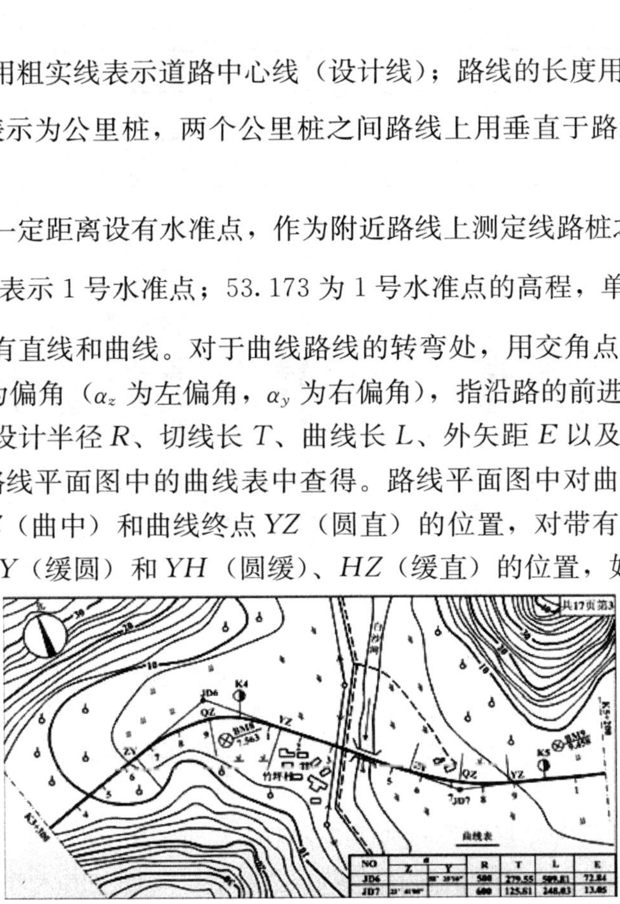

图 3-103　路线平面图

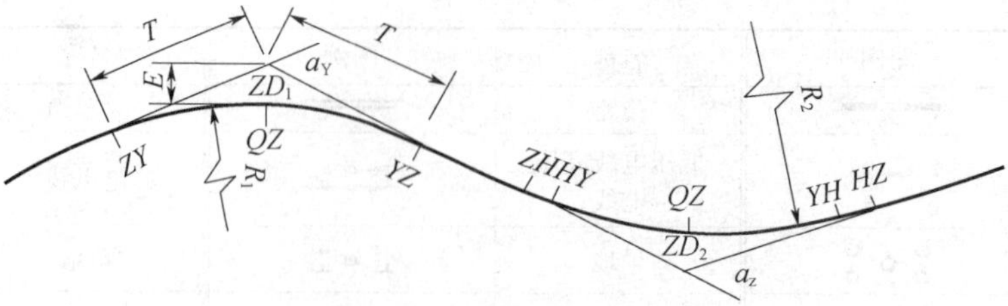

图 3-104　平曲线的几何要素

2. 路线纵断面图

沿着道路中线竖向剖切的展开图即纵断面图，表示路线中心的地面起伏状况以及路线的纵向设计坡度和竖曲线，用以研究路线线位高度及坡度变化情况的过程（图 3-105）。纵断面图的长度就是路线的长度。

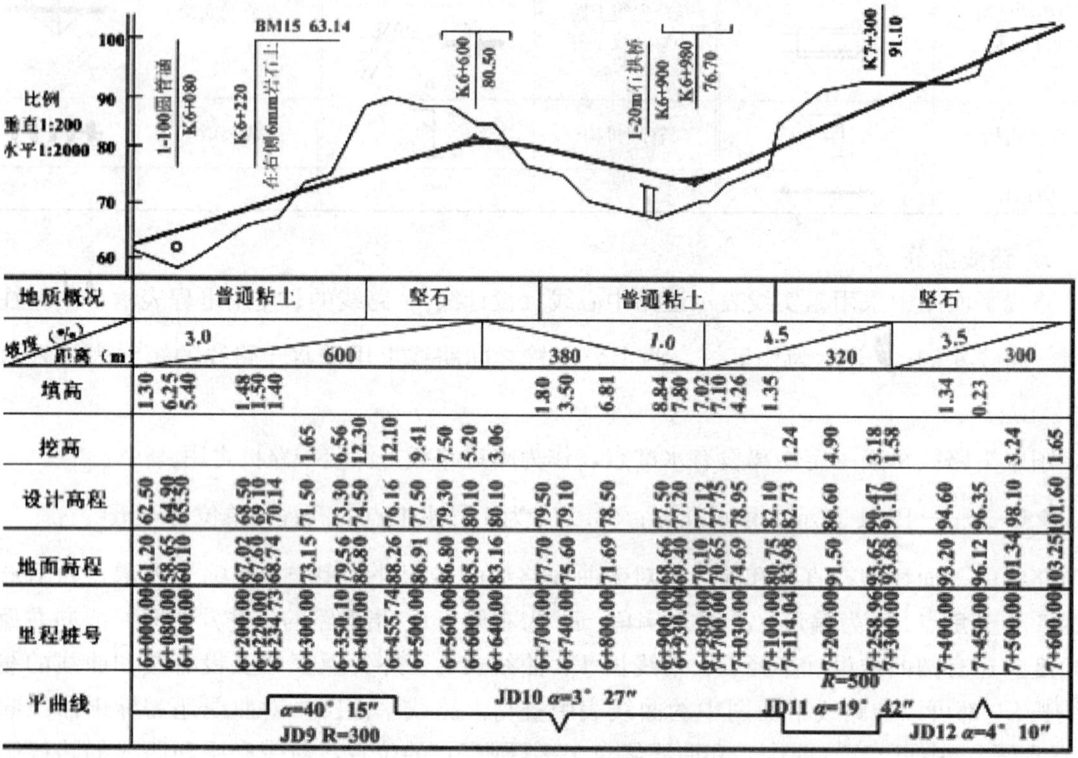

图 3-105　道路路线纵断面图

1）图样部分

水平方向表示长度，垂直方向表示标高。垂直方向比例为 1∶200 或 1∶500，水平方向额为 1∶2000 或 1∶5000；垂直方向比水平方向放大十倍。

地面线（细实线），是设计中心线（中心桩）原地面高程连线。设计线（粗实线），代表路基边缘点设计高程。

竖曲线分为凸形曲线和凹形曲线。如图 3-106（a）所示。

该段路线为凸形曲线，曲线半径 R 为 2000m，切线长 T 长 40m，外距 E 为 0.40m，K6＋600 为边坡点桩号，80.50 为变坡点高程。

桥涵、隧道、涵洞、通道统称构造物，其规格和中心桩号的表示，如图 3-106（b）所示。

表示在里程桩 K6＋900 处有一座单跨 20m 的石拱桥，桥中心桩号为 K6＋900。

水准点里程、编号、高程和具体位置的表示如图 3-106（c）所示。

表示在里程桩 K6＋220 右侧岩石上设有一水准点，水准点编号为 BM15，高程为 63.14m。

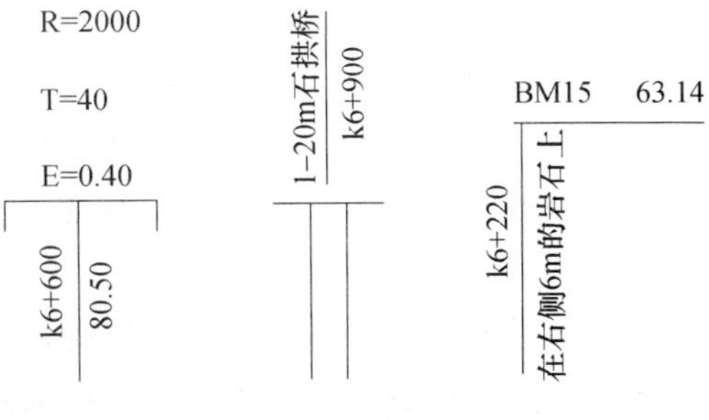

图 3-106　纵断面图中的部分符号

2）资料部分

路线的地质状况和坡度/坡长在路线纵断面图的资料部分中分别表示。其中地质状况用于为设计和施工提供依据。坡度/坡长的表示见表 3-21。

表 3-21　坡度/坡长符号的含义

表示符号	表达含义
3.0 / 600	表示路线为上坡，坡度 3.0%，坡长 600m
1.0 / 380	表示路线为下坡，坡度 1.0%，坡长 380m
3.0 / 600 ｜ 1.0 / 380	其中分格线“｜”表示两边坡点位置，与图形部分边坡点里程一致

路线的纵坡即路线的纵线坡度，为高差与水平距的比值，用 i 表示。国家规范中对各等级公路中的最大纵坡和最小纵坡都有明确的规定。路线的最小纵坡为 0.3%～0.5%，一般情况下 0.5%为宜，以满足排水要求。坡度太大，行车困难，上坡速度低，下坡危险，故最大纵坡不能超出表 3-22 中所示坡度。限制纵坡对山区公路而言，可以缩短里程，减低造价。

表 3-22　最大纵坡

设计速度（km/h）	120	100	80	60	40	30	20
最大纵坡（%）	3	4	5	6	7	8	9

路线纵断面图中的直线及平曲线，符号表示左转弯的圆曲线；表示右转弯的圆曲线。

路线纵断面图中千米桩、百米桩、二十米整桩、曲线要素点桩、构造物中心点以及加桩均编有相应桩号。与里程桩号点对应标有高程，分别为设计高程（路基边缘点设计高程）、地面高程（原地面点中心点标高），用以计算填挖高度。

纵断面上两个坡段的转折处，为了便于行车，用一段曲线来缓和，称为竖曲线（见图 3-107）。相邻两条坡度线的交点称为变坡点；相邻两条坡度线的坡度值之差称为变坡角，用 w 表示。$w=\alpha_2-\alpha_1=\mathrm{tg}\alpha_2-\mathrm{tg}\alpha_1=i_2-i_1$。

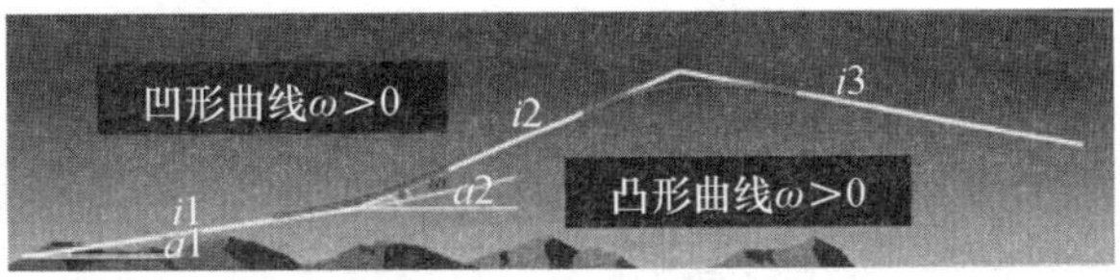

图 3-107　路线纵断面图中的竖曲线

3. 路线横断面图

路线横断面图是由一个假设垂直的剖切平面，垂直于设计路线所得到的剖切图形，它是作为计算土石方和路基施工时的依据。

横断面图是由路基轮廓线、路基中心线、路基边坡、路基宽度和地面线组成。

1）路基横断面图的基本形式

路基横断面图的基本形式有三种，如图 3-108 所示。

填方路基即路堤，在填土地段称为路堤。填土边坡一般为 1∶1.5；挖方路基即路堑，在挖土地段称为路堑，边坡的大小视土质的坚硬程度而定，挖土边坡一般为 1∶1，岩石边坡可用 10∶1；既有路堤又有路堑的路基称为半填半挖路基。

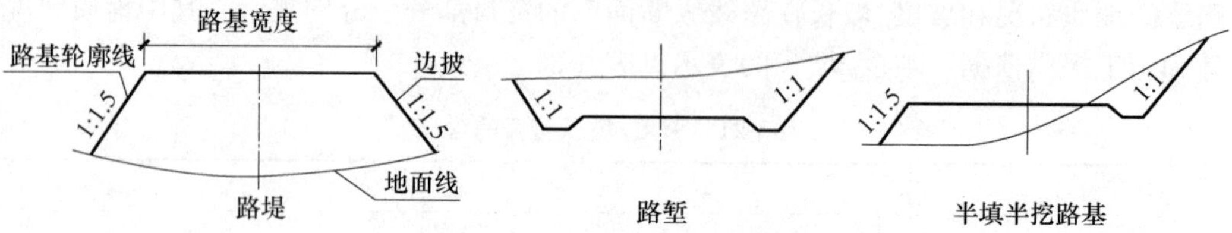

图 3-108 横断面图的三种形式

2）路基断面图的表示方法

图 3-109 所示为道路从 K0＋840 到 K1＋000 一段的路基横断面图，图中：

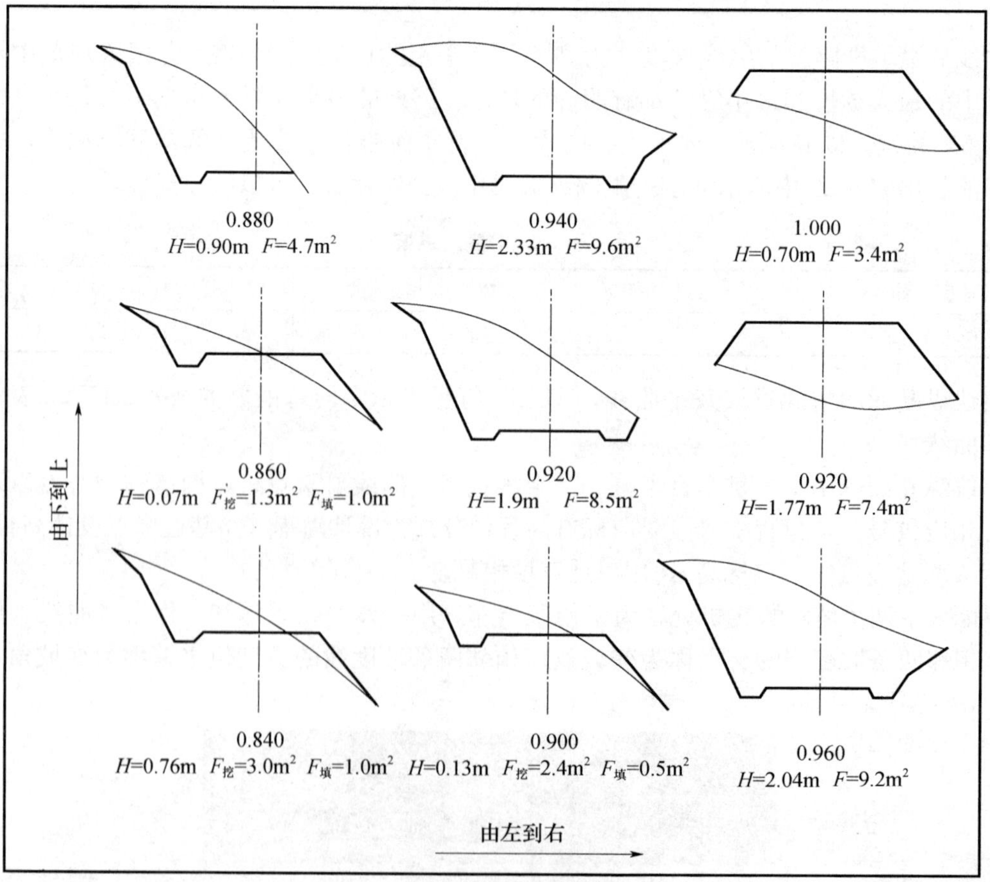

图 3-109 道路路基的横断面图

纵横向采用同一比例，一般用 1：200，也可用 1：100 或 1：50.

路基横断面图一般画在透格纸上，便于计算断面的填挖面积，由此可以进一步计土石方。由于沿线的地质情况是表面有覆土，下面为坚石，因此，图中挖方边坡采用 10：1，表面的覆土边坡采用 1：1。

沿道路路线一般每隔 20m 画一路基横断面图。在图中应沿着桩号从下到上，从左至右布置图形。

每个图形下面有桩号、断面面积 F 和地面中心至路基中心的高差为 H。

横断面的地面线一律采用细实线标记，设计线一律采用粗实线标记。

在每张路基横断面图的右上角画有角桩，填写图纸序号及总张数，在最后一张图的右下角绘有图标。

三、桥梁工程图

道路路线遇到江河湖泊、山谷深沟以及其他线路（铁路或公路）等障碍时，为了保持道路的连续性而专门建造的人工构造物，称为桥梁。桥梁既要保证桥上的交通运行，也要保证桥下水流的宣泄、船只的通航或车辆的通行。

1. 桥梁的基本组成（图 3-110）

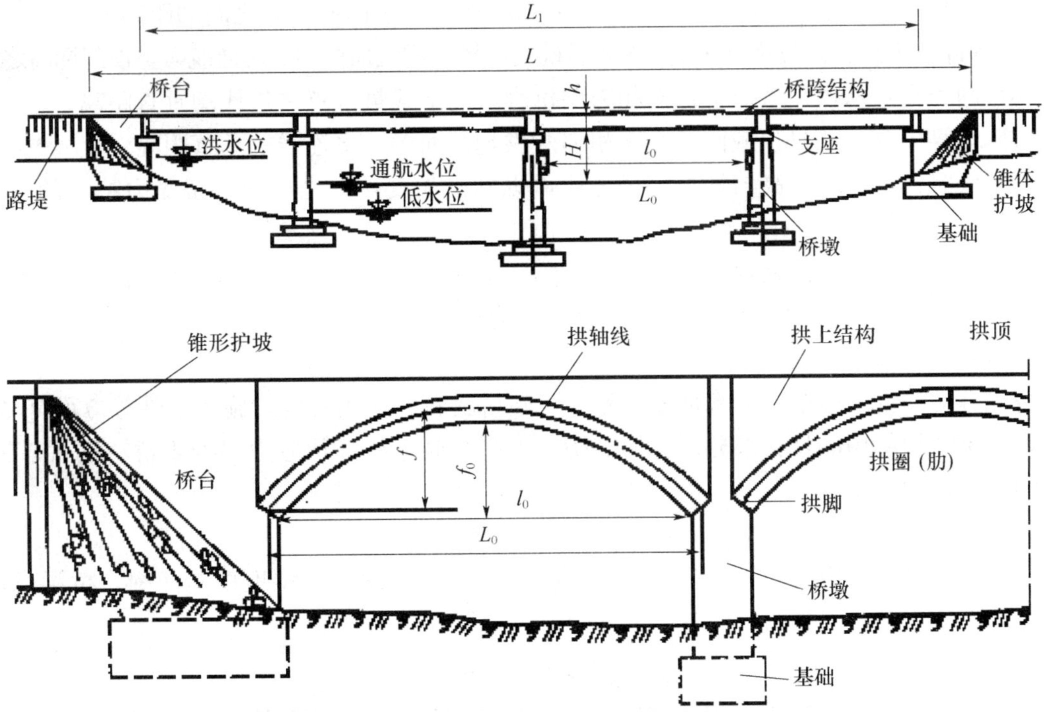

图 3-110　桥梁示意图

1）桥跨结构：在线路中断时跨越障碍的主要承载结构，也叫上部结构。

2）桥墩和桥台（通称墩台）：支承桥跨结构并将恒载和车辆等活载传至地基的构筑物，也叫下部结构。设置在桥两端的称为桥台，它除了上述作用外，还与路堤相衔接，抵御路堤土压力；防止路堤填土的滑坡和塌落。桥墩和桥台中使全部荷载传至地基的底部奠基部分，通常称为基础。

3）支座：在桥跨结构与桥墩或桥台的支承处所设置的传力装置。它不仅要传递很大的荷载，并且还要保证桥跨结构能产生一定的变位。

4）锥形护坡：在路堤与桥台衔接处设置的圬工构筑物，它保证迎水部分路堤边坡的稳定。

2. 相关常用术语

1）净跨径：相邻两个桥墩（或桥台）之间的净距。对于拱式桥是每孔拱跨两个拱脚截面最低点之间的水平距离。

2）总跨径：多孔桥梁中各孔净跨径的总和。

3）计算跨径：对于具有支座的桥梁，是指桥跨结构相邻两个支座中心之间的距离；对于拱式桥，是指两相邻拱脚截面形心点之间的水平距离，即拱轴线两端点之间的水平距离。

4）拱轴线：拱圈各截面形心点的连线。

5）桥梁全长：是桥梁两端两个桥台的侧墙或八字墙后端点之间的距离，简称桥长。

6）桥梁高度：指桥面与低水位之间的高差，或指桥面与桥下线路路面之间的距离，简称桥高。

7）桥下净空高度：设计洪水位、计算通航水位或桥下线路路面至桥跨结构最下缘之间的距离。

8）建筑高度：桥上行车路面（或轨顶）标高至桥跨结构最下缘之间的距离。

9）容许建筑高度：公路或铁路定线中所确定的桥面或轨顶标高，对通航净空顶部标高之差。

10）净矢高：从拱顶截面下缘至相邻两拱脚截面下缘最低点之连线的垂直距离。

11）计算矢高：从拱顶截面形心至相邻两拱脚截面形心之连线的垂直距离。

12）矢跨比：计算矢高与计算跨径之比，也称拱矢度，它是反映拱桥受力特性的一个重要指标。

13）涵洞：用来宣泄路堤下水流的构造物。通常在建造涵洞处路堤不中断。凡是多孔跨径的全长不到 8m 和单孔跨径不到 5m 的泄水结构物，均称为涵洞。

3. 桥梁的主要类型

桥梁分类的方式很多，通常从受力特点、建桥材料、适用跨度、施工条件等方面来划分。按主要承重结构所用的材料来分，有圬工桥、钢筋混凝土桥、预应力混凝土桥、钢桥、钢-混凝土结合梁桥和木桥等。

4. 钢筋混凝土桥梁工程图的图示内容及图示方法

建造一座桥梁需用的图纸很多，一般包括：桥位平面图、桥位地质断面图、桥梁总体布置图、构件结构图、大样图等。其图纸常用比例见表 3-23。

表 3-23 桥梁图纸常用比例

图名	常用比例
桥位平面图	1∶500～1∶2000；高度加 h 比例 1∶100～1∶500
桥位地质断面图	水平方向比例 1∶500～1∶2000
桥梁总体布置图	1∶50～1∶500
构件结构图	1∶10～1∶50
大样图	1∶3～1∶10

1）桥位平面图

桥位平面图是桥梁及其附近区域的水平投影图（图 3-111），它主要表达下列内容：

桥位处的地形、地物、水准点、钻孔位置；不良工程地质现象的分布位置，如滑坡、断层等；桥位与河流的平面关系；桥位与公路路线的平面关系及桥梁的中心里程等。

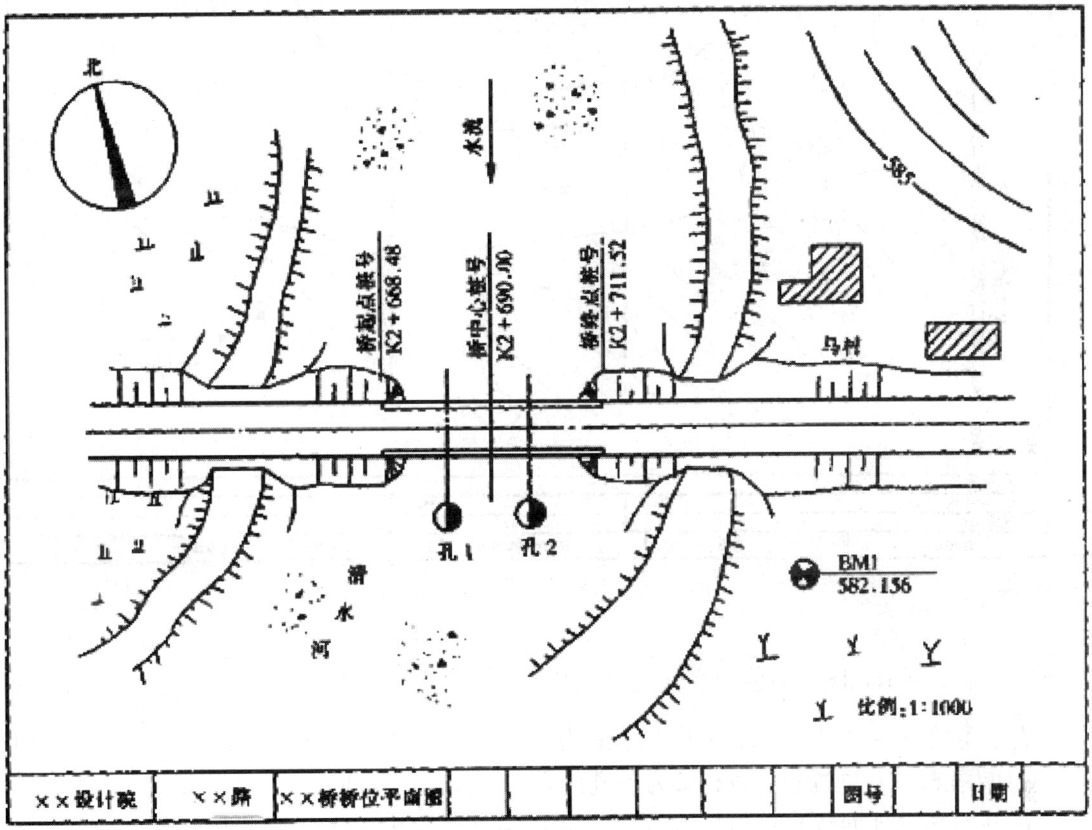

图 3-111　桥位平面图示例

如图所示，桥位平面图中的地形、地物、水准点的表示方法与路线平面图相同。

由于桥位平面图采用的比例比路线平面图大，因此可表示出路线的宽度，此时，道路中心线采用细点画线表示，路基边缘线采用粗实线表示。图中还表示出了钻孔位置（孔 1、孔 2）和水准点（BM）的位置。

图中：桥梁的起、终点桩号为 K2＋668.48＋711.52，大致为东西走向；桥梁位于道路的直线段上，并与河道正交；桥台两侧均设锥坡与道路的路堤连接；桥位附近道路两侧有一村庄和大片农田等。

2）桥位地质断面图

桥位地质断面图是沿桥梁中心线作铅垂面所得的断面图，它主要表达钻孔桩号、钻孔深度、钻孔间距；设计水位、常水位、低水位的水位标高；桥位河床断面线；河床底层各分层土（岩石）的类型和厚度等内容。

桥位地质断面图可作为桥梁下部结构的布孔、埋置深度以及桥面中心最低标高确定的依据。

为了清楚地表示河床断面及涂层深度变化状况，绘制桥位地质断面图时，竖向比例比水平向比例放大数倍绘出（图 3-112）。

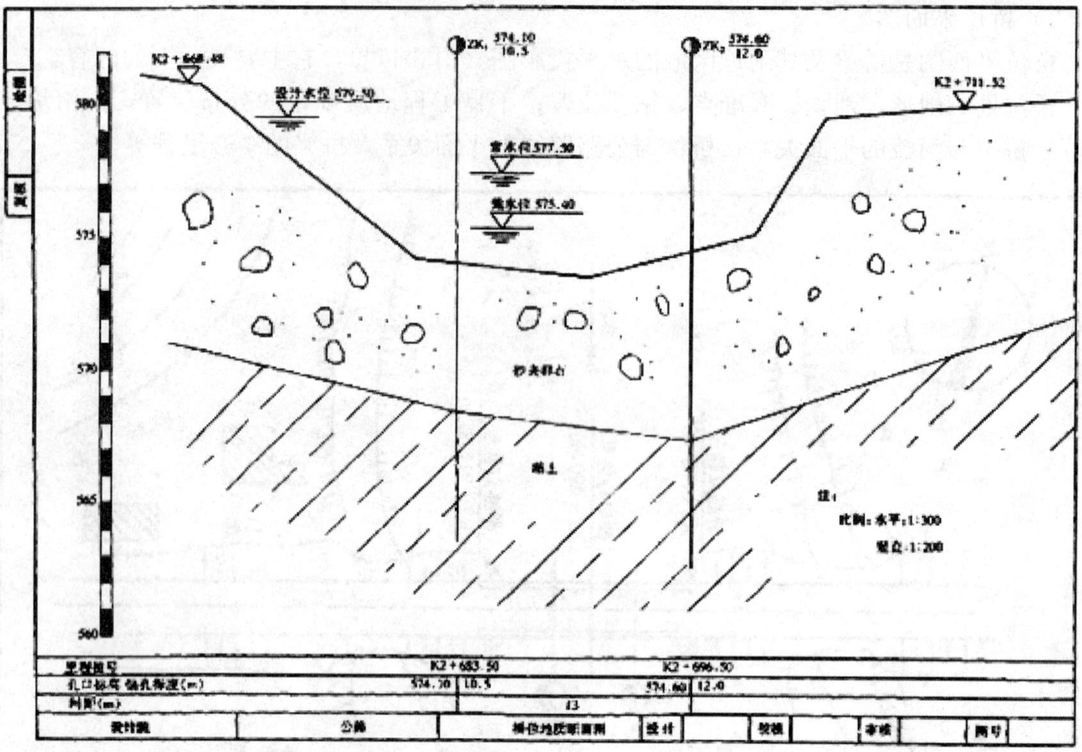

图 3-112　桥位地质断面图示例

如图 3-112 所示，图中数值粗实线表示钻孔的位置与深度。符号 $ZK_1\ \dfrac{574.10}{10.5}$中，ZK 表示钻孔，其右下角的数字“1”表示第一号钻孔；分数线上面的数字 570.10 为孔口标高，下面的数字 10.5 为钻孔深度。同样也可读得 2 号钻孔的孔口标高为 574.30m，钻孔深度为 12m。

河床断面线（地面线）用粗折线表示；钻孔深度范围内的土层分层用细折线表示。图的左侧附有标尺，各土层（砂加卵石层和黏土层）的深度变化可由标尺确定。

图中标出了设计水位、常水位、低水位的标高数值分别为 579.50m、577.50m 和 575.40m 标高。

断面图的下方附有钻孔表，从表中可了解到两钻孔的里程桩号分别为 K2＋683.50m 和 K2＋696.50m，两孔的间距为 13m。

3）桥梁总体布置图

桥梁总体布置图主要表明桥梁的形式、孔数、跨径、总长以及桥面标高、桥面宽度等；各主要构件的构造形式、标高和相互位置；总的技术说明等。

总体布置图可作为施工放样、确定墩台水平位置及各部分标高、构件预制、假设安装的依据。

立面图：因为桥梁对称，故一半绘立面，一半绘纵剖面图，并习惯将纵剖面图绘在右边。从图中可知桥梁的总长为 43.04m，共 3 孔，中孔跨径为 13m，两边孔跨径为 12.8m。上部结构为预制钢筋混凝土空心板，考虑温度变化，共设 4 道宽 4cm 伸缩缝。下部结构为桩柱式深基础，它由桩柱、盖梁和系梁组成；桥梁各部分的标高已在图中示出，可作为桥梁施工定位的依据。从图中还可了解到桥梁的起点桩号为 K2＋668.48，桥梁的终点桩号为 K2＋711.52，桥梁的中心桩号为终 690。

平面图：平面图采用从左至右分段揭层的画法表达。平面图的左半部分为桥梁护栏及桥面部分的半平面图；右半部分为桥墩和桥台平面图。对照横剖面图可知：桥面宽度 9m；墩台桩均为两根，其中心距为 6.6m，盖梁宽为 10.21m，桥墩桩径为 1.2m，柱的直径为 1m，桩顶设置 1m 高的系梁；桥台的桩、柱直径均为 1m，未设置系梁。图中还示出了伸缩缝以及连接道路和桥梁的 1/4 椭圆锥形护坡等。

横剖面图是由两个剖面图（剖切位置见立面图）各绘一半合成的。1-1 剖面图的剖切位置在两桥墩之间（观察方向从左至右），以便清楚地表示桥墩的构造；右半部分的剖切位置靠近桥台（观察方向从右至左），以便清楚地表示桥台的构造。由图可知：桥面中心标高为 571.00m；桥面双向排水，横坡为 2%；上部结构由 8 片空心板组成；从图中还可了解到墩台桩底、顶标高以及护栏的形式及部分尺寸等。另外，为了清楚地表示横剖面图，本图采用了比立面和平面放大的比例画出。

4）构件结构图

在桥梁总体布置图中，由于采用比例较小，桥梁的各部分构件不能详细表达出来，为了详细地表达构件的形状、大小、钢筋的布置以及构件之间的连接关系，需采用较大比例画出大样图，这种图称之为构件结构图。

构件结构图又包括构造图和结构图两种。只画构件形状、不表示内部钢筋的称为构造图。主要表示钢筋布置情况、钢筋编号及尺寸等的图样称为结构图。通常图中钢筋直径以 mm 为单位。其余尺寸通常以 cm 为单位。图中受力钢筋用粗实线表示，构造筋比受力筋要略细一些。构件的轮廓线用中粗实线表示。

图 3-113 所示为桥墩与桥台的示意图。

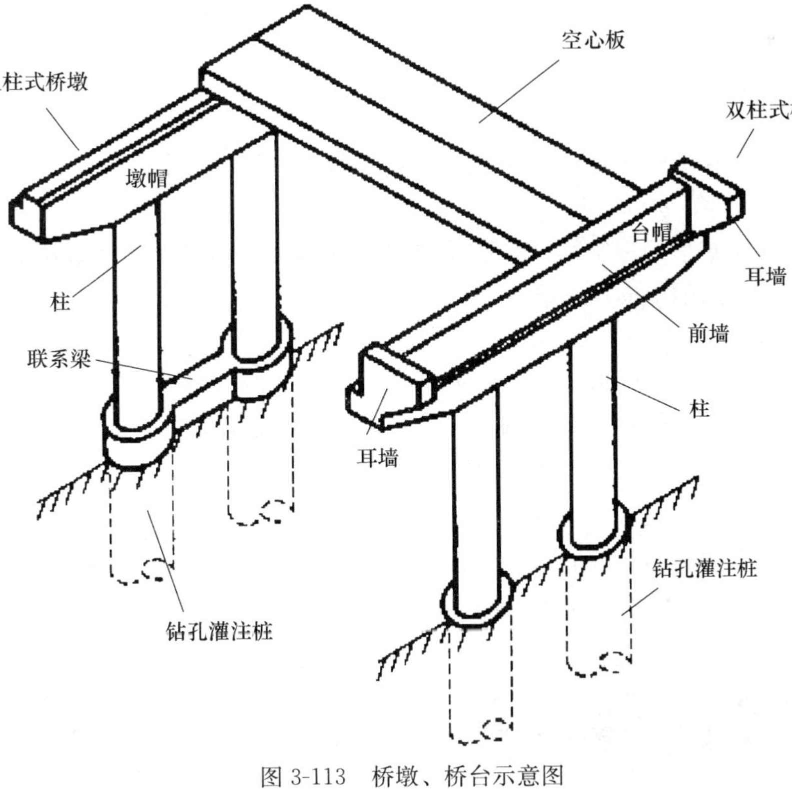

图 3-113　桥墩、桥台示意图

由于此桥台的外形较复杂，内部又有钢筋，故需分别画出构造图与结构图，图 3-114 为桥台的构造图。

桥台由台帽（包括前墙、耳墙）、两根柱身及两根混凝土灌注桩组成。图中用立面图和侧面图表示。桥台前面是指连接桥梁上部结构的一面，后面是指连接岸上路堤的这一面。

为了表达桥台台帽的钢筋分布情况及数量，通常还需要绘制桥台台帽结构图，并列出钢筋数量表，其表达方法和建筑结构图相似。

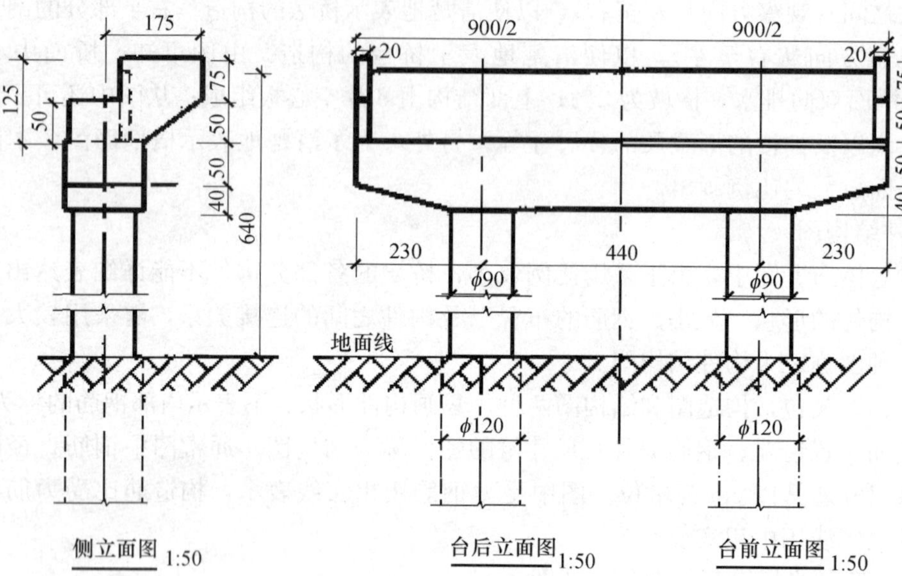

图 3-114　桥台构造图

四、涵洞工程图

涵洞是用来排泄路下较小水流的建筑构件，通常把多孔径跨长不到 8m 或单孔径跨长不到 5m 的泄水建筑构件，称为涵洞。

涵洞是埋设在路基下的建筑物，其轴线与线路方向正交或斜交，用来从道路一侧向另一侧排水或作为穿越道路的横向通道。

1. 涵洞的构造

涵洞的结构形式很多，根据洞身的断面形状常将涵洞分为圆管涵、拱涵、箱涵等。涵洞的组成部分主要由基础、洞身和洞口组成。洞身用来承受活荷载压力和土压力并将之通过基础传送给地基。洞身一般分成若干节，每节长度 3～5m，节与节之间有约 3cm 的沉降缝，其中填塞防水材料，洞身外做有防水层，再覆盖一定厚度的黏土保护层。涵洞的出入口，结构形式也不一样，只有端墙的叫端墙式；既有端墙又有翼墙的叫翼墙式。涵洞沿其轴线方向依次有入口、洞身、出口三个组成部分（图 3-115）。

2. 涵洞的表达

涵洞主要用一张总图来表示，通常包括立面图、平面图、侧面图等。有时为更清楚地表达某种关系也常常单独画出某些部分的构造详图，钢筋布置情况及出入口河床的铺砌加固要另用专门的图表示。

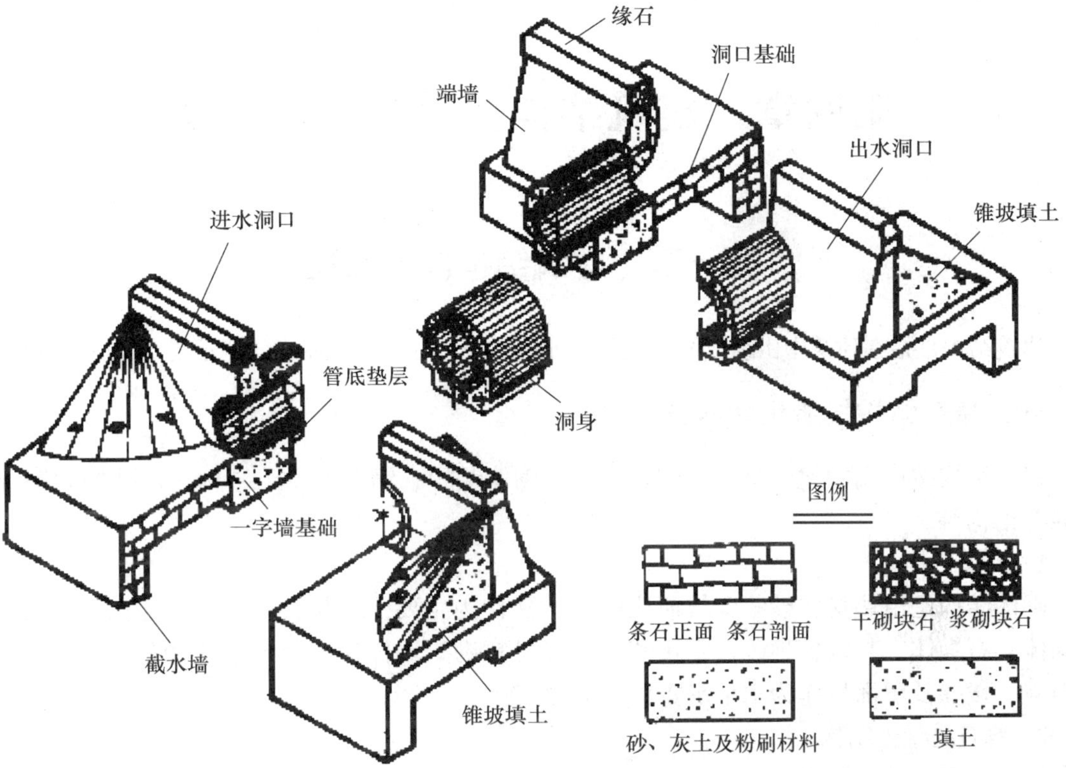

图 3-115　涵洞示意图

3. 涵洞图的阅读

读图按照从全局到局部的原则进行。首先了解涵洞与线路的关系，涵洞的名称、类型、孔径、总体尺寸、材料及施工技术要求等全局性的资料，进而再弄清总图中各视图的名称及相互关系，最后细读各有关视图，彻底弄清各组成部分的形状、构造、尺寸及技术要求。

1）纵剖面图（立面图）

涵洞一般以水流方向作为纵向。为能表达出涵洞的内部构造，通常以纵剖面图作为立面图。如果形体对称，且出入口相同，可以只画出一半，即为半纵剖面图。不对称时则应画全，当涵洞较长时，常以折断画法省略其中构造相同的洞身部分。本例中采用的是半纵剖面图，以中心线为界，画上对称符号。纵剖面图主要表达了涵洞与路基附属建筑物的关系，涵洞各组成部分（如基础、洞身、洞口）的类型、尺寸及相对关系，还有洞身的分段、建筑材料、纵向坡度等。

2）平面图

为了使平面图便于表达，绘图时不考虑洞顶的覆盖土。当洞身形状较复杂时，可在需要的位置采用剖面图进行表达。

3）洞口正面图（侧立面图）

涵洞的侧面即为出入洞口的正面。如果出入口不相同应分别画出口正面图和入口正面图。洞口正面图主要用来表达涵洞出口的外形及其与路基、锥形护坡等的关系。为了表达清晰，洞口后面的构造及洞身的形状可不予画出。如果需要表达，可增加一些剖面图或断面图。

第四章　建筑结构体系与房屋构造

第一节　建筑结构体系概述

建筑结构是指在建筑中由组成结构的单元如梁、板、柱等连接而成的能承受荷载的空间体系。

一、建筑结构按所用材料分类

建筑结构按所用的建筑材料不同，可分为砌体结构、钢筋混凝土结构、钢结构和钢-混凝土混合结构等。

1. 砌体结构

砌体结构是由块材和砂浆砌筑而成的墙、柱作为主要受力构件的结构，包括砖砌体、砌块砌体、石砌体。是以各种砖、砌块和石材等材料砌筑墙体作为竖向承重构件，以钢筋混凝土楼板、楼梯及屋面板作为水平承重构件的建筑。

2. 钢筋混凝土结构

钢筋混凝土结构是指建筑物中承重的主要构件（例如柱、墙、梁、楼板、楼梯、屋面板等）是用钢筋混凝土建造的，具有坚固、耐久、抗震性、防火性能好等优点，但结构自重大，构件断面大，施工周期长。

3. 钢结构

钢结构是主要由钢制材料组成的结构。钢结构建筑的主要构件中，梁、柱、桁架、屋架等承重构件由型钢和钢板等钢材制作，楼板用钢筋混凝土制作，墙体使用砖或者其他材料制成。钢结构建筑自重轻，构件断面小，施工周期短，抗震性好，利于环保。但耐火差，造价高。

4. 钢-混凝土混合结构

钢-混凝土混合结构一般指由钢筋混凝土筒体或剪力墙以及钢框架组成抗侧力体系。以刚度很大的钢筋混凝土部分承受风力和地震作用，钢框架主要承受竖向荷载，充分发挥两种结构体系各自的优势。

二、建筑结构按结构形式分类

建筑结构按结构形式划分，一般分为框架结构、剪力墙结构、框架-剪力墙结构、筒体结构和空间结构等。

1. 框架结构

框架结构体系是由梁、柱等线形杆件通过节点连接构成平面框架，各平面框架通过连系梁和板连成空间结构体系。框架结构中，由钢筋混凝土或钢材制作的梁、板、柱形成的骨架，既承受竖向荷载，也承受水平荷载的，墙体只是起围护和分隔作用。框架结构可以用于有较大空间的会议室、餐厅、车间、营业室、教室等建筑，建筑平面布置方便、使用灵活，立面设计灵活多变。框架结构构件类型少，易于标准化、定型化；可以采用预制构件，也易于采用定型模板做成现浇结构，还可以采用现浇柱及预制梁板的半现浇半预制结构。现浇的框架结构整体性好，抗震性能好，在地震区应优先采用。但高层框架侧向刚度较小，非结构构件（如填充墙、建筑装饰、管道设备等）在地震时破坏较严重，因此框架结构仅适用于多层建筑及高度不大的高层建筑，一般控制在 10～15 层。结构布置方式分为横向布置框架、纵向布置框架和纵横向布置框架，如图 4-1 所示。

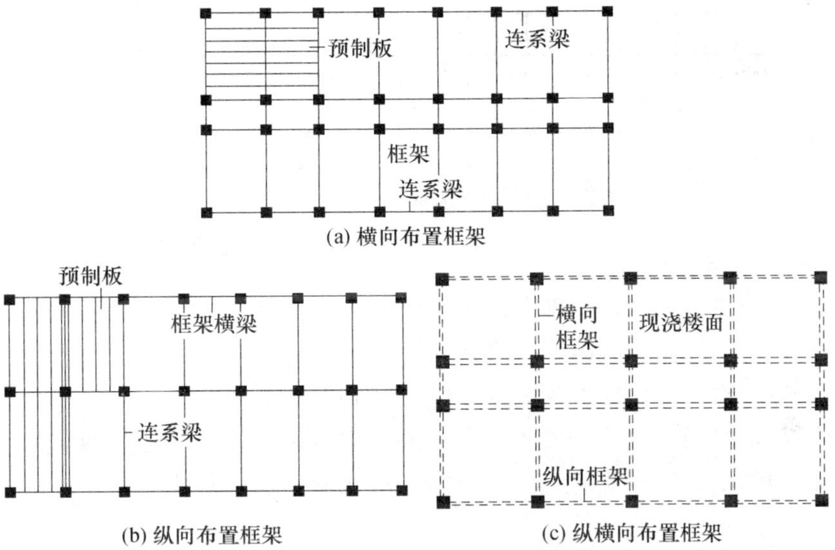

图 4-1 框架结构体系

2. 剪力墙结构

剪力墙结构是指该体系中竖向承重结构全部由一系列横向和纵向的钢筋混凝土剪力墙所组成（图 4-2）。剪力墙不仅承受竖向荷载，而且还承受风、地震等水平荷载的作用。该体系不易布置成大空间，适用于小开间的高层住宅、公寓、旅馆、办公楼等建筑。纯剪力墙结构侧向刚度大、侧移小，为刚性结构体系，建造高度远大于框架结构，一般控制在 35 层，总高 110m 以内。剪力墙的承重结构布置方案有：（1）横向剪力墙承重；（2）纵向剪力墙承重；（3）纵横向剪力墙共同承重。

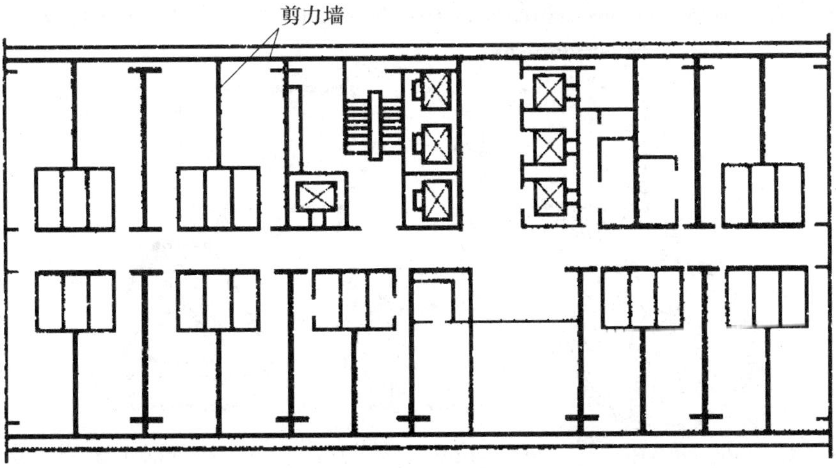

图 4-2 剪力墙的承重结构布置方式

3. 框架-剪力墙结构

在框架结构体系中适当布置剪力墙，组成框架与剪力墙协同工作的结构体系。竖向荷载由框架和剪力墙共同承担，水平荷载主要由剪力墙承担，剪力墙是主要的抗侧力构件。框架-剪力墙结构空间组织灵活，有较强的抗震能力和较好的刚度，适用于各类公共建筑。剪力墙布置应遵循均匀、分散、对称、周边的原则（图 4-3）。

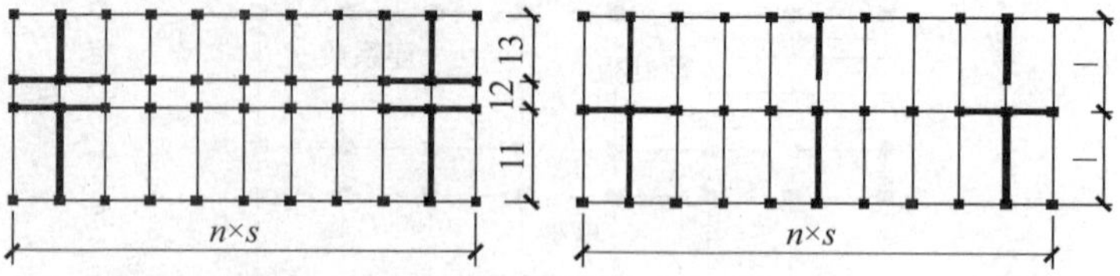

图 4-3　框架-剪力墙结构中剪力墙布置

4. 框支剪力墙结构

建筑上部采用剪力墙结构，下部采用框架结构来满足建筑功能对空间使用的要求。例如建筑底部为商场，上部为住宅旅馆等，可采用框支剪力墙结构。框支剪力墙结构上部刚度大，底部刚度小，上下刚度在交接处产生突变，应加强转换层处楼板，增加底部框架的刚度和承载力，缩小上下建筑之间的刚度差，通常将上部结构中的一部分剪力墙延伸至底部大空间，以增加下部结构的刚度，为方便建筑平面布局，落地剪力墙可集中在大空间区域的两端或形成较为独立的区域。

5. 筒体结构

筒体结构由框架或剪力墙围合成竖向井筒，并以各层楼板将井筒四壁相互连接起来，形成一个空间构架——空间薄壁筒体。筒体比单片框架或剪力墙的空间刚度大得多，不仅能承受竖向荷载，而且能承受很大的水平荷载，具有很好的抗弯抗扭刚度，用料省，适用于超高层建筑，特别适用于平面接近正方形或两方向均为对称的建筑，尤其在地震区更能显示其优越性。

筒体结构分为实腹式筒体和空腹式筒体。实腹式筒体是由剪力墙围合形成的筒体，也称墙体筒体。空腹式筒体是由刚度很大的窗裙梁和密排柱形成的密集空间网格所组成的结构，也称框架式筒体。一般单筒很少单独使用，通常和框架组合，根据两者位置关系的不同，有外筒内框架和内筒外框架两种布置方式。也可以组成筒中筒结构，即内外套置的几层筒体，内外筒之间通过楼板连成整体。束筒结构则是由若干个筒体相并列，图 4-4 为筒体结构平面实例。

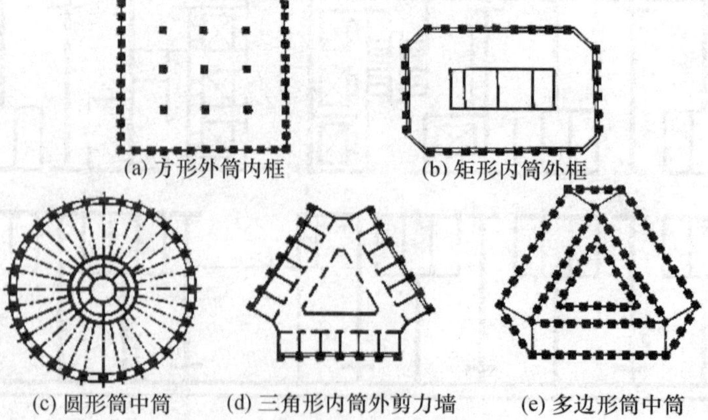

图 4-4　筒体平面形式与结构类型

6. 空间结构

空间结构多用于大跨度的公共建筑和工业建筑中，包括拱、刚架、桁架、网架、折板、薄壳、悬索、薄膜等结构形式（图 4-5）。

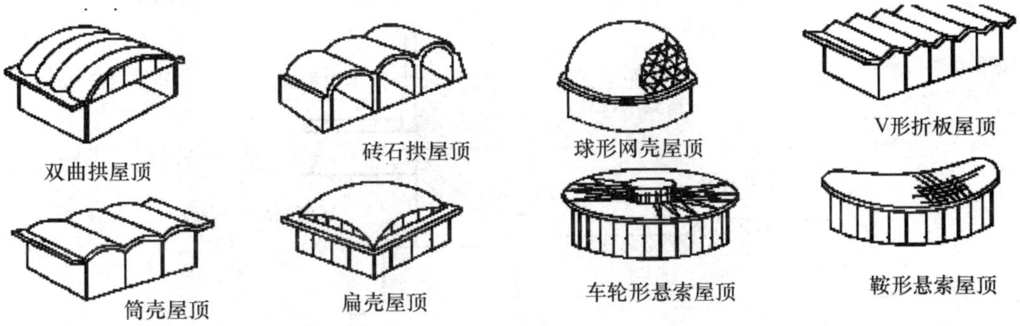

图 4-5 空间结构示例

第二节 民用建筑构造

一栋民用建筑，一般是由基础、墙体（柱）、楼地层、楼梯、屋顶和门窗等几大部分构成的，如图 4-6 所示。针对不同的使用功能，有些建筑还有各种其他的构件和配件，如阳台、雨篷、烟囱、散水等，它们在不同的部位发挥着各自的作用。

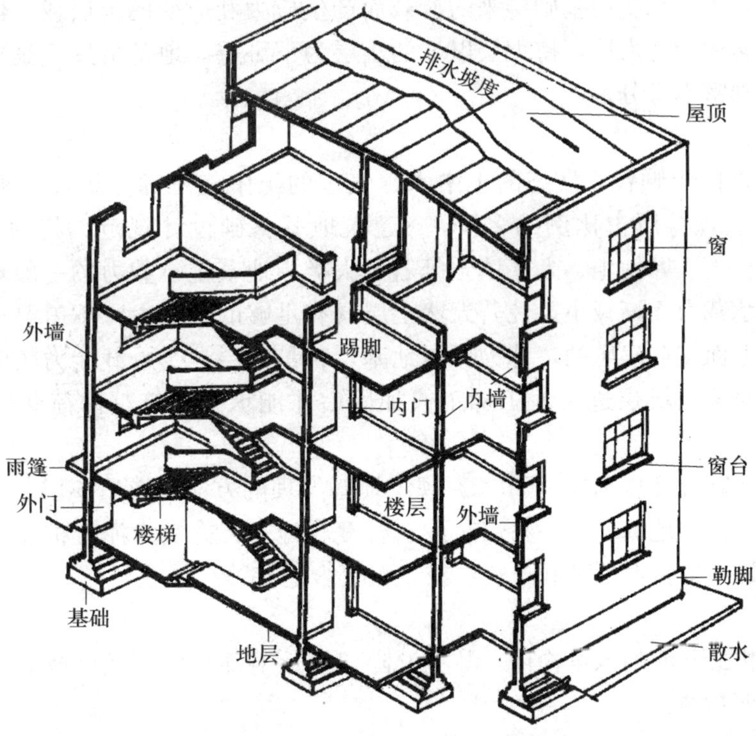

图 4-6 建筑物的基本组成

一、地基、基础和地下室

基础是位于建筑物最下部的承重构件，承受着建筑物的全部荷载，并将这些荷载传给地基（图 4-7）。作为基础，必须具有足够的强度，并能抵御地下各种因素的侵蚀。

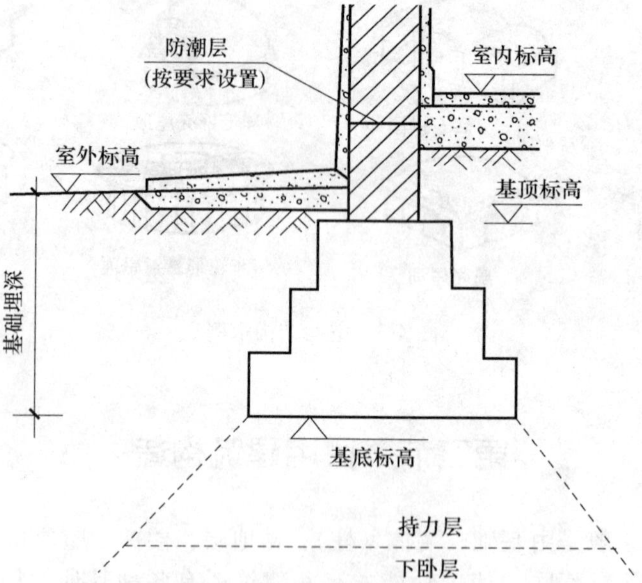

图 4-7　地基、基础

地基是支承基础并承受由基础传来的荷载而产生应力和应变的土层或岩体。直接承受建筑荷载的土层或岩体为持力层，持力层以下的土层为下卧层。地基虽然不是建筑物的组成部分，但地基与基础密不可分。

1. 地基

地基土由固态的土颗粒、液态的土中水、气态的土中气三部分组成。根据土颗粒的大小和各种粒径的土颗粒所占比例的多少，《建筑地基基础设计规范》将地基土分为岩石、碎石土、砂土、粉土、黏性土、人工填土等若干大类。地基土承载力的一般规律为：从岩石到黏性土，土的承载力逐渐减小。凡若天然土层具有足够的承载力，不需要经过人工改良和加固，可直接在上面建造房屋的，称为天然地基。若是土层自身承载能力较弱，或建筑物整体荷载较大，需对该土壤层进行人工加工或加固后才能承受建筑整体荷载的地基称为人工地基。

按照《建筑地基处理技术规范 2012》规定地基处理的方法：换填垫层、加筋垫层、压实地基、夯实地基、挤密地基、水泥粉煤灰碎石桩复合地基、夯实水泥土桩复合地基、水泥搅拌桩复合地基、旋喷桩复合地基和土桩、灰土桩复合地基等。

2. 基础

基础是建筑物最下部的承重构件，其类型随建筑物上部结构形式、载荷大小及土质情况而异，主要有以下几种：

1）独立式基础

独立式基础，又叫点式基础，一般有台阶形、锥形、杯形等呈独立块状［图 4-8（a）、

(b)、(c)、(d))、(e)]。独立式基础可分为柱下独立式基础和墙下独立式基础，柱下独立式基础与上部柱的形式相一致，当建筑物上部结构采用框架结构、单层排架或门架结构时，基础常采用独立基础。墙下独立式基础又称柱墩或井柱式基础，其上需设梁等连续构件支承上部墙体，适用于地基承载力弱，或埋深较大时。

2）条形基础

条形基础，又叫带形基础。当建筑物上部结构以墙体承重时，为方便传递连续的条形荷载，基础沿墙身设置，做成连续带形，称为墙下条形基础或带形基础，多用于地基条件较好、浅基础的砖混结构建筑中。另外，还可设柱下条形基础、井格式基础等［图 4-8（f）、(g)、(h)］。

3）满堂基础

满堂基础，又叫连片基础。满堂基础包括片筏基础和箱形基础。将整个建筑物的下部做成一整块钢筋混凝土梁或板，形成片筏基础。片筏基础整体性好，可跨越基础下的局部较弱土，根据使用的条件和断面形式又可分为板式和梁板式。箱形基础在建筑物设有地下室或需要较大的刚度时设置。其整体空间刚度大，能承受很大的弯矩和抵抗地基的不均匀沉降，可用于特大荷载的建筑，如高层建筑和软弱地基条件［图 4-8（i）、(j)、(k)］。

图 4-8　基础的基本类型

3. 地下室

地下室一般由墙、底板、顶板、门窗、楼梯和采光井六部分组成（图 4-9）。地下室设计主要需要解决好防水、采光、通风、出入口等问题。其中尤其要解决好地下室的防潮、防水问题。

若地下室周围土层是强透水性的土且地下水位高度低于地下室底板，在地下室底板和顶板各设一道水平防潮层，并在地下室外墙外侧做垂直防潮层。若地下室周围土层是强透水性的土且地下水位高于地下室底板，防水高度应至最高地下水位以上 300～500mm。若地下室周围土层是弱透水性的土，防水高度应至室外地面以上（图 4-10）。防水做法主要有卷材防水和钢筋混凝土构件自防水等。

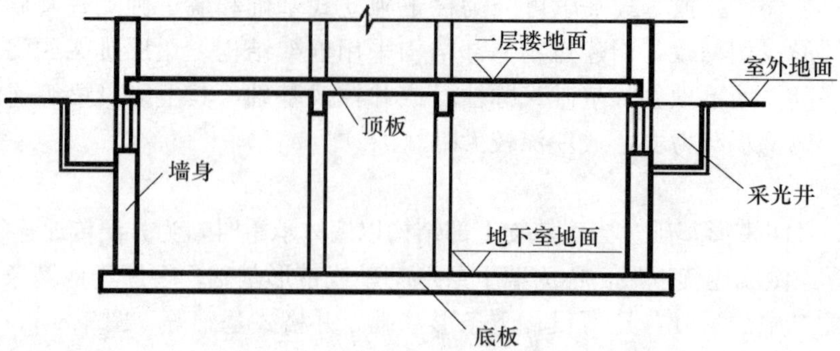

图 4-9 地下室的组成

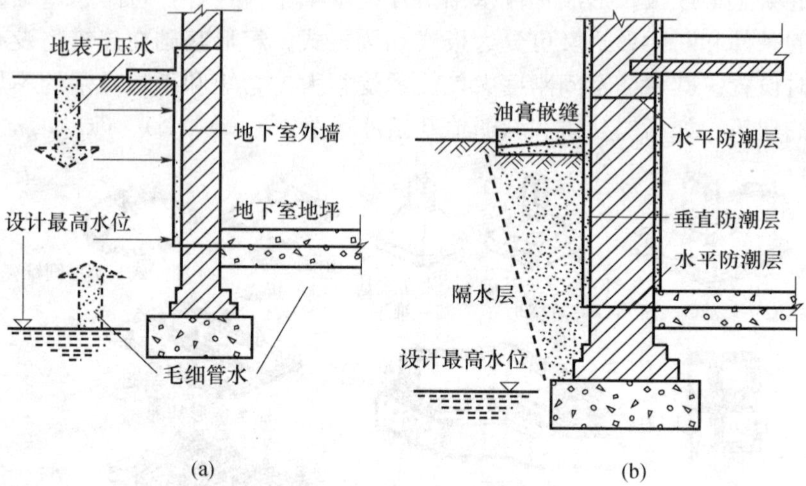

图 4-10 地下室防潮处理

二、墙体

墙体是建筑物的承重构件和围护构件。作为承重构件，承受着建筑物由屋顶或楼板层传来的荷载，并将这些荷载再传给基础。作为围护构件，外墙起着抵御自然界各种因素对室内侵袭的作用；内墙起着分隔房间、创造室内舒适环境的作用。为此，根据功能的不同要求墙体具有足够的强度、稳定性、保温、隔热、隔声、防水、防火等能力，并具有一定的经济性和耐久性。

1. 墙体的分类

按墙体在平面中所处的位置可分为外墙和内墙。窗与窗或门与窗之间的墙称为窗间墙，窗洞下部的墙为窗下墙。

按墙体本身的方向可分为横墙和纵墙。一般外横墙又称山墙，外纵墙通常又称为外檐墙。

按墙体的受力情况可分为承重墙和非承重墙。非承重墙又分为自承重墙、隔墙、幕墙、填充墙等。自承重墙仅承受自身重量，并把自重传至基础；隔墙一般指砖混结构中不承重，并把自重传给梁或楼板的墙，起分隔空间的作用；填充墙是指填充于框架结构梁柱之间的墙；悬挂于建筑物外部骨架或楼板间的轻质外墙称为幕墙，有金属、玻璃、石材及复合材料幕墙等。

按墙体的材料可分为砖墙、石墙、土墙、钢筋混凝土墙等。

按墙体的构造方式可分为实体墙、空体墙和组合墙三种。实体墙是指由单一材料组成的实心墙体，如普通黏土砖及其他实体砌块砌成的墙。空体墙也是由单一材料组成的但内部有空腔的墙体，如空斗墙（内部为空腔）、空心砌块墙、空心板墙等；组合墙是指由两种以上材料组合而成的墙，其主体一般为黏土砖或钢筋混凝土，在内外侧复合保温、防水等材料，以更好地满足墙体的各种功能要求。例如轻质保温材料，常用的有充气石膏板、水泥聚苯板、水泥珍珠岩、石膏聚苯板、纸面石膏岩棉板、石膏玻璃丝复合板等，这些组合墙体质轻、热阻大，能满足《民用建筑节能设计标准》的节能要求（图 4-11）。

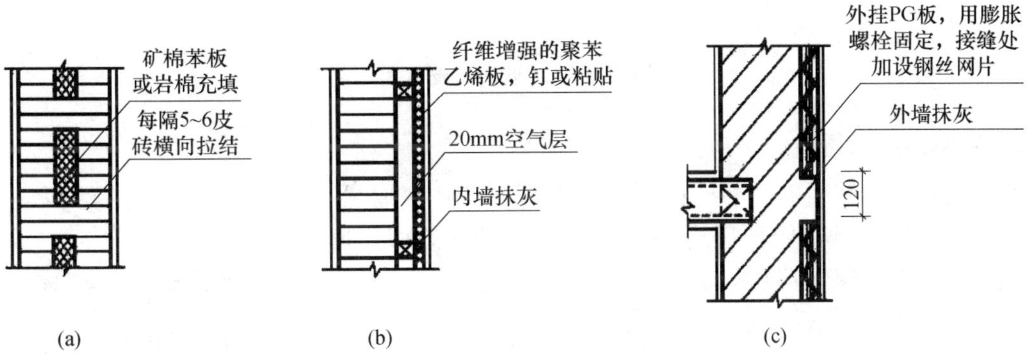

图 4-11　组合墙的构造图

2. 砖墙和砌块墙

砖墙和砌块墙的材料包括砖（砌块）和砂浆两种材料，是由砂浆胶结材料将砖块（砌块）砌筑而成为砌体。砖墙（砌块墙）组砌时，砖与砖之间上下错缝，内外搭接，使上下每皮砖的垂直缝交错，避免出现连续的垂直通缝，保证砖墙的整体性。如果垂直在一条线上，即形成通缝，在荷载的作用下，必然使墙体的稳定性和强度降低。砖与砖之间的灰缝要砂浆饱满，薄厚均匀，使传力均匀，提高砖墙的防寒、隔热和隔声的能力。

1）砖墙的组砌

在砖墙的组砌中，把砖的长向垂直于墙面砌筑的砖叫做丁砖，把砖的长度平行墙面砌筑的砖叫做顺砖。上下皮砖之间的水平灰缝叫做横缝，左右两块砖之间的垂直缝叫做竖缝。砖墙常见的砌筑方式有以下几种：

（1）全顺式［图 4-12（a）］。每皮均为顺砖组砌。上下皮左右搭接为半砖，适用于 12 墙。

（2）每皮丁顺相间式（又称梅花丁式或十字式）［图 4-12（b）］。由顺砖和丁砖相间铺砌而成。整体性好，同时墙面美观，适用于 24 墙及以上的墙体。

（3）上下皮一顺一丁式（又称满丁满条式）［图 4-12（c）］。一层砌顺砖，一层砌丁砖，相间排列、重复组合。在转角部位要加设 3/4 砖（俗称七分头），进行过渡，特点是搭接好、无通缝、整体性强，因而应用较广。适用于 24 墙及以上的墙体。

（4）多顺一丁式。通常有三顺一丁和五顺一丁两种，其做法是每隔三皮顺砖或五皮顺砖加砌一皮丁砖相间叠砌而成。其缺点是多皮顺砖之间存在通缝，整体性差，适用于 24 墙及以上的墙体。

（5）两平一侧式［图 4-12（d）］。通常用于 18 墙的砌筑。

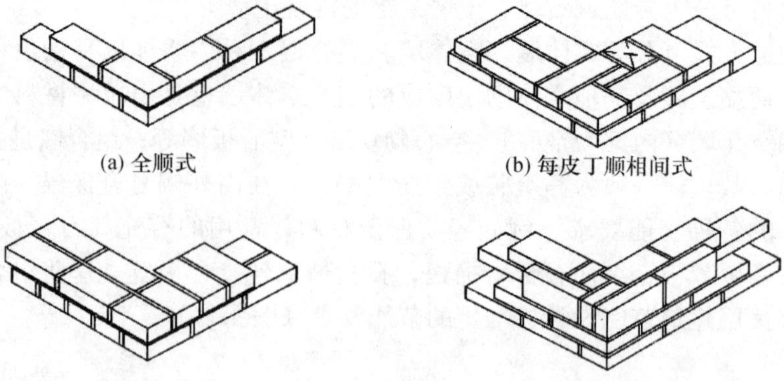

图 4-12 砖墙的组砌方式

2）砖墙的细部构造

为了保证砖墙的耐久性和墙体与其他构件的连接，应在相应的位置进行构造处理。砖墙的细部构造包括：勒脚、门窗洞口、墙身加固措施等（图 4-13）。

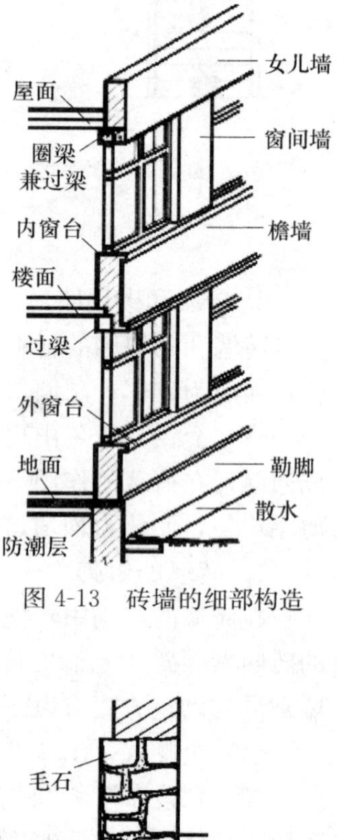

图 4-13 砖墙的细部构造

（1）勒脚

勒脚的做法有如下几种（图 4-14）：

① 加厚墙身：勒脚处墙体加厚。优点是方便美观。

② 换材料：勒脚处墙体换用较上部墙体坚固耐久的材料。例砖墙体勒脚部分以条石、混凝土等坚固耐久材料替代砖砌体。

③ 包护：用防水防潮、坚固耐久的材料包护勒脚部位的墙体。例如勒脚采用抹灰（20 厚 1：3 水泥砂浆抹面；1：2 水泥白石子浆水刷石等）和贴面（天然石材、人工石材如花岗岩、水磨石等）等做法。

（2）防潮层

墙身水平防潮层在墙体内的位置（图 4-15），视室内地面做法不同而定。

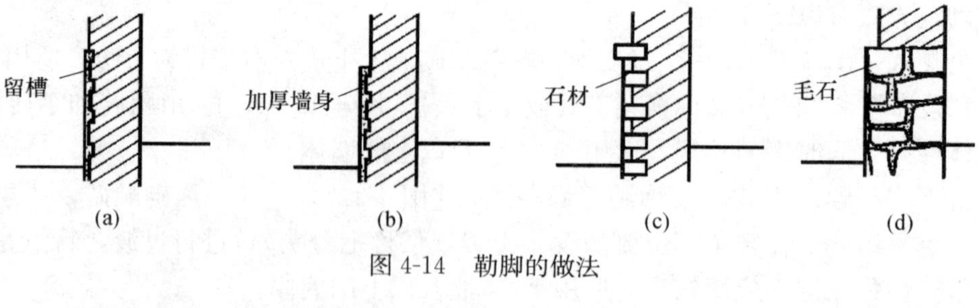

图 4-14 勒脚的做法

① 室内地面垫层为不透水材料时（例混凝土），水平防潮层的位置应设在不透水垫层范围内，低于室内地坪 60mm 处。

② 室内地面垫层为透水材料时（如炉渣、碎石、黏土砖铺地等），防潮层的位置提高到高于室内地坪 60mm 处。

③ 室内地面存在高差时，即不同房间的室内地坪标高有异时，需在 2 个标高不同的室内地面处分别设水平防潮层，并在两地坪之间的墙体做垂直防潮层。

另外要注意，水平防潮层应至少高于室外地面 150mm，防止雨水溅湿墙面受潮。

墙身水平防潮层的构造做法主要有以下几种：

① 防水砂浆防潮层：防水砂浆种类主要有聚合物水泥防水砂浆、掺外加剂或掺合料防水砂浆等。防水砂浆防潮层的做法是铺 25mm 厚防水砂浆一层或用防水砂浆砌筑 2～3 皮砖。采用防水砂浆防潮层，砌体的整体性好，构造简单，较适用于地震区，独立砖柱和振动较大的砖砌体，但砂浆属脆性材料，易开裂，不适用于易产生沉降的建筑中。

② 配筋的细石混凝土防潮层：60mm 厚细石混凝土带，内配 3 根 ϕ6mm 的钢筋。其抗震性好，能与砌体结合为一体，适用于整体刚度要求较高的建筑中，目前应用较普遍。

③ 地圈梁防潮层：设在室内地坪处，宽度与墙相同，在加强房屋整体性的同时，兼起防潮作用。

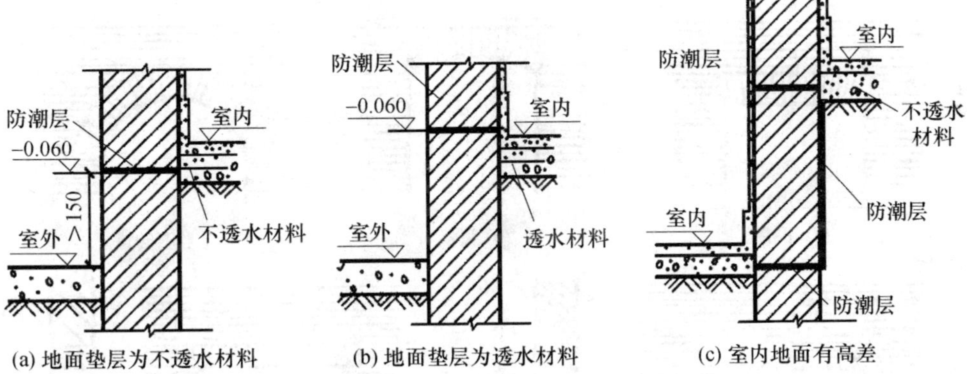

图 4-15　防潮层的位置

（3）散水

散水是设在外墙勒脚四周地面上的倾斜护坡，坡度为 2%～5%，宽度为一般建筑 700～1000mm，高层 1000～1200mm。有挑檐无组织排水的建筑，散水较屋顶挑檐宽 200mm 左右。散水一般用素混凝土现浇，随打随抹光或外抹水泥砂浆，或用砖石砌筑再抹水泥砂浆而成。

散水沿长度方向每隔一定间距设分格缝，以适应材料收缩、温度变化和土壤不均匀变形的影响，防止因此而遭破坏。散水与外墙交接处也要设分格缝，防止散水变形开裂。另外，应在主体建筑沉降稳定后，再做散水施工，减小两者之间的沉降差（图 4-16）。

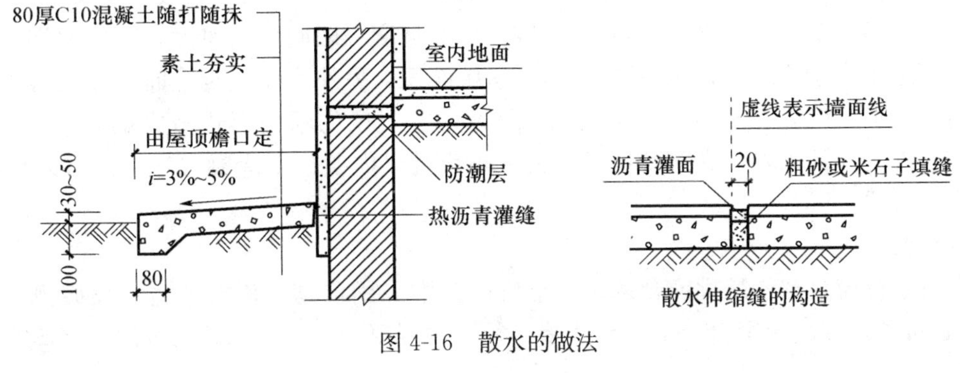

图 4-16　散水的做法

散水施工结束后，用沥青砂浆等弹性材料嵌缝。勒脚处墙面抹灰应向下做到散水下的垫层处。

(4) 门窗过梁

门窗过梁常见的形式有砖拱过梁、钢筋砖过梁、钢筋混凝土过梁等几种。

砖拱过梁是将立砖和侧砖相间砌筑，使灰缝上宽下窄相互挤压形成拱的作用。砖拱过梁有砖砌平拱、弧拱和半圆砖拱等几种［图 4-17 (a)、(b)、(c)］，是我国传统做法。砖拱过梁节约钢材和水泥，但施工麻烦，整体性较差，不宜用于上部有集中荷载、振动较大、地基承载力不均匀以及地震区的建筑。且砖砌平拱过梁仅适用于跨度不大于 1.2m 的洞口。

钢筋砖过梁是在洞口顶部配置钢筋，形成可以承受弯矩的加筋砖砌体［图 4-17 (d)］。做法是将 ϕ6mm 的钢筋埋于过梁底面厚度为 30mm 砂浆层内，根数不少于 3 根，间距不大于 120mm；用强度$\not<$M5 的砂浆砌筑洞口上 1/4L（L 为洞口宽度）高的砌体，一般为 5～7 皮砖；钢筋伸入洞口两侧不小于 240mm，且钢筋端部应起弯钩。优点是施工方便，应用于清水砖墙不需要专门做立面处理。钢筋砖过梁适用于跨度不超过 2m 的洞口。

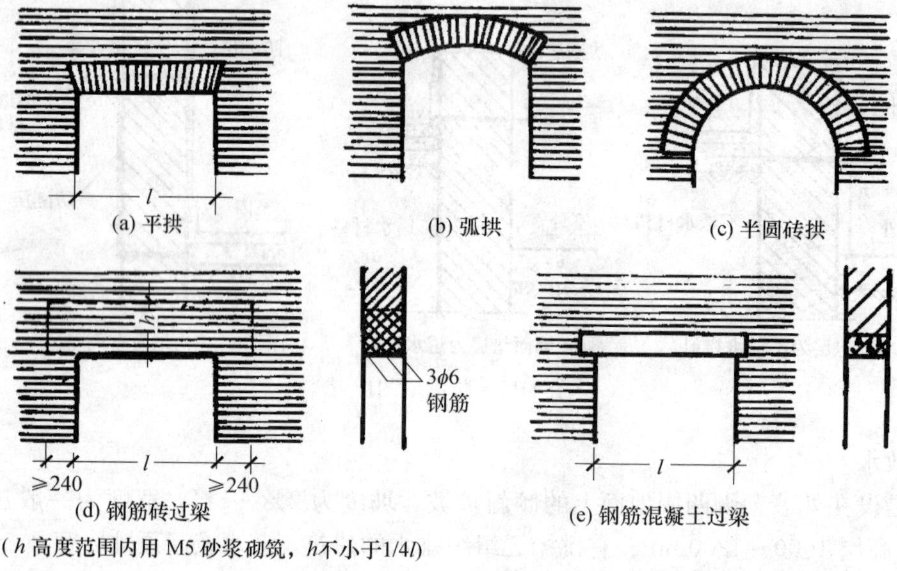

图 4-17 门窗过梁构造图

当门窗洞口较大或洞口上部有集中荷载时，常采用钢筋混凝土过梁［图 4-18 (e)］，它坚固耐用，施工简便，可以预制或现浇，对房屋不均匀沉降或振动有一定的适应性。为了施工方便，钢筋混凝土过梁高应与砖皮数相适应，以方便墙体连续砌筑，故常见梁高为 60mm、120mm、180mm、240mm，即 60mm 的倍数。梁的宽度一般同墙的厚度，梁的两端支承在墙上的长度每边不少于 240mm，以保证足够的承压面积。另外，在建筑立面中往往有不同形式的窗，过梁的形式应配合使用。一般内墙和混水墙，过梁的断面形式做成矩形，L 形断面的过梁多用于外墙和清水墙，在寒冷地区，为了防止过梁内壁产生冷凝水，也常常采用 L 形过梁或组合式过梁。

(5) 窗台

窗台有悬挑窗台和不悬挑窗台两种，悬挑窗台常采用顶砌一皮砖或将一皮砖侧砌并悬挑 60mm，也可预制混凝土窗台。空心砌块墙必须预制混凝土窗台。窗台表面用 1∶3 水泥砂浆

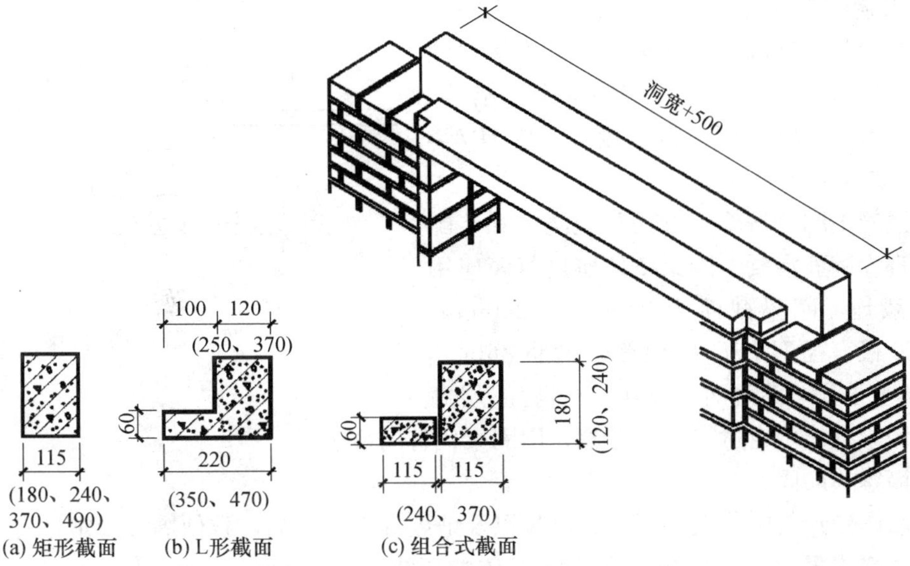

图 4-18　钢筋混凝土过梁

抹面向外形成一定坡度，以利排水，并应注意抹灰与窗下槛的交接处理，抹灰嵌入窗下槛的裁口内或嵌在裁口下，防止雨水向室内渗入。挑砖下缘用抹灰粉滴水线，以利雨水沿滴水槽下落，如图 4-19 所示。

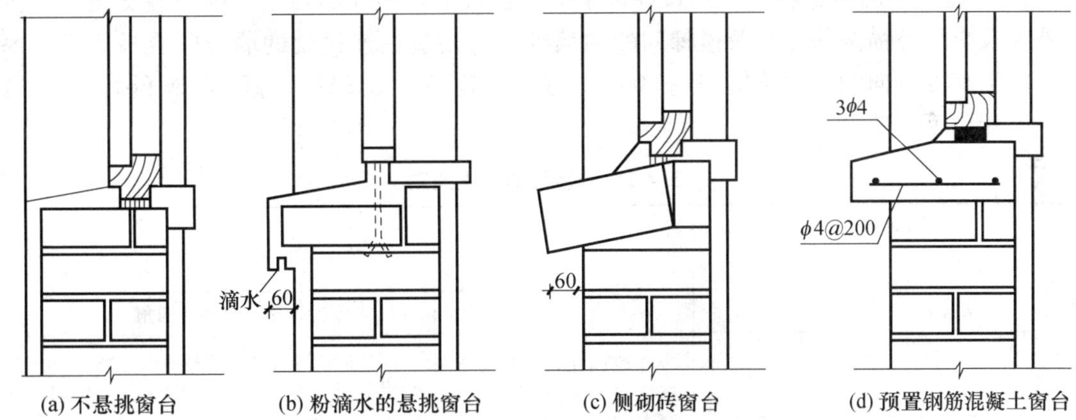

图 4-19　窗台构造图

（6）圈梁

圈梁是沿墙体布置的钢筋混凝土卧梁，截面不小于 120mm×240mm，作用是增加房屋的整体刚度和稳定性，减轻地基不均匀沉降对房屋的破坏，抵抗地震力的影响。圈梁设在房屋四周外墙及部分内墙中，并处于同一水平高度，像箍一样把墙箍住。

一般地，房屋在屋盖处必须设置圈梁，楼板处隔层设置，当地基条件较差时在基础顶面也应设置圈梁。单层建筑高度小于 8m 时，可在檐口处设一道圈梁，当高度大于 8m，屋盖和窗过梁或基础处各设置一道圈梁。多层建筑高度小于 3 层时，设一道；大于 3 层时，隔层设或每层设，根据地震烈度和地基情况确定。

圈梁主要沿纵墙设置，内横墙大约 10～15m 设置一道。当抗震设防要求不同时，圈梁的设置要求相应有所不同。

圈梁必须封闭交圈，若遇标高不同的洞口圈梁断开时，应设附加圈梁与原有圈梁上下搭接，若设两者的高差为 h，则搭接长度 $l \geqslant 2h$ 且 $l \geqslant$ 1000mm，如图 4-20 所示。

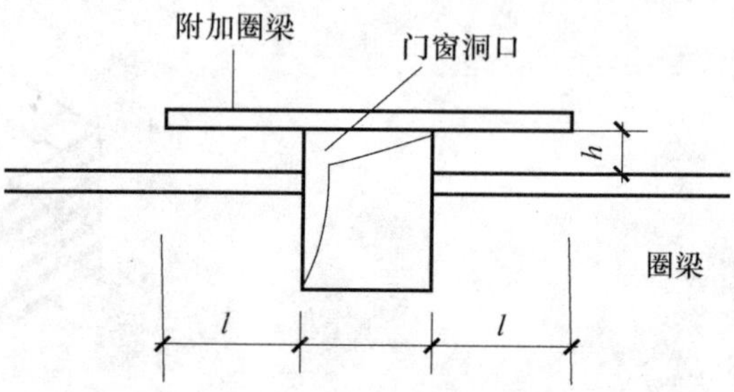

$l \geqslant 2h$；$l \geqslant 1\text{m}$

图 4-20　附加圈梁

钢筋混凝土圈梁按施工方式分现浇式和装配式两种。现浇钢筋混凝土圈梁整体刚度好，应用广泛。一般地，圈梁截面为 240mm×240mm，上下各配 2 根直径不小于 $\phi 8$ 钢筋，箍筋 $\phi 6@\leqslant$ 300，混凝土强度等级不小于 C15。当房屋层高较低时，圈梁可与门窗过梁统一考虑，用圈梁代替门窗过梁。

（7）墙体的加固

如果墙体受到集中荷载、开洞、过长以及地震等因素影响，致使墙体稳定性有所下降时，需要考虑对墙体采取加固措施。常用的墙体加固措施有增设门垛和壁柱、增设圈梁和构造柱等。

在砌体房屋墙体的规定部位，按构造配筋，并按先砌墙后浇灌混凝土柱的施工顺序制成的混凝土柱，通常称为混凝土构造柱，简称构造柱。构造柱的作用是与圈梁一起形成骨架。提高砌体结构的抗震能力和整体性，也可以单独用于提高墙身的稳定性。构造柱的加设原则见表 4-1。8 度设防时构造柱一般加设在以下 3 个位置上，即外墙转角、内外墙交接处（包括内横外纵及内纵外横两部分）及楼梯间的内墙处。与构造柱连接处的墙应砌成马牙槎，每一个马牙槎沿高度方向的尺寸不应超过 300mm 或 5 皮砖高，马牙槎从每层柱脚开始，应先退后进，进退相差 1/4 砖。

表 4-1　构造柱的加设原则

房屋层数				设置位置	
6 度	7 度	8 度	9 度		
四、五	三、四	二、三		外墙四角，错层部位横墙域外纵墙交接处，交大洞口两侧，大房间内外墙交接处。	7、8 度时，楼、电梯间四角
六～八	五、六	四	二		隔开间横墙（轴线）与外墙交接处，山墙与内纵墙交接处，7～9 度时，楼、电梯间四角
	七	五、六	三、四		内墙（轴线）与外墙交接处，内墙拒不较小墙垛处，7～9 度时，楼、电梯间四角，9 度时，内纵墙与横墙（轴线）交接处

3. 隔墙

隔墙是分隔室内空间的非承重构件，在现代建筑中，为了提高平面布局的灵活性，大量采用隔墙以适应建筑功能的变化。由于隔墙不承受任何外来荷载，且本身的重量还要由楼板或小梁来承受，因此应注意以下要求：自重轻，有利于减轻楼板的荷载；厚度小，增加建筑的有效空间；满足隔声、防火、隔潮等功能，特殊的还有防静电、防射线等要求，使各房间互不干扰；便于拆除而不损害建筑结构，使建筑空间能随使用要求的改变而调整。例如写字楼，租给不同的公司，可能有不同空间划分要求，需要适时地设置或拆除某些隔墙。隔墙的种类及构造做法主要有以下几种：

1）立筋式隔墙（图 4-21）

立筋式隔墙由骨架和面层两部分组成，是先立墙筋（骨架）后再做面层，也称为有骨架隔墙。其中骨架由上、下槛，边框，立筋，斜撑或横档组成，材料有木骨架和金属骨架等。面层材料包括板条抹灰，钢丝网抹灰，人造面板。立筋面板隔墙比较常用，其骨架采用薄壁轻钢镀锌，铝合金骨架，面板采用人造面板如胶合板、纤维板、石膏板，纸面石膏板。人造板和骨架的连接关系有两种：一种是在骨架的两面或一面，用压条压缝或不用压条压缝，即贴面式；另一种是将板材置于骨架中间，四周用压条压住，称为镶板式。立筋面板隔墙属干作业，工业化程度高；但纸面石膏板厚度小，约 10mm，两边面层共约 20mm，隔声差。

2）砌筑式隔墙（无骨架隔墙）（图 4-22）

砌筑式隔墙是用普通砖、空心砖、加气混凝土等块材砌筑而成。常用的有普通砖隔墙和砌块隔墙。

普通砖隔墙有半砖（120mm）和 1/4 砖（60mm）两种。它的特点是耐久性好，但施工麻烦，湿作业多，自重较大。半砖隔墙是用普通砖顺砌而成，砌筑时砂浆宜用大于 M5.0，长度达于 5m 时，稳定性不足，需加固，方法是每砌 8—10 皮砖，砖墙内加 ϕ4mm 的通长钢筋，隔墙与楼板交接处砖斜砌，填塞墙与楼板间的空隙。隔墙上有门时，要预埋铁件或将带有木楔的混凝土预制块砌入隔墙中以固定门框。地面垫层在墙下部分局部加厚。

为了减少隔墙的重量，目前经常采用质轻块大的各种砌块，如加气混凝土块、粉煤灰硅酸盐砌块、水泥炉渣空心砖等砌筑隔墙，隔墙厚度由砌块尺寸而定，一般为 90～120mm。砌块大多具有质轻、孔隙率大、隔热性能较好等优点，但吸水性强，因此，砌筑时应在墙下先砌 3～5 皮黏土砖。砌块隔墙厚度较薄，也需采取加强稳定性的措施，其方法与砖隔墙类似

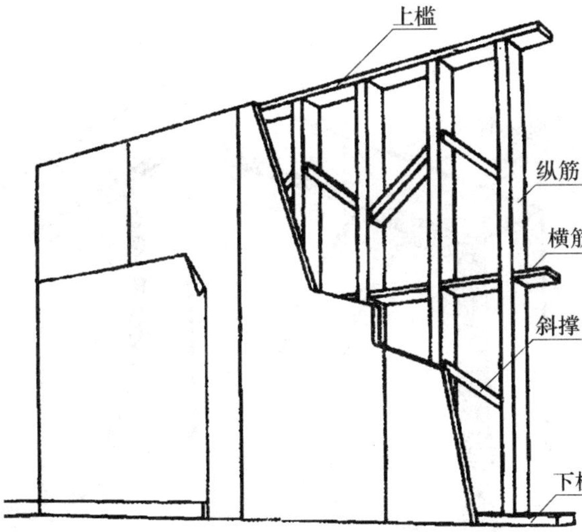

图 4-21　立筋式隔墙

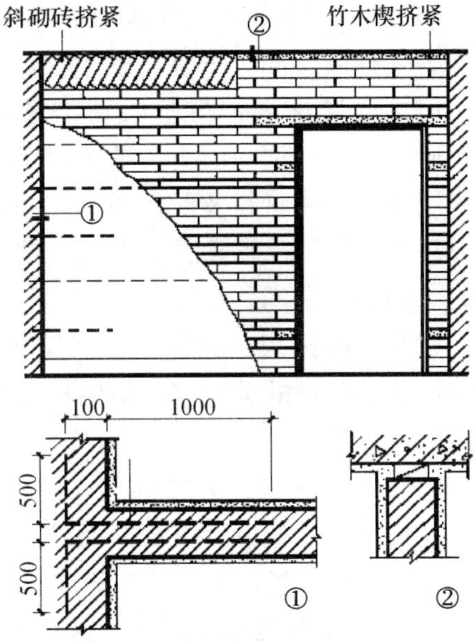

图 4-22　砌筑式隔墙

3）条板式隔墙（图 4-23）

条板式隔墙是指单板高度相当于房间净高，面积较大、且不依赖骨架，直接装配而成的隔墙。也称人造板隔墙。条板式隔墙自重轻，安装方便，施工速度快，工业化程度高。使用

. 材料主要有加气混凝土条板、石膏条板、碳化石灰板、蜂窝纸板、水泥刨花板等。板材.长度同建筑物室内净高，宽约 600mm，厚度根据材料而不同，约≤100mm。安装是板材竖向排列，上下用对口木楔与楼板连接，左右相互用胶结材料如水玻璃等粘结。

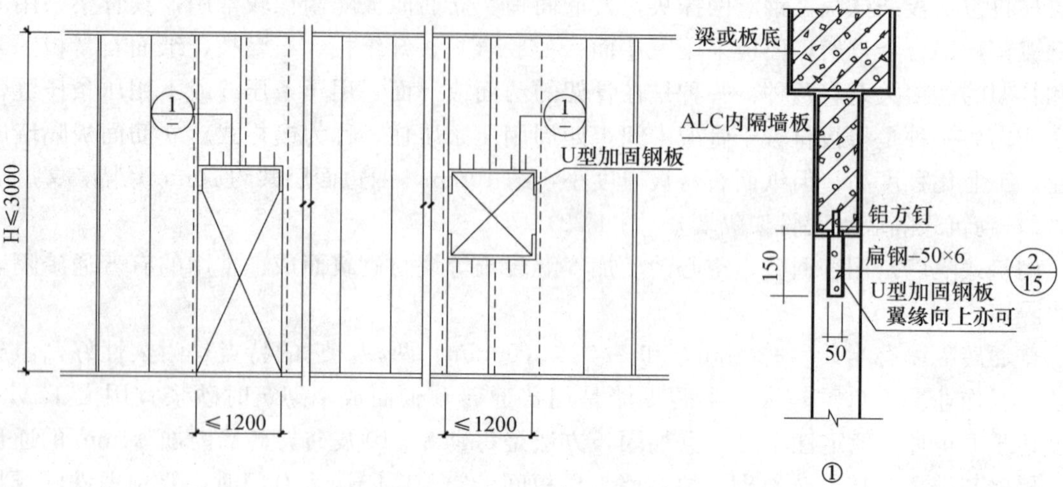

图 4-23　条板式隔墙

4. 墙面装修

墙面装修分为外墙面装修和内墙面装修，内墙面装修做法有抹灰、贴面、喷涂、裱糊等。外墙面装修做法有抹灰、贴面、喷涂、勾挂等。随着科技的发展装修材料的种类也层出不穷，质量更有保证。这里重点介绍墙面抹灰的做法。

1）墙面抹灰的组成和作用：

为使抹灰牢固、平整、不开裂，便于操作，抹灰应分层施工（图 4-24）。

（1）底层抹灰：与基层黏结和初步找平，砂浆类型根据基层类型选定，不同的墙体底层抹灰所用材料及配比不同，一般选用 1∶3～2.5 水泥砂浆或混合水泥砂浆，墙体表面必须洒水湿润。

（2）中层抹灰：起进一步找平的作用，是保证装饰质量的关键层，中层抹灰材料一般同底层抹灰。

（3）面层抹灰：为装饰层，要求美观，平整、均匀、无裂痕，按设计要求施工，如拉毛、扒拉石、批假石、斩假石、假面砖等装饰效果。大多数情况下采用石灰膏，厚 2～3mm，内加纸筋，以防止石灰膏干缩开裂剥落。

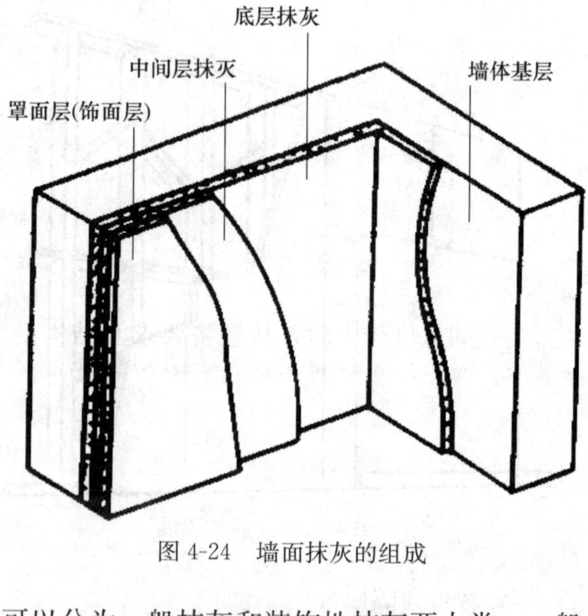

图 4-24　墙面抹灰的组成

按照面层的材料及做法，墙面抹灰的种类可以分为一般抹灰和装饰性抹灰两大类。一般抹灰包括外墙面水泥砂浆抹面，内墙面石灰砂浆，纸筋灰罩面等。

2）墙面抹灰的质量等级标准

根据抹灰要求的精度不同，抹灰层数不同，分为普通抹灰和高级抹灰。普通抹灰为底层抹灰＋面层抹灰。高级抹灰为底层抹灰＋若干中层抹灰＋面层抹灰。用于平整度要求较高的高级建筑中。

一般情况下，外墙抹灰的厚度为平均 15～25mm；内墙抹灰的厚度为 15～20mm；顶棚为 12～15mm。

三、楼、地层

楼板层是楼房建筑中水平方向的承重构件，按房间层高将整幢建筑物沿水平方向分为若干部分并承受着家具、设备和人体的荷载以及本身自重，将这些荷载传给墙，同时，还对墙身起着水平支撑的作用。楼板层的设计应满足建筑的使用、结构、施工以及经济等方面的要求。楼板层必须具有足够的抗弯强度、刚度和隔声能力。对有水侵蚀的房间，还要求楼板层具有防潮、防水的能力。

地层是底层房间与土层相接触的部分，它承受底层房间内的荷载。不同地层，又要求具有耐磨、防潮、防水和保温等不同的性能。

楼板层通常由面层、楼板、顶棚三部分组成。地坪层由面层，垫层和素土夯实层构成。

1. 钢筋混凝土楼板

钢筋混凝土楼板根据其施工方法不同可分为现浇式、装配式和装配整体式三种。

1）现浇钢筋混凝土楼板

现浇钢筋混凝土楼板按其受力和传力情况可分为板式楼板、梁板式楼板、无梁板和压型钢板组合楼板。

（1）板式楼板

是将楼板的四边放在墙上，由墙来支承，楼板荷载直接传给墙体承担。其特点是房间净高大，顶棚平整，施工支模简单；但板跨过大时不经济。板式楼板适用于小空间房间。

① 两对边支承的板应按单向板计算；

② 四边支承的板应按单向板计算：

a. 当长边与短边长度之比不大于 2.0 时，应按双向板计算；

b. 当长边与短边长度之比大于 2.0，但小于 3.0 时，宜向双向板计算；

c. 当长边与短边长度之比不小于 3.0 时，宜按沿短边方向受力的单向板计算。

（2）梁板式楼板

当空间尺度较大时，从经济要求及结构受力角度考虑，采取板下设梁，增加板的支点，减小板的跨度。楼板受力后，先将荷载传给梁，再由梁将荷载传给墙或柱，称为梁板式楼板（图 4-25）。根据其结构受力方式的不同，又分为单梁式、复梁式、井字梁楼板。井字梁由板和两个方向相同的梁组成，两个方向的梁高度相同，同位相交，不分主次。按梁和墙、梁和梁的相交位置关系不同分为有正交正放、正交斜放、斜交斜放的井字梁楼板。主要适用于房间尺寸比较大，而且比较接近正方的门厅、大厅等。井字梁的跨达 10～30m 甚至更大，梁高约（1/16～1/20）L。

（3）无梁楼板（板柱式楼板）

楼板直接支承在柱上，楼板不设梁，则为无梁楼板。其特点是节约楼板所占的空间高度，

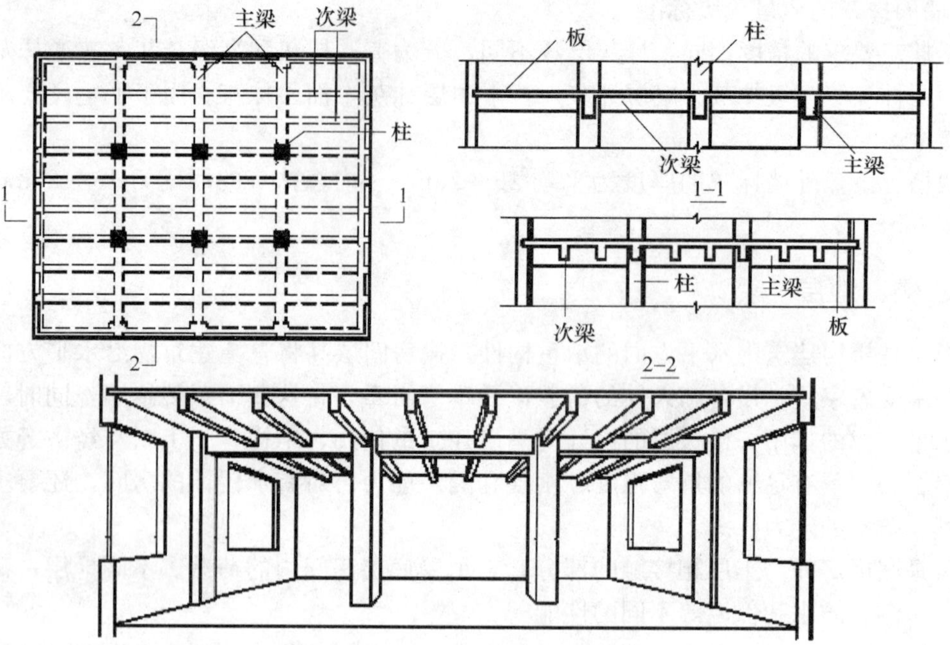

图 4-25　梁板式楼板

顶棚平整，采光、通风、视觉效果好。适用于建筑荷载较大，对空间高度、采光、通风又有要求的建筑中，宜采用方形或接近方形的柱网，如图书馆的书库、商场、仓库、展厅、多层车库等等楼面荷载较大、不宜采用梁板式楼板的建筑。根据楼板与柱的交接分为：有柱帽式和无柱帽式无梁楼板两种。有柱帽式可以扩大支承面面积，减小板跨，改善板的受力，加强柱对板的支承。而无柱帽式将“井”字格的型钢埋设于柱顶的楼板中（图 4-26）。

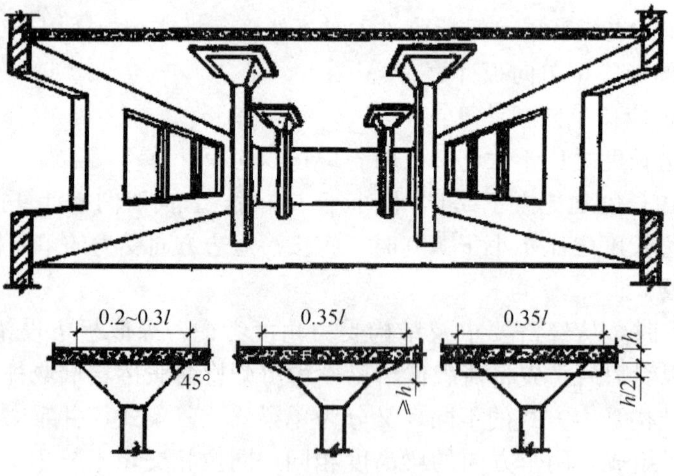

图 4-26　无梁楼板

2）预制装配式钢筋混凝土楼板

预制装配式钢筋混凝土楼板是由在预制构件厂或施工现场生产制作的预制构件装配而成。预制板根据截面的形式可以分为：实心板、槽形板（图 4-27）、空心板三种类型。

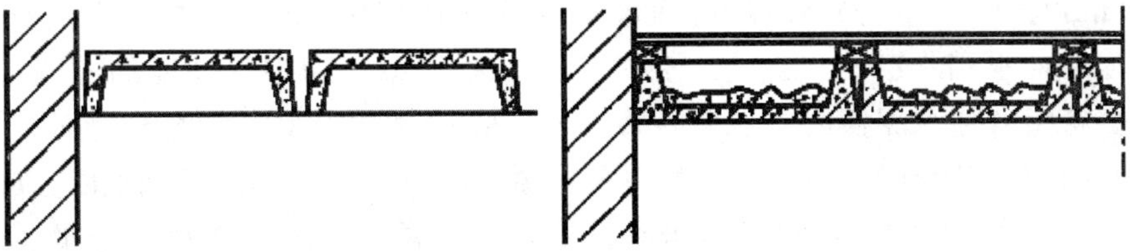

(a) (b)

图 4-27 预制槽形板

预制装配式钢筋混凝土楼板架设在墙、梁上时，需在板下铺 20 厚 1∶3 水泥砂浆，起找平作用，同时加强板与墙体连接。板在墙上的搁置长度为砖墙≥80mm，一般为 120mm；搁在钢筋混凝土梁上≥60mm，一般为 1/2b。在抗震区，板端搁进墙、梁上的长度还应加大，并应在板与墙以及板端与板端连接处设置锚固钢筋。注意侧边不允许压入墙内。

2. 地面

建筑地面工程是建筑物底层地面（地面）和楼层地面（楼面）的总称。建筑地面工程属建筑装饰装修分部工程中的一个子分部工程，主要包括：基层铺设、整体面层、板块面层、木竹面层分项工程，地面构造见图 4-28。

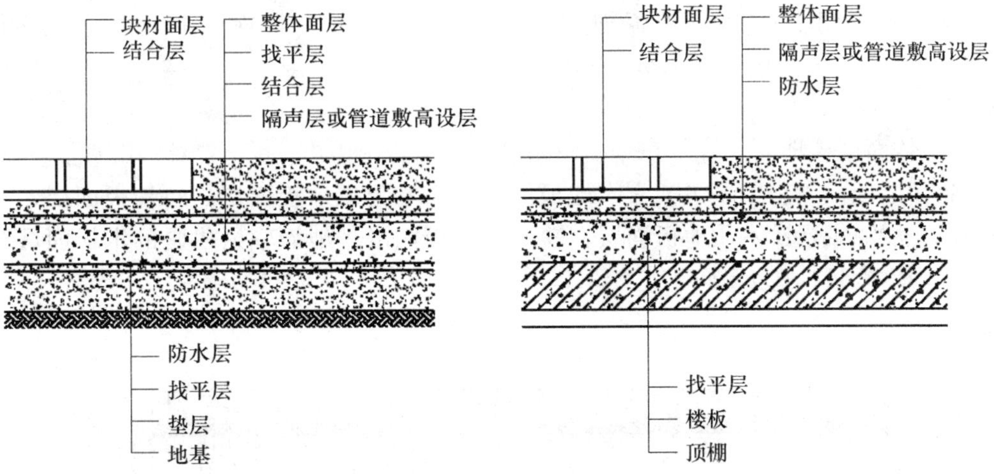

(a) (b)

图 4-28 地面构造

1）基层铺设

基层铺设工程主要包括基土、灰土垫层、砂垫层和砂石垫层、碎石垫层和碎砖垫层、三合土及四合土垫层、炉渣垫层、水泥混凝土垫层和陶粒混凝土垫层、找平层、隔离层、填充层、绝热层等。

2）整体面层楼地面

整体面层楼地面工程主要包括水泥混凝土面层、水泥砂浆面层、水磨石面层、硬化耐磨面层、防油渗面层和不发火（防爆）面层、自流平面层、涂料面层、塑胶面层、地面辐射供暖的整体面层。

水泥地面和水磨石地面都属于整体地面。水磨石地面一般分两层施工，在垫层或结构层上用10～20mm厚1：3水泥砂浆找平，面铺10～15mm厚1：1.5～2的水泥白石子，待面层达到一定强度后加水用水磨石机磨光、打蜡即成。所用石子为中等硬度的方解石、大理石、白云石硝等。若将普通水泥换成白水泥，并掺入不同颜料做成美术水磨石地面。为适应地面变形可能引起的面层开裂以及施工和维修方便，做好找平层后，用嵌条把地面分成若干小块，尺寸约1000mm，分块形状可以设计成各种图案，嵌条常用玻璃、塑料或金属（铜条、铅条等），嵌条高度同水磨石面层厚度，且用1：1水泥砂浆固定。嵌固砂浆不宜过高，否则会造成面层在嵌条两侧仅有水泥而无石子，影响美观。水磨石地面具有良好的耐磨性、耐久性、防水、防火性，质地美观，表面光洁，不起尘、易清洁等优点，通常应用于居住建筑的浴室、厨房、厕所和公共建筑门厅、走道及主要房间地面、墙裙等地方。

3）板块楼地面

板块楼地面工程主要包括大理石面层和花岗石面层、预制板块面层、料石面层、塑料板面层、活动地板面层、金属板面层、地毯面层、地面辐射供暖的板块面层。

块料地面种类很多，常用的有水泥砖、人工或天然石材、缸砖、陶瓷锦砖、陶瓷地砖等。陶瓷地砖又称墙地砖，其类型有釉面地砖、无光釉面砖和无釉防滑地砖及抛光同质地砖，有红、浅红、白、浅黄、浅绿、蓝等各种颜色。地砖色调均匀，砖面平整，抗腐耐磨，施工方便，且块大缝少，装饰效果好，特别是防滑地砖和抛光地砖又能防滑，因而越来越多的用于办公、商店、旅馆和住宅中。陶瓷地砖一般厚6～10mm，其规格有800mm×800mm、600mm×600mm、400mm×400mm，300mm×300mm等，一般地，块越大，价格越高，装饰效果越好。

4）木、竹面层楼地面

木、竹面层地面工程主要包括实木地板面层、实木集成地板面层、竹地板面层、实木复合地板面层、浸渍纸层压木质地板面层、软木类地板面层、地面辐射供暖的木板面层等，空铺双层企口硬木地板构造见图4-29。

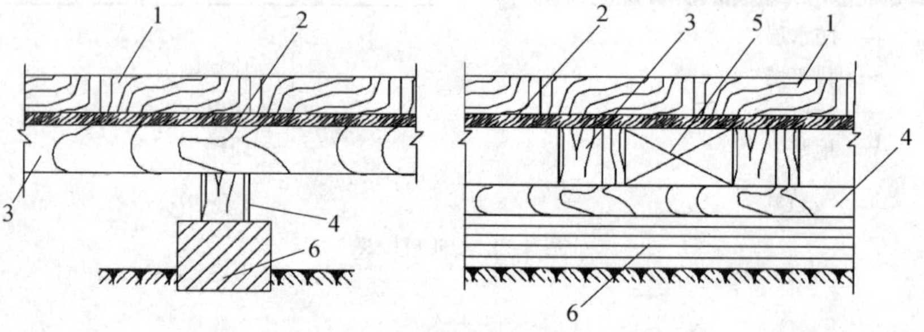

图4-29　空铺双层企口硬木地板构造

1—企口长条硬木板；2—毛地板；3—木搁栅；4—橡木（垫木）；5—剪刀撑；6—地垄墙

四、屋面工程

屋面工程是建筑工程的一个分部工程，是指屋盖面层的施工内容，它包括了屋面的防水工程和屋面的保温隔热工程。它由结构层以上的屋面找平层、隔气层、保温隔热层、防水层、保护层或使用面层等构造层次所组成。起着保护房屋不受日晒、雨淋、风雪的侵入，并对房屋顶部起到保温、隔热作用。其施工质量的优劣将直接关系到建筑物的使用功能和寿命。

屋面按其形式可分为平屋面、坡屋面和异形屋面；按其使用功能可分为非上人屋面和上人屋面；按其保温隔热的功能可分为保温隔热屋面和非保温隔热屋面。

屋面防水工程根据所采用的防水材料可分为刚性防水屋面和柔性防水屋面。屋面依据其防水层所采用的防水材料材质不同，则又可分为刚性混凝土防水屋面、平瓦屋面、卷材防水屋面、涂膜防水屋面、油毡瓦防水屋面、金属板材防水屋面。按其防水方法的不同，还可分为复合防水、结构自防水。

1. 屋面保温分正置式和倒置式保温屋面，正置式保温屋面一般为保温层设置在防水层下面；倒置式屋面是将保温层设置在防水层之上的屋面，具有节能保温隔热、延长防水层使用寿命等特点。由于含水率对保温层材料的导热系数影响较大，保温层施工时保温材料应干燥，即使用自然干燥不浸水的保温材料就可以了，如果屋面保温层干燥有困难时，应采用排气屋面。

2. 找坡层和找平层

1）找坡层宜采用轻质材料；找坡材料应分层铺设和适当压实，表面应平整。

2）找平层宜采用水泥砂浆或细石混凝土；找平层的抹平工序应在初凝前完成，压光工序应在终凝前完成，终凝后应进行养护。

3）找平层分格缝纵横间距不宜大于6m，分格缝的宽度宜为5～20mm。

3. 防水层

平屋顶防水层由于采用的材料和构造不同可以分为柔性防水屋面、刚性防水屋面、涂膜防水等。

柔性防水又称卷材防水，是利用柔性防水卷材与黏结剂结合，粘贴在屋面上而形成的密实防水构造层。按其使用材料的不同，可分为沥青类卷材防水屋面、高聚物改性沥青类卷材防水屋面、高分子卷材防水屋面。卷材防水层具有良好的韧性和可变性，能适应震动和微小变形等变化因素的影响，整体性好，不易渗漏，使用广泛，I—IV级屋面防水均适用。但卷材防水层耐久性较差，机械强度低，施工操作繁杂，须不断改进。

高聚物改性沥青类防水卷材是以合成高分子聚合物改性沥青为涂盖层，纤维织物或纤维毡为胎体的卷材，克服了沥青类卷材温度敏感性大、延伸率小的缺点，具有高温不流淌，低温不脆裂，抗拉强度高的特点，能够较好的适应基层开裂及伸缩变形的要求。目前国内使用较广泛的品种有SBS、APP、PVC改性沥青卷材和再生胶改性沥青卷材。

合成高分子类防水卷材是以合成橡胶、合成树脂或两者的混合体为基料加入适量化学助剂和填充料而制成的卷材，具有拉伸强度高，断裂伸长率大，抗撕裂强度高（抗拉强度达到2～18.2MPa），耐热性能好，低温柔性大（适用温度在－20～80℃），耐老化及可以冷施工等优点，属于高档防水卷材。目前我国使用的品种有三元乙丙橡胶、聚氯乙烯、氯化聚乙烯等防水卷材。

卷材防水使用的黏结剂主要有冷底子油和沥青胶等。冷底子油是10号或30号石油沥青熔于轻柴油、汽油或煤油中而制成的熔液。将其涂在水泥砂浆或混凝土基层上做基层处理剂，使基层表面与沥青黏结剂之间形成一层胶质薄膜，提高黏结性能；高聚物改性沥青卷材、高分子卷材黏结剂主要为溶剂型黏结剂。用于改性沥青类的有RA-86型氯丁胶黏结剂、SBS黏结剂等；高分子卷材如三元乙丙橡胶用聚氨酯底胶基层处理剂、CX-404氯丁橡胶黏结剂等。

防水层下设置找平层的目的是为防止防水卷材铺设时出现凹陷、断裂，故首先在屋面板结构层上或松软的保温层上要设置一坚固平整的基层，即找平层，将卷材平整密实地铺设在找平层上。找平层一般采用1：3水泥砂浆或1：8沥青砂浆，厚度视表面平整度而定，常用值为15～30mm。同时为防止找平层由于干缩、温度、受力等原因，产生变形开裂而波及卷材防水层，找平层应设分格缝，缝距≤6m，缝宽为20mm。当屋面板为预制装配式时，分格缝应设置在板端缝处，并在缝上增设一层宽约300mm卷材，单边粘贴，使分格缝处的卷材有一定的伸缩余地，避免开裂。

结合层是使卷材与基层牢固胶结而涂刷的基层处理剂。沥青类卷材常用冷底子油做结合层；改性沥青卷材常用改性沥青黏结剂；高分子卷材常用配套处理剂，也采用冷底子油或乳化沥青做结合层。

为了保护防水层，使卷材避免因光照和气候等的作用迅速老化，防止沥青卷材的沥青过热流淌或受到暴雨的冲刷，常常在防水卷材上设保护层。保护层的构造做法视屋面的利用情况而定。高分子卷材如三元乙丙橡胶防水屋面等通常是在卷材面上涂刷水溶型或溶剂型的浅色保护着色剂，如氯丁银粉胶等。上人屋面的保护层的做法通常用沥青砂浆铺贴缸砖、大阶砖、混凝土板等块材或在防水层上浇30～40mm厚的细石混凝土，以保证其平整耐磨。块材或整体保护层均应设分格缝，分格缝的位置一般设在屋顶坡面的转折处、屋面与突出屋面的女儿墙、烟囱等的交接处。保护层分格缝应尽量与找平层分格缝错开，缝内用防水油膏嵌缝。上人屋面做屋顶花园时，花池、花台等构造均应在屋面保护层上设置。

2）保温层

一般地，保温层位于结构层上，防水层下。这种做法有利于减小温度变形对结构的影响，应用广泛。针对旧建筑的节能改造及坡屋顶保温，保温层可以设在结构层下，吊顶棚上，施工方便省材料；当保温层和防水层交换位置，保温层位于防水层上时，称为倒铺法。

常用保温材料有两大类，一类是无机矿物材料类，如焦渣、膨胀珍珠岩、膨胀蛭石、泡沫混凝土、加气混凝土等；另一类是有机材料类如聚苯、聚氨酯、聚氯乙烯等。由于保温层表面不平整，其上必须做找平层，才能附设其他构造。

五、顶棚

顶棚是指楼层底面部分，亦称天棚、天花板等，属于建筑物内部主要装饰部分，对一般建筑而言，要求美观、光洁，增强光线反射，改善室内明度；对要求高的建筑或有一定功能要求的建筑而言，要求室内空间造型及满足使用需要的隔声、防水、保温、隔热等要求，构造形式分为直接式和吊顶式两种。

直接式顶棚是指直接在楼板底面喷刷、抹灰、贴面的顶棚（见图4-30），多用于一般民用建筑和工业建筑之中，它的常见构造做法有抹灰、直接喷刷涂料、贴面等。直接抹灰顶棚采用板底面抹灰装修，如水泥砂浆抹灰和麻刀灰、纸筋灰等抹灰，多用于一般民用建筑，采用水泥砂浆抹面，先刷素水泥浆一道，形成胶结膜层，抹5mm厚1：3水泥砂浆打底，再用5～8mm厚1：2.5水泥砂浆抹面，外刷涂料；采用麻刀（或纸筋）灰抹面，先抹6mm混合砂浆再用3mm麻刀灰（或纸筋灰）抹面，外刷涂料。顶棚底面平整，适用于装修要求低的房间。直接喷刷涂料顶棚使用用腻子嵌平板缝或喷刷涂料。贴面顶棚主要用于室内装修要求较高或有吸音、保温、隔热等功能要求的建筑物。将所需的满足功能要求的装饰材料用黏结剂直接贴于楼板底面，如墙纸、装饰吸声板等。

在装饰要求较高的房间中，要解决好室内空间造型装饰效果和必需的功能要求而设置的各种设备及管道的敷设等矛盾，往往借助于吊顶棚将建筑结构构件及设施遮挡加以解决。吊顶棚由龙骨架与面层两部分组成（图 4-31）。轻钢和铝合金骨架一般由吊筋（φ4 或 φ6 钢筋或 8 号镀锌铅丝@900 或 1200）、主龙骨（主搁栅）、次龙骨（次搁栅）、撑木（防止吊顶棚在风压作用下向上浮起，一般设在吊筋附近）。

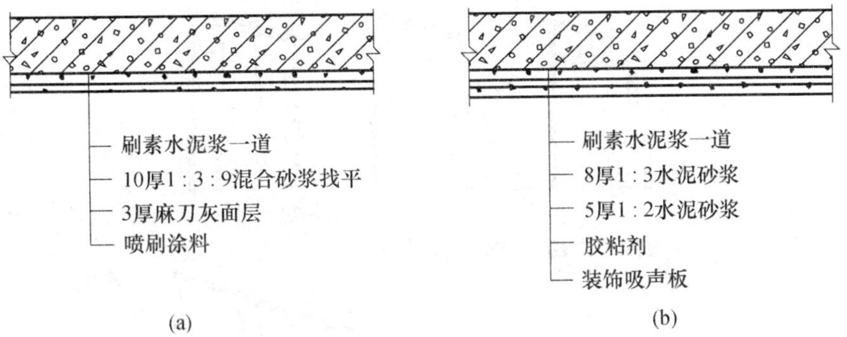

图 4-30　直接式顶棚

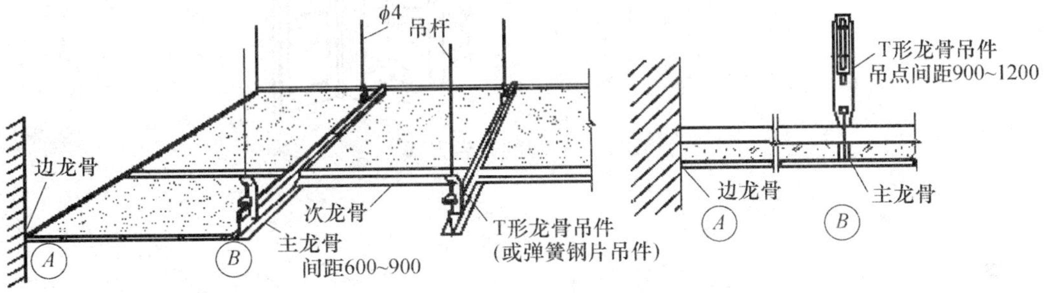

图 4-31　吊顶棚的构造示意图

面层按材料及施工方法分为抹灰面层和板材面层两类。抹灰面层属湿作业，费工费时，且易开裂，除特殊要求外，现在一般不再采用。板材面层施工方便，工期短，易保证施工质量，得到广泛采用。其材质有植物板材，矿物板材，金属板材等，植物板材不符合防火规范要求，一般不采用。矿物板材吊顶构造一般以轻钢或铝合金型材料件作龙骨，以石膏板、各种矿棉板等板材作面层。这种吊顶造型多样，干作业，施工方便，荷重轻，吸音效果和耐火性能好，得到广泛应用，多用于公共建筑和装饰较好的建筑之中。金属板材吊顶构造一般以轻型钢材作龙骨，以铝合金板、条作面层。

六、门窗

门主要供人们内外交通和隔离房间之用；窗则主要是采光和通风，同时也起分隔和围护作用。门和窗均属非承重构件。对某些有特殊要求的房间，则要求门、窗具有保温、隔热、隔声的能力。

1. 开启方式

常用的门的开启方式有平开门、弹簧门、推拉门、折叠门、转门，其他还有卷帘门（空格式/页片式)、上折门、上翻门、提升门等（图 4-32)。

2. 木门的构造

木门一般由门框、门扇、亮子、五金件及其附件组成（图 4-33)。门框是门扇、亮子与墙的联系构件。亮子又称腰头窗，在门的上方，为辅助采光和通风之用，有平开、固定及上、中、下悬几种。五金件一般包括铰链、插销、门锁、拉手、门碰头等。附件包括贴脸板、筒子板等。

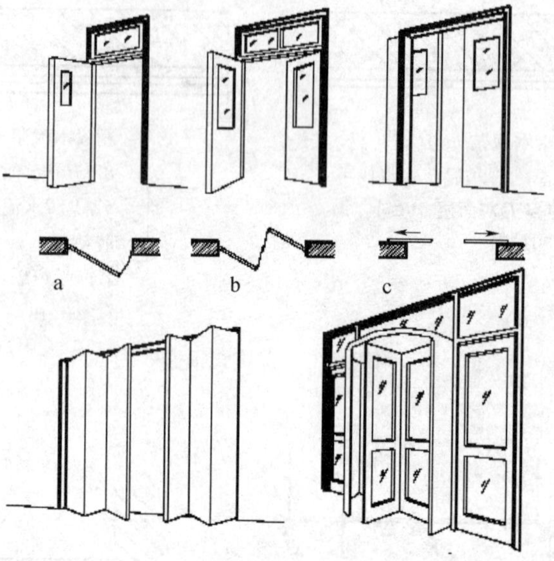

图 4-32　门的开启方式

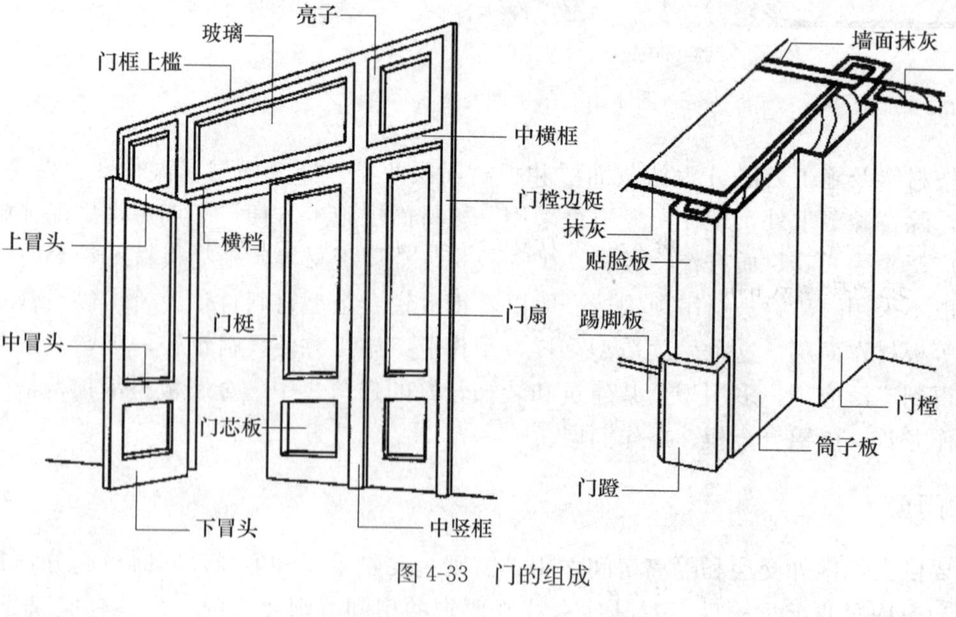

图 4-33　门的组成

3. 其他门窗

1）铝合金门窗

铝合金门窗装入洞口应横平竖直，外框与洞口应弹性连接牢固，不得将门、窗外框直接埋人墙体，防止碱对门窗框的腐蚀。一般地，门窗安装时，将门、窗框在抹灰前立于门窗洞处，与墙内预埋件对正，然后用木楔将三边固定。经检验确定门、窗框水平、垂直、无翘曲后，用连接件将铝合金框固定在墙（柱、梁）上，连接件固定可采用焊接、膨胀螺栓或射钉方法。门窗框与墙体等的连接固定点，每边不得少于二点，且间距不得大于0.7m。在基本风压大于等于0.7kPa的地区，不得大于0.5m；边框端部的第一固定点距端部的距离不得大于0.2m。门窗框固定好后与门窗洞四周的缝隙，一般采用软质保温材料填塞，如泡沫塑料条、泡沫聚氨酯条、矿棉毡条和玻璃丝毡条等，分层填实，外表留5～8mm深的槽口用密封膏密封。这种做法主要是为了防止门、窗框四周形成冷热交换区产生结露，影响防寒、防风的正常功能和墙体的寿命及建筑物的隔声、保温等功能。同时，避免了门窗框直接与混凝土、水泥砂浆接触，消除了碱对门、窗框的腐蚀。

2）塑料门窗

塑料门窗比木窗和金属门窗的隔热保温性能好，导热系数低，线条消晰、挺拔，造型美观、表面光洁细腻，具有良好的装饰性。同时塑料本身具有耐腐蚀等性能，不用涂涂料，可节约施工时间及费用，因此在国外发展很快，在建筑上得到大量应用。

七、楼梯

楼梯是楼房建筑的垂直交通设施，供人们上下楼层和紧急疏散之用。故要求楼梯具有足够的通行能力以及防水、防滑的功能。

现浇钢筋混凝土楼梯整体性好，刚度好，抗震能力强，有良好的可塑性，能适应各种楼梯间平面和楼梯形式，但施工周期长，模板耗用量大，宜用于无起重设备及小型个体建筑和对抗震要求高的建筑。

1. 楼梯的结构受力方式

按梯段的结构受力方式分为板式梯段和梁板式梯段的现浇钢筋混凝土楼梯

1）板式梯段的楼梯

板式梯段的楼梯梯段板底面平整，上部呈锯齿状踏步，纵向配置钢筋搁于楼面梁及平台梁上。宜用于跨度较小、受荷载较轻的建筑中。现浇扭板式钢筋混凝土楼梯底面平顺，结构占空间少，造型美观。但由于板跨大，受力复杂，结构设计和施工难度较大，钢筋和混凝土用量也较大。现浇扭板式钢筋混凝土弧形楼梯，一般只宜用于建筑标准高的建筑，特别是公共大厅中。为了使梯段边沿线条轻盈，常在靠近边沿处局部减薄出挑。

2）梁板式梯段的楼梯

梁板式楼梯梯段包括踏步板与楼梯斜梁。梯斜梁可上翻或下翻形成梯帮（图4-34）。踏步板也可从梯斜梁两边或一边悬挑，单梁或双梁悬臂支承踏步板和平台板。单梁悬臂常用于中小型楼梯或小品景观楼梯。双梁悬臂则用于梯段宽度大、人流量大的大型楼梯，可减小踏步板跨，但双梁底面之间常需另做吊顶。由于踏步板悬挑，造型轻盈美观。踏步板断面形式有平板式、折板式和三角形板式。平板式断面踏步使梯段踢面空透，常用于室外楼梯，为了使悬臂踏步板符合力学规律并增加美观，常将踏步板断面逐渐向悬臂端减薄。折板式断面踏步板由于踢面未漏空，可加强板的刚度并避免尘埃下掉，故常用于室内。为了解决折板式断面踏步板底支模困难和不平整的弊病，可采用三角形断面踏步板式梯段，使其板底平整，支模简单。但这种做法混凝土用量和自重均有所增加。

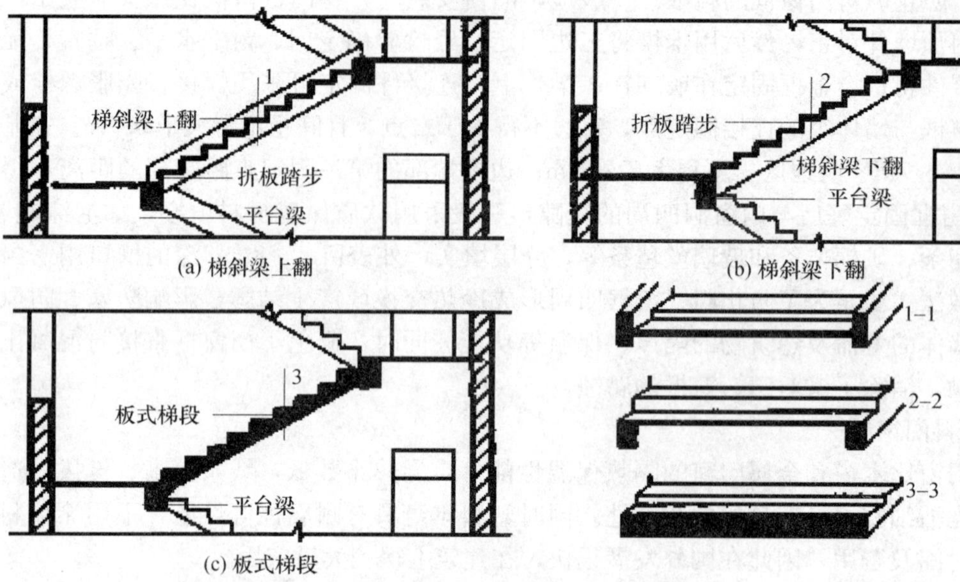

图 4-34　梁板式楼梯示意图

2. 楼梯的细部构造

踏步：踏步面层材料做法与楼层面层装修做法基本一致。考虑到其为建筑的主要交通疏散部位且人流量大使用率高，装修用材标准应高于或至少不低于楼地面装修用材标准，面层材料应耐磨、美观、不起尘。常用的面层做法有水泥砂浆、瓷砖、大理石、花岗石等。

踏步口的形式有踏步口呈直角；踏步口处踢面倾斜，踢面与踏面成锐角；踏步口处踏面突出踢面 20～30mm。后二者做法用在楼梯较陡立，踏步面较小时，使踏步面稍宽，可一定程度地改善行走舒适性。

八、变形缝

当建筑物过长、平面形状复杂或同一建筑物个别部分的高度或荷载差别较大时，建筑构件会因温度变化、地震的作用、地基的不均匀沉降等的影响，在结构内部产生附加的应力，从而引起变形，若措施不当，建筑物将产生裂缝或破坏。为了避免和预防这种裂缝的发生，在设计和施工时可采取“主动”和“被动”两种措施：“主动”措施就是加强建筑物的刚度和整体性，使其具有足够的抵抗变形的能力；“被动”措施是在变形敏感部位将结构断开，不同部分的建筑用垂直的缝分成几个单独的部分，使各部分能独立的变形，这种将建筑物垂直分开的缝称为变形缝。

1. 变形缝的种类

变形缝是伸缩（温度）缝、沉降缝和抗震缝的总称，根据设计功能，可以是其中的一种，也可以是二种或三种的合一。

1）伸缩缝

设置伸缩缝的目的就是防止建筑物因材料干缩和环境温度变化而产生的胀缩变形引起开裂性破坏，因此伸缩缝又称温度缝。一般在建筑物的地上结构全高设缝断开，缝宽为 20～

30mm，地下室和基础部分可不设缝。伸缩缝的间距应根据材料、结构形式、有无保温等因素确定。

2）沉降缝

设置沉降缝的目的是防止建筑物由于地基土质不均匀或上部结构荷载不同引起不均匀沉降而造成开裂性破坏。在沉降缝处，建筑物从基础至屋顶结构全部设缝断开，沉降缝的度宽往往较伸缩缝大，与建筑物高度及地基状况有关。

沉降缝设置位置一般是在地基土质不同的各部分之间、上部结构的荷载相差悬殊或结构形式截然不同的两部分之间、高度相差 10m 或两层以上的部分之间、已有建筑与新建建筑之间、平面形状复杂或有错层的部位。

3）抗震缝

设置抗震缝的目的是防止地震作用下建筑物各部分振幅或振动周期不同造成建筑的开裂性破坏。一般建筑物的地上结构全高设缝断开，地下室和基础部分可不设缝。抗震缝的宽度应根据建筑物的高度、结构类型和设防烈度等因素决定。

抗震缝应将房屋分成若干体形简单、结构刚度均匀的独立单元。其设置位置一般是在建筑立面高度相差 6m 以上的部分之间；建筑构造形式不同（例有错层或承重材料不同）的部分之间；建筑平面形状复杂，各部分刚度相差较大的部分之间。

2. 变形缝的构造

为保证变形缝处的围护性能（如防止风、雨、冷热空气、灰砂等侵入室内）、耐久性能及考虑建筑立面美观，构造上须对缝隙予以覆盖和装修。同时，这些覆盖和装修必须保证变形缝能充分发挥其功能，使缝隙两侧结构单元的水平或竖向相对位移不受阻碍。

1）基础

沉降缝要求将基础断开。通常采取双基础、交叉式基础和挑梁基础等几种方案。

（1）双基础方案

建筑物沉降缝两侧各设有承重墙，墙下有各自的基础。这样，每个结构单元都有封闭连续的基础和纵横墙，结构整体刚度大，但基础偏心受力，并在沉降时相互影响，（图 4-35）。

(a)　　　　(d)

图 4-35　双基础做法

（2）双墙挑梁基础方案

为使缝隙两侧结构单元能自由沉降又互不影响，一侧墙下条形基础正常均匀受压，另一侧采用纵向墙基础悬挑梁，梁上架设横向托墙梁，将墙支承其上。适用于沉降缝两侧基础埋深相差较大以及新建筑与原有建筑相连的情况，如图 4-36 所示。

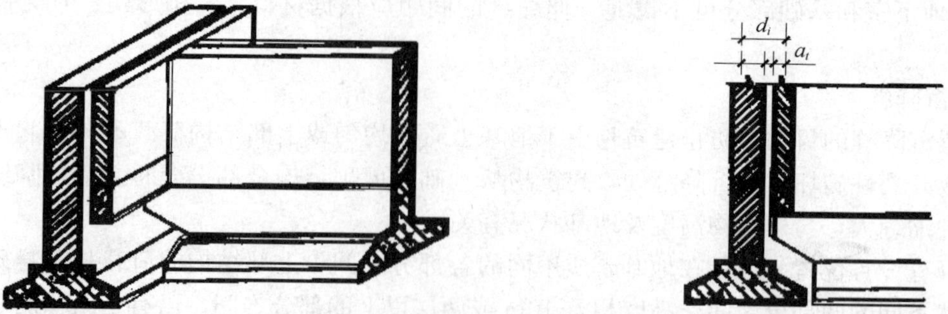

图 4-36　双墙挑梁基础做法

2）墙体

根据墙的厚度，变形缝可做成平缝、错口缝和企口缝等形式。墙较厚时采用错口缝或企口缝，有利于保温与防水。但抗震缝要做成平缝，以便适应地震时的摇摆。

外墙外侧缝口应填塞或覆盖具有防水、保温和防腐性能的弹性材料，如沥青麻丝、泡沫塑料条、橡胶条、油膏等，以避免外界自然因素的影响。当缝口较宽时，还应用镀锌铁皮、铝板等金属调节片覆盖。如果墙面作抹灰处理，为防止抹灰脱落，可在金属片上加钉钢丝网后再抹灰。

伸缩缝填缝或盖缝材料及构造应保证结构在水平方向的自由伸缩。外墙内侧及内缝口通常用具有一定装饰效果的木质盖缝条遮盖。木条固定在缝的一侧，也可采用金属片盖缝。外墙外侧用镀锌铁皮、铝板等金属调节片覆盖。考虑到缝隙对建筑方面的影响。通常将缝隙布置在外墙转折部位或利用雨水管将缝隙挡住，作隐蔽处理。

沉降缝一般兼起伸缩缝的作用。墙体沉降缝构造与伸缩缝构造基本相同，只是调节片或盖缝板在构造上能保证两侧结构在竖向的相对移动不受约束。

墙体防震缝构造与伸缩缝、沉降缝构造基本相同，只是防震缝一般较宽，通常采取覆盖做法。外缝口用镀锌铁皮、铝片或橡胶条覆盖，内缝口常用木质盖板遮缝。寒冷地区的外缝尚须用具有弹性的软质聚氯乙烯泡沫塑料、聚苯乙烯泡沫塑料等保温材料填实，如图 4-37 所示。

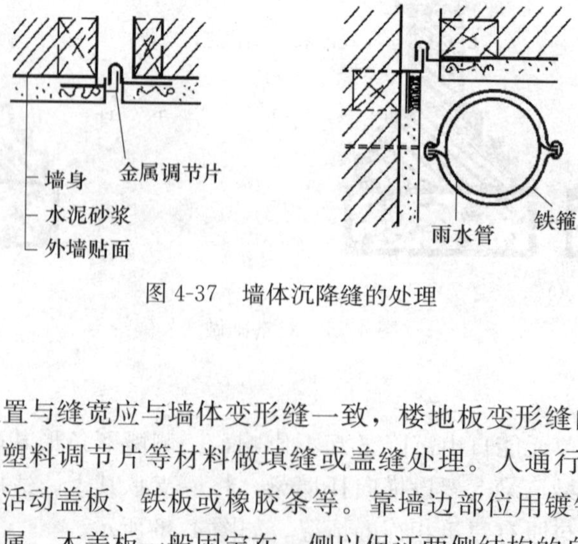

图 4-37　墙体沉降缝的处理

3）楼地板

楼地板变形缝的位置与缝宽应与墙体变形缝一致，楼地板变形缝内也常以具有弹性的油膏、沥青麻丝、金属或塑料调节片等材料做填缝或盖缝处理。人通行部位采用盖缝板盖缝，上铺与地面材料相同的活动盖板、铁板或橡胶条等。靠墙边部位用镀锌铁皮盖缝。顶棚的缝隙盖板一般为木质或金属，木盖板一般固定在一侧以保证两侧结构的自由伸缩和沉降。

4）屋顶

屋顶变形缝一般建于建筑物的高低错落处，也可建于两侧屋面处于同一标高处。不上人屋顶通常在缝隙一侧或两侧加砌矮墙，按屋面泛水构造要求将防水材料沿矮墙上卷，顶部缝隙用镀锌铁皮、铝片、混凝土板或瓦片等覆盖，并允许两侧结构自由伸缩或沉降而不致渗漏雨水。寒冷地区在缝隙中应填以岩棉、泡沫塑料或沥青麻丝等具有一定弹性的保温材料。上人屋顶因使用要求一般不设矮墙，此时应做好防水，避免雨水渗漏。

不管变形缝采用何处理方法，都要保证建筑物自由变形，因此，嵌缝材料必须具有弹性和伸缩性，在固定盖缝材料时也必须根据变形缝的功能，对于伸缩缝应满足其两侧建筑物各部分之间水平方向的变形，沉降缝则有保证其垂直和水平两个方向的变形。当三种变形缝合一设置时，变形缝在宽度及两个方向的变形要求都应满足。

第三节　工业建筑构造

工业建筑与民用建筑比较，不管是建筑设计原理，还是建筑构造的原理与方法，都有许多相似相通之处，都具有建筑的共性。这里仅侧重工业建筑与民用建筑不同之处加以阐述。

工业生产的类别繁多，生产工艺不同，分类亦随之而异，工业建筑按厂房的层数分为单层厂房，多层厂房，层次混合的厂房。层次混合的厂房是同一厂房内既有单层跨，又有多层跨。其功能在可满足生产的前提下，外观造型也随着建筑技术的发展而不断丰富，活泼了生产气氛。

一、单层厂房构造

单层厂房广泛应用于各种工业企业，约占工业建筑总量的75%左右。单层厂房按跨数有单跨与多跨之分。多跨大面积厂房采用的较多，单跨用得较少。但有的生产厂房，如飞机装配车间和飞机库常采用跨度很大（36～100m）的单跨厂房。

单层厂房的结构支撑方式基本上可分为承重墙结构与骨架承重结构两类。当厂房的跨度、高度、吊车荷载较小时用承重墙结构；当厂房的跨度、高度、吊车荷载较大时，广泛地采用骨架承重结构。骨架承重结构由柱子、梁、屋架等组成，以承受各种荷载，这时墙体在厂房中只起围护或分隔作用。

排架结构是目前单层厂房中最基本、最普遍的结构型式。其受力特点是屋架与柱子之间为铰接，柱子与基础之间为刚接；排架结构的构件是分开制作而后装配形成厂房，有利于建筑设计标准化、构件工厂化和施工机械化，同时排架结构还具有一定的刚度和抗震能力。其中最常见的是装配式钢筋混凝土排架结构，可用于单跨、双跨、多跨等各种厂房建筑。

钢架结构是屋架与柱子合并为同一构件，其连接处为整体刚接，柱与基础为铰接。主要有装配式钢筋混凝土门式刚架结构和钢刚架结构。

单层厂房承重结构除上述几种外，屋顶结构尚可用折板、壳体及网架等空间结构。它们的共同优点是传力受力合理，较充分地发挥了材料的力学性能，空间刚度好，抗震性能较强。其缺点是施工复杂，现场作业量大、工期长。

1. 装配式钢筋混凝土排架结构厂房的构件组成

装配式钢筋混凝土排架结构的单层厂房由承重构件和围护构件两部分组成。厂房承重结构由横向骨架和纵向连系构件组成。横向骨架包括屋面大梁（或屋架）、柱子、柱基础。它承受屋顶、天窗、外墙及吊车荷载。纵向连系构件包括大型屋面板（或檩条）、连系梁、吊车梁等。它们能保证横向骨架的稳定性，并将作用在山墙上的风力和吊车纵向制动力传给柱子。此外，为了保证厂房的整体性和稳定性，往往还要在屋架之间和柱间设置支撑系统。组成骨架的柱子、柱基础、屋架、吊车梁等厂房的主要承重构件，关系到整个厂房的坚固耐久及安全，必须予以足够的重视。厂房围护构件则包括屋面、外墙、门窗、地面等（见图 4-38）。

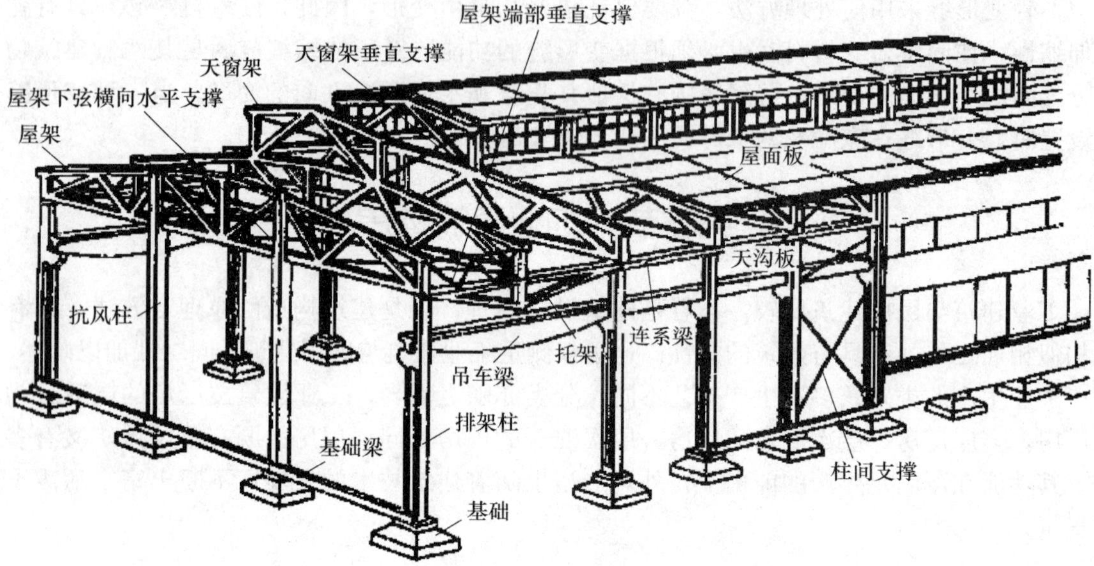

图 4-38　装配式钢筋混凝土排架结构厂房构件组成

1）柱下基础

柱下基础一般采用预制或现浇的杯口基础，以便插入预制的柱子（见图 4-39）。

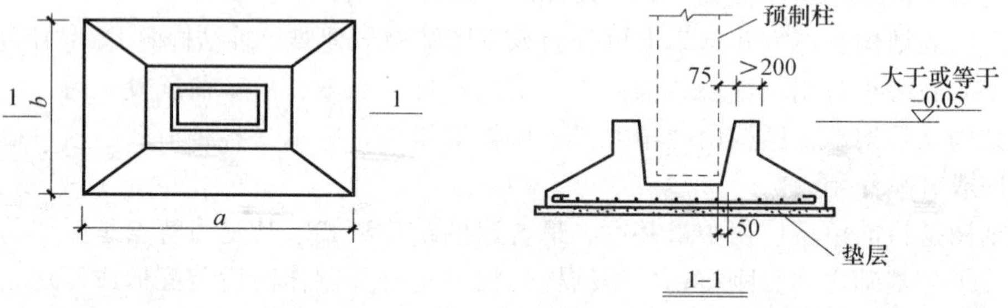

图 4-39　杯形基础

2）基础梁

装配式钢筋混凝土排架结构单层厂房的外墙，墙下不设基础，直接支承在基础梁上，如图 4-40 所示。

3）柱子

常用的排架柱有矩形柱、工字形柱、双肢柱和管柱等形式（图 4-41）。

4）屋架

装配式钢筋混凝土排架结构的单层厂房常用的屋架形状有折线形、梯形和三角形等

(图 4-42)。材料可以采用钢筋混凝土或钢。屋架与柱子采用螺栓连接或焊接(图 4-43)。

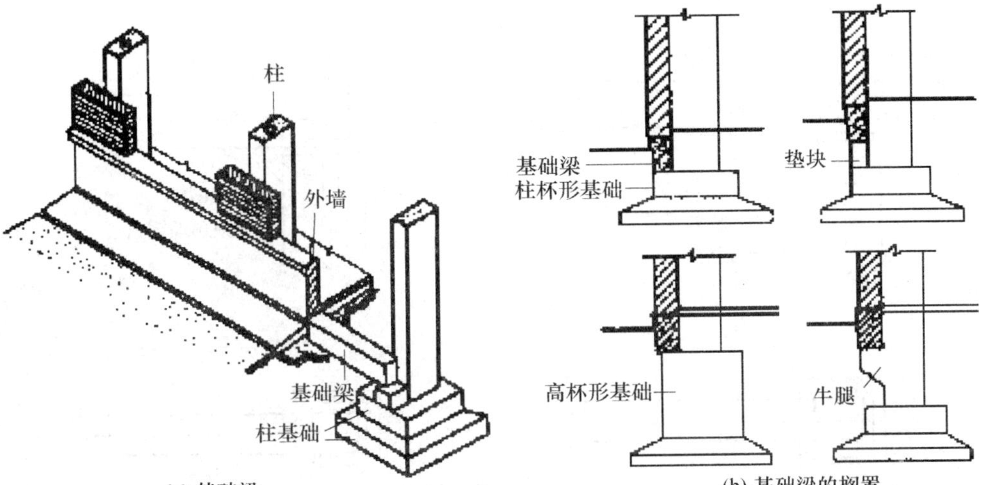

(a) 基础梁　　(b) 基础梁的搁置

图 4-40　基础梁示意图

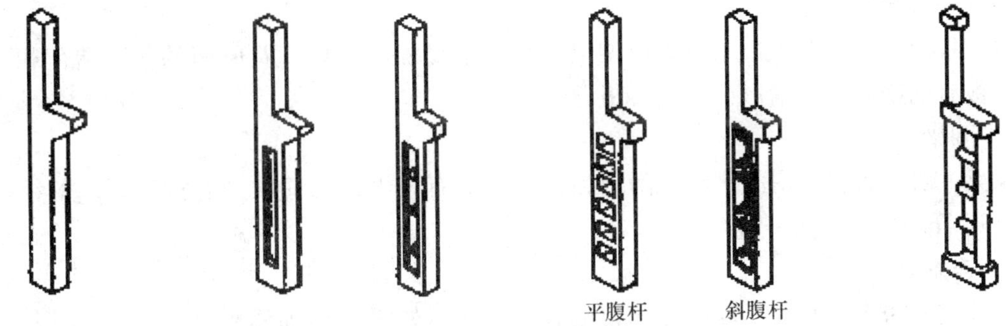

(a) 矩形柱　(b) 工字形柱　(c) 双肢柱　(d) 管柱

图 4-41　常用排架柱示意图

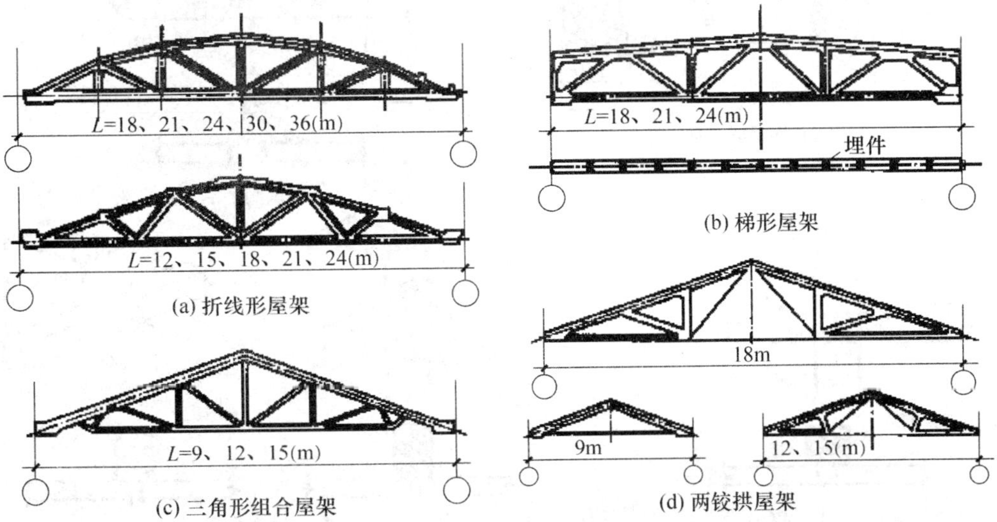

图 4-42　装配式钢筋混凝土排架结构常用屋架形式

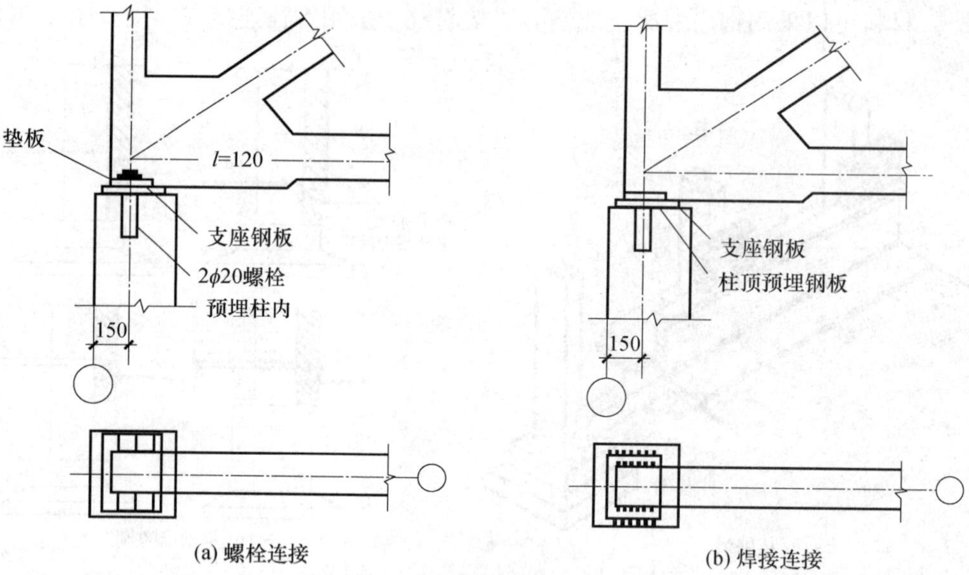

图 4-43　屋架与柱子的连接方式

5）屋面板

屋面板铺设在屋架、檩条或天窗架上，直接承受板的自重、及屋面的各种活荷载。常用的屋面板有钢筋混凝土槽形板和空心板。

6）圈梁

圈梁一般布置在厂房的吊车梁附近和柱顶，对有较大振动荷载和有抗震要求的结构，沿墙高每隔 4m 左右设置一道圈梁。

7）连系梁

有承重和非承重两种，截面形式为矩形或 L 形，如图 4-44 所示。

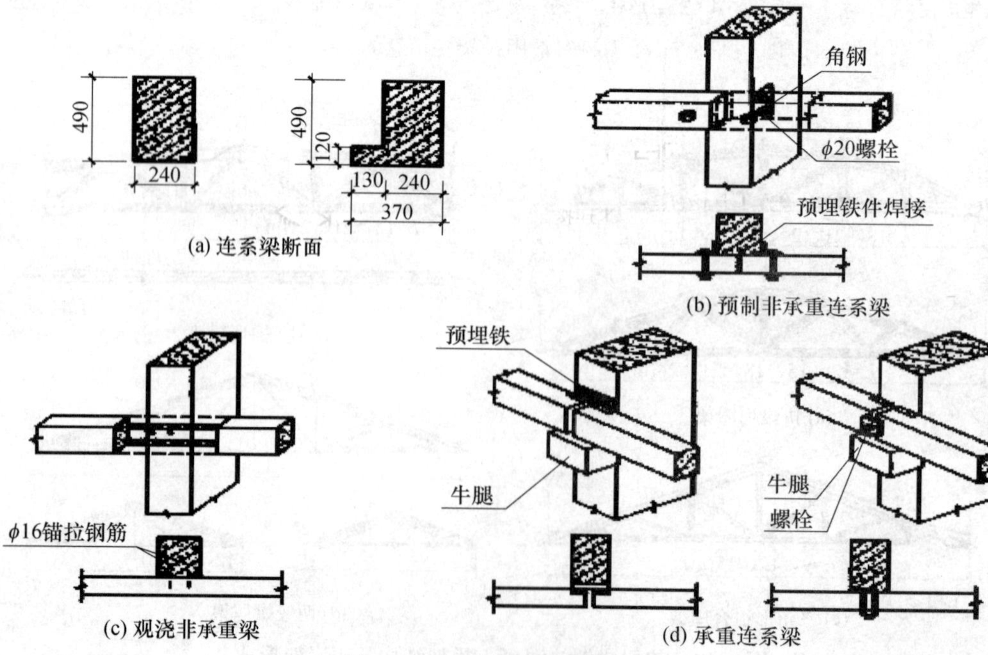

图 4-44　连系梁与柱子的连接

8）吊车梁

沿吊车运行方向布置在柱牛腿上，用于承担吊车荷载。材料可以用钢或钢筋混凝土制作，钢筋混凝土吊车梁的截面有 T 形、工字型、鱼腹形等（图 4-45）。

吊车梁下部通过钢垫板与柱子的牛腿上面的预埋钢板焊接，上翼缘与柱子用角钢或钢板焊接连接（图 4-46）。

9）抗风柱

设置在山墙处的柱子，用于与山墙一起抵抗作用在山墙上的风荷载等水平荷载并增加山墙的稳定性。

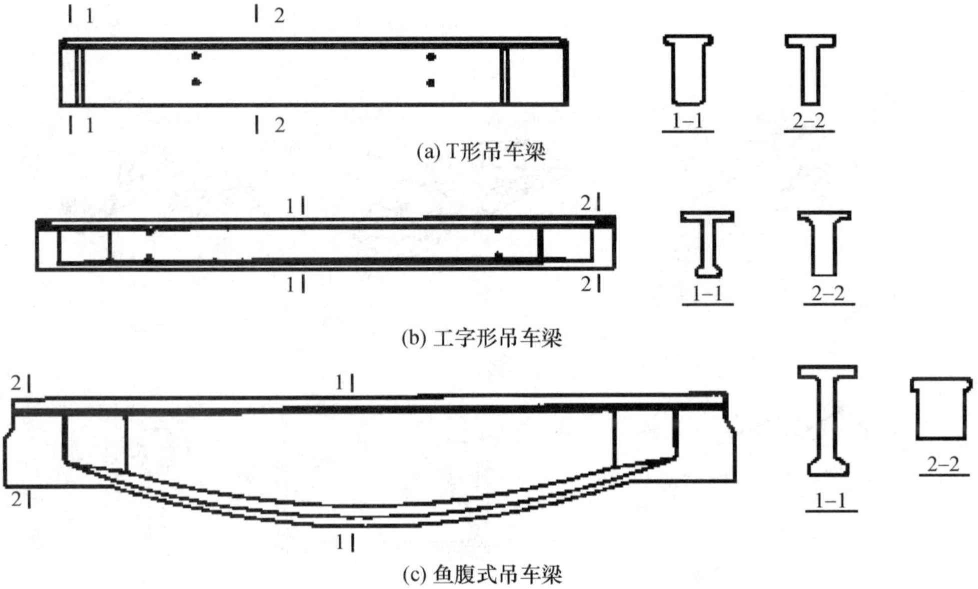

图 4-45　吊车梁的型式

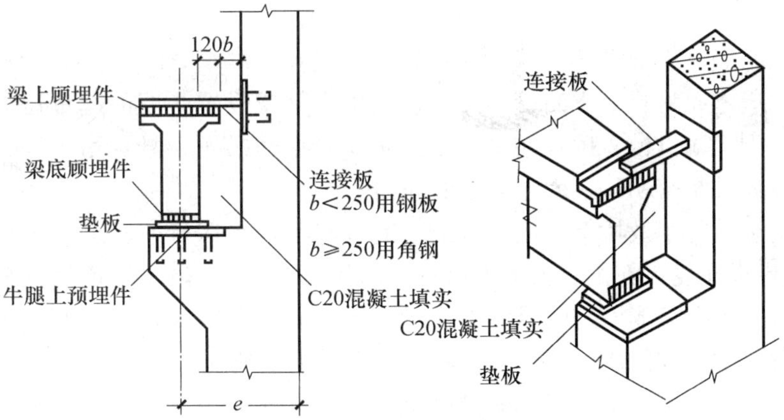

图 4-46　吊车梁与柱子连接

10）支撑

柱间支撑用于加强纵向柱列的刚度和稳定，设置在纵向列柱间，一般位于伸缩缝区段的中部（图 4-47）。

无屋盖支撑系统包括水平支撑和垂直支撑（见图 4-48）。

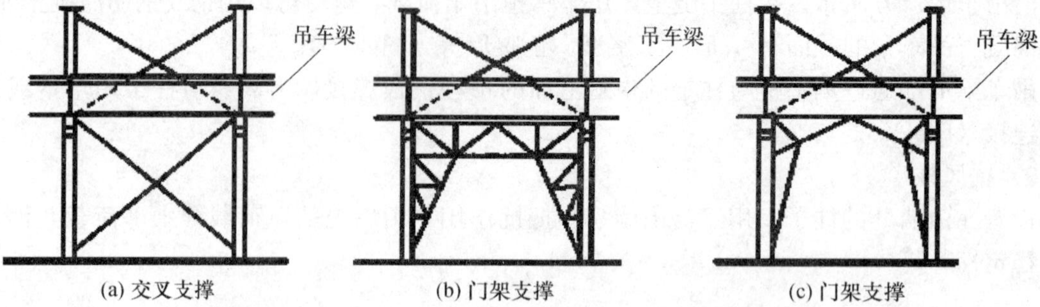

图 4-47　柱间支撑

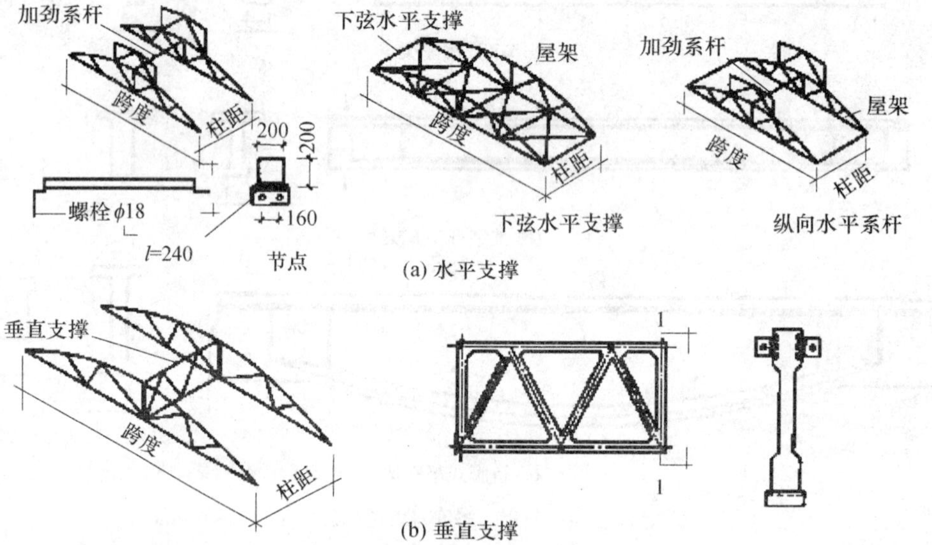

图 4-48　无屋盖支撑系统

2. 厂房内部的起重运输设备

为在生产中运送原材料、成品、半成品，厂房内就应设置必要的起重运输设备。单层厂房内部常见的起重运输机械有桥式吊车、梁式吊车、单轨吊车、悬臂吊车等。由于各种形式的吊车与土建设计关系密切，下面作简单的介绍。

桥式吊车由起重行车及桥架组成，桥架上铺有起重行车运行的轨道（吊车沿厂房横向运行），桥架两端借助车轮可在吊车轨道上运行（沿厂房纵向），吊车轨道铺设在柱子支承的吊车梁上，所以桥式吊车只能沿跨间纵向直线运行，不能转弯。桥式吊车的司机室多设在吊车端部，有的也设在中部或做成可移动的。起重范围可由 5 吨到数百吨，

梁式吊车由起重行车和支承行车的横梁组成。横梁断面为“工”字形，可作为起重行车的轨道，横梁两端有行走轮，以便在吊车轨道上运行。吊车轨道可悬挂在屋架下弦上或支承在吊车梁上，后者通过牛腿等支承在柱子上。同桥式吊车一样，梁式吊车也只能沿跨间纵向直线运行，不能转弯。梁式吊车分手动及电动两种，手动的多用于工作不太繁忙的场合或检修设备之用。一般厂房多用电动梁式吊车，可在吊车上的司机室内操纵，也有的可在地面操纵。梁式吊车的起重量一般不超过 5 吨。

单轨吊车是将电葫芦安装在悬挂于屋架下弦的单根钢梁上，或者安装在单独架设的钢梁上，并沿单轨运行。电葫芦起重量较小，仅在 0.1～10 吨之间，它自重轻、体积小、安装方便。轨道钢梁可转弯、分岔、调度灵活，不受厂房跨间的方向限制，便于越跨运输。在方形柱网和灵活车间中应用较广。

悬臂吊车有移动式和固定旋转式两种。移动式悬臂吊车又称壁行吊车，沿跨间一侧或两侧的轨道运行。吊车臂长可达 10m，起重量可达 10 吨。常在运输量较大的冶金、机械类厂房中配合桥式吊车使用。固定旋转式悬臂吊车可固定在厂房排架柱上或固定在独立的钢柱上。这种吊车只能绕固定地点旋转，回转范围不大，一台吊车只供 1～2 台车床使用，对跨间布置影响不大。

除上述几种吊车外，厂房内部根据生产特点的不同，还有各式各样的运输设备，例如在地面上还有电瓶车、平板车、有升降设备的铲车等运输机械。不再赘述。

3. 单层厂房的定位轴线

在厂房建筑平面图中，有纵向定位轴线与横向定位轴线之分。纵向定位轴线是平行于厂房长度方向的定位轴线。纵向定位轴线由下向上顺次按 A、B、C……等英文字母的顺序进行编号，相邻两条纵向定位轴线间的距离代表厂房跨度，即屋架的标志长度；横向定位轴线是垂直于厂房长度方向的定位轴线。横向定位轴线由左向右顺次按 1、2、3……等阿拉伯数字的顺序进行编号，相邻两条横向定位轴线间的距离代表厂房柱距，即吊车梁、连系梁、屋面板及外墙板等一系列纵向构件的标志长度。

1）横向定位轴线

（1）一般柱与横向定位轴线的联系

除横向伸缩缝处及端部排架柱外，一般柱的中心线与横向定位轴线重合，屋架支于柱子的中心线处，连系梁、吊车梁、屋面板及外墙板等的标志长度皆以柱中心线为准，柱距相同时，这些构件的标志长度相同，连接方式也可统一（图 4-49）。

（2）横向变形缝处柱与横向定位轴线的联系

横向伸缩缝处一般采用双柱处理，伸缩缝的中心线与定位轴线重合，柱中心线各自定位轴线内移 600mm，伸缩缝两侧柱距实际较其他柱距少 600mm，但横向定位轴线间的距离仍和其他柱距一样。这样，连系梁、吊车梁、屋面板及外墙板等仍可采用与其他柱距一样的规格，只是构件一端的连接位置有所改变，变为距标志端部 600mm 处，构件端部呈悬挑状。屋面伸缩缝则利用两侧大型屋面板的构造尺寸小于标志尺寸，对接后实际尚有 30mm 缝隙而形成，缝中不用细石混凝土等密实材料灌缝，以免妨碍温度变形。

当设置抗震缝时，若两侧大型屋面板的对接缝隙不能满足要求，则设两条定位轴线分别通过抗震缝两侧，两条定位轴线间的距离为插入距 A，此时 A 在数值上等于抗震缝宽度 C，即 $A=C$。纵向构件仍采用标准构件（图 4-50）。

（3）山墙与横向定位轴线的联系

山墙为非承重墙时，墙内缘与横向定位轴线重合，端部排架柱自定位轴线内移 600mm，端部柱距实际减少 600mm（图 4-51）。

山墙为承重墙时，墙内缘与横向定位轴线间的距离为 λ，λ 可根据墙体块材种类，分别取块体的半块长、半块长的倍数或墙厚的一半（图 4-52）。

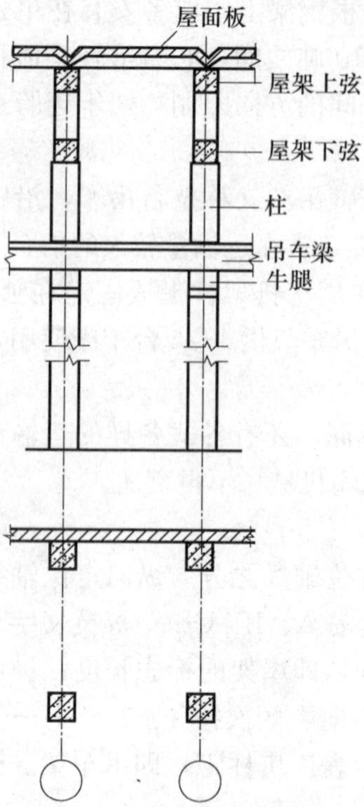

图 4-49　一般柱与横向定位轴线的联系

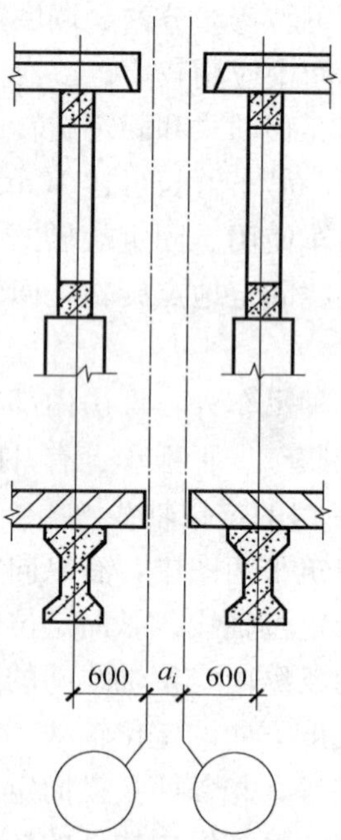

图 4-50　横向变形缝处柱与横向定位轴线的联系

2）纵向定位轴线

（1）墙、边柱与纵向定位轴线的联系

在有吊车的厂房中，为使吊车与结构规格相协调，保证吊车在跨度方向的净空要求，根据吊车与厂房跨度的关系，则分别采用：

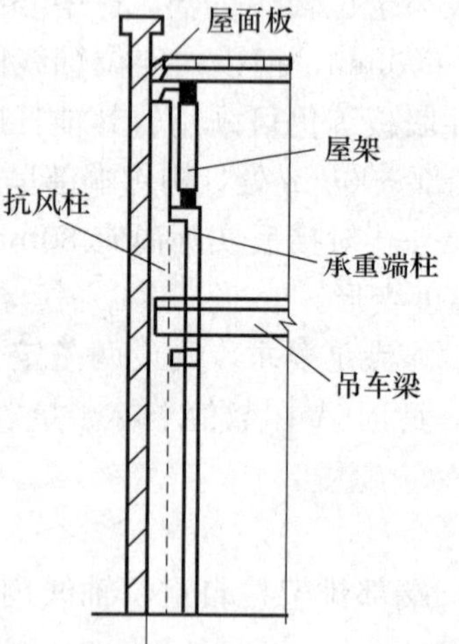

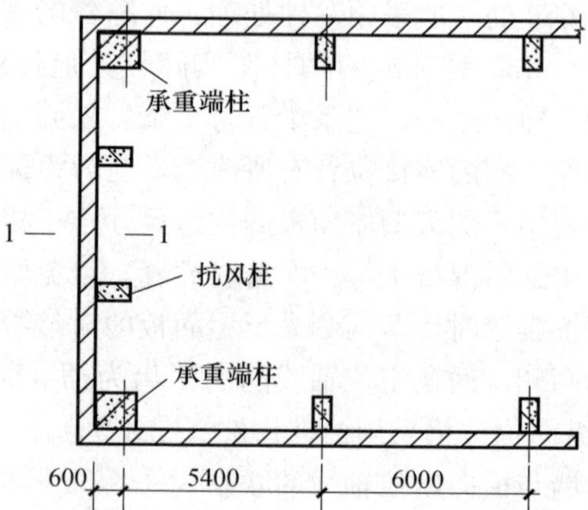

图 4-51　非承重山墙与横向定位轴线的联系

① 封闭结合：即边柱外缘和墙内缘与纵向定位轴线相重合。封闭结合适用于无吊车或只有悬挂式吊车和柱距为 6m、吊车起重量≤20t 的厂房［图 4-53（a）］。

② 非封闭结合：当 $Q\geqslant 30$t 时，为了保证吊车的安全运行，边柱外缘与纵向定位轴线之间加设联系尺寸 D，即边柱外缘自定位轴线向外推移联系尺寸 D，边柱外缘（经常也是外墙内缘）离开定位轴线，在一般的屋顶坡度下，用整数块标准屋面板只能铺至定位轴线处，离外墙内缘尚有一段空隙，形成非封闭结合。该段空隙或须挑砖封平，或须增设屋面板补充构件以及结合外墙构造加设挑檐板，檐沟板等予以填盖，故施工麻烦，吊车荷载对柱的偏心距也相应增大，厂房占地面积也略有增加。在一般情况下，为不使厂房宽度类型增加过多，故定 D 值为 150mm、250mm、500mm 三种供选用。当柱距为 6m，吊车起重量为 50t＞Q＞30t 时，取 D＝150mm，即边柱外缘自定位轴线向外推移 150mm；当柱距为 12m，吊车起重量 Q＞50 吨或设安全走道板等构造需要，而 D＝150mm 已不能满足要求时，可采用 D＝250mm 或 500mm［图 4-53（b）］。

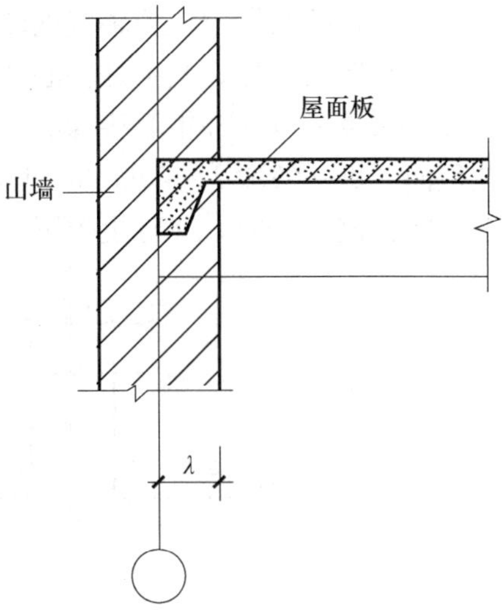

图 4-52　承重山墙与横向定位轴线的联系

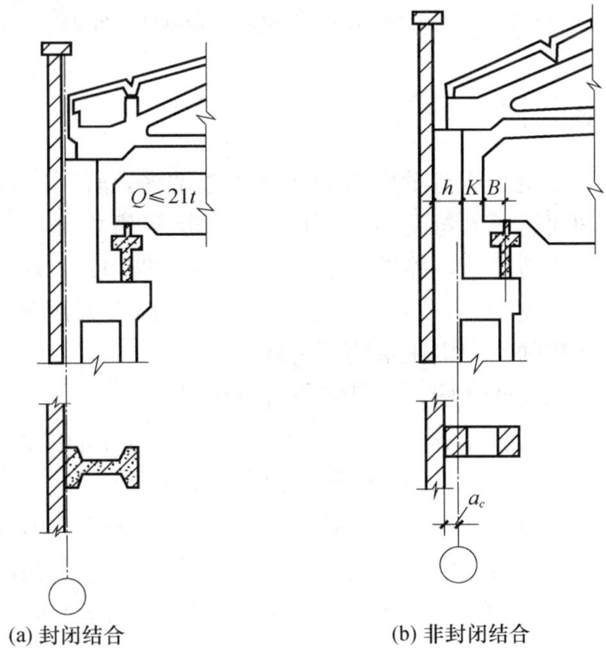

(a) 封闭结合　　(b) 非封闭结合

图 4-53　墙、边柱与纵向定位轴线的联系

③ 无吊车或只有悬挂式吊车的厂房，当采用带有承重壁柱的外墙时，如壁柱较大，足够支承屋顶承重构件，则墙内缘与纵向定位轴线相重合；如壁柱较小，不够支承屋顶承重构件，则墙内缘与纵向定位轴线的距离 λ 应为墙体半块或其倍数。

当采用承重墙时，墙内缘与纵向定位轴线的距离 λ，一般为墙材半块、半块的倍数或使墙中心线与定位轴线相重合。

（2）中柱与纵向定位轴线的联系

等高跨的中柱，其上柱中心线应与纵向定位轴线相重合，即等高跨两侧屋架或屋面梁等的标志跨度皆以上柱中心线为准，则中柱两侧屋架（或屋面梁）在柱顶的支承情况相同。上柱截面高度一般取 $h=600\text{mm}$，以保证两侧屋顶承重结构应有的支承长度（$\nless 300$），上柱不设牛腿，制作简便，并且也不影响吊车安全净空，如图 4-54 所示。

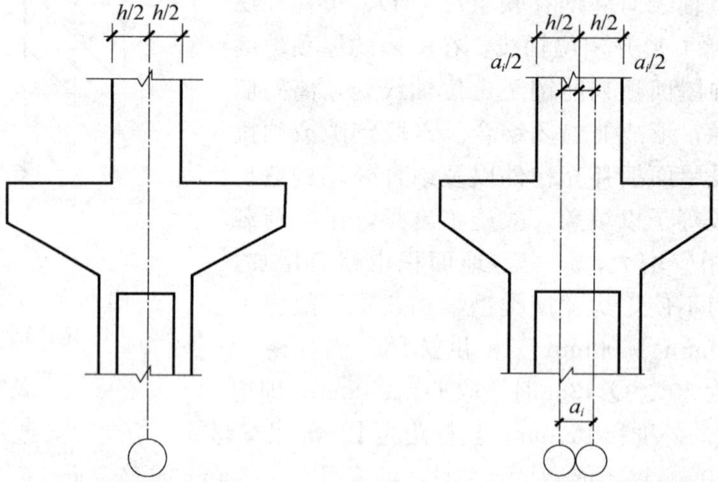

(a) 单柱单轴线　　(b) 单柱双轴线

图 4-54　等高跨的中柱与纵向定位轴线的联系

二、多层工业建筑

多层工业建筑在工业建筑总建造量中占的比例日趋增多，轻工、仪表、电子、食品工业及化工厂的部分生产车间建造了大量的多层厂房。与单层厂房相比，多层厂房节约用地，降低基础和屋顶工程量并且构造简单，能够缩短水、气管网的长度，节约建设投资和维护管理费用。占地面积小，厂房宽度较小，进深受到一定的制约但仅采用侧窗采光即可满足要求。但空间灵活性差，生产面积的使用率比单层厂房低一些。

多层厂房的结构多采用框架结构，常见的有三种体系。

1）梁板框架结构体系：此体系构件截面积小，自重轻，厂房层数多。墙体仅作为填充墙起隔离围护作用。多采用压型钢板等轻型结构，以减轻自重。

2）无梁楼盖框架体系：其中楼板是双向受力的，所以宜采用方形柱网，可充分利用减去梁以后解放出来的空间，它适用于楼板荷载每平方米超过 1000kg 的情况。

3）大跨度桁架体系：其利用平行弦的屋架为生产创造了大量空间，而且在施工技术上也有自己的特色。

第五章 建筑材料及检测

第一节 建筑材料概述

各种土木工程都是由材料构成的，这些构成材料的性质决定了土木工程的使用性能，因此材料不仅是构成各种土木工程的物质基础，而且是决定不同种类土木工程性能的主要因素。为使土木工程获得结构安全可靠、使用状态良好、美观、经济的性能，就必须合理选择与正确使用材料。

一、土木工程材料的分类

自然界中的各种材料几乎都可用于土木工程建设，就其定义来说，土木工程材料就是土木工程中使用的各种材料，或构成土木工程的各种材料都是土木工程材料。为便于学习和应用，工程中常从不同角度对其分类。

1. 按主要组成成分分类

1）有机材料：它包括天然有机材料（如木材、天然纤维、天然橡胶等）；人工合成有机材料（如石油沥青、胶粘剂、合成橡胶、合成树脂等）。它们均是有机物所构成的材料，具有有机物质耐水性好等一系列特性。

2）无机材料：包括金属材料（如各种钢材、铝材、铜材等）；非金属材料（如天然石材、水泥、石灰、石膏、陶瓷、玻璃、各种人造石材和人造矿物棉等）。它们均是无机物构成的材料，具有无机物质耐久性好等一系列特性。

3）复合材料：包括有机-无机复合材料（如沥青混合料、聚合物混凝土、金属增强塑料、玻璃钢等塑料复合材料）和金属-无机非金属复合材料（如钢筋混凝土、钢纤维混凝土、夹丝玻璃等）。由于它们能够克服单一材料的弱点，发挥复合后材料的综合优点，满足了当代土木建筑工程对材料性能的要求。因此，复合材料目前已经成为应用最多的土木工程材料。

2. 按材料在工程中的作用分类

1）结构材料——承受荷载作用的材料（如构筑物的基础、柱、梁所用的材料）。结构材料的合格与否是决定土木工程结构的安全性与使用可靠性的关键。

2）其他功能材料——具有其他功能的材料。如起围护作用的材料、起防水作用的材料、起装饰作用的材料、起保温隔热作用的材料等。功能材料的选择与使用是否科学合理，往往决定了工程使用的可靠性、适用性和美观效果。

3. 按使用部位分类

建筑结构材料、桥梁结构材料、水工结构材料、路面结构材料、建筑墙体材料、建筑装饰材料、建筑防水材料、建筑保温材料等。材料在不同部位中使用时，对其主要性能的要求不尽相同，各自的技术质量标准也可能有所差别。

二、材料在土木工程中的作用

1. 材料对保证土木工程质量的作用

在土木工程建设中工程质量的优劣通常与所采用材料的优劣及使用的合理与否有直接的关系。在工程建设中要获得质量可靠的工程，就必须正确地选择和使用有关材料。

2. 材料对工程造价的影响

在一般土木工程的总造价中，与材料有关的费用通常占 50%以上。工程实际中只有通过合理地选择、使用与管理材料，通过降低材料损耗的方法控制成本，才能最大限度地获得经济效益。

3. 材料对土木工程技术的影响

在土木工程建设过程中，工程的设计方法、施工方法都与材料密切相关。通常，采用不同的材料就决定了工程的施工工艺与施工方法的不同。在工程设计过程中，欲更完美地实现设计意图，就必须选择适当的材料，结合所选材料的特性，最大程度地优化和满足人们对工程性能的要求。在工程施工过程中，许多技术问题的解决往往离不开材料性能的改进或使用方法的改进。此外，某些新材料的出现通常会促使建筑施工技术的改进，产生更好的技术效果。

第二节　无机胶凝材料

一、无机胶凝材料及其分类

在土木工程材料中，凡是经过一系列物理化学作用，能将散粒或块状材料粘结成整体的材料，统称为胶凝材料。

根据化学组成，一般可将胶凝材料分为有机胶凝材料和无机胶凝材料两大类。无机胶凝材料的主要成分为无机矿物，根据其凝结硬化条件不同，又分为气硬性胶凝材料、水硬性胶凝材料。

气硬性胶凝材料只能在空气中硬化，也只能在空气中保持或继续发展其强度，常用的气硬性胶凝材料有石灰、石膏和水玻璃等。

水硬性胶凝材料不仅能在空气中凝结硬化，而且能更好地在水中凝结硬化，保持并继续发展其强度。常用的水硬性胶凝材料为各种水泥。

二、无机胶凝材料的主要品种及其性能

1. 石灰

石灰是一种常见的气硬性胶凝材料，其原料的石灰石分布地域很广且生产工艺简单，在土木工程中的应用历史悠久且十分广泛。

1）石灰的熟化及硬化

工地上在使用石灰时，通常将生石灰加水，使之消解为膏状或粉末状的消石灰，这个过程称为石灰的“消化”，又称“熟化”。石灰的硬化是指石灰由塑性状态逐步转化为具有一定强度的固体的过程。石灰浆体在空气中逐渐硬化，是由结晶作用和碳化作用同时进行的过程

来完成的。

2）石灰的技术要求

用于土木工程中的石灰，主要技术指标包括：氧化钙和氧化镁（CaO+MgO）含量、生石灰产浆量和未消化残渣含量、二氧化碳含量、消石灰粉的游离水含量以及细度。根据我国建材行业标准的规定，按石灰中氧化镁的含量，将生石灰分为钙质生石灰（MgO含量≤5%）和镁质生石灰（MgO含量>5%）两类，按技术指标又可分为优等品、一等品、合格品三个等级。

3）石灰在工程中的主要用途：

1）石灰乳和石灰砂浆，石灰乳主要用于内墙和顶棚刷白，增加室内美观和亮度，我国农村也用于外墙。石灰砂浆按其用途分为砌筑砂浆和抹面砂浆。

2）石灰稳定类材料，具有较好的强度和耐水性，可用于道路工程的路面基层施工，其中石灰土还可用于建筑工程中的灰土墙施工等等。

3）制造硅酸盐制品，如轻质墙板、砌块和隔热保温制品，主要应用于墙体材料。

2. 石膏

石膏是以硫酸钙为主要成分的气硬性胶凝材料，由于石膏及其制品具有许多优良的性质，并且原料来源广泛，生产能耗低，因而在土木工程中得到了广泛应用。

1）建筑石膏的凝结硬化及其性能特点

建筑石膏与适量的水拌合后，能形成可塑性良好的浆体，随着石膏与水的反应，浆体的可塑性很快消失并产生强度，此后强度进一步发展而成为坚硬固体。

建筑石膏的凝结硬化速度快；凝结硬化时的体积稳定；硬化后孔隙率较大，质量轻，但强度低；建筑石膏硬化体具有良好的隔热和吸声性能；防火性能好，吸湿性强，耐水性能差；有良好的装饰性和可加工性。

2）建筑石膏的质量标准

为满足工程对建筑石膏的技术要求，根据国家标准（抗折、抗压强度的大小和细度）将建筑石膏划分优等品、一等品与合格品。

建筑石膏质量轻、易加工，常用于制作民用建筑的各种内隔墙板和吊顶板材；建筑石膏具有良好的装饰性，故常用于室内装饰；由于其凝结较快，硬化时不收缩和体积较稳定的特点，建筑石膏常用于制作建筑雕塑。此外建筑石膏也可用于生产水泥和各种硅酸盐建筑制品。

3. 水玻璃

水玻璃俗称泡花碱，是一种水溶性的硅酸盐，由碱金属氧化物和二氧化硅结合而成。水玻璃按其形态可分为液体水玻璃和固体水玻璃两种。

1）水玻璃的性能特点

水玻璃具有良好的粘结能力，硬化时生成的硅胶可以有效堵塞各种材料的毛细孔隙，起到防水的效果。同时水玻璃耐高温、不燃烧、强度高，且能抵抗大多数的无机酸和有机酸的作用。

2）水玻璃的质量要求

液体水玻璃可以与水按任意比例混合成不同浓度的溶液，浓度越稠，粘结力越强。固体水玻璃的形状呈块状、粒状或粉状，其溶解于水中的难易程度随 SiO_2 和 Na_2O 的分子数比值 n（称为水玻璃硅酸盐模数）而定，工程上使用的水玻璃的 n 值一般在2.6～2.8之间。硅氟酸钠的适宜掺量为水玻璃质量的12%～15%。

水玻璃在土木工程中的用途包括：1）加固土壤，提高地基承载力；2）涂刷材料表面，提高建筑物抗风化能力；3）配制防水剂，用于堵漏；4）配制水玻璃矿渣砂浆，修补砖墙裂缝；5）配制专门用途的砂浆和混凝土。

4. 水泥

水泥呈灰色粉末状，当与其他材料和水充分拌合后，经过一系列的物理化学变化即凝结硬化成坚硬的人造石材。水泥的品种很多，按照水泥的主要矿物成分划分，有硅酸盐系水泥、铝酸盐系水泥、磷酸盐系水泥、氟铝酸盐系水泥、硫铝酸盐系水泥和铁铝酸盐系水泥、无熟料水泥等。其中硅酸盐系水泥在工程中应用最为普遍。

1）硅酸盐水泥

凡以适当成分的生料煅烧形成以硅酸钙为主要成分得水泥熟料、掺入适量石膏、0%～5%石灰石或粒化高炉矿渣磨细制成的水硬性胶凝材料，称为硅酸盐水泥，国际上称之为波特兰水泥。

凡在硅酸盐水泥熟料中，掺入一定量的混合材料和适量石膏共同磨细制成的水硬性胶凝材料，均为掺混合材料的硅酸盐水泥。根据所掺混合材料的数量和种类可分为普通硅酸盐水泥、矿渣硅酸盐水泥、火山灰质硅酸盐水泥和粉煤灰硅酸盐水泥。

2）硅酸盐水泥的凝结硬化

硅酸盐水泥的生产过程分为制备生料、煅烧熟料和粉磨水泥三个阶段，常简称为“两磨一烧”。水泥加水拌合后，成为可塑的水泥浆体。水泥浆体逐渐变稠失去塑性，但尚不具有强度的过程，称为水泥的“凝结”；随后强度逐渐提高并变成坚硬的石状固体——水泥石，这一过程称为“硬化”。水泥的凝结和硬化是一个连续而复杂的物理化学变化过程。影响水泥凝结硬化的因素包括：水泥熟料的矿物组成、细度、用水量，还有养护时间、温度和湿度。

3）硅酸盐水泥的技术性质

（1）密度

硅酸盐水泥的密度一般在3.05～3.15g/cm^3，平均可取为3.10g/cm^3，其大小主要取决于水泥熟料的矿物组成，堆积密度在1000～1600kg/m^{3}之间。

（2）细度

细度是指水泥颗粒的粗细程度，水泥的细度对其性质有很大影响。水泥颗粒粒径一般在7～200mm范围内，颗粒愈细，与水起反应的表面积就愈大，因而水化速度较快而且较完全，早期强度和后期强度都较高，但在空气中的硬化收缩性较大，成本也较高。水泥颗粒过粗则不利于水泥活性的发挥。水泥的细度可用筛析法或比表面积法检验。

（3）标准稠度用水量

加水量的多少对测定凝结时间、体积安定性等水泥技术性质有显著影响，故测定这些性质时，必须在一个规定的稠度下进行。这个规定的稠度叫做标准稠度，达到标准稠度时所需的用水量叫做标准稠度用水量。硅酸盐水泥的标准稠度用水量通常在24%～30%之间。

（4）凝结时间

凝结时间分为初凝时间和终凝时间。初凝时间是指水泥加水拌合至标准稠度净浆开始失去可塑性所需的时间；终凝时间是水泥加水拌合至标准稠度净浆完全失去可塑性并开始产生强度所需的时间。为使混凝土和砂浆有充分的时间进行搅拌、运输、浇捣和砌筑，水泥的初凝时间不能过短。当施工完毕，则要求尽快硬化而产生强度，故终凝时间不能太长。

国家标准规定，水泥的凝结时间是标准稠度的水泥净浆在规定温度及湿度环境下的凝结时间。硅酸盐水泥的初凝时间不得早于45min，终凝时间不得迟于6.5h。

（5）体积安定性

体积安定性是指水泥净浆硬化过程中体积变化的均匀性和稳定性。如果在水泥硬化过程中，产生不均匀的体积变化，即所谓体积安定性不良，就会使构件产生膨胀性裂缝，降低建筑物质量，甚至引起严重事故。

体积安定性不良的原因，一般是由于熟料中所含的游离氧化钙过多，也可能是由于熟料中所含的游离氧化镁过多或掺入的石膏过多。国家标准规定水泥熟料中游离氧化镁含量不得超过5.0%，水泥中三氧化硫含量不超过3.5%。体积安定性不良的水泥应作废品处理，不能用于工程中。

（6）强度和强度等级

水泥的强度是水泥的重要技术指标。根据国家标准的规定，硅酸盐水泥分为42.5、42.5R、52.5、52.5R、62.5和62.5R六个强度等级。其中代号R表示早强型水泥。

（7）水化热

水泥的水化反应是放热反应，水泥在水化过程中放出的热称为水泥的水化热，单位为J/kg。水化放热量和放热速度主要取决于水泥的矿物成分、水泥细度，还与水泥中掺混合材料及外加剂的品种、数量等有关。

冬期施工时，水化热有利于水泥的正常凝结硬化；但对大体积混凝土，则有可能因内部水化热不易散发使内外温差过大，所产生的温度应力超过混凝土的抗拉强度时就会导致结构出现裂缝。因此在大体积混凝土工程中，不宜采用硅酸盐水泥。

硅酸盐水泥强度较高，主要用于重要结构的高强混凝土和预应力混凝土工程。硅酸盐水泥凝结硬化快，抗冻性及耐磨性好，适用于早期强度要求高、凝结快、冬期施工及严寒地区遭受反复冻融的工程。

第三节　建筑砂、石

一、建筑砂

1. 建筑砂的分类

建筑砂按产源分为天然砂和人工砂两种：

1）天然砂是由自然风化、水流搬运和分选、堆积而成的、粒径小于4.75mm的岩石颗粒。天然砂包括河砂、湖砂、山砂和淡化海砂，不包括软质岩、风化岩石的颗粒。

2）人工砂是经除土处理的机制砂、混合砂的统称。机制砂是由机械破碎、筛分制成的粒径小于4.75mm的岩石颗粒，不包括软质岩、风化岩石的颗粒。混合砂是由机制砂和天然砂混合制成的砂。

国家标准《建设用砂》GB/T 14684—2011按技术要求的高低把砂分为Ⅰ、Ⅱ、Ⅲ三类，并建议：Ⅰ类砂宜用于强度等级大于C60的混凝土，Ⅱ类砂宜用于强度等级为C30～C60的混凝土，Ⅲ类砂宜用于强度等级小于C30的混凝土和建筑砂浆。

2. 建筑砂的特性及应用

1）表观密度、堆积密度和空隙率

砂的表观密度反映了砂粒的密实程度，一般为 2600～2700kg/m^3。一般干砂的松散堆积密度为 1350～1650kg/m^3，在捣实状态下为 1600～1700kg/m^3。空隙率的大小反映了砂中不同粒径砂粒的组合和搭配情况，一般天然河砂的空隙率在 40%～45%，级配良好时可小于 40%。

2）砂的颗粒级配和粗细程度

砂的颗粒级配是指粒径大小不同的砂粒互相搭配的情况。砂的细度是指不同粒径的砂粒混合在一起后总体的粗细程度，通常用细度模数 M_x 表示。根据国标 GB/T 14684—2011 的规定，按细度模数的大小将砂分为粗（M_x=3.7～3.1）、中（M_x=3.0～2.3）、细（M_x=2.2～1.6）三种规格，M_x在 1.5～0.7 的为特细砂。用级配好、细度合适的砂配制混凝土不仅可以节约水泥，还可以提高混凝土的密实性和强度。

3）含泥量、石粉含量和泥块含量

含泥量是指天然砂中粒径小于 75μm 的颗粒含量。石粉含量是指人工砂中粒径小于 75μm 的颗粒含量。泥块含量是指砂中原粒径大于 1.18mm，经水洗、手捏后小于 0.6mm 的颗粒含量。含泥量和泥块含量过高会妨碍水泥浆与砂粒粘结，降低混凝土强度，增大混凝土收缩。

4）有害物质含量

砂的有害物质是指云母、轻物质、有机物、硫化物及硫酸盐、氯化物。这些物质的存在会妨碍水泥浆与砂粒粘结，降低混凝土强度，增大混凝土收缩，影响混凝土的耐久性；有机物、硫化物及硫酸盐可能导致对水泥混凝土的腐蚀破坏，砂中氯化物含量较大时，对钢筋有锈蚀作用。

5）砂的坚固性

砂的坚固性是指砂在气候、环境或其他物理因素作用下抵抗破裂的能力。

天然砂的坚固性根据砂样在硫酸钠溶液中经 5 次浸泡循环后质量损失的大小来判定。国家标准规定，Ⅰ、Ⅱ类砂的质量损失应小于 8%、Ⅲ类砂小于 10%。

人工砂的坚固性用压碎指标检验。将砂筛分成 300～600μm、600μm～1.18mm、1.18～2.36mm、2.36～4.75mm 四个粒级，称为单粒级。按规定方法对单粒级砂样施加压力并重新筛分后，用该粒级下限筛的试样通过量除以该粒级试样的总量即为压碎指标。国家标准《建设用砂》GB/T 14684—2011 规定，Ⅰ、Ⅱ、Ⅲ类砂单粒级最大压碎指标应小于 20%、25%、30%。

6）砂的含水状态

在 100～105℃ 条件下烘至恒重时，称为全干状态。长期放在一定湿度的空气中会使砂子吸收或散失水分而达到稳定的含水状态，称为气干状态。当砂子颗粒表面干燥，而颗粒内部孔隙含水饱和时，称为饱和面干状态。当砂子不仅内部孔隙含水饱和，而且表面还吸附水分时，称为润湿状态。

在拌制混凝土时，由于砂子的含水状态不同，将影响混凝土的用水量和砂子的用量。一般工业与民用建筑工程则常以干燥状态（砂的含水率小于 0.5%，石子的含水率小于 0.2%）的骨料为基准设计混凝土配合比，这是因为坚固骨料的饱和面干吸水率一般小于 2%，而且在施工过程中要经常测定骨料的实际含水率，并及时调整混凝土组成材料的实际用量，从而可以保证混凝土的质量。

二、建筑石材

1. 建筑石材的分类

建筑石材是指主要用建筑工程砌筑或装饰的天然石材，即通过人工开采、加工、能够用作建筑材料的岩石（分为岩浆岩、沉积岩、变质岩三大类）。石材应用广泛，除了用于砌筑结构物主体外，经自然风化或人工加工后形成的卵石和碎石及砂还是生产混凝土、砂浆、修筑道路和结构基础的主要材料。

2. 工程对砌筑石材的要求

1）对砌筑石材尺寸规格及抗压强度的要求

常用的砌筑石材根据其加工后的外形规则程度可分为毛石和料石。根据石料的加工程度可分为：细料石、半细料石、粗料石和毛料石。

根据边长为70mm立方体试件在吸水饱和状态下的抗压强度，砌筑石材的强度等级可分为MU100、MU80、MU60、MU50、MU40、MU30、MU20、MU15、MU10共9个强度等级。

2）对石材耐水性和抗冻性的要求

不同的石材的内部组成或结构差别很大，造成各自的耐水性具有较明显的差别。石材的耐水性按软化系数分为高（软化系数大于0.9）、中（软化系数0.7～0.9）、低（软化系数小于0.6）三等。

石材的抗冻性指标是以冻融循环次数表示的。试件在规定的冻融循环次数内不出现贯穿性裂缝，质量损失不大于5%，强度损失不超过25%时，则认为该石材抗冻性合格。

3）硬度、耐磨性及耐水性

石材的硬度取决于其矿物组成的硬度与构造。凡由致密、坚硬矿物组成的石材，硬度就高。岩石的硬度以莫氏硬度表示。

耐磨性是指石料在使用条件下抵抗摩擦、边缘剪切以及冲击等复杂作用的性质。石材的耐磨性与其内部组成矿物的硬度、结构、构造特征以及石材的抗压强度和冲击韧性等性质有关。组成矿物愈坚硬、构造愈致密、抗压强度和冲击韧性愈高，则石材的耐磨性愈好。

石材的耐水性以软化系数表示。岩石中含有较多的黏土或易溶物质时，软化系数较小，则耐水性较差。石材的耐水性按软化系数大小分为高（软化系数大于0.90）、中（软化系数在0.60～0.70之间）、低（软化系数低于0.80）3个等级。

3. 常用砌筑石材的性能及其应用

1）花岗岩

花岗岩是一种典型的深成岩，并以石英和长石等矿物形式存在。其外观常为肉红、浅灰、灰白、浅黄等颜色。

在土木工程中，花岗岩常用于砌筑房屋基础、墩、杆、常接触水的墙体、护坡等部位，是建造永久性工程和纪念性建筑的首选材料，但某些花岗岩具有放射性，超标时不能用于和人常接触的工程中。

2）玄武岩、辉绿岩

玄武岩是喷出岩中最普通的一种，颜色一般为黑色或棕色，常呈玻璃质和隐晶质构造。

其强度高，硬度大，易脆，抗风化能力强，常用作高强混凝土骨料，也可用于铺造道路路面。

3）石灰岩

石灰岩属沉积岩，主要化学成分为$CaCO_3$，常呈灰白色或浅灰色，俗称灰石或青石。一般砌筑工程用的石灰岩结构比较致密，耐水性和抗冻性较好。石灰岩来源广、硬度低、易劈裂、便于开采，因而广泛应用于土木工程中：其块石可作墙身基础、阶石及路面等；其碎石常用作混凝土骨料；石灰岩也是生产水泥的主要原料。

4）砂岩

砂岩也属于沉积岩，是由直径0.1～2mm的石英砂或石灰岩等的细小碎屑，经沉积并经天然胶结物胶结变硬而成的岩石。砂岩的颜色主要取决于胶结物，有灰黄、褐、白色等。

致密的硅质砂岩，接近花岗岩，密度大、强度高、硬度大、难加工，可用于纪念性建筑及耐酸工程等。石灰质砂岩类似石灰岩，易加工、应用广，可用作基础、踏步、人行道等。铁质砂岩密实者可用于一般工程。黏土质砂岩耐水性差，浸水易软化，土木工程中一般不用。

4. 卵石和碎石

卵石是指由自然风化、水流搬运和分选、堆积而成的、粒径大于4.75mm的岩石颗粒，碎石是指天然岩石或卵石经机械破碎、筛分制成的粒径大于4.75mm的岩石颗粒。

卵石和碎石广泛应用于生产混凝土、砂浆、修筑道路和结构基础。卵石较碎石表面光滑，少棱角，空隙率及总表面积都较小。碎石表面粗糙，有棱角，成本也比卵石高。故卵石与碎石各有特点，在实际工程中，应本着工程技术要求和经济的原则选用。

卵石和碎石当作为混凝土的重要组分时称为混凝土粗骨料（又称粗集料），其物理性质和质量要求主要包括以下内容：

1）表观密度、堆积密度、空隙率

粗骨料的表观密度与母岩的种类有关，一般石灰岩在1800～2600kg/m³，花岗岩在2500～2900kg/m³。一般建筑用粗骨料的表观密度应大于2500kg/m³，堆积密度应大于1350kg/m³。

2）最大粒径D_m

粗骨料公称粒级的上限称为该粒级的最大粒径，用D_m表示。最大粒径增大时，总表面积相对减小。采用最大粒径较大的骨料不仅可以节约水泥用量，还有利于提高混凝土的密实度，减小发热量和混凝土的收缩。

最大粒径的选用受到混凝土的水泥用量、结构截面尺寸、钢筋净间距及施工条件的限制。国家标准规定：粗骨料最大粒径不得超过混凝土结构截面最小尺寸的1/4，同时不得大于钢筋间最小净距的3/4；对于混凝土实心板，其最大粒径不宜大于板厚的1/3，并不得超过40mm。

工业与民用建筑用混凝土和道路混凝土的最大粒径一般不大于40mm，港工混凝土不大于80mm，水工大体积混凝土有时可达150mm。

3）颗粒级配

粗骨料的颗粒级配通过筛分析法确定，按公称粒径分为连续粒级和单粒粒级两种规格。连续粒级由大小不同的颗粒搭配而成，分别为5～10mm、5～16mm、5～20mm、5～25mm、5～31.5mm和5～40mm。配制的混凝土拌合物的和易性较好，不易发生离析，应用比较广泛。单粒粒级是将颗粒粒径限定在某一范围内。一般用于组合成具有规定级配的连续粒级，也可与连续粒级的碎石或卵石混合使用，以改善它们的级配或配制成较大粒度的连续粒级。单粒粒级有5个，分别为10～20mm、16～31.5mm、20～40mm、31.5～63mm和40～80mm。

4）含泥量、泥块含量和针片状颗粒含量

含泥量是指卵石、碎石中粒径小于 75μm 的颗粒含量。泥块含量是指卵石、碎石中原粒径大于 4.75mm，经水浸洗、手捏后小于 2.36mm 的颗粒含量。针状颗粒是指长度大于该颗粒所属粒级的平均粒径 2.4 倍的颗粒，片状颗粒是指厚度小于平均粒径 0.4 倍的颗粒。平均粒径是指该粒级上、下限粒级的平均值。针片状颗粒不仅本身容易折断，影响混凝土的强度，而且还会增加骨料的空隙率，影响混凝土拌合物的和易性，降低混凝土的质量，因此应控制针片状颗粒的含量。

国标《建设用卵石、碎石》GB/T 14685—2011 将粗骨料按技术要求分Ⅰ、Ⅱ、Ⅲ三类。Ⅰ类粗骨料宜用于强度等级大于 C60 的混凝土，Ⅱ类粗骨料宜用于强度等级为 C30～C60 及抗冻、抗渗或其他要求的混凝土。Ⅲ类粗骨料宜用于强度等级小于 C30 的混凝土。

5）有害物质含量

粗骨料的有害物质包括有机物、硫化物及硫酸盐。国家标准规定，粗骨料中不应混有草根、树叶、树枝、塑料、煤块、炉渣等杂物。

6）粗骨料的坚固性和强度

粗骨料在混凝土中起骨架作用，必须有足够的坚固性和强度。

粗骨料的坚固性是指在自然风化和其他物理化学因素作用下骨料抵抗碎裂的能力，粗骨料的坚固性用试样在硫酸钠溶液中经 5 次浸泡循环后质量损失的大小表示。国家标准规定，Ⅰ类粗骨料经 5 次硫酸钠溶液浸泡循环后的质量损失应小于 5%、Ⅱ类粗骨料小于 8%、Ⅲ类粗骨料小于 12%。

7）碱活性检验

若粗骨料中夹杂着活性氧化硅矿物（如流纹岩、安山岩和凝灰岩），而且所用水泥的含碱量较大时，就可能发生碱骨料反应。活性氧化硅矿物能与水泥中的碱分（K_2O 或 Na_2O）起反应，在骨料表面生成一种复杂的碱-硅酸凝胶体。这种凝胶体吸水时，体积将会膨胀，使硬化后的混凝土产生裂缝。

混凝土的碱骨料反应，潜伏期长，破坏性大，涉及整个混凝土构件（深层、浅层和表层），国家标准规定，重大工程混凝土所用粗骨料必须进行碱活性检验。经碱骨料反应试验后，由卵石、碎石制备的试件应无裂缝、酥裂、胶体外溢等现象，在规定的试验龄期膨胀率小于规定值（试验龄期为 6 个月时，膨胀率小于 0.05%，试验龄期为一年时，膨胀率小于 0.1%）。

第四节　混凝土

一、水泥混凝土的分类及特性

水泥混凝土是以水泥为胶凝材料，与砂子、石子、水和各种外加剂等按一定比例配合，拌制成拌合物，成型后在一定养护条件下经硬化而成的人造石材。水泥混凝土是土木工程中最主要的建筑材料之一。

1. 混凝土分类

按照表观密度的大小，通常把水泥混凝土分为三类：

1）重混凝土：表观密度大于2600kg/m^3，骨料为密度较大的重晶石、铁矿石和钢屑等，具有吸收x射线和γ射线的功能，主要用于防辐射和具有耐磨要求的工程。

2）普通混凝土：表观密度在1950～2600kg/m^3之间，是土木工程中应用最普遍的混凝土，主要用于房屋、桥梁、水工、交通等各种承重结构中。

3）轻混凝土：表观密度小于1950kg/m^3，包括轻骨料混凝土（表观密度在800～1950kg/m^3）、多孔混凝土（表观密度在300～1000kg/m^3）和大孔混凝土（表观密度在1500～1900kg/m^3）。轻混凝土主要用作承重和非承重的保温隔热材料。

2. 混凝土的特点

与其他常用建筑材料相比，混凝土具有以下特点：

1）原料丰富，价格低廉；2）良好的可塑性；3）通过调整组成材料的品种及配合比，可以制成不同物理力学性能的混凝土，以满足工程上的特殊要求；4）与钢筋具有牢固的黏结力和相近的线膨胀系数，使之能适用于各种工程结构；5）良好的耐腐蚀性，维护费用远低于钢材和木材；6）可充分利用工业废料，如矿渣、粉煤灰等，减轻环境污染；7）混凝土材料的缺点包括：自重大，抗拉强度低，变形能力小，容易开裂等。

3. 工程上对混凝土的基本要求

工程上对水泥混凝土的基本要求主要包括几个方面：

1）混凝土拌合物必须具有与施工条件相适应的和易性，便于施工作业；

2）水泥混凝土养护至规定龄期，应达到设计所要求的强度等级；

3）硬化后的混凝土应具有与使用环境相适应的耐久性，如抗渗、抗冻、抗腐蚀等。

二、混凝土的性能及应用

1. 混凝土的组成材料

普通混凝土（简称混凝土）的基本组成材料是水泥、水、砂及石子。在混凝土拌合物中，水泥和水组成水泥浆，包裹砂、石骨料的表面，并填充骨料的空隙。水泥浆在砂、石骨料中起润滑作用，使拌合物具有良好的工作性。骨料除了起骨架作用外，还可以抑制混凝土由于水泥硬化产生的收缩。

1）水泥

水泥在混凝土中起胶结作用，是混凝土最重要的组成材料。配制混凝土时，只有正确选择水泥品种及其强度等级，才能保证混凝土的强度、耐久性及经济性。

2）细骨料、粗骨料

粒径在4.75mm以下的砂是混凝土的细骨料（又称细集料），分为天然砂和人工砂两种。

粗骨料分卵石和碎石两种。卵石流动性好，胶结能力差；碎石黏结力好，在实际工程中，应本着工程技术要求和经济的原则来选用。

3）拌合用水及养护用水

混凝土拌合用水及养护用水不应含有影响水泥正常凝结与硬化的有害杂质，凡符合国家标准的生活饮用水和清洁的天然水，均可拌制和养护各种混凝土。

4）混凝土外加剂、混凝土掺合料

外加剂是混凝土搅拌时加入的不超过水泥质量5%（特殊情况除外）的物质，主要用于改善和调节混凝土的某些性能（如提高强度），常用的如减水剂、引气剂、早强剂、速凝剂与缓凝剂、防冻剂以及膨胀剂等。为了节约水泥、改善混凝土性能、调节混凝土强度等级，在混凝土拌合时加入的矿物粉质材料，称为混凝土掺合料，常用的有粉煤灰、硅粉、沸石粉等。

2. 混凝土的技术性质

混凝土在未凝结之前，称为混凝土拌合物。它必须具有良好的和易性，便于施工操作，以保证获得良好的浇筑质量；混凝土拌合物凝结硬化以后，应达到足够的强度，以保证建筑物能安全地承受设计荷载，并应具有与使用条件相适应的耐久性。

1）混凝土拌合物的和易性

和易性是指混凝土拌合物易于施工操作（拌合、运输、浇灌、捣实）并能获得质量均匀、成型密实混凝土的性能。

2）混凝土的强度

强度是硬化混凝土最重要的技术性质。混凝土的强度包括抗压强度、抗拉强度、抗折强度和抗剪强度，其中抗压强度是确定混凝土强度等级的依据，与其他强度有一定的相关性，可根据抗压强度的大小估计其他强度。

3）混凝土的变形性能

混凝土的变形通常分为两类：非荷载作用下的变形（化学收缩和干湿变形）和荷载作用下的变形（分为混凝土的弹塑性变形、变形模量和弹性模量、徐变）。

4）混凝土的耐久性

混凝土的耐久性是指混凝土结构在设计使用年限内抵抗环境介质作用并能长期保持其良好的使用性能和外观完整性的能力。混凝土除应具有设计要求的强度，以保证其能安全地承受设计荷载外，还应具有在使用条件下抵御周围环境各种因素长期作用的能力。例如，抗渗性能、抗冻性能抗侵蚀性能、耐热性能等。

3. 混凝土的质量控制

为了确保混凝土工程的质量，提高混凝土的生产水平和推动混凝土技术的进步，必须作好混凝土的质量控制工作，它是保证混凝土结构可靠性的重要手段。现行国家标准《混凝土质量控制标准》（GB50164—2011）规定的质量控制包括初步控制、生产控制和合格控制。初步控制包括组成材料的质量控制和混凝土配合比的确定。生产控制包括组成材料的计量、拌合物的搅拌、运输、浇筑和养护等工序控制。合格控制是指混凝土及其制品的出厂检验、工程验收等。

4. 混凝土的配合比设计

混凝土配合比设计是确定混凝土拌合物各个组成材料之间比例的方法。进行混凝土配合比设计的目的是为了获得基本性能符合要求的混凝土，包括新拌混凝土的和易性、硬化混凝土在规定龄期的强度和耐久性。混凝土配合比设计还会在很大程度上影响材料的费用。

1）混凝土配合比参数的设计原则是：在满足强度与耐久性要求的前提下尽量使水灰比取较大值；在满足粘聚性要求的前提下尽量使砂率取较小值；在满足流动性前提下尽量使单位用水量取较小值。

2）混凝土配合比设计：进行配合比设计时，首先要根据设计要求和施工方法选定原材料，计算供试配用的初步计算配合比；然后经试验室试拌调整得出基准配合比；最后再经强度复核定出满足设计和施工要求并经济合理的试验室配合比。

第五节　砂　　浆

一、砂浆的分类

砂浆是由胶凝材料、砂和水按适当比例配合而成。主要用于砌筑、抹面、修补、装饰工程。按所用的胶凝材料，砂浆可分为水泥砂浆、混合砂浆、石灰砂浆等。按功能和用途，可分为砌筑砂浆、抹面砂浆、装饰砂浆、修补砂浆、绝热砂浆和防水砂浆等。

建筑砂浆是建筑工程中一项用量大、用途广的建筑材料，使用时在施工现场配制。合理地选择和使用砂浆，对保证工程质量，降低成本有着重要意义。

二、砂浆的主要品种，性能及应用

1. 砌筑砂浆

1）砌筑砂浆的组成材料

砌筑砂浆常用的胶凝材料有水泥、石灰、石膏等，应根据砂浆的使用环境和用途来选择胶凝材料的品种。对于干燥环境中使用的砂浆，可选用气硬性胶凝材料；处于潮湿环境或水中使用的砂浆应选用水硬性胶凝材料。砌筑砂浆对强度要求不高，因此一般中、低强度的水泥就能满足砂浆的强度要求。

2）砌筑砂浆的技术性质包括：砌筑砂浆的和易性；砂浆的抗压强度及强度等级；砌筑砂浆的黏结强度与耐久性。

3）砌筑砂浆的配合比设计

砌筑砂浆要根据工程类别及砌体部位的设计要求来选择砂浆的强度等级。再按所要求的强度等级确定其配合比。确定砂浆配合比，一般情况可以查阅有关手册或资料来选择。如需计算，应先确定水泥、石灰膏和砂的用量。然后再加入适量的水进行搅拌，达到施工所需的稠度。

2. 抹面砂浆

凡涂抹在建筑物或构件表面的砂浆统称为抹面砂浆。根据功能的不同，抹面砂浆分为普通抹面砂浆、装饰砂浆、防水砂浆和具有某些特殊功能的抹面砂浆（如绝热砂浆、耐酸砂浆、防射线砂浆、吸声砂浆等）。对于抹面砂浆，要求既具有良好的工作性，易于抹成均匀平整的薄层，便于施工。又应有较高的黏结力，保证砂浆与底面牢固黏结。

抹面砂浆的组成材料与砌筑砂浆基本相同。但有时用于面层装饰时需要采用细砂，为了防止砂浆开裂，有时还需加入一些纤维材料（如纸筋、麻刀、有机纤维等）；为了强化某些功能，有时还加入特殊材料（如陶砂、膨胀珍珠岩等）。

抹面砂浆分为：

1）普通抹面砂浆

普通抹面砂浆具有保护结构物的作用。同时，经过砂浆抹面的结构物表面具有平整、光洁和美观的效果。为了保证抹灰表面的平整、避免裂缝和脱落，抹面砂浆一般分两层或三层施工。抹灰层各层的作用、所使用砂浆的品种及做法要视基层材料、部位及各地气候情况而定。

2）装饰砂浆

涂抹在结构物内外表面，具有美化装饰、改善功能、保护结构物的抹面砂浆称为装饰砂浆。装饰砂浆施工时，底层和中层的抹面砂浆与普通抹面砂浆基本相同。但装饰砂浆的面层要求选用具有一定颜色的胶凝材料、骨料以及采用特殊的施工操作工艺，使表面呈现出不同的色彩、质地、花纹和图案等装饰效果。与其他墙面、地面装饰相比，成本低、耐久性好。

3. 防水砂浆

制作砂浆防水层（又称为刚性防水）所采用的砂浆，称作防水砂浆。砂浆防水层仅适用于不受震动和具有一定刚度的混凝土及砖石砌体工程。

防水砂浆可以使用普通水泥砂浆，也可以在水泥砂浆中掺入防水剂来提高砂浆的抗渗能力。防水剂有氯盐型防水剂和非氯盐型防水剂，在钢筋混凝土工程中，应尽量使用非氯盐型防水剂，以防止由于Cl－离子的引入造成钢筋锈蚀。

防水砂浆的配合比一般采用水泥：砂＝1：2.5～3.0，水灰比在0.5～0.55之间。水泥应使用42.5级的普通硅酸盐水泥，砂子应使用级配良好的中砂。

防水砂浆对施工操作技术要求很高。制备防水砂浆应先将水泥和砂干拌均匀，再加入水和防水剂溶液搅拌均匀。施工前先在润湿清洁的底面上抹一层低水灰比的纯水泥浆（有时也用聚合物水泥浆），然后抹一层防水砂浆。在初凝前，用木抹子压实一遍，第二、三、四层都是以同样的方法进行操作。最后一层要压光。每层厚度约为5mm，共需4～5层，约20～30mm厚。施工完毕后，必须加强养护，防止开裂。

4. 干拌砂浆

干拌砂浆由专业生产厂把经干燥筛分处理的细集料与无机胶凝材料、矿物掺和料和其他外加剂按一定比例混合成的粉状或颗粒状混合物。分为用于砌筑工程的干拌砌筑砂浆（DM）、用于抹灰工程的干拌抹灰砂浆（DP）、用于地面工程的干拌地面砂浆（DS）等普通干拌砂浆以及用于特殊需要的特种干拌砂浆。特点是集中生产，质量稳定，施工方便，现场只需加水搅拌即可使用。

普通干拌砂浆的强度等级见表5-1。施工时稠度可控制在60～80mm，分层度在10～20mm，和易性良好。干拌砂浆的技术性能稳定。可采用手工或机械施工。

表5-1　普通干拌砂浆的强度等级

砌筑砂浆	抹灰砂浆	地面砂浆
DM2.5	DP2.5	DS15
DM5.0	DP5.0	DS20
DM7.5	DP7.0	DS25
DM10	DP10	
DM15		

干拌砂浆多为袋装，每袋50kg。运输、贮存和使用方便，贮存期可达3个月至半年。干拌砂浆是近年出现的砂浆新品种，有利于提高砌筑、抹灰、装饰、修补工程的施工质量，改善砂浆现场施工条件。

5. 其他特种砂浆

1）绝热砂浆

采用水泥、石灰、石膏等胶凝材料与膨胀珍珠岩、膨胀蛭石、陶粒、陶砂或聚苯乙烯泡沫颗粒等轻质多孔材料，按一定比例配制的砂浆称为绝热砂浆。绝热砂浆质轻保温，导热系数约为 0.07～0.10W/m·K，主要用于屋面隔热层、隔热墙壁、冷库以及工业窑炉、供热管道隔热层等处。如在绝热砂浆中掺入或在绝热砂浆表面喷涂憎水剂，则这种砂浆的保温隔热效果会更好。

2）耐酸砂浆

耐酸砂浆是以水玻璃与氟硅酸钠为胶凝材料，加入石英岩、花岗岩、铸石等耐酸粉料和细骨料拌制并硬化而成的砂浆。水玻璃硬化后具有很好的耐酸性能。耐酸砂浆可用于耐酸地面、耐酸容器基座及与酸接触的结构部位。在某些有酸雨腐蚀的地区，也可应用于建筑物的外墙装修，以提高建筑物的耐酸雨腐蚀作用。

3）防射线砂浆

在水泥砂浆中掺人重晶石粉、重晶石砂，可配制有防 X 射线和 γ 射线能力的砂浆。如在水泥中掺入硼砂、硼化物等可配制具有防中子射线的砂浆。

4）自流平砂浆

自流平砂浆是指在自重作用下能自动流平的砂浆，常用于地坪和地面。自流平砂浆施工方便、质量可靠。其关键技术是掺用合适的外加剂、严格控制砂的级配、颗粒形态和选择具有合适级配的水泥或其他胶凝材料。良好的自流平砂浆可使地坪平整光洁，强度高，耐磨性好，无开裂现象。

第六节　钢　　材

一、钢材的分类

土木工程钢材是指用于钢结构的各种型材（如圆钢、角钢、工字钢等）、钢板、管材和用于钢筋混凝土中的各种钢筋、钢丝等。钢材具有良好的技术性质，强度高、常温下具有良好的韧性和塑性性能，便于加工，因此在土木工程中被广泛采用。

钢按化学成分可分为碳素钢和合金钢两大类。

碳素钢根据含碳量可分为：低碳钢（含碳量小于 0.25%）、中碳钢（含碳量 0.25%～0.6%）、高碳钢（含碳量大于 0.6%）。

合金钢中含有一种或多种特意加入或超过碳素钢限量的化学元素如锰、硅、矾、钛等。这些元素称为合金元素。合金元素用于改善钢的性能，或者使其获得某些特殊性能。合金元素总含量小于 5%为低合金钢；5%～10%为中合金钢；大于 10%为高合金钢。

钢按用途分类可分为结构钢、工具钢和特殊性能钢（如不锈钢、耐热钢、耐酸钢等）。

根据钢中有害杂质的多少，分为普通钢、优质钢和高级优质钢。

二、钢材的主要品种

1. 土木工程常用钢种

1）碳素结构钢

碳素结构钢依据屈服点的大小划分为五个牌号。依牌号升序，含碳量及抗拉强度增大，但冷弯性及伸长率却呈下降变化。土木工程中应用的碳素结构钢主要是 Q235 号钢，该种钢具有较高的强度，良好的塑性与韧性，可焊性及可加工等综合性能好的优点，成本也较低，且冶炼方便，可轧制各种型钢、钢板、钢管与钢筋，用作钢结构的屋架、闸门、管道、桥梁及一般钢结构中。

2）低合金高强度结构钢

普通低合金高强度结构钢一般是在普通碳素钢的基础上，添加少量合金元素而成，通常加入硅、锰、钒、钛、铌等。加入这些合金元素可使钢的综合性能得到改善，如强度、耐腐蚀性、耐磨性、塑性、低温冲击韧性等得到显著提高。因此，在土木工程中普通低合金高强度结构钢应用日益广泛，在诸如大跨度桥梁、大型柱网构架、电视塔、大型厅馆中成为主体结构材料。

2. 土木工程常用钢材

1）钢结构常用钢材规格：在各种钢结构中，大量使用各种规格与型号的型钢。绝大部分型钢用热轧方式生产。较为常用的型钢有：角钢、槽钢、工字钢、H 型钢、扁钢及薄壁型钢等。

2）钢筋混凝土结构常用钢材：钢筋是钢筋混凝土结构使用最多的钢材品种之一，其材质包括普通碳素钢和普通低合金钢两大类。钢筋按生产工艺、性能和用途等的不同可分为：热轧钢筋、冷加工钢筋、热处理钢筋、钢丝、钢绞丝。

（1）热轧钢筋

主要应用于钢筋混凝土结构中，分为热轧光圆钢筋和热轧带肋钢筋。

光圆钢筋是指横截面通常为圆形，表面为光滑的钢筋混凝土配筋用钢材。热轧光圆钢筋 HPB300 是指经热轧成型并自然冷却后的成品光圆直条钢筋。钢筋的长度一般为 3.5～12m，公称直径为 6.5、8、10、12、16、20mm 等几种。钢筋混凝土结构中还经常使用低碳钢热轧圆盘条，按用途可分为供拉丝用盘条（符号 L）和供建筑用以及其他一般用途用盘条（符号为 J）。

热轧带肋钢筋是钢筋混凝土结构中使用的主要钢筋类别，由低合金钢轧制而成。横截面为圆形，外表带肋，长度方向有两条纵肋及均匀分布的月牙状横肋。按机械性能划分为 HRB335、HRB400、HRB500 三个牌号。

钢筋混凝土结构对热轧钢筋的要求是：机械强度较高，具有一定的塑性、韧性、冷弯性和可焊性。光圆钢筋的强度较低，但塑性及焊接性好，便于冷加工，广泛用做普通钢筋混凝土中的非预应力钢筋；热轧带肋钢筋的强度较高，塑性及焊接性也较好，广泛用做大、中型钢筋混凝土结构的受力钢筋以及预应力钢筋。

（2）冷加工钢筋

冷拉钢筋：为了提高强度以节约钢筋，或将钢筋调直，工程中常按施工规程对钢筋进行冷拉。由于冷拉钢筋的塑性、韧性较差，易发生脆断，因此，冷拉钢筋不宜用于负温及受冲击或重复荷载作用的结构。

冷拔低碳钢丝：是用 6.5mm～8mm 的碳素结构钢盘条，通过多次强力拔制而成的直径为 3、4、5mm 的钢丝。冷拔低碳钢丝分为甲乙两级。甲级钢丝由符合Ⅰ级热轧钢筋标准的圆盘条拔制而成，主要用做预应力筋。乙级钢丝用于焊接网、焊接骨架、箍筋和构造钢筋等。冷拔低碳钢丝由于经过反复拉拔强化，强度大为提高，但塑性显著降低，脆性随之增加，已属硬钢类钢筋。

冷轧带肋钢筋：将热轧圆盘条经冷轧减径后形成三面有月牙肋的钢筋，称冷轧钢筋。

冷轧钢筋强度高、塑性焊接性较好，握裹力强，广泛用于中、小预应力混凝土结构构件和普通钢筋混凝土结构构件中，也可以用冷轧带肋钢筋焊接成钢筋网使用于上述构件的生产。钢筋牌号共有 CRB550、CRB650、CRB800、CRB970、CRB1170 等五个牌号，分别表示抗拉强度不小于 550MPa、650MPa、800MPa、970MPa、1170MPa 的钢筋。

（3）热处理钢筋

热处理钢筋是用热轧中碳低合金钢钢筋经淬火和回火进行调质处理而成的，代号为 RB150。热处理钢筋目前主要用于预应力混凝土轨枕，用以代替高强度钢丝，配筋根数减少，制作方便，锚固性能好，建立预应力稳定。也用于预应力混凝土板、梁和吊车梁，使用效果良好。热处理钢筋系成盘供应（每盘长约 200m），开盘后能自然伸直，不需调直、焊接，故施工简单，并可节约钢材。

（4）钢丝

钢丝是由优质碳素结构钢经过冷加工及时效或热处理制得。其性能特点是强度高、质量稳定、安全可靠、便于施工，一般用于预应力混凝土结构中。钢丝可分为冷拉钢丝和消除应力钢丝两种，消除应力钢丝按外形又可分为光面钢丝、刻痕钢丝、螺旋肋钢丝。其代号分别是：冷拉钢丝为 RCD，消除应力钢丝为 S，消除应力刻痕钢丝为 SI，消除应力螺旋肋钢丝为 SH。钢丝直径有 3mm、4mm、5mm 三种规格，抗拉强度 σ_b 可达 1670MPa。

钢丝由含碳量不低于 0.8％的优质碳素结构钢盘条，经冷拔及回火处理而成，具有较好的力学性能。将钢丝表面沿长度方向压出刻痕，再做低温回火处理即形成刻痕钢丝。刻痕钢丝分为两面刻痕钢丝和三面刻痕钢丝，这种钢丝应用于预应力混凝土结构中可以增加钢丝与混凝土之间的摩擦阻力，减小预应力损失。

（5）钢绞线

预应力钢绞线是用两根、三根或七根圆形断面的高强度钢丝捻制成一束而成的。根据其应力松弛性能可将其分为Ⅰ级松弛（代号Ⅰ）和Ⅱ级松弛（代号Ⅱ）两种。钢绞线的标记反映了钢绞线的分类情况。例如："预应力钢绞线 1×3-10.80-1720-Ⅰ-GB/T 5224—1995" 表示的是公称直径为 10.80mm，强度级别为 1720MPa，Ⅰ级松弛的用三根钢丝捻制而成的（1×3）钢绞线。预应力钢丝和钢绞线主要用于大跨度、大负荷的桥梁、电杆、枕轨、屋架、大跨度吊车梁等，安全可靠，节约钢材，且不需冷拉，焊接接头等加工，因此在土木工程中得到广泛应用。

三、钢材的性能及应用

1. 钢材的技术性质

1）力学性能

钢材力学性能包括抗拉性能、冲击韧性、硬度、耐疲劳性。

抗拉性能是钢材的最重要性能，表征抗拉性能的技术指标是拉力试验测定的屈服点、抗拉强度和伸长率。冲击韧性是指钢材抵抗冲击荷载的能力，其指标是通过标准试件的弯曲冲击试验确定的。钢材的硬度是指其表面局部体积内抵抗外物压入产生塑性变形的能力，常用的测定硬度的方法有布式法和洛式法。钢材疲劳强度主要由钢材内部组织状态、成分的偏析、缺陷等因素决定。

2）工艺性能

钢材的工艺性能包括冷弯性能、焊接性能。

冷弯性能是指钢材在常温下承受弯曲变形的能力，是钢材的重要工艺性能。通过冷弯试验来检验冷弯性能，冷弯试验是通过试件弯曲处的塑性变形实现的，因而能揭示钢材是否存在内部组织不均匀、内应力和夹杂物等缺陷。

钢材的可焊性就是指钢材在焊接后反映其焊缝处联结的牢固程度和硬脆倾向大小的一种性能。可焊性好的钢材在焊接加工后，焊缝处的性能应与母材相近，并且局部硬脆倾向小，这样才能使焊接牢固可靠。

2. 钢材的冷加工和热处理

将钢材在常温下进行冷拉、冷拔或冷轧，使产生塑性变形，从而提高屈服强度，这个过程称为冷加工强化处理。

热处理是将钢材按一定规则加热、保温和冷却，以改变其组织，从而获得需要性能的一种工艺过程。热处理的方法有退火、正火、淬火和回火。土木工程所用钢材一般只在生产厂进行热处理并以热处理状态供应。在施工现场，有时需对焊接件进行热处理。

3. 钢材的防锈

钢材的锈蚀是指其表面与周围介质发生化学反应而遭到的破坏。凡钢材本身含杂质多，表面不平，经冷加工，存在内应力，有外部电解质作用，均会加剧锈蚀。

钢结构防止锈蚀的方法通常是表面刷防锈漆，常用底漆有红丹、环氧富锌漆、铁红环氧漆等；面漆有灰铅油、醇酸磁漆、酚醛磁漆等。薄壁钢材可采用热浸镀锌或镀锌后加涂塑料涂层。对于一些行业如电气、冶金、石油、化工、医药等的高温设备钢结构，可采用硅氧化合结构的耐高温防腐涂料，其可耐温度范围为150－250℃或以上。还有用于钢结构一些阻燃型、导静电型、耐温型、隔热型单功能防腐涂料，品种很多，性能优良。

4. 钢材的防火

尽管钢结构具有良好的机械性能，尤其是很高的强度，但在高温时，却会发生很大的变化。裸露的、未作表面防火处理的钢结构，耐火极限仅15分钟左右。在温升500℃的环境下，强度迅速降低，甚至会迅速塌垮。因此对于钢结构，需要作必要的防火处理，在其表面上涂敷防火涂料。防火涂料主要有：STI-A型钢结构防火涂料、LG钢结构防火隔热涂料。防火隔热涂料一般采用分层喷涂工艺制作涂层。局部修补时，可用手工抹涂或刮涂。

第七节　木　　材

木材在土木工程中的广泛使用已有悠久的历史。由于木材具有轻质高强、易加工、导电导热性低、有较好的弹性和韧性、有美丽的花纹，装饰性好等优点，因此在现代工程应用中仍是重要的建筑材料之一。在结构工程中可采用木材作结构物的梁、板、柱；在装饰工程中可采用木地板、木花格、木墙板、护壁板（墙裙）、木天棚、木家具、木贴面；在工程施工中可用于制作脚手架、模板；各种树木的枝条与下脚料还可生产胶合板、纤维板、水泥刨花板等。

木材主要取自于树木的躯干或枝干。由树木组成的森林与环境和气候都有密切的关系。树木是生长较慢的植物，而社会的发展对木材的需求量又很大，滥砍滥伐会导致严重的环境破坏，因此，节约木材和使用代木材料，是今后发展的方向之一。

一、木材的分类

根据树种木材分为针叶树和阔叶树两大类。

1. 针叶树

针叶树多为常绿树，树叶细长如针、树干通直高大、纹理平顺、材质均匀、木质较软、易于加工，故又称软木材。针叶树材质虽软但强度较高，干湿变形较小，耐腐蚀性较强。所以常见的针叶树种如红松、落叶松、云杉、冷杉、柏木等在建筑工程中被广泛应用，多用作承重构件和门窗、地面材及装饰材料等。

2. 阔叶树

阔叶树多为落叶树，树叶宽大、叶脉呈网状、树干弯曲、通直部分较短，材质重而硬，较难加工，所以又称为硬木材。阔叶树表观密度大、强度高、干湿变形大、易于开裂翘曲，适用于尺寸较小的木构件。常见的阔叶树种有：水曲柳、桦木、榉树、柞木、榆树等。这些树种有的加工后木纹和颜色美观，具有很好的装饰性，常用作建筑装饰材料。

二、木材的性质

木材的主要物理力学性质是含水率、湿胀干缩、强度等。

1. 含水率

木材中所含水的质量占木材干燥质量的百分比，即含水率。

木材所含水分包括存在于细胞壁内的吸附水和细胞腔内的自由水，以及木材中的化学结合水。潮湿的木材在干燥蒸发时，首先脱去自由水，然后再脱去吸附水。当木材细胞壁中的吸附水达到饱和，而细胞腔和细胞间隙中尚无自由水时，此时的木材含水率，称为木材的纤维饱和点。木材的纤维饱和点往往是木材性能变化规律的转折点，对一般木材多为25%～35%。

潮湿的木材能在较干燥的空气中失去水分，干燥的木材也能从周围的空气中吸收水分。当木材长时间处于一定温度和湿度的空气中，则会达到相对稳定的含水率，亦即水分的蒸发和吸收趋于平衡，这时的木材含水率称为平衡含水率。平衡含水率随大气的温度和相对湿度的变化而变化。

2. 木材的湿胀干缩

木材具有显著的湿胀干缩性。当木材从潮湿状态干燥至纤维饱和点时，自由水蒸发其尺寸不改变，继续干燥。亦即当细胞壁中吸附水蒸发时，则发生体积收缩。反之，干燥木材吸湿时，将发生体积膨胀，直至含水量达到纤维饱和点时为止，此后，木材含水量继续增大，体积不再膨胀。由于木材的构造不均匀其各向胀缩也不一样，在同一木材中，这种变化沿弦向最大，径向次之，纤维方向最小。

木材的湿胀干缩对木材的使用有严重影响，干缩使木结构构件连接处发生缝隙而致结合松弛，湿胀则造成凸起。由于木材的湿胀干缩明显，因此在加工前应尽量将其进行干燥处理，使木材的含水率达到当地年平均温度和湿度所对应的平衡含水率，以减少木制品中在使用过程中的干缩变形。另外，木材存放时间也影响湿胀干缩变形。存放时间长，木质细胞老化，相应的变形就小。

3. 强度

木材根据受力状态的不同分为抗拉、抗压、抗弯和抗剪强度。由于木材是一种非均质材料，具有各向异性，使木材的强度有很强的方向性，因此木材的强度有顺纹强度和横纹强度之分。

木材的顺纹抗压强度为作用力方向与木材纤维方向平行时的抗压强度。其受压破坏是管状细胞受压失稳的结果，而不是纤维的断裂。顺纹抗压强度较高且木材的疵点对其影响较小，因此这种强度在工程中应用最广，常用于柱、桩、斜撑及桁架等承重构件。木材的横纹抗压强度为作用力方向与木材纤维方向垂直时的抗压强度。这种受压作用，开始时变形与外力呈正比，当超过比例极限时，细胞壁失去稳定，细胞腔被压扁，产生大量变形。因此木材的横纹抗压强度比顺纹抗压强度低得多。

木材强度除本身构造组织因素外，还与含水率负荷持续时间，温度因素，木材的缺陷有很大关系。

三、工程中常用的木材

工程中常用的木材，按其树种有针叶树木材和阔叶树木材两大类；按其用途和加工程度有原条、原木、锯材和枕木四类。

原条：除去皮、根、树梢，但尚未加工成材的木料。常用作脚手架、建筑用材、制作家具等。

原木：已经除去皮、根、树梢，并按一定尺寸加工成规定直径和长度的圆木料。

锯材：已经加工锯解成材的木料。锯材又可分为板材和枋材。凡宽度为厚度的 3 倍或 3 倍以上的木料称板材，按其厚度、宽度可分为薄板、中板、厚板和特厚板。宽度不足 3 倍厚度的木料为枋材，按截面积分为小方、中方、大方。枋材可直接用于装修和制作门窗、扶手、家具等。

枕木：指用于铁路标准轨的普通枕木、道岔枕木和桥梁枕木。

四、木材的综合利用

我国的林业资源比较缺乏，环境和资源问题日益成为制约我国建设事业发展的瓶颈。在经济合理的条件下努力提高木材的利用率，采取措施提高木材的耐久性，延长使用年限是充分利用木材资源及节约木材的重要环节。将木材加工中的大量边角、碎屑、刨花、小块等再加工，生产各种人造板材是综合利用木材重要途径之一。常用的人造板材有下列几种：

1. 单片板

单片板是将木材蒸煮软化，经旋切、刨切或锯割成的厚度均匀很薄的木片，用以制造胶合板、装饰贴面或复合板贴面等。由于单板很薄，一般不能单独使用，被认为是半成品材料。

2. 细木工板

细木工板又称大芯板，是中间为木条拼接，两个表面胶粘一层或二层单片板而成的实心板材。由于中间为木条拼接有缝隙，因此可降低因木材变形而造成的影响。细木工板具有较高的硬度和强度，质轻、耐久、易加工，适用于家具制造、建筑装饰、装修工程中，是一种极有发展前景的新型木型材。

细木工板按其结构可分为芯板条不胶拼的和胶拼的两种；按其表面加工状况可分为一面砂光细木工板、两面砂光细木工板、不砂光细木工板；按使用胶合剂不同可分为Ⅰ类细木工板、Ⅱ类细木工板；按材质和加工工艺质量可分为一、二、三等三个等级。

3. 胶合板

胶合板是由原木沿年轮旋切成薄片，经选切、干燥、涂胶后，按木材纹理纵横交错，以奇数层数，经热压加工而成的人造板材。常用的有 3、5、7、9 层胶合板，一般称作：三合板、五合板、七合板、九合板等。由于胶合板的相邻木片的纤维互相垂直，在很大程度上克服了木材的各向异性的缺点，使胶合板具有良好的物理力学性能。胶合板具有材质均匀、强度高、幅面大、变形小、不开裂，兼具木纹真实、自然的特点，被广泛用做室内护壁板、顶棚板、门板的装修及家具制作。

4. 纤维板

纤维板是将板皮、刨花、树枝等废料为原料，将其破碎浸泡、研磨成木浆，经成型、预压、热压、干燥处理而成的板材。纤维板按其表观密度可分为硬质纤维板（表观密度＞800kg/m^3）中密度纤维板（表观密度500～800kg/m^3）和软质纤维板（表观密度＜500kg/m^3）三种。硬质纤维板和中密度纤维板一般用作隔墙、地面、家具等。软质纤维板多用于吊项等。

纤维板材质构造均匀，各向强度一致，弯曲强度较大（可达55MPa）、不易胀缩和翘曲开裂、耐磨、不腐朽、无木节、虫眼等缺陷，故又称无疵点木材。并具有一定的绝缘性能。

5. 刨花板、木丝板、木屑板

刨花板、木丝板、木屑板是利用木材加工过程中产生的大量刨花、木丝、木屑，添加或不添加胶料，经热压而成的板材。该类板材表观密度小、强度低，在建筑过程中常用于天棚、隔断、家具和包装等。

五、木材的防腐

木材在潮湿环境条件下受到真菌侵害，木质结构逐渐疏松、变色、变脆、强度和耐久性降低的现象称为木材的腐朽。

引起木材变质腐朽的真菌有三种，即霉菌、变色菌和腐朽菌。霉菌只寄生在木材的表面，通常叫发霉，对木材不起破坏作用。变色菌是以细胞腔内含物如淀粉、糖类等为养料，不破坏细胞壁，所以对木材破坏作用很小。而腐朽菌是以细胞壁中木质素为养料，使细胞壁遭致完全破坏，从而使木材腐朽。

真菌在木材中的生存和繁殖必须同时具备三个条件，即要有适当的水分、空气和温度。当木材的含水率在35%～50%，温度在25～30℃，木材中又存在一定量的空气时，最适合腐朽菌的繁殖，因而木材最易腐朽。木材防腐的根本是破坏真菌的生存条件，如果设法破坏其中的一个条件，就能防止木材腐朽。

木材的防腐方法一般有两种：一种是将木材进行干燥，降低其含水率至20%以下，并长期保持木材干燥。可将木构件表面刷以油漆进行防护。另一种是把化学防腐剂注入木材，把木材变为对真菌有毒的物质，使其无法寄生。注入防腐剂的方法很多，通常有表面涂刷法、表面喷涂法、浸渍法、冷热槽浸透法、压力渗透法等，其中以冷热槽浸透法和压力渗透法效果最好。

木材腐朽除真菌外，还会遭受昆虫的蛀蚀，常见的蛀虫有蠹虫、天牛、白蚁等。防止虫蛀的办法通常是向木材内注入防虫剂。

第八节　砖、砌块和瓦

一、砖

砖是由黏土、工业废料或其他地方资源为主要原料，以不同工艺制成的在工程中用于砌筑墙体的材料。砖的种类很多，按制作工艺分，可分为烧结砖和蒸养（压）砖两种；按成分分有黏土砖、粉煤灰砖、煤矸石砖、页岩砖、灰砂砖、炉渣砖等几种；砖又可分为普通实心砖和空心砖两类，普通实心砖是指孔洞率不大于15%或没有孔洞的砖，空心砖是指孔洞率大于15%的砖，其中孔洞率尺寸小而数量多的又称多孔砖。

1. 烧结普通砖

以黏土、页岩、粉煤灰为主要原料配料制坯，干燥再经焙烧而成的普通实心砖称为烧结普通砖。

1）烧结普通砖的尺寸规格

烧结普通砖的标准尺寸为240mm×115mm×53mm，一般将240mm×115mm面称为大面，240mm×53mm面称为条面，将115mm×53mm面称为顶面。4块砖长、8块砖宽、16块砖厚，分别加灰缝厚度10mm，长度均为1m。$1m^3$ 砖砌体需用砖512块。

2）烧结普通砖的强度等级

按抗压强度烧结普通砖可分为MU30、MU25、MU20、MU15、MU10五个强度等级。其抗压强度平均值分别为30MPa、25MPa、20MPa、15MPa、10MPa。

3）烧结普通砖的耐久性指标

烧结普通砖的耐久性对砖的质量影响很大。当生产烧结普通砖的原料中含有有害杂质，或生产工艺不当时均可造成砖的质量缺陷，影响砖的使用。烧结普通砖的主要缺陷及耐久性指标有：泛霜、石灰爆裂、欠火砖和过火砖、抗风化性能、吸水率、抗冻性。

4）烧结普通砖的质量等级

根据烧结普通砖的外观质量、泛霜和石灰爆裂三项指标，分为优等品（A）、一等品（B）、合格品（C）三个等级。

2. 烧结多孔砖和烧结空心砖

1）烧结多孔砖是指砖内孔洞内径不大于22mm，孔洞率大于或等于25%，孔多而小的烧结砖。烧结多孔砖常用尺寸为190mm×190mm×90mm（M型）和240mm×115mm×90mm（P型）两种规格。

2）烧结空心砖是指以黏土、页岩、煤矸石、粉煤灰及其他废料为主要原料，经焙烧而成的空心块体材料。其孔洞率一般大于或等于35%，用于砌筑非承重的墙体结构。常用空心砖的尺寸长为290mm、240m，宽为240mm、190mm、180mm、140mm、115mm，高为115mm、90mm。其外观多为带有水平孔的平行六面体，其外壁设有深度1mm以上的凹槽，以便增加与砌筑胶结材料的结合力。

3. 耐火砖

耐火砖是用耐火原料经配料、冲压成型、焙烧而制得的一种能耐燃烧与高温的砖，通常耐火度在1700℃左右。耐火砖因原料不同可分为黏土耐火砖、轻质黏土耐火砖、高铝砖、硅砖、半硅砖、镁砖等，其中以黏土耐火砖应用最多最广。

各种耐火砖均有多种形状，如直形砖、楔形砖、条形砖、弧形砖等，而每种形状又有多种尺寸，因此耐火砖的规格相当复杂，一般均有部颁标准规格可供选用。

各种耐火砖在高温下均有足够的强度，而且热膨胀系数小，又各自能抵抗不同气体和炉渣的侵蚀。主要用于建造各种工业窑炉如砌筑炼铁炉、炼钢炉、炼焦炉、玻璃熔炉、水泥旋窑、蒸汽锅炉、各种热处理炉，加热炉等，以及其他高温窑炉的内衬。

4. 蒸养（压）砖

蒸养（压）砖是以石灰和砂子、粉煤灰、煤矸石、炉渣、页岩等含硅材料加水拌合，经成型、蒸养或蒸压而制得的砖。生产和应用这类砖，可以大量利用工业废料，减少环境污染，而且不需占用农田，且可常年稳定生产，不受气候与季节影响，故这是我国当前发展砖生产的又一途径。

蒸养（压）砖的规格尺寸同普通烧结砖。目前主要有灰砂砖、粉煤灰砖和炉渣砖等，它们均为水硬性材料，即在潮湿环境中使用，强度将会有所提高。

二、砌块

砌块是建筑上常用的墙体材料，具有生产工艺简单、砌筑方便的特点。

砌块一般为直角六面体，按尺寸规格可分为大型砌块（高度大于 980mm）、中型砌块（高度为 380～980mm）和小型砌块（高度为 115～380mm）；按用途分为承重砌块与非承重砌块；按有无孔洞分为实心砌块和空心砌块；按制作的原材料分为混凝土及轻混凝土空心砌块、粉煤灰硅酸盐密实砌块以及加气混凝土砌块；按生产工艺分为烧结砌块和蒸压蒸养砌块。砌块的高度一般不大于长度或宽度的 6 倍，长度不超过高度 3 倍。

由于砌块的制作原料可以使用炉渣、粉煤灰、煤矸石等工业废渣，可以节省大量的土地资源和能源，是代替黏土砖的理想砌筑材料，因而成为我国建筑改革墙体材料的一个重要的途径。

1. 混凝土空心砌块

混凝土空心砌块是以水泥为胶结料，以砂、碎石或卵石、煤矸石、炉渣等为骨料经加水搅拌、振动或振动加压成型，再经养护而制成的。其成型方法有手工成型和机械成型两种方法，可制成中、小型砌块，用于承重或非承重的墙体工程中。

2. 蒸养（压）加气混凝土砌块

蒸养（压）加气混凝土砌块是以钙质材料（水泥、石灰等）和硅质材料（砂、矿渣、粉煤灰等）以及加气剂（铝粉）为原料加工而成的砌体材料。

加气混凝土砌块在建筑工程上应用非常广泛，最普遍的是用于墙体，特别是用于非承重外墙时，更显示出其轻质、保温性能好的优点。它也常用于砌筑隔墙，还可以与现浇钢筋混凝土密肋组合成平屋面或楼板，也能用做吸声材料，是一种一材多用的建筑材料。

3. 粉煤灰硅酸盐砌块

粉煤灰硅酸盐砌块是以粉煤灰、石灰、石膏为胶结材料，炉渣为骨料经加水搅拌、振动成型、蒸汽养护而成。其配合比一般为：煤渣 55%、粉煤灰 31%～35%、石灰 8%～12%、石膏 1%～2%、水 31%～32%（占干状混合料的质量百分比）。

4. 煤矸石空心砌块

煤矸石空心砌块是以煤矸石无熟料水泥为胶结料，以砂、碎石或炉渣、煤矸石、卵石为骨料加水搅拌、振动或振动加压成型和常压蒸汽养护而得。煤矸石空心砌块的规格尺寸主要有：长为 500、600、800、1000（mm）；宽为 200、240（mm）；高为 400、450、800、900（mm）等。煤矸石空心砌块具有制作效率高，施工机械化程度较高、施工速度快的优点。

三、瓦

瓦用于铺设在钢筋混凝土或木基层上作为防水层，适用于防水等级为Ⅱ、Ⅲ、Ⅳ级的屋面防水。分脊瓦和平瓦，平瓦主要用黏土、水泥、炉渣、水泥炉渣、硅酸盐、炭化灰砂、煤矸石等材料制成。

瓦种类很多，根据其原料来分类有黏土瓦、彩色混凝土瓦、石棉水混波瓦、玻纤镁质波瓦、玻纤增强水泥（GRC）波瓦、玻璃瓦、彩色聚氯乙烯瓦、玻纤增强聚酯采光制品、聚碳酸酯采光制品、彩色铝合金压型制品、彩色涂层钢压型制品、彩钢沥青油毡瓦、采钢保温材料夹芯板、琉璃瓦等。其中粘土瓦、彩色混凝土瓦、玻璃瓦、玻纤镁质波瓦、玻纤增强水泥波瓦、油毡瓦主要用于民用建筑的坡型屋顶，聚碳酸酯采光制品、彩色铝合金压型制品、彩色涂层钢压型制品、彩钢保温材料夹芯板等多用于工业建筑，石棉水混波瓦、钢丝网水泥瓦等多用于简易或临时性建筑。琉璃瓦主要用于园林建筑和仿古建筑的屋面或墙瓦。下面介绍民用建筑中当前经常使用的几种屋面瓦。

1. 黏土瓦

黏土瓦是以杂质少、塑性好的黏土为主要原料，经过加水搅拌、制胚、干燥、烧结而成，按用途可分为平瓦和脊瓦，按颜色分为青瓦和红瓦。压制瓦经过模压成型后焙烧而成的平瓦、脊瓦，称为压制平瓦、压制脊瓦；挤出瓦经过挤出成型后焙烧而成的平瓦、脊瓦，称为挤出平瓦、挤出脊瓦；手工脊瓦用手工方法成型后焙烧而成的脊瓦，称手工脊瓦。黏土平瓦用于屋面作为防水覆盖材料的瓦，包括压制平瓦和挤出平瓦（简称平瓦）；黏土脊瓦用于房屋屋脊作为防水覆盖材料的瓦，包括压制脊瓦、挤出脊瓦和手工脊瓦（简称脊瓦）。

2. 混凝土瓦

混凝土瓦是由混凝土制成的屋面瓦和配件瓦的统称。混凝土屋面瓦是以水泥、砂或无机的硬质细骨料为主要原料，经过配料、搅拌、成型、养护制成，铺设于屋顶坡面。彩色混凝土瓦，俗称水泥彩瓦，在欧美已有一百多年的历史，在上个世纪八十年代末开始引进到国内。混凝土瓦具有耐久性好、成本低等优点，但是自重大，主要用于民用建筑及农村建筑坡型屋面。彩色水泥瓦使用的漆各个彩瓦厂家的配方不同，主要分乳胶漆和水性涂料。不管是什么性质的彩瓦漆都要求有较高的表面硬度、较高的透明光泽度和优异的耐水性、抗水泛白性和户外耐久性。

3. 沥青瓦

油毡瓦是以玻璃纤维毡为胎基，经浸涂石油沥青后，一面覆盖彩色矿物粒料，另一面敷以隔离材料所制成的瓦状星面防水片材。油毡瓦的规格长×宽为1000mm×333mm，厚度不小于2.8mm。油毡瓦按规格尺寸允许偏差和物理性能分为优等品（A）、合格品（C）。油毡瓦适用于坡屋面的多层防水层和单层防水层的面层。油毡瓦虽然有很多优势，但我们也必须正视其缺点。首先，沥青瓦易老化，就是在美国，其寿命一般也只有十几年。第二，沥青瓦是采用黏结加钉子的铺盖方法。在木板屋面上黏结沥青瓦再辅以钉子尚能承受一定的风力，但在现浇混凝土屋面上由于钉钉困难主要依靠黏结，往往黏结不牢或胶水失效，一遇较大的风力，就会被吹落。第三，沥青瓦阻燃性差。

4. 琉璃瓦

琉璃瓦是由陶土制作成形，表面涂一层彩色釉，再高温烧结而成。由于有了一层釉，外表要比黏土瓦光亮和漂亮多了，当然价格也高得多，形状也有多种。传统的筒状琉璃瓦古代多用于皇宫、庙宇等高贵建筑上。目前城市里已很少使用这种琉璃瓦，但农村私人建房使用还较多。古筒瓦是琉璃瓦的一种，有着非常悠久的历史，筒瓦分为釉光和亚光两种，目前主要用于古建筑维修和园林绿化用瓦。黏土瓦和琉璃瓦单片面积都较小，单位面积需要覆盖的瓦片多，搭接也多，故而单位面积的重量也高，通常每平方米高达55公斤以上，黏土瓦吸水大，雨天重量还要高得多。

5. 玻纤瓦

玻纤瓦于1958年首次被应用到屋面结构上，目前在水泥结构和木结构屋面上都可以使用。玻纤瓦在使用时同传统水泥瓦，西式瓦相比要简单，要求水泥砂浆的水泥和砂比例为3∶1，水泥强度等级32.5以上。

多彩玻纤瓦基本构成：彩色天然矿石粒，主要作用是形成多彩玻纤瓦彩色外观装饰效果，并保护改性沥青免受阳光照射，使沥青不易老化，同时可以提供良好的防火性能，石粒主要为美国3M公司生产，它提供20年至40年的不褪色质保期；改性防水沥青能使多彩玻纤瓦全天厚，长时间抵御风雨侵蚀，在严寒酷暑中保持多彩瓦性能；玻璃纤维垫胎基使多彩瓦有很好的强度，以适应全天候要求，并减轻产品运输，施工和使用时发生的损坏。

第九节　建筑陶瓷、建筑玻璃、石材板块饰面材料

一、建筑陶瓷

陶瓷是由适当成分的黏土经成型及烧结而成的较密实材料。尽管我国陶瓷材料的生产和应用历史悠久，但在土木建筑工程中的大量应用，特别是陶瓷材料的性能改进只是近几十年的事情，因此陶瓷材料也可看作土木建筑工程中的新型人造石材。

1. 陶瓷材料的分类和制作

根据陶瓷材料的原料和烧结密实程度不同，可分为陶质、炻质和瓷质三种性能不同的人造石材。生产陶瓷的原料中主要含有氧化硅、氧化铝及少量其他金属氧化物和杂质等。其主要生产工艺为：选料配料—调制成型—干燥—烧结—成品。

当原料中含有杂质较多，且调制的坯料较稀时，多以塑性成型，它在干燥和烧结过程中的收缩较大，所需烧结的温度较低，形成的成品密实度较差，这种材料为陶质材料；当原料中含有的杂质很少，且调制的坯料较干时，多以压制成型，它在干燥和烧结过程中的收缩很小，所需的烧结温度很高，形成的成品密实度很大，这种材料为瓷质材料；上述性能介于陶质材料和瓷质材料之间时为炻质材料。

一般陶质材料的孔隙率较高，吸水率也较高，通常大于10%，炻质材料的吸水率为1%～8%，瓷质材料的吸水率通常小于1%。

为改善陶瓷材料表面的机械强度、化学稳定性、热稳定性、表面光洁程度和装饰效果，降低表面吸水率，提高表面抗污染能力，可在陶瓷材料的表面覆盖一层玻璃态薄层，这一薄层称为釉料。此釉料中含有大量的低熔点物质，它是专门调配和磨制成釉浆，将此釉浆涂覆在陶瓷坯体表面或未经上釉的陶瓷制品表面上，再经焙烧使釉料在陶瓷制品表面形成十分致密的玻璃质釉层。这种陶瓷材料为釉面陶瓷材料，其基体多为陶质材料。

2. 常用陶瓷材料的品种

根据陶瓷材料的原料杂质含量不同，制作工艺不同和烧结程度不同，建筑用陶瓷材料可分为以下几类：

1）陶瓷锦砖（马赛克）

它是以含杂质极少的纯瓷土磨细制成泥浆，经脱水干燥后，用半干法压制成型，再经充分焙烧而成。它是普通建筑陶瓷中烧结程度最高的材料，质地致密，属于瓷质材料。陶瓷锦砖烧结过程中的变形大，通常只能制成小尺寸产品，其形状有正方形、长方形、六边形等，边长一般不大于40mm。为使用方便，在工厂先按设计图案将陶瓷锦砖反贴在牛皮纸上，每张为一联，使用时按联粘贴，待被黏结牢固后将牛皮纸浸水脱掉。

根据陶瓷锦砖的使用要求和技术特点，一般要求的技术指标有尺寸偏差、吸水率（应小于0.2%）、抗压强度（15～25MPa）、耐急冷急热性、耐酸碱性及成联质量等。

陶瓷锦砖具有抗压强度高、质地坚硬、耐磨、耐水、耐腐蚀、耐污染、抗冻、抗火等优点，适于使用条件要求较高的地面、墙面和其他部位的表面铺贴，具有良好的耐久性。

2）陶瓷墙地砖

陶瓷墙地砖是以含杂质较少的瓷土为原料，经半干压制法成坯，再经较充分焙烧制成的陶瓷材料。有的墙地砖还上釉，可制成各种各样表面质感的外观或印刷各种图案。陶瓷墙地砖的内部质地差别较大，一般比较致密，属炻质或陶质材料。

工程中对陶瓷墙地砖的技术要求指标主要有尺寸偏差、表面质量、变形、物理力学性能等。一般其吸水率不得大于10%，能经受20次的冻融循环，有一定的耐急冷急热能力和耐腐蚀性，抗弯强度不得低于24.5MPa，根据其耐磨性可分为Ⅰ、Ⅱ、Ⅲ和Ⅳ等四个等级。

陶瓷地砖的厚度一般大于墙砖，它们对基体材料具有良好的保护作用，因此可应用于各种工程的地面和墙面的装饰和防护，是一种物美价廉，且耐久性良好的贴面材料。

3）陶瓷釉面砖

陶瓷釉面砖是以含有较多杂质的可塑性黏土为主要原料，加水调制成坯料，经压制成坯，再经干燥、素烧、施釉、釉烧等工艺制成的产品。由于该砖成型时含水较多，压实不足，烧结程度较差，为陶质材料，所以其质地较疏松，吸水率较大，物理力学性能较差，表面必须施釉以提高其表面的致密性，改善物理力学性能。

工程中对釉面砖的技术指标要求主要有外观质量和尺寸偏差，对其物理力学性能的要求吸水率不大于21%，抗弯强度不得小于16MPa，有一定的耐急冷急热能力。

因为釉面砖的吸水率大，抗冻性差，不适于受冻或温湿度变化较大的环境中使用，通常应用于各种房间的室内饰面。

4）卫生陶瓷

卫生陶瓷是以含有较多杂质的可塑性黏土为原料，加水调制成浆料，塑性模制而成要求的形状，经干燥后表面施釉，再经烧结制成的产品。虽然卫生陶瓷的内部吸水率很大，但经表面施釉后性能大为改善，其成品的吸水率一般不大于3.5%，且表面光洁。

因为卫生陶瓷的体积较大，干燥和烧结中易变形，所以对其质量要求主要是形状尺寸和外观质量。卫生陶瓷产品主要包括洗面器、洗涤器、大便器、小便器、水槽水箱及各种配件等。

5）琉璃瓦

琉璃瓦是用难熔的黏土制坯，经干燥、上釉后焙烧而成的一种高级屋面材料。琉璃瓦色彩绚丽，质坚耐久，造型古朴，富有我国传统的民族特色，常用的有黄、绿、黑、青、紫、翡翠等色，琉璃瓦品种繁多，造型各异，主要有板瓦、筒瓦、滴水、勾头等，有时还制成飞禽、走兽、龙纹大吻等形象，作为檐头和屋脊的装饰。

琉璃瓦因价格昂贵，自重大，故主要用于民族色彩的宫殿式房屋，以及少数纪念性建筑物上，另外还常用以建造园林中的亭、台、楼阁，以增加园林的景色。

二、建筑玻璃

1. 普通玻璃

玻璃是以石英砂及强碱化合物等矿物质为原料，经粉碎、筛分、配料、混合、高温熔融、成型、退火、冷却、切裁和加工等工艺制成的产品。根据强碱化合物的种类不同可分为钠玻璃或钾玻璃。

玻璃具有表面晶莹光洁、透光、透视、保温、隔热、隔声、耐磨、耐气候变化、材质稳定和抗压强度高等优点。除此之外，经过加工后玻璃还具有优良的装饰性，与其他材料复合后可产生优异的性能。

1）平板玻璃

平板玻璃一般采用浮法生产，即是将熔融的玻璃液流入锡槽，在干净的锡液表面上水平地浮抛成型逐渐降温退火，获得表面平整，十分光洁，光学性质优良的平板玻璃。平板玻璃按厚度分为2、3、5、6（mm）四种，有时也生产8、10、12（mm）的。平板玻璃通常用于门窗和隔断，技术指标要求主要有外观质量和光学性能。

2）磨光玻璃

磨光玻璃是将平板玻璃经表面磨平而成，分为单面磨光和双面磨光两种，厚度一般为5、6（mm）。其特点是表面非常平整，物象透过后不变形，且透光率高（大于84%），用于高级建筑物的门窗或橱窗。

3）钢化玻璃

钢化玻璃是将平板玻璃加热到一定温度后迅速冷却而制成。其特点是机械强度比平板玻璃高4～6倍，6mm厚的钢化玻璃抗弯强度达125MPa，且耐冲击、安全、破碎时碎片小且无锐角，不易伤人，故又名安全玻璃。能耐极热极冷，耐一般酸碱，透光率大于82%，但价较贵，主要用于高层建筑门窗、车间天窗及高温车间等处。

4）压花玻璃

压花玻璃是将熔融的玻璃在快冷中通过带图案花纹的辊轴滚压而成的制品，又称花纹玻璃。由于压花玻璃表面凹凸不平，当光线通过时即产生漫射，故其具有透光不透视的特点，从玻璃的一面看另一面的物体时，物象显得模糊不清。另外，压花玻璃因其表面有各种图案花纹，所以又具有一定的艺术装饰效果。多用于办公室、会议室、浴室、卫生间以及公共场所分离室的门窗和隔断处。使用时应将花纹朝向室内。

5）磨砂玻璃

磨砂玻璃又称毛玻璃，它是将平板玻璃的表面经机械喷砂或手工研磨或氢氟酸溶蚀等方法处理成均匀毛面而成。其特点是透光不透视，且光线不刺目，用于须透光而不须透视之处，如卫生间、浴室、办公室的门窗及隔断等。安装毛玻璃时，应注意将毛面朝向室内。

6）有色玻璃

有色玻璃是在原料中加入各种金属氧化物作为着色剂而制得的带有红、绿、黄、蓝、灰等颜色的透明玻璃。将各色玻璃按设计的图案划分后，用铅条或黄条拼装成瑰丽的花窗，装饰效果很好，宾馆、剧院、厅堂等经常采用。

7）玻璃空心砖

玻璃空心砖一般是由两块压铸成的凹形玻璃，经熔接或胶结成整块的空心砖。砖面可为光平，也可在内、外面压铸各种花纹。砖的腔内可为空气，也可填充玻璃棉等。砖形有方形、长方形、圆形等。玻璃砖具有一系列优良性能、绝热、隔声，透光率达80%，光线柔和优美。砌筑方法基本上与普通砖相同。

8）玻璃锦砖

玻璃锦砖也叫玻璃马赛克。它与陶瓷锦砖在外形和使用方法上有相似之处，但它是乳浊状半透明玻璃质材料，大小一般为20mm×20mm×4mm，背面略凹，四周侧边呈斜面，有利于与基面粘贴牢固。玻璃锦砖颜色绚丽，色泽众多，历久常新，是一种很好的外墙装饰材料。

2. 微晶玻璃

它是以石英砂、石灰石、萤石、工业废渣等为原料，在助剂的作用下高温熔融形成微小的玻璃结晶体，再按要求配料后高温模制而成的仿石材料。微晶玻璃经切割和表面加工后表面可呈现出大理石或花岗岩的表面花纹，具有良好的装饰性；它还具有良好的物理力学性能，可适于各种环境下的饰面。

微晶玻璃的机械强度较高，抗冻性和热稳定性很好，具有良好的耐腐蚀性和耐候性，还有较强的耐磨性和抗冲击能力。因为微晶玻璃制品是模制而成的，可制作各种形状的产品，适于制作各种异型产品，可代替天然石材，是很有发展前途的仿石材料。由于微晶玻璃优良的特殊性能，使其在机械、化工、航空与建筑等各种行业中具有很好的应用前景。目前在土木建筑中可作为优良的装饰材料、耐酸、耐磨材料，还是发展智能建筑材料的主要方向之一。

三、石材板块饰面材料

1. 天然石材

1）花岗石板

天然花岗岩既是优良的砌筑石材，又是优良的装饰石材。天然花岗岩经开采、锯解、切割、磨光而成板材或块材，应用于装饰工程中。颜色有深青、紫红、浅灰、纯黑等，并有小而均匀的黑点。天然花岗岩耐久性和耐磨性都很好，磨光的可用于室外墙面及地面；经斩凿加工的可铺设勒脚及阶梯踏步等。

2）大理石板

大理石板加工工艺同上。多具美丽花纹，有黄、绿、白、黑等颜色，可用于室内墙面、地面、柱面等处，但用于室外易风化。

2. 胶结型人造石材

胶结型人造大理石是以胶结剂、填料及颜料为原料，经模制、固化和加工制成的人造石材。按生产人造大理石的胶结材料不同可分为以下几种。

1）树脂型人造大理石

它是以不饱和聚酯为胶结剂，天然碎石和石粉为填料，加入适当的颜料拌制成混合料，经浇捣、固化、脱模、烘干、抛光等工序制成的人工石材。这种人造石材具有耐水、耐冻、外观光洁细腻、力学强度高的优点，抗污染能力强，但表面耐磨性和大气稳定性较差。

为进一步改善其物理力学性能，可先以坚硬的天然级配碎石充分密实地填充于密闭容器中，将其内部抽成真空，再以液态有机树脂充填碎石间的空隙，经固化后形成。这种人造石材也称真空高压石，它不仅节约树脂，而且具有更高的强度、耐久性和耐磨性，可用于室内外墙面和地面装饰，是性能优良的人工石材。

2）水泥型人造大理石

它是以白水泥、普通水泥或特种水泥为胶结剂，与碎大理石及颜料配制而成的混合料，经浇捣成型和养护制成的人工石材。这种人造大理石成本低，耐大气稳定性好，还具有较强的耐磨性。

3）复合型人造石材

它是以水泥型人造石材为基层，树脂型人造大理石为面层，将两层胶结在一起形成的人工石材，或以水泥型人造石材为基体，将其在有机单体中浸渍，再使浸入内部的单体聚合固化形成的人工石材。复合型人造石材既有树脂型人造大理石的外在质量，又有水泥型人造大理石成本低的优点，是工程中较受欢迎的贴面人工石材。

第十节 管 材

一、管材的分类

1. 按生产方法分类

1）无缝管——热轧管、冷轧管、冷拔管、挤压管、顶管。

2）焊管：

(1) 按工艺分——电弧焊管、电阻焊管（高频、低频）、气焊管、炉焊管。

(2) 按焊缝分——直缝焊管、螺旋焊管。

2. 按断面形状分类

1）简单断面钢管——圆形钢管、方形钢管、椭圆形钢管、三角形钢管、六角形钢管、菱形钢管、八角形钢管、半圆形钢圆、其他。

2）复杂断面钢管——不等边六角形钢管、五瓣梅花形钢管、双凸形钢管、双凹形钢管、瓜子形钢管、圆锥形钢管、波纹形钢管、表壳钢管、其他。

3. 按壁厚分类

分为薄壁钢管、厚壁钢管。

4. 按用途分类

分为管道用钢管、热工设备用钢管、机械工业用钢管、石油、地质钻探用钢管、容器钢管、化学工业用钢管、特殊用途钢管。

二、传统管材

1. 钢管

钢管具有强度高、承受内压大、抗震性能好、重量较轻、接头少、内外表面光滑、易加工安装等优点。钢管的连接方法有螺纹连接、法兰连接、焊接。钢管按照材质分为普通钢管（碳素钢、合金钢）与不锈钢管；普通钢管按制造方法又可分为焊接钢管和无缝钢管两种。

1）普通无缝钢管

普通无缝钢管是用优质碳素结构钢或低合金高强度结构钢制成，有热拔、冷轧之分，品种规格多、强度高，主要用于石油输送、地质勘探及各种液体、气体工业管道等压力较高的管道。

2）普通焊接钢管

普通焊接钢管又称有缝钢管，是用Q195、Q215、Q235碳素结构钢板和Q295、Q345低合金高强度结构钢板或钢带卷曲成型后焊制而成的钢管，简称焊管。按焊缝的形式分为直缝焊管和螺旋焊管，较小口径的焊管大都采用直缝焊，大口径焊管则多采用螺旋焊，螺旋焊管的强度一般比直缝焊管高。建筑用焊管一般用于输水管道、煤气管道、暖气管道等，又称为低压流体输送用焊接钢管。焊接钢管有镀锌（白铁管）、不镀锌（黑铁管）两种，镀锌管多半用于外露部分以防腐蚀。无缝钢管与焊接管的连接，除焊接不需要管件外，大口径一般采取法兰连接，需制作法兰盘；小口径采用螺纹连接，需要管箍、对丝、活接、弯头、三通、丝堵等管件。

3）不锈钢管

不锈钢管也分为无缝不锈钢管和焊接不锈钢管。在建筑业中，焊接不锈钢管主要用于建筑装饰（YB/T 5363—2006），无缝不锈钢管用于结构（GB/T 14975—2002）、流体输送（GB/T 14976—2002）和锅炉、热交换器（GB 13296—2007）。流体输送用不锈钢无缝钢管又分为热轧（挤、扩）和冷拔（轧）两种。

2. 铸铁管

铸铁管是由生铁制成的无缝管材。与铁管相比，铸铁管抗腐蚀性好、经久耐用、价格便宜；但生铁性脆、不耐振动和弯折，容易发生渗水或破裂，不能抵抗较大的压力，重量较大、易受损伤、施工比钢管困难。因此铸铁管一般只宜用于10～16个大气压的低压场合，多用于外部上下水管路、室内及院内下水道中的分支管路、穿过铁道、街道的地下水道工程中。现在建筑工程中的上、下水管道大量使用PVC管取代铸铁管。

铸铁管按其制造方法不同可分为砂型离心、连续和砂型铸铁管。按其材质可分为灰口铸铁管、球墨铸铁管和高硅铸铁管。一般铸铁管按其管端接头处形状的不同，连接方式可分为承插式（套袖式或钟栓式）和折缘式（盘式或法兰式）两种。承插接口常用于埋地管线，折缘接口常用于明装或沿地敷设的管道中和泵房内或经常拆卸的管道。

3. 混凝土管

根据用途、压力及制造方法的不同，混凝土管分为预应力钢筋混凝土管、普通钢筋混凝土管及无钢筋混凝土管3种。混凝土管有企口、槽口、承插口3种接口形式。具有价格便宜和抗腐蚀性好的优点，但也有抗渗性差、管节短、接口多、搬运不便等缺点。

4. 有色金属管

1）铝及铝合金管

铝及铝合金，指含铝为98%的工业纯铝和以铝为主体另掺有铜、镁、锰、锌、铬等合金元素的铝合金。铝及铝合金管是由工业纯铝或铝合金经拉制或挤压制造成形。铝有较好的耐酸腐蚀性能。

2）铜及铜合金管

铜管主要由纯铜、磷脱氧铜制造，称为铜管或紫铜管；黄铜管是由普通黄铜、铅黄铜等黄铜制造。

5. 塑料管

塑料管一般是以塑料树脂为原料，加入稳定剂、润滑剂等，以塑的方法在制管机内经挤压加工而成。由于它具有质轻、耐腐蚀、外形美观、无不良气味、加工容易、施工方便等特点，在建筑工程中获得了越来越广泛的应用。塑料管主要用作房屋建筑的自来水供水系统配管、排水、排气和排污卫生管、地下排水管系统、雨水管以及电线安装配套用的穿线管等等。塑料管有热塑性塑料管和热固性塑料管两大类。热塑性塑料管采用的主要树脂有聚氯乙烯树脂（PVC)、聚乙烯树脂（PE)、聚丙烯树脂（PP)、聚苯乙烯树脂（PS)、丙烯-丁二烯-苯乙烯树脂（ABS)、聚丁烯树脂（PB）等；热固性塑料主要采用的树脂有不饱和聚酯树脂、环氧树脂、酚醛树脂等。

第十一节　电缆、电线

一、电缆的分类

广义的电线电缆亦简称为电缆。狭义的电缆是指绝缘电缆。由一根或多根绝缘线芯以及它们各自可能具有的包覆层、总保护层及外护层组成。电缆亦可有附加的没有绝缘的导体。我国的电线电缆产品按其用途分成五类：裸电线、绕组线、电力电缆、通信电缆和通信光缆、电气装备用电线电缆。

常用电（线）缆的类型、线缆规格、型号含义如下：

电线型号中字母B表示布电线，字母V表示塑料中的聚氯乙烯，字母R表示软线（导体为很多细丝绞在一起)。还有铜芯符号、硬线（常见的单芯导体）符号省略没有表示。

常用线缆类型：BV-表示单铜芯聚氯乙烯普通绝缘电线，无护套线。适用于交流电压450/750V及以下动力装置、日用电器、仪表及电信设备用的电线电缆。电线电缆主要用于电能传输、分配以及信号的传递，其主要组成部分包括线芯（导体)、绝缘层、屏蔽层、和护层。

BVR-表示聚氯乙烯绝缘，铜芯（软）布电线，常常简称软线。由于电线比较柔软，常常用于电力拖动中和电机的连接以及电线常有轻微移动的场合。

BVV-表示铜芯聚氯乙烯绝缘聚氯乙烯圆形护套电缆，铜芯（硬）布电线。常常简称护套线，单芯的是圆的，双芯的就是扁的，常常用于明装电线。

BVVB-表示铜芯聚氯乙烯绝缘聚氯乙烯平型护套电缆。适用于要求机械防护较高、潮湿等场合可明敷或暗敷。

SYV-实心聚乙烯绝缘射频同轴电缆。适用于闭路监控及有线电视工程。

RG-表示物理发泡聚乙烯绝缘电缆，常用于同轴光纤混合网（HFC）中传输数据模拟信号，以及视频传输，通信系统及信号控制系统。

SYWV-物理发泡聚乙绝缘有线电视系统电缆，视频（射频）同轴电缆（SYV、SYWV、SYFV）适用于闭路监控及有线电视工程。

二、电缆电线的验收

1. 伪劣线缆的主要表现

伪劣线缆主要表现在两方面：

电线绝缘层不是采用优质绝缘塑料所制，而是用回收塑料制成，轻轻一剥就能将绝缘层剥开，这样极易造成绝缘层被电流击而穿漏电，对使用者的生命财产安全造成极大威胁。

导电线芯直流电阻不合格。电线导体的粗细、优劣决定了电线对电流的负载量，如果电线的线芯采用劣质的材料、实际截面远远小于其所标明的规格，长期使用因导体电阻过大造成发热，引起电器火灾。

2. 电缆电线验收的常用做法

1）看标签

正规厂家生产的电线合格证的内容应包括：3C认证标志、认证编号、型号规格、执行标准、额定电压、电线长度、生产日期、生产者、检验者、厂名、厂址、固定电话、防伪标示等。而假冒产品的标签往往印刷不清或印制内容不全。

2）看表面

正规电线的塑料外皮软且平滑，颜色均匀。在其表面，也应印有产品合格证上的数项内容，如：3C认证标志、认证编号、型号、额定电压、执行标准、厂名等。同时，字迹必须清晰，不易擦掉。

3）试弯曲

可取一根电线头用手反复弯曲，凡是绝缘层手感柔软、抗疲劳强度好、手感弹性大且电线绝缘体上无龟裂的是优等品。伪劣电线绝缘层看上去好像很厚实，实际上大多是用再生塑料制成的，只要稍用力挤压，挤压处会成白色状，弯曲4～6次就有断线现象。

4）撕绝缘

优质的绝缘料都有一定的机械强度和柔性，轻易撕不开，而劣质电线用手能撕下或掐下来一块。

5）看燃烧

电线的绝缘层都具有一定的阻燃性。剥下一段绝缘层，用打火机进行点燃，离开明火后能继续自燃的是劣质线。

6）验厚度

截取一段绝缘层，看绝缘层的断面是否有肉眼可见的气孔，其线芯是否位于绝缘层的正中。不居中的是因为工艺不高而造成的偏芯现象，有气孔说明使用的绝缘料不合格。偏心严重最容易在较薄的一侧漏电，有气孔影响耐压强度。

7）看电线铜芯的横断面

优等品紫铜颜色光亮、色泽柔和，铜芯黄中偏红表明所用的铜材质量较好而黄中发白则是低质铜材的反映。

8）测长度称重量

相关标准中规定电线长度的负偏差不能超过5％，截面线径负偏差不能超过0.02％，应据此测量电缆长度，称取重量。

9）看检验报告

销售商应能提供出质检部门检验报告、3C认证、合格证和备案证，否则，产品质量的好坏就缺乏依据。

10）每批检验

核对计划和送货单，留取报验资料，签收送货单和调拨单。

第十二节　油漆涂料

一、涂料的功能

建筑涂料具有保护功能、装饰功能和特殊功能。

1. 保护功能

保护功能，就是保护建筑物不受环境影响或将其影响减至最小的功能。建筑物暴露在大气中，受到阳光、雨水、冷热温度和各种介质的作用，表面会产生风化、腐蚀等破坏现象，金属易生锈，木材会腐烂，混凝土墙面或屋面上的砂浆层会产生碳化、裂缝，甚至脱落等破坏现象。建筑涂料通过刷涂、辊涂或喷涂等施工工法，涂敷在建筑物的表面上，形成连续的薄膜，有一定的硬度和韧性，并具有耐磨、耐候、耐化学侵蚀以及耐污染等功能，能够阻止或延迟这些破坏现象的发生和发展，起到保护建筑物，延长其使用寿命的功能。据国外研究，混凝土、砂浆基面使用涂料后，寿命将会延长一倍。

2. 装饰功能

装饰功能是指建筑涂料对建筑物的美化作用及提高建筑物的外观价值（即艺术观感）的功能。涂装后的建筑物不但色彩丰富，还具有不同的光泽和平滑度。再加上各种立体图案和标志，与周围环境协调配合，会使人在视觉上产生美观、舒畅之感。室内用内墙涂料及地面涂料装饰后，可使人产生愉悦感。若在涂料中掺加粗、细骨料，再采用拉毛、喷涂或滚花等方法进行施工，可以获得各种纹理、图案及质感的涂层，使建筑物产生不同凡响的艺术效果。

3. 特种功能

特种功能的建筑涂料又称为功能性建筑涂料，根据其特殊功能有防水涂料、防火涂料、防霉涂料、杀虫涂料、吸声或隔声涂料、隔热保温涂料、防辐射涂料、防结露涂料、伪装涂料等。

二、建筑涂料的分类

目前，我国对建筑涂料的分类尚无统一的划分方法，通常采用习惯分类方法，主要有以下几种：

1. 按建筑物的使用部位分类

建筑涂料按其在建筑物的不同部位使用可分为外墙涂料、内墙涂料、地面涂料、顶棚涂料、屋面涂料等。

2. 按使用功能分类

建筑涂料按其使用功能可分为装饰性涂料与特种功能性涂料（防火涂料、防水涂料、防霉涂料、弹性涂料等）。

3. 按主要成膜物质性质分类

建筑涂料按其主要成膜物质可分为有机系涂料（如丙烯酸酯外墙涂料）、无机系涂料（如硅酸钾水玻璃外墙涂料）、有机无机复合系涂料（如硅溶胶—苯丙外墙涂料）。有机涂料又可根据使用溶剂的不同，分为溶剂型、水乳型及水溶型涂料等。

4. 按涂膜层状态分类

建筑涂料可分为表面平整、光滑的平面涂料；表面呈砂粒状装饰效果的砂壁状涂料；形成凹凸花纹立体装饰效果的复层涂料；彩色复层凹凸花纹外墙涂料等。

第十三节　防水、防腐材料

一、防水材料

防水材料是土木工程中不可缺少的主要建筑材料之一。土木工程中许多部位都离不开防水材料，如房屋建筑的屋面、地下室防水、公路桥梁的桥面防水、水利工程中的防水等。防水材料质量的优劣与建筑物、构筑物的使用寿命密切相关。

土木工程中常用的防水材料品种繁多，但主要有三类，即：自防水类（如防水混凝土、防水砂浆等）、覆盖类（如金属或塑料屋面板、覆面瓦等）、贴涂类（如高分子防水卷材和防水涂料等）等。其中防水混凝土、防水砂浆前面有关章节中已做介绍，这里不做赘述。本节主要介绍覆盖类防水材料中的覆面瓦及高分子防水材料等。

1. 覆面瓦

根据使用材料的不同，瓦可以分为粘土瓦和水泥瓦两大类。

1）黏土瓦

黏土瓦是传统坡形屋面的防水材料，与其他防水材料相比，它成本低，防水可靠，耐久性好。因此，千百年来一直是住宅、公共建筑和工业建筑工程中主要的屋面防护覆面材料。

黏土瓦的主要类型有平板瓦、槽形瓦、S形瓦、鳞形瓦、小青瓦等，划分为一等品和二等品两个产品等级。

国家标准规定，每平方米吸水后的质量不得超过55kg，单片平瓦的最小抗折荷重不得低于600N，单片脊瓦的最小抗折荷重不得小于700N。

在某些特殊环境（受冻融或水浸泡等）下使用时，应对瓦的耐久性进行检验。合格的瓦在经冻融试验后不得产生分层、开裂等现象。

小青瓦是农村中常用的一种瓦，断面为25°的弧形，灰色。质量好的小青瓦没有砂眼、裂纹、翘曲和欠火现象，颜色均匀一致，轻轻敲击能发出清亮的声音。同一批瓦（即一栋房子所使用的瓦）颜色要一致，尺寸要相同，弯曲弧度要相等。

黏土瓦的生产方式与黏土砖相近，差别之处在于它需要原料的塑性更好，制成的瓦坯须用瓦托晾干。

仿古建筑中还可以采用琉璃瓦，通常其表面透明有光泽，具有豪华的外观。

2）水泥瓦

水泥瓦是以水泥砂浆为原料经挤压、切割、覆面上色和养护生产的非烧结瓦。它可以制成各种颜色，由于瓦上表面覆涂复合涂层，使其表面抗风化能力提高，不仅具有优良的装饰效果，也有较好的耐久性。

目前生产的水泥瓦多为仿欧式的外形，其主瓦有大波瓦、小波瓦、水波瓦。与之配套的有脊瓦、檐口瓦、封头瓦及排水瓦等。这类瓦主要依靠横向压扣连接和密封防水，适于17°～35°的屋面坡度覆面。当屋面坡度较大时，可将瓦上的盲眼穿透，以连接件使上下瓦之间连接，并与龙骨联结，使其形成整体联结，具有可靠的防水效果。

水泥彩瓦的单片尺寸较大，可以直接搭在屋面龙骨上。由于它配套规格较全，使得施工方便，建筑物整体外貌漂亮，具有类似琉璃瓦装饰的效果。

除上述瓦外，还可使用玻璃纤维增强水泥波瓦及其脊瓦、石棉水泥波瓦及其脊瓦、玻璃纤维增强树脂波瓦及其脊瓦等大面积瓦。

2. 金属屋面板

金属压形防水板材是目前建筑物应用较多的屋面防水材料，常用于大型仓库、工业厂房和其他公用建筑中。常见的金属屋面材料有镀锌钢板、复合铝板、彩色压型钢板、彩钢复合板材等屋面材料。

对于一些要求单位面积很轻的屋面可以采用镀锌钢板，如简易仓库、车棚、市场等。它具有安装方便和成本低等优点，对一些不要求保温的建筑可以直接采用。当同时要求绝热保温效果时，可在金属屋面防水板材的下面铺设一层玻璃棉、矿棉或其他保温板材，使其形成综合性能良好的复合屋面结构。

在许多大开间的礼堂及体育场馆，常采用铝合金波纹板、铝合金压型板、复合铝板平板、铝合金板夹层板等屋面材料。

彩色压型钢板具有较好的刚度、强度与装饰效果，可以制成坡屋面、平屋面或拱（弧）形屋面，特别是压型钢板拱形屋面可以省去支撑梁、檩和龙骨等，形成自身承重结构。若与保温材料层进行复合后更能显示出优良的性能，由此制成的彩钢复合板材结构与彩钢夹芯墙板相同，它同时具有良好的保温、隔声、防水与装饰效果，自身有很强的刚度，可以直接作为建筑物的屋面而无需进行保温与装饰处理，是大型工业厂房、仓储用房、大型市场和棚亭较理想的屋面材料。

3. 高分子防水材料

1）沥青是传统的有机高分子防水材料。

在地下防水工程中，沥青是一种廉价的防水材料，液体石油沥青可以直接涂刷在基层上，待挥发后凝固形成防水薄层；对固体沥青，经加热制成液体后涂刷在基层上，待冷凝后也可以形成防水层；有时还可以将沥青经过乳化分散在水中，形成乳化沥青溶液，将该溶液分层涂刷在基层上也可形成防水薄层。

在建筑屋面防水工程中，常使用由沥青配置而成的各种防水材料制品，如：沥青胶（沥青玛蹄脂）、沥青嵌缝油膏、沥青防水卷材等。这些材料都属于沥青基防水材料。

沥青胶是沥青和适量粉状和纤维状矿质填充料的均匀混合物。可广泛用于粘贴防水卷材、沥青防水涂层、沥青砂浆防水（或防腐蚀）层的底层及接头填缝材料等。根据使用条件，沥青胶应具有良好的黏结性、耐热性、柔韧性和大气稳定性等。

建筑防水沥青嵌缝油膏是以石油沥青为基料，加入改性材料、稀释剂及填充料混合而成的冷用膏状材料，简称油膏。是一种具有一定弹性、塑性、耐热性、耐老化性和良好黏结性的在高温下不流淌，在低温下具有一定柔韧性的材料。油膏主要作为屋面、墙面、沟和槽的防水嵌缝材料。

下面介绍目前工程中常用的几种新型防水材料。

2）SBS 改性沥青防水材料

以 SBS 弹性沥青为主要材料可以生产弹性体或塑性体防水卷材、防水胶或膏状改性沥青等防水产品，它们是以沥青、热塑性丁苯橡胶（SBS）、橡胶、合成树脂、表面活性剂等高分子材料制成的，也可以制成水乳性沥青防水材料。为增强防水卷材的抗拉能力常加入玻璃纤维、复合玻璃布、复合聚酯布或亚麻布等作为胎体，提高卷材的抗变形能力。

与普通沥青防水材料相比，SBS沥青防水材料低温柔韧性能、抗裂性能和黏结性能更好，施工操作方便灵活，适于各种建筑物的屋面与地下防水，其防水性能好，而且对环境无污染。因此，目前SBS改性防水材料已成为建筑工程中廉价可靠的防水材料，在工程中得到了广泛的应用。

通常SBS防水卷材可制成覆（PE）膜光面、覆（PE）膜压纹、细砂、彩砂、岩片、铝箔等表面，它们的作用是防止卷材贮运中自粘连，阻止紫外线的直接照射，并改善防水表面的外观。

SBS改性沥青基防水卷材主要适用于建筑物的屋面、地面、卫生间、地下室、各种构筑物的大面积防水。

SBS改性沥青基防水油膏是膏状防水涂料，它主要用于现场冷作业铺贴玻璃丝布防水层，可加入纤维或粉状材料制成油膏用于嵌缝处理。最好在其表面层未硬化前撒一层石粉或云母粉，以便改善其耐久性。SBS改性沥青基防水油膏主要适用于各种建（构）筑物伸缩缝的防水，旧建（构）筑物的嵌缝修补等。

SBS改性弹性体沥青防水材料应在5℃以上施工，其膏状体不得现场兑水，不得在负温下或曝晒下储存，一般储存期3～6个月。

3）三元乙丙橡胶防水卷材

三元乙丙橡胶防水卷材（简称EPDM）是以三元乙丙橡胶为主料，加入适量丁基橡胶、硫化剂、促进剂、活化剂、增塑剂及填充料等，经密炼、挤出（或延化）、硫化等工序制成的防水卷材，是一种合成高分子防水卷材。

与其他高分子防水卷材相比，三元乙丙橡胶防水卷材的耐候性与耐臭氧性更好，表现出比其他橡胶高分子材料更好的抗老化能力。

三元乙丙橡胶防水卷材具有优良的防水性、较好的耐腐蚀性。它的使用温度范围也很宽，可在－40℃～80℃的范围内长期使用。三元乙丙橡胶防水卷材的拉伸强度高（可达8MPa），弹性与延伸性也很好，因此对基层的伸缩或开裂适应性很好。它主要采用冷施工，有胶粘型和自粘型等不同的产品，可适合于各种不同环境与要求的工程。

根据三元乙丙橡胶防水卷材不同温度时的抗拉强度、扯断伸长率、直角型撕裂强度，以及抗热空气与耐臭氧能力、耐碱性、耐低温性、不透水性、加热伸缩性，黏合性能等技术指标，可将三元乙丙橡胶防水卷材划分为一等品或合格品两个产品等级。对不同等级的三元乙丙橡胶卷材都有相应的要求。

三元乙丙橡胶防水卷材可制成各种色彩的外表，可适用于房屋建筑、桥梁、隧道、地铁、水利等工程的地上、地下、外露或隐蔽防水。

4）聚氨酯防水涂料

聚氨酯防水涂料是以聚氨基甲酸酯为主要成分的双组分反应固化型防水材料。其主料是含有端异氰酸酯基的聚氨酯预聚物，还含有多羟基的固化剂、增韧剂、增黏剂、填充剂、稀释剂等辅料。当主料与辅料按比例混合均匀后，可在常温下形成黏稠状物质，待涂布施工完毕后可常温固化形成柔软、耐水、抗裂和富有弹性的整体防水涂层。

聚氨酯防水材料划分为自流平型（L）和非下垂型（N）。根据聚氨酯防水材料的密度、适用期、表干时间、渗出性指数、流变性、低温柔性、黏结性、恢复率、抗拉-压循环性等指标可将聚氨酯防水材料划分为优等品、一等品、合格品三个产品等级。

L 型聚氨酯涂膜防水材料适合于要求高弹性与延伸能力的工程，如各种建筑物的地面、地下防水，水工构筑物防水，基层容易变形或开裂的结构物防水等。N 型聚氨酯密封膏防水材料主要应用于各种结构的接缝密封防水或结构物裂缝的防水修补。

聚氨酯防水材料的主要组分（A）与辅助组分（B）多以筒装，应在阴凉处存放，其贮存期为 6 个月。A 组分具有一定的毒性，在使用时应注意通风与防护。

5）水乳型再生胶沥青防水涂料

它是以表面活性物质为乳化剂，使加热液化沥青在水中乳化制成的乳液再加入再生橡胶粉改性后的水乳型防水涂料。该种涂料具有良好的弹性、黏结性、不透水性，较好的耐热、耐低温性和耐老化性；还具有冷作业，方便施工，操作安全的特点。该防水涂料与玻璃布、合成纤维薄毡、无纺布等复合使用还可使防水层具有一定的抗拉伸能力。为提高其抗老化能力，常在其外露表面撒布细砂作为保护层。

该防水涂料可用于各种建筑的屋面、地下室、冷库、墙面、刚性及柔性防水的翻修等方面。

二、防腐材料

在各种建筑物和构筑物的某些部位，由于经常与某些气相、液相及固相的酸、碱、盐类腐蚀介质接触，发生化学作用或电化作用而受到一定程度的破坏，这种现象称为腐蚀。腐蚀性介质按其存在形态可分为气态介质、液态介质和固态介质。各种介质对建筑材料长期作用下的腐蚀性，可分为强腐蚀、中腐蚀、弱腐蚀三个等级。同一形态的多种介质同时作用同一部位时，腐蚀性等级应取最高者。

建筑防腐蚀材料的类别有天然耐腐蚀石材、耐酸陶瓷、水泥类防腐蚀材料、金属类防腐蚀材料、塑料类、树脂类防腐蚀材料、涂料类防腐蚀材料和沥青类、硫黄类、水玻璃类防腐蚀材料等。

1. 天然耐腐蚀石材

天然石材包括由各种岩石直接加工而成的石材和制品。根据天然石材的化学组成及结构致密程度，可分为耐酸和耐碱两大类，其中二氧化硅含量不低于 55%者耐酸，含量越高越耐酸，而氧化钙、氧化镁含量越高则越耐碱。

耐酸石材（如花岗石、石英石）宜用于酸性介质作用的部位，并可用于碱、盐类介质作用的部位，但不得用于含氟酸、热碱、熔融碱和骤热介质作用的部位。耐碱石材（如石灰石）可用于碱介质作用的部位，但不得用于酸性介质作用的部位。

天然石材应组织均匀，结构致密，无风化。不得有裂纹或不耐酸的夹层，其酸度不应小于 95%。花岗石、石英石抗压强度不应小于 100MPa，石灰石抗压强度不应小于 60MPa。机械切割表面平整度的允许偏差应为 2mm，人工加工或机械刨光的表面平整度的允许偏差为 3mm，并不得有缺棱掉角等现象。

2. 防腐蚀塑料板材

在建筑防腐蚀工程中，塑料板材是应用广泛的一类材料。其中，使用较多的是聚氯乙烯塑料板材。按其柔韧性的差别，产品有硬质和软质之分。在温度为 23℃、相对湿度 50%条件下，塑料的挠曲及拉力弹性模量在 70MPa 以上者为硬质聚氯乙烯板，70MPa 以下者为软质聚氯乙烯板。聚氯乙烯板材的优点是重量轻、耐腐蚀、防火物理机械性能好、施工方便、良好的电绝缘性和较高的弹塑性能，软质板材质地柔软、坚韧，且维修方便。但其耐温性能较低，使用温度一般不高于50℃，不低于−10℃，耐冲击性能较差。

除聚氯乙烯板材外，用作建筑防腐蚀工程的还有聚乙烯塑料板材和聚丙烯塑料板材。前者系以高压聚乙烯为原料制成的软质热塑性塑料板材，具有质轻、柔韧、防潮、无毒、耐腐蚀、耐寒及电绝缘性优良等特点，但阻燃性能较差。后者以聚丙烯树脂为主要原料制成，该类材料耐热性好，可在100℃以上温度下使用。具有质轻、物理机械性能良好、化学性能稳定等优点。塑料板材的技术性能包括物理力学性能和耐腐蚀性能。

3. 树脂类防腐蚀材料

树脂类防腐蚀材料是以各种合成树脂为胶黏剂，加入固化剂、填料、溶剂等配制而成的一类防腐蚀建筑材料。其主要的品种有树脂胶料、树脂胶泥、树脂砂浆、树脂稀胶泥、树脂玻璃鳞片胶泥等。

采用以树脂类防腐蚀材料为主的防腐蚀工程，称之为树脂类防腐蚀工程，其内容一般包括：1）树脂胶料铺衬的玻璃钢整体面层和隔离层；2）树脂胶泥、砂浆铺砌的块材面层和树脂胶泥灌缝与勾缝的块材面层；3）采用树脂砂浆、稀胶泥、玻璃鳞片胶泥制作的整体面层。

树脂材料适用于腐蚀状况比较严重、介质条件复杂的环境，与其他耐蚀材料相比更具针对性、广泛性，且适应面较宽。

4. 涂料类防腐蚀材料

主要是由合成树脂或天然树脂与颜料、填料、增韧剂和有机溶剂等按一定比例配制而成。其耐蚀程度主要取决于涂料自身的耐腐蚀性能，同时还取决于涂料与其被保护基面材质的附着力。附着力越大，物理机械性能和耐腐蚀性能越好，所起的防护效果就越好，使用寿命也越长。在有冲击、冲刷、严重磨损的场合，或直接接触液态强腐蚀介质的部位，不宜采用涂料防腐。

第十四节　照明灯具、开关

一、照明灯具的分类及其特点

电光源按照其发光原理可分为热辐射光源和气体放电光源两大类。

白炽灯是历史最悠久的灯，应用极为广泛。它的优点是结构简单、价格低廉、使用方便、显色性好；缺点是发热大、发光效率低、使用寿命短。

1. 卤钨灯

卤钨灯是在白炽灯灯泡中充入含有卤族元素（碘化物）的惰性气体，利用卤钨循环原理来提高灯的发光效率和使用寿命的。但其耐震性较差，应注意防震。

2. 荧光灯

荧光灯包括普通荧光灯和紧凑型荧光灯。它的原理是利用汞蒸气在外加电压作用下产生弧光放电，发出少许可见光和大量紫外线，紫外线又激励灯管内壁涂覆的荧光粉，使之发出大量的可见光。

普通荧光灯优点是发光效率要比白炽灯高得多，在使用寿命方面也优于白炽灯；缺点是荧光灯的显色性较差（光谱是断续的）。它的频闪效应，容易使人眼产生错觉。另外，荧光灯需要启辉器和镇流器，使用比较复杂。

紧凑型荧光灯发光原理与普通荧光灯相同，启辉器和镇流器功能是由内置于灯中的电子线路提供的，灯的体积大大减小。紧凑型荧光灯可逐步替代白炽灯，其节电率高，15W的紧凑型荧光灯亮度与75W的白炽灯相当寿命长，平均寿命8000小时，最长达20000小时，白炽灯只有1000～2000小时。

标准的紧凑型荧光灯启动时间较长，如果启动次数频繁，会大大缩短其使用寿命。如果启动次数增加3倍，其寿命将会缩短50%。感应型或无电极型荧光灯则能瞬时启动，并且开关次数不会影响其使用寿命（可长达100000小时）。

3. 放电灯

放电灯通过两电极放电使密封在灯泡内的气体发光，所有此类灯需加装镇流器限制电弧。发射光谱与气体的成分和气压有关（气压越高，光谱成分越好）。这个家族包括低压钠灯、高压钠灯、高压汞灯、金属卤化物灯等。

4. 发光二极管（LED）

发光二极管（LED）LED应用领域广泛，最新的白或蓝高光效二极管主要用于信号指示（如：交通灯、出口指示或应急照明）。

一个发光二极管（LED）平均消耗的电流只有20mA，根据颜色的不同，电压降在1.7V～4.6V之间。这些特性适用于低压电源供电，特别是电池供电的场合。如电源为市电需使用整流器将电源变换为发光二极管所需电源。

发光二极管功耗低，可在极低的温度下工作，所以使用寿命特别长。需要高亮度照明的地方需很多发光二极管串联使用。

二、开关

开关根据配备对象和目的的不同分为很多种类。从配备对象来看，大规模工业机械和设备使用的开关是限位开关和按钮开关。这类开关的特点是，尺寸大、具有牢固的构造。而微动开关、小型检测开关、轻触开关、拨动开关、推动开关、船型开关、指拨开关以及DIP开关则用于中小规模的业务产品和消费类产品。

多位开关：几个开关并列，各自控制各自的灯。往往也称双联、三联，或一开、二开等。双控开关：二个开关在不同位置可控制同一盏灯，如位于楼梯口、大厅、床头等，需预先布线。

夜光开关：开关上带有荧光或微光指示灯，便于夜间寻找位置。带灯开关较贵，与日光灯、吸顶灯配合使用时，有时会有灯光闪烁现象；荧光指示几年以后会变暗。

调光开关：可通过旋钮调节灯光强弱，但不能与节能灯和日光灯配合使用。目前最大做到1000W。

10A：可满足家庭内普通电器用电限额。

16A：满足家庭内空调或其他大功率电器。

插座带开关：可以控制插座通断电；也可以单独作为开关使用。多用于家用电器处，如微波炉、洗衣机、镜前灯等。

双极开关：不是双控开关，是更高安全保护要求的产品，特点主要是同时控制了零火线，目前采购成本较高，一线品牌基本上都有。

特殊开关：遥控开关、声光控开关、遥感开关、调速开关、音响开关、220V/110V 转换开关、25A 三相四线插座、音量开关、机械风量开关、选台开关、13A 三极方角插座、20A 三极插座、防雷开关等，一般用于特殊场合。

第十五节　沥青、沥青混合料

一、沥青

1. 沥青的生产和分类

土木工程中常用的主要是石油沥青和煤沥青，现主要介绍石油沥青。石油沥青是以原油为原料，经过常压蒸馏、减压蒸馏等提炼过程，提取汽油、煤油、柴油、重柴油、润滑油等产品后得到的渣油，通常这些渣油属于低标号的慢凝液体沥青。为改善沥青的使用性能，常以这些渣油为原料，采用某些工艺和方法进一步加工制成黏稠沥青。

根据石油沥青的生产加工工艺不同，可制得直馏沥青、氧化沥青、溶剂沥青等。性能与状态不同的石油沥青在土木工程中的用途不同，根据其主要技术性能指标和用途的差别可分为：道路石油沥青、建筑石油沥青、普通石油沥青。

2. 石油沥青的特性及应用

1）石油沥青的组分与构成

石油沥青的主要组分是碳氢化合物及其非金属衍生物，其化学成分主要是碳（约占总质量的 80%左右）和氢（约占总质量的 10%以上），其次是少量的氧、硫、氮等非金属元素。组成沥青的物质分子量多在 1000 以上，其中的碳氢比在一定程度上决定了沥青的常温物理状态，碳氢比（即分子中碳原子个数与氢原子个数的比值）高的分子表现出较高的稠度。其他非金属元素的含量及其在碳氢化合物中的表现也对沥青性能有较大的影响。

从石油沥青的组成结构来看，它是由以沥青质为核心，周围吸附部分树脂后形成的胶团作为分散相，并分散于含有少量树脂的油分中形成的胶体结构。在这种胶体结构中，只有树脂可以浸润沥青质，并能均匀分散于油分中，而沥青质则不能直接分散于油分介质中。

2）石油沥青的技术性质包括：沥青的密度与相对密度、黏滞性、塑形和脆性、大气稳定性、含蜡量、溶解度、闪点与燃点。

3）石油沥青的技术标准及选用

由于应用环境与使用条件的差别，石油沥青通常可分为道路石油沥青和建筑石油沥青。国家分别对这两种沥青分别制定了相应的技术标准，分别针对不同的使用要求规定了不同的技术指标要求。

4）沥青的调配与改性

工程实际中，有时　种沥青难以满足某种技术指标的要求，这时可以利用两种或多种沥青按适当比例掺合在一起，使掺合后沥青的技术性能满足工程的要求。这种掺合方法称为沥青的调配。

为满足工程对沥青性能更高的要求，通常对基本石油沥青进行复合改性。例如改善沥青的温度稳定性，或提高沥青的抗变形能力等。沥青改性的主要方法是在基本石油沥青中加入某些改性材料，通常加入的改性材料有树脂类高聚物、橡胶类高聚物、微细粉填料、纤维类填料、硫磷类改性剂等。目前应用较多、效果较好的高聚物类改性沥青有：橡胶改性沥青、SBS热塑性弹性体改性沥青、其他改性沥青。

二、沥青混合料

1. 沥青混合料的分类

沥青混合料是指沥青与适当级配的粗、细集料（道路工程中习惯将粗、细骨料称为粗、细集料）与矿粉等矿质混合料拌合而成的混合物，是道路工程中主要的路面材料之一。

道路工程中常用的沥青混合料主要有以下几类：

1）按结合料分类，根据所用沥青的品种或性质分为普通石油沥青混合料、改性石油沥青混合料或煤沥青混合料。

2）按沥青混合料拌制和摊铺时要求的温度分为热拌热铺沥青混合料、常温沥青混合料。

3）按矿质混合料的级配类型分为连续级配沥青混合料、间断级配沥青混合料。

4）按混合料密实度分为密级配沥青混凝土混合料、开级配沥青混合料和半开级配沥青混合料。

5）沥青混合料所用集料的最大粒径分为粗粒式沥青混合料、中粒式沥青混合料、细粒式沥青混合料、砂粒式沥青混合料。

2. 沥青混合料的特性及应用

1）沥青混合料的组成结构

沥青混合料是由粗细集料、矿粉和沥青等组成的，这些组成成分性质的差别或其相对比例的不同就决定了混合料的内部结构。根据沥青混合料各组分间的相互嵌挤形式可将其分为三类典型的结构：悬浮密实结构、骨架空隙结构、骨架密实结构。

常用沥青混合料的结构类型有：沥青混凝土混合料、沥青碎石混合料。

2）沥青混合料对组成材料的技术要求

沥青混合料的技术性质决定于组成材料的性质、级配组成和混合料的制备工艺等因素，为保证沥青混合料的技术性质，首先应选择符合质量要求的材料。这些技术要求包括：沥青性质与质量、粗集料性质与质量、细集料性质与质量、矿粉等填料的性质与质量。

3）矿质混合料的组成设计方法

从沥青混合料的典型结构来看，骨架密实结构的沥青混合料路面具有更高的结构稳定性，而且决定这种结构的关键因素就是矿质混合材料的级配组成。因此，必须采用级配合理的矿质混合料。

4）沥青混合料的技术性质

沥青混合料的技术性质包括强度、温度稳定性、耐久性、抗滑性、施工和易性。强度是在常温或较高温度下抵抗破坏的能力；温度稳定性是长期持久地保持其承载能力，沥青混合料必须具有在高温和低温作用下的结构稳定性；耐久性，即沥青混合料长期在使用环境中保持结构稳定和性能不严重恶化的能力；抗滑性，即保证汽车安全和快速行驶：以及沥青混合料的施工和易性。

5）热拌沥青混合料的组成料配合比设计

热拌沥青混合料配合比设计就是确定沥青混合料的材料品种、矿料级配、矿料和沥青的用量。就是确定一个经济合理的集料掺配比例和沥青含量。

沥青混合料配合比设计分三阶段进行：目标配合比（或试验室配合比）设计阶段，生产配合比设计阶段和生产配合比验证阶段。

目标配合比的设计过程包括：矿质混合料的组成设计、马歇尔试验确定沥青最佳用量。

第十六节　保温材料

在房屋建筑工程中，其围护结构所采用的建筑材料必须具有一定的保温绝热性能。在夏季不让室外高温通过围护结构传入室内，而在冬季则阻止室内较高温度通过围护结构传递到室外，而使室内温度降低。这对于减少供暖和降温用的石油、煤、电等资源的耗用量，节约能源具有十分重要的意义。

一、保温材料的选用

建筑中的围护结构是由各种建筑材料构筑而成的，不同的建筑材料具有不同的保温绝热性能。评定建筑材料保温绝热性能好坏的主要指标是导热系数和热阻。

1. 导热系数

导热系数用以说明材料传递热量能力的大小。不同的材料具有不同的导热系数，绝大多数建筑材料的导热系数介于 0.023～3.49W/（m·K）之间，通常把导热系数 λ 值不大于 0.23 的材料称为保温材料。

影响材料导热系数的因素主要有分子结构、表观密度、温度、湿度、热流方向等。其中，因表观密度是由材料本身的组成和结构所决定的，而各种材料的组成和结构都不相同，因此，表观密度是决定材料导热性的重要依据。由于房屋围护结构都是在一定湿度条件下使用的，因而湿度条件也是影响导热系数的重要因素。

2. 热阻

热阻用以说明材料抵抗热流通过的能力，或者说明热流通过材料层时所遇到的阻力，用 R 表示。

热阻 R 也是材料本身的一个热性能指标。在同样温差条件下，热阻越大，通过材料层的热量越大。

在选用保温材料时，应结合建筑物的用途，围护结构的构造、施工难易、材料来源和经济核算等综合地加以考虑。应满足的一般要求是：导热系数不宜大于 0.23，表观密度不宜大于 600N/m^3，抗压强度则应大于 0.3MPa。由于一般保温材料的强度都较低，在围护结构中经常把保温材料层与承重结构材料层复合使用，如建筑外墙的保温层通常作在内侧，以免受大气侵袭；屋顶保温层则以放在屋面板上为宜。这样可防止钢筋混凝土屋面板由于冬夏温差引起裂缝，但保温层上必须加做效果良好的防水层。

二、常用保温材料

工程中常用的保温材料有很多，目前工程中使用较多的有玻璃棉、矿物棉、泡沫塑料、泡沫混凝土、加气混凝土、膨胀珍珠岩及其制品、膨胀蛭石以及多孔炉渣等。

在屋面保温施工中常采用的保温材料有：

1. 膨胀珍珠岩及其制品

膨胀珍珠岩是以天然珍珠岩颗粒为原料，经加热高温后使其自身膨胀而成的多孔轻质颗粒。膨胀珍珠岩十分轻，堆积密度通常为70～250kg/m^3；其颗粒结构为蜂窝泡沫状，它保温性好，化学稳定性好，不燃烧、耐腐蚀、施工方便，是良好的保温、吸音与防火材料。其缺点是容易吸水，而且吸水后的保温性能明显变差，因此施工中应注意防止浸水，并做好防水封闭层的施工。

除了在屋面保温工程中使用散粒状膨胀珍珠岩外，在墙体、管道及设备的保温施工中可以使用膨胀珍珠岩制品。它是利用各种胶粘剂将散粒状的膨胀珍珠岩黏结成板、砖、管瓦等产品，它可方便地直接在工程中使用。此外，在墙体及抹面施工中，膨胀珍珠岩可以代替骨料拌制保温混凝土或保温砂浆，起加强保温的作用。

2. 膨胀蛭石及其制品

天然蛭石是含水的矿物，经过晾干、破碎、筛选和煅烧可以产生5～10倍的膨胀，从而形成蜂窝状的内部结构。膨胀蛭石的堆积密度也很低，为80～200kg/m^3；因此其保温性很好，耐火性也较好；膨胀蛭石耐碱但不耐酸，电绝缘性不好，吸水性较强。

在墙体、楼板与地面保温施工中常采用水泥或水玻璃黏结的各种膨胀蛭石制品，特别是膨胀蛭石轻骨料混凝土墙板等轻质构件在工程中已得到较广泛的应用。

3. 岩棉、玻璃棉、矿渣棉及其保温制品

岩棉、玻璃棉和矿渣棉都是以各种矿物（岩石、砂、矿渣）及辅助材料为主要原料，经高温熔融成为液体，利用喷吹、离心等方法制成的棉丝状绝热材料。这些材料的特点是质量轻、耐高温、防蛀、抗腐蚀性好，具有良好的保温、吸声、防火性能。其原棉的表观密度通常为50～200kg/m^3，制品的表观密度约为80kg/m^{3}左右。其表观密度越小保温性就越好，表观密度越大强度就越高，工程中常根据对保温性及强度的综合要求来选择不同密度等级的矿物棉及其制品。

为适应不同的用途与环境，可将岩棉、玻璃棉和矿渣棉等制成散絮状、颗粒状、毡状、板状、带状、管状或其他异形状的制品。大量应用于建筑墙体和屋面的隔热与吸声、设备与管道的隔热或在高温下对设备起支垫缓冲作用。

岩棉、玻璃棉和矿渣棉主要用于制作各种板材、毡、管、壳等，如装饰吸音板、防火保温板、防水卷材、管道保温毡、墙体复合保温层、屋面保温层、隔声防火门等。

值得注意的是，岩棉、玻璃棉和矿渣棉等保温材料易于吸水，并且吸水后保温性能急剧下降。因此常在其外面进行防水处理，如外覆防水卷材或涂防水涂料；也可直接对保温材料本身进行憎水性处理，如利用有机硅溶液（或乳液）、沥青乳液、高温油、石蜡等进行处理，这些已经处理过的保温材料在使用中节能保温效果更为可靠。

4. 泡沫塑料保温材料

泡沫塑料是以各种有机树脂为主要原料生产的超轻质高级保温材料，根据所采用的树脂不同，其种类繁多，工程中较常使用的主要有聚苯乙烯、聚氨酯、聚氯乙烯、聚乙烯、脲醛、环氧等泡沫塑料。

泡沫塑料保温材料的特点是质量轻（多为20～50kg/m^3）、绝热性好、耐低温性好、有一定的吸声效果、吸水率小、可加工性好。但是，泡沫塑料的使用温度不高，多在70～120℃以下，强度也较低。

泡沫塑料在建筑工程中主要用于填充墙体等围护结构、保温板材或管材的夹心层、水泥泡沫塑料颗粒复合板材或保温砖等。

泡沫塑料在工程中使用时应注意其特点，以在墙体保温中使用聚苯乙烯泡沫塑料板为例，在粘贴泡沫塑料板前应先将基层抹平搓毛，并且最好涂刷一道冷底子油，以增加防潮能力和黏结强度。贮存与运输中应远离火源、热源，也不能长时间曝晒，以防燃烧或老化。使用温度不得超过120℃，以防熔化或松软而变形。可以利用其高温易熔的特点用电热丝进行切割，也可用钢锯条进行切割。

5. 加气混凝土

加气混凝土是以粉煤灰或磨细砂、石灰、水泥、引气剂及其他辅助材料生产的多孔材料，是纯无机多孔材料。它自重轻，表观密度一般为300～1000kg/m^3；保温性好，适合于大多数情况下的各种保温施工；施工加工性能方便，可锯、可钉、可刨、易黏结。此外加气混凝土的原料来源广泛，成本低，因此在建筑墙体与屋面保温施工中应用广泛。

加气混凝土的强度较低，通常为2.5～7.0MPa，通常5.0MPa以下的加气混凝土只能作为填充墙体使用，不能用作承重结构。加气混凝土的抗高温能力和抵抗冻融的能力较好，适合于室内外各种环境中使用。

建筑工程中使用的加气混凝土产品有各种砌块、墙板、屋面板等。其主要质量指标有强度、表观密度、含水率、外观状态等。它主要用于砌筑有保温要求的墙体、墙体保温填充或粘贴；也可以用作屋面保温板或屋面保温块；还可以用作管道保温或设备保温等。

第十七节　常用建筑材料、构配件（半成品）、设备检测

一、水泥

1. 检测项目

通用硅酸盐水泥的检测项目包括：细度、凝结时间、安定性、强度、不溶物、烧失量、三氧化硫、氧化镁、氯离子、碱含量等。对火山灰质硅酸盐水泥、粉煤灰硅酸盐水泥、复合硅酸盐水泥和掺火山灰质混合材料的普通硅酸盐水泥，在测定其胶砂强度时还需增加胶砂流动度的试验。

通用硅酸盐水泥的主要检测项目凝结时间、安定性、强度等3项。根据工程实际的需要，必要时还需进行氯离子含量和碱含量的检测。当用于道路工程的水泥混凝土面层时，还应检测化学成分、烧失量、比表面积、细度、标稠用水量、28d干缩率、耐磨性。当用于抹灰工程时，可不进行强度的检测。

2. 代表批量及取样方法

1）代表批量

对于散装水泥，以同一水泥厂生产、同期出厂、同品种、同等级、同出厂编号、同一次进场的水泥为一批，每批的总量不得超过500t。对于袋装水泥，以同一水泥厂生产、同期出厂、同品种、同等级、同出厂编号、同一次进场的水泥为一批，每批的总量不得超过500t。

当在使用中对水泥质量有怀疑或水泥出厂超过3个月（快硬硅酸盐水泥超过1个月）时，应对其质量进行复验，并按复验结果使用。如虽未过期但已受潮结块的水泥，使用前必须重

新试验确定其实际强度等级。

2）取样数量和方法

水泥取样应有代表性，可连续取样，也可从 20 个以上不同部位各取等量样品，水泥取样总数应至少 12kg。水泥宜采用式管以样器取样，也可采用其他取样器具取样。

当采用取样管抽取袋装试样时，应随机选择不少于 20 袋水泥，将取样管沿对角线方向插入水泥包装袋中，用大拇指按住气孔，小心抽出取样管。将所取样品放入洁净、干燥、不易受污染的容器中，每袋抽取的水泥样品数量尽量保持一致。20 袋水泥全部取样后，将水泥样品在容器中充分混合均匀，然后在密闭的容器中编号贮存。

3. 判定标准

对于通用硅酸盐水泥，当各项指标均符合标准要求时判定为合格品；如有任一项技术指标不满足标准要求，即判定为不合格品。

4. 检测报告

进场复验的水泥检测报告应至少包含以下内容：检测报告编号，委托单位名称，工程名称，水泥品种，强度等级，生产厂，代表批量，委托日期，报告日期，检测参数及结果，依据标准，检测结论，见证及取样人员信息（如有必要），检测机构的名称、地址及联系方式，检测、审核、批准三级人员签字，检测机构公章或检测专用章，其他必要的信息。

5. 执行标准

《砌体结构工程施工质量验收规范》（GB 50203—2011）；

《混凝土结构工程施工质量验收规范》（GB 50204—2015）；

《建筑装饰装修工程质量验收规范》（GB 50210—2001）；

《通用硅酸盐水泥》（GB 175—2007）；

《水泥取样方法》（GB/T 12573—2008）。

二、混凝土

1. 检测项目

混凝土的性能可分为拌合物性能、力学性能、长期和耐久性能 3 个方面。混凝土拌合物的检测项目包括坍落度（稠度）、和易性、凝结时间、含气量、表观密度等，混凝土的力学性能主要包括抗压强度、抗折强度、弹性模量等，抗渗、抗冻、抗碳化、抗硫酸盐侵蚀以及收缩、徐变等则属于混凝土的长期性能和耐久性能。

在进行混凝土配合比设计时，主要考虑的检测项目有表观密度、坍落度（稠度）、强度。当设计有要求或有必要时，还应检验混凝土的凝结时间、含气量、氯离子含量、碱含量、抗渗等级、抗冻性能等其他指标。

在施工现场，涉及混凝土的检测工作主要是检测拌合物的坍落度以及成型各类试块（抗压强度、抗渗、抗冻等）。对于道路工程，混凝土面层的强度则以抗折强度作为验收依据。

2. 代表批量及取样方法

1）代表批量

在检测混凝土坍落度和强度时，每 100 盘但不超过 100m^3 的同配合比混凝土，取样次数不应少于一次；当一次连续浇筑的同配合比混凝土超过 1000m^3 时，每 200m^3 取样不应少于一次。对房屋建筑工程，每一楼层、同一配合比的混凝土，取样不应少于一次。对于建筑地面工程，每一楼层取样不应小于一次；当楼层面积大于 $1000m^2$ 时，每增加 $1000m^2$ 应增加取样一次。采用预拌混凝土时，对其拌合物的和性能还应每车（罐）进行目测检查。

在检测混凝土抗渗性能时，每连续浇筑混凝土 $500m^3$ 应留置一组（6 块）抗渗试块，且每项工程留样不少于两组。当采用预拌混凝土的，每 $1000m^3$ 应留置一组抗渗试块。

2）取样数量和方法

混凝土拌合物取样量应满足检验项目所需用量的 1.5 倍，且不宜小于 0.02L。混凝土强度试件每组 3 块，其尺寸应符合表 5-2 的规定。混凝土抗渗试件每组 6 块，试件为顶面直径 175mm、底面直径 185mm、高度 150mm 的圆台体。

表 5-2　混凝土强度试块允许最小尺寸

骨料最大颗粒直径（mm）	抗压强度试块尺寸（mm）	抗折强度试块尺寸（mm）
≤31.5	100×100×100	100×100×400
≤40	150×150×150	150×150×600（或 550）

混凝土拌合物的取样应具有代表性，同一组混凝土拌合物的取样应从同一盘（车）混凝土中抽取。取样时宜采取多次抽取的方法，一般可在同一盘（车）混凝土中的 1/4、1/2 和 3/4 处之间分别抽取。从第一次抽样到最后一次抽样的时间间隔不宜超过 15min，之后经人工搅拌均匀。从取样完毕到开始进行各项性能试验，其时间间隔不宜超过 5min。

3. 坍落度试验方法

首先湿润坍落度筒及底板，坍落度筒的内壁和底板上应无明水。将底板放置在坚实的水平面上，把坍落度筒放在底板中心，然后用脚踩住两边的脚踏板进行装料，坍落度筒在装料时应保持固定的位置。

将混凝土试样用小铲分三层均匀地装入筒内，使捣实后每层高度约为筒高的 1/3 左右。每层装料后用捣棒插到 25 次，插捣时捣棒应沿螺旋方向由外向中心进行，插捣的部位应在截面上均匀分布。插捣筒边混凝土时，捣棒可稍稍倾斜；插底层时捣棒应贯穿整层深度；插捣第二层和顶层时捣棒应穿透本层至下一层的上表面。浇灌顶层时，混凝土应灌到高出筒口。插捣顶层过程中，如混凝土沉落到低于筒口，则应随时添加。顶层插捣完后，应刮去多余混凝土，并用抹刀抹平。

清除筒边底板上的混凝土，在 5～10s 内垂直平稳地上提坍落度筒。从开始装料到提起坍落度筒的全过程应不间断进行，并应在 150s 内完成。

提起坍落度筒后，量测筒高与坍落后混凝土试体最高点之间的高度差，即为该混凝土拌合物的坍落度值。

当混凝土拌合物的坍落度大于 220mm 时，应用钢尺测量混凝土扩展度后最终的最大直径和最小直径，在这两个直径之差小于 50mm 的条件下，用其算术平均值作为坍落扩展度值。

混凝土拌合物坍落度（坍落扩展度）以毫米为单位，测量精确至 1mm，结果修约至 5mm。

4. 强度试件制作及养护

在制作试件前应检查试模尺寸，并在试模内表面应涂一层矿物油或其他不与混凝土发生反应的脱模剂。试件的制作应在拌合物取样后 15min 内完成。

根据混凝土拌合物的坍落度确定混凝土成型方法，坍落度不大于 70mm 的混凝土宜用机械振动的方法振实，坍落度大于 70mm 的宜用人工插捣的方法捣实；现浇混凝土或预制构件混凝土试件的成型方法宜与工程（构件）实际采用的成型方法相同。

当采用震动台成型时，混凝土拌合物应一次装入试模，装料时应用抹刀沿试模内壁略加插捣并使混凝土拌合物高出试模上口，振动时应防止试模在振动台上自由跳动。振动应持续到混凝土表面出浆为止，一般振捣时间为 20s，应避免过振导致混凝土的离析。

当采用捣棒插捣成型时，混凝土拌合物应分两层装入试模，每层装料厚度应大致相等。捣棒应按螺旋方向从边缘向中心均匀插的。插捣底层时，捣棒应达到试模底面；插捣上层时，捣棒应穿入下层深度约 20～30mm。插捣时捣棒应保持垂直，不得倾斜。捣棒拔出时要缓慢，拔出后不得留有孔洞。每层的插捣次数应根据试件的截面而定，一般为每 10000mm^2 截面积不应少于 12 次。插捣完后，用抹刀沿试模内壁插拔数次，再刮除试模上表面多余的混凝土，等混凝土临近初凝时用抹刀将上表面抹平。

试件成型后应立即用不透水的薄膜覆盖表面。采用标准养护的试件，应在（20±2)℃的环境中静置一至二昼夜，然后折模编号。拆模后标养试件应立即放在温度（20±2)℃、湿度为 95%以上的标准养护室（箱）中养护，或在（20±2)℃的不流动的 $Ca(OH)_2$ 饱和溶液中养护。标养期间，试件表面应保持潮湿，并不得用水直接淋刷。同条件养护试件的拆模时间可与实际构件的拆模时间相同，拆模后，试件仍应与实构件保持同条件养护。

5. 判定标准

混凝土拌合物的性能应满足设计和施工工艺的要求；混凝土试件的标养 28d 强度应满足强度检验评定标准的要求；如设计对混凝土的耐久性能有特殊要求的，其耐久性指标还应满足有关设计的要求。

6. 检测报告

混凝土强度试件的检测报告应至少包含以下内容：检测报告编号，委托单位名称，工程名称，使用部位，设计强度等级，试件规格，代表批量，养护方法，委托日期，成型日期，破型日期，龄期，报告日期，检测结果，依据标准，达设计强度百分数，见证及取样人员信息（如有必要），检测机构的名称、地址及联系方式，检测、审核、批准三级人员签字，检测机构公章或检测专用章，其他必要的信息。

7. 执行标准

《混凝土结构工程施工质量验收规范》(GB 50204—2015)；

《混凝土强度检验评定标准》(GB/T 50107—2010)；

《地下防水工程施工质量验收规范》(GB 50208—2011)；

《预拌混凝土》(GB/T 14902—2012)；

《混凝土质量控制标准》(GB 50164—2011)；

《普通混凝土配合比设计规程》(JGJ 55—2011)；

《普通混凝土拌合物性能试验方法标准》(GB/T 50080—2002)；

《普通混凝土力学性能试验方法标准》(GB/T 50081—2002)；

《普通混凝土长期性能和耐久性能试验方法标准》(GB/T 50082—2009)。

三、砂浆

1. 检测项目

混凝土的性能主要可分为拌合物性能和硬化后性能 2 个方面。砂浆拌合物的检测项目包括稠度、表观密度、分层度、保水率、凝结时间等，硬化后性能主要包括立方体抗压强度、拉伸黏结强度、抗冻性能、抗渗性能等。

在进行砂浆配合比设计时，主要考虑的检测项目有稠度、保水率、抗压强度。当设计有要求或有必要时，还应检验砂浆的其他指标。

在施工现场，涉及混凝土的检测工作主要是检测拌合物的稠度以及成型立方体抗压强度试块。

2. 代表批量及取样方法

1）代表批量

对于砌筑砂浆的抗压强度，以同类型、同强度等级且不超过 250m³ 砌体的砂浆为一个检验批，每一检验批，每台搅拌机应至少抽查一次。每批取样应不少于 3 组，每组 3 块。

对于地面工程砂浆的抗压强度，每一层为一个检验批，每批取样不应小于一组。当每层面积大于 1000m² 时，每增加 1000m² 增加一组试块。

2）取样数量和方法

抽取现场搅拌砂浆的拌合物样时，一般在使用地点的砂浆槽、砂浆运送车或搅拌机出料口进行，每次至少从 3 个不同部位抽取。抽取预拌砂浆的拌合物时，应在砂浆运到交货地点时开始算起 20min 内完成，试件应随机从同一运输车中抽取，且在卸料过程中卸料量的 1/4～3/4 之间采取。取来的砂浆拌合物试样，在试验前应经人工再翻拌以保证质量均匀。

3. 稠度试验方法

先用少量润滑油轻擦砂浆稠度仪的滑杆，使滑杆能自由滑动，用湿布擦净盛浆容器和试锥表面。

将砂浆拌合物一次装入容器，使砂浆上表面宜低于容器口约 10mm。用捣棒自容器边缘向中心插捣 25 次，然后轻轻地将容器摇动或敲击 5～6 下，使砂浆表面平整，随后将容器置于稠度测定仪的底座上。

拧开滑杆的制动螺丝，向下移动滑杆，当试锥尖端与砂浆上表面刚接触时，拧紧制动螺丝，将齿条测杆下端与滑杆上端接触，并将指针对准零点。

拧开制动螺丝，同时计时。待 10s 立即固定螺丝，将齿条测杆下端接触滑杆上端，从刻度盘上读出下沉深度（精确至 1mm），即为砂浆的稠度值。

盛浆容器内的砂浆，只允许测定一次稠度，重复测定时，应重新取样测定。

4. 强度试件制作及养护

砂浆的强度试件为立方体，每组 3 个，试模采用 70.7mm×70.7mm×70.7mm 的带底试模。

先用黄油等密封材料涂抹试模的外接缝，在试模内壁涂刷薄层机油或脱模剂，将取好的砂浆一次性装满砂浆试模。试件的成型方法应根据稠度而定，当稠度＞50mm 时采用人工插捣成型，当稠度≤50mm 时采用机构振实成型。

采用人工插捣成型时，用捣棒均匀地由边缘向中心按螺旋方式插捣 25 次，插捣过程中如砂浆下沉低于试模口，则应随时添加砂浆。期间，可用油灰刀沿试模内壁插捣数次，并用手将试模一边抬高 5mm～10mm 各振动 5 次，使砂浆高出试模顶面 6mm～8mm。采用机械振动成型时，将砂浆一次装满试模，放置到振动台上，振动时试模不得跳动，振动 5～10s 或持续到表面出浆为止。

待试件表面水分稍干后，将高出试模部分的砂浆沿试模顶面刮去并抹平。

标养试件在制作后应在室温为 20±5℃的环境下静置 24h，当气温较低时，可适当延长时间，但不应超过 2d。然后对试件进行拆模、编号。之后应立即放入温度 20±2℃、相对湿度为 90%以上的标准养护室（箱）中养护。养护期间，试件彼此间隔不小于 10mm，混合砂浆试件上面应加覆盖以防有水滴在试件上。

5. 判定标准

对于砂浆配合比，当其稠度、保水率、抗压强度均满足相关标准要求时，方可拌制施工。

在评定砌筑砂浆抗压强度时，验收批的砂浆试件应不少于 3 组。当砂浆试块抗压强度平均值大于或等于设计强度等级所对应的立方体抗压强度，且砂浆试块抗压强度的最小一组平均值大于或等于设计强度等级所对应的立方体抗压强度的 0.75 倍时，验收批强度评定为合格。当同一验收批只有 1 组试块时，该组试块抗压强度的平均值应大于或等于设计强度等级所对应的立方体抗压强度。

6. 检测报告

砂浆强度试件的检测报告应至少包含以下内容：检测报告编号，委托单位名称，工程名称，使用部位，设计强度，代表批量，养护方法，委托日期，成型日期，破型日期，龄期，报告日期，检测结果，依据标准，达设计强度百分数，见证及取样人员信息（如有必要），检测机构的名称、地址及联系方式，检测、审核、批准三级人员签字，检测机构公章或检测专用章，其他必要的信息。

7. 执行标准

《砌体结构工程施工质量验收规范》（GB 50203—2011）；

《建筑地面工程施工质量验收规范》（GB 50209—2010）；

《砌筑砂浆配合比设计规程》（JGJ/T 98—2010）；

《建筑砂浆基本性能试验方法标准》（JGJ/T 70—2009）；

《预拌砂浆》（GB/T 25181—2010）。

四、钢材

1. 检测项目

工程中常用的钢材品种有热轧带肋钢筋、热轧光圆钢筋、冷轧带肋钢筋、碳素结构钢等，其检测项目包括：屈服强度、抗拉强度、伸长率、弯曲（反复弯曲）、重量偏差等。对于有抗震要求的热轧带肋钢筋还应检测强屈比、超屈比、最大力总伸长率；对于碳素结构钢、低合金高强度结构钢，必要时还应检测冲击性能。

对于经有延伸功能机械设备调直后的钢筋，还应检测其调直后的力学性能和重量偏差。

2. 代表批量及取样方法

1）代表批量

常用钢材的代表批量见表 5-3。

表 5-3　常用钢材代表批量

钢材种类	验收批组成	每批数量
热轧带肋钢筋	每批由同牌号、同炉罐号、同规格的钢筋组成。在保证碳、锰元素含量允许偏差的条件下，同牌号、同冶炼、浇注方法的不同炉罐号可组成混合批	≤60t
热轧光圆钢筋	每批由同牌号、同炉罐号、同尺寸的钢筋组成在保证碳、锰元素含量允许偏差的条件下，同牌号、同冶炼、浇注方法的不同炉罐号可组成混合批	≤60t

续表

钢材种类	验收批组成	每批数量
冷轧带肋钢筋	每批由同牌号、同外形、同规格、同生产工艺、同交货状态的钢筋组成	≤60t
碳素结构钢	每批由同牌号、同炉罐号、同质量等级、同品种、同尺寸、同一交货状态的钢材组成。公称容量较小的冶炼炉，在保证碳、锰元素含量允许偏差的条件下，同牌号、同质量等级、同冶炼、浇注、脱氧方法的不同炉号可组成混合批	≤60t
调直钢筋	每批由同厂家、同牌号、同规格的调直钢筋组成	≤30t

2）取样数量和方法

对于热轧钢筋，每批任选两根钢筋，每根钢筋切取拉伸、冷弯试样各1个；任选不少于5根钢筋，每根切取不少于500mm的重量偏差试样。对于冷轧带肋钢筋，每批随机切取弯曲（反复弯曲）试样2个；每盘（指生产钢筋的原料盘）切取拉伸试样1个；每盘切取不少于500mm的重量偏差试样1个。对于调直后的钢筋，每批任选3根钢筋，每根钢筋切取500mm以上试样各1个（3个试样先进行重量偏差检测，之后取其中2个试样用于检测力学性能）；采用无延伸功能的机械设备调直的钢筋，可不进行此项检测。

对于碳素结构钢（钢板、工字钢、角钢、槽钢等），其试样的形状可采用条形试样，厚度一般为钢材原厚。拉伸试样的长度宜为300～450mm，其宽度一般可取20mm（4.5mm以下厚）或30mm（4.5～25mm厚）；弯曲试样的长度宜为250～350mm，其宽度一般可取2倍钢材厚且不小于10mm；对于厚板（20mm以上），弯曲试样的厚度应加工减薄成20mm厚，并保留一个原轧制面。对于仲裁检测，拉伸试样应采用带头（哑铃形）试件。

在切取碳素结构钢的样坯时，为防止因过热、塑性变形、加工硬化等因素影响试样的力学及工艺性能，应从样坯切割线至试样边缘留有足够的加工余量，以便通过试样加工将热影响区内的材料去除而不影响试样的性能。加工余量一般应不小于钢材的厚度且不小于20mm。当采用冷剪法切取样坯时，所预留的加工余量应符合表5-4的要求。

表5-4　冷剪样坯的加工余量

钢材厚度（mm）	冷剪加工余量（mm）
≤4	4
>4～10	厚度
>10～20	10
>20～35	15

3. 判定标准

如有任一个或以上项目（拉伸、弯曲、重量偏差）不符合相应标准要求，则应从同一批钢材中再任取双倍数量的试样进行该不合格项目的复测。复测时若仍有一个指标不合格，则该批钢材为不合格品。

4. 检测报告

进场复验的钢材检测报告应至少包含以下内容：检测报告编号，委托单位名称，工程名称，钢材品种，牌号，直径，质量等级（如有必要），生产厂，炉批号，调直状态（如有必要），代表批量，委托日期，报告日期，检测参数及结果，依据标准，检测结论，见证及取样人员信息（如有必要），检测机构的名称、地址及联系方式，检测、审核、批准三级人员签字，检测机构公章或检测专用章，其他必要的信息。

5. 执行标准

《混凝土结构工程施工质量验收规范》(GB 50204—2015)；

《钢筋混凝土用钢　第 2 部分：热轧带肋钢筋》(GB/T 1499.2—2007)；

《钢筋混凝土用钢　第 1 部分：热轧光圆钢筋》(GB/T 1499.1—2008)；

《冷轧带肋钢筋》(GB 13788—2008)；

《碳素结构钢》(GB/T 700—2006)。

五、钢筋连接件

1. 检测项目

钢筋连接件（焊接接头、机械连接接头）的检测项目包括接头的外观质量和力学性能，对于闪光对焊以及在梁板水平连接中的气压焊接头还应检测其冷弯性能。

对于焊接连接接头，在焊接施工开始前参与该项工程施焊的焊工必须进行现场条件下的工艺检验，其工艺检验的项目与批量验收时相同。对于机械连接接头，在连接施工开始前应对不同钢筋生产厂的进场钢筋以及施工过程中更换钢筋生产厂时进行接头工艺检验，其工艺检验的项目包括接头的抗拉强度和残余变形。

2. 代表批量及取样方法

1）代表批量

常用钢筋连接接头的代表批量见表 5-5。

表 5-5　常用钢筋连接接头代表批量

<table>
<tr><th>连接方法</th><th>验收批组成</th><th>每批数量</th></tr>
<tr><td>闪光对焊</td><td>每批由同台班、同焊工、同焊接参数的接头组成。数量较少时可一周内累计计算</td><td rowspan="4">≤300 个</td></tr>
<tr><td>电弧焊</td><td rowspan="3">在现浇混凝土结构中，每批以同牌号钢筋、同型式的接头组成；在房屋结构中，每批以不超过 2 个楼层同牌号钢筋、同型式的接头组成</td></tr>
<tr><td>电渣压力焊</td></tr>
<tr><td>气压焊</td></tr>
<tr><td>机械连接</td><td>每批由同施工条件、同材料、同等级、同型式的接头组成</td><td>≤500 个</td></tr>
</table>

2）取样数量和方法

对于焊接接头，应从每批成品中随机切取 3 个拉伸试样；对闪光对焊接头以及用于梁板水平连接中的气压焊接头，还应从每批成品中随机切取 3 个弯曲试样。对于机械连接接头，应在工程结构中随机切取 3 个拉伸试样。

3. 判定标准

对于焊接接头拉伸试件，当 3 个试件的抗拉强度大于等于钢筋母材抗拉强度标准值且至少有 2 个试件断于钢筋母材且呈延性断裂时，判定为合格。当 3 个试件中有 1 个试件的抗拉强度小于钢筋母材抗拉强度标准值时，判定为不合格。当符合下列条件之一，判定为复测：2 个试件断于钢筋母材且呈延性断裂，其抗拉强度大于等于钢筋母材抗拉强度标准值，另 1 个试件断于焊缝或热影响区且呈脆性断裂，其抗拉强度小于等于钢筋母材抗拉强度标准值；1 个试件断于钢筋母材且呈延性断裂，其抗拉强度大于等于钢筋母材抗拉强度标准值，另 2 个试件断于焊缝或热影响区且呈脆性断裂，其抗拉强度大于等于钢筋母材抗拉强度标准值；3个试件均断于焊缝且呈脆性断裂，其抗拉强度均大于等于钢筋母材抗拉强度标准值。

对于焊接接头弯曲试件，当弯曲至90°时，如有2个或3个试件外侧（含焊缝和热影响区）未发生宽度达到0.5mm的裂纹，则判定为合格。当有3个试件发生宽度达到0.5mm的裂纹，则判定为不合格。当有2个试件发生宽度达到0.5mm的裂纹，则应进行复测。

复测拉伸性能时，应再切取6个试件，当仍有1个试件的抗拉强度小于钢筋母材抗拉强度标准值，或有3个试件断于焊缝且呈脆性断裂，则判定该批接头不合格。复测弯曲性能时，应再切取6个试件，当有3个及以上试件发生宽度达到0.5mm的裂纹，则判定该批接头为不合格。

对于机械连接接头，当3根接头试件的抗拉强度均符合相应性能等级要求时，评定为合格。如有1根试件抗拉强度不符合相应性能等级要求时，应再取6个试件进行复测。复测中如仍有1个试件的抗拉强度不符合要求，评定为不合格。

钢筋焊接工艺检验时的判定标准与批量检验时相同。钢筋机械连接工艺检验时，如有1根试件的抗拉强度或3根试件残余变形的平均值不满足相应性能等级要求时，允许再抽3根试件进行复测。复测仍达不到合格要求的，判定为不合格。

4. 检测报告

钢筋连接件检测报告应至少包含以下内容：检测报告编号，委托单位名称，工程名称，钢筋品种，牌号，直径、生产厂及炉批号，连接类型，连接人，代表批量，委托日期，报告日期，检测参数及结果，依据标准，检测结论，见证及取样人员信息（如有必要），检测机构的名称、地址及联系方式，检测、审核、批准三级人员签字，检测机构公章或检测专用章，其他必要的信息。

5. 执行标准

《混凝土结构工程施工质量验收规范》(GB 50204—2015)；

《钢筋焊接及验收规程》(JGJ 18—2012)；

《钢筋机械连接技术规程》(JGJ 107—2010)。

六、给排水管材

1. 检测项目

常用给排水管材的检测项目见表5-6。

表5-6 常用给排水管材检测项目

产品名称	检测项目	主要检测项目
建筑排水用硬聚氯乙烯管材	外观，颜色，规格尺寸（平均外径、壁厚、不圆度、管材有效长度、不圆度、管材承口、弯曲度），密度，维卡软化温度，纵向回缩率，二氯甲烷浸渍，拉伸屈服强度，落锤冲击验，系统适应性（水密性、气密性）	维卡软化温度，纵向回缩率，拉伸屈服强度，落锤冲击验
建筑排水用硬聚氯乙烯管件	外观检查，颜色，规格尺寸，密度，维卡软化温度，烘箱试验，坠落试验，系统适应性	维卡软化温度，烘箱试验，坠落试验
给水用硬聚氯乙烯管材	外观检查，不透光性，规格尺寸，密度，维卡软化温度，纵向回缩率，二氯甲烷浸渍，落锤冲击，液压试验（20℃/1h、20℃/100h、60℃/1000h），系统适用性，卫生性能	维卡软化温度，纵向回缩率，落锤冲击，液压试验（20℃/1h）

续表

产品名称	检测项目	主要检测项目
给水用硬聚氯乙烯管件	外观检查，规格尺寸，维卡软化温度，烘箱试验，坠落试验，液压试验，系统适用性，卫生性能	维卡软化温度，烘箱试验，坠落试验，液压试验
冷热水用聚丙烯管材	外观检查，不透光性，规格尺寸，静液压试验（20℃/1h、95℃/1000h），熔体质量流动速率，静液压状态下的热稳定性，系统适用性，卫生性能	静液压试验（20℃/h）
冷热水用聚丙烯管件	外观检查，不透光性，规格尺寸，纵向回缩率，静液压试验（20℃/1h、95℃/22h、95℃/165h 和 95℃/1000h），简支梁冲击，熔体质量流动速率，静液压状态下的热稳定性，系统适用性，卫生性能	纵向回缩率，静液压试验（20℃/h）
冷热水用耐热聚乙烯管材	外观检查，透氧率，不透光性，规格尺寸，纵向回缩率，静液压试验（20℃/1h、95℃/165h、95℃/1000h），静液压状态下热稳定性试验，熔体质量流动速率，系统适用性，卫生性能	纵向回缩率，静液压试验（20℃/h）
无压埋地排污、排水用硬聚氯乙烯管材	外观，颜色，规格尺寸，密度，维卡软化温度，纵向回缩率，落锤冲击，二氯甲烷浸渍，连接密封，环刚度	维卡软化温度，纵向回缩率，落锤冲击，环刚度
管道阀门	外观质量，材质，壳体试验，密封试验，阀体壁厚，阀杆直径，管螺纹精度，两端管螺纹轴线角偏差，启闭灵活性，闸板位置，安装性能，卫生性能	壳体试验，密封试验

2. 代表批量及取样方法

1）代表批量

常用给排水管材的代表批量见表 5-7。

表 5-7　常用给排水管材代表批量

名称	验收批组成	每批数量
建筑排水用硬聚氯乙烯管材（PVC-U）	同生产厂家、同批次、相同材质的管材（件）组成	不超过 50km 或 30t
建筑排水用硬聚氯乙烯管件（PVC-U）		不超过 5000 个
给水用硬聚氯乙烯管材（PVC-U）		不超过 50km 或 30t
给水用硬聚氯乙烯管件（PVC-U）		不超过 5000 个
冷热水用聚丙烯管材		不超过 50km 或 30t
冷热水用聚丙烯管件		不超过 5000 个
冷热水用耐热聚乙烯（PE-RT）管材		不超过 50km 或 30t
无压埋地排污、排水用硬聚氯乙烯（PVC-U）管材		不超过 50km 或 30t
管道阀门	同牌号、同型号、同规格的阀门组成	—

2）取样数量和方法

取样时，应首先进行外观质量的检查，从外观质量合格的产品中再抽取其他检测项目的试样。

对于给排水用 PVC 管材，每批从 5 根管材上各截取 1m 长管段为试样；对于聚丙烯管材、聚乙烯管材，每批从 2 根管材各截取 1m 长管段作为试样。

对于给排水 PVC 管件，每批抽取数量为 10 件；对于聚丙烯管件、聚乙烯管件，每批抽取数量为 3 件。

对于管道阀门，应每批抽取 10%且不少于 1 个进行壳体试验和密封试验；对于安装在主干管上起切断作用的闭路阀门，则应逐个进行壳体试验和密封试验。

3. 判定标准

对于管材管件，当各检测项目均符合相应标准要求时判定为合格品；当外观、规格尺寸、卫生指标中有任 1 项不符合相应标准要求时，判定为不合格品；当其他性能中如有 1 项不符合相应标准要求时，可在该批中再随即抽取双倍数量的样品对该不合格项进行复测，复测时如仍不符合标准要求，则判定不合格品。

对于管道阀门，当各检测项目均符合相应标准要求时判定为合格品；当有任 1 项不符合相应标准要求时，则判定该批（件）阀门为不合格品。

4. 检测报告

进场复验的给排水管材检测报告应至少包含以下内容：检测报告编号，委托单位名称，工程名称，材料名称、品种，规格尺寸、生产厂，代表批量，委托日期，报告日期，检测参数及结果，依据标准，检测结论，见证及取样人员信息（如有必要），检测机构的名称、地址及联系方式，检测、审核、批准三级人员签字，检测机构公章或检测专用章，其他必要的信息。

5. 执行标准

《建筑给水排水及采暖工程施工质量验收规范》(GB 50242—2002)；

《给排水管道工程施工及验收规范》(GB 50268—2008)；

《埋地塑料排水管道工程技术规程》(CJJ 143—2010)；

《建筑排水用硬聚氯乙烯管材》(GB/T 5836.1—2006)；

《建筑排水用硬聚氯乙烯管件》(GB/T 5836.2—2006)；

《给水用硬聚氯乙烯（PVC-U）管材》(GB/T 10002.1—2006)；

《给水用硬聚氯乙烯（PVC-U）管件》(GB/T 10002.2—2003)；

《冷热水用聚丙烯管道系统　第 2 部分：管材》GB/T 18742.2—2002；

《冷热水用聚丙烯管道系统　第 3 部分：管件》GB/T 18742.3—2002；

《冷热水用耐热聚乙烯管材（PE-RT）》(CJ/T 175—2002)；

《无压埋地排污、排水用硬聚氯乙烯（PVC-U）管材》(GB/T 20221—2006)；

《通用阀门　铁制截止阀与升降式止回阀》(GB/T 12233—2006)；

《铁制和铜制螺纹连接阀门》(GB/T 8464—2008)。

七、防水材料

1. 检测项目

弹性体改性沥青（SBS）防水卷材检测项目包括：单位面积质量、面积及厚度、外观、可溶物含量、耐热性、低温柔性、不透水性、拉力、延伸率、浸水后质量增加、热老化、渗油性、接缝剥离强度、钉杆撕裂强度、矿物粒料粘附性、卷材下表面沥青涂盖层厚度、人工气候加速老化等。进场复验项目宜包括：拉力、延伸率（G 类除外）、低温柔性、不透水性、耐热性（地下工程除外）。

高分子防水片材的检测项目包括：规格尺寸、外观质量、拉伸强度、拉断伸长率、撕裂强度、不透水性、低温弯折、加热伸缩量、热空气老化、耐碱性、臭氧老化（适用于匀质片、复合片）、人工气候老化、粘接剥离强度、复合强度（适用于 FS2 型）、持黏性（适用于自粘片）、抗压性能（适用于异形片）、排水截面积（适用于异形片）。进场复验项目宜包括：常温拉伸强度、常温扯断伸长率、撕裂强度、低温弯折、不透水性能等。

聚氨酯防水涂料的检测项目包括：外观、拉伸强度、断裂伸长率、撕裂强度、低温弯折性、不透水性、固体含量、表干时间、实干时间、加热伸缩率、黏结强度、定伸时老化、热处理、碱处理、酸处理、人工气候老化、流平性、吸水率、燃烧性能、有害物质限量等。进场复验项目宜包括：固体含量、表干时间、实干时间、拉伸强度、断裂伸长率、低温弯折性、不透水性等。

聚合物水泥防水涂料的检测项目包括：外观、固体含量、拉伸强度、断裂伸长率、低温柔性、黏结强度、不透水性、抗渗性、自闭性。进场复验项目宜包括：固体含量、断裂伸长率（无处理）、拉伸强度（无处理）、低温柔性（适用于Ⅰ型）、不透水性等。

2. 代表批量及取样方法

1）代表批量

常用防水材料的代表批量见表 5-8。

表 5-8　常用防水材料代表批量

产品类型	验收批组成	每批数量
改性沥青类防水卷材	同厂家、同类型、同品种、同规格的防水材料组成	≤10000m²
高分子类防水卷材		≤5000m²
有机防水涂料		≤5t
无机防水涂料		≤10t

2）取样数量和方法

对于防水卷材，每批任取 1 卷，在规格尺寸和外观质量检查合格的条件下，从中裁取不少于 1m² 的样品进行其他项目的检测。

对于防水涂料，每批任取 5kg，放入不与涂料发生发应的干燥密闭容器中密封。如为双组分涂料，两组分分别取样，共取 5kg 样品，分别放入不与之发生反应的干燥密闭容器中密封。

3. 判定标准

在地下防水工程中，考虑到使用年限以及维修难度，对所用防水材料的性能指标有较高的要求。因此，用于地下防水工程的防水材料，其检测结果除应满足相关产品标准要求外，还应符合有关设计及验收规范的要求。

弹性体改性沥青防水卷材的各检测项目均符合相应标准要求时，判定为合格品；若有 1 项物理力学性能不符合要求，允许从该批产品中再随机抽取 1 卷对不合格项进行单项复测，复测结果达到要求时，判定为合格品。

高分子防水片材的各检测项目均符合相应标准要求时，判定为合格品；若有 1 项不符合要求，应另取双倍试样对不合格项进行复测，复测结果仍不合格时，判定为不合格品。

聚氨酯防水涂料的各检测项目均符合相应标准要求时，判定为合格品；若其中有 1 项物理力学性能不符合要求，应另取 1 份试样对不合格项进行单项复测，复测结果仍不合格时，判定为不合格品。

聚合物水泥防水涂料的检测结果均符合表 4-2-4 的要求，则判该批产品合格。有两项或两项以上指标不符合规定时，则判该批产品不合格；若有一项指标不符合标准时，允许在同批产品中加倍抽样进行单项复检，若该项仍不符合标准，则判该批产品为不合格。

4. 检测报告

进场复验的防水材料检测报告应至少包含以下内容：检测报告编号，委托单位名称，工程名称，材料名称、类型、规格，生产厂，代表批量，委托日期，报告日期，检测参数及结果，依据标准，检测结论，见证及取样人员信息（如有必要），检测机构的名称、地址及联系方式，检测、审核、批准三级人员签字，检测机构公章或检测专用章，其他必要的信息。

5. 执行标准

《地下防水工程质量验收规范》（GB 50208—2011）；

《地下工程防水技术规范》（GB 50108—2008）；

《屋面工程质量验收规范》（GB 50207—2012）；

《弹性体改性沥青防水卷材》（GB 18242—2008）；

《高分子防水材料　第1部分：片材》（GB 18173.1—2012）；

《聚氨酯防水涂料》（GB/T 19250—2013）；

《聚合物水泥防水涂料》（GB/T 23445—2009）。

八、土工

1. 检测项目

土及其结合料的检测项目包括：击实、密度、含水率、颗粒分析、塑性指数、承载比、无侧限抗压强度、剪切试验、回弹模量、固结试验、有机质含量、水泥石灰剂量、无机结合料稳定土抗压强度等。其中，回填土的主要检验项目包括：击实（最大干密度、最优含水率）、压实系数（干密度）；无机结合料稳定土的主要检验项目包括：击实（最大干密度、最佳含水量）、无侧限抗压强度、压实度。对于地基土，必要时还应检测地基承载力。

2. 代表批量及取样方法

对于房屋建筑工程中的回填土压实系数，以每500m^2（基坑、室内）为一个批次，每批每层抽取2点．对于市政道路工程中的回填土压实系数，以每1000m^2（路基）为一个批次，每批每层抽取3点。对于市政道路工程中的无机结合料稳定土基层，以每1000m^2为一个批次，每批抽取1点检测压实度；以每2000m^2为一个批次，每批抽取1组试件进行无侧限抗压强度的检测。

当用环刀法制备压实系数（干密度）试样时，应事先在环刀内壁涂一薄层凡士林，刃口向下对准选好的取土部位，将环刀垂直下压，直至环刀全部没入土内。之后用铁锹挖去环刀四周的土，再用铁锹对准环刀下部填土将整个环刀一同铲出，注意不得扰动环刀内的土。用修土刀修去环刀四周多余的土，修平环刀上下表面土层，并与环刀口平齐。取出环刀内土，编号后装入密封袋内封存。

3. 判定标准

土的压实系数（压实度）指土样实测干密度与最大干密度（击实）之比，当压实系数（压实度）符合设计要求的范围时即判定为合格。

4. 检测报告

土的检测报告应至少包含以下内容：检测报告编号，委托单位名称，工程名称，土的类别、比例（如有必要），取样位置、步次，代表批量，委托日期，报告日期，检测参数及结果，依据标准，检测结论，见证及取样人员信息（如有必要），检测机构的名称、地址及联系方式，检测、审核、批准三级人员签字，检测机构公章或检测专用章，其他必要的信息。

5. 执行标准

《城镇道路工程施工与质量验收规范》（CJJ 1—2008）；

《公路路面基层施工技术规范》（JTJ 034—2000）；

《土工试验方法标准》（GB/T 50123—1999）；

《公土工试验规程》（JTG E40—2007）；

《公路工程无机结合料稳定材料试验规程》（JTG E51—2009）。

九、通风与空调

1. 检测项目

风机盘管的进场复测项目包括：供冷量、供热量、风量、出口静压、噪声及功率等。通风与空调系统安装完毕后，应进行通风机和空调机组等设备的单机运转和调试，并应进行系统的风量平衡调试。

2. 代表批量及取样数量

检测风机盘管时，同一厂家的风机盘管按数量抽取 2%，且不得少于 2 台。检测新风量时，抽检比例不应少于新风系统数量的 20%，且不同风量的新风系统不应少于 1 个。检测定风量系统平衡度时，每个一级支路均应进行风系统平衡度检测；当其余支路小于或等于 5 个时，宜全数检测；当其余支路大于 5 个时，宜按照近端 2 个、中间区域 2 个、运端 2 个的原则进行检测。

3. 判定标准

风机盘管的各检测项目均符合相应标准要求时，判定为合格品；若有 1 个主项或 2 个次项不符合要求，则判定为不合格品。

单机试运转和调试结果应符合设计要求；系统的总风量与设计风量的允许偏差不应大于 10%，风口的风量与设计风量的允许偏差不应大于 15%。

定风量系统平衡度应符合设计要求，且 90%的受检支路平衡度应在 0.9～1.0 范围内。

4. 检测报告

通风与空调的检测报告应至少包含以下内容：检测报告编号，委托单位名称，工程名称，设备（系统）名称、规格型号，测点位置（如有必要），代表批量，委托日期，报告日期，检测参数及结果，检测条件，依据标准，检测结论，见证及取样人员信息（如有必要），检测机构的名称、地址及联系方式，检测、审核、批准三级人员签字，检测机构公章或检测专用章，其他必要的信息。

5. 执行标准

《采暖通风与空气调节设计规范》（GB 50019—2003）；

《风机盘管机组》（GB/T 19232—2003）；

《组合式空调机组》（GB/T 14294—2008）；

《建筑节能工程施工质量验收规范》（GB 50411—2007）；

《采暖通风与空气调节工程检测技术规程》（JGJ/T 260—2011）；

《公共建筑节能检测标准》（JGJ/T 177—2009）。

十、地基基础

1. 检测项目

桩基的检测分为试验桩和工程桩，其检测项目包括：竖向抗压承载力、竖向抗拔承载力、水平极限承载力、桩身完整性、桩身混凝土强度、桩长等。复合及人工地基的检测项目还涉及配合比、压实系数、桩径、桩间土密度等。

2. 代表批量及取样数量

工程桩进行静载荷检测时，抽样数量应不少于总数的1%且不少于3根；当总桩数少于50根时，应抽取不少于2根。

对桩身质量进行检测时，抽样数量应不少于总数的20%且不少于10根；对设计等级为甲级或地质条件复杂，成桩质量可靠性低的灌注桩，抽样数量应不少于总数的30%且不少于20根；对混凝土预制桩及地下水位以上且终孔后以过核验的灌注桩，抽样数量应不少于总数的10%且不少于10根。

对于水泥土搅拌桩复合地基、高压喷射注浆复合地基、砂桩地基、振冲桩复合地基、灰土挤密桩复合地基、水泥粉煤灰碎石复合地基及夯实水泥土桩复合地基，进行承载力检测时，应抽取总数的0.5%～1%且不少于3处；有单桩强度检测要求时，应抽取总数的0.5%～1%且不少于3根。

3. 判定标准

对于承载力验收检测，静载荷试验的最大加载量不少于设计要求的承载和特征值的2倍时，该桩基判定为合格。对于桩身的完整性，如桩身完整则评为Ⅰ类桩；如桩身有轻微缺陷但不影响桩身结构承载力的正常发挥，则评为Ⅱ类桩；如桩身有明显或严重缺陷，则评为Ⅲ类或Ⅳ类桩。

4. 检测报告

桩基的检测报告应至少包含以下内容：检测报告编号，委托单位名称，工程名称、地点，基础、结构形式、层数，设计要求，检测目的，抽样数量，代表批量，委托日期，报告日期，地基条件描述，受检桩的桩型、尺寸、桩号、桩位、桩顶标高，检测方法，检测过程描述，检测数据、曲线、汇总结果，依据标准，检测结论，见证及取样人员信息（如有必要），检测机构的名称、地址及联系方式，检测、审核、批准三级人员签字，检测机构公章或检测专用章，其他必要的信息。

5. 执行标准

《建筑地基基础工程施工质量验收规范》（GB 50202—2002）；

《建筑地基处理技术规范》（JGJ 79—2012）；

《建筑基桩检测技术规范》（JGJ 106—2014）；

《建筑地基基础设计规范》（GB 50007—2011）；

《岩土工程勘察规范》［GB 50021—2001（2009年版）］。

十一、结构实体

1. 检测项目

依据《混凝土结构工程施工质量验收规范》（GB 50204），对涉及混凝土结构安全的重要部位应进行结构实体检测。检测项目应包括：混凝土强度、钢筋保护层厚度等，必要时可检测其他项目。

2. 代表批量及取样数量

对于混凝土构件，同生产工艺、强度等级，原材料、配合比、养护条件基本一致且龄期相近的同类构件可组成一个检验批。每批的抽样数量不宜小于表 5-9 的规定。

表 5-9　结构实体检测抽样数量

检测批容量	最小抽样数量			检测批容量	最小抽样数量		
	A	*B*	*C*		*A*	*B*	*C*
2～8	2	2	3	501～1200	32	80	125
9～15	2	3	5	1201～3200	50	125	200
16～25	3	5	8	3201～10000	80	200	315
26～50	5	8	13	10001～35000	125	315	500
51～90	5	13	20	35001～150000	200	500	800
91～150	8	20	32	150001～500000	315	800	1250
151～280	13	32	50	＞500000	500	1250	2000
281～500	20	50	80	—	—	—	—

注：检测类别 A 适用于一般施工质量的检测，检测类别 B 适用于结构质量或性能的检测，检测类别 C 适用于结构质量或性能的严格检测或复检。

检测钢筋保护层厚度时，对梁、板类构件，应各抽取构件数量的 2％且不少于 5 个构件；当有悬挑构件时，抽取的构件中悬挑梁、板构件所占的比例均不宜小于 50％。对选定的梁类构件，应对全部纵向受力钢筋的保护层厚度进行检测；对先定的板类构件，应抽取不少于 6 根纵向受力钢筋进行检测。

3. 判定标准

对混凝土强度的检测，可采用回弹法、超声回弹统合法、拔出法、钻芯法等方法。检验批混凝土强度的推定，宜按相关检测标准给出推定区间，推定区间的置信度宜为 0.90，并使错判概率和漏判概率均为 0.05。当设计要求强度小于或等于推定上限值时，可判定为符合设计要求；当设计要求强度相应数值大于推定上限值时，可判定为低于设计要求。

对梁、板类构件纵向受力钢筋的保护层厚度应分别进行验收判定。梁类构件的允许偏差为＋10mm、－7mm，板类构件的允许偏差为＋8mm、－5mm。当该类构件全部钢筋保护层厚度的合格点率为 90％及以上时，结果判定为合格；当合格点率小于 90％但不小于 80％时，可再抽取相同数量的构件进行检测，当按 2 次抽样总和计算的合格点率为 90％及以上时，结果判定为合格；合格点率不满足以上条件时，结果判定为不合格。

4. 检测报告

桩基的检测报告应至少包含以下内容：检测报告编号，委托单位名称，工程名称、地点、结构类型、规模、施工日期及现状，检测目的，检测项目，检测方法，抽样数量，委托日期，报告日期，检测数据、汇总结果，依据标准，检测结论，见证及取样人员信息（如有必要），检测机构的名称、地址及联系方式，检测、审核、批准三级人员签字，检测机构公章或检测专用章，其他必要的信息。

5. 执行标准

《混凝土结构工程施工质量验收规范》(GB 50204—2015);

《建筑结构检测技术规范》(GB 50344—2004);

《回弹法检测混凝土抗压强度技术规程》(JGJ/T 23—2011);

《超声回弹综合法检测混凝土强度技术规程》(CECS 02：2005);

《拔出法检测混凝土强度技术规程》(CECS 69：2011);

《钻芯法检测混凝土强度技术规程》(CECS 03：2007)。

十二、幕墙工程

1. 检测项目

根据检测项目及检测条件的不同，可分为实验室检测、工程现场检测和特定场地检测。检测项目分为材料检测、安装检测、性能检测三类，其中材料检测包括结构件（铝合金型材、钢材）、面板（玻璃、金属板、石材）、密封（密封胶、密封条）、五金配件；安装检测包括锚件、连接件；性能检测包括抗风压、水密、气密、平面内变形、热工、热循环、隔声、采光、遮阳、抗震、抗冲击、抗爆炸冲击波、防火、防雷等。其中主要检测项目有幕墙的抗风压、水密、气密，面板强度，结构胶硬度、黏结强度、相容性，后置埋件的锚固承载力等。

2. 代表批量及取样数量

材料的现场检验应将同一厂家生产的同一型号、规格和批号的材料作为一个检验批，每批应随机抽取 3%且不得少于 5 件。幕墙性能检测时的样品应具有代表性，不同结构类型的幕墙可分别或以组合形式进行检测。

3. 判定标准

抗风压性能的检测结果应符合设计要求，其他项目的结果应有 80%实测值合格，且不合格值不得影响安全和正常使用。满足以上条件的，可判定幕墙合格，否则应判定为不合格。

4. 检测报告

幕墙的性能检测报告应至少包含以下内容：检测报告编号，委托单位名称，工程名称、地点、类型、生产厂、设计要求、规格尺寸、形状及结构、五金件位置，施工日期及现状，检测目的，检测项目，检测方法，测试单元位置，委托日期，报告日期，检测数据、试件有关图示、支承体系及可开启部分的开启方式、汇总结果，依据标准，检测结论，见证及取样人员信息（如有必要），检测机构的名称、地址及联系方式，检测、审核、批准三级人员签字，检测机构公章或检测专用章，其他必要的信息。

5. 执行标准

《建筑装饰装修工程质量验收规范》(GB 50210—2001);

《建筑幕墙》(GB/T 21086—2007);

《建筑幕墙工程检测方法标准》(JGJ/T 324—2014)。

十三、沥青及沥青混合料

1. 检测项目

沥青的主要检测项目为延度、针入度、软化点，必要时还应检测腊含量、闪点、溶解度、密度、老化试验。

沥青混合料的检测项目有马歇尔稳定度及流值、密度、沥青含量、矿料级配、路面芯样马歇尔试验等。沥青混合料配合比的主要检测项目为马歇尔试验，必要时还应检测使用性能。

沥青混合料面层的主要检测项目为压实度、弯沉值，必要时还应进行厚度检测。

2. 代表批量及取样方法

1）代表批量

沥青（粘稠沥青或固体沥青）检测时，以同来源、同规格、同次购入、同储罐的沥青为一个检验批，每批有机抽取4kg试样。

沥青混合料配合比检测时，以同设计要求、同原材料的为一个检验批，每批抽取沥青10kg、集料250kg。

沥青混合料实体质量检测时，以同原材料、同配合比、同施工工艺、同养护条件的为一个验收批。压实度检测每1000m^{2}测一点；弯沉值检测每车道、每20m，测一点；厚度检测每1000m^{2}测一点。

2）取样方法

沥青混合料取样应是随机的，并具有充分的代表性。以检查拌和质量（如油石比、矿料级配）为目的时，应从拌和机一次放料的下方或提升斗中取样，不得多次取样混合后使用。以评定混合料质量为目的时，必须分几次取样，拌和均匀后作为代表性试样。

在道路施工现场抽取沥青混合料试样时，应在摊铺后未碾压前于摊铺宽度的两侧1/2～1/3位置处取样，用铁锹将摊铺层的全厚铲出，但不得将摊铺层下的其他层料铲入。每摊铺一车料取一次样，连续3车取样后，混合均匀，并用四分法缩分至检测用量。对现场制件的细粒式沥青混合料，也可在摊铺机经螺旋拨料杆拌匀的一端一边前进一边取样。

3. 判定标准

沥青及沥青混合料的各项性能指标应符合相应标准规范的要求。沥青混合料面层压实度对于城市快速路、主干路不得小于96％，对次干路及以下道路不得小于95％。面层厚度与设计规定值的偏差应在＋10～－0.5mm范围内。弯沉值不得大于设计规定。

4. 检测报告

沥青及沥青混合料的检测报告应至少包含以下内容：检测报告编号，委托单位名称，工程名称，材料名称，品种、规格，取样部位（如有必要），代表批量，委托日期，报告日期，检测数据及结果，依据标准，检测结论，见证及取样人员信息（如有必要），检测机构的名称、地址及联系方式，检测、审核、批准三级人员签字，检测机构公章或检测专用章，其他必要的信息。

5. 执行标准

《城镇道路工程施工与质量验收规范》（CJJ 1—2008）；

《公路工程沥青与沥青混合料试验规程》（JTJ 052—2000）。

第六章　建筑工程施工测量

第一节　施工测量的基本知识

一、施工测量概述

土木工程在施工阶段所进行的各种测量工作，称为工程施工测量。整个施工过程中，从场地平整、建筑物定位、基础施工、到建筑物构件安装等，都需要进行施工测量。有些工程竣工后，为了便于维修和扩建，还必须测出竣工图。对于一些高大或特殊的建（构）筑物，还要进行变形观测，以便掌握下沉和变形的规律，为今后建筑物的设计、维护和使用提供资料。

施工测量工作与工程质量及施工进度有着密切的联系。测量人员必须了解设计的内容、性质及对测量工作的精度要求，熟悉图纸上的尺寸和高程数据，了解施工的全过程，并掌握施工现场的变动情况，使施工测量工作能够与施工密切配合。另外，施工场地工种多、布置复杂，因此各种测量标志必须埋设稳固且在不易被破坏的位置，妥善保护，如有破坏，应及时恢复。

为了保证施工现场各个建筑物、构筑物在平面和高程上都符合设计要求，互相连接成统一整体，施工测量必须遵循“由整体到局部，先控制后碎部”、“步步工作有检核”的原则，保证放样工作准确可靠。

二、施工测量中使用的高程系统

施工测量中使用的地面点高程是表示地面点位置的重要参数。地面点高程，是指地面点到某一高程基准面的垂直距离。我国采用黄海平均海水面为似大地水准面，进而确定国家高程基准点的高程，即水准原点的高程。地面点高程基准面一经认定，地面点的高程系统就确定了。

在设计文件中给定的地面点的高程，通常采用两种高程系统：一种是国家统一的绝对高程系统；另一种是独立测区所采用的假定的相对高程系统。

绝对高程：地面点沿其铅垂线到法定的似大地水准面的垂直距离称为绝对高程。实际工程应用中，按国家高程点的正常高推算地面点高程，这种工程上的地面点高程属于绝对高程。

相对高程：地面点沿其铅垂线到假定的大地水准面的垂直距离称为相对高程。这里假定的大地水准面可理解为通过假定地面上某一点的高程，而得到假定大地水准面的位置。

在计算放样点的高程数据时，应换算成统一的高程系统。

三、施工测量放样的基本原则

施工测量中，地面点定位涉及技术过程和相应的测量技术手段。为了保证施工测量与放样工作的顺利进行，地面点定位必须遵循的工作原则有：

1. 等级原则

工程测量的基本等级和扩展等级。基本等级是：二、三、四、五等，以此为基础的扩展等级是：一、二、三级。此外还有工程应用等外级。

2. 整体原则

所谓整体原则，一是指工程建设中的某一局部对象是一个个互相联系所构成的完整测量整体；二是指测定地面点位置的有关参数（如定位要素）不是孤立的，而是从属于工程建设整体对象的参数。

3. 控制原则

所谓控制，实际上是等级原则下为工程建设自身提供定位的基准。通过控制测量所建立的控制点的三维数据，是进行下一等级测量工作的基准，也是地面点定位的测量保证。一般地，只有工程建设自身整个基准设施的控制测量完成后，才有可能进行工程建设其他地面点定位的技术工作，这也就是所谓的测量工作“先控制，先整体、后碎部”的基本原则。

4. 检核原则

为实现正确的地面点定位，必须通过不同的计算方法和不同的放样手段对同一个点位进行比较或检核。通过检核可以证明定位正确与否。在施工放样过程中，每一个数据必须进行检核，检核原则应贯穿于整个放样过程中。

四、施工测量的基本方法

土木工程的施工测量也称为施工放样，实质上是把图纸上所设计的线型或构筑物的一些特征点（如轴线的交点），按设计的要求在实地标定出来的工作。施工放样的基本工作就是已知水平距离、已知水平角和已知高程的施工放样。施工放样的基本要素就是距离、角度和高程。

1. 放样已知的水平距离

放样已知的水平距离是从地面一已知点开始，沿已知方向放样出给定的水平距离定出第二个端点的工作。根据放样的精度要求不同，可分为一般放样方法和精确放样方法。

1）用钢尺放样已知水平距离

用钢尺放样已知距离的一般方法是：在地面上，由已知起点开始，沿给定方向，用钢尺量出已知水平距离定出另一端点。为了校核与提高放样精度，应往返丈量放样的距离，若往返丈量的较差在限差之内，则取其平均值作为最后结果。

当放样精度要求较高时，除按一般方法放样外，还应该对所放样距离进行尺长、温度和高差三项改正。

2）用光电测距仪放样已知水平距离

用光电测距仪放样已知水平距离与用钢尺放样方法大致相同，如图 6-1 所示。将光电测距仪安置于 A 点，瞄准已知方向。将反光棱镜沿此方向在大致等于待放样距离 D 处移动，定出初始端点 C' 点。再经修正至 C 点，并用木桩标定其点位。为了检核，应将反光棱镜安置于 C 点，实测 AC 的距离，若不符合要求，应再次进行改正，直至放样的距离符合限差为止。

当使用全站仪的距离放样功能时，可将水平距离值预先设置于仪器中，按下测距键，仪器则显示出实测距离以及放样距离与实测距离之差值，这时将反射棱镜前后移动，直到显示差值为零，这时反射棱镜所在位置即为放样点 C。

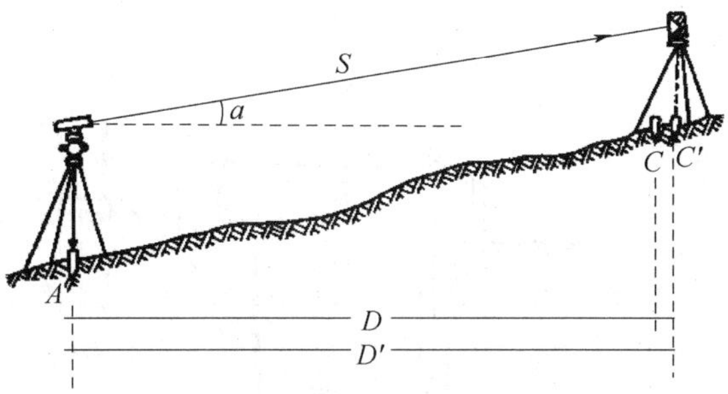

图 6-1　光电测距仪放样已知水平距离

2. 放样已知水平角

已知水平角的放样，是按图纸上给定的水平角值和地面上已有的一个已知方向，把该角的另一个方向放样到地面上。当放样水平角精度要求不高时，可采用经纬仪用盘左、盘右取平均值的方法放样。当放样水平角的精度要求较高时，可在用经纬仪盘左、盘右取平均值的基础上采用作垂线改正的方法，以提高放样的精度。

3. 放样已知高程

已知高程的放样，是利用水准测量的方法根据施工现场已有的水准点，将设计时给定数值的高程放样于实地。如图 6-2 所示，已知高程点 A，其高程为 H_A，为在 B 点标定出已知高程为 H_B的位置，可在 A 点和 B 点中间安置水准仪，精平后读取 A 点的标尺读数为 a，则仪器的视线高程为 $H_i = H_A + a$，由图可知放样已知高程为 H_B的 B 点标尺读数应为：$b = H_i - H_B$。

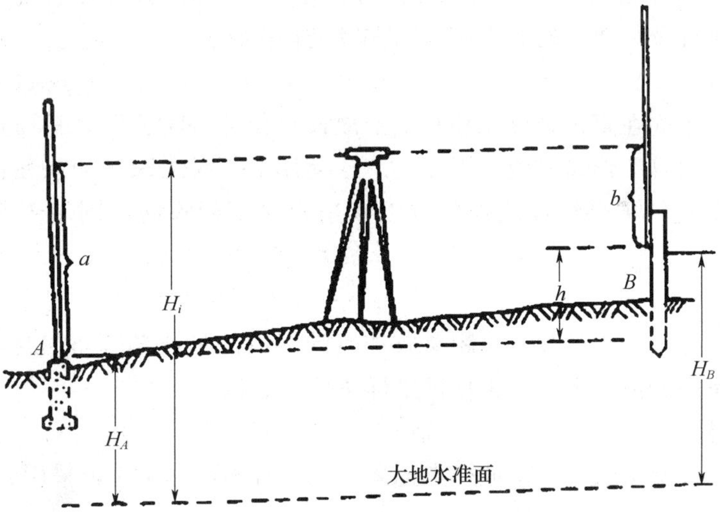

图 6-2　已知高程放样

当放样的高程点和水准点之间的高差很大时，可以用悬挂的钢尺来代替水准尺，以放样给定的高程。如图 6-3 所示，欲向基坑内测设 B 点的高程为 H_B，地面水准点 A 的高程为 H_A，则可在 B 端基坑边设一吊杆悬挂钢尺，钢尺零端向下并吊一重物，其重量应与检定的拉力相同。放样时，A 点竖立水准尺，后视水准尺读数为 a，上下移动 B 端钢尺，使前视读数 $b = (H_A + a) - H_B$。则钢尺零刻划线的高程即为放样的高程 H_B。

当向构筑物顶 B 点设置高程时，如图 6-4 所示，则可于该处悬吊钢尺，钢尺零端在上，上下移动钢尺，使水准仪的前视读数 $b = H_B - (H_A + a)$，则钢尺零刻划线的高程即为放样的高程 H_B。

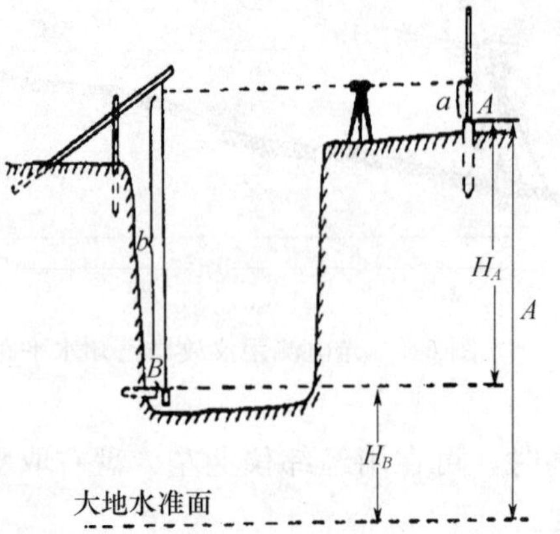

图 6-3　放样基坑基底高程

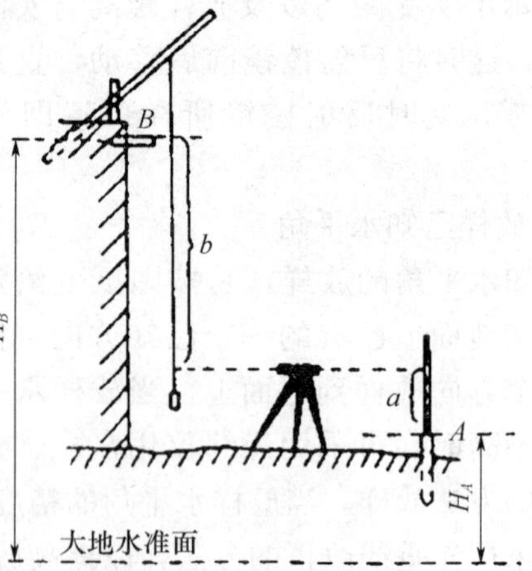

图 6-4　放样构筑物顶高程

4. 放样点的平面位置

点的平面位置放样是根据已布设好的控制点的坐标和待测设点的坐标，反算出放样数据，即控制点和待放样点之间的水平距离和水平角，再利用上述测设基本方法标定出放样点位。放样点的平面位置的方法主要有下列几种，可根据施工控制网的形式，控制点的分布情况、地形情况、现场条件及待建物的放样精度要求等进行选择。

1）直角坐标法

直角坐标法是建立在直角坐标原理基础上放样点位的一种方法。只要量距和设置角度就可以放样，计算简单且工作又方便，因此是广泛使用的一种方法。如果在待放样的点位附近已有所设的彼此垂直的主轴线或格网线，以及量距又不困难时，则用直角坐标法放样最为合适。

2）极坐标法

极坐标法是根据一个角度和一段距离放样点的平面位置。当已知控制点位置与构筑物角点较近，且便于量距的情况下，宜采用极坐标法放样点位。

3）角度交会法

此法又称方向线交会法。当待放样点远离控制点且不便量距时，采用此法较为适宜。

4）距离交会法

距离交会法是从两个控制点利用两段已知距离进行交会定点的方法。它适用于地面平坦，便于量距，而且距离又不超过整尺段长的情况下。在施工细部放样时多用此法。

5）全站仪法

目前各类全站仪都有测设（放样）程序菜单，大体的操作方法都几乎一致，一般可以参考仪器说明书进行。

五、基本的测量工作

1. 高程测量

测量地面点高程的工作称为高程测量。进行高程测量的主要方法有水准测量和三角高程测量，它们都是通过测定两点间的高差来计算待定点的高程。

1）水准测量

水准测量是利用一条水平视线，借助水准尺来测得两点间的高差，并由已知点的高程来推求未知点高程的过程。由于水准测量的精度较高，所以是高程测量中最主要的方法。

如图 6-5 中，为了求出 A、B 两点的高差 h_{AB}，在 A、B 两个点上竖立带有分划的标尺——水准尺，在 A、B 两点之间安置可提供水平视线的仪器——水准仪。当视线水平时，在 A、B 两个点的标尺上分别读得读数 a 和 b，则 A、B 两点的高差等于两个标尺读数之差。即：

$$h_{AB}=a-b \tag{6-1}$$

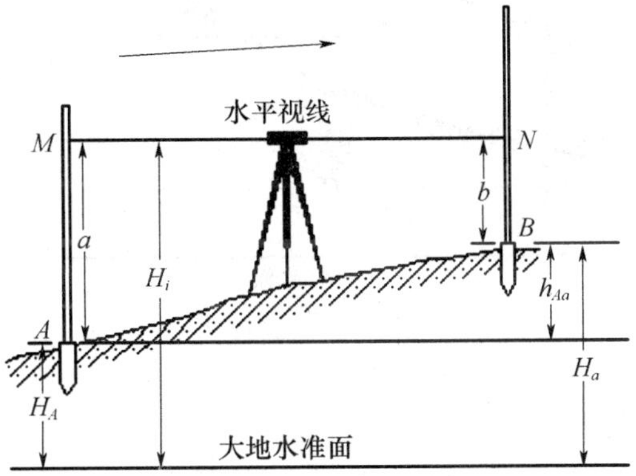

图 6-5　水准测量原理

图 6-6 中设置仪器的点 P_1、P_2、P_3、P_4 称为测站。立标尺的点 1、2、…称为转点，它们在前一测站先作为待求高程的点，然后在下一测站再作为已知高程的点，转点起传递高程的作用。转点非常重要，转点上产生的任何差错，都会影响到以后所有点的高程。

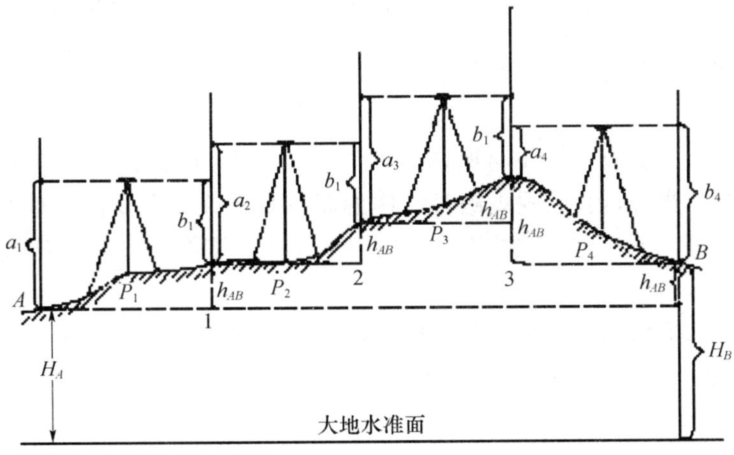

图 6-6　两较远点之间高差测量方法

2）三角高程测量

三角高程测量是根据两点间的水平距离或倾斜距离和竖直角，应用三角学的公式计算两点间的高差。三角高程测量一般精度较低，只是在适当的条件下才被采用。

如图 6-7 所示，已知 A 点的高程 H_A，要求测 AB 两点间高差 h，计算 B 点的高程 H_B，可在已知点 A 上安置经纬仪或测距仪，在 B 点竖立标尺或安置棱镜，量取望远镜旋转轴到 A

点桩顶的高度 i（称为仪器高），望远镜横丝瞄准 B 点标尺高度 l 或安置棱镜的高度（称为觇标高），测出竖直角 α。根据 AB 之间的水平距离 D，则可得：

$$h_{AB}=D\mathrm{tg}\alpha+i-l \tag{6-2}$$

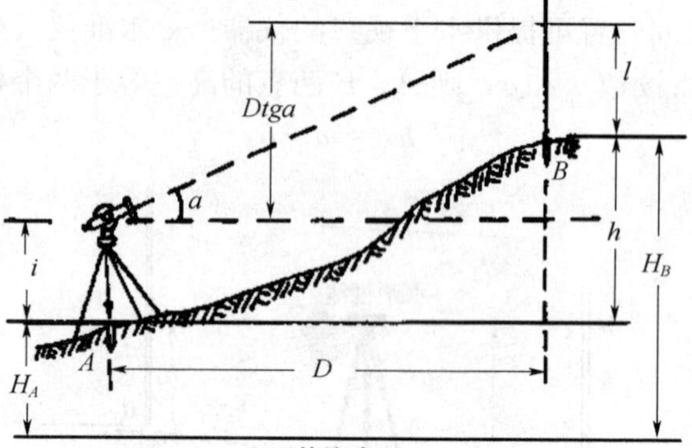

图 6-7　三角高程测量

若是用测距仪测得斜距 S，则

$$h_{AB}=S\sin\alpha+i-l \tag{6-3}$$

则 B 点的高程为：

$$H_B=H_A+h_{AB} \tag{6-4}$$

当两点间距离较大时，三角高程测量还必须考虑地球曲率及大气折光对高差的影响，即对高差加上球气差改正数：

$$f=0.43\frac{D^2}{R} \tag{6-5}$$

式中，D 为两点间水平距离；R 为地球半径，取 6371km。即

$$\bar{h}_{AB}=h_{AB}+f \tag{6-6}$$

三角高程测量，一般应进行往返观测，即由 A 点向 B 点观测，称为直觇，而由 B 点向 A 点观测，称为反觇。当进行直反觇观测时，称为双向观测或对向观测，取对向观测的平均值作为高差结果时，可以抵消球气差的影响，所以三角高程测量一般都用对向观测法。

2. 角度测量

角度测量分为水平角测量和竖直角测量。水平角度用于求算点的平面位置；竖直角用于测定高差或将倾斜距离改算为水平距离。

1）水平角度测量

地面上一点到两目标的方向线间所夹的水平角，就是过这两方向线所作两竖直面间的二面角，也即水平角。

为了测出水平角的大小，在该点的铅垂线上任意点为中心，水平地放置一个包含水平刻度盘的经纬仪，即可测量该水平角。

目前水平角度测量方法主要有：测回法、方向观测法等。

2）竖直角测量

竖直角是同一竖直面内视线方向与水平方向线之间的夹角，竖直角又称垂直角、高度角。

竖直角取值范围为 0°～±90°。

竖直角是经纬仪水平视线读数（90°、270°）与观测目标读数之差。为了消除仪器误差的影响，提高测量精度，竖直角的观测需要用盘左、盘右观测。

3. 距离测量

距离测量根据所使用的仪器和测量方法的不同，分为：钢尺（皮尺）量距、视距测量、光电测距和 GPS 测距等方法。

1）钢尺量距

钢尺量距按照相对精度的不同分为钢尺的一般量距（相对精度在 1/3000～1/10000）和钢尺的精密量距（相对精度在 1/10000～1/40000）。

2）光电测距

光电测距是通过测量光波在待测距离上往返一次所经历的时间，来确定两点之间的距离的。如图 6-8 所示，在 A 点安置测距仪，在 B 点安置反射棱镜，测距仪发射的调制光波到达反射棱镜后又返回到测距仪。设光速 c 为已知，如果调制光波在待测距离 D 上的往返传播时间为 t，则距离 D 计算式为

$$D=\frac{1}{2}c\cdot t \tag{6-7}$$

式中，$c=c_0/n$，其中 c_0 为光在真空中的速度，其值为（299792458±1.2）m/s，n 为大气折射率，它与测距仪所使用的光波波长 λ、测线上的气温 T、气压 P 和湿度 e 有关。因此，测距时还需测定气象元素，对距离进行气象改正。

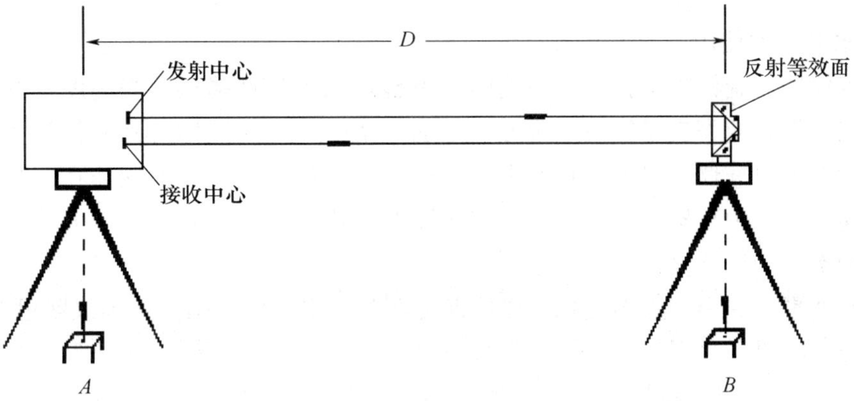

图 6-8　光电测距原理

第二节　施工测量仪器

一、水准仪

水准仪类型有：微倾式水准仪、自动安平水准仪、电子水准仪。

1. 微倾式水准仪

利用长水准气泡的居中提供一条水平视线来测定两点间的高差的仪器为微倾式水准仪。该水准仪是进行高程测量的主要仪器。水准仪按其精度可以分为 DS_{05}、DS_1、DS_3、DS_{10}、

DS_{20}五个等级，D、S分别为大地测量、水准仪的汉语拼音第一个字母，下标数字表示精度等级。0.5、1、3、10、20分别表示该仪器在每公里往返观测高差中数的中误差（毫米数）。DS_{05}、DS_1型为精密水准仪，DS_3型为工程水准仪。

1）DS_3水准仪的构造

根据水准测量原理，水准仪的作用是提供一条水平视线，并能照准水准尺并进行读数。因此水准仪主要由望远镜、水准器、基座三部分组成。图6-9是我国生产的DS_3级微倾式水准仪。

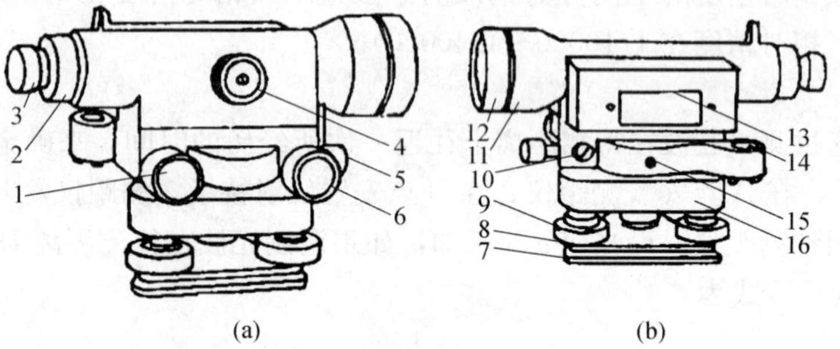

图6-9 DS_3型水准仪

1—微倾螺旋；2—分划板护盖；3—目镜；4—物镜对光螺旋；5—水平制动螺旋；6—水平微动螺旋；7—底板；8—三角压板；9—脚螺旋；10—弹簧帽；11—望远镜；12—物镜；13—管水准器；14—圆水准器；15—连接小螺丝；16—轴座

2）DS_3水准仪的使用

（1）安置仪器。旋松脚架腿三个伸缩固定螺旋，抽出活动腿至适当高度，拧紧架腿上的固定螺旋；张开架腿使脚尖呈等边三角形，摆动一架腿（作圆周运动）使架头大致水平，踏实脚架。然后取出水准仪，置于三脚架头上用连接螺旋将仪器牢固地固连在三脚架头上。一般要使基座连接板三边与架头三边对齐。在斜坡上安置仪器时可调节位于上坡或下坡一架腿长短来安置脚架。

（2）粗略整平。利用三脚螺旋相互作用即可调整圆水准器居中，达到仪器粗平的目的。

（3）瞄准水准尺：

① 调节目镜：将望远镜朝向白色的物体，旋出或旋入目镜，直到看清十字丝为止。

② 调节物镜：对准目标后，转动调焦螺旋，直到望远镜中的目标影像看得最清楚时为止。

③ 检查并消除视差：如果目标影像平面与十字丝平面不完全重合，就要产生视差。检查方法是：观测者的眼睛在目镜后方作上、下微小移动并进行观察，若发现十字线与目标影像有相对移动现象，则表示存在视差。消除视差的方法是：轻轻稍慢地转动调焦螺旋，重新进行物镜对光。

（4）精平。调节微倾螺旋，使符合水准器气泡两半弧影像符合成一光滑圆弧，这时视准轴在瞄准方向处于精密水平。

由于微倾螺旋旋转时，经常在改变望远镜和竖轴的关系，当望远镜由一个方向转变到另一个方向时，水准管气泡一般不再符合。所以望远镜每次变动方向后，也就是在每次读数前，都需要用微倾螺旋重新使气泡符合。

(5) 读数。读取十字丝中间的横丝对应的水准尺读数。从尺上可直接读出米、分米和厘米数，并估读出毫米数，所以每个读数必须有四位数。如果某一位数是零，也必须读出并记录，不可省略，如 1.002m、0.007m、2.100m 等。不管水准仪采用的是正像望远镜还是倒像望远镜，从望远镜内读数时都应由小数向大数估读。

2. 自动安平水准仪

自动安平水准仪的最大特点是采用补偿器代替符合水准器和微倾螺旋。作业时只需用圆水准器粗略整平仪器，补偿器的灵敏元件就会在重力作用下，使水准尺上的影像或望远镜的十字丝相对移动，从而自动获得视线水平时的尺上读数。用这种仪器作业，可使读数精度更高，观测速度更快，这样就大大提高了水准测量成果的质量。

自动安平水准仪的使用与普通水准仪相似，只是不需要精平。操作过程也包括：安置仪器、粗平、瞄准、读数。目前大部分自动安平水准仪都设置了一个复位键，每次读数前都需要按一下该键，目的是检查自动安平装置是否起作用。

3. 电子水准仪

电子水准仪也称数字水准仪，它以自动安平水准仪为基础，是一种集电子、光学、图像处理、计算机技术于一体的自动化智能水准仪。图 6-10 为 DNA03 徕卡电子水准仪，其结构分别由基座、水准器、望远镜、操作面板和数据处理系统等组成。与传统仪器相比它有以下特点：(1) 用自动电子读数代替人工读数，不存在读错、记错问题，没有人为读数误差；(2) 精度高，多条码（等效为多分划）测量，削弱标尺分划误差，自动多次测量，削弱外界条件变化的影响；(3) 速度快、效率高，实现自动记录、检核、处理和存储，可实现内外业一体化。它使水准测量作业向自动化方向迈进了一大步。当采用普通水准尺时，该仪器又可当作普通光学水准仪使用。

图 6-10　DNA03 徕卡电子水准仪

电子水准仪的操作步骤同自动安平水准仪一样，分为粗平、照准、读数三步。

二、经纬仪

经纬仪的种类繁多，若按测角方式的不同，可分为光学经纬仪和电子经纬仪。按测角精度的不同，我国的经纬仪系列分为 DJ_{07}、DJ_1、DJ_2、DJ_6 等几个等级。D 和 J 分别是大地测量和经纬仪第一个汉语拼音的首字母，07、1、2、6 表示在水平方向测量一测回方向的观测中误差不超过的秒数（表 6-1）。

表 6-1　系列经纬仪及精度

型号	DJ_{07}	DJ_1	DJ_2	DJ_6
一测回方向中误差	±0.7″	±1″	±2″	±6″

经纬仪的主要功能是测量空间中两方向在大地水准面上投影的水平夹角；其次测量视准轴的竖直角；借助水准尺，利用十字丝分划板上的视距丝来测量两点间的水平距离和高差。

1. 光学经纬仪

1）光学经纬仪的构造

光学经纬仪的构造有以下装置：

（1）对中整平装置。用以将度盘中心（即仪器中心）安置在测站点的铅垂线上，并使度盘处于水平位置。

（2）照准装置。要有一个望远镜以照准目标，即建立方向线。且望远镜可上下旋转形成一个铅垂面，以保证照准同一铅垂面上的不同目标时，其在水平面上的投影位置不变。同时可以水平旋转，以保证不在同一铅垂面上的目标，在水平面上有不同的投影位置。

（3）读数装置。经纬仪的读数装置包括度盘、读数显微镜及测微器等。不同精度不同厂家的产品其基本结构是相似的，但测微机构及读数方法则差异很大。图 6-11、图 6-12是我国应用最为普遍的几种读数装置。

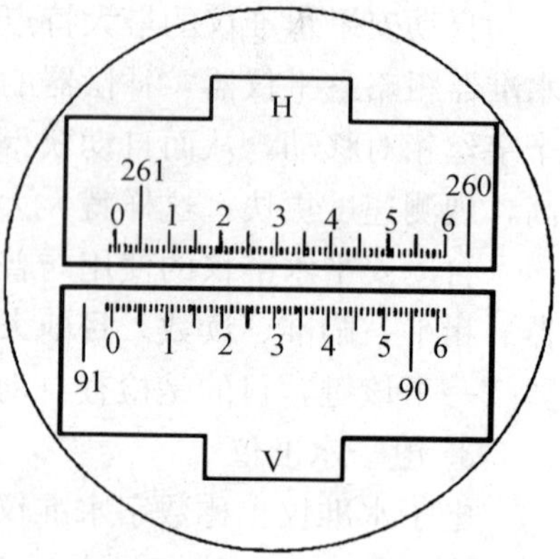

图 6-11　分微尺型读数窗视场图

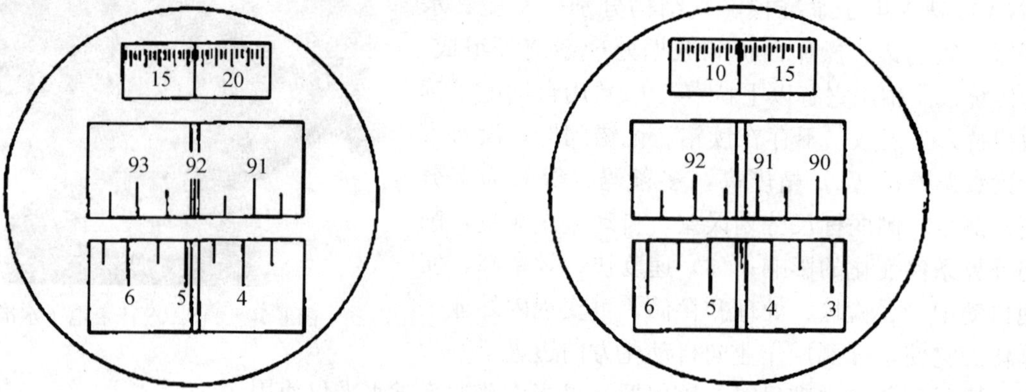

图 6-12　单平行玻璃测微器法读数窗视场

2）经纬仪的操作

经纬仪技术操作，主要包括仪器的对中、整平、照准、读数四项。其中，对中和整平是在测站点安置经纬仪的基本工作。所谓测站，即为安置仪器的点。

（1）对中。对中的目的是使仪器中心与测站点处于同一铅垂线上。根据仪器的结构，一般采用垂球对中，但大多数都采用光学对点器对中。对中的方法不在此赘述。

（2）整平。经纬仪整平的目的，乃是使竖轴居于铅垂位置，亦即水平度盘居于水平位置。整平通常是用三个脚螺旋来完成。

（3）照准。照准的目的是确定目标方向所在的位置并对目标进行读数。

（4）读数。读数的目的是读出目标方向所在度盘上的方向值。读数时，先将采光镜张开成适当角度，调节反光镜镜面，照亮读数窗。调节读数显微目镜的对光螺旋，使视场影像清晰，然后按测微装置类型和前述的读数方法读数。

3）DJ_2经纬仪

DJ_2光学经纬仪，简称J_2经纬仪。它的测量精度比DJ_6经纬仪高一个等级，可用于精密导线测量，三、四等三角测量和精密的工程测量。

DJ_2采用对径符合读数法，相当于利用度盘上相差180（的两个指标读数并求其平均值，可自动消除度盘偏心的影响并提高读数精度；其次，DJ_2经纬仪在读数显微镜中只能看到水平度盘或竖直度盘中的一种影像，读数时，需通过换像手轮选择所需要的度盘影像。

DJ_2读数方法，其读数显微镜视场如图6-13所示。中间小窗为度盘直径两端的影像，上面的小窗可读取度数及10′数，下面小窗即为测微分划尺影像。当旋转测微手轮，使中间小窗的上下刻划线对齐后，可从上面小窗读出度数及10′数，再从下面小窗的测微尺上读出不足10′的分、秒数。如图6-13（b）中的完整读数为32°24′34.0″。

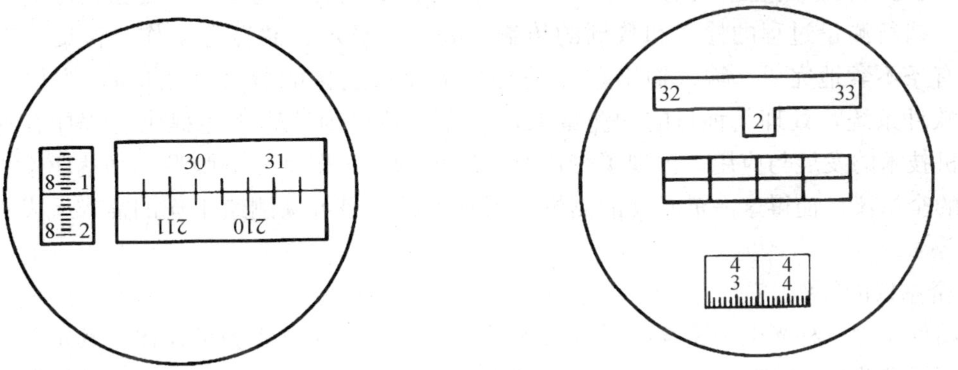

(a)　　(b)

图6-13　对径符合读数窗视场

在使用这种仪器时，读数显微镜不能同时显示水平度盘及竖直度盘的读数。在支架左侧有一个刻有横线的旋钮叫换像手轮。当横线水平时，所显示的是水平度盘读数；而横线竖直时，则显示的是竖直度盘读数。此外，读数时应打开水平度盘或竖直度盘各自的反光镜。

2. 电子经纬仪

电子经纬仪型号众多，有相同的特点如下：

1）仪器横轴和竖轴采用相同的合金钢制造的密珠式轴系，轴与轴套之间是螺旋形排列的滚珠，采用轻压过盈配合。其间隙为零，它的误差仅仅是加上形状误差，因此这样轴系具有精度高，温度影响小，低温转动灵活，抗震性能好，不易卡死，寿命长等特点，从而保证仪器的可靠性和稳定性；

2）光栅条数少（水平盘的光栅条数仅6480条），因此降低结构的技术要求，从而增大仪器的稳定性，提高仪器抗振能力；

3）具有自动修正功能，能修正仪器指标差、视准轴误差值和横轴误差，从而提高仪器精度；

4）电路板小，采用信号自动平衡数字电路，实现电调自动化，增强仪器可靠性；

5）耗电小，工作电流低；

6）采用激光对中，对中醒目、清晰，使用方便；

7）有全站仪操作功能。

三、全站仪

全站仪的全称是全站型电子速测仪，它是由光电测距仪、电子经纬仪和数据处理系统组成。它能在一个测站自动测距、测角并同时完成平距、斜距、高差、高程、坐标以及放样等方面的数据计算。

1. 全站仪的基本构造

全站仪由以下两大部分组成：

1）采集数据设备。主要有电子测角系统、电子测距系统、还有自动补偿设备等。

2）微处理机。是全站仪的核心部件。微处理机的主要功能是根据键盘指令启动仪器进行测量，执行测量过程的检核和数据的传输、处理、显示、储存等工作，保证整个光电测量工作有条不紊地完成。输入输出单元是与外部设备连接的装置（接口）。为便于测量人员设计软件系统，处理某种目的的测量工作，在全站仪的计算机还提供有程序存储器。随着计算机技术的发展与应用，出现了带内存、防水型、防爆型、电脑型、马达驱动型等等各种类型的全站仪，使得这一最常规的测量仪器越来越满足各项测绘工作的需求，发挥更大的作用。

2. 全站仪的等级

全站仪作为一种光电测距与电子测角和微处理器综合的外业测量仪器，其主要的精度指标为测距标准差 m_D 和测角标准差 m_β。仪器根据测距标准差，即测距精度，按国家标准，分为三个等级。标准差小于 5mm 为Ⅰ级仪器，大于 5mm 小于 10mm 为Ⅱ级仪器，大于 10mm 小于 20mm 为Ⅲ级仪器。

在全站仪设计中，对测距精度与测角精度的搭配一般遵循“等影响”原则，其精确度有 4 个档次的划分，见表 6-2。

表 6-2　全站仪的等级

等级	测角中误差	测距中误差
Ⅰ	$\lvert m_\beta\rvert\leqslant 1''$	$\lvert m_D\rvert\leqslant$5mm
Ⅱ	$1((\lvert m_\beta\rvert\leqslant 2''$	$\lvert m_D\rvert\leqslant$5mm
Ⅲ	$2((\lvert m_\beta\rvert\leqslant 6''$	5mm($\lvert m_D\rvert\leqslant$10mm
Ⅳ	$6((\lvert m_\beta\rvert\leqslant 10''$	5mm($\lvert m_D\rvert\leqslant$10mm

3. 全站仪的基本设置

全站仪基本参数设置可参照仪器使用说明书进行。以下是坐标测量时需进行的通用设置。

1）测量单位设置包括：距离单位是采用米制或者英尺，我国基本上都是采用米制；角度单位是采用 60 进制或者 10 进制；温度和气压单位设置。

2）地球曲率和大气折光改正设置。

3）棱镜常数设置和棱镜高设置。

4）仪器高设置。

5）测量结果显示方式的设置。

6）测量数据储存方式的设置。

7）测站点至目标点方位角设置。

8）测站点三维坐标设置。

4. 基本测量程序

1）自由设站

通过测量（角度、距离测量的任意组合）不超过五个已知点来自动计算所设站点的坐标、高程以及定向方位角。

2）偏心观测

分为：角度偏心、距离偏心、平面偏心和圆柱偏心测量。

3）放样

点位放样可以有四种不同的方式。三维放样元素由存储的待放样已知点和现场测站综合信息计算出来。

4）对边测量

该程序可以测定任意两点间的距离、方位角和高差。测量模式既可以是相邻两点之间的折线方式，也可以是固定一个点的中心辐射方式。

5）悬高测量

悬高测量用于测定不可接触点，如架空电线远离地面无法安置反射棱镜时，测定其悬高点的三维坐标。

6）面积测量

该程序用于测量计算闭合多边形的面积。可以用任意直线和弧线段来定义一个面积区域。弧线段由三个点或两点加一半径来确定。用于定义面积计算的点可以通过测量、数据文件导人或手工输入等方式来获得。程序通过图形显示可以查看面积区域的形状。

7）导线测量

利用方向和距离数据测量，该程序可以计算测站坐标。当导线闭合后，程序可以立即显示导线闭合差作为导线测量的野外检核。

8）竖直面测量

在一个铅垂面上进行某几何图形的测量工作。

四、全球定位系统

全球定位系统（GPS）是 NAVSTAR/GPS 的简称，全名为 Navigation System Timing and Ranging/Global Positioning System，即“授时、测距导航系统/全球定位系统”。

GPS 定位技术是利用空中的 GPS 卫星，向地面发射 L 波段的载频无线电测距信号，由地面上的用户接收机实时地连续接收，并依此计算出接收机天线相位中心所在的位置。因此，GPS 定位系统由以下三个部分组成：空间卫星部分（GPS 卫星星座）、地面监控系统（地面监控部分）、GPS 用户接收机（用户设备，信号接收处理部分）。

GPS 具有全天候、高精度、自动化、高效益等显著特点，应用于大地测量、工程测量、航空摄影测量、运载工具导航和管制、地壳运动监测、工程变形监测、资源勘察、地球动力学等多学科领域。

在工程测量方面，应用GPS静态相对定位技术，可以布设精密工程控制网，用于桥梁工程、隧道与地下工程、海洋与地铁贯通工程，以及精密设备安装工程等；布设变形监测控制网，用于城市和地面沉降监测、大坝变形监测、高层建筑变形监测等；应用GPS实时动态定位技术加密测图控制点，用于测绘地形图和施工放样。

GPS同其他导航系统相比，其主要特点包括：全球覆盖、自动化、精度高、实时三维动态定位、测速和定时、高效率、无用户数量限制。

第三节　施工控制测量

一、概述

控制测量的作用是限制测量误差的传播和积累，保证必要的测量精度，使整体设计的工程建筑物能分区施工放样。控制测量贯穿在工程建设的各阶段，控制测量分为平面控制测量和高程控制测量，平面控制测量确定控制点的平面位置（x，y），高程控制测量确定控制点的高程（H）。

1. 平面控制网

测量控制点平面位置（x，y）所进行的测量工作，称为平面控制测量。

平面控制网常规的布设方法有三角网、三边网、导线网、全球定位系统（GPS）控制网等。在目前，施工控制网的主要形式大都是导线或者导线网。

导线网是把相邻控制点连成直线而构成折线，依次测定各直线长度和转折角，再根据此起始数据计算各点的平面位置的测量方法，称为导线测量，此时的控制网叫作导线网，如图6-14。

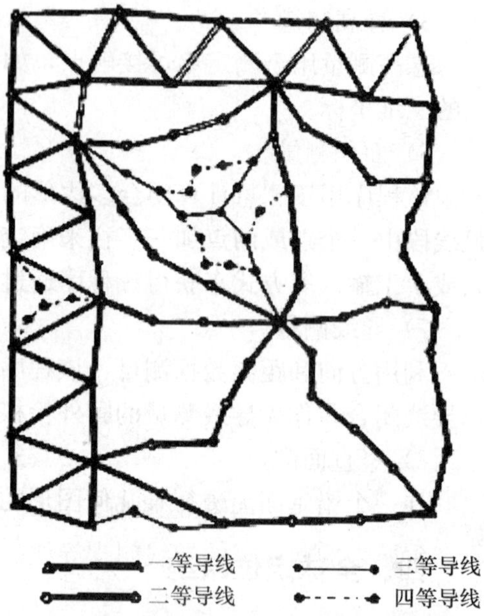

图6-14　导线网

2. 高程控制网

高程控制测量就是在测区布设高程控制点，即水准点，用精确方法测定它们的高程，构成高程控制网。高程控制测量的主要方法有：水准测量和三角高程测量。

3. 工程控制网

为了工程建设而布设的测量控制网称为工程控制网。按用途分为测图控制网、施工控制网和变形监测网三大类。其内容均包括平面控制网和高程控制网。国家均制定了相应的测量规范。

1）施工控制网

为了工程建（构）筑物的施工放样而布设的测量控制网称为施工控制网。分为场区控制网和建筑物控制网。

场区平面控制网的坐标系统应与工程设计所采用的坐标系统相同。根据场区的地形条件和建筑物的布置情况，场区平面控制网可布设成建筑方格网、导线网、三角网或三边网。场区高程控制网应布设成水准闭合环线、附合环线或结点网形，其精度应不低于三等水准网。

施工控制网的布设特点之一是，当工程的某一部分要求较高的定位精度时，在大的控制网内部需要建立较高精度的局部独立控制网。

2）变形监测网

为工程建筑物的变形观测布设的测量控制网称为变形监测网，主要有为沉降观测布设的高程控制网（水准网）和为位移观测布设的平面控制网。变形观测控制网多采用独立网，网形较小，观测精度要求高，并具有较多的多余观测值的特点。

二、平面控制测量

1. 导线测量

1）概述

导线是由若干条直线连成的折线。相邻两直线之间的水平夹角叫作转折角；这些控制点，称为导线点。

导线测量就是依次测定导线边的长度和各转折角，即可根据已知坐标方位角和已知坐标算出各导线点的坐标。按照测区的条件和需要，导线可以布置成下列几种形式：

（1）附合导线。布设在两已知点间的导线，称为附合导线。如图 6-15 所示，导线从一高级控制点 A 和已知方向 d_{AB} 出发，经过 1、2、3、4 点，最后附合到另一已知高级控制点 C 和已知方向 d_{CD}。此种布设形式，具有检核观测成果的作用。

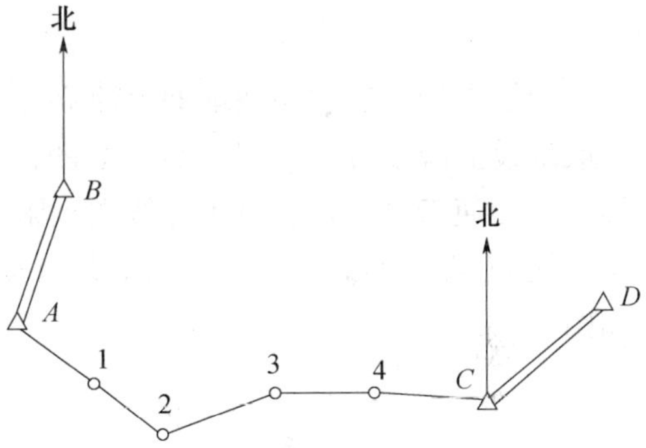

图 6-15　附合导线

（2）闭合导线。起讫于同一高级控制点，并形成一个闭合多边形的导线称为闭合导线。如图 6-16 所示，由一个已知控制点 A 出发，最后仍旧回到这一点，在闭合导线的已知控制点上必须有一条边的坐标方位角是已知的。

（3）支导线。如图 6-16 所示，从一个已知控制点 3 出发，既不附合到另一个控制点，也不回到原来的起始点的导线叫支导线。由于支导线没有检核条件，故测量规范中规定支导线一般不超过 2 个点。

2）导线测量外业

导线测量的外业包括踏勘选点、边长测量、角度测量和连接测量。

（1）踏勘选点。选点前，应尽可能收集测区及附近已有的高级控制点的有关数据和已有地形图，把收集的控制点和已知数据展绘到已有的地形图上。根据已知控制点的分布情况、测区的现状地形条件及测图或施工的需要等具体情况，在图上大致拟定控制网的形式，合理地选定导线点位置。预估控制网的精度，进行方案比选，确定最终方案。如果是施工控制网，还应尽可能考虑到日后施工放样时的便利性。最后确定导线点的实际位置。

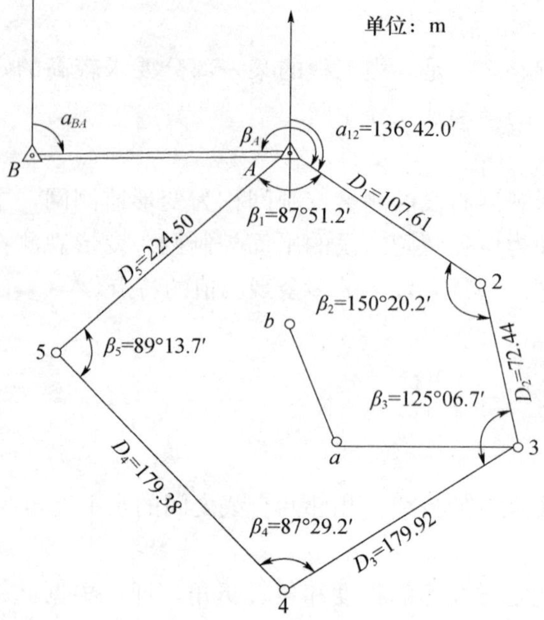

图 6-16　闭合导线

导线点选定后，应在地面上建立标志，并沿导线走向顺序编号。对一、二、三级导线点，一般埋设混凝土桩，如图 6-17。对图根导线点，通常用小木桩打入土中，桩顶钉一小钉作为标志。为便于寻找，应量出导线点到附近三个明显地物点的距离，并用红漆在明显地物上写明导线点的编号、距离，用箭头指明点位方向，绘一草图，注明尺寸，称为点之记，如图 6-18。

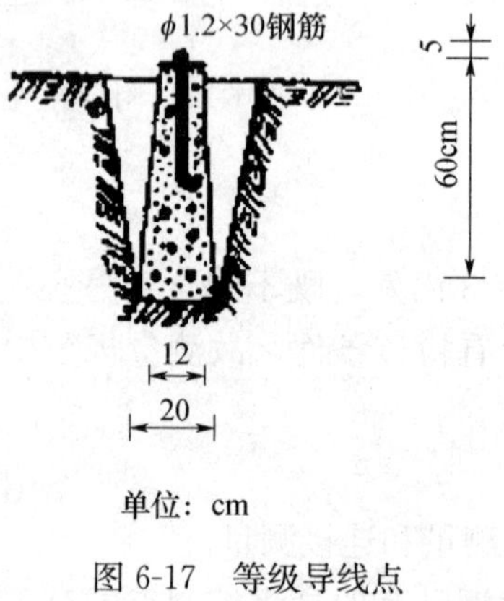

图 6-17　等级导线点

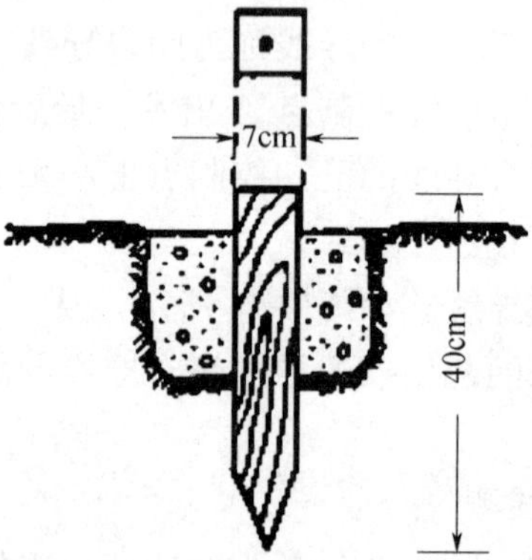

图 6-18　图根导线点

（2）边长测量。各级导线边长均可用电磁波测距仪测定，测量时要同时观测竖直角，以供倾斜改正之用。对一、二、三级导线，应在导线边一端测两个测回，或在两端各测一个测回，取其中值并加以大气改正；对于图根导线，只需在各导线边的一个端点上安置测距仪测定一个测回，并不需要进行大气改正。

（3）测角。用测回法施测导线左角（位于导线前进方向左侧的角）或右角（位于导线前进方向右侧的角)。一般在附合导线中，测量导线左角，在闭合导线中均测内角。若闭合导线按反时针方向编号，则其左角就是内角。图根导线，一般用J6级光学经纬仪测一个测回。若盘左、盘右测得角值的较差不超过40″，则取其平均值。

(4) 连接测量。测区内有国家高级控制点时，可与控制点联测推求方位角，包括测定连接角和连接边；当联测有困难时，也可采用罗盘仪测磁方位角或陀螺经纬仪测定方向。

3) 导线测量内业数据处理

导线测量内业数据处理的目的就是计算各导线点的坐标。

计算之前，应全面检查导线测量外业记录，数据是否齐全，有无记错、算错，成果是否符合精度要求，起算数据是否准确。然后绘制略图，并把各项数据注于图上相应位置。

三、高程控制测量

建立高程控制网的主要方法是水准测量。

1. 水准测量的技术要求

表 6-3　水准测量主要技术要求

等级	每公里高差中误差（mm）	路线长度（km）	水准仪的型号	水准尺	观测次数		往返较差、附合或环线闭合差	
					与已知点联测	附合路线或环线	平地（mm）	山地（mm）
二等	±2	—	DS_1	铟瓦	往返各一次	往返各一次	$\pm 4\sqrt{L}$	—
三等	±6	≤50	DS_1	铟瓦	往返各一次	往一次	$\pm 12\sqrt{L}$	$\pm 4\sqrt{n}$
			DS_3	双面		往返各一次		
四等	±10	≤16	DS_3	双面	往返各一次	往一次	$\pm 20\sqrt{L}$	$\pm 6\sqrt{n}$
五等	±15	—	DS_3	单面	往返各一次	往一次	$\pm 30\sqrt{L}$	—
图根	±20	≤5	DS_{10}	—	往返各一次	往一次	$\pm 40\sqrt{L}$	$\pm 12\sqrt{n}$

注：1. 结点之间或结点与高级点之间，其路线的长度不应大于表中规定的70%。
2. L 为往返测段、附合或闭合的水准路线长度，以 km 为单位；n 为测站数。
3. 表中的五等为行业标准。

2. 三、四等水准测量

三、四等水准测量，除用于国家高程控制网的加密外，还常用作小地区的首级高程控制，以及工程建设地区内工程测量和变形观测的基本控制。三、四等水准网应从附近的国家高一级水准点引测高程。一般应布设成闭合环线，然后用附合水准路线和结点网进行加密。只有在山区等特殊情况下，才允许布设支线水准。

工程建设地区的三、四等水准点的间距可根据实际需要决定，水准路线一般尽可能沿铁路、公路以及其他坡度较小、施测方便的路线布设。尽可能避免穿越湖泊、沼泽和江河地段。水准点应选在土质坚实、地下水位低、易于观测的位置。凡易受淹没、潮湿、震动和沉陷的地方，均不宜作水准点位置。长度一般在1～2km，应埋设普通水准标石或临时水准点标志。亦可利用埋石的平面控制点作为水准点。在厂区内则注意不要选在地下管线上，距离厂房或高大建筑物不小于25m，距振动影响区5m以外，距回填土边不小于5m。水准点选定后，应埋设水准标石和水准标志，并绘制点之记，以便日后查寻。

3. 一、二等水准测量

一、二等水准测量一般称为精密水准测量，在各项工程的不同建设阶段的高程控制测量中，极少进行一等水准测量，故在工程测量技术规范中，将水准测量分为二、三、四等三个等级，其精度指标与国家水准测量的相应等一致。

第四节　工业与民用建筑工程施工测量

一、工业与民用建筑施工测量规范要求

1. 场区平面控制网规范要求

场区平面控制网规范基本要求是：

1）施工测量前，应收集有关测量资料，熟悉施工设计图纸，明确施工要求，制定施工测量方案。

2）大中型的施工项目，应先建立场区控制网，再分别建立建筑物施工控制网；小规模或精度高的独立施工项目，可直接布设建筑物施工控制网。

3）场区控制网，应充分利用勘察阶段的已有平面和高程控制网。原有平面控制网的边长，应投影到测区的主施工高程面上，并进行复测检查。精度满足施工要求时，可作为场区控制网使用。否则，应重新建立场区控制网。

4）新建立的场区平面控制网，宜布设为自由网。控制网的观测数据，不宜进行高斯投影改化，可将观测边长归算到测区的主施工高程面上。

新建场区控制网，可利用原控制网中的点组（由三个或三个以上的点组成）进行定位。小规模场区控制网，也可选用原控制网中一个点的坐标和一个边的方位进行定位。

5）建筑物施工控制网，应根据场区控制网进行定位、定向和起算；控制网的坐标轴，应与工程设计所采用的主副轴线一致；建筑物的±0 高程面，应根据场区水准点测设。

6）控制网点，应根据设计总平面图和施工总布置图布设，并满足建筑物施工测设的需要。

2. 建筑物施工放样的精度要求

1）建筑物施工放样，应具备下列资料：

（1）总平面图。

（2）建筑物的设计与说明。

（3）建筑物的轴线平面图。

（4）建筑物的基础平面图。

（5）设备的基础图。

（6）土方的开挖图。

（7）建筑物的结构图。

（8）管网图。

（9）场区控制点坐标、高程及点位分布图。

2）放样前，应对建筑物施工平面控制网和高程控制点进行检核。

3）测设各工序间的中心线，宜符合下列规定：

（1）中心线端点，应根据建筑物施工控制网中相邻的距离指标桩以内分法测定。

(2) 中心线投点，测角仪器的视线应根据中心线两端点决定；当无可靠校核条件时，不得采用测设直角的方法进行投点。

4) 在施工的建（构）筑物外围，应建立线板或轴线控制桩。线板应注记中心线编号，并测设标高。线板和轴线控制桩应注意保存。必要时可将控制轴线标示在结构的外表面上。

5) 建筑物施工放样，应符合下列要求：

(1) 建筑物施工放样、轴线投测和标高传递的偏差，不应超过表 6-4 的规定。

(2) 施工层标高的传递，宜采用悬挂钢尺代替水准尺的水准测量方法进行，并应对钢尺读数进行温度、尺长和拉力改正。

传递点的数目，应根据建筑物的大小和高度确定。规模较小的工业建筑或多层民用建筑，宜从 2 处分别向上传递，规模较大的工业建筑或高层民用建筑，宜从 3 处分别向上传递。

传递的标高较差小于 3mm 时，可取其平均值作为施工层的标高基准，否则，应重新传递。

表 6-4　建筑物施工放样、轴线投测和标高传递的允许偏差

项目	内容		允许偏差（mm）
基础桩位放样	单排桩或群桩中的边桩		±10
	群桩		±20
各施工层上放线	外廓主轴线长度 L（m）	$L\leqslant30$	±5
		$30<L\leqslant60$	±10
		$60<L\leqslant30$	±15
		$90<L$	±20
	细部轴线		±2
	承重墙、梁、柱边线		±3
	非承重墙边线		±3
	门窗洞口线		±3
轴线竖向投测	每　层		3
	总高 H（m）	$H\leqslant30$	5
		$30<H\leqslant60$	10
		$60<H\leqslant90$	15
		$90<H\leqslant120$	20
		$120<H\leqslant150$	25
		$150<H$	30
标高竖向传递	每　层		±3
	总高 H（m）	$H\leqslant30$	±5
		$30<H\leqslant60$	±10
		$60<H\leqslant90$	±15
		$90<H\leqslant120$	±20
		$120<H\leqslant150$	±25
		$150<H$	±30

（3）施工层的轴线投测，宜使用2″级激光经纬仪或激光铅直仪进行。控制轴线投测至施工层后，应在结构平面上按闭合图形对投测轴线进行校核。合格后，才能进行本施工层上的其他测设工作；否则，应重新进行投测。

（4）施工的垂直度测量精度，应根据建筑物的高度、施工的精度要求、现场观测条件和垂直度测量设备等综合分析确定，但不应低于轴线竖向投测的精度要求。

（5）大型设备基础浇筑过程中，应及时监测。当发现位置及标高与施工要求不符时，应立即通知施工人员，及时处理。

6）结构安装测量的精度，应分别满足下列要求：

（1）柱子、桁架和梁安装测量的偏差，不应超过表6-5的规定。

（2）构件预装测量的偏差，不应超过表6-6的规定。

（3）附属构筑物安装测量的偏差，不应超过表6-7的规定。

7）设备安装测量的主要技术要求，应符合下列规定：

（1）设备基础竣工中心线必须进行复测，两次测量的较差不应大于5mm。

（2）对于埋设有中心标板的重要设备基础，其小心线应由竣工中心线引测，同一中心标点的偏差不应超过±1mm。纵横中心线应进行正交度的检查，并调整横向中心线。同一设备基准中心线的平行偏差或同一生产系统的中心线的直线度应在±1mm以内。

表6-5　柱子、桁架和梁安装测量的允许偏差

测量内容		允许偏差（mm）
钢柱垫板标高		±2
钢柱±0标高检查		±2
混凝土柱（预制）±0标高检查		±3
柱子垂直度检查	钢柱牛腿	5
	柱高10m以内	10
	柱高10m以上	$H/1000$ 且≤20
桁架和实腹梁、桁架和钢架的支承结点间相邻高差的偏差		±5
梁间距		±3
梁面垫板标高		±2

表6-6　构件预装测量的允许偏差

测量内容	测量的允许偏差（mm）
平台面抄平	±1
纵横中心线的正交度	$\pm 0.8\sqrt{l}$
预装过程中的抄平工作	±2

注：l为自交点起算的横向中心线长度的米数。长度不足5m时，以5m计。

表6-7　附属构筑物安装测量的允许偏差

测量项目	测量的允许偏差（mm）
栈桥和斜桥中心线的投点	±2
轨面的标高	±2

续表

测量项目	测量的允许偏差（mm）
轨道跨距的丈量	±2
管道构件中心线的定位	±5
管道标高的测量	±5
管道垂直度的测量	H/1000

注：*H* 为管道垂直部分的长度（mm）。

(3) 每组设备基础，均应设立临时标高控制点。对于一般的设备基础，其标高偏差应在±2mm 以内；对于与传动装置有联系的设备基础，其相邻两标高控制点的标高偏差应在±1mm 以内。

8）填筑及混凝土建筑物轮廓点的施工放样偏差，不应超过表 6-8 的规定。

9）建筑物混凝土浇筑及预制构件拼装的竖向测量偏差，不应超过表 6-9 的规定。

10）水工建筑物附属设施安装测量的偏差，不应超过表 6-10 的规定。

二、工业厂房施工测量

1. 建筑基线测设

1）建筑基线的形式

表 6-8　填筑及混凝土建筑物轮廓点施工放样的允许偏差

建筑材料	建筑物名称	允许偏差（mm）	
		平面	高程
混凝土	主坝、厂房等各种主要水工建筑物	±20	±20
	各种导墙及井、洞衬砌	±25	±20
	副坝、围堰心墙、护堤、护坡、挡墙等	±30	±30
土石料	碾压式坝〔堤）边线、心墙、面板堆石坝等	±20	±30
	各种坝（堤）内设施定位、填料分界线等	±20	±50

注：允许偏差是指放样点相对于邻近控制点的偏差。

表 6-9　建筑物竖向测量的允许偏差

工程项目	相邻两层对接中心线的相对允许偏差（mm）	相对基础中心线的允许偏差（mm）	累计偏差（mm）
厂房、开关站等的各种构架、立柱	±3	*H*/2000	±20
闸墩、栈桥墩、船闸、厂房等侧墙	±5	*H*/1000	±30

注：*H* 为建（构）筑物的高度（mm）。

表 6-10　水工建筑物附属设施安装测最的允许偏差

设备种类	细部项目	允许偏差（mm）		备　注
		平面	高程（差）	
压力钢管安装	始装节管口中心位置	±5	±5	相对钢管轴线和高程基点
	有连接的管口中心位置	±10	±10	
	其他管口中心位置	±15	±15	

续表

设备种类	细部项目	允许偏差（mm）		备　注
		平面	高程（差）	
平面闸门安装	轨间间距	−1～+4	—	相对门槽中心线
弧形门、人字门安装	—	±2	±3	相对安装轴线
天车、起重机轨道安装	轨距	±5	—	
	平行轨道相对高差	—	±10	一条轨道相对于另一条轨道
	轨道坡度	—	$L/1500$	

注：1. L 为天车、起重机轨道长度（mm）。

2. 垂直构件安装，同一铅垂线上的安装点点位中误差不应大于±2mm。

建筑基线的布置也是根据建筑物的分布、场地的地形和原有控制点的状况而选定的。建筑基线应靠近主要建筑物，并与其轴线平行，以便采用便利的方法进行测设。根据建筑物的分布和地形状况，建筑基线可布设成三点直线形、三点直角形、四点丁字形、五点十字形等多种形式，如图 6-19 所示。

为了便于检查建筑基线点位有无变动，基线点的数目应不少于三个。

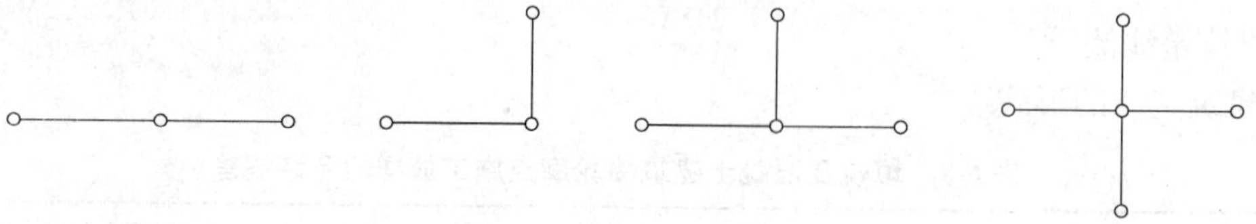

图 6-19　建筑基线形式

2）建筑基线的测设

根据建筑物的设计坐标和附近已有的测量控制点，在图上选定建筑基线的位置，求解测设数据，并在地面上测设出来。如图 6-20所示，根据测量控制点 1、2，用极坐标法分别测设出 A、O、B 三点，然后把经纬仪或全站仪安置在 O 点，观测∠AOB 是否等于 90°，其不符值不应大于±24″。丈量 OA、OB 距离，分别与设计距离相比较，其不符值不应大于 1/1000。否则，应进行必要的点位调整。

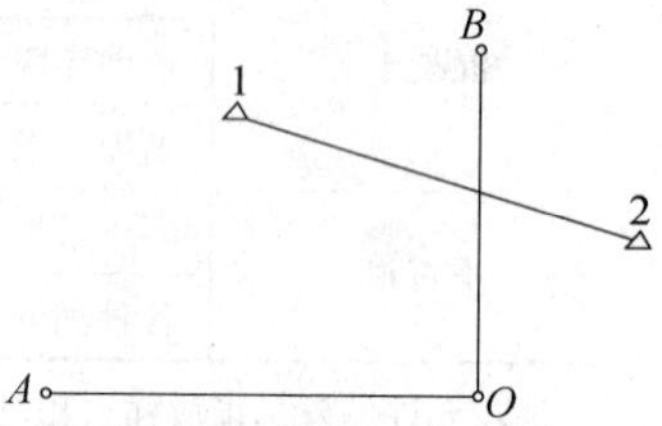

图 6-20　建筑基线测设

2. 工业厂房柱列轴线的测设和柱基施工测量

工业厂房的特点是柱子多、轴线多，施工精度要求高。

1）柱列轴线的测设

如图 6-21 所示，A、B、C 和①、②、③、…、⑨等轴线均为柱列轴线。它是按厂房跨距和柱子间距，以距离指示桩的形式交会于实地，定出各轴线控制桩的位置，并打入大木桩，钉上小钉，作为测设基坑和施工安装的依据。其中各指示桩是在室内根据现场的实际情况和轴线的几何位置选择一个距离计算该点的坐标。用极坐标测设方法测设于实地。现场用十字交会法就可定出该柱基的位置。

2）柱基的测设

（1）柱基定位

柱基定位就是根据基础平面图和基础大样图的有关尺寸，把基坑开挖的边线用白灰标示出来以便挖坑。测设时，用控制点放出柱基轴线指示桩 AA 和 55，如果距离远就在指示桩上安置两台经纬仪交会出各柱基的定位点（即指示轴线的交点）。按照基础施工大样图的有关尺寸，放出基坑开挖边线，用白灰线标明开挖范围。并在离柱基开挖线外 0.5～1.0m 处打四个定位小木桩（图 6-22），钉上小钉，作为修坑及立模板的依据。

（2）基坑高程测设

当基坑挖到离坑底设计高程 0.3～0.5m 处时，应在坑壁四周设置几个水平桩，如图 6-23 所示，作为基坑清底的高程依据。基坑挖到设计标高后，还应在基坑内测设出垫层的高程，即在坑底设置垫层标高桩，使桩顶面高程恰好等于垫层的设计高程。

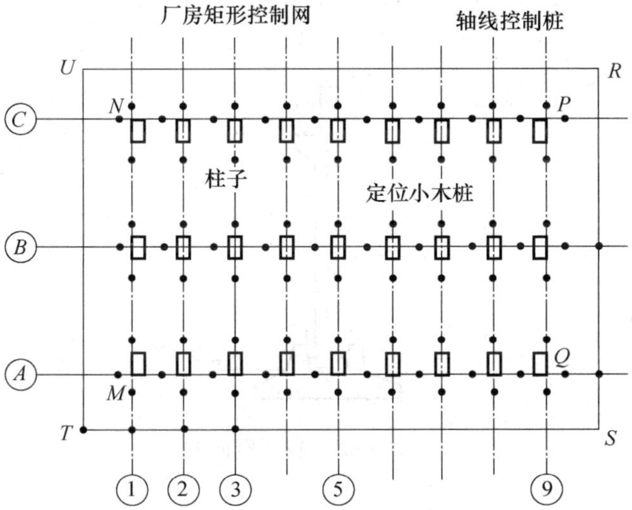

图 6-21　柱列轴线测设

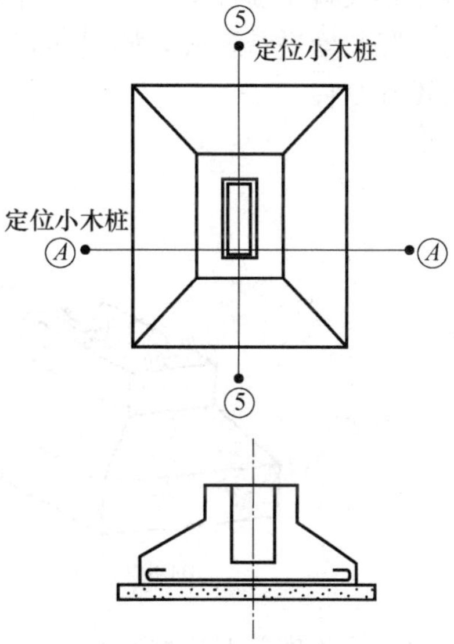

图 6-22　柱基测设

（3）基础模板定位

打好垫层之后，根据坑边相对的定位小木桩，拉线、吊垂球把柱基轴线投测到垫层上，作为柱基立模板和布置基础钢筋网的依据。立模板时，将模板底的定位线对准垫层上的定位线，并用垂球检查模板是否竖直。最后将柱基顶面标高线测设在模板内壁上。

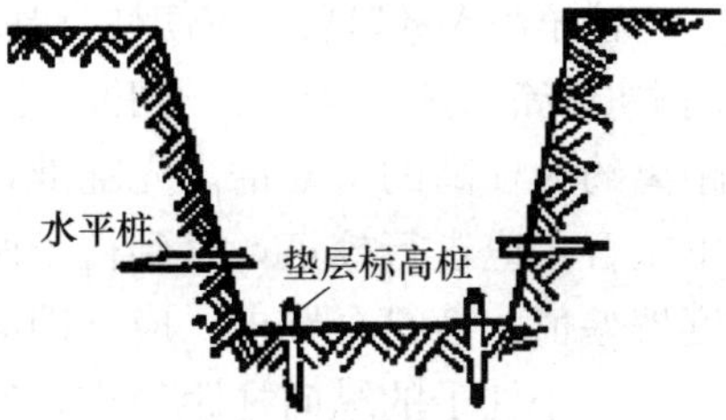

图 6-23　基坑高程测设

3. 工业厂房构件的安装测量

装配式工业厂房主要由柱、吊车梁、屋架、天窗架和屋面板等主要构件组成。在吊装每个构件时，有绑扎、起吊、就位、临时固定、校正和最后固定等几道操作工作。下面主要介绍柱子、吊车梁及吊车轨道等构件在安装时的测量工作。

1）柱子安装测量

（1）柱子安装的精度要求

满足表 6-5 的要求：

① 柱脚中心线应对准柱列轴线，允许偏差为±5mm；

② 牛腿面的高程应和设计高程一致，其误差不应超过：柱高在 5m 以下为±5mm；柱高在 5m 以上为±8mm；

③ 柱的全高竖向允许偏差为1×1000×柱高，但不应超过20mm。

(2) 吊装前的准备工作

柱基拆模后，应将柱基轴线投测到杯口顶面，并用红漆标记；还要在杯口内壁设置标高线▼（图6-24），该线离杯底设计高程为一整分米数，作为杯底找平的依据。柱子吊装前，在柱子的三个侧面弹出柱中心线，在中心线上、中、下三处，用红漆画▲标志，供安装校正使用。

(3) 柱子的检查与杯底找平

通常还应进行柱长检查与杯底找平。为了保证吊装后柱子牛腿面符合设计高程 H_2，必须使杯底高程 H_1 加上柱底到牛腿面的设计长度 l 等于 H_2（图6-25），为此，根据 H_2 沿柱子中心线用钢尺自牛腿面量至杯口内标高线（如－0.600m），并以该线到柱底的实际长度和到杯底的实际长度进行比较，确定杯底的找平厚度，用1：2水泥砂浆在杯底进行找平，使牛腿面符合设计高程。

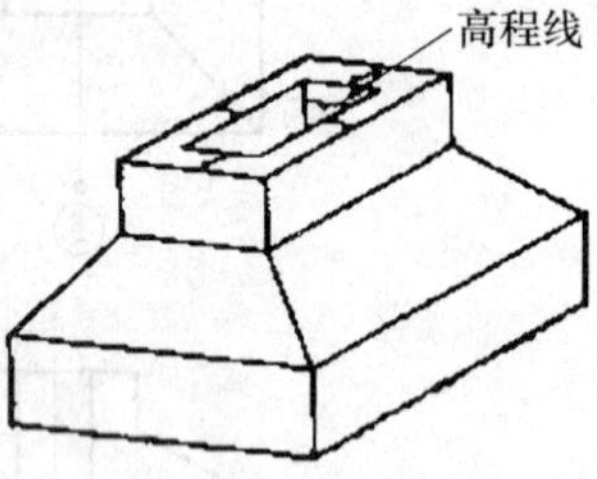

图6-24　杯口

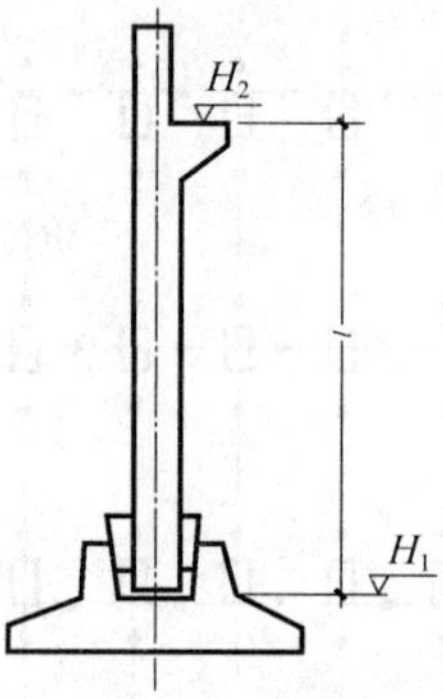

图6-25　柱子竖向图

(4) 柱子安装时底竖直校正

柱子竖直校正

柱子吊入杯口后，应使柱身基本竖直，柱子中心线对准杯型基础中心线，偏差不超过5mm，用木模或钢模初步固定。校正时用两台经纬仪分别安置在柱基纵横轴线附近（如图6-26），离柱子距离约为柱高的1.5倍。先瞄准柱子底部中心线，固定照准部，再仰视柱子顶部中心线。如不重合，应进行校正，直到柱子两个侧面中心线都竖直为止。柱子校正后，应实测柱子垂直度偏差值，若符合要求，应立即灌浆，固定柱子的位置。

由于柱子的纵向柱距很小，通常把仪器安置在纵向的一侧，在此方向上，安置一次仪器可校正数根柱子，如图6-27所示。

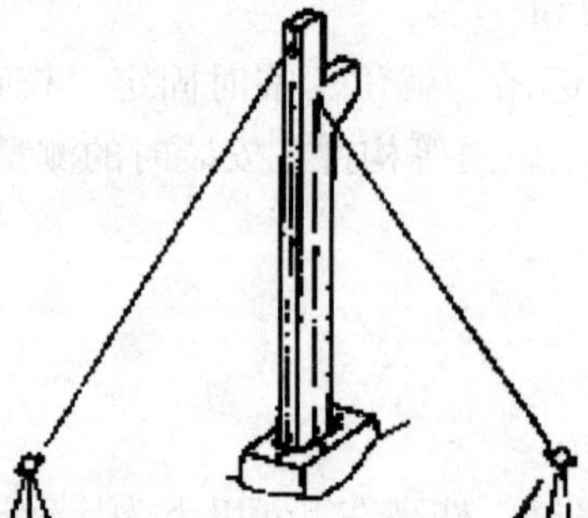

图6-26　柱子竖直校正

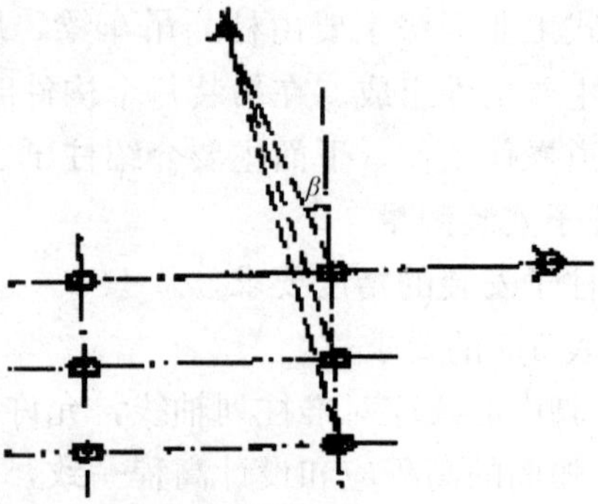

图6-27　柱子校正

（5）柱子安装测量时注意事项

① 柱子安装测量前应认真仔细做好准备工作，如认真熟悉图纸，构件的检查与清理等。

② 要认真仔细做好柱子的弹线（中心线、安装线）及其标志。

③ 柱子安装就位后，临时固定应牢固。用经纬仪校正法校正柱子垂直度时，仪器事先应经过严格检校。仪器离开校正柱子的水平距离不宜小于柱高的 1.5 倍。初步校正后，要将视线再次照准柱子底部中线（校正线），进行复测，当纵、横轴线两个方向都不超过允许误差时，才能作最后固定。应及时浇灌混凝土，以防柱子发生倾斜。

④ 由于阳光照射，柱子有阴阳面，由于温度影响，柱子将向阴面弯曲，因此，柱子垂直校正测量宜选择阴天、清晨、黄昏等时间进行校正。

⑤ 在实际工作中，常把成排的柱子都竖起来，然后一起进行校正测量，此时应注意柱子上的中心标点或中心墨线必须在同一平面上，经纬仪才可以安置于纵、横轴线方向的一侧，否则，仪器必须安置在纵横轴线方向（中心线）上。

⑥ 柱子立好校正后，上端为自由端，在吊装上部构件时要避免以柱子为支点强行撬拔，以防柱身倾斜，另外柱子也不宜向厂房外侧倾斜，否则，屋架受力后下弦杆增长，会增大柱子的倾斜度。

2）吊车梁及吊车轨道的安装测量

（1）吊车梁的安装

测量安装前先弹出吊车梁顶面中心线和吊车梁两端中心线，再将吊车轨道中心线投到牛腿面上。其步骤是［图 6-28（a）］：根据厂房中心线 A1A1 和设计轨距在地上测设出吊车轨道

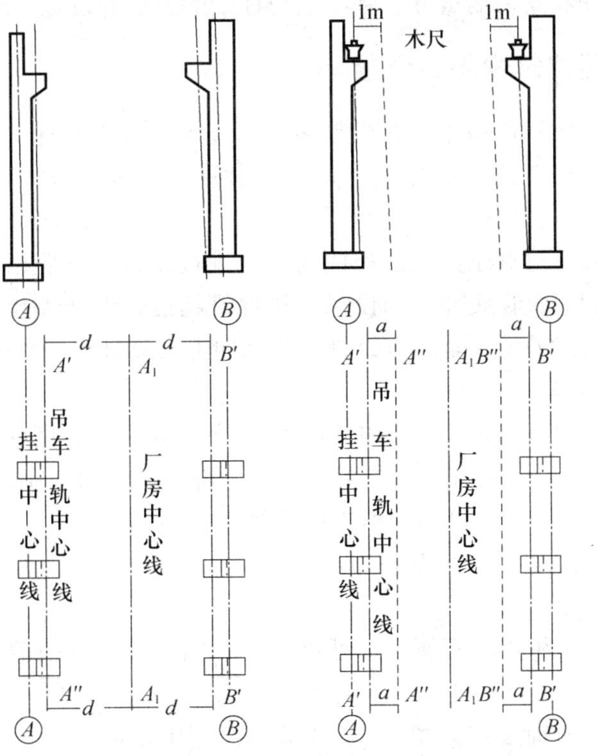

(a)　　(b)

图 6-28　吊车梁的安装

中心线 $A'A'$ 和 $B'B'$。然后分别在 A' 和 B' 点安置经纬仪，将吊车轨道中心线投测到每根柱子的牛腿面上并弹出墨线。根据牛腿面上的中心线和梁端中心线将吊车梁安装在牛腿上。

吊车梁安装完后应检查吊车梁面的高程。用水准仪在柱子侧面测设＋50cm 的标高线，再用钢尺从该线向上量出至梁面的高度，在梁下用铁垫板调整梁面高程，使之符合设计要求。

（2）吊车轨道安装测量

安装前，须先对梁上中心线进行检测，此项检测多用平行线法。如图 6-28（b）所示，首先，在地面上吊车轨道中心向厂房中心线方向量出长度 a（1m），得平行线 $A'A'$ 和 $B'B'$。然后安装经纬仪于平行线一端两端的 A' 上，瞄准另一端点，固定照准部，仰起望远镜投测。此时另一个人在梁上移动横放的木尺，当视线正对准尺上一米刻划时，尺的零点应与梁面上的中线重合。如不重合应予改正，可用撬杠移动吊车梁，使吊车梁中线至 $A'A'$ 或 $B'B'$ 的间距等于 1m 为止。

安装就位后，将水准仪安置在吊车梁上，每隔 3m 将水准尺竖立在轨顶上检测轨道高程，与设计高程之差不得超过±3mm 以内。还要用钢尺检查两吊车轨道间跨距，与设计跨距之差不得超过±5mm。

3）屋架的安装测量

屋架形式有三角形、梯形、拱形、多腹杆及折线形等，按结构材料划分为钢屋架、钢筋混凝土屋架、预应力钢筋混凝土屋架及组合屋架等。虽然屋架几何形状和结构材料不同、跨度不同等，但吊装过程和安装测量方法基本上与柱子的方法和过程一致。

三、多层与高层建筑物施工测量

多层与高层建筑物的特点是建筑物层数多、高度大，施工场地一般较为狭窄。因此，高层建筑物施工测量的主要任务是控制竖向偏差，严格控制不同层次的轴线定位和高程。

高层建筑物基础定位轴线的测设，可采用工业厂房控制网和柱列轴线的测设方法进行。在基础工程完工后，应及时对原指示桩和柱列轴线进行复核，然后根据轴线控制桩，用经纬仪将轴线精确地投测到建筑物底部。测设时必须保证精度，严防差错。在条件允许时，可将主要轴线延长到建筑物以外的安全地方设桩，作为向上投测轴线的依据。

1. 经纬仪引桩投测法

如图 6-29（a）所示，设 cc'、$33'$ 为中心轴线，在离建筑物高度约 1.5 倍以上位置处建立轴线控制桩 c、c'、3、$3'$，并在桩上安置经纬仪，严格对中整平，用正倒镜分中法将墙脚上已弹出的轴线标志 a、a'、b、b' 投测到第二层楼板上，定出 a_1、a'_1、b_l、b'_1 点，然后按 a_1、a'_1、b_l、b'_1 定出 $a_1a'_1$、$b_lb'_1$ 的交点 O'，再以 $a_1O'a'_1$ 和 $b_lO'b'_1$ 为准在楼面上测设其他轴线。同法依次逐层向上投测。

当楼房逐渐增高，引桩投测不便时，可将原中心轴线控制桩引测到更远处，或附近大楼顶上，如图 6-29（b）所示。为此，将经纬仪安置于（如第 10 层）已投测的点 b_{10}、b'_{10} 和 a_{10}、a'_{10} 上，瞄准原有的轴线控制桩 c、c' 和 3、$3'$，用正倒镜分中法将轴线引测定出，如图 6-29（b）中的 C_1、c'_1 控制指示桩。更高的各层轴线可将经纬仪安置在新的引桩上，按上述方法继续进行投测。

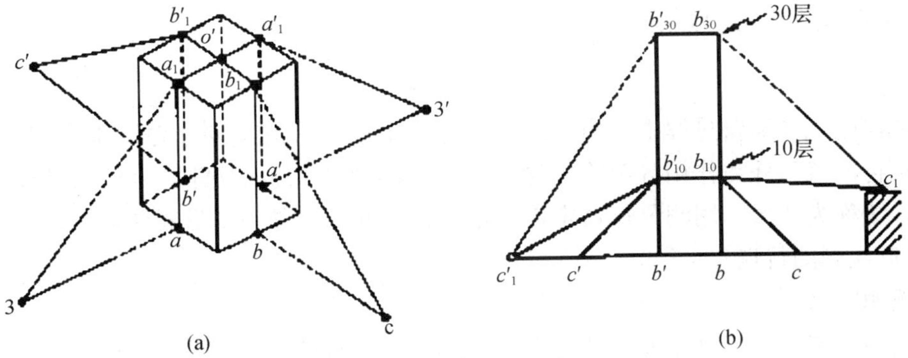

图 6-29 经纬仪引桩投测法

2. 激光准直仪投测法

激光准直仪是一种将激光束导至铅垂位置而用于竖向准直的专用定位仪器，它操作方便，竖向投测精度高、速度快，能满足高层建筑铅直定位测量的需要。图 6-30 激光准直仪的竖轴为一空心筒轴，两端有螺扣连接发射望远镜和激光器套筒。若发射望远镜装在筒轴的上端，即构成向上发射的激光准直仪，反之，则构成向下发射的激光准直仪。

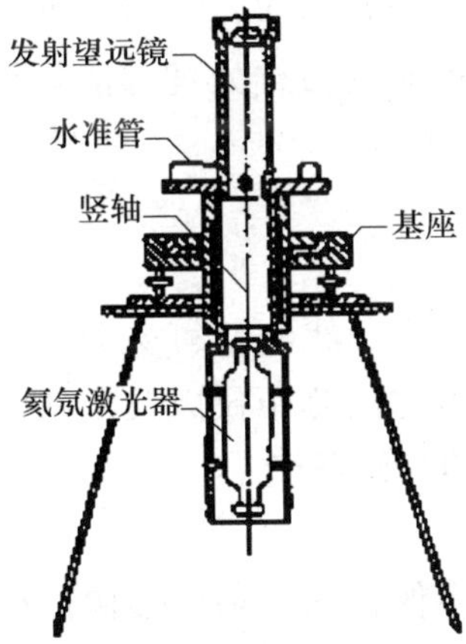

图 6-30 激光准直仪投点

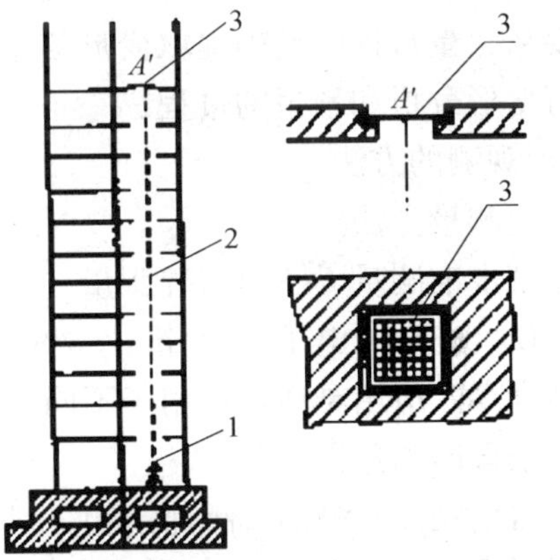

图 6-31 底层轴线投射

为使底层轴线交点直接向上投测到顶层，在每层楼板的投测点处，均应预留直径约 200mm 的孔洞。如图 6-31 所示，A 为底层轴线投测点，1 为激光准直仪，2 为激光束，3 为接收靶，A'为光斑投射点。投测时，首先在 A 点安置激光准直仪（严格对中、整平），接通电源，向上发射激光束穿过各楼层预留孔，在施工层楼板预留孔上放置的接收靶上显示出激光光斑 A'，此光斑在接收靶上的位置，即为底层轴线投测点 A 的铅垂投影位置。

3. 高层建筑的高程传递

高层建筑物的底层室内地坪±0 标志，可依据建筑场地附近的水准点来测设。±0 以上各层的高程一般采用钢尺直接丈量的方法，先用水准仪在墙上测设出＋1m 的标高线，然后从标高线起用钢尺沿建筑物外墙、边柱或楼梯口向上丈量。一幢高层建筑物至少要由三个底层标高点向上传递高程。由下层传递上来的同一层几个标高点，必须用水准仪进行校核。

四、建筑物的变形观测

1. 概述

建筑物在施工和运营过程中，由于地质条件和土壤性质的不同、地下水位和大气温度的变化、建筑物荷载和外力作用等影响，导致建筑物随时间发生的沉降、位移、挠曲、倾斜及裂缝现象，统称为变形。用测量仪器定期测定建筑物变形，称为变形观测。

1）变形观测的特点

（1）观测精度高

由于变形观测的结果直接关系到建筑物的安全，影响对变形原因和变形规律的正确分析，观测必须具有较高的精度。变形观测的精度要求，取决于该工程建筑物预计允许变形值的大小和进行观测的目的。

（2）重复观测量大

建筑物由于各种原因产生的变形都具有时间效应。计算变形量最基本的方法是计算建筑物上同一点在不同时间的坐标差和高程差。这就要求变形观测必须依一定的时间周期进行重复观测。重复观测的频率取决于观测的目的、预计的变形量大小和变形速率。

（3）数据处理严密

建筑物的变形一般都较小，甚至与观测精度处在同一个数量级；同时，重复观测的数据量较大。要从大量数据中精确提取变形信息，必须采用严密的数据处理方法。数据处理的过程也是进行变形分析和预报的过程。

2）变形观测的方法

（1）常规测量方法

包括精密水准测量、三角高程测量、三角（边）测量、导线测量、交会法等。测量仪器主要有经纬仪（光学、电子）、水准仪（光学、电子）、电磁波测距仪以及全站仪等。这类方法的测量精度高，应用灵活，适用于不同变形体和不同的工作环境。

（2）近景摄影测量方法

该法不需接触被监测的工程建筑物，只采集对象的影像资料，利用影像资料进行变形分析，加之摄影影像的信息量大，利用率高。外业工作量小，观测时间短，可获取快速变形过程，可同时确定工程建筑物上任意点的变形。数字摄影测量和实时摄影测量为该技术在变形观测中的应用开拓了更好的前景。

（3）特殊测量方法包括各种准直测量法（如激光准直仪）、挠度曲线测量法（测斜仪观测）、液体静力水准测量法和微距离精密测量法（如铟瓦线尺测距仪）等。这些方法可实现连续自动监测和遥测，且相对精度高，但测量范围不大，提供局部变形信息。

（4）空间测量技术

包括甚长基线干涉测量（VLBI）、卫星测高、全球定位系统（GPS）等。空间测量技术先进，可以提供大范围的变形信息，是研究地球板块运动和地壳形变等全球性变形的主要手段。全球定位系统（GPS）已成功应用于山体滑坡监测，高精度 GPS 实时动态监测系统实现了对大坝全天候、高频率、高精度和自动化的变形监测。

2. 变形观测的技术要求

1）工业与民用建筑变形监测项目，应根据工程需要按表 6-11 选择。

表 6-11　工业与民用建筑变形监测项目

项目		主要监测内容		备注
场地		垂直位移		建筑施工前
基坑	支护边坡	不降水	垂直位移	不回填
			水平位移	
		降水	垂直位移	降水期
			水平位移	
			地下水位	
	基坑	基坑回弹		基坑开挖期
		分层地基土沉降		主体施工期、竣工初期
		地下水位		降水期
建筑物	基础变形	基础沉降		主体施工期、竣工初期
		基础倾斜		
	主体变形	水平位移		竣工初期
		主体倾斜		
		建筑裂缝		发现裂缝初期
		日照变形		竣工后

2）拟建建筑场地的沉降观测应在建筑施工前进行。变形观测可采用四等监测精度，点位间距宜为 30～50m。

3）基坑的变形监测，应符合下列规定：

（1）基坑变形监测的精度不宜低于三等。

（2）变形观测点的点位，应根据工程规模、基坑深度、支护结构和支护设计要求合理布设。普通建筑基坑，变形观测点点位宜布设在基坑的顶部周边，点位间距以 10～20m 为宜；较高安全监测要求的基坑，变形观测点点位宜布设在基坑侧壁的顶部和中部；变形比较敏感的部位，应加测关键断面或埋设应力和位移传感器。

（3）水平位移监测可采用极坐标法、交会法等；垂直位移监测可采用水准测量方法、电磁波测距三角高程测量方法等。

（4）基坑变形监测周期，应根据施工进程确定。当开挖速度或降水速度较快引起变形速率较大时，应增加观测次数；当变形量接近预警值或有事故征兆时，应持续观测。

（5）基坑开始开挖至回填结束前或在基坑降水期间，还应对基坑边缘外围 1～2 倍基坑深度范围内或受影响的区域内的建（构）筑物、地下管线、道路、地面等进行变形监测。

4）对于开挖面积较大、深度较深的重要建（构）筑物的基坑，应根据需要或设计要求进行基坑回弹观测，并符合下列规定：

（1）基坑回弹变形观测点，宜布设在基坑的中心和基坑中心的纵横轴线上能反映回弹特征的位置；轴线上距离基坑边缘外 2 倍坑深处，也应设置回弹变形观测点。

（2）观测标志，应埋入基底面下 10～20cm。其钻孔必须垂直，并应设置保护管。

（3）基坑回弹变形观测精度等级，宜采用三等。

（4）回弹变形观测点的高程，宜采用水准测量方法，并在基坑开挖前、开挖后及浇灌基础前，各测定 1 次。对传递高程的辅助设备，应进行温度、尺长和拉力等项修正。

5）重要的高层建筑或大型工业建（构）筑物，应根据工程需要或设计要求，进行地基土的分层垂直位移观测，并符合下列规定：

（1）地基土分层垂直位移观测点位，应布设在建（构）筑物的地基中心附近。

（2）观测标志埋设的深度，最浅层应埋设在基础底面下 50cm；最深层应超过理论上压缩层厚度。

（3）观测标志，应由内管和保护管组成，内管顶部应设置半球状的立尺标志。

（4）地基土的分层垂直位移观测宜采用三等精度，且应在基础浇灌前开始。

6）地下水位监测，应符合下列规定：

（1）监测孔（井）的布设，应顾及施工区至河流（湖、海）的距离、施工区地下水位、水域水位等因素。

（2）监测孔（井）的建立，可采用钻孔加井管进行，也可直接利用区域内的水井。

（3）水位量测，宜与沉降观测同步，但不得少于沉降观测的次数。

7）工业与民用建（构）筑物的水平位移测量，应符合下列规定：

（1）水平位移变形观测点，应布设在建（构）筑物的下列部位：

① 建筑物的主要墙角和柱基上以及建筑沉降缝的顶部和底部。

② 当有建筑裂缝时，还应布设在裂缝的两边。

③ 大型构筑物的顶部、中部和下部。

（2）观测标志宜采用反射棱镜、反射片、照准觇牌或变径垂直照准杆。

（3）水平位移观测周期，应根据工程需要和场地的工程地质条件综合确定。

8）工业与民用建（构）筑物的沉降观测，应符合下列规定：

（1）沉降观测点，应布设在建（构）筑物的下列部位：

① 建（构）筑物的主要墙角及沿外墙每 10～15m 处或每隔 2～3 根柱基上。

② 沉降缝、伸缩缝、新旧建（构）筑物或高低建（构）筑物接壤处的两侧。

③ 工地基和天然地基接壤处、建（构）筑物不同结构分界处的两侧。

④ 烟囱、水塔和大型储藏罐等高耸构筑物基础轴线的对称部位，且每一构筑物不得少于 4 个点。

⑤ 基础底板的四角和中部。

⑥ 当建（构）筑物出现裂缝时，布设在裂缝两侧。

（2）沉降观测标志应稳固埋设，高度以高于室内地坪（±0 面）0.2～0.5m 为宜。对于建筑立面后期有贴面装饰的建（构）筑物，宜预埋螺栓式活动标志。

（3）高层建筑施工期间的沉降观测周期，应每增加 1～2 层观测 1 次；建筑物封顶后，应每 3 个月观测一次，观测一年。如果最后两个观测周期的平均沉降速率小于 0.02mm/日，可以认为整体趋于稳定，如果各点的沉降速率均小于 0.02mm/日，即可终止观测。否则，应继续每 3 个月观测一次，直至建筑物稳定为止。

工业厂房或多层民用建筑的沉降观测总次数，不应少于 5 次。竣工后的观测周期，可根据建（构）筑物的稳定情况确定。

9）建（构）筑物的主体倾斜观测，应符合下列规定：

（1）整体倾斜观测点，宜布设在建（构）筑物竖轴线或其平行线的顶部和底部，分层倾斜观测点宜分层布设高低点。

（2）观测标志，可采用固定标志、反射片或建（构）筑物的特征点。

（3）观测精度，宜采用三等水平位移观测精度。

（4）观测方法，可采用经纬仪投点法、前方交会法、正垂线法、激光准直法、差异沉降法、倾斜仪测记法等。

10）当建（构）筑物出现裂缝且裂缝不断发展时，应进行建筑裂缝观测。

11）当建（构）筑物因日照引起的变形较大或工程需要时，应进行日照变形观测且符合下列规定：

（1）变形观测点，宜设置在监测体受热面不同的高度处。

（2）日照变形的观测时间，宜选在夏季的高温天进行。一般观测项目，可在白天时间段观测，从日出前开始定时观测，至日落后停止。

（3）在每次观测的同时，应测出监测体向阳面与背阳面的温度，并测定即时的风速、风向和日照强度。

（4）观测方法，应根据日照变形的特点、精度要求、变形速率以及建（构）筑物的安全性等指标确定，可采用交会法、极坐标法、激光准直法、正倒垂线法等。

沉降观测一般采用精密水准测量的方法。观测时，除应遵循精密水准测量的有关规定外，还应注意如下事项：

① 水准路线应尽量构成闭合环的形式。

② 采用固定观测员、固定仪器、固定施测路线的方法来提高观测精度。

③ 观测应在成像清晰、稳定的时间内进行。测完各观测点后，必须再测后视点，同一后视点的两次读数之差不得超过±1mm。

④ 前、后视观测最好用同一根水准尺，水准尺离仪器的距离应小于40m，前、后视距离用皮尺丈量，使之大致相等。

⑤ 精度要求：对一般厂房建筑物、混凝土大坝的沉降观测，要求能反映出2mm的沉降量；对大型建筑物、重要厂房和重要设备基础的沉降观测，要能反映出1mm的沉降量；特殊精密工程如高能粒子加速器、大型抛物面天线等，沉降观测的精度要求为±0.05mm～±0.2mm。

⑥ 水准点的高程变化将直接影响沉降观测的结果，应定期检查水准点高程有无变动。

3. 变形观测点的布设

变形测量点分为基准点、工作基点和变形观测点。

1）基准点

通常埋设在比较稳固的基岩上或在变形范围以外，应尽可能稳固并便于长期保存。每个工程至少应有三个基准点。基准点也可以理解为测量控制点，因此它一定满足前述的控制测量的相关内容要求。

2）工作基点

介于观测点和基准点之间的过渡点，称为“工作基点”。工作基点一般埋设在被观测对象附近，要求在观测期内保持稳定。工作基点是服务于每次的观测周期内，也即每次的整个测量过程中。因此工作基点只要求在每次的观测周期内稳定即可。每次对工作基点的使用结束后，都需要复测基点和工作基点的位置变化情况。

3）变形观测点

应设立在建筑物上能准确反映变形特征的位置上，可从工作基点或邻近的基准点对其进行观测。变形点一定是设置在变形体上的点位，随变形体的变化而变化。

4. 建筑物的沉降观测

建筑物的沉降是指建筑物及其基础在垂直方向上的变形（也称垂直位移）。沉降观测就是测定建筑物上所设观测点（沉降点）与基准点（水准点）之间随时间变化的高差变化量。通常采用精密水准测量或液体静力水准测量的方法进行。

沉降观测是变形观测中的重要内容。下列建筑物和构筑物应进行系统的沉降观测：高层建筑物，重要厂房的柱基及主要设备基础；连续性生产和受震动较大的设备基础；工业炉（如炼钢的高炉等）；高大的构筑物（如水塔、烟囱等）；人工加固的地基、回填土；地下水位较高或软土地基的建筑物等。

1）水准点的布设

沉降观测的基准点或工作点也称为水准点，是观测建筑物地基变形值的基准。因此，要综合考虑水准点的稳定、观测的方便和精度，要求合理布设水准点。

（1）为了相互校核并防止由于个别水准点的高程变动造成差错，一般最少布设三个水准点。三个水准点之间最好安置一次仪器就可进行联测。

（2）水准点应埋设在受压、受震范围以外，埋深至少在冻土线以下 0.5m，确保水准点的稳定性。

（3）水准点离观测点的距离不应大于 100m，以便于观测和提高精度。

2）观测点的布设

沉降观测点是固定在建筑物结构基础、柱、墙上的测量标志，是测量沉降量的依据。因此，观测点的数目和位置应根据建筑物的结构、大小、荷载、基础形式和地质条件等情况而确定，要能全面反映建筑物沉降的情况。

一般在建筑物四周角点及每隔 6～12m 设立观测点。在最容易发生沉降变形的地方，如设备基础、柱子基础、伸缩缝两旁、基础形式改变处、地质条件改变处、高低层建筑连接处、新老建筑连接处等也应设立观测点。在高大烟囱、水塔或配煤罐等的周围或轴线上至少布置三个观测点。

观测点分两种形式：图 6-32（a）为墙上观测点；图 6-32（b）为设在柱上的观测点，其标高一般在室外地坪＋0.5m 处较为适宜。

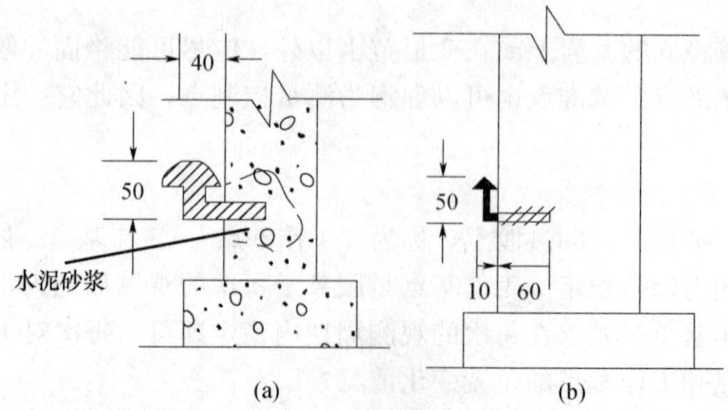

图 6-32　沉降变形点的设置

3）沉降观测实施

应在建筑物基坑开挖之前，开始进行水准点的布设与观测，对沉降点的观测应贯穿于整个施工过程中，持续到建成后若干年，直到沉降现象基本停止时为止。沉降观测时间与周期的确定如下：

（1）水准点、观测点埋设稳固后，均应至少观测两次。

（2）施工过程中，一般在增加较大荷重之后（如浇灌基础、安装柱子和屋架、砌筑砖墙、铺设屋面、安装吊车等之后）要进行沉降观测。此外在施工中如中途停工时间较长，应在停工时及复工前进行观测；建筑物周围发生大量挖方、暴雨或地震后，也应观测。

（3）竣工后要按沉降量的大小，定期进行观测。开始可隔 1～2 个月观测一次，以每次沉降量在 5～10mm 以内为限度，否则要增加观测次数。以后，随着沉降量的减小，逐渐延长观测周期，直至沉降稳定为止。

5. 建筑物的水平位移观测

1）水平位移观测的内容

建筑物因地基的不均匀沉降或其他原因，往往会产生倾斜。建筑物的倾斜分为两类：一类表现为以不均匀的水平位移为主；另一类则表现为以不均匀的沉降为主。例如高层建筑物、塔式建筑物倾斜属于前一类，而基础的倾斜属于后一类。

2）观测点的布设

（1）水平位移观测点位的选设

观测点的位置，对建筑物应选在墙角、柱基及裂缝两边等处；地下管线应选在端点、转角点及必要的中间部位；护坡工程应按待测坡面成排布点；测定深层侧向位移的点位与数量，应按工程需要确定。控制点的点位应根据观测点的分布情况来确定。

（2）水平位移观测点的标志和标石设置

建筑物上的观测点，可采用墙上或基础标志；土体上的观测点，可采用混凝土标志；地下管线的观测点，应采用窨井式标志。各种标志的形式及埋设，应根据点位条件和观测要求设计确定。

控制点的标石、标志，应按《建筑变形测量规程》中的规定采用。对于如膨胀土等特殊性土地区的固定基点，亦可采用深埋钻孔桩标石，但须用套管桩与周围土体隔开。

3）观测注意事项

（1）测站点设置为观测墩，观测墩最好建设为混凝土形式的。

（2）采用强制对中，使仪器的对中误差为零。

（3）变形点应设置为目标较清晰的观测标志觇牌。

（4）觇牌的颜色设置应反差大、没有相位差。

（5）觇牌的图案设计为尽可能地和观测仪器的十字丝的双丝等宽为宜。

4）水平位移的观测方法主要有：前方交会法、精密导线法、基准线法。基准线法又包括：视准线法（测小角法和活动觇牌法）、激光准直法、引张线法等。

（1）对于地面观测点在特定方向的位移，建议用基准线法；

（2）测量观测点任意方向的位移，建议用前方交会法、精密导线等；

（3）大区域或观测点远离稳定地区，宜采用三角测量与基准线法结合的形式；

（4）测量土体内部的各种变形，采用测斜仪即可。

6. 倾斜观测

1）产生倾斜的原因

建筑物产生倾斜的原因主要有：地基承载力不均匀、建筑物的荷载不均匀、地基处理不满足工程的需要、外力的作用（地震、风力、地下水的水位变化等。

2）倾斜测量的定义：建筑主体倾斜观测应测定建筑顶部观测点相对于底部固定点或上层相对于下层观测点的倾斜度、倾斜方向及倾斜速率；刚性建筑的整体倾斜，可通过测量顶面或基础的差异沉降来间接确定。

3）主体倾斜观测点和测站点的布设应符合下列要求：

（1）当从建筑外部观测时，测站点的点位应选在与倾斜方向成正交的方向线上距照准目标 1.5～2.0 倍目标高度的固定位置。当利用建筑内部竖向通道观测时，可将通道底部中心点作为测站点。

（2）对于整体倾斜，观测点及底部固定点应沿着对应测站点的建筑主体竖直线，在顶部和底部上下对应布设；对于分层倾斜，应按分层部位上下对应布设。

（3）按前方交会法布设的测站点，基线端点的选设应顾及测距或长度丈量的要求。按方向线水平角法布设的测站点，应设置好定向点。

4）主体倾斜观测的周期可视倾斜速度每 1～3 个月观测一次。当遇基础附近因大量堆载或卸载、场地降雨长期积水等而导致倾斜速度加快时，应及时增加观测次数。倾斜观测应避开强日照和风荷载影响大的时间段。

5）倾斜观测应提交下列图表：

（1）倾斜观测点位布置图；

（2）倾斜观测成果表；

（3）主体倾斜曲线图；

（4）观测成果资料、分析资料。

7. 基坑壁侧向位移观测

1）测量内容：基坑壁侧向位移观测应测定基坑围护结构桩墙顶水平位移和桩墙深层挠曲。

2）基坑壁侧向位移观测的精度应根据基坑支护结构类型、基坑形状、大小和深度、周边建筑及设施的重要程度、工程地质与水文地质条件和设计变形报警预估值等因素综合确定。

3）基坑壁侧向位移观测可根据现场条件使用视准线法、测小角法、前方交会法或极坐标法，并宜同时使用测斜仪或钢筋计、轴力计等进行观测。

4）当使用视准线法、测小角法、前方交会法或极坐标法测定基坑壁侧向位移时，应符合下列规定：

（1）基坑壁侧向位移观测点应沿基坑周边桩墙顶每隔 10～15m 布设一点；

（2）侧向位移观测点宜布置在冠梁上，可采用铆钉枪射入铝钉，亦可钻孔埋设膨胀螺栓或用环氧树脂胶粘标志；

（3）测站点宜布置在基坑围护结构的直角上。

5）当采用测斜仪测定基坑壁侧向位移时，应符合下列规定：

（1）测斜仪宜采用能连续进行多点测量的滑动式仪器；

（2）测斜管应布设在基坑每边中部及关键部位，并埋设在围护结构桩墙内或其外侧的土体内，其埋设深度应与围护结构入土深度一致；

（3）将测斜管吊入孔或槽内时，应使十字形槽口对准观测的水平位移方向。连接测斜管时应对准导槽，使之保持在一直线上。管底端应装底盖，每个接头及底盖处应密封；

（4）埋设于基坑围护结构中的测斜管，应将测斜管绑扎在钢筋笼上，同步放入成孔或槽内，通过浇筑混凝土后固定在桩墙中或外侧；

（5）埋设于土体中的测斜管，应先用地质钻机成孔，将分段测斜管连接放入孔内，测斜管连接部分应密封处理，测斜管与钻孔壁之间空隙宜回填细砂或水泥与膨润土拌合的灰浆，其配合比应根据土层的物理力学性能和水文地质情况确定。测斜管的埋设深度应与围护结构入土深度一致；

（6）测斜管埋好后，应停留一段时间，使测斜管与土体或结构固连为一整体；

（7）观测时，可由管底开始向上提升测头至待测位置，或沿导槽全长每隔 500mm（轮距）测读一次，将测头旋转 180（再测一次。两次观测位置（深度）应一致，依此作为一测回。每周其观测可测两测回，每个测斜导管的初测值，应测四测回，观测成果取其中数。

6）当应用钢筋计、轴力计等物理测量仪表测定基坑主要结构的轴力、钢筋内力及监测基坑四周土体内土体压力、孔隙水压力时，应能反映基坑围护结构的变形特征。对变形大的区域，适当加密观测点位和增设相应仪表。

7）基坑壁侧向位移观测的周期应符合下列规定：

（1）基坑开挖期间应 2～3d 观测一次，位移速率或位移量少时应每天 1～2 次；

（2）当基坑壁的位移速率或位移量迅速增大或出现其他异样时，应在做好观测本身安全的同时，增加观测次数，并立即将观测结果报告委托方。

8）基坑壁侧向位移观测应提交下列图表：

（1）基坑壁位移观测点布置图；

（2）基坑壁位移观测成果表；

（3）基坑壁位移曲线图；

（4）位移分析资料。

8. 动态变形测量

1）定义：建筑在动荷载作用下而产生的变形即动态变形，对动态变形的观测即为动态变形测量。具体的测量方式应为测定其一定时间段内的瞬时变形量，计算变形特征参数，分析变形规律。

2）动态变形的观测点应选在变形体受动荷载作用最敏感并能稳定牢固地安置传感器、接收靶和反光镜等照准目标的位置上。

3）动态变形测量的精度应根据变形速率、变形幅度、测量要求和经济因素来确定。

4）动态变形测量方法的选择可根据变形体的类型、变形速率、变形周期特征和测定精度要求等确定，并符合下列规定：

（1）对于精度要求高、变形周期长、变形速率小的动态变形测量，可采用全站仪自动跟踪测量或激光测量等方法；

（2）对于精度要求低、变形周期短、变形速率大的建筑，可采用位移传感器、加速度传感器、GPS 动态实时差分测量等方法；

（3）当变形频率小时，可采用数字近景摄影测量或经纬仪测角前方交会等方法。

5）采用全站仪自动跟踪测量方法进行动态变形观测时，应符合下列规定：

（1）测站应设立在基准点或工作基点上，并使用有强制对中装置的观测台或观测墩；

（2）变形观测点上宜安置观测棱镜，距离短时也可采用反射片；

（3）数据通信电缆宜采用光纤或专用数据电缆，并应安全敷设。连接处应采取绝缘和防水措施；

6）采用激光测量方法进行动态变形观测时，应要求：

（1）激光经纬仪、激光导向仪、激光准直仪等激光器宜安置在变形区影响之外或受变形影响小的区域。激光器应采取防尘、防水措施；

（2）安置激光器后，应同时在激光器附近的激光光路上，设立固定的光路检核标志；

（3）整个光路上应无障碍物，光路附近应设立安全警示标志；

（4）目标板或感应器应稳固设立在变形比较敏感的部位并与光路垂直；

（5）目标板的刻划应均匀、合理。观测时，应将接收到的激光光斑调至最小、最清晰。

7）采用GPS动态实时差分测量方法进行动态变形观测的要求如下：

（1）应在变形区之外或受变形影响小的地势高处设立GPS参考站。参考站上部应无高度角超过10（的障碍物，且周围无大面积水域，大型建筑等GPS信号反射物及高压线及高压线、电视台、无线电发射源、热源、微波通道等干扰源；

（2）变形观测点宜设置在建筑顶部变形敏感的部位，变形观测点的数目应依建筑结构和要求布设，接收天线的安置应稳固，并采取保护措施，周围无高度角超过10（的障碍物。卫星接收数量不应少于5颗，并应采用固定解成果；

（3）长期的变形观测宜采用光缆或专用数据电缆进行数据通信，短期的也可采用无线电数据链；

（4）卫星实时定位测量的其他技术要求，参考相应的章节学习和领会。

9. 裂缝观测

1）裂缝观测应测定建筑上的裂缝分布位置和裂缝的走向、长度、宽度及其变化情况。

2）对需要观测的裂缝应统一进行编号。每条裂缝应至少布设两组观测标志，其中一组应在裂缝的最宽处，另一组应在裂缝的末端。每组应使用两个对应的标志，分别设在裂缝的两侧。

3）裂缝观测标志应具有可供量测的明晰端面或中心。长期观测时，可采用镶嵌或埋入墙面的金属标志、金属杆标志或楔形板标志；短期观测时，可采用油漆平行线标志或用建筑胶粘贴的金属片标志。当需要测出裂缝纵横向变化值时，可采用坐标方格网板标志。使用专用仪器设备观测的标志，可按具体要求另行设计。

4）对于数量少、量测方便的裂缝，可根据标志形式的不同分别采用比例尺、小钢尺或游标卡尺等工具定期量出标志间距离求得裂缝变化值，或用方格网板定期读取“坐标差”计算裂缝变化值；对于大面积且不便于人工量测的众多裂缝宜采用交会测量或近景摄影测量方法；需要连续监测裂缝变化时，可采用测缝计或传感器自动测记方法观测。

5）裂缝观测的周期应根据其裂缝变化速度而定。开始时可半月测一次，以后一月测一次。当发现裂缝加大时，应及时增加观测次数。

6）裂缝观测中，裂缝宽度数据应量至0.1mm，每次观测应绘出裂缝的位置、形态和尺寸，注明日期，并拍摄裂缝照片。

第七章　建筑与市政工程质量验收

第一节　概　　述

一、施工质量验收规范体系编制的指导思想

施工质量验收规范体系编制的指导思想是：验评分离，强化验收，完善手段，过程控制。

验评分离：是将施工质量验收与工程评优分开，将施工工艺和质量验收的内容分开，将质量验收与质量检验衔接形成工程质量验收规范。施工工艺部分，以企业标准为主；国家或行业制定一些推荐性标准（或强制性标准，如：《混凝土结构工程施工规范》GB 50666—2011 为指导、评价企业标准提供依据。质量评优问题，国家推荐性标准《建筑工程施工质量评价标准》GB/T 50375—2016 主要是为企业操作工艺水平进行评价，为社会及企业的创优评价提供依据。

强化验收：质量验收与质量检验衔接形成一个完整的工程质量验收规范，作为强制性标准，是建设工程必须完成的最低质量标准，是施工单位必须达到的施工质量标准，也是建设单位验收工程质量所必须遵守的规定。建设工程质量指标都必须达到施工质量验收规范规定的标准。

完善手段：针对质量指标科学检测重视不够，以致评定及验收中科学的数据较少的问题，现行标准体系中，主要是从三个方面进行了改进：一是完善材料、设备的检测；二是完善施工阶段的施工试验；三是增设竣工工程抽查检验和检测（见证检验），减少或避免人为因素的干扰和主观评价的影响。

过程控制：是根据工程质量的特点进行的质量管理。工程质量验收是在施工企业过程控制的基础上，体现在企业建立过程控制的各项制度。在标准的基本规定中，设置控制的要求，强化中间控制和合格控制，综合质量水平的考核，质量验收的要求和依据文件、验收规范的本身，分项、分部、单位工程的验收，就是过程的控制。

二、建筑工程施工质量验收规范体系

建筑工程施工质量验收规范体系由《建筑工程施工质量验收统一标准》GB 50300 和 15 个专业验收规范共同组成，在使用过程中它们必须配套使用。目前，建筑工程施工质量验收统一标准及各专业验收规范的现行版本为：

1）《建筑工程施工质量验收统一标准》GB 50300—2013；

2）《建筑地基基础工程施工质量验收规范》GB 50202—2002；

3）《砌体工程施工质量验收规范》GB 50203—2011；

4）《混凝土工程施工质量验收规范》GB 50204—2015；

5）《钢结构工程施工质量验收规范》GB 50205—2001；

6）《木结构工程施工质量验收规范》GB 50206—2012；
7）《屋面工程质量验收规范》GB 50207—2012；
8）《地下防水工程施工质量验收规范》GB 50208—2011；
9）《建筑地面工程施工质量验收规范》GB 50209—2010；
10）《建筑装饰装修工程质量验收规范》GB 50210—2001；
11）《建筑给水排水及采暖工程施工质量验收规范》GB 50242—2002；
12）《通风与空调工程施工质量验收规范》GB 50243—2002；
13）《建筑电气工程施工质量验收规范》GB 50303—2002；
14）《电梯工程施工质量验收规范》GB 50310—2002；
15）《智能建筑工程质量验收规范》GB 50339—2013；
16）《建筑节能工程施工质量验收规范》GB 50411—2007）。

另外还有一些其他专业标准，它们也涉及验收的内容，在建筑工程中常用的主要有：

1）《土方与爆破工程施工及验收规范》GB 50201—2012；
2）《铝合金结构工程施工质量验收规范》GB 50576—2010；
3）《钢管混凝土工程施工质量验收规范》GB 50628—2010；
4）《建筑防腐蚀工程施工质量验收规范》GB 50212—2002；
5）《民用建筑工程室内环境污染控制规范》GB 50325—2010；
6）《综合布线系统工程验收规范》GB 50312—2007；
7）《电子信息系统机房施工及验收规范》GB 50462—2008；
8）《建筑物电子信息系统防雷技术规范》GB 50343—2012；
9）《安全防范工程技术规范》GB 50348—2004；
10）《建筑内部装修防火施工及验收规范》GB 50354—2005；
11）《火灾自动报警系统施工及验收规范》GB 50166—2007；
12）《自动喷水灭火系统施工及验收规范》GB 50261—2005；
13）《气体灭火系统施工及验收规范》GB 50263—2007；
14）《泡沫灭火系统施工及验收规范》GB 50281—2006；
15）《地源热泵系统工程技术规范》GB 50366—2005；
16）《民用建筑太阳能热水系统应用技术规范》GB 50364—2005；
17）《太阳能供热采暖工程技术规范》GB 50495—2009；
18）《人民防空工程施工及验收规范》GB 50134—2004。

三、建筑工程施工质量验收的适用范围及与其他标准的关系

《建筑工程施工质量验收统一标准》GB 50300—2013 原文

1.0.1 为了加强建筑工程质量管理，统一建筑工程施工质量的验收，保证工程质量，制定本标准。

1.0.2 本标准适用于建筑工程施工质量的验收，并作为建筑工程各专业验收规范编制的统一准则。

1.0.3 施工质量验收除应符合本标准外，尚应符合国家现行有关标准的规定。

理解要点：加强建筑工程质量管理，统一建筑工程施工质量的验收方法、程序和原则，保证工程质量是施工质量验收规范体系制定的目的；适用范围为建筑工程施工质量的验收，不包括设计和使用中的质量问题；施工质量验收除应符合建筑工程施工质量验收统一标准外，尚应符合国家现行有关标准的规定。建筑工程施工质量验收的有关标准，主要包括：

1）建设行政主管部门发布的有关规章；

2）专业验收规范；

3）专业技术规程、施工技术标准、企业标准；

4）试验方法标准、检测技术标准；

5）施工质量评价标准等。

第二节　建筑工程施工质量验收的基本规定

《建筑工程施工质量验收统一标准》GB 50300—2013 第 3 章“基本规定”共有 10 条，26 个条款，主要规定了施工质量控制、施工质量验收、抽样与判定三个方面的规则。

一、控制施工质量的规则

（一）施工现场质量管理基本要求

《建筑工程施工质量验收统一标准》GB 50300—2013 原文

3.0.1　施工现场应具有健全的质量管理体系、相应的施工技术标准、施工质量检验制度和综合施工质量水平评定考核制度。施工现场质量管理可按本标准附录 A 的要求进行检查记录。

附录 A　施工现场质量管理检查记录

A.0.1　施工现场质量管理检查记录应由施工单位按表 A.0.1 填写，总监理工程师进行检查，并做出检查结论。

表 A.0.1　施工现场质量管理检查记录

开工日期：

<table>
<tr><td>工程名称</td><td colspan="2"></td><td>施工许可证号</td><td colspan="2"></td></tr>
<tr><td>建设单位</td><td colspan="2"></td><td>项目负责人</td><td colspan="2"></td></tr>
<tr><td>设计单位</td><td colspan="2"></td><td>项目负责人</td><td colspan="2"></td></tr>
<tr><td>监理单位</td><td colspan="2"></td><td>总监理工程师</td><td colspan="2"></td></tr>
<tr><td>施工单位</td><td></td><td>项目负责人</td><td></td><td>项目技术负责人</td><td></td></tr>
<tr><td>序号</td><td colspan="2">项　　目</td><td colspan="3">主　要　内　容</td></tr>
<tr><td>1</td><td colspan="2">项目部质量管理体系</td><td colspan="3"></td></tr>
<tr><td>2</td><td colspan="2">现场质量责任制</td><td colspan="3"></td></tr>
<tr><td>3</td><td colspan="2">主要专业工种操作岗位证书</td><td colspan="3"></td></tr>
<tr><td>4</td><td colspan="2">分包单位管理制度</td><td colspan="3"></td></tr>
<tr><td>5</td><td colspan="2">图纸会审记录</td><td colspan="3"></td></tr>
<tr><td>6</td><td colspan="2">地质勘察资料</td><td colspan="3"></td></tr>
</table>

续表

工程名称			施工许可证号		
建设单位			项目负责人		
设计单位			项目负责人		
监理单位			总监理工程师		
施工单位		项目负责人		项目技术负责人	
序号	项目		主要内容		
7	施工技术标准				
8	施工组织设计编制及审批				
9	物资采购管理制度				
10	施工设施和机械设备管理制度				
11	计量设备配备				
12	检测试验管理制度				
13	工程质量检查验收制度				
14					
自检结果： 施工单位项目负责人：　　年　月　日			检查结论： 总监理工程师：　　年　月　日		

理解要点：

1. 施工单位应建立健全施工现场质量管理体系，建立必要的质量责任制，推行生产控制和合格控制的全过程质量控制。工程开工前应根据工程规模、特点设置施工项目部，管理人员及主要专业工种应按规定持证上岗。

2. 施工现场应配备满足工程需要的施工技术标准。其主要包括：

1）建设行政主管部门发布的有关规章；

2）施工质量验收规范；

3）施工工艺标准；

4）标准图集；

5）试验方法标准、检测技术标准；

6）施工质量评价标准等。

3. 施工现场应有健全的、满足全面质量管理、全过程质量控制及综合施工质量水平评定考核要求的各项制度。其主要包括：

1）现场质量责任制度；

2）分包单位管理制度；

3）原材料控制、工艺流程控制、施工操作控制、每道工序质量检查、相关工序间的交接检验、中间交接检验（验收）制度；

4）施工设施和机械设备、计量设备（器具）管理制度；

5）抽样检验、检测试验管理制度；

6）工程质量检查验收制度等。

4. 熟悉施工图文件、理解设计意图和要求、签署图纸会审记录、收集有关资料、制定符合工程实际的施工组织设计并报监理审核确认。

5. 施工单位检查施工准备工作完成情况，具备开工条件的向项目监理机构报审，总监理工程师下达工程开工令后方可施工。

（二）建设单位相关人员履行监理职责的规定

> 《建筑工程施工质量验收统一标准》GB 50300—2013 原文
>
> 3.0.2 未实行监理的建筑工程，建设单位相关人员应履行本标准涉及的监理职责。

理解要点：

《中华人民共和国建筑法》第三十条规定“国家推行建筑工程监理制度。国务院可以规定实行强制监理的建筑工程的范围”。《建设工程监理范围和规模标准规定》（建设部令第 86 号）规定了必须实行监理的范围和规模标准。《建筑工程施工质量验收统一标准》是按实行监理设置的各方职责。对于国家强制性监理范围以外、且未委托监理的建设工程，建设单位相关人员应完成相应的施工质量控制及验收工作，履行《建筑工程施工质量验收统一标准》及专业验收规范涉及的监理职责，承担相应责任。

（三）建筑工程的施工质量控制

> 《建筑工程施工质量验收统一标准》GB 50300—2013 原文
>
> 3.0.3 建筑工程的施工质量控制应符合下列规定：
>
> 1 建筑工程采用的主要材料、半成品、成品、建筑构配件、器具和设备应进行进场检验。凡涉及安全、节能、环境保护和主要使用功能的重要材料、产品，应按各专业工程施工规范、验收规范和设计文件等规定进行复验，并应经监理工程师检查认可。
>
> 2 各施工工序应按施工技术标准进行质量控制，每道施工工序完成后，经施工单位自检符合规定后，才能进行下道工序施工。各专业工种之间的相关工序应进行交接检验，并应记录。
>
> 3 对于监理单位提出检查要求的重要工序，应经监理工程师检查认可，才能进行下道工序施工。
>
> 《建筑工程施工质量验收统一标准》GB 50300—2013 原文
>
> 3.0.4 符合下列条件之一时，可按相关专业验收规范的规定适当调整抽样复验、试验数量，调整后的抽样复验、试验方案应由施工单位编制，并报监理单位审核确认。
>
> 1 同一项目中由相同施工单位施工的多个单位工程，使用同一生产厂家的同品种、同规格、同批次的材料、构配件、设备。
>
> 2 同一施工单位在现场加工的成品、半成品、构配件用于同一项目中的多个单位工程。
>
> 3 在同一项目中，针对同一抽样对象已有检验成果可以重复利用。

理解要点：

1. 检验是“对被检验项目的特征、性能进行量测、检查、试验等，并将结果与标准规定的要求进行比较，以确定项目每项性能是否合格的活动”。进场检验是“对进入施工现场的建筑材料、构配件、设备及器具等，按相关标准的要求进行检验，并对其质量、规格及型号等是否符合要求做出确认的活动”。见证检验是“施工单位在工程监理单位或建设单位的见证下，按照有关规定从施工现场随机抽取试样，送至具备相应资质的检测机构进行检验的活动”。复验是“建筑材料、设备等进入施工现场后，在外观质量检查和质量证明文件核查符合要求的基础上，按照有关规定从施工现场抽取试样送至试验室进行检验的活动”。标准 3.0.3 条第 1 款明确了对用于工程的主要原材料、构配件（半成品、成品）、设备（器具）进场检验的 3 个基本步骤。

1）外观质量检查。包括规格尺寸、包装等各项性能的外观检查及量测。外观质量检查结果应符合相应的验收规范、质量（技术）标准的要求。

2）质量证明文件核查。质量证明文件指“随同进场材料、设备等一同提供的能够证明其质量状况的文件，主要包括出厂合格证、中文说明书、型式检验报告及相关性能检测报告等。进口产品应包括出入境商品检验合格证明。适用时，也可包括进场验收、进场复验、见证取样检验和现场实体检验等资料”。质量证明文件核查通常指对质量证明文件（含技术资料）的检查及资料与实物的核对。包括对质量证明文件（含技术资料）的完整性、技术内容的正确性、与其他相关资料（设计文件、采购合同等）的一致性及整理归档情况的检查，以及将质量证明文件（含技术资料）、进场报验数量与相应的材料、构件、设备或产品实物进行核对。

3）抽样复试（或见证复试）。凡涉及安全、节能、环境保护和主要使用功能的重要材料、产品，应按各专业工程施工规范、验收规范和设计文件等规定进行复验。项目监理机构按河北省《关于进一步加强房屋建筑和市政基础设施工程见证取样管理工作的通知》（冀建质〔2012〕87 号）文及规范要求见证取样、送检。

同一项目中由相同施工单位施工的多个单位工程，使用同一生产厂家的同品种、同规格、同批次的材料、构配件、设备（强调符合“6 同”的），可按相关专业验收规范的规定适当调整抽样复验、试验数量。

对于工程采用的主要材料、半成品、成品、建筑构配件、器具和设备，施工单位应全部进行进场检验，监理工程师应对施工单位的进场检验进行审核、检查认可后才能在工程中使用。

2. 施工单位应按施工技术标准（施工规范、技术规程、企业标准）控制每道工序的质量，严格落实自检（一道工序结束后，由操作者按质量标准对本工序的工艺质量进行检查）、互检（一道工序结束后，由班组质量员按质量标准对本班组质量进行检查）和工序交接检（由施工技术人员组织本道工序及下道工序作业班长和专职质量员参加检查和验收）的“三检”制度。考虑到企业标准的控制指标应严格于行业和国家标准指标，鼓励有能力的施工单位编制企业标准，并按照企业标准的要求控制每道工序的施工质量。施工单位完成每道工序后，应进行自检、互检和工序交接检，上道工序应满足下道工序的施工条件和要求，经施工单位自检符合规定后，才能进行下道工序施工（即施工单位控制全部工序质量）；各专业工种之间的相关工序应进行交接检验，并保留交接检验记录。

施工工序质量控制使各工序之间和各相关专业工程之间形成有机的整体，是保证工程整体质量的基础。

3. 工序是建筑工程施工的基本组成部分，一个检验批可能由一道或多道工序组成。根据目前的验收要求，监理单位对工程质量控制到检验批；但为保证工程质量，监理应控制重要工序的质量，对监理单位有要求的重要工序，应经监理工程师检查认可，才能进行下道工序施工（即监理控制重要工序质量）。

4. 同一施工单位在现场加工的成品、半成品、构配件用于同一项目中的多个单位工程，可适当调整抽样复验、试验数量。但对施工安装后的工程质量应按分部工程的要求进行检测试验，不能减少抽样数量，如结构实体混凝土强度检测、钢筋保护层厚度检测等。

5. 在同一项目中，针对同一抽样对象已有检验成果可以重复利用。是指在同一项目中的同一专业内或不同专业之间对同一对象有重复检验的情况，并需分别填写验收资料，检验成果可重复利用。例如：混凝土结构隐蔽工程检验批和钢筋工程检验批，装饰装修工程和节能工程中对门窗的气密性试验等。

6. 调整抽样复验、试验数量或重复利用已有检验成果，施工单位应制定具体的实施方案，报项目监理机构审核确认。实施方案应符合各专业验收规范的规定，适当调整抽样复验、试验数量。施工或监理单位认为必要时，也可不调整抽样复验、试验数量或不重复利用已有检验成果。

二、施工质量验收的规则

《建筑工程施工质量验收统一标准》（GB 50300—2013）原文

3.0.5　当专业验收规范对工程中的验收项目未做出相应规定时，应由建设单位组织监理、设计、施工等相关单位制定专项验收要求。涉及安全、节能、环境保护等项目的专项验收要求应由建设单位组织专家论证。

3.0.6　建筑工程施工质量应按下列要求进行验收：

1　工程质量验收均应在施工单位自检合格的基础上进行。

2　参加工程施工质量验收的各方人员应具备相应的资格。

3　检验批的质量应按主控项目和一般项目验收。

4　对涉及结构安全、节能、环境保护和主要使用功能的试块、试件及材料，应在进场时或施工中按规定进行见证检验。

5　隐蔽工程在隐蔽前应由施工单位通知监理单位进行验收，并应形成验收文件，验收合格后方可继续施工。

6　对涉及结构安全、节能、环境保护和使用功能的重要分部工程应在验收前按规定进行抽样检验。

7　工程的观感质量应由验收人员现场检查，并应共同确认。

3.0.7　建筑工程施工质量验收合格应符合下列规定：

1　符合工程勘察、设计文件的规定。

2　符合本标准和相关专业验收规范的规定。

理解要点：

1. 增加“专项验收方案”的规定

为适应建筑工程行业的发展，鼓励“四新”技术的推广应用，保证建筑工程验收的顺利进行，标准 3.0.5 条规定了对国家、行业、地方标准没有具体验收要求的分项工程及检验批，可由建设单位组织制定专项验收方案。专项验收方案应包括分项工程及检验批的划分、抽样方案、验收方法、判定指标等内容，各项验收要求应符合设计意图。为保证工程质量，专项验收方案制定由建设单位组织，监理、设计、施工等单位参加，在相应分项工程实施前完成；

对重要的（涉及安全、节能、环境保护等）专项验收方案应在实施前通过专家论证。

2. 工程施工质量验收的基本要求

验收是指建设工程质量在施工单位自行检查合格的基础上，由工程质量验收责任方组织，工程建设相关单位参加，对检验批、分项、分部、单位工程及其隐蔽工程的质量进行抽样检验，对技术文件进行审核，并根据设计文件和相关标准以书面形式对工程质量是否达到合格做出确认。施工质量验收的基本要求包括下列几个方面：

1）工程质量验收的前提条件为施工单位自检合格，验收时施工单位对自检中发现的问题已完成整改。

2）参加工程施工质量验收的各方人员资格包括专业和职称的要求，应符合国家、行业和地方有关法律、法规的规定，尚无规定时可由参加验收的单位协商确定。

3）检验批的质量应按主控项目和一般项目验收，主控项目和一般项目的划分应符合各专业验收规范的规定。

4）见证检验的项目、内容、程序、抽样数量等应符合国家、行业和地方有关规范的规定。

5）考虑到隐蔽工程在隐蔽后难以检验，因此隐蔽工程在隐蔽前应由施工单位通知监理单位进行验收，并应形成验收文件，验收合格后方可继续施工。

6）对涉及结构安全、节能、环境保护和使用功能的等的重要分部工程的抽样检验，具体内容由各专业验收规范确定。抽样检验在验收前实施完成，抽样检验和实体检验结果应符合有关专业验收规范的规定。

7）反映工程外在质量和功能状态的观感质量，可通过观察和简单的测试确定；观感质量的综合评价结果由验收组织方主持，参加验收各方共同确认并达成一致。对影响观感及使用功能或质量评价为差的项目应进行返修。

3. 工程施工质量验收合格的规定

1）符合工程勘察、设计文件的规定。

2）符合本标准和相关专业验收规范的规定。

需要强调的是《建筑工程施工质量验收统一标准》及各专业验收规范提出的合格要求是对施工质量的最低要求，是国家法律法规规定必须达到的质量要求。工程质量允许建设、设计等单位提出高于《建筑工程施工质量验收统一标准》及相关专业验收规范的验收要求，包含两层含义：其一，施工图设计文件的要求高于《建筑工程施工质量验收统一标准》及相关专业验收规范的验收要求，工程施工质量控制、质量验收应符合施工图设计文件要求，这是工程质量验收合格的基本规定；其二，施工承包合同约定的质量标准高于合格标准的，工程施工质量控制、验收应符合工程评优标准，即《建筑工程施工质量评价标准》（GB/T 50375）的有关规定。

三、质量验收抽样与判定的规则

《建筑工程施工质量验收统一标准》（GB 50300—2013）原文

3.0.8　检验批的质量检验，可根据检验项目的特点在下列抽样方案中选取：

1　计量、计数的抽样方案。

2　一次、二次或多次抽样方案。

3　对重要的检验项目，当有简易快速的检验方法时，选用全数检验方案。

4　根据生产连续性和生产控制稳定性情况，采用调整型抽样方案。

5　经实践证明有效的抽样方案。

3.0.9　检验批抽样样本应随机抽取，满足分布均匀、具有代表性的要求，抽样数量不应低于有关专业验收规范及表 3.0.9 的规定。

明显不合格的个体可不纳入检验批，但必须进行处理，使其满足有关专业验收规范的规定，对处理的情况应予以记录并重新验收。

表 3.0.9　检验批最小抽样数量

检验批的容量	最小抽样数量	检验批的容量	最小抽样数量
2～15	2	151～280	13
16～25	3	281～500	20
26～90	5	501～1200	32
91～150	8	1201～3200	50

3.0.10　计量抽样的错判概率 α 和漏判概率 β 可按下列规定采取：

1　主控项目：对应于合格质量水平的 α 和 β 均不宜超过 5%。

2　一般项目：对应于合格质量水平的 α 不宜超过 5%，β 不宜超过 10%。

理解要点：

1. 计数检验是通过确定抽样样本中不合格的个体数量，对样本总体质量做出判定的检验方法。计量检验是以抽样样本的检测数据计算总体均值、特征值或推定值，并以此判断或评估总体质量的检验方法。计量、计数检验可分为全数检验和抽样检验两类。对检验批的抽样方案标准列出了 5 种，具体选用哪种方案可根据检验项目的特点确定，但需符合专业验收规范的要求；对于重要且易于检查的项目，当能采用简易快速的非破损检验方法时宜选用全数检验。

2. 检验批抽样样本应随机抽取，满足分布均匀、具有代表性的要求，抽样数量采用双控标准，一是不少于《建筑工程施工质量验收统一标准》表 3.0.9 检验批最小抽样数量的规定；二是应符合（不低于）有关专业验收规范的规定。

明显不合格的个体可不纳入检验批的原因。检验批中明显不合格的个体主要可通过肉眼观察或简单的测试确定，这些个体的检验指标往往与其他个体存在较大差异，纳入检验批后会增大验收结果的离散性，影响整体质量水平的统计。但也不能对明显不合格个体的人为忽略，因此规定“明显不合格的个体可不纳入检验批，但必须进行处理，使其满足有关专业验收规范的规定，对处理的情况应予以记录并重新验收”。在实际工作中，一般把超出专业验收规范规定“可接受最大限值”的个体均按“明显不合格的个体”进行处理。

3. 抽样检验必然存在两类风险，一是错判概率 α，指合格批被判为不合格的概率，即合格批被拒收的概率；二是漏判概率 β，指不合格批被判为合格批的概率，即不合格批被误收的概率。《建筑工程施工质量验收统一标准》及专业验收规范规定的抽样检查数量，对于主控项目，对应于合格质量水平的 α、β 均不宜超过 5%；对于一般项目，对应于合格质量水平的

α不宜超过 5%，β不宜超过 10%。也就是说，即使我们严格按照《建筑工程施工质量验收统一标准》及专业验收规范规定抽样检验、验收合格的工程，也存在着主控项目 5%、一般项目 10%以下的不合格风险。

第三节　建筑工程施工质量验收的划分

一、建筑工程质量验收层次

> 《建筑工程施工质量验收统一标准》（GB 50300—2013）原文
> 4.0.1　建筑工程施工质量验收应划分为单位工程、分部工程、分项工程和检验批。

理解要点：

1. 建筑工程质量验收层次分为单位工程质量验收、分部工程质量验收、分项工程质量验收、检验批质量验收四个层次。另外还有两个辅助验收层次，即子单位工程质量验收和子分部工程质量验收，在工程质量验收时既可以采用，也可以不采用。建筑工程质量验收层次及质量验收步骤如图 7-1 所示。

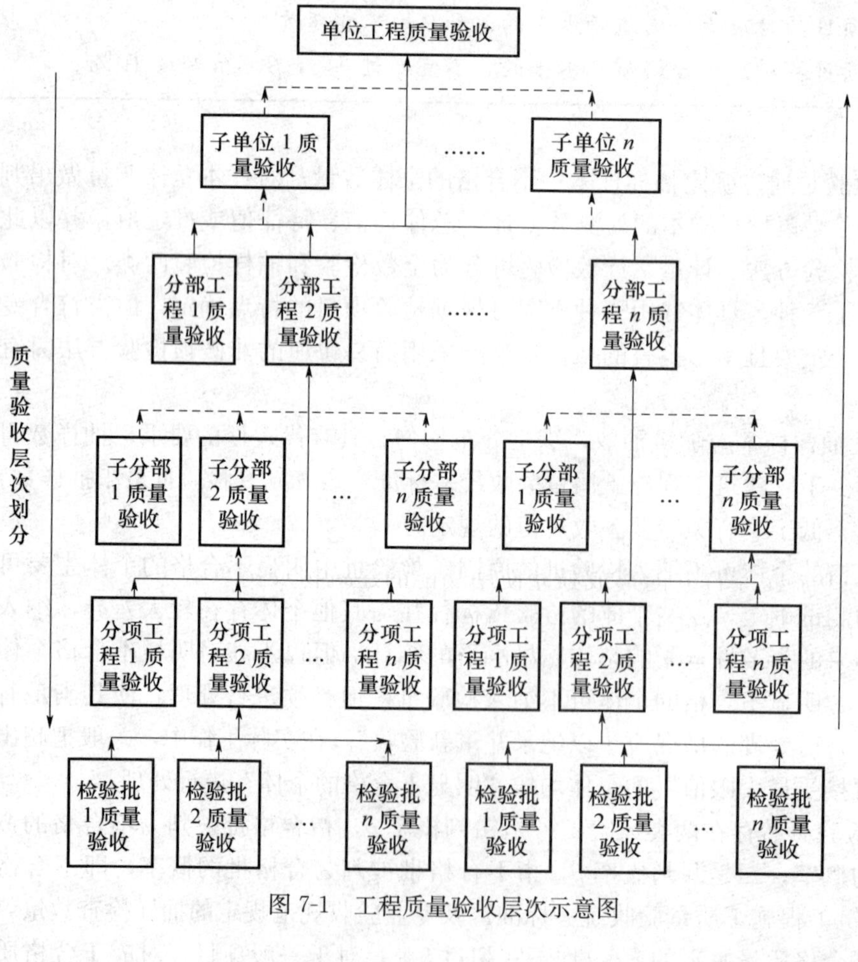

图 7-1　工程质量验收层次示意图

2. 检验批是施工过程中条件相同并有一定数量的材料、构配件或安装项目，由于其质量水平基本均匀一致，因此可作为检验的基本单元，并按批验收。检验批是工程验收的最小单位，是分项工程、分部工程、单位工程质量验收的基础。

3. 隐蔽工程验收不属于工程质量验收的层次。隐蔽工程验收是工序操作完毕，将被下道工序所掩盖、包裹，而检验批、分部工程质量验收时对其质量状况无法检验所进行的事前验收。考虑到隐蔽工程在隐蔽后难以检验，因此隐蔽工程在隐蔽前进行验收，并应形成验收文件，验收合格后方可继续施工。

二、建筑工程质量验收的划分

《建筑工程施工质量验收统一标准》（GB 50300—2013）原文

4.0.2 单位工程应按下列原则划分：

1 具备独立施工条件并能形成独立使用功能的建筑物或构筑物为一个单位工程。

2 对于规模较大的单位工程，可将其能形成独立使用功能的部分划分为一个子单位工程。

4.0.3 分部工程应按下列原则划分：

1 可按专业性质、工程部位确定。

2 当分部工程较大或较复杂时，可按材料种类、施工特点、施工程序、专业系统及类别等将分部工程划分为若干子分部工程。

4.0.4 分项工程可按主要工种、材料、施工工艺、设备类别等进行划分。

4.0.5 检验批可根据施工、质量控制和专业验收的需要，按工程量、楼层、施工段、变形缝等进行划分。

4.0.6 建筑工程的分部、分项工程划分宜按本标准附录B采用。

4.0.7 施工前，应由施工单位制定分项工程和检验批的划分方案，并由监理单位审核。对于附录B及相关专业验收规范未涵盖的分项工程和检验批，可由建设单位组织监理、施工等单位协商确定。

4.0.8 室外工程可根据专业类别和工程规模按本标准附录C的规定划分单位工程、分部工程。

理解要点：

1. 具备独立施工条件并能形成独立使用功能的建筑物及构筑物为一个单位工程。《建设工程文件归档整理规范》（GB/T 50328—2001）规定，“一个建设工程由多个单位工程组成时，工程文件应按单位工程”。因此，施工技术资料的收集整理和工程质量验收应按单位工程进行。

2. 对于规模较大的单位工程，可将其能形成独立使用功能的部分划分为一个子单位工程。子单位工程的划分一般可根据工程的建筑设计分区、使用功能的显著差异、结构缝的设置等实际情况，在施工前由建设、监理、施工单位协商确定，并据此收集整理施工技术资料和验收。

3. 单位工程按工程部位、专业性质划分为分部工程。《建筑工程施工质量验收统一标准》（GB 50300—2013）把建筑工程划分为10个分部工程，分别是：地基与基础、主体结构、建筑装饰装修、屋面、建筑给水排水及供暖、通风与空调、建筑电气、智能建筑、建筑节能、电梯。当分部工程量较大且较复杂时，为便于验收，按材料种类、施工特点、施工程序、专业系统及类别等，将其中相同部分的工程或能形成独立专业体系的工程划分成子分部工程。

4. 分部工程按主要工种、材料、施工工艺、设备类别等划分为分项工程。

5. 建筑工程的分部工程、分项工程划分详见表 7-1。当专业验收规范对分项工程的划分不一致时，分项工程划分以专业验收规范为准。

6. 室外工程根据专业类别和工程规模划分单位（子单位）工程、分部工程，详见表 7-2。

7. 检验批的划分：分项工程可由一个或若干个检验批组成，检验批可根据施工及质量控制和专业验收需要按楼层、施工段、变形缝等进行划分。建筑工程的地基与基础分部工程中的分项工程一般划分为一个检验批，有地下层的基础工程可按不同地下层划分检验批；单层建筑工程中的分项工程可按变形缝等划分检验批，多层及高层建筑建筑工程中主体分部的分项工程可按楼层或施工段来划分检验批；屋面分部工程中的分项工程不同楼层屋面可划分为不同的检验批；其他分部工程中的分项工程一般按楼层划分检验批；对于工程量较少的分项工程可统一划分为一个检验批。安装工程一般按一个设计系统或组别划分为一个检验批。室外工程统一划分为一个检验批。散水、台阶、明沟等含在地面检验批中。

8. 随着建筑工程领域的技术进步和建筑功能要求的提升，会出现一些新的验收项目，并需要有专门的分项工程和检验批与之相对应。对于《建筑工程施工质量验收统一标准》附录 B 及相关专业验收规范未涵盖的分项工程、检验批，可由建设单位组织监理、施工等单位在施工前根据工程具体情况协商确定，并据此整理施工技术资料和进行验收。

9. 施工前，施工单位应依据专业验收规范制定符合工程特点的分项工程和检验批的划分方案（可微调分项工程和检验批，不得调整分部和子分部），报项目监理机构审核确认；施工过程中按经监理审核确认的分项工程和检验批划分方案进行工程检验批、分项工程的报验和组织验收。

表 7-1　建筑工程的分部工程、分项工程划分（《建筑工程施工质量验收统一标准》附录 B）

序号	分部工程	子分部工程	分项工程
1	地基与基础	地基	素土、灰土地基，砂和砂石地基，土工合成材料地基，粉煤灰地基，强夯地基，注浆地基，预压地基，砂石桩复合地基，高压旋喷注浆地基，水泥土搅拌桩地基，土和灰土挤密桩复合地基，水泥粉煤灰碎石桩复合地基，夯实水泥土桩复合地基
		基础	无筋扩展基础，钢筋混凝土扩展基础，筏形与箱形基础，钢结构基础，钢管混凝土结构基础，型钢混凝土结构基础，钢筋混凝土预制桩基础，泥浆护壁成孔灌注桩基础，干作业成孔桩基础，长螺旋钻孔压灌桩基础，沉管灌注桩基础，钢桩基础，锚杆静压桩基础，岩石锚杆基础，沉井与沉箱基础
		基坑支护	灌注桩排桩围护墙，板桩围护墙，咬合桩围护墙，型钢水泥土搅拌墙，土钉墙，地下连续墙，水泥土重力式挡墙，内支撑，锚杆，与主体结构相结合的基坑支护
		地下水控制	降水与排水，回灌
		土方	土方开挖，土方回填，场地平整
		边坡	喷锚支护，挡土墙，边坡开挖
		地下防水	主体结构防水；细部构造防水；特殊施工法结构防水，排水，注浆

续表

序号	分部工程	子分部工程	分项工程
2	主体结构	混凝土结构	模板，钢筋，混凝土，预应力、现浇结构，装配式结构
		砌体结构	砖砌体，混凝土小型空心砌块砌体，石砌体，配筋砌体，填充墙砌体
		钢结构	钢结构焊接，紧固件连接，钢零部件加工，钢构件组装及预拼装，单层钢结构安装，多层及高层钢结构安装，钢管结构安装，预应力钢索和膜结构，压型金属板，防腐涂料涂装，防火涂料涂装
		钢管混凝土结构	构件现场拼装，构件安装，钢管焊接，构件连接，钢管内钢骨架，混凝土
		型钢混凝土结构	型钢焊接，紧固件连接，型钢与钢筋连接，型钢构件组装及预拼装，型钢安装，模板，混凝土
		铝合金结构	铝合金焊接，紧固件连接，铝合金零部件加工，铝合金构件组装，铝合金构件预拼装，铝合金框架结构安装，铝合金空间网格结构安装，铝合金面板，铝合金幕墙结构安装，防腐处理
		木结构	方木和原木结构，胶合木结构，轻型木结构，木结构防护
3	建筑装饰装修	建筑地面	基层铺设，整体面层铺设，板块面层铺设，木、竹面层铺设
		抹灰	一般抹灰，保温层薄抹灰，装饰抹灰，清水砌体勾缝
		外墙防水	外墙砂浆防水，涂膜防水，透气膜防水
		门窗	木门窗安装，金属门窗安装，塑料门窗安装，特种门安装，门窗玻璃安装
		吊顶	整体面层吊顶、板块面层吊顶、格栅吊顶
		轻质隔墙	板材隔墙，骨架隔墙，活动隔墙，玻璃隔墙
		饰面板	石材安装，陶瓷板安装，木板安装，金属板安装，塑料板安装
		饰面砖	外墙饰面砖粘贴，内墙饰面砖粘贴
		幕墙	玻璃幕墙安装，金属幕墙安装，石材幕墙安装，陶板幕墙安装
		涂饰	水性涂料涂饰，溶剂型涂料涂饰，美术涂饰
		裱糊与软包	裱糊、软包
		细部	橱柜制作与安装，窗帘盒和窗台板制作与安装，门窗套制作与安装，护栏和扶手制作与安装，花饰制作与安装
4	屋面工程	基层与保护	找坡层与找平层，隔汽层，隔离层，保护层
		保温与隔热	板状材料保温层，纤维材料保温层，喷涂硬泡聚氨酯保温层，现浇泡沫混凝土保温层，种植隔热层，架空隔热层，蓄水隔热层
		防水与密封	卷材防水层，涂膜防水层，复合防水层，接缝密封防水
		瓦面与板面	烧结瓦和混凝土瓦铺装，沥青瓦铺装，金属板铺装，玻璃采光顶铺装
		细部构造	檐口，檐沟和天沟，女儿墙和山墙，水落口，变形缝，伸出屋面管道，屋面出入口，反梁过水孔，设施基座，屋脊，屋顶窗
5	建筑给水排水及供暖	室内给水系统	给水管道及配件安装，给水设备安装，室内消火栓系统安装，消防喷淋系统安装，防腐，绝热，管道冲洗、消毒，试验与调试
		室内排水系统	排水管道及配件安装，雨水管道及配件安装，防腐，试验与调试
		室内热水系统	管道及配件安装，辅助设备安装，防腐，绝热，试验与调试
		卫生器具	卫生器具安装，卫生器具给水配件安装，卫生器具排水管道安装，试验与调试

续表

序号	分部工程	子分部工程	分项工程
5	建筑给水排水及供暖	室内供暖系统	管道及配件安装，辅助设备安装，散热器安装，低温热水地板辐射供暖系统安装，电加热供暖系统安装，燃气红外辐射供暖系统安装，热风供暖系统安装，热计量及调试装置安装，试验及调试，防腐，绝热
		室外给水管网	给水管道安装，室外消火栓系统安装，试验与调试
		室外排水管网	排水管道安装，排水管沟与井池，试验与调试
		室外供热管网	管道及配件安装，系统水压试验，土建结构，防腐，绝热，试验与调试
		建筑饮用水供应系统	管道及配件安装，水处理设备及控制设备安装，防腐，绝热，试验与调试
		建筑中水系统及雨水利用系统	建筑中水系统、雨水利用系统管道及配件安装，水处理设备及控制设备安装，防腐，绝热，试验与调试
		游泳池及公共浴池水系统	管道及配件系统安装，水处理设备及控制设备安装，防腐，绝热，试验与调试
		水景喷泉系统	管道及配件安装，防腐，绝热，试验与调试
		热源及辅助设备	锅炉安装，辅助设备及管道安装，安全附件安装，换热站安装，防腐，绝热，试验与调试
		检测与控制仪表	检测仪器及仪表安装，试验与调试
6	通风与空调	送风系统	风管与配件制作，部件制作，风管系统安装，风机与空气处理设备安装，风管与设备防腐，旋流风口、岗位送风口、织物（布）风管安装，系统调试
		排风系统	风管与配件制作，部件制作，风管系统安装，风机与空气处理设备安装，风管与设备防腐，吸风罩及其他空气处理设备安装，厨房、卫生间排放系统安装，系统调试
		防排烟系统	风管与配件制作，部件制作，风管系统安装，风机与空气处理设备安装，风管与设备防腐，排烟风阀（口）、常闭正压风口、防火风管安装，系统调试
		除尘系统	风管与配件制作，部件制作，风管系统安装，风机与空气处理设备安装，风管与设备防腐，除尘器与排污设备安装，吸尘罩安装，高温风管绝热，系统调试
		舒适性空调系统	风管与配件制作，部件制作，风管系统安装，风机与空气处理设备安装，风管与设备防腐，组合式空调机组安装，消声器、静电除尘器、换热器、紫外线灭菌器等设备安装，风机盘管、变风量与定风量送风装置、射流喷口等末端设备安装，风管与设备绝热，系统调试
		恒温恒湿空调系统	风管与配件制作，部件制作，风管系统安装，风机与空气处理设备安装，风管与设备防腐，组合式空调机组安装，电加热器、加湿器等设备安装，精密空调机组安装，风管与设备绝热，系统调试
		净化空调系统	风管与配件制作，部件制作，风管系统安装，风机与空气处理设备安装，风管与设备防腐，净化空调机组安装，消声器、静电除尘器、换热器、紫外线灭菌器等设备安装，中、高效过滤器及风管过滤器单元等末端设备清洗与安装，洁净度调试，风管与设备绝热，系统调试
		地下人防通风系统	风管与配件制作，部件制作，风管系统安装，风机与空气处理设备安装，风管与设备防腐，过滤吸收器、防爆波活门、防爆超压排气活门等专用设备安装，系统调试

序号	分部工程	子分部工程	分项工程
6	通风与空调	真空吸尘系统	风管与配件制作，部件制作，风管系统安装，风机与空气处理设备安装，风管与设备防腐，管道安装，快速接口安装，风机与滤尘设备安装，系统压力试验与调试
		冷凝水系统	管道系统与部件安装，水泵及附属设备安装，管道冲洗，管道、设备防腐，板式热交换器、辐射板及辐射供热供冷地埋管、热泵机组设备安装，管道、设备绝热，系统压力试验与调试
		空调（冷、热）水系统	管道系统与部件安装，水泵及附属设备安装，管道冲洗，管道、设备防腐，冷却塔与水处理设备安装，防冻伴热设备安装，管道、设备绝热，系统压力试验与调试
		冷却水系统	管道系统与部件安装，水泵及附属设备安装，管道冲洗，管道、设备防腐，系统灌水渗漏及排放试验，管道、设备绝热
		土壤热源泵换热系统	管道系统与部件安装，水泵及附属设备安装，管道冲洗，管道、设备防腐，埋地换热系统与管网安装，管道、设备绝热，系统压力试验与调试
		水源热泵换热系统	管道系统与部件安装，水泵及附属设备安装，管道冲洗，管道、设备防腐，地表水源换热管及管网安装，除垢设备安装，管道、设备绝热，系统压力试验与调试
		蓄能系统	管道系统与部件安装，水泵及附属设备安装，管道冲洗，管道、设备防腐，蓄水罐与蓄冰槽、罐安装，管道、设备绝热，系统压力试验与调试
		吸收式制冷设备系统	制冷机组及附属设备安装，管道、设备防腐，制冷剂管道及配件安装，制冷剂灌注，管道、设备绝热，系统压力试验与调试
		压缩式制冷（热）设备系统	制冷机组及附属设备安装，管道、设备防腐，系统真空试验，溴化锂溶液加灌，蒸汽管道系统安装，燃气或燃油设备安装，管道、设备绝热，试验与调试
		多联机（热泵）空调系统	室外机组安装，室内机组安装，制冷剂管路连接及控制开关安装，风管安装，冷凝水管道安装，制冷剂灌注，系统压力试验与调试
		太阳能供暖空调系统	太阳能集热器安装，其他辅助能源、换热设备安装，蓄能水箱、管道及配件安装，防腐，绝热，低温热水地板辐射供暖系统安装，系统压力试验与调试
		设备自控系统	温度、压力与流量传感器安装，执行机构安装调试，防排烟系统功能调试，自控系统及系统智能控制软件调试
7	建筑电气	室外电气	变压器、箱式变电所安装，成套配电柜、控制柜（屏、台）和动力、照明配电箱（盘）及控制柜安装，梯架、支架、托盘和槽盒安装，导管敷设，电缆敷设，管内穿线和槽盒敷线，电缆头制作、导线连接和线路绝缘测试，普通灯具安装、专用灯具安装，建筑照明通电试运行，接地装置安装
		变配电室	变压器、箱式变电所安装，成套配电柜、控制柜（屏、台）和动力、照明配电箱（盘）安装，母线槽安装，梯架、支架、托盘和槽盒安装，电缆敷设，电缆头制作、导线连接和线路绝缘测试，接地装置安装，接地干线敷设
		供电干线	电气设备试验和试运行，母线槽安装，梯架、支架、托盘和槽盒安装，导管敷设，电缆敷设，管内穿线和槽盒内敷线，电缆头制作、导线连接和线路绝缘测试，接地干线敷设
		电气动力	成套配电柜、控制柜（屏、台）和动力、照明配电箱（盘）及控制柜安装，电动机、电加热器及电动执行机构检查接线，电气设备试验和试运行，梯架、支架、托盘和槽盒安装，导管敷设，电缆敷设，管内穿线和槽盒内敷线，电缆头制作、导线连接和线路绝缘测试

续表

序号	分部工程	子分部工程	分项工程
7	建筑电气	电气照明安装	成套配电柜、控制柜（屏、台）和动力、照明配电箱（盘）安装，梯架、支架、托盘和槽盒安装，导管敷设，管内穿线和槽盒内敷线，塑料护套线直敷布线，钢索配线，电缆头制作、导线连接和线路绝缘测试，普通灯具安装，专用灯具安装，插座、开关、风扇安装，建筑照明通电试运行
		备用和不间断电源安装	成套配电柜、控制柜（屏、台）和动力、照明配电箱（盘）安装，柴油发电机组安装，不间断电源装置及应急电源装置安装，母线槽安装，导管敷设，电缆敷设，管内穿线和槽盒内敷线，电缆头制作、导线连接和线路绝缘测试，接地装置安装
		防雷及接地安装	接地装置安装，避雷引下线和接闪器安装，建筑物等电位连接，浪涌保护器安装
8	建筑智能	智能化集成系统	设备安装，软件安装，接口及系统调试，试运行
		信息接入系统	安装场地检查
		用户电话交换系统	线缆敷设，设备安装，软件安装，接口及系统调试，试运行
		信息网络系统	计算机网络设备安装，计算机网络软件安装，网络安全设备安装，网络安全软件安装，系统调试，试运行
		综合布线系统	梯架、托盘、槽盒和导管安装，线缆敷设，机柜、机架、配线架安装，信息插座安装，链路或信道测试，软件安装，软件调试，试运行
		移动通信室内信号覆盖系统	安装场地检查
		卫星通信系统	安装场地检查
		有线电视及卫星电视接收系统	梯架、托盘、槽盒和导管安装，线缆敷设，设备安装，软件安装，系统调试，试运行
		公共广播系统	梯架、托盘、槽盒和导管安装，线缆敷设，设备安装，软件安装，系统调试，试运行
		会议系统	梯架、托盘、槽盒和导管安装，线缆敷设，设备安装，软件安装，系统调试，试运行
		信息导引及发布系统	梯架、托盘、槽盒和导管安装，线缆敷设，显示设备安装，机房设备安装，软件安装，系统调试，试运行
		时钟系统	梯架、托盘、槽盒和导管安装，线缆敷设，设备安装，软件安装，系统调试，试运行
		信息化应用系统	梯架、托盘、槽盒和导管安装，线缆敷设，设备安装，软件安装，系统调试，试运行
		建筑设备监控系统	梯架、托盘、槽盒和导管安装，线缆敷设，传感器安装，执行器安装，控制器、箱安装，中央管理工作站和操作分站设备安装，软件安装，系统调试，试运行
		火灾自动报警系统	梯架、托盘、槽盒和导管安装，线缆敷设，探测器类设备安装，控制器类设备安装，其他设备安装，软件安装，系统调试，试运行
		安全技术防范系统	梯架、托盘、槽盒和导管安装，线缆敷设，设备安装，软件安装，系统调试，试运行
		应急响应系统	设备安装，软件安装，系统调试，试运行

续表

序号	分部工程	子分部工程	分项工程
8	建筑智能	机房	供电系统，防雷接地系统，空气调节系统，给水排水系统，综合布线系统，监控与安全防范系统，消防环境，室内装饰装修，电磁屏蔽，系统调试，试运行
		防雷与接地	接地装置，接地线，等电位联接，屏蔽设施，电涌保护器，线缆敷设，系统调试，试运行
9	建筑节能	围护系统节能	墙体节能、幕墙节能、门窗节能、屋面节能、地面节能
		供暖空调设备及管网节能	供暖节能、通风与空调设备节能，空调与供暖系统冷热源节能，空调与供暖系统管网节能
		电气动力节能	配电节能、照明节能
		监控系统节能	监测系统节能、控制系统节能
		可再生能源	地源热泵系统节能，太阳能光热系统节能，太阳能光伏节能
10	电梯	电力驱动的曳引式或强制式电梯安装	设备进场验收，土建交接检验，驱动主机，导轨，门系统，轿厢，对重，安全部件，悬挂装置，随行电缆，补偿装置，电气装置，整机安装验收
		液压电梯安装	设备进场验收，土建交接检验，液压系统，导轨，门系统，轿厢，对重，安全部件，悬挂装置，随行电缆，电气装置，整机安装验收
		自动扶梯、自动人行道安装	设备进场验收，土建交接检验，整机安装验收

表 7-2　室外工程的单位工程、分部工程划分（《建筑工程施工质量验收统一标准》附录 C）

单位工程	子单位工程	分部工程
室外设施	道路	路基、基层、面层、广场与停车场、人行道、人行地道、挡土墙、附属构筑物
	边坡	土石方、挡土墙、支护
附属建筑及室外环境	附属建筑	车棚、围墙、大门、挡土墙
	室外环境	建筑小品、亭台、水景、连廊、花坛、场坪绿化、景观桥

第四节　建筑工程施工质量验收程序、组织及验收标准

一、检验批质量验收

《建筑工程施工质量验收统一标准》（GB 50300—2013）原文

5.0.1　检验批质量验收合格应符合下列规定：

1　主控项目的质量经抽样检验均应合格。

2　一般项目的质量经抽样检验合格。当采用计数抽样时，合格点率应符合有关专业验收规范的规定，且不得存在严重缺陷。对于计数抽样的一般项目，正常检验一次、二次抽样可按本标准附录 D 判定。

3　具有完整的施工操作依据、质量验收记录。

6.0.1　检验批应由专业监理工程师组织施工单位项目专业质量检查员、专业工长等进行验收。

（一）检验批工程质量验收的组织

检验批工程质量验收由专业监理工程师组织，施工单位相应专业的项目专职质量员和专业工长等参加进行验收。

（二）检验批工程质量合格的验收标准

检验批工程质量合格验收标准3条，主控项目、一般项目的质量抽样检验合格，具有完整的施工操作依据、质量验收记录。

检验批工程质量验收包括资料检查、主控项目和一般项目检验两个方面。

质量控制资料反映了检验批从原材料到最终验收的各施工工序的操作依据、检查情况以及保证质量所必需的管理制度等。对其完整性的检查，实际是对过程控制的确认，是检验批合格的前提。检验批验收资料检查的内容主要包括：

（1）图纸会审、设计变更、洽商记录；

（2）建筑材料、成品、半成品、建筑构配件、器具和设备的质量证明书及进场检（试）验报告；

（3）工程测量、放线记录；

（4）按专业质量验收规范规定的抽样检验报告；

（5）隐蔽工程检查记录；

（6）施工记录和施工过程检查记录、专业工种之间的工序交接检验记录；

（7）新材料、新工艺、新技术、新设备的质量认证文件、验收标准和施工记录；

（8）质量管理制度和施工工艺等施工标准规定的其他质量检验资料。

检验批质量验收时，抽样样本应随机抽取、分布均匀、具有代表性，检查数量满足专业验收规范的相应规定和检验批最小抽样数量的要求。

为了使检验批的质量满足安全和功能的基本要求，保证建筑工程质量，各专业验收规范对各检验批的主控项目、一般项目的合格质量标准给予了明确的规定。检验批质量合格主要取决于对主控项目和一般项目的检验结果满足专业验收规范规定的程度。主控项目是对检验批的基本质量起决定性影响的检验项目，对于工程安全、人体健康、环境保护、建筑节能、公众利益往往直接产生重要的影响，因此必须严格符合有关专业工程验收规范的规定，不允许有不符合要求的检验结果，即这种项目的检验具有否决权。一般项目是除主控项目以外的其他项目，即对检验批的基本质量不起决定性影响的检查项目。对一般项目的抽样检验，应符合专业验收规范规定。对于一般项目相关的缺陷，只要其数量和质量控制在一定范围内，就不会给建筑的结构安全和使用功能带来明显的影响；因此，除另有专门要求外，一般项目的合格点率（符合要求或偏差值在允许偏差范围以内的检验点所占抽检数量的百分率）应达到80％（混凝土保护层要求90％）及以上，对于计数抽样的还应符合正常检验一次、二次抽样判定标准（表7-3和表7-4），且不得存在严重缺陷；对计量抽样，最大偏差不得大于允许偏差的1.5倍（钢结构为1.2倍）。

虽然允许一般项目存在一定数量的不合格点，但对于这些不合格点的指标与合格要求偏差较大（超出可接受的最大偏差）或存在严重缺陷时，仍将影响使用功能或观感质量。为此，对这些位置必须进行维修处理。

表 7-3　一般项目正常检验一次抽样判定（表 D. 0. 1-1 一般项目正常检验一次抽样判定）

样本容量	合格判定数	不合格判定数	样本容量	合格判定数	不合格判定数
5	1	2	32	7	8
8	2	3	50	10	11
13	3	4	80	14	15
20	5	6	125	21	22

表 7-4　一般项目正常检验二次抽样判定（表 D. 0. 1-2 一般项目正常检验二次抽样判定）

抽样次数	样本容量	合格判定数	不合格判定数	抽样次数	样本容量	合格判定数	不合格判定数
(1)	3	0	2	(1)	20	3	6
(2)	6	1	2	(2)	40	9	10
(1)	5	0	3	(1)	32	5	9
(2)	10	3	4	(2)	64	12	13
(1)	8	1	3	(1)	50	7	11
(2)	16	4	5	(2)	100	18	19
(1)	13	2	5	(1)	80	1126	16
(2)	26	6	7	(2)	160		27

（三）检验批工程质量验收的程序

1. 施工单位按照“三检”制度对检验批的每道工序进行控制，上道工序未检验合格不得进行下道工序，专业工种间相关工序应进行交接检验，并保留记录；对隐蔽工程、重要工序，施工单位自检合格后须报项目监理机构验收同意方可进行下道工序，并保留验收记录。

2. 检验批是建筑工程施工质量验收的基础，当组成检验批的所有工序施工完毕，施工单位应进行自检，对存在的问题（自检出的问题）自行处理，全部整改完毕，检验批自检合格，填写“检验批质量验收记录”的相应部分，并由项目专业质量员在检验批质量检验记录中签字。然后填写《检验批工程报验单》并附施工单位自检的检验批质量验收自检原始记录和相关质量控制资料向项目监理机构进行报验。

3. 施工单位应在检验批验收前 48 小时以书面形式通知监理验收内容、验收时间和地点。

4. 专业监理工程师应按时组织施工单位相应专业的项目专职质量员和专业工长等严格按规定程序进行验收。首先对施工单位检验批质量验收自检原始记录和施工操作依据、质量检查记录等进行核查，审查确认施工单位自检人员资格及责任人签字是否要求，施工单位是否“自检”合格，施工操作依据、质量检查记录是否规范、完整、签字齐全有效，施工单位自检评定结果是否准确；对不符合要求的退回施工单位整改，符合要求的进行现场实物检查、检测。主控项目和一般项目的质量经抽检合格，施工操作依据、质量检查记录完整，符合专业验收规范及合同质量标准要求的专业监理工程师应予以签认。否则，专业监理工程师应签发《工程质量整改通知》，翔实指出不符合之处，要求施工单位整改。

5. 无论是资料检查不符合要求被退回，还是主控项目、一般项目实物检查检测不符合要求，项目监理机构签发《工程质量整改通知》的，施工单位应按监理要求进行整改，重新自检，自检合格后重新报验。

6. 对未经监理人员验收或验收不合格、需旁站而未旁站或没有旁站记录，或旁站记录签字不全的隐蔽工程、检验批，监理工程师不得签认，施工单位严禁进行下一道工序的施工，按施工承包合同相关条款处理。

二、分项工程质量验收

> 《建筑工程施工质量验收统一标准》（GB 50300—2013）原文
>
> 5.0.2　分项工程质量验收合格应符合下列规定：
>
> 1　所含检验批的质量均应验收合格。
>
> 2　所含检验批的质量验收记录应完整。
>
> 6.0.2　分项工程应由专业监理工程师组织施工单位项目专业技术负责人等进行验收。

（一）分项工程质量验收的组织

分项工程质量验收由专业监理工程师组织，施工单位项目专业技术负责人等进行验收。

（二）分项工程质量合格的验收标准

1. 所含检验批的质量均应验收合格。

2. 所含检验批的质量验收记录应完整。

分项工程的验收是在检验批的基础上进行。一般情况下，两者具有相同或相近的性质，只是批量的大小不同而已。因此，分项工程验收已不再是直接面对施工现场的操作性检验，而是更高一个层次的汇总性检验，将分项工程所有检验批的验收资料汇总，核查其是否所含检验批均应验收合格和质量验收记录的完整性。只要分项工程所含检验批全部验收合格，且验收记录完整，分项工程质量验收就合格。

检验批质量验收记录完整有两重含义，一是检查项目齐全，无一缺漏，这样才能保证施工质量的各个方面都满足要求的性能；二是检查范围全面，所含检验批应能覆盖全部施工验收区域，不得有漏查和空缺的部位。

但有些检验批在进行下一工序之前无法得到确切的验收结论，如结构柱或电梯井的垂直度只能在结构元件完成后才能检查验收。对于这些特殊的检验批，就需要在分项工程验收时检验。

（三）分项工程质量验收程序

1. 分项工程所含的检验批全部通过验收，施工单位整理验收资料，自检评定合格后填写“分项工程质量验收记录”的相应部分，项目专业技术负责人分项工程质量检验记录中签字；然后填写《分项工程报验单》附《分项质量验收记录》报项目监理机构。

2. 专业监理工程师组织施工单位项目专业技术负责人等进行验收，对施工单位所报资料和该分项工程的所有检验批质量检查记录进行审查，构成分项工程的各检验批是否均已验收合格，验收资料文件是否完整；符合要求的专业监理工程师予以签认。

3. 若分项工程验收中发现检验批验收存在遗漏、资料欠缺或其他不合格项，施工单位应按规定进行整改，并补充验收。符合要求或专业监理工程师方可签认。

三、分部工程质量验收

> 《建筑工程施工质量验收统一标准》（GB 50300—2013）原文
>
> 5.0.3　分部工程质量验收合格应符合下列规定：
>
> 1　所含分项工程的质量均应验收合格。

2 质量控制资料应完整。

3 有关安全、节能、环境保护和主要使用功能的抽样检验结果应符合相应规定。

4 观感质量应符合要求。

6.0.3 分部工程应由总监理工程师组织施工单位项目负责人和项目技术、质量负责人等进行验收。

勘察、设计单位项目负责人和施工单位技术、质量部门负责人应参加地基与基础分部工程的验收。

设计单位项目负责人和施工单位技术、质量部门负责人应参加主体结构、节能分部工程的验收。

（一）分部工程质量验收的组织

分部工程由总监理工程师组织，施工单位项目负责人和项目技术、质量负责人等进行验收。地基与基础分部工程验收时勘察、设计单位项目负责人和施工单位技术、质量部门负责人应参加；主体结构、节能分部工程验收时设计单位项目负责人和施工单位技术、质量部门负责人应参加。

（二）分部工程质量合格的验收标准

分部工程质量合格的验收标准有 4 条：(1) 所含分项工程的质量均应验收合格。(2) 质量控制资料应完整。(3) 有关安全、节能、环境保护和主要使用功能的抽样检验结果应符合相应规定。(4) 观感质量应符合要求。

分部工程的验收在其所含各分项工程验收的基础上进行。分部工程质量合格验收标准的前两项要求与分项工程的检查验收要求相似。前者主要是保证验收范围全面，无论从项目和数量上均无缺漏，能够覆盖有关分部（子分部）工程的全部内容。同时，前一层次有关分项工程的检查验收资料完整，这是汇总性检查验收必要条件；质量控制资料完整性核查，就是按照《建筑工程施工质量验收统一标准》（GB 50300—2013）中《单位工程质量控制资料核查记录》规定的对应专业分部工程项目逐项进行检查，对资料是否齐全、有效以及文件的内容和深度是否符合技术标准的规定；资料齐全、有效，文件的内容和深度符合技术标准专项施工质量验收规范规定是分部工程验收的基本要求。由于各分项工程的性质不尽相同，因此分部工程不能简单的组合而加以验收，尚须增加两类检查。一是涉及安全、节能、环境保护和主要使用功能的地基与基础、主体结构和设备安装等分部工程应进行有关的见证检验或抽样检验，二是观感质量检查。

涉及安全、节能、环境保护和主要使用功能的抽样检验要求是“强化验收”的有力措施，内容多为对施工基本完成后的分部（子分部）工程实体进行的见证取样检验或抽样检测，故也可称为“实体检验”。实体检验是在相关工序完成以后、分部（子分部）工程验收之前对结构实体和设备系统进行的综合性检查，对反映实际工程的安全和使用功能有更强的可信度，因此具有更真实和更直接的意义。《建筑工程施工质量验收统一标准》和专业验收规范规定了涉及安全、节能、环境保护和主要使用功能的具体抽样检验项目，如：结构实体混凝土强度和梁板构件受力钢筋的实际保护层厚度检验，主体结构尺寸、位置抽查，有防水要求的地面蓄水试验，抽气（风）道检查，室内环境检查，给水管道通水试验，卫生器具满水试验，排水干管通球试验，风量、温度测试，灯具固定装置及悬吊装置的荷载强度试验，剩余电流动作保护器测试，接地检测，外墙节能构造检查等。专业验收规范规定了实体检验项目的检查内容、检验范围、抽样数量、质量要求、检查方法、验收条件等具体要求，分部（子分部）工程验收前应按专业验收规范要求进行见证检验或见证抽样检验。

观感质量检查不应看作是单纯的外观检查，而是实地对工程的一个全面检查。核查质量控制资料及分项工程（检验批）验收的真实性、准确性，全面评价分部（子分部）工程的外观质量和主要使用功能。专业验收规范中对观感质量都有具体的检验要求，分部（子分部）观感质量检查内容就是该分部（子分部）所含分项工程中可检查的目测检查项目和简单量测检查项目，质量评价标准仍是规范的相应要求。尤其是对单位工程观感质量检查记录规定的相关项目和影响使用功能、下道工序不能掩盖的外观质量或影响下工序施工质量的项目应特别关注。观感质量验收的检查往往难以定量，只能以观察、触摸或简单量测的方式进行，检查结果并不给出“合格”或“不合格”的结论，而是综合给出“好”、“一般”、“差”的质量评价结果。基本能符合要求的可评价为“一般”；观感质量比较优良的，则评价为“好”；如观感质量达不到应有的质量要求，且存在明显的严重缺陷，则评为“差”。对于“差”的项目和部位应进行返修处理，在达到质量要求后再进行检查验收。

分部工程如存在影响安全和使用功能的严重缺陷，经返修或加固处理仍不能满足安全使用要求时，严禁通过验收。

（三）分部工程质量验收程序

1. 分部工程所含的分项工程全部通过验收，施工单位应整理各分项工程的验收资料，核查分部工程质量控制资料，并按专业验收规范规定对有关安全、节能、环境保护和主要使用功能进行抽样检验（或核查抽样检验结果），对观感质量进行自检，对存在的问题（自检出的问题）自行处理；全部整改完毕，自检评定合格，填写“分部质量验收记录”的相应部分，并由施工单位项目负责人签字。然后填写《分部工程报验单》并附施工单位自检的分部工程质量验收记录和分部工程相关质量控制资料、有关安全、节能、环境保护和主要使用功能抽样检验结果向项目监理机构进行报验。

2. 总监理工程师应组织专业监理工程师对施工单位报送的相关质量控制资料、有关安全、节能、环境保护和主要使用功能抽样检验资料进行核查，发现问题要求施工单位及时整改，符合要求在相应位置签署监理验收结论后方可进行分部验收。

3. 施工单位应在验收前72小时以书面形式把验收的内容、时间、地点通知应参加验收的相关方。总监理工程师应按时组织，建设单位、施工单位、勘察单位、设计单位等相关人员按规定准时参加相关分部工程的验收。

4. 分部工程质量验收含资料核查和实体质量抽样检测（检查）。分部工程所含分项工程的质量均已验收合格，质量控制资料完整，有关安全、节能、环境保护和主要使用功能抽样检验结果均符合有关规定，感观质量验收符合要求。总监理工程师与参验人员协商确认一致，在《分部工程质量验收记录》的“综合验收结论”栏签署验收意见，各参加验收单位项目负责人签字。否则，总监理工程师应签发《工程质量整改通知》，指出不符合之处，要求施工单位整改。施工单位应按监理要求进行整改，重新自检，自检合格后重新报验。

四、单位（子单位）工程质量验收

《建筑工程施工质量验收统一标准》（GB 50300—2013）原文

5.0.4 单位工程质量验收合格应符合下列规定：

1 所含分部工程的质量均应验收合格。

2 质量控制资料应完整。

3 所含分部工程中有关安全、节能、环境保护和主要使用功能的检验资料应完整。

4 主要使用功能的抽查结果应符合相关专业验收规范的规定。

5 观感质量应符合要求。

6.0.4 单位工程中的分包工程完工后，分包单位应对所承包的工程项目进行自检，并应按本标准规定的程序进行验收。验收时，总包单位应派人参加。分包单位应将所分包工程的质量控制资料整理完整后，移交给总包单位。

6.0.5 单位工程完工后，施工单位应组织有关人员进行自检。总监理工程师应组织各专业监理工程师对工程质量进行竣工预验收。存在施工质量问题时，应由施工单位及时整改。整改完毕后，由施工单位向建设单位提交工程竣工报告，申请工程竣工验收。

6.0.6 建设单位收到工程竣工报告后，应由建设单位项目负责人组织监理、施工、设计、勘察等单位项目负责人进行单位工程验收。

（一）分包工程质量验收的组织与资料管理

《建设工程承包合同》的双方主体是建设单位和总施工单位，总施工单位应按照承包合同的权利义务对建设单位负责。分包单位对总施工单位负责，亦应对建设单位负责。分包单位应对所承包的工程项目进行自检，并应按本标准规定的程序进行验收。验收时，总包单位应派人参加，分包单位对承建的项目也应按照“三检”制度对每道工序进行控制，并保留相关验收记录。分包单位按规定程序进行验收时，总施工单位应参加，检验合格后，分包单位应将工程的有关资料整理完整后提交给总施工单位，由总包单位向监理报验。建设单位组织单位工程质量验收时，分包单位负责人应参加验收。分包工程完工后，分包单位应将所分包工程的质量控制资料整理完整，移交给总包单位。

（二）单位工程质量验收的组织

建设单位项目负责人组织，监理、施工、设计、勘察等单位项目负责人及相关专业技术人员（包括：施工单位项目技术、质量负责人及各专业质量员、技术员，监理单位各专业工程师，设计单位各项目专业负责人）参加。

单位工程质量验收由建设单位项目负责人组织，由于勘察、设计、施工、监理单位都是责任主体，因此各单位项目负责人和监理单位的总监理工程师应参加验收。

建设单位收到工程竣工报告后，应由建设单位（项目）负责人组织施工（含分包单位）设计、监理等单位（项目）负责人进行单位（子单位）工程验收。

（三）建设工程竣工验收应具备的条件

住房和城乡建设部《房屋建筑和市政基础设施工程竣工验收规定》（建质［2013］171号）第5条规定了建设工程竣工验收应当具备的条件为：

1. 完成工程设计和合同约定的各项内容。

2. 施工单位在工程完工后对工程质量进行了检查，确认工程质量符合有关法律、法规和工程建设强制性标准，符合设计文件及合同要求，并提出工程竣工报告。工程竣工报告应经项目经理和施工单位有关负责人审核签字。

3. 对于委托监理的工程项目，监理单位对工程进行了质量评估，具有完整的监理资料，并提出工程质量评估报告。工程质量评估报告应经总监理工程师和监理单位有关负责人审核签字。

4. 勘察、设计单位对勘察、设计文件及施工过程中由设计单位签署的设计变更通知书进行了检查，并提出质量检查报告。质量检查报告应经该项目勘察、设计负责人和勘察、设计单位有关负责人审核签字。

5. 有完整的技术档案和施工管理资料。

6. 有工程使用的主要建筑材料、建筑构配件和设备的进场试验报告，以及工程质量检测和功能性试验资料。

7. 建设单位已按合同约定支付工程款。

8. 有施工单位签署的工程质量保修书。

9. 对于住宅工程，进行分户验收并验收合格，建设单位按户出具《住宅工程质量分户验收表》。

10. 建设主管部门及工程质量监督机构责令整改的问题全部整改完毕。

11. 法律、法规规定的其他条件。

在一个单位工程中，对满足生产要求或具备使用条件，施工单位已自行检验，监理单位已预验收的子单位工程，建设单位可组织进行验收。由几个施工单位负责施工的单位工程，当其中的子单位工程已按设计要求完成，并经自行检验，也可按规定的程序组织正式验收，办理交工手续。在整个单位工程验收时，已验收的子单位工程验收资料应作为单位工程验收的附件。

（四）单位工程质量合格的验收标准

单位工程质量验收也称质量竣工验收，是建筑工程投入使用前的最后一次验收，也是最重要的一次验收。验收合格的条件有五个方面：

1. 构成单位工程的各分部工程已验收合格。

2. 质量控制资料应完整。应按《建筑工程施工质量验收统一标准》（GB 50300—2013）规定的单位工程质量控制资料核查记录内容逐项进行完整性复核，施工单位应按其类别汇总、整理，装订成册，检查内容及要求除要核对份数是否准确外，其他同分部工程验收时的质量控制资料核查。检验批验收、分部验收、单位工程验收一再强调对质量控制资料的检查，充分表明工程质量施工过程控制的重要作用。

3. 涉及安全、节能、环境保护和主要使用功能各专业分部工程检验资料应复查合格，这些检验资料与质量控制资料同等重要。资料复查要全面检查其完整性，不得有漏检缺项，其次复核分部工程验收时补充进行的见证抽样检验报告，体现了对安全和主要使用功能等的重视。

4. 对主要使用功能还须进行再抽查。主要目的是综合、全面检验所有前期施工质量的总效果——是否能够满足使用功能的要求，这是用户最为关心的内容。使用功能检验实际在分部（子分部）工程的层次上已经进行过了，但只局限于专业范围内的检查，质量控制的广度和深度有限。在单位工程完成后，交付使用前的竣工验收，综合此前的所有检验，才是将要面对用户的真正实在的使用功能考验。如，建筑物的室内环境检测、屋面淋水试验、各种设备（给水、排水、供暖、燃气、空调、通风、智能化等）的系统运行试验等，都难以在分部（子分部）工程验收的层次上检查，故只能在单位工程的竣工验收时进行检验。竣工验收时检查的项目仅限于规定的主要功能，且采用抽查的形式。《建筑工程施工质量验收统一标准》（GB 50300—2013）规定了单位工程安全和功能检验资料核查及主要功能抽查项目。如果对表列以外的项目要进行抽检，则应进行专门的研究，以免任意扩大检查范围，造成不必要的检验工作量增加，以及检测对工程可能引起的损害。

使用功能的检查是对建筑工程和设备安装工程最终质量的综合检查。竣工验收时的全面检查多是在分项、分部工程验收合格的基础上的复核性抽查。抽查项目应在检查资料文件的基础上由参加验收的各方人员商定，并用计量、计数的方法抽样检验，检验结果应符合有关专业验收规范的规定。

5. 观感质量通过验收。观感质量检查需在建设单位主持下，参加验收的各方人员共同进行，观感质量的评价结果分“好”、“一般”、“差”3个等级，《建筑工程施工质量验收统一标准》（GB 50300—2013）规定了单位工程观感质量验收的检查项目（表7-5），要求对质量评价为“差”的项目进行返修和保存观感质量现场检查原始记录，现场检查原始记录的内容应包括检查项目、检查位置、检查结果等。

检查数量和抽样方法按规范规定执行，房屋周围，重要部位及有代表性的房间应尽量看到，能运行的设备和重要装置应尽量运行，每一检查项目不得少于最小抽样数量。以目测法检查为主，辅以简单量测，对检查的项目内容和结果进行记录，符合规范要求的（观感质量比较优良或实测值在允许偏差内的）评价为好（划“√”）。基本能符合要求的（或实测值超出允许偏差，但在规范可接收限度内）评价为一般（划“○”），不符合要求的为差（划“×”），对于“差”的项目和部位应进行返修处理，在达到质量要求后方可通过验收；对不影响结构安全和使用功能，且确实难修理的，可采用协商解决的办法进行验收，并在验收表上注明。检查后进行项目质量评价，凡有不合格点（划“×”）的项目，项目质量评价为“差”；检查项目“好”点占该项目总检查点数百分率为60%及以上的，项目质量评价可为“好”，其余情况项目质量评价可为“一般”。然后进行观感质量综合评价，观感质量综合评价以监理人员为主，在充分听取各方面检查人员的意见后，根据各检查项目的重要程度和质量状况由总监理工程师为主导和监理工程师共同提出观感质量的好、一般、差的“观感质量综合评价”，最后共同协商确定是否通过验收和确认观感质量综合评价结论。

6. 单位工程如存在影响安全和使用功能的严重缺陷，经返修或加固处理仍不能满足安全使用要求时，严禁通过验收。

表7-5　单位工程观感质量验收的检查项目

序号	专业类别	检查项目名称
1	建筑与结构	主体结构外观，室外墙面，变形缝、雨水管，屋面，室内墙面，室内顶棚，室内地面，楼梯、踏步、护栏，门窗，雨罩、台阶、坡道、散水
2	给水排水与供暖	管道接口、坡度、支架，卫生器具、支架、阀门，检查口、扫除口、地漏，散热器、支架

续表

序号	专业类别	检查项目名称
3	通风与空调	风管、支架，风口、风阀，风机、空调设备，管道、阀门、支架，水泵、冷却塔，绝热
4	建筑电气	配电箱、盘、板、接线盒，设备器具、开关、插座，防雷、接地、防火
5	智能建筑	机房设备安装及布局，现场设备安装
6	电梯	运行、平层、开关门，层门、信号系统，机房

（五）单位工程竣工验收程序

1. 施工单位完成设计图纸和合同约定的全部内容（单位或子单位工程）后，施工单位应依据施工承包合同约定的质量标准、设计图纸、验收规范等组织有关人员进行自检，对检查结果进行评定，并对发现的问题进行必要的整改，符合要求后整理竣工资料，并编制《建设工程竣工报告》。《建设工程竣工报告》应当包括已完工程情况、技术档案和施工管理资料情况、建筑设备安装调试情况、工程质量评定情况等内容，经施工单位法定代表人和技术负责人签字并加盖单位公章，与《单位工程竣工验收报审表》及其附完整的竣工资料一并提交项目监理机构，申请竣工预验收。

工程竣工后，项目监理机构应审查施工单位提交的《单位工程竣工验收报审表》《建设工程竣工报告》及竣工资料，组织工程竣工预验收。满足下列全部条件时监理单位应签认《单位工程竣工验收报审表》和《建设工程竣工报告》。

2. 总监理工程师组织各专业监理工程师对竣工资料进行核查及工程实体质量复查：按施工承包合同全部完成设计工作内容；构成单位工程的各分部工程均已验收，且质量验收合格；按《建筑工程施工质量验收统一标准》附录 H（表 H. 0. 1-2）和相关专业质量验收规范的规定，相关资料文件完整；涉及安全和使用功能的分部工程有关安全和功能检验资料，按《建筑工程施工质量验收统一标准》附录 H（表 H. 0. 1-3）逐项复查。不仅要全面检查其完整性（不得有漏检缺项）。而且对分部工程验收时补充进行的见证抽样检验报告也要复查。单位工程竣工资料整理（含竣工图）应符合河北省的有关要求。同时，总监理工程师应组织各专业监理工程师会同施工单位对工程完成情况核查及观感质量检查（进行全面检查、检测），并保存原始检查记录；对发现影响竣工验收的问题，签发《工程质量整改通知》（竣工资料整理方面的问题可用《监理通知》）要求其及时整改；施工单位整改完成，填报《监理工程师通知回复单》，由专业监理工程师进行复查，直至符合要求；对需要进行功能试验的项目（包括单机试车和无负荷试车），专业监理工程师应督促施工单位及时进行试验，并对重要项目进行现场监督、检查，必要时请建设单位和设计单位参加。

3. 经项目监理机构对竣工资料及实物全面检查，符合合同要求的由总监理工程师签署《工程竣工预验报验单》和《建设工程竣工报告》，并对工程质量等级做出评价。

4.《建设工程竣工报告》经总监理工程师、监理单位法定代表人签字并加盖监理单位公章后，由施工单位向建设单位提交《建设工程竣工报告》和竣工申请。总监理工程师组织专业监理工程师编写的《工程质量评估报告》。经总监理工程师、监理单位技术负责人签字并加盖监理单位公章后由监理单位提交建设单位。

5. 建设单位审查《建设工程竣工报告》，对具备竣工验收条件的，组织勘察、设计、施工、工程监理等单位和有关专家组成验收组，制定验收方案。对民用建筑建设单位应当进行建筑节能专项竣工验收，对未组织建筑节能分部工程验收或者建筑节能分部工程验收不合格的民用建筑工程，建设单位不得进行该建筑工程竣工验收。

建设单位应在收到《建设工程竣工报告》28天内按规定程序组织工程竣工验收，若28天内未组织竣工验收，视为竣工验收报告认可，从第29天起建设单位承担工程保管和一切意外责任。

建设单位在组织工程竣工验收7个工作日前，将验收时间、地点及验收组名单书面通知工程质量监督机构，并提交有关工程质量文件和质量保证资料；具备验收条件的，工程质量监督机构应当按照建设单位通知的验收时间、地点派员对竣工验收工作进行监督。

建设单位组织工程竣工验收应按下列要求进行：

1）建设、勘察、设计、施工、监理单位分别报告工程合同履约情况和在工程建设各个环节执行法律、法规和工程建设强制性标准的情况；

2）审阅建设、勘察、设计、施工、监理单位的工程档案资料；

3）实地查验工程质量；

4）对工程勘察、设计、施工、设备安装质量和各管理环节等方面作出全面评价，形成经验收组人员签署的工程竣工验收意见。

当参加验收各方对工程质量验收意见不一致时，按合同约定处理。

6. 工程竣工验收后14天内，签署《建设工程竣工验收报告》或提出进一步整改意见，若14天内不提出修改意见，则视为竣工验收报告被认可。若提出整改意见，则施工单位需整改后重新报验。

《建设工程竣工验收报告》应当使用建设行政主管部门统一印制的格式文本。内容包括：工程概况、施工许可证号、施工图设计文件审查批准书号、工程质量情况以及建设、勘察、设计、施工图审查机构、施工、工程监理等单位签署的质量合格意见文件。

7. 建设单位自竣工验收合格之日起5日内未收到质量监督机构签发的责令整改通知书的，即可进入竣工验收备案程序。应在自工程竣工验收合格之日起15日内，向建设工程所在地县级以上建设行政主管部门申请办理竣工验收备案。申请工程竣工验收备案应当提交下列文件：

1）建设工程竣工验收备案表三份；

2）建设工程竣工验收报告；

3）城乡规划主管部门出具的工程规划条件核实认可文件；

4）公安消防部门出具的《建设工程消防验收意见书》；

5）环保部门出具的建设工程环保验收认可文件；

6）列入城建档案馆档案接受范围的建设工程，城建档案管理机构出具的建设工程档案验收认可文件；

7）施工单位签署的工程质量保修书；

8）施工单位、监理单位出具的建设单位已按合同约定拨付工程款的证明；

9）法律、法规、规章规定的应当提供的其他材料。

对商品住宅还应提交《住宅质量保证书》和《住宅使用说明书》。

8. 建设单位将未经竣工验收的工程擅自交付使用，或者将不合格的工程作为合格工程交付使用，或者将建设行政主管部门责令停止使用、重新组织竣工验收的工程擅自继续使用，给他人造成损失的，由建设单位依法承担赔偿责任，并依法给予行政处罚。

9. 列入城建档案馆档案接受范围的建设工程，建设单位应当自建设工程竣工验收合格之日起 90 日内，向城建档案管理机构移交一套完整的工程建设档案资料。

五、工程质量控制资料不完整的处理

《建筑工程施工质量验收统一标准》（GB 50300—2013）原文

5.0.7 工程质量控制资料应齐全完整，当部分资料缺失时，应委托有资质的检测机构按有关标准进行相应的实体检验或抽样试验。

实际工程中偶尔会遇到因遗漏检验或资料丢失而导致部分施工验收资料不全的情况，使工程无法正常验收。本条给出了解决方法——通过委托有资质的检测机构有针对性地进行工程质量检验，采取实体检测或抽样试验的方法确定工程质量状况，该检验报告可用于施工质量的验收。

六、建筑工程质量不符合规定的处理

《建筑工程施工质量验收统一标准》（GB 50300—2013）原文

5.0.6 当建筑工程施工质量不符合规定时，应按下列规定进行处理：

1 经返工或返修的检验批，应重新进行验收。

2 经有资质的检测机构检测鉴定能够达到设计要求的检验批，应予以验收。

3 经有资质的检测机构检测鉴定达不到设计要求、但经原设计单位核算认可能够满足安全和使用功能的检验批，可予以验收。

4 经返修或加固处理的分项、分部工程，满足安全及使用功能要求时，可按技术处理方案和协商文件的要求予以验收。

5.0.8 经返修或加固处理仍不能满足安全或使用要求的分部工程及单位工程，严禁验收。

但实际工程中完全避免不合格情况的出现一般很难做到，但对施工质量不符合规定的现象发现越早、及时处理，其造成的影响和损失越小。在一般情况下，不合格现象在检验批验收时就应发现并及时处理，《建筑工程施工质量验收统一标准》给出了当质量不符合规定时的处理办法。需要特别注意的是，这种方法仅可用于严格按施工技术标准进行施工质量过程控制基础上出现的小概率事件的处理，不能作为降低质量要求、变相通过验收的一种出路。

1. 经返工重做或更换器具、设备的检验批，应重新进行验收。这种情况是指主控项目不能满足验收规范规定或一般项目超过偏差限制的子项不符合检验规定的要求时应及时进行处理。其中，对于严重的缺陷应推倒重来、重新施工；一般的缺陷可通过返修、更换予以解决，允许施工单位在采取相应的措施后重新验收。施工单位在采取相应的措施后工程质量符合相应的专业验收规范要求，应认为该检验批合格。

2. 经有资质的检测单位鉴定达到设计要求的检验批，应予以验收。当个别检验批发现问题，难以确定能否验收时，应请具有资质的法定检测机构进行实体检测鉴定，当鉴定结果认为能够达到设计要求时，该检验批应可以通过验收。工程质量控制资料应齐全完整实质上属于该类问题之一，还有就是出现的个别检验批的材料试块强度不满足设计要求等问题，委托有资质的检测机构按有关标准进行相应的实体检验或抽样试验，依据鉴定结果进行检验批验收。如：某混凝土施工检验批的标准养护试件强度试验结果小于相应设计强度的规定强度最小值，经具有资质的法定检测机构对相应部位进行混凝土强度实体检测，鉴定结果达到了设计要求，则该检验批应予通过验收。

3. 如经检测鉴定达不到设计要求，但经原设计单位核算、鉴定，仍可满足相关设计规范和使用功能要求时，该检验批可予以验收。这主要是因为一般情况下，标准、规范的规定是满足安全和功能的最低要求，而设计往往在此基础上留有一些余量。当出现了不满足设计要求但经原设计单位核算、鉴定，符合相应规范要求的情况，设计单位同意时该检验批也可通过验收。

4. 经返修或加固能满足安全和使用基本要求的，可按技术处理方案和协商文件进行验收。经法定检测机构检测鉴定后认为达不到规范的相应要求，即不能满足最低限度的安全储备和使用功能时，则必须进行加固或处理，使之能满足安全和使用功能的基本要求。这样可能会造成一些永久性的影响，如增大结构外形尺寸，影响一些次要的使用功能。但为了避免建筑物的整体或局部拆除，避免社会财富更大的损失，在不影响安全和主要使用功能条件下，可按技术处理方案和协商文件进行验收。但这不能作为轻视质量而回避责任的一种出路，责任方应承担相应的合同责任和法定责任，既承担相应的经济责任和接受处罚。

5. 存在影响安全和使用功能严重缺陷，经返修或加固处理仍不能满足安全使用要求时，严禁通过验收。

第五节　施工质量资料的编制、收集、整理

一、工程资料的基本要求和归档立卷原则

建筑工程技术资料是真实、全面地反映建筑工程质量状况和建造过程，具有永久和长期保存价值的工程技术和管理文件；是建筑工程进行施工质量验收和竣工核查的必备条件，也是对建筑工程进行检查、维修、管理、使用、改造的重要依据。工程实施过程中应及时的收集、填写、整理工程技术资料，并要确实保证工程资料的真实性、完整性、有效性和系统性。施工资料是工程资料的重要组成部分，是由施工单位在工程施工过程中形成并收集汇整的文件或资料的统称。从施工质量验收方面讲，施工资料包括施工管理（技术）资料、工程质量控制资料、工程安全与功能检验（抽查）资料、单位工程竣工验收资料和竣工图5种。施工管理（技术）资料的内容包括工程开工报审表、施工组织设计（方案）、技术交底记录、施工日志、工程预（自）检记录、施工现场质量管理检查记录等，工程质量控制资料的内容详见表，工程安全与功能检验（抽查）资料的内容详见，工程竣工验收资料的内容包括工程竣工施工总结、单位（子单位）工程竣工预验收报验表、单位工程竣工预验收报验表、单位工程质量验收记录、单位工程质量控制资料核查记录、单位工程安全和功能检验资料核查及主要功能抽查记录、单位工程观感质量检查记录、工程质量保修书、施工资料移交书等。

（一）工程资料的基本要求

1. 工程资料应真实反映工程建设过程及实体质量的实际情况，并与工程进度同步形成；工程资料的收集、整理设专人负责，并应按立卷要求归类。

2. 工程资料实行分级管理各负其责的管理原则，管理制度健全、岗位明确、责任落实到管理的各个环节和各级相关人员，并保证工程资料的可追溯性。

3. 工程资料的内容及深度必须符合相应的技术规范、标准和规程，工程资料形成单位对其真实性、完整性、有效性负责。

3. 工程资料填写、编制、审核、审批、签认应规范、及时（工程建设各方及时对工程资料进行签字、确认，才能保证工程资料与工程进度同步形成），且文字、图样、图表清晰，项目齐全、准确、真实，结论明确，相关人员及单位的签字盖章齐全，并符合要求。

4. 工程资料严禁故意抽撤或伪造，也不得随意修改。当需要修改时，应实行划改，并由划改人签名。禁止使用粘贴、涂抹或用涂改液覆盖等方式修改。

5. 工程资料应使用原件。当使用复印件时，应加盖资料提供单位的公章、经办人签字（姓名全称）及日期，对其真实性负责。

6. 工程资料用表应采用河北省《建筑工程技术资料管理规程》规定的统一表式，工程资料中文本应以打印为主；纸质载体幅面为A4，用纸应韧力大，耐久性强。若手工书写必须用蓝黑或碳素墨水。并按规定编号。

7. 工程资料中图纸一般采用蓝晒图，竣工图应是新蓝图。计算机出图必须清晰，不得使用计算机出图的复印件。图纸宜采用国家标准图幅。

9. 所有竣工图均应加盖竣工图章。竣工图章应使用不易褪色的红印泥，应盖在图标栏上方空白处。

10. 利用施工图改绘竣工图，必须标明变更修改依据；凡施工图结构、工艺、平面布置等有重大改变，或变更部分超过图面1/3的，应当重新绘制竣工图。

11. 不同幅面的工程图纸应按《技术制图　复制图的折叠方法》（GB/T 10609.3—2009）统一折叠成A4幅面，图标栏露在外面。

（二）工程资料归档的立卷原则

1. 立卷应遵循工程文件的自然形成规律，保持卷内文件的有机联系，便于档案的保管和利用。

2. 案卷不宜过厚，一般不超过40mm；案卷内不应有重份文件；不同载体的文件一般应分别组卷。

3. 施工资料应按单位工程组卷，并符合下列规定：

1）专业承包工程形成的施工资料有专业承包单位负责，并应单独组卷；

2）电梯应按不同型号每台电梯单独组卷；

3）室外工程应按室外建筑环境、室外安装工程单独组卷；

4）当施工资料中部分内容不能按一个单位工程分类组卷时，可按建设项目组卷；

5）施工资料目录应与其对应工程资料一同组卷。

4. 竣工图按专业分类组卷。

5. 其他可按现行国家标准《建设工程文件归档整理规范》（GB/T 50328）相关规定执行。

二、图纸会审、设计变更、洽商记录的归档整理及有关要求

根据《建筑工程施工质量验收统一标准》（GB 50300）中工程质量控制资料核查记录的

格式规定，图纸会审、设计变更、工程洽商记录是按建筑与结构、给排水与采暖、通风与空调、建筑电气、建筑智能、建筑节能、电梯分专业进行归档整理，而《建设工程文件归档整理规范》（GB/T 50328）的立卷原则要求“案卷内不应有重份文件”；再则，图纸会审、设计变更、工程洽商记录是工程施工和竣工图编制工作的重要依据，其内容的准确性和修改施工图纸号的明确性直接影响工程施工管理和竣工图绘制的质量。为此，图纸会审、设计变更、工程洽商记录的归档整理应符合以下要求：

1. 分专业办理，一份工程变更单只应含一个专业；
2. 内容翔实、明确，如有文字无法叙述清楚时应附图说明；
3. 应注明修改施工图纸的“图号”。

三、施工测量资料的内容及填写要求

施工测量资料是在施工过程中形成的确保建筑物位置、尺寸、标高和变形量等满足设计要求和规范规定的各种测量成果记录的统称。主要内容有：工程定位测量及复测记录，基槽及各层放线测量及复测记录，建筑物垂直度、标高、全高测量记录，建筑物沉降观测记录等。工程定位测量及复测记录、基槽及各层放线测量及复测记录属于质量控制资料，建筑物垂直度、标高、全高测量记录和建筑物沉降观测记录属于工程安全与功能检验（抽查）资料。

工程开工前，建设单位应在工程范围内（或附近）提供工程测量基准点（包括位置、平面坐标及高程），在监理的见证下进行现场交底，并记录；施工单位工程施工测量方案、施工测量（复测）人员资格及测量设备应报经监理审查确认，施工平面控制网、高程控制网和临时水准点的测量成果及控制桩的保护措施应经监理核查认可。

工程定位测量是指根据工程测量定位基准点和工程总平面图（或具有相应测绘资质等级部门出具的测绘成果、单位工程楼座桩及场地控制网、建筑物控制网）对建筑物、构筑物的平面位置、主控轴线及建筑物±0.000标高（注明是绝对高程，还是相对高程）进行的测定，填写工程定位测量及复测记录；工程总图范围内每一建筑物、构筑物均应有相应的工程定位测量及复测记录，以保证建筑物、构筑物的位置、标高正确。

基槽及各层放线测量是指建筑工程根据单体工程控制桩和施工图设计给定的位置、轴线、标高进行的测定，填写基槽及各层放线测量及复测记录；以保证建筑物的各轴线、标高的正确。

在结构工程完成后和工程竣工时，对建筑物外轮廓的垂直度、标高、全高进行实测，填写建筑物垂直度、标高、全高测量记录；设计和规范有要求或施工需进行变形观测的工程，应有施工过程中及竣工后的建筑物沉降观测记录，记录的内容包括：建筑物沉降观测点布置图、变形量、时间荷载关系曲线图并形成报告。

工程定位、基槽及各层放线测量由施工单位完成施放和复测，测量定位、闭合差应符合工程测量规范要求，并需报经监理核查认可（或监理派员参加并签名）；建筑物垂直度、标高、全高测量时监理应派员参加，对建筑物沉降观测监理应进行必要的见证核查。除此之外，施工单位还应进行各种施工过程中的控制线施放、复测和工程实体检验测量。在基础垫层未做防水前，应依据主控轴线和基底平面图，对建筑物基底外轮廓线、集水坑、电梯井坑、垫层标高（高程）、基槽断面尺寸和坡度等进行抄测；依据主控轴线和基础平面图在基础垫层防水保护层上进行墙柱轴线及边线、集水坑、电梯井边线的测量放线及标高实测；在结构楼层上进行墙柱轴线及边线、门窗洞口线等测量放线，实测楼层标高及建筑物各大角双向垂直度偏差；在本层结构实体完成后抄测本楼层＋0.500m（或＋1.000m）标高线。施工单位应在完成各种施工测量成果时，报监理单位查验签字，记录各层平面及标高的实测。

施工测量资料的测量记录种类主要有工程定位测量记录，基槽及各层放线测量测量记录，建筑物垂直度、标高、全高测量记录、沉降观测记录。施工测量记录应填写工程名称的全称及测量部位（基槽、楼层及施工段）、测量依据（基准点或控制桩的坐标与高程）、使用测量设备（仪器）的名称和编号、测量定位（确定）方法及说明、施测成果及示意图、复测结果和复测意见等。施测成果及示意图、复测结果的标注要求为：施工测量放线员按施工图设计尺寸放线并绘制简图，注明轴线号、尺寸、标高。复测人按复测时实际测量的数据填写，复测数据有两种标注方法，一是用括号数据标注在设计尺寸、标高旁。另一种是在原放线尺寸、标高右上角标注实际偏差值（无偏差时标注±0.000）。

四、原材料、构件、设备进场验收资料

原材料、构件、设备进场应及时进行进场验收，在施工单位自检合格的基础上报经监理查验签字同意使用后方可在工程中使用。

进场验收是指对进入施工现场的原材料、构件、设备进行外观质量检查和规格、型号、技术参数及质量证明文件核查并形成相应验收记录的活动。

质量证明文件指随同进场原材料、构件、设备一同提供的能够证明其质量状况的文件。产品质量合格证、型式检验报告、性能检测报告、生产许可证、商检证明、中国强制认证（CCC）证书、计量设备检定证书等均属质量证明文件。涉及消防、电力、卫生、环保等有关物资，须经行政管理部门认可的，应有相应的认可文件。进口材料和设备应有中文安装使用说明书及性能检测报告。国家规定须经强制认证的产品应有认证标志（CCC），生产厂家应提供认证证书复印件，认证证书应在有效期内。适用时，也可包括进场验收、进场复验、见证取样检验和现场实体检验等资料。

核查通常指对技术资料的检查及资料与实物的核对。包括对技术资料的完整性、技术内容的正确性、与其他相关资料的一致性及整理归档情况的检查，以及将技术资料与相应的材料、构件、设备或产品实物进行核对，确认。

原材料、构件、设备进场验收资料是指反映工程施工所用的原材料、构件、设备的质量和性能是否满足设计和使用要求的各种质量证明文件及相关配套文件的统称。主要内容有：质量证明文件、材料及构配件进场验收记录、设备开箱检验记录、设备及管道附件试验记录、设备安装使用说明书、各种材料的进场复试报告、预拌混凝土（砂浆）运输单等。施工物资资料的编制、收集、整理应符合下列要求：

1. 质量证明文件

质量证明文件一般应有原件，应标明施工物质的名称、规格型号、生产单位，并加盖质检专用章和检验员印戳；对于钢材，如无出厂合格证原件，有抄件和原件复印件亦可。抄件须抄写原材质单的全部内容（含原材质单号），抄件和原件复印件上要注明原件存放单位、本抄件或复印件代表的数量，抄件人和抄件、复印件单位签名并盖公章。原材料、构件、设备的质量证明文件必须标注所代表的数量，对于质量证明文件所代表工程材料数量的标注有三种方式，一是用提货单（或发票）随同质量证明文件来标明材料的数量；其二是对抄件的质量证明文件（如钢材）在其右上角规定位置标注数量；其三是施工单位在质量证明书备注栏

标注提货数量和日期。

2. 合格证、试验报告汇总表

合格证、试验报告汇总表是用于工程的原材料、构件、设备的合格证、试验报告及品种、规格、数量等进行分类整理汇总用表，要求分类使用于合格证、试验报告之前，起到该类合格证、试验报告目录的作用；在同类合格证、试验报告的排列顺序应分部位按进场时间的顺序填写。

3. 进场验收记录

进场验收记录是原材料、构件、设备进场时对其出厂质量证明文件及其技术资料的完整性，规格、型号、技术参数与设计要求的符合性，质量证明文件及其技术资料、规格、型号、技术参数、进场数量与进场实物的一致性，外观质量检查、复试报告核查等进行检查评定的记录。各检查项目应简明扼要填写，相关质量证明文件附在其后；在同一进场验收记录内填写同时进场的多个不同规格、型号的原材料、构件、设备时，其相关质量证明文件应予场验收记录填写顺序相同的次序附在其后。

4. 设备开箱检验记录

主要设备开箱检验记录是工程主要设备进场后，按购货合同规定进行检验的记录；参加单位应有购货合同签订双方（购、供货单位）、安装单位、监理单位等参加；检验的主要内容包括：

1）按照设备清单、施工图纸及设备技术资料，核对设备主体及附件、备件的品种、规格、型号是否符合设计要求；附件、备件、标识和质量证明文件、相关技术文件资料、说明书是否齐全；

2）设备包装、主体的外观检查应无损伤及变形，油漆完整无损；设备可见器件应齐全、无损伤、裂纹等缺陷；按照相关标准和采购合同要求对所有设备的产地、规格、型号、数量、附件等项目进行检测，符合要求方可接收。

3）水泵、锅炉、热交换器、罐类等设备上应有金属材料印制的铭牌，铭牌的标注内容应准确，字迹应清晰。

4）对有异议的设备应由相应资质等级的检测机构进行抽样检测，并出具检测报告。当有下列情形之一可认为有异议：

（1）近期该产品因质量低劣而被曝光的；

（2）经了解在其他工程使用中发生过质量问题的；

（3）进场后经观察与同类产品有明显差异，有可能不符合有关标准的。

5）对开箱检验所查出所存在的问题及处理意见，由购货方督促供货方解决，并记录。

6）设备开箱时应具备的质量证明文件、相关技术要求如下：

（1）各类设备均应有产品质量合格证，其生产日期、规格型号、生产厂家等内容应与实际进场的设备相符

（2）对于国家及地方所规定的特定设备，应有相应资质等级检测单位的检测报告，如锅炉（压力容器）的焊缝无损伤检验报告、卫生器具的环保检测报告、水表、热量表的计量检测证书等。

（3）主要设备、器具应有安装使用说明书。

（4）成品补偿器应有预拉伸证明书。

（5）进口设备应有商检证明（国家认证委员会公布的强制性认证“CCC认证”产品除

外）和中文版的质量证明文件、性能检测报告以及中文版的安装、使用、维修和试验要求等技术文件。

5. 进场复试报告及现场检验（试验）记录

进场复验（或现场检验试验）是指对进入施工现场的原材料、构件、设备的质量证明文件、规格、型号、外观质量、数量等进行检查验收合格的基础上，依据相关规定在施工现场抽样送至试验室（或在施工现场）进行部分或全部性能参数的检验活动。见证取样送检是指施工单位在监理的见证下，按照有关规定从施工现场抽取试样，送至有见证检测资质的检测机构进行试验检测的活动。原材料、构件、设备进场复验（或现场检验试验）应符合现行国家有关规范、标准和《河北省房屋建筑和市政基础设施工程实行见证取样和送检的管理规定》、《关于进一步加强房屋建筑和市政基础设施工程见证取样管理工作的通知》（冀建质〔2012〕87 号）对进场材料（构件、设备）进行复试或试验的规定，并按要求进行见证取样和送检。

复试报告是委托具备相应资质的检查机构进行检验试验所出具的报告，进场材料的复试项目、性能指标及现场取样、送检应符合相关规定。如：《砌体结构工程施工质量验收规范》（GB 50203—2011）中“3.0.1　砌体结构工程所用的材料应有产品合格证书、产品性能型式检测报告，质量应符合现行国家有关标准的要求。块材、水泥、钢筋、外加剂等尚应有主要性能的进场复验报告，并应符合设计要求。严禁使用国家明令淘汰的材料。”在 4.0.1 规定了水泥应分批对强度、安定性进行复验。使用中对水泥质量有怀疑或水泥出厂超过三个月（快硬硅酸盐水泥超过一个月）时，应复查试验，并按其结果使用。4.0.7 规定了在砂浆中掺入的增塑剂、早强剂、缓凝剂、防冻剂、防水剂等砂浆外加剂，其品种和用量应经有资质的检测单位检验和试配确定。《民用建筑工程室内环境污染控制规范》（GB 50325—2010）在“材料进场检验”规定：“民用建筑工程室内饰面采用的天然花岗岩石材或瓷质砖使用面积大于 $200m^2$ 时，应对不同产品、不同批次材料分别进行放射性指标的抽查复验”。“民用建筑工程室内装修中采用的某一种人造木板或饰面人造木板面积大于 $500m^2$ 时，应对不同产品、不同批次材料的游离甲醛含量或游离甲醛释放量分别进行抽查复验”。“建筑材料和装修材料的检测项目不全或对检测结果有疑问时，必须将材料送有资格的检测机构进行检验，检验合格后方可使用”。由于复验报告是由检测机构出具的，其实施要点主要有：

1）委托试验项目的完整性及现场取样、送检的规范性、真实性、代表性应符合相关规定；

2）委托送检的检测机构资格应通过了项目监理机构的审查认可；

3）对检测机构出具的复试报告应进行核查。报告格式符合河北省建筑工程资料管理规程的要求、内容完整；试验项目与委托的试验要求相一致，试验数据完整、试验结论明确；试验人、审核人、批准人签字及检测机构试验章、标识齐全。

现场检验（试验）记录是施工单位相关人员在监理的见证下在施工现场进行检验试验活动的记录，进场材料的现场检验（试验）项目、抽检数量及检验（试验）方法、性能要求等应符合现行有关标准、规范、规程的要求。如：《建筑电气工程质量验收规范》（GB 50303）基本规定的“主要设备、材料、成品和半成品进场验收”中要求：“对开关、插座的电气和机械性能进行现场抽样检测。检测规定如下：①不同极性带电部件间的电气间隙和爬电距离不小于 3mm；②绝缘电阻值不小于 5MΩ；③用自攻锁紧螺钉或自切螺钉安装的，螺钉与软塑固定件悬合长度不小于 8mm，软塑固定件在经受 10 次拧紧退出试验后，无松动或掉渣，螺钉及螺纹无损坏现象；④金属间相旋合的螺钉螺母，拧紧后完全退出，反复 5 次仍能正常使用”。《建筑给水排水及采暖工程施工质量验收规范》（GB 50242）基本规定的“材料设备管理”中要求：“阀门安装前，应作强度和严密性试验。试验应在每批（同牌号、同型号、同规格）数量中抽查10%，且不少于一个。对于安装在主干管上起切断作用的闭路阀门，应逐个做强度和严密性试验。阀门的强度和严密性试验，应符合以下规定：阀门的强度试验压力为公称压力的1.5倍；严密性试验压力为公称压力的1.1倍；试验压力在试验持续时间内保持不变，且壳体填料及阀瓣密封面无渗漏”。并对阀门试压的试验持续时间做了规定。

密闭水箱（罐）、风机盘管、成组散热器及其他散热设备等承压设备（锅炉、压力容器等特种设备除外）、阀门、闭式喷头等在安装前均应按规定进行强度、严密性试验并做记录（填写《设备（管道附件）试验记录》）。进场材料的现场检验（试验）的实施要点主要有：

1）进场材料的现场检验（试验）应在监理的见证下于安装前实施，现场检验（试验）项目、抽检数量及检验（试验）方法应符合现行有关标准、规范、规程和设计要求；

2）承压设备、阀门、闭式喷头等强度、严密性试验的试压介质应采用中性介质，以水为介质时环境温度一般控制在5℃以上，且介质温度须高于当时的露点温度；

3）检验时环境温度、介质温度与标准检验温度差异较大时，试验压力应技术文件的规定考虑温度系数；

4）进场材料现场检验（试验）记录（或《设备（管道附件）试验记录》）填写应项目完整，内容真实、准确，结论明确、字迹清晰，施工单位的检验人、质量员、技术负责人和监理单位的见证人员签字齐全。

五、施工试验资料

施工试验资料是指按照设计要求及现行标准、规范、规程规定，在施工过程中为确定施工工艺参数或验证工程实体质量特性所进行的各种试验（检测、测试）资料的统称。施工试验资料应记录试验依据及方法（过程）、原始数据和计算结果、试验结论等。一般来讲，具有相应资质检测机构出具的施工试验资料称为施工试验报告，由现场施工人员按规定进行检测、测试的施工试验资料称之为施工试验记录。

建筑与结构的主要试验（检测、测试）内容有：土工质量特性、地基（基桩）性能、钢材连接性能、埋件（植筋）承载力、混凝土（砂浆）性能及施工工艺参数、外墙饰面砖（板）黏结性能、焊缝质量检测、屋面（楼地面）防水性能试验报告等。如：土方回填工程应的土工击实试验和分层（步）回填质量的检测报告；基坑支护工程的锚杆、土钉的抗拔力试验报告；桩基及地基处理的桩基承载力和桩身完整性检测报告，地基承载力检测报告；钢筋连接（钢筋焊接、机械连接）的工艺检验和接头抽样检验报告；混凝土和砌筑砂浆的配合比通知单，标养试块、同条件试块的强度检验报告及单位工程统计评定记录；承重结构后置件（化学植筋、膨胀螺栓等）的承载力拉拔试验报告；钢材一、二级焊缝的超声波或射线探伤检验报告；钢网架结构球节点承载力试验报告；钢结构工程防腐、防火涂料的涂层厚度检测报告；建筑外门窗、幕墙的气密性能、水密性能、抗风压性能、保温性能、隔声性能等安全与功能检测报告；钢筋混凝土结构工程的实体混凝土强度和钢筋保护层厚度检测报告；建筑物外墙采用饰面砖的黏结强度检验报告；节能工程外墙保温板材与基层的现场黏结强度检测报告；外墙保温浆料的同条件养护试件导热系数、干密度和压缩强度的检测报告；建筑节能围护结构的现场实体检验报告；室内环境检测报告；屋面或有防水要求的楼地面的淋（蓄）水试验记录；通风（烟）道测试记录。

设备安装的主要试验（检测、测试）内容有：水暖管道及系统质量检测、系统运转测试等试验报告或测试记录。承压管道、设备及系统的强度、严密性试验记录；非承压管道、设备、卫生洁具的灌（满）水试验记录；管道补偿器的预拉伸记录；给水（热水、采暖、消防等）系统、空调水系统等管道冲洗（吹洗）试验记录；给排水系统、游泳池水系统的通水试验记录；排水水平干管、主立管的通球试验记录；室内消火栓的试射记录；风管加工制作的风管强度检测记录；风管系统及现场组装设备的漏风（或漏光）测试记录；通风与空调工程管网的风量平衡记录、空调系统试运转的调试记录、空调水系统试运转的调试记录及各房间室内风量温度的测量记录；各种设备的单机试运转记录和采暖、消防、通风空调系统的系统试运转及调试记录；净化空调系统的净化空调系统测试记录；防排烟系统联合试运行和调试应有防排烟系统联合试运行记录。

建筑电气及智能建筑的主要试验（检测、测试）内容有：建筑工程中的主要设备、系统的防雷接地、保护接地、工作接地、防静电接地以及设计对接地电阻有要求的接地电阻测试记录；主要电气设备和动力、照明线路等绝缘电阻的测试记录；大型灯具的牢固性试验记录；漏电开关的模拟试验记录；大容量电气线路的熔点测温记录；电气器具的通电检查记录和电气设备的空载试运行记录；建筑物照明的通电试运行记录；低压配电电源质量进行检测；智能建筑各系统的检测记录及试运行报告；电梯工程的调试、试验记录等。

施工试验资料（施工试验报告、施工试验记录）的实施要点，为确定施工工艺参数的施工试验应在相应工程施工前实施，验证工程实体质量特性施工试验应在相应工程施工完成后，质量验收前实施，其他与原材料、构件、设备进场验收资料中进场复试报告及现场检验（试验）记录的实施要点相同。

六、施工记录

施工记录是加强工程质量和安全工程控制，在施工过程中需记录实施过程及相关检查（主要是施工单位内部检查）资料的统称。主要内容有：工程预检（技术复核）记录，桩基、基坑和地基处理的各种施工及检查记录，混凝土施工、养护的施工及检查记录，大型构件吊装记录，焊接材料烘焙记录，大六角高强螺栓初拧（终拧）施工检查记录，空间网格结构挠度值检查记录，现场施加预应力筋张拉记录，预应力灌浆记录，钢筋冷拉记录，以及交接检查记录、地基验槽记录，地下工程防水效果检查记录，通风道（烟道、垃圾道）检查记录等。其中：工程预检记录（亦称技术复核）是在施工前对某些重要分项准备工作或前道工序进行的预先检查。预检的主要项目：建（构）筑物位置线、现场标准水准点，基础尺寸线（包括基础轴线、断面尺寸、标高），桩基定位的控制点，模板，墙体包括墙体轴线、门窗洞口的位置，预制构件吊装的定位，设备基础的位置、标高、几何尺寸、预留孔洞、预埋件等，主要管道、沟的标高和坡度。桩基、基坑和地基处理的各种施工及检查记录主要包括：预制桩、钢管桩、钻孔桩、沉井沉箱的试打、施工及检查记录，各种井点降水施工记录，地下连续墙施工记录，锚杆、土钉及护壁的施工及检查记录，地基钎探记录，重夯、强夯、土桩（灰土桩、挤密桩）、深层搅拌桩、GFG 桩、旋喷桩及其他地基处理方式的施工及检查记录。混凝土施工、养护的施工及检查记录主要包括：混凝土浇筑申请、开盘鉴定、坍落度检查、混凝土施工、养护及测温记录等。

工程中间交接检查记录指由施工的承接方与完成方经双方检查并对交接内容做出确认活动的记录；同一单位（子单位）工程中不同专业施工单位之间应进行工程交接检查并填写交接检查记录，移交单位、接收单位在监理的见证下共同对移交工程按照施工图、合同和相应专业施工质量验收规范规定共同对交接的工程进行检查验收，对工程交接的内容（质量要求、工程实体及相关资料的情况）、存在问题、问题处理、成品保护及其他事项等进行记录，并签署移交意见，各方签字盖章。如：电梯井道、设备基础、专业分包工程作业条件等。

施工记录的项目种类应符合现行施工质量验收规范的要求，凡现行施工质量验收规范检中要求“查施工记录”或施工需要对施工过程进行记录的均应有施工记录，资料管理规程有专用记录表格的使用专用记录表格，没有专用记录表格的可使用施工检查通用记录表。记录内容应符合规范要求。

七、隐蔽工程验收记录

隐蔽工程验收记录是指下道工序所遮盖的重要部位或项目，在隐蔽前必须按照质量验收规范进行隐蔽检查验收的记录。本工序操作完毕，将被下道工序所掩盖、包裹而无从检查的分项工程均需进行隐蔽验收，涉及结构安全的重要部位应留置隐蔽前的影像资料。应隐蔽工程的项目及隐蔽工程验收的验收内容、质量标准、抽检方式、检查方法等应符合设计要求和现行施工质量验收标准、规范、规程的规定。现行施工质量验收规范对隐蔽工程验收项目可归纳为下列三种情形：

1. 本工序施工完毕未构成验收检验批，被下道工序掩盖、包裹后无法检查本工序施工质量状况。该情形在现行施工质量验收规范中一般为下列四种方式之一提出：

1）在“基本规定”中提出对工程项目的隐蔽验收要求。

如：《建筑电气工程施工质量验收规范》（GB 50303—2002）3.3.11 条第 5 款规定“被隐蔽的接线盒和导管在隐蔽前检查合格，才能隐蔽。”《建筑给水排水及采暖工程施工质量验收规范》（GB 50242—2002）3.3.2 条规定“隐蔽工程应在隐蔽前经验收各方检查合格后，才能隐蔽，并形成记录。”这就要求《建筑电气工程施工质量验收规范》（GB 50303）所有未构成检验批的隐蔽工程项目隐蔽前均应进行隐蔽工程验收。

2）在“一般规定”中提出对工程项目的隐蔽验收要求。

如：《建筑装饰装修工程施工质量验收规范》（GB 50210—2001）的 4.1.4 条规定了抹灰总厚度大于或等于 35mm 时的加强措施和不同材料基体交接处的加强措施应进行隐蔽验收；5.1.4 条规定了门窗工程的隐蔽工程验收项目为：预埋件和锚固件，隐蔽部位的防腐、填嵌处理。

3）在主控项目、一般项目的检查方法中明确要求检查隐蔽验收纪录。

如：《地下防水工程施工质量验收规范》（GB 50208—2011）中“4.1.16 防水混凝土结构的变形缝、施工缝、后浇带、穿墙管、埋设件等设置和构造必须符合设计要求。检验方法：观察检查和检查隐蔽工程验收记录”

4）在主控项目、一般项目中提出要对“中间工序”的施工质量进行验收的项目。

如：《砌体结构工程施工质量验收规范》（GB 50203—2011）中“8.3.2 设置在砌体灰缝内的钢筋的防腐保护应符合本规范第 3.0.16 条的规定（砌体结构钢筋的防腐，应符合设计规定），且钢筋防护层完好，不应有肉眼可见裂纹、剥落和擦痕等缺陷。”尽管施工质量验收规范未明确要求隐蔽验收，但若在检验批验收时检查验收，该项目已被包裹而无从检查，只能在掩盖、包裹前进行隐蔽验收。

2. 虽是一个施工质量检验批验收项目，但其质量状态容易改变，在下工序掩盖、包裹前需对其易改变的质量状况进行再确认。

钢筋分项工程，尽管按原材料、钢筋加工、钢筋连接、钢筋安装分别进行了验收，但《混凝土结构工程施工质量验收规范》仍提出了在混凝土浇筑之前对钢筋进行隐蔽验收的要求。如：《混凝土结构工程施工质量验收规范》（GB 50204—2002）5.1.2 条规定，在浇筑混凝土之前，应进行钢筋隐蔽工程验收，其内容包括：

1）纵向受力钢筋的品种、规格、数量、位置等；

2）钢筋的连接方式、接头位置、接头数量、接头面积百分率等；

3）箍筋、横向钢筋的品种、规格、数量、间距等；

4）预埋件的规格、数量、位置等。

3. 某些工序对基层有质量要求时施工前对基层质量的检查验收。这类情形在施工质量验收规范中一般是隐含提出的隐蔽验收项目。

如：《建筑地面工程施工质量规范》（GB 50209—2010）的“4.1.3 基层铺设前，其下一层表面应干净，无积水”。《屋面工程施工质量规范》（GB 50207—2012）4.3.1 条要求，“隔气层的基层应平整、干净、干燥。”这就隐含提出楼地面基层、屋面隔气层和防水层铺设前，对其下层表面质量状况应进行隐蔽验收。

隐蔽工程验收由项目负责人在验收前三天以书面形式向监理（建设）单位提出申请。申请书上应注明该验收工程的名称、部位、数量以及验收时间。隐蔽工程验收记录应按专业、分层、分段、分部位进行填写。内容包括：位置、标高、材质、品种、规格、数量、焊接接头、防腐、管盒固定、管口处理等。需附图时在备注栏内附图。隐蔽工程验收时，施工单位必须附有关分项工程质量验收及测试资料，以备查。参加验收单位应签字盖章。隐蔽工程验收方法及内容按工程质量验收规范规定。需要进行处理的，处理后必须进行复验，并且办理复验手续，填写复验日期，并做出复验结论。隐蔽工程项目中的主要有关测试资料，包括原材料试（化）验单、质量验收记录、出厂合格证等可填写在备注栏内。

隐蔽工程验收是在检验批、分部工程施工质量验收中对某些工序或部位的质量状况无法检查确认（无从检查）时所进行的中间验收，隐蔽工程验收应全面满足现行施工质量验收规范明显的、隐含的隐蔽验收要求，并按规范要求的验收内容、方法进行检查、记录。

八、质量验收记录填写

《建筑工程施工质量验收统一标准》（GB 50300—2013）原文

5.0.5 建筑工程施工质量验收记录可按下列规定填写：

1 检验批质量验收记录可按本标准附录 E 填写，填写时应具有现场验收检查原始记录；

2 分项工程质量验收记录可按本标准附录 F 填写；

3 分部工程质量验收记录可按本标准附录 G 填写；

4 单位工程质量竣工验收记录、质量控制资料核查记录、安全和功能检验资料核查及主要功能抽查记录、观感质量检查记录应按本标准附录 H 填写。

质量验收记录的表式从上向下以次分为质量验收记录的名称和编号、验收背景、检查验收记录、验收结论及责任人签字四部分组成，质量验收记录的名称和编号、验收背景、检查验收记录是由资料管理人员或验收人员填写，其核心是资料的内容，并不要求是本人签字。验收结论及责任人签字应是签名人本人填写和签字。检验批应先有现场验收检查原始记录（现场验收检查的手写记录），再归纳汇总形成检验批质量验收记录。

（一）检验批质量验收记录表式及填写

表 7-6　检验批质量验收记录　　　　编号：

单位（子单位）工程名称				分部（子分部）工程名称		分项工程名称	
施工单位				项目负责人		检验批容量	
分包单位				分包单位项目负责人		检验批部位	
施工依据					验收依据		
验收项目			设计要求及规范规定	最小/实际抽样数量	检查记录	检查结果	
主控项目							
一般项目							
施工单位 检查结果	专业工长： 项目专业质量员： 年　月　日						
监理单位 验收结论	专业监理工程师： 年　月　日						

检验批质量验收应在施工单位自检验收合格的基础上进行。检验批验收时必须进行现场验收检验并填写现场验收检查原始记录，现场验收检查原始记录的格式可由施工、监理单位确定，包括检查项目、检查位置、检查记录等内容。现场验收抽样检验位置及点数既要满足随机抽取、分布均匀、具有代表性的要求，也要满足不得存在严重缺陷的质量标准。作为验收组织方的监理人员，应在施工过程中采取旁站、巡视等方式对施工质量进行监督，重要的检查项目还应亲自检查量测，应对施工质量有相当全面而直接的了解，才能在组织验收中发挥积极的组织引导作用，才有可能对该检查项目的质量合格与否进行表态。现场验收检查原

始记录应由专业监理工程师和施工单位专职质量员、专业工长共同签署，并在单位工程竣工验收前存档备查，保证该记录的可追溯性。检验批质量验收记录依据施工单位工程报验时提交的质量控制资料和现场验收检查原始记录归纳汇总填写，表式如表 7-6 所示。

1. 检验批质量验收的名称及编号

检验批质量验收记录中检验批的名称按专业验收规范规定的分项工程检验批名称填写。在实际工作中按河北省《建筑工程资料管理规程》给出的各专业验收规范具体的检验批质量验收记录的名称填写即可（选用即可）。表格的编号列于表的右上角，由分部、子分部工程及检验批表式的代码和顺序号组成，具体编号方法应符合规程的规定。

2. 验收背景

检查验收的背景包括：单位（子单位）、分部（子分部）及分项工程名称，检验批部位（验收部位）及检验批容量，施工单位、分包单位及项目负责人。此部分内容反映了该检验批的工程背景，应事先根据工程合同和技术标准填写。单位（子单位）工程名称应于设计文件上的单位（子单位）工程名称一致。分部（子分部）工程名称按《建筑工程施工质量验收统一标准》（GB 50300—2013）的规定（表 7-1）填写。分项工程名称为本检验批所属的分项工程名称，一般按按《建筑工程施工质量验收统一标准》（GB 50300—2013）的规定（见表 7-1）填写，对《建筑工程施工质量验收统一标准》（GB 50300—2013）及相关专业验收规范为涵盖的分项工程和检验批，按建设单位组织监理、施工协商确认的分项工程名称填写。施工单位、分包单位必须写全称，并与合同上的盖章一致。施工单位、分包单位的项目负责人应是施工承包合同约定、建设工程行政管理部门备案的项目负责人（项目经理）或报经监理审核确认在本工程担任相应岗位的管理人员。检验批容量指本检验批的工程量，计量项目和单位应符合专业验收规范中对检验批容量的规定，专业验收规范对检验批容量的规定分为有限值和无限值两类，对有限值的填写“实际工程量/限值工程量”，对无限值的仅填写实际工程量。检验批部位按施工前施工单位制定、监理审核确认的“分项工程和检验批划分方案”所对应的本检验批实际验收的区域填写。检验批部位、实际工程量施工单位一定要按实际验收范围和相关计量规则准确计算、填写，监理验收人员在验收时一定要对其进行核对，以防引起其他不必要的麻烦。

3. 检查验收记录

表格的中部为检查验收记录，这是质量验收记录的核心内容。其又分为两部分：一是有关技术标准的名称及编号；二是检查记录表。

1）施工依据和验收依据。

施工依据是施工操作所依据的标准规程。这部分要求主要靠施工单位自行编制的企业标准或相应的技术文件（如操作规程、检查评定办法等）来解决。规范改革鼓励企业自行编制企业标准，反映自身的技术进步及经验、特长，并希望其成为企业参与市场竞争，促进技术进步的手段。验收依据是不低于国家标准要求的企业标准。企业标准可按一般标准编写规则成稿，并经上级部门组织专家审定，使其具有一定的权威性，以作为检查验收的依据。

施工依据和验收依据应在相应栏目内填写相应标准规程的名称及编号。根据《建筑工程施工质量验收统一标准》（GB 50300—2013）及《建设工程监理规范》（GB 50319—2013）的规定，施工依据和验收依据应是事先报经监理审核确认的相关工艺标准或施工方案、专业质量验收规范或专项验收标准等。

2）检查记录

《检验批质量验收记录》的检查记录必须依据《现场验收检查原始记录》归纳汇总填写，

检验批中非现场验收内容，《检验批质量验收记录》中填写所检查的质量控制资料名称及编号，并给出结论。《检验批质量验收记录》作为检验批验收的成果凭据，没有对应《现场验收检查原始记录》的《检验批质量验收记录》视为作假。

专业施工质量验收规范根据检查项目的重要性均已按主控项目和一般项目分别列出，检查记录中的“检验项目”按各专业施工质量验收规范规定填写。由于检查记录表格所要表达的内容很多，因此在“设计要求及规范规定”栏目中只能简化填写，前半列概括填写检验名称或检查内容（如混凝土强度等级、尺寸偏差等）；而后半列则填写检验指标（如C30，±15mm等）；也可直接填写条款号码以代替质量要求。“最小/实际抽样数量”栏目，对非抽样项目（如：查材料质量证明文件和复试报告、施工记录、隐蔽工程验收记录等）可直接画“/”；对抽样项目的样本是总体（全数检查）时，写入“全/实际数量”，当抽样项目是按工程量抽样检查时，应根据实际工程量按专业施工质量验收规范对检查数量的要求及《建筑工程施工质量验收统一标准》（GB 50300—2013）规定的检验批最小抽检数量计算出最小抽样数量，然后写入“最小抽样数量/实际抽样数量”，且实际抽样数量应大于等于最小抽样数量。

如前所述，非现场验收项目，“检查记录”填写所检查的质量控制资料名称及编号，并给出结论；而现场验收检查项目，必须依据《现场验收检查原始记录》归纳汇总填写“检查记录”。检查记录应反映各检验项目的检验（查）内容和结论，表格填写应根据规范的不同要求型式可有三种书写格式：①要求相关质量控制资料证明质量状况（如材料质量证明文件和复试报告，施工试验报告、施工记录、施工试验记录、隐蔽工程验收记录等）的检查项目，可简明扼要的填写相应检查验收技术文件的名称、编号及合格与否的结论，以备查考。②要求用实测法（靠、吊、量、套）定量检查工程质量状况的检查项目，现场验收检查原始记录应记录检测位置和实测值，并做出标注（建议用以下方法进行标注：验收依据允许偏差范围内的不标符号；超企业标准而没有超过国家验收规范允许偏差的用“○”将数据圈住，超过国家验收规范允许偏差，但在可接收限度内的用“△”圈住该值；国家验收规范不能接收的数值在数值旁画“×”）。检查记录按现场验收检查原始记录归纳汇总填写：共抽查点数、企业标准允许偏差范围内点数、国家标准允许偏差范围内点数、国家验收规范不能接收的数值（严重超差）的点数（没有时可不写该项）及实测偏差算术平均值。③要求用目测法（看、模、敲、照）定性检查工程质量状况的检查项目，现场验收检查原始记录应记录检查位置和目测检查评定意见（符合规范规定时打“√”标注，有严重缺陷的打“×”标注）。检查记录按现场验收检查原始记录归纳汇总填写：共抽查点数、合格点数、不合格点数（没有时可不写该项）。

当本次检验批验收不涉及的检验项目，该栏可直接画“/”。

“检查结果”应按验收依据的规定进行判定和填写。对对非抽样项目（检查记录填写检查技术文件名称、编号及验收结论），合格的打“√”，不合格的打“×”。当抽样检查项目为主控项目时，无论定量检测还是定性检查，全数合格为合格，打“√”；有1处超出验收依据规定的允许偏差或不合格的即为不合格，打“×”。当抽样检查项目为一般项目时，定量检测项目无严重超差及定性检查项目无严重缺陷的“检查结果”栏填写合格率；否则，该检查项目不合格，打“×”。

对不符合要求的可暂不填写，待施工单位返修处理后再加以验收。对于特殊情况也可简要写明具体意见以备查考。

4. 验收结论及签字

表格的下部为验收结论，分为两个栏目。前一栏为施工单位检查结果，应在检验批报验前完成，由施工单位组织自检验收的项目专业质量员填写“合格”，并和专业工长共同签名、标注检查日期；作为施工单位验收“自检合格”的依据。后一栏为监理单位验收结论，由检验批验收的组织者——专业监理工程师填写“同意验收”并签名、标注验收日期；体现了验收是各方对质量合格与否共同确认这一原则。

验收结论栏目中的签名必须是相应检查验收人员本人签字。其具有两重含义：

（1）表明签名者组织和参与了对该检验批的检查验收。事后如有疑问可作为当事者查询；

（2）应承担质量责任。即签字者应对有关的施工质量负有责任。我国实行质量负责制，在规定的使用年限内，如发生因该检验批施工质量而引起的问题则应追究有关签字人员的责任。这对于增强有关人员的责任心将起重要作用。

（二）分项工程质量验收记录表式及填写说明

分项工程验收是在检验批验收的基础上进行，且分项工程验收不是直接面对施工现场的操作性检验，而是更高一个层次的汇总性检验，将分项工程所有检验批的验收资料汇总，核查。分项质量验收记录表式如表7-7所示。

表7-7　分项质量验收记录　　　　编号：

单位（子单位）工程名称			分部（子分部）工程名称		
分项工程数量			检验批数量		
施工单位		项目负责人		项目技术负责人	
分包单位		分包单位项目负责人		分包内容	

序号	检验批名称	检验批容量	部位/区段	施工单位检查结果	监理单位验收结论
1					
2					
3					
4					
5					
6					
7					
8					
9					
10					
11					
12					
13					
14					
15					

说明：	
施工单位检查结果	项目专业技术负责人： 年　月　日
监理单位验收结论	专业监理工程师： 年　月　日

1. 分项工程质量验收的名称及编号

分项工程质量验收记录中分项工程名称一般情况按表 7-1 给出的分项工程名称填写，当专业验收规范对分项工程的划分不一致时按专业验收规范填写；对规范未涵盖的工程项目，按施工前建设单位组织监理、施工等单位协商确定的《分项工程和检验批划分方案》填写。表格的编号列于表的右上角，由分部、子分部工程及分项工程代码组成，对与工程而言，一个单位工程中的一个分项只有一个分项工程质量验收记录，因此，分项工程质量验收记录的编号不编写顺序号。

2. 验收背景

检查验收的背景包括：单位（子单位）、分部（子分部）工程名称及分项工程数量、检验批数量，施工单位、项目负责人、项目技术负责人和分包单位、分包项目负责人、分包内容。单位（子单位）、分部（子分部）工程名称，施工单位、项目负责人、项目技术负责人和分包单位、分包项目负责人的填写要求同检验批验收背景中的要求，分包内容按本分项工程中分包工程承包合同的约定填写。分项工程数量按工程实际工程量填写，计量项目和单位应符合专业验收规范中对分项工程工程量的规定，且等于各检验批容量之和（监理应注意核对）。检验批数量指本分项工程包含的实际发生的所有检验批的数量。

3. 检查验收记录

表的中部是检查验收记录。主要是汇总检验批验收资料的检查，是一个登录性的表格。表中按序号依次列出该分项工程所包含的所有检验批质量验收记录中对应的检验批名称、检验批容量、检验批部位/区段、施工单位检查结果、监理单位验收结论。在排列次序上宜按检验批名称、检验批部位/区段排序。检验批验收覆盖了该分项工程所包含的所有检验批，项目齐全、均已签认验收合格，施工单位就完成了分项工程质量验收和分项工程检查验收记录的填写，项目专业技术负责人（或项目技术负责人）在施工单位检查结果栏签署“合格”并签字、标注检查日期。若发现验收项目不全或有监理未签署同意验收的，应按规定对相应项目的检验批进行再验收。检验批全部验收合格、验收资料完整是分项工程质量合格的标准。

4. 验收结论及签字

专业监理工程师收到施工单位报送的分项工程报验表和“施工单位检查结果”已由施工单位项目专业技术负责人签署“合格”并签字的分项工程质量验收记录，应会同施工单位项目负责人对分项工程质量验收记录进行核查，重点核对检验批登录内容与原检验批相应内容的一致性、原检验批验收资料的完整性和验收项目是否齐全，核查结果在说明栏中填写，有不同意项时监理应明确指出问题、提出处理意见和完成时限，在施工单位未完成整改前暂不签署“监理单位验收结论”栏。对有需要在分项工程验收时检验的特殊分项工程（如结构柱或电梯井的垂直度等），专业监理工程师应会同施工单位进行现场检验，检验结果填写在说明栏。待施工单位按要求完成整改，需现场检验的检验结果符合要求，专业监理工程师在“监理单位验收结论”栏填写“同意验收”并签名、标注验收日期。验收结论栏目中签名的要求及含义同检验批。

（三）分部工程质量验收记录表式及填写说明

分部工程由总监理工程师组织勘察、设计、施工单位项目负责人及相关技术、质量负责人参加，在分项工程验收基础上进行的验收。其质量合格验收标准有 4 条：①所含分项工程质量均已验收合格；②质量控制资料应完整；③有关安全、节能、环境保护和主要使用功能的抽样检验结果应符合相应规定；④观感质量应符合要求。由此可见，分部工程验收既有分项工程验收资料和质量控制资料、安全和主要使用功能检验资料的汇总、复核工作，也有实体工程的现场检验。分部工程质量验收记录表式如表 7-8 所示。

表 7-8　分部质量验收记录

编号：

单位（子单位）工程名称		子分部工程数量		分项工程数量	
施工单位		项目负责人		技术（质量）负责人	
分包单位		分包单位负责人		分包内容	

序号	子分部工程名称	分项工程名称	检验批数量	施工单位检查结果	监理单位验收结论
1					
2					
3					
4					
5					
6					
7					
质量控制资料					
安全和功能检验结果					
观感质量					

综合验收结论	

施工单位 项目负责人 年　月　日	勘察单位 项目负责人 年　月　日	设计单位 项目负责人 年　月　日	监理单位 总监理工程师 年　月　日

注：1. 地基与基础分部工程的验收应由施工、勘察、设计单位项目负责人和总监理工程师参加并签字。
2. 主体结构、节能分部工程的验收应由施工、设计单位项目负责人和总监理工程师参加并签字。

1. 分部工程质量验收的名称及编号

分部工程质量验收记录中分部工程名称应按《建筑工程施工质量验收统一标准》（GB 50300—2013）规定的 10 个分部工程名称（见表 7-1）之一填写，不得更改。表格的编号列于表的右上角，为相应的分部工程代码。对于子分部验收，也可使用本表，子分部工程名称按表 7.3.1 相应的子分部工程名称填写，也不得更改，编号是分部工程代码与子分部工程代码的组合。

2. 验收背景

检查验收的背景包括：单位（子单位）工程名称、子分部工程数量、分项工程数量，施工单位、项目负责人、技术（质量）负责人和分包单位、分包单位负责人、分包内容。单位（子单位）工程名称，施工单位、项目负责人、技术（质量）负责人和分包单位、分包单位负责人的填写要求同检验批验收背景中的要求，分包内容本分部工程中分包工程承包合同的约定填写。子分部数量、分项工程数量指本分部工程包含的实际发生的所有子分部、分项工程的数量。

3. 检查验收记录

表的中部是检查验收记录。包括：子分部、分项工程验收资料汇总、登录、检查，质量控制资料的整理、核查，有关安全、节能、环境保护和主要使用功能抽样检验资料整理、核查和主要功能抽查、观感质量验收四部分内容。第一部分内容主要是对前一层次分项工程验收的汇总，基本属于登录性质的核查，按表中序号依次列出该分部工程所包含的所有子分部、分项工程质量验收记录中对应的分项工程名称、检验批数量、施工单位检查结果、监理单位验收结论，子分部工程名称按《建筑工程施工质量验收统一标准》（GB 50300—2013）规定的相应分部工程中的子分部工程名称（见表 7-1）填写。在排列次序上宜按子分部、分项工程名称排列（宜与表 7-1 中排列次序一致）。核查的要点是本分部工程所包含的所有分项工程均已验收合格（验收项目、监理单位验收结论、签字等齐全）。第二部分是质量控制资料核查。按照《单位工程质量控制资料核查记录》（见表 7-10）的要求，对该专业分部工程相关的质量控制资料逐项进行核查（要求分项汇总、整理成册，但未要求装订和填写表格）；核查的主要内容包括：①资料是否齐全，有无遗漏；②资料内容有无不合格项；③资料是否相互协调一致，有无矛盾（冲突）；④资料分类整理是否符合要求，案卷目录、份数页数及排列次序等有无缺漏、是否准确；⑤各项资料签字是否齐全、有效。经核查符合规范规定时在相应栏目填写所核查的资料份数和核查结果“齐全有效”。第三部分是有关安全、节能、环境保护和主要使用功能抽样检验资料整理、核查和主要功能抽查。该部分包括两项工作内容，一是对有关安全、节能、环境保护和主要使用功能抽样检验资料整理、核查，按照《单位工程安全和使用功能抽样检验资料核查和主要功能抽查记录》（表 7-11）对该专业分部工程相关的安全和使用功能抽样检验资料逐项进行核查，主要核查内容及相关要求与质量控制资料核查相同；二是主要使用功能抽样检验，按照规范规定及设计要求（或合同约定），对工程竣工时需要抽样检测的项目，凡能在分部（子分部）工程验收时进行检测的项目均应在分部（子分部）工程验收时进行检测。检验资料核查及主要使用功能抽样检验均符合要求，施工单位在相应栏目填写所核查的检验资料份数（含分部（子分部）工程验收时进行抽样检测的资料）和验收结果“符合要求”。第四部分是观感质量验收。观感质量检查结果和验收结论并不给出“合格”或“不合格”，而是根据对本分部所有检查项目的实际观感质量综合情况定性给出“好”、“一般”、“差”的质量评价。对现场实物检查时查出“差”点为不合格点，需要修理或返工后再进行验收。

4. 验收结论及签字

总监理工程师组织勘察、设计、施工单位项目负责人及相关技术、质量负责人参加的分部工程验收人员，应全面对本分部工程所含的分项工程验收资料和质量控制资料、安全和主要使用功能检验资料进行复核，并按规定对主要功能进行现场抽样检验和观感质量验收。符合要求的，总监理工程师应协调验收人员对验收结论和观感质量验收评价意见，将协商一致的验收结论和观感质量评价填写在“综合验收结论”栏。若不符合要求应书面提出所发现的问题、处理意见和完成时限要求，在施工单位未完成整改前暂不签署“综合验收结论”栏，待施工单位按要求完成整改后重新验收。

表格的最下部是各验收单位的签字。包括施工单位的项目负责人（项目经理）和设计单位、勘察单位（地基与基础分部参加）的项目负责人以及监理单位的总监理工程师。由于验收范围大且很重要，参加签字人员应是能够代表本单位的负责人员，此验收才有真正的权威性和约束力。同样，签字表示有关人员参与了验收活动，应承担各自的责任。

（四）单位工程质量验收记录表式及填写说明

一套完整的单位工程质量验收记录包括4个验收表式，即：《单位工程质量施工验收记录》（表7-9）、《单位工程质量控制资料核查记录》（表7-10）、《单位工程安全和功能检验资料核查及主要功能抽查记录》（表7-11）和《单位工程观感质量检查记录》；单位（子单位）工程竣工验收时，施工单位应同时填报《单位工程质量控制资料核查记录》、《单位工程安全和功能检验资料核查及主要功能抽查记录》、《单位工程观感质量检查记录》作为《单位工程质量施工验收记录》的附表。单位工程观感质量检查的项目（表7-5）、检查数量、抽样方法、检查方法、标注方式、检查项目的质量评价方法以及《现场检查原始记录》的内容及保存要求等在单位工程质量验收中进行了较详细的介绍，《单位工程观感质量检查记录》仅是根据《现场检查原始记录》将各个检查项目的抽检质量状况归纳出共检查点数、好点数、一般点数、差点数，并判定其质量评价（差点数不为零时质量评价为“差”，好点数占总检查点数60%及以上时质量评价为“好”，其他状况质量评价为“一般”），这里不再细讲。

在施工质量验收程序和合格条件（质量标准）规定中，除检验批外，以后各层次的验收均依靠前一层次资料核查进行汇总性检查，因此可见工程控制资料和工程安全及功能检验资料的重要。在单位（子单位）工程验收之前，各分部（子分部）工程的验收应已依次完成。施工单位对单位（子单位）工程自行检查，应将其按类型分类汇总、整理、核查，自检合格后组卷、编码、装订成册，供竣工验收时检查复核。

1. 单位工程质量控制资料核查记录

《单位工程质量控制资料核查记录》每一项资料的内容是单位工程所包含的有关分项工程中检验批主控项目、一般项目要求内容的汇总，是单位工程综合验收的一项重要内容，对每一项质量控制资料的完整性、有效性进行核查，统计各项资料的“份数”填入到相应栏目（谨记不要误写成“页数”），符合要求时签署核查意见（资料齐全有效）及核查人签字确认（要求核查人亲笔签字）。监理单位在工程预验收时也要对每项质量控制资料进行再核查，核查的目的是强调建筑结构设备性能和使用功能方面主要技术性能的检验，防止局部错漏，从而进一步加强对工程质量的控制。对符合要求的签署核查意见（核查通过），并由核查人亲笔签字确认；对发现错漏等问题的，应依据具体问题进行重新检验或其他处理措施。最后由施工单位项目负责人与总监理工程师共同签署单位工程质量控制资料的核查结论，在监理对所有质量控制资料均已核查通过后签署“质量控制资料完整”并签名确认。

2. 单位工程安全和功能检验资料核查及主要功能抽查记录

工程安全和功能的各项主要检测项目，《单位工程安全和功能检验资料核查及主要功能抽查记录》已经列明，当设计和施工合同有其他要求时可以补充；安全和功能的检测，凡分部工程验收时具备检测条件的应在分部验收进行。建筑工程投入使用，最为重要的是要确保工程安全和满足使用功能要求。涉及工程安全和功能的分部工程应有检验资料，分部工程验收时对工程安全和使用功能项目进行强化验收抽查的应有记录，施工单位应将分类汇总、整理、自检核查合格的安全和功能检验资料及主要功能抽查记录的各项“份数”（谨记不要误解为“页数”）填入到《单位工程安全和功能检验资料核查及主要功能抽查记录》的相应栏目。监理单位在工程预验收时要对每项安全和功能检验资料及主要功能抽查资料进行核查，对符合要求的签署核查意见（齐全有效），并由核查人亲笔签字确认。参加单位工程竣工验收的各方人员应对分部验收时抽检的安全与功能抽检资料进行核查，核查的主要内容包括：①按规范规定、合同约定及设计要求需进行安全与功能的抽检项目是否全部进行了抽检，具体检测项目是否有遗漏；②抽检的程序、方法是否符合规定；③检测结论是否满足设计要求和规范规定。对核查符合要求的，可直接在相应抽查结果栏填写抽检数量和结论；若发现检测项目不全或检测结果不满足设计要求和规范规定，则应进行重新检测或返工处理，使之达到设计要求和规范规定。在资料核查通过的基础上，参加验收的各方人员再确定单位工程验收的抽检项目（一般情况下，分部验收时已经做过的安全与功能抽检过检测项目单位工程验收时不再重复抽检）并进行检测，签署检验结果和签字确认。最后由施工单位项目负责人与总监理工程师依据各项核查意见和抽检结果共同签署单位工程安全和功能检验资料核查及主要功能抽查记录的核查和抽检结论（“检验资料完整，抽检结果符合规定”或注明存在的问题），并签名确认。

3. 单位工程质量施工验收记录

《单位工程质量竣工验收记录表》是建筑物投入使用之前各方对其合格质量共同确认的文件，也是整个检查验收过程的终结，因而是最重要的。建设单位组织勘察、设计、施工、监理单位在建设行政主管部门委托的工程质量监督机构监督下组成竣工验收组按规定程序对建设工程进行竣工验收。竣工验收组成员对工程所含各分部工程验收、质量控制资料、安全和功能检验资料及主要功能抽查记录等共同逐项核查，对有异议的可对其进行实体复验；对工程安全和主要使用功能进行实体抽查和工程实体观感质量进行检查评定。对有异议的可对其进行实体复验；对工程安全和主要使用工程进行实体抽查和工程实体观感质量进行检查评定。依据验收结果，对分部工程验收的数量、《单位工程质量控制资料核查记录》质量控制资料的项数、《单位工程安全和功能检验资料核查及主要功能抽查记录》中安全和功能检验资料核查的项数和主要功能抽查的项数（指单位工程和分部工程验收时进行的全部功能抽样检查）及核查（抽查）结果填入《单位工程质量竣工验收记录表》的验收记录相应栏内；核查观感质量现场检查原始记录和《单位工程观感质量检查记录》的质量评价，统计其抽查项目的数量、质量评价为“好”和“一般”的项数、质量评价为“差”（经返工处理）的项数，统计结果填入《单位工程质量竣工验收记录表》中观感质量验收项目的验收记录栏；并对各验收项目作出验收结论。单位工程质量竣工验收记录中的验收记录由施工单位填写，验收结论由监理单位填写，而综合验收结论则由参加验收各方经共同商定，对工程质量是否符合设计文件和相关标准的规定及总体质量水平做出评价，由建设单位填写。

单位工程验收时的验收签字人员应由相应单位的法人代表书面授权，各方的责任人签字以后，意味着应在建筑物的设计使用年限（寿命）内，对其安全和使用功能承担责任。

表 7-9 单位工程质量施工验收记录

<table>
<tr><td colspan="2">工程名称</td><td></td><td>结构类型</td><td></td><td>层数/建筑面积</td><td colspan="2"></td></tr>
<tr><td colspan="2">施工单位</td><td></td><td>技术负责人</td><td></td><td>开工日期</td><td colspan="2"></td></tr>
<tr><td colspan="2">项目负责人</td><td></td><td>项目技术负责人</td><td></td><td>竣工日期</td><td colspan="2"></td></tr>
<tr><td>序号</td><td colspan="2">项目</td><td colspan="4">验收记录</td><td>验收结论</td></tr>
<tr><td>1</td><td colspan="2">分部工程验收</td><td colspan="4">共　　分部，经查符合设计及标准规定　　分部</td><td></td></tr>
<tr><td>2</td><td colspan="2">质量控制资料核查</td><td colspan="4">共　　项，经核查符合规定　　项</td><td></td></tr>
<tr><td>3</td><td colspan="2">安全和使用功能
核查及抽查结构</td><td colspan="4">共核查　　项，符合规定　　项，
共抽查　　项，符合规定　　项，
经返工处理符合规定　　项</td><td></td></tr>
</table>

续表

工程名称		结构类型		层数/建筑面积	
施工单位		技术负责人		开工日期	
项目负责人		项目技术负责人		竣工日期	

序号	项目	验收记录	验收结论
4	观感质量验收	共抽查　项，达到“好”和“一般”的　项，经返工处理符合要求的　项	
综合验收结论			

参加验收单位	建设单位	监理单位	施工单位	设计单位	勘察单位
	（公章） 项目负责人 年　月　日	（公章） 总监理工程师 年　月　日	（公章） 项目负责人 年　月　日	（公章） 项目负责人 年　月　日	（公章） 项目负责人 年　月　日

注：单位工程验收时，验收签字人员应由相应单位的法人代表书面授权。

表 7-10　单位工程质量控制资料核查记录

工程名称				施工单位			
序号	项目	资料名称	份数	施工单位		监理单位	
				核查意见	核查人	核查意见	核查人
1	建筑与结构	图纸会审记录、设计变更通知单、工程洽商记录					
2		工程定位测量、放线记录					
3		原材料出厂合格证书及进场检验、试验报告					
4		施工试验报告及见证检测报告					
5		隐蔽工程验收记录					
6		施工记录					
7		地基、基础、主体结构检验及抽样检测资料					
8		分项、分部工程质量验收记录					
9		工程质量事故调查处理资料					
10		新技术论证、备案及施工记录					
1	给水排水与供暖	图纸会审记录、设计变更通知单、工程洽商记录					
2		原材料出厂合格证书及进场检验、试验报告					
3		管道、设备强度试验、严密性试验记录					
4		隐蔽工程验收记录					
5		系统清洗、灌水、通水、通球试验记录					
6		施工记录					
7		分项、分部工程质量验收记录					
8		新技术论证、备案及施工记录					

续表

工程名称			施工单位				
序号	项目	资料名称	份数	施工单位		监理单位	
				核查意见	核查人	核查意见	核查人
1	通风与空调	图纸会审记录、设计变更通知单、工程洽商记录					
2		原材料出厂合格证书及进场检验、试验报告					
3		制冷、空调、水管道强度试验、严密性试验记录					
4		隐蔽工程验收记录					
5		制冷设备运行调试记录					
6		通风、空调系统调试记录					
7		施工记录					
8		分项、分部工程质量验收记录					
9		新技术论证、备案及施工记录					
1	建筑电气	图纸会审记录、设计变更通知单、工程洽商记录					
2		原材料出厂合格证书及进场检验、试验报告					
3		设备调试记录					
4		接地、绝缘电阻测试记录					
5		隐蔽工程验收记录					
6		施工记录					
7		分项、分部工程质量验收记录					
8		新技术论证、备案及施工记录					
1	智能建筑	图纸会审记录、设计变更通知单、工程洽商记录					
2		原材料出厂合格证书及进场检验、试验报告					
3		隐蔽工程验收记录					
4		施工记录					
5		系统功能测定及设备调试记录					
6		系统技术、操作和维护手册					
7		系统管理、操作人员培训记录					
8		系统检测报告					
9		分项、分部工程质量验收记录					
10		新技术论证、备案及施工记录					
1	建筑节能	图纸会审记录、设计变更通知单、工程洽商记录					
2		原材料出厂合格证书及进场检验、试验报告					
3		隐蔽工程验收记录					
4		施工记录					
5		外墙、外窗节能检测报告					

续表

工程名称			施工单位				
序号	项目	资料名称	份数	施工单位		监理单位	
				核查意见	核查人	核查意见	核查人
6	建筑节能	设备系统节能检测报告					
7		分项、分部工程质量验收记录					
8		新技术论证、备案及施工记录					
1	电梯	图纸会审记录、设计变更通知单、工程洽商记录					
2		原材料出厂合格证书及进场检验、试验报告					
3		隐蔽工程验收记录					
4		施工记录					
5		接地、绝缘电阻测试记录					
6		负荷试验、安全装置检查记录					
7		分项、分部工程质量验收记录					
8		新技术论证、备案及施工记录					
9		图纸会审记录、设计变更通知单、工程洽商记录					

结论：

施工单位项目负责人　　　　　　　　　　　　　　　　总监理工程师

年　月　日　　　　　　　　　　　　　　　　　　　　年　月　日

表 7-11　单位工程安全和功能检验资料核查及主要功能抽查记录

工程名称			施工单位			
序号	项目	资料名称	份数	核查意见	抽查结果	核查（抽查）人
1	建筑与结构	地基承载力检验报告				
2		桩基承载力检验报告				
3		混凝土强度试验报告				
4		砂浆强度试验报告				
5		主要结构尺寸、位置抽查记录				
6		建筑物垂直度、标高、全高测量记录				
7		屋面淋水或蓄水试验记录				
8		地下室渗漏水检测记录				
9		有防水要求的地面蓄水试验记录				
10		抽气（风）道检查记录				
11		外窗气密性、水密性、耐风压检测报告				
12		幕墙气密性、水密性、耐风压检测报告				
13		建筑物沉降观测测量记录				
14		节能、保温测试记录				

续表

工程名称			施工单位			
序号	项目	资料名称	份数	核查意见	抽查结果	核查（抽查）人
15	建筑与结构	室内环境检测报告				
16		土壤氡气浓度检测报告				
1	给水排水与供暖	给水管道通水试验记录				
2		暖气管道、散热器压力试验记录				
3		卫生器具满水试验记录				
4		消防管道、燃气管道压力试验记录				
5		排水干管通球试验记录				
6		锅炉试运行、安全阀及报警联动测试记录				
1	通风与空调	通风、空调系统试运行记录				
2		风量、温度测试记录				
3		空气能量回收装置测试记录				
4		洁净室洁净度测试记录				
5		制冷机组试运行调试记录				
1	建筑电气	建筑照明通电试运行记录				
2		灯具固定装置及悬吊装置的荷载强度试验记录				
3		绝缘电阻测试记录				
4		剩余电流动作保护器测试记录				
5		应急电源装置应急持续供电记录				
6		接地电阻测试记录				
7		接地故障回路阻抗测试记录				
1	智能建筑	系统试运行记录				
2		系统电源及接地检测报告				
3		系统接地检测报告				
1	建筑节能	外墙节能构造检查记录或热工性能检验报告				
2		设备系统节能性能检查记录				
1	电梯	运行记录				
2		安全装置检测报告				

结论：

施工单位项目负责人　　　　　　　　　　　　　　　　总监理工程师
年　月　日　　　　　　　　　　　　　　　　　　　　年　月　日

第六节　市政工程质量验收

一、城镇道路工程质量验收

城镇道路工程质量验收的现行规范为《城镇道路工程施工与质量验收规范》（CJJ 1—

2008），主要技术内容包括：总则、术语及代号、基本规定、施工准备、测量、路基、基层、沥青混合料面层、沥青贯入式与沥青表面处治面层、水泥混凝土面层、铺砌式面层、广场与停车场面层、人行道铺筑、人行地道结构、挡土墙、附属构筑物、冬雨期施工、工程质量与竣工验收，共18章及附录组成；适用于城镇新建、改建、扩建的道路及广场、停车场等工程的施工和质量检验、验收。

（一）城镇道路工程施工和质量验收的基本要求

1. 施工单位应具备相应的城镇道路工程施工资质，健全技术、质量、安全生产管理体系，制定各项施工管理制度，并贯彻执行。

2. 施工前，施工单位应组织有关施工技术管理人员深入现场调查，了解掌握现场情况，做好充分的施工准备工作。并在工程开工前，根据合同文件、设计文件和相关的法律法规、技术标准，以及建设单位提供的施工界域内地下管线等构筑物资料、工程水文地质资料等踏勘施工现场，依据工程特点编制《施工组织设计》，并按其管理程序进行审批。

3. 施工单位应按合同规定的、经过审批的有效设计文件进行施工。未经批准的设计变更、工程洽商严禁施工。

4. 道路范围（含人行步道、隔离带）内的各种检查井井座应设于混凝土或钢筋混凝土井圈上；检查井的井盖、井座应与道路交通等级匹配，且井盖宜能锁固。

5. 施工中必须建立安全技术交底制度，并对作业人员进行相关的安全技术教育与培训。作业前主管施工技术人员必须向作业人员进行详尽的安全技术交底，并形成文件。应对施工测量及其内业经常复核，确保准确，并保存记录。

6. 遇冬、雨期等特殊气候施工时，应结合工程实际情况，制定专项施工方案，并经审批程序批准后施工。

7. 与道路同期施工，敷设于城镇道路下的新管线等构筑物，应按先深后浅的原则与道路配合施工。施工中应保护好既有及新建地上标杆、地下管线等构筑物。

8. 施工中应按合同文件规定的施工技术标准与质量标准的要求，依照国家现行有关规范的规定，进行施工过程与成品质量控制。前一分项工程未经验收合格严禁进行后一分项工程施工。

9. 道路工程应划分为单位（子单位）工程、分部（子分部）工程、分项工程和检验批，作为工程施工质量检验和验收的基础。任何验收必须在施工单位自检合格的基础上进行，检验批、分项工程、分部（子分部）工程质量检验记录和单位工程分部工程检验汇总表、单位（子单位）工程质量竣工验收记录的表式及填写要求见《城镇道路工程施工与质量验收规范》（CJJ 1）的附录A。

10. 工程施工质量应按下列要求进行验收：

1）工程施工质量应符合《城镇道路工程施工与质量验收规范》（CJJ 1）和相关专业验收规范的规定。

2）工程施工应符合工程勘察、设计文件的要求。

3）参加工程施工质量验收的各方人员应具备规定的资格。

4）工程质量的验收均应在施工单位自行检查评定合格的基础上进行。

5）隐蔽工程在隐蔽前，应由施工单位通知监理工程师和相关单位人员进行隐蔽验收，确认合格，并形成隐蔽验收文件。

6）监理工程师应按规定对涉及结构安全的试块、试件和现场检测项目，进行平行检测、见证取样检测并确认合格。

7）检验批的质量应按主控项目和一般项目进行验收。

8）对涉及结构安全和使用功能的分部工程应进行抽样检测。

9）承担复验或检测的单位应为具有相应资质的独立第三方。

10）工程的外观质量应由验收人员通过现场检查共同确认。

（二）单位工程、分部、分项工程、检验批的划分

开工前，施工单位应会同建设单位、监理工程师确认构成建设项目的单位（子单位）工程、分部（子分部）工程、分项工程和检验批，并应符合下列规定：

1. 建设单位招标文件确定的每一个独立合同应为一个单位工程。当合同文件包含的工程内涵较多，或工程规模较大、或由若干独立设计组成时，宜按工程部位或工程量、每一独立设计将单位工程分成若干子单位工程。

2. 各分部（子分部）工程相应的分项工程、检验批应按表 7-12 的规定执行。

表 7-12　城镇道路分部（子分部）工程与相应的分项工程、检验批划分

<table>
<tr><th>分部工程</th><th>子分部工程</th><th>分项工程</th><th>检验批</th></tr>
<tr><td rowspan="4">路基</td><td rowspan="4"></td><td>土方路基</td><td>每条路或路段</td></tr>
<tr><td>石方路基</td><td>每条路或路段</td></tr>
<tr><td>路基处理</td><td>每条处理段</td></tr>
<tr><td>路肩</td><td>每条路肩</td></tr>
<tr><td rowspan="8">基层</td><td rowspan="8"></td><td>石灰土基层</td><td>每条路或路段</td></tr>
<tr><td>石灰粉煤灰稳定砂砾（碎石）基层</td><td>每条路或路段</td></tr>
<tr><td>石灰粉煤灰钢渣基层</td><td>每条路或路段</td></tr>
<tr><td>水泥稳定土类基层</td><td>每条路或路段</td></tr>
<tr><td>级配砂砾（砾石）基层</td><td>每条路或路段</td></tr>
<tr><td>级配碎石（碎砾石）基层</td><td>每条路或路段</td></tr>
<tr><td>沥青碎石基层</td><td>每条路或路段</td></tr>
<tr><td>沥青贯入式基层</td><td>每条路或路段</td></tr>
<tr><td rowspan="10">面层</td><td rowspan="5">沥青混合料面层</td><td>透层</td><td>每条路或路段</td></tr>
<tr><td>粘层</td><td>每条路或路段</td></tr>
<tr><td>封层</td><td>每条路或路段</td></tr>
<tr><td>热拌沥青混合料面层</td><td>每条路或路段</td></tr>
<tr><td>冷拌沥青混合料面层</td><td>每条路或路段</td></tr>
<tr><td rowspan="2">沥青贯入式与沥青表面处治面层</td><td>沥青贯入式面层</td><td>每条路或路段</td></tr>
<tr><td>沥青表面处治面层</td><td>每条路或路段</td></tr>
<tr><td>水泥混凝土面层</td><td>水泥混凝土面层（模板、钢筋、混凝土）</td><td>每条路或路段</td></tr>
<tr><td rowspan="2">铺砌式面层</td><td>料石面层</td><td>每条路或路段</td></tr>
<tr><td>预制混凝土砌块面层</td><td>每条路或路段</td></tr>
<tr><td rowspan="2">广场与停车场</td><td rowspan="2"></td><td>料石面层</td><td>每个广场或划分的区段</td></tr>
<tr><td>预制混凝土砌块面层</td><td>每个广场或划分的区段</td></tr>
</table>

续表

分部工程	子分部工程	分项工程	检验批
广场与停车场		沥青混合料面层	每个广场或划分的区段
		水泥混凝土面层	每个广场或划分的区段
人行道		料石人行道铺砌面层（含盲道砖）	每条路或路段
		混凝土预制块铺砌人行道面层（含盲道砖）	每条路或路段
		沥青混合料铺筑面层	每条路或路段
人行地道结构	现浇钢筋混凝土人行地道结构	地基	每座通道
		防水	每座通道
		基础（模板、钢筋、混凝土）	每座通道
		墙与顶板（模板、钢筋、混凝土）	每座通道
	预制安装钢筋混凝土人行地道结构	墙与顶部构件预制	每座通道
		地基	每座通道
		防水	每座通道
		基础（模板、钢筋、混凝土）	每座通道
		墙板、顶板安装	
	砌筑墙体、钢筋混凝土顶板人行地道结构	顶部构件预制	每座通道
		地基	每座通道
		防水	每座通道
		基础（模板、钢筋、混凝土）	
		墙体砌筑	每座通道
		顶部构件、顶板安装	每座通道
		顶部现浇（模板、钢筋、混凝土）	每座通道
挡土墙	现浇钢筋混凝土挡土墙	地基	每道挡土墙地基
		基础	每道挡土墙基础
		墙（模板、钢筋、混凝土）	每道墙体
		滤层、泄水孔	每道墙体
		回填土	每道墙体
		帽石	每道墙体
		栏杆	每道墙体
	装配式钢筋混凝土挡土墙	挡土墙板预制	每道墙体
		地基	每道挡土墙地基
		基础（模板、钢筋、混凝土）	每道基础
		墙板安装（含焊接）	每道墙体
		滤层、泄水孔	每道墙体
		回填土	每道墙体
		帽石	每道墙体
		栏杆	每道墙体

续表

分部工程	子分部工程	分项工程	检验批
挡土墙	砌筑挡土墙	地基	每道墙体
		基础（砌筑、混凝土）	每道墙体
		墙体砌筑	每道墙体
		滤层、泄水孔	每道墙体
		回填土	每道墙体
		帽石	每道墙体
	加筋土挡土墙	地基	每道挡土墙地基
		基础（模板、钢筋、混凝土）	每道基础
		加筋挡土墙砌块与筋带安装	每道墙体
		滤层、泄水孔	每道墙体
		回填土	每道墙体
		帽石	每道墙体
		栏杆	每道墙体
附属构筑物		路缘石	每条路或路段
		雨水支管与雨水口	每条路或路段
		排（截）水沟	每条路或路段
		倒虹管及涵洞	每座结构
		护坡	每条路或路段
		隔离墩	每条路或路段
		隔离栅	每条路或路段
		护栏	每条路或路段
		声屏障（砌体、金属）	每处声屏障墙
		防眩板	每条路或路段

（三）施工质量控制

1）工程采用的主要材料、半成品、成品、构配件、器具和设备应按相关专业质量标准进行进场检验和使用前复验。现场验收和复验结果应经监理工程师检查认可。凡涉及结构安全和使用功能的，监理工程师应按规定进行平行检测或见证取样检测，并确认合格；

2）各分项工程应按《城镇道路工程施工与质量验收规范》（CJJ 1）进行质量控制，各分项工程完成后应进行自检、交接检验，并形成文件，经监理工程师检查签认后，方可进行下分项工程施工。

（四）施工质量验收组织及质量标准

1. 检验批、分项工程施工质量验收

1）检验批及分项工程应由专业监理工程师组织施工单位项目专业质量（技术）负责人等进行验收。关键分项工程及重要部位应由建设单位项目负责人组织总监理工程师、施工单位项目负责人和技术质量负责人、设计单位专业设计人员等进行验收。

2）检验批合格质量应符合下列规定：

（1）主控项目的质量应经抽样检验合格。

（2）一般项目的质量应经抽样检验合格；当采用计数检验时，除有专门要求外，一般项目的合格点率应达到 80%及以上，且不合格点的最大偏差值不得大于规定允许偏差值的 1.5 倍。

（3）具有完整的施工操作依据和质量检查记录。

3）分项工程质量验收合格应符合下列规定：

（1）分项工程所含检验批均应符合合格质量的规定。

（2）分项工程所含检验批的质量验收记录应完整。

2. 分部工程质量验收

1）分部工程应由总监理工程师组织施工单位项目负责人和技术质量负责人等进行验收。

2）分部工程质量验收合格应符合下列规定：

（1）分部工程所含分项工程的质量均应验收合格。

（2）质量控制资料应完整。

（3）涉及结构安全和使用功能的质量应按规定验收合格。

（4）外观质量验收应符合要求。

3. 单位工程质量验收

单位工程完成后，施工单位应进行自检，并在自检合格的基础上，将竣工资料、自检结果报监理工程师，申请预验收。监理工程师应在预验合格后报建设单位申请正式验收。建设单位应依相关规定及时组织相关单位进行工程竣工验收，并在规定时间内报建设行政管理部门备案。

1）单位工程验收应符合下列要求：

（1）单位工程完成后，施工单位应进行自检，并在自检合格的基础上，将竣工资料与自检结果报监理单位申请预验收。

（2）总监理工程师应组织监理人员（并约请相关人员）审核竣工资料，进行工程预检；预验合格后依据预检结果写出评估报告，报建设单位申请正式验收。

（3）建设单位项目负责人应根据监理的评估报告组织建设单位项目技术质量负责人、有关专业设计人员、总监理工程师和专业监理工程师、施工单位项目负责人等参加工程验收。该工程的设施运行管理单位应派员参加工程验收。

2）单位工程质量验收合格应符合下列规定：

（1）单位工程所含分部工程的质量均应验收合格。

（2）质量控制资料应完整。

（3）单位工程所含分部工程验收资料应完整。

（4）影响道路安全使用和周围环境的参数指标应符合规定。

（5）外观质量验收应符合要求。

4. 工程竣工验收

1）工程竣工验收应由建设单位组织验收组进行。验收组应由建设、勘察、设计、施工、监理、设施管理等单位的有关负责人组成，亦可邀请有关方面专家参加。验收组组长由建设单位担任。

2）工程竣工验收应在构成道路的各分项工程、分部工程、单位工程质量验收均合格后进行。当设计规定进行道路弯沉试验、荷载试验时，验收必须在试验完成后进行。道路工程竣工资料应于竣工验收前完成。

3）工程竣工验收应符合下列规定：

（1）建设项目质量控制资料的隐蔽验收记录、试验检验资料及检验批、分项工程、分部工程、单位工程的质量验收资料均应符合规范相关的规定。

（2）建设项目的安全和主要使用功能的相关检测记录及对各单位工程的实体质量进行检查或抽验均应符合设计要求。

（3）建设项目观感质量全面检验（目测并抽检），各单位工程的实体质量均应符合规范要求。

4）当参加验收各方对工程质量验收意见不一致时，按合同约定处理。

5）工程竣工验收合格后，建设单位应按规定将工程竣工验收报告和有关文件，报政府行政主管部门备案。

二、城市桥梁工程质量验收的基本规定

城市桥梁工程质量验收的现行规范为《城市桥梁工程施工与质量验收规范》（CJJ 2—2008），主要内容包括：总则、基本规定、施工准备、测量、模板、支架和拱架、钢筋、混凝土、预应力混凝土、砌体、基础、墩台、支座、混凝土梁（板）、钢梁、结合梁、拱部与拱上结构、斜拉桥、悬索桥、顶进箱涵、桥面系、附属结构、装饰与装修、工程竣工验收，共23章及附录组成；适用于一般地质条件下城市桥梁的新建、改建、扩建工程和大、中修维护工程的施工和质量验收。

（一）城市桥梁工程施工和质量验收的基本要求

1. 施工单位应具备相应的桥梁工程施工资质，施工总承包单位必须选择合格的分包单位并进行有效的管理。建立健全质量保证体系和施工安全管理体系，制定各项管理制度，并贯彻执行。

2. 施工前，施工单位应组织有关施工技术管理人员深入现场调查，了解掌握现场情况，做好充分的施工准备工作。并在工程开工前，根据合同、设计文件和法律法规、技术标准，以及建设单位提供的施工现场及毗邻区域内各种地下管线等建（构）筑物的现况翔实资料、气象、水文地质资料等踏勘施工现场，依据工程特点编制《施工或影响区域管线等建（构）筑物迁移、保护、加固方案》和《施工组织设计》，按规定程序批准后方可实施；施工中需修改或补充时，应履行原审批程序。

3. 施工单位应按合同规定的或经过审批的设计文件进行施工。发生设计变更及工程洽商应按国家现行有关规定程序办理设计变更及工程洽商手续，并形成文件。严禁按未经批准的设计变更进行施工。

4. 工程施工应加强各项管理工作，符合合理部署、周密计划、精心组织、文明施工、安全生产、节约资源的原则。

5. 与道路同期施工，连接各段道路的构筑物，应按先大桥后小桥的原则与道路配合施工。

6. 施工中必须建立安全与技术交底制度，作业前主管施工技术人员必须向作业人员进行详尽的安全与技术交底，并形成文件。应加强施工测量与试验工作，按规定作业，内业资料

完整，经常复核，确保准确。应按合同文件规定的标准和设计文件要求进行施工过程和成品质量的控制，确保工程质量。

7. 工程质量验收应在施工单位自检基础上，按照检验批、分项工程、分部（子分部）工程、单位（子单位）工程顺序进行。单位工程完成，且经监理工程师预验合格后，应由建设单位应依相关规定组织工程验收。各项单位工程验收合格后，建设单位应依相关规定及时组织竣工验收。

8. 工程施工质量应按下列要求进行验收：

1）工程施工质量应符合《城市桥梁工程施工与质量验收规范》（CJJ 2）和相关专业验收规范的规定。

2）工程施工应符合工程勘察、设计文件的要求。

3）参加工程施工质量验收的各方人员应具备规定的资格

4）工程质量的验收均应在施工单位自行检查评定的基础上进行。

5）隐蔽工程在隐蔽前，应由施工单位通知监理工程师和相关单位进行隐蔽验收，确认合格后，形成隐蔽验收文件。

6）监理应按规定对涉及结构安全的试块、试件、有关材料和现场检测项目，进行平行检测，见证取样并确认合格。

7）检验批的质量应按主控项目和一般项目进行验收。

8）对涉及结构安全和使用功能的分部工程应进行抽样检测。

9）承担见证取样检测及有关结构安全检测的单位应具有相应资质。

10）工程外观质量应由验收人员通过现场检查共同确认。

9. 验收后的桥梁工程应结构坚固、表面平整、色泽均匀、棱角分明、线条直顺、轮廓清晰，满足城市景观要求。

10. 桥梁工程范围内的排水设施、挡土墙、引道等工程的施工和验收应符合国家现行标准《城镇道路工程施工与质量验收规范》（CJJ 1）的有关规定。

（二）单位工程、分部、分项工程、检验批的划分

开工前，应将工程划分为单位（子单位）工程、分部（子分部）工程、分项工程和检验批，作为施工控制、施工质量检查验收的基础，并应符合下列规定：

1. 建设单位招标文件确定的每一个独立合同应为一个单位工程。当合同文件包含的工程内容较多，或工程规模较大，或由若干个独立设计组成时，宜按工程部位或工程量、每一独立设计将单位工程分成若干子单位工程。

2. 单位（子单位）工程应按工程的结构部位或特点、功能、工程量划分分部工程。分部工程的规模较大或工程复杂时宜按材料种类、工艺特点、施工工法等，将分部工程划为若干子分部工程。

3. 分部工程（子分部工程）中，应按主要工种、材料、施工工艺等划分分项工程。分项工程可由一个或若干检验批组成。

4. 检验批应根据施工、质量控制和专业验收需要划定。

5. 各分部（子分部）工程相应的分项工程宜按表 7-13 的规定执行。规范未规定时，施工单位应在开工前会同建设单位、监理单位共同研究确定。

（三）施工质量控制

1. 工程采用的主要材料、半成品、成品、构配件、器具和设备应按相关专业质量标准进行验收和按规定进行复验，并经监理工程师检查认可。凡涉及结构安全和使用功能的，监理工程师应按规定进行平行检测、见证取样检测并确认合格。

2. 各分项工程应按《城市桥梁工程施工与质量验收规范》（CJJ 2）进行质量控制，各分项工程完成后应进行自检、交接检验、并形成文件，经监理工程师检查签认后，方可进行下一个分项工程施工。

（四）施工质量验收组织及质量标准

1. 检验批、分项工程施工质量验收

1）检验批及分项工程应由专业监理工程师组织施工单位专业质量（技术）负责人等进行验收。关键分项工程及重要部位应由建设单位项目负责人和技术质量负责人、设计单位专业设计人员等进行验收。

2）检验批合格质量应符合下列规定：

（1）主控项目的质量应经抽样检验员合格。

（2）一般项目的质量应经抽样检验合格；当采用计精心策划检验时，除有关专门要求外，一般项目的合格率京戏达到 80%及以上，且不合格点的最大偏差值不得大于规定允许偏差值的 1.5 倍。

（3）具有完整的施工操作依据和质量检查记录。

3）分项工程质量验收合格应符合下列规定：

（1）分项工程所含检验批均应符合合格质量的规定。

（2）分项工程所含检验批的质量验收记录应完善。

2. 分部工程质量验收

1）分部工程由总监理工程师组织施工单位项目负责人和技术质量负责人、专业监理工程师等进行验收。

2）分部工程质量验收合格应符合下列规定：

（1）分部工程所含分项工程的质量均应验收合格。

（2）质量控制资料应完整。

（3）涉及结构安全和使用功能的质量应按规定验收合格。

（4）外观质量验收应符合要求。

表 7-13 城市桥梁分部（子分部）工程与相应的分项工程、检验批划分

序号	分部工程	子分部工程	分项工程	检验批
1	地基与基础	扩大基础	基坑开挖、地基、土方回填、现浇混凝土（模板与支架、钢筋、混凝土）、砌体	每个基坑
		沉入桩	预制桩（模板、钢筋、混凝土、预应力混凝土）、钢管桩、沉桩	每根桩
		灌注桩	机械成孔、人工挖孔、钢筋笼制作与安装、混凝土灌注	每根桩

续表

序号	分部工程	子分部工程	分项工程	检验批
1	地基与基础	沉井	沉井制作（模板与支架、钢筋、混凝土、钢壳）、浮运、下沉就位、清基与填充	每节、座
		地下连续墙	成槽、钢筋骨架、水下混凝土	每个施工段
		承台	模板与支架、钢筋、混凝土	每个承台
2	墩台	砌体墩台	石砌体、砌块砌体	每个砌筑段、浇筑段、施工段或每个墩台、每个安装段（件）
		现浇混凝土墩台	模板与支架、钢筋、混凝土、预应力混凝土	
		预制混凝土柱	预制柱（模板、钢筋、混凝土、预应力混凝土）、安装	
		台背回填	填土	
3	盖梁		模板与支架、钢筋、混凝土、预应力混凝土	每个盖梁
4	支座		垫石混凝土、支座安装、挡块混凝土	每个支座
5	索塔		现浇混凝土索塔（模板与支架、钢筋、混凝土、预应力混凝土）、钢构件安装	每个浇筑段、每根钢构件
6	锚锭		锚固体系制作、锚固体系安装、锚碇混凝土（模板与支架、钢筋、混凝土）、锚索张拉与压浆	每个制作件、安装件、基础
7	桥跨承重结构	支架上浇筑混凝土梁（板）	模板与支架、钢筋、混凝土、预应力钢筋	每孔、联、施工段
		装配式钢筋混凝土梁（板）	预制梁（板）（模板与支架、钢筋、混凝土、预应力混凝土）、安装梁（板）	每片梁
		悬臂浇筑预应力混凝土梁	0＃段（模板与支架、钢筋、混凝土、预应力混凝土）、悬浇段（挂篮、模板、钢筋、混凝土、预应力混凝土）	每个浇筑段
		悬臂拼装预应力混凝土梁	0＃段（模板与支架、钢筋、混凝土、预应力混凝土）、梁段预制（模板与支架、钢筋、混凝土）、拼装梁段、施加预应力	每个拼装段
		顶推施工混凝土梁	台座系统、导梁、梁段预制（模板与支架、钢筋、混凝土、预应力混凝土）、顶推梁段、施加预应力	每节段
		钢梁	现象安装	每段、孔
		结合梁	钢梁安装、预应力钢筋混凝土梁预制（模板与支架、钢筋、混凝土、预应力混凝土）、预制梁安装、混凝土结构浇筑（模板与支架、钢筋、混凝土、预应力混凝土）	每段、孔
		拱部与拱上结构	砌筑拱圈、现浇混凝土拱圈、劲性骨架混凝土拱圈、装配式混凝土拱部结构、钢管混凝土拱（拱肋安装、混凝土压注）、吊杆、系杆拱、转体施工、拱上结构	每个砌筑段、安装段、浇筑段、施工段
		斜拉桥的主梁与拉索	0＃段混凝土浇筑、悬臂浇筑混凝土主梁、支架上浇筑混凝土主梁、悬臂拼装混凝土主梁、悬拼钢箱梁、支架上安装钢箱梁、结合梁、拉索安装	每个浇筑段、制作段、安装段、施工段

续表

序号	分部工程	子分部工程	分项工程	检验批
7	桥跨承重结构	悬索桥的加劲梁与缆索	索鞍安装、主缆架设、主缆防护、索夹和吊索安装、加劲梁段拼装	每个制作段、安装段、施工段
8	顶进箱涵		工作坑、滑板、箱涵预制（模板与支架、钢筋、混凝土）、箱涵顶进	每坑、每制作节、顶进节
9	桥面系		排水设施、防水层、桥面铺装层（沥青混合料铺装、混凝土铺装—模板、钢筋、混凝土）、伸缩装置、地袱和缘石与挂板、防护设施、人行道	每个施工段、每孔
10	附属结构		隔声与防眩装置、梯道（砌体；混凝土—模板与支架、钢筋、混凝土；钢结构）、桥头搭板（模板、钢筋、混凝土）、防冲刷结构、照明、挡土墙▲	每砌筑段、浇筑段、安装段、每座构筑物
11	装饰与装修		水泥砂浆抹面、饰面板、饰面砖和涂装	每跨、侧、饰面
12	引道▲			

注：表中“▲”项应符合国家现行标准《城镇道路工程施工与质量验收规范》（CJJ 1）的有关规定。

3. 单位工程质量验收

单位工程完成后，施工单位应进行自检，并在自检合格的基础上，将竣工资料、自检结果报监理工程师，申请预验收。监理工程师应在预验合格后报建设单位申请正式验收。建设单位应依相关规定及时组织相关单位进行工程竣工验收，并在规定时间内报建设行政管理部门备案。

1）单位工程验收程序应符合下列规定：

（1）单位工程完成后，施工单位应进行自检，并在自检合格的基础上，将竣工资料与自检结果报监理单位申请预验收。

（2）总监理工程师应组织监理人员（并约请相关人员）审核竣工资料，进行工程预检；预验合格后依据预检结果写出评估报告，报建设单位申请正式验收。

（3）建设单位项目负责人应根据监理的评估报告组织建设单位项目技术质量负责人、有关专业设计人员、总监理工程师和专业监理工程师、施工单位项目负责人等参加工程验收。该工程的设施运行管理单位应派员参加工程验收。

2）单位工程质量验收合格应符合下列规定：

（1）单位工程所含分部工程的质量均应验收合格。

（2）质量控制资料完整。

（3）单位工程所含分部工程中有关安全和功能的控制资料应完整。

（4）影响桥梁安全使用和周围环境的参数指标应符合规定。

（5）外观质量验收应符合要求。

4. 工程竣工验收

1）工程竣工验收应由建设单位组织验收组进行。验收组应由建设、勘察、设计、施工、监理、设施管理等单位的有关负责人组成，亦可邀请有关方面专家参加。验收组组长由建设单位担任。

2）工程竣工验收应在构成桥梁的各分项工程、分部工程、单位工程质量验收均合格后进行。当设计规定进行桥梁功能、荷载试验时，必须在荷载试验完成后进行。桥梁工程竣工资料须于竣工验收前完成。

3）工程竣工验收内容应符合下列规定：

主控项目

（1）用水准仪测量或用钢尺量全数检查桥下净空，实测结果不得小于设计要求；

（2）单位工程所含分部工程有关安全和功能的检测资料应完整，按规定进行工程实体抽查或对相关资料抽查均应符合设计要求。

一般项目

（3）桥梁实体检测允许偏差应符合表 7-14 的规定。

表 7-14　桥梁实体检测允许偏差

项目		允许偏差（mm）	检验频率		检验方法
			范围	点数	
桥梁轴线位移		10	每座或每跨、每孔	3	用经纬仪或全站仪检测
桥宽	车行道	10		3	用钢尺量每孔 3 处
	人行道				
长度		+200，-100		2	用测距仪
引道中线与桥梁中线偏差		±20		2	用经纬仪或全站仪检测
桥头高程衔接		±3		2	用水准仪测量

注：1. 项目 3 长度为桥梁总体检测长度；受桥梁形式、环境温度、伸缩缝位置等因素的影响，实际检测中通常检测两条伸缩缝之间的长度，或多条伸缩缝之间的累加长度。

2. 连续梁、结合梁两条伸缩缝之间长度允许偏差为±15mm。

（4）全面对桥梁实体外形观感质量检查应符合下列规定：

① 墩台混凝土表面应平整，色泽均匀，无明显错台、蜂窝麻面，外形轮廓清晰。

② 砌筑墩台表面应平整，砌缝应无明显缺陷，勾缝应密实坚固、无脱落，线角应顺直。

③ 桥台与挡墙、护坡或锥坡衔接应平顺，应无明显错台；沉降缝、泄水孔设置正确。

④ 索塔表面应平整，色泽均匀，无明显错台和蜂窝麻面，轮廓清晰，线形直顺。

⑤ 混凝土梁体（框架桥体）表面应平整，色泽均匀、轮廓清晰、无明显缺陷；全桥整体线形应平顺、梁缝基本均匀。

⑥ 钢梁安装线形应平顺，防护涂装色泽应均匀、无漏涂、无划伤、无起皮，涂膜无裂纹。

⑦ 拱桥表面平整，无明显错台；无蜂窝麻面、露筋或砌缝脱落现象，色泽均匀；拱圈（拱肋）及拱上结构轮廓线圆顺、无折弯。

⑧ 索股钢丝应顺直、无扭转、无鼓丝、无交叉、锚环与锚垫板应密贴并居中，锚环及外丝应完好、无变形，防护层应无损伤，斜拉索色泽应均匀、无污染。

⑨ 桥梁附属结构应稳固，线形应直顺，应无明显错台、无缺棱掉角。

4）工程竣工验收时可抽检各单位工程的质量情况。

5）工程竣工验收合格后，建设单位应按规定将工程竣工验收报告和有关文件，报政府建设行政主管部门备案。

三、市政管道工程质量验收的基本规定

市政管道工程质量验收的现行国家标准为《给水排水管道工程施工及验收规范》（GB 50268—2008），主要内容包括：总则、术语、基本规定、土石方与地基处理、开槽施工管道主体结构、不开槽施工管道主体结构、沉管和桥管施工主体结构、管道附属构筑物、管道功能性试验，共9章和8个附录组成；它适用于新建、扩建和改建城镇公共设施和工业企业的室外给排水管道工程的施工及验收；不适用于工业企业中具有特殊要求的给排水管道施工及验收。

（一）市政管道工程施工和质量验收的基本要求

1. 从事给排水管道工程的施工单位应具备相应的施工资质，施工人员应具备相应的资格。给排水管道工程施工和质量管理应具有相应的施工技术标准。

2. 施工单位应建立、健全施工技术、质量、安全生产等管理体系，制订各项施工管理规定，并贯彻执行。

3. 施工单位应按照合同文件、设计文件和有关规范、标准要求，根据建设单位提供的施工界域内地下管线等构（建）筑物资料、工程水文地质资料，组织有关施工技术管理人员深入沿线调查，掌握现场实际情况，做好施工准备工作。

4. 施工单位应熟悉和审查施工图纸，掌握设计意图与要求实行自审、会审（交底）和签证制度；发现施工图有疑问、差错时，应及时提出意见和建议；如需变更设计时应按照相应程序报审，经相关单位签证认定后实施。

5. 施工单位在开工前应编制施工组织设计，对关键的分项、分部工程应分别编制专项施工方案。施工组织设计、专项施工方案必须按规定程序审批后执行，有变更时要办理变更审批。

6. 施工临时设施应根据工程特点合理设置，并有总体布置方案。对不宜间断施工的项目，应有备用动力和设备。

7. 施工测量应实行施工单位复核制、监理单位复测制，填写相关记录，并符合下列规定：

1）施工前，建设单位应组织有关单位进行现场交桩，施工单位对所交桩进行复核测量；原测桩有遗失或变位时，应及时补钉桩校正，并应经相应的技术质量管理部门和人员认定；

2）临时水准点和管道轴线控制桩的设置应便于观测、不易被扰动且必须牢固，并应采取保护措施；开槽铺设管道的沿线临时水准点，每200m不宜少于1个；

3）临时水准点、管道轴线控制桩、高程桩，必须经过复核方可使用，并应经常校核；

4）不开槽施工管道，沉管、桥管等工程的临时水准点、管道轴线控制桩，应根据施工方案进行设置，并及时校核；

5）对既有管道、构（建）筑物与拟建工程衔接的平面位置和高程，开工前必须校测。

8. 施工单位必须遵守国家和地方政府有关环境保护的法律、法规，采取有效措施控制施工现场的各种粉尘、废气、废弃物以及噪声、振动等对环境造成的污染和危害。

9. 施工单位必须取得安全生产许可证，并应遵守有关施工安全、劳动保护、防火、防毒的法律、法规，建立安全管理体系和安全生产责任制，确保安全施工。对不开槽施工、过江河管道或深基槽等特殊作业，应制定专项施工方案。

10. 给排水管道工程施工质量验收应在施工单位自检基础上，按验收批、分项工程、分部（子分部）工程、单位（子单位）工程的顺序进行，质量验收记录应按《给水排水管道工程施工及验收规范》（GB 50268）附录B填写。并应符合下列规定：

1）工程施工质量应符合应符合工程勘察、设计文件的要求和《给水排水管道工程施工及验收规范》（GB 50268）及相关专业验收规范的规定；

2）参加工程施工质量验收的各方人员应具备相应的资格；

3）工程施工质量的验收应在施工单位自行检查，评定合格的基础上进行；

4）隐蔽工程在隐蔽前应由施工单位通知监理等单位进行验收，并形成验收文件；

5）涉及结构安全和使用功能的试块、试件和现场检测项目，应按规定进行平行检测或见证取样检测；

6）验收批的质量应按主控项目和一般项目进行验收；每个检查项目的检查数量，除《给水排水管道工程施工及验收规范》（GB 50268）有关条款有明确规定外，应全数检查；

7）对涉及结构安全和使用功能的分部工程应进行试验或检测；

8）承担检测的单位应具有相应资质；

9）外观质量应由质量验收人员通过现场检查共同确认。

11. 工程应经过竣工验收合格后，方可投入使用。

（二）单位（子单位）工程、分部（子分部）工程、分项工程和验收批的划分

开工前，应将工程划分为单位（子单位）工程、分部（子分部）工程、分项工程和检验批，作为施工控制、施工质量检查验收的基础，并应符合下列规定：

1. 开（挖）槽施工的管道工程、大型顶管工程、大型沉管工程、大型桥管工程及盾构、浅埋暗挖管道工程，可设独立的单位工程；

2. 分部（子分部）工程、分项工程和验收批的划分见表7-15。

表7-15　分部（子分部）工程、分项工程和验收批的划分

<table>
<tr><th colspan="3">分部工程（子分部工程）</th><th>分项工程</th><th>验收批</th></tr>
<tr><td colspan="3">土方工程</td><td>沟槽土方（沟槽开挖、沟槽支撑、沟槽回填）、基坑土方（基坑开挖、基坑支护、基坑回填）</td><td>与下列验收批对应</td></tr>
<tr><td rowspan="4">管道主体工程</td><td>预制管开槽施工主体结构</td><td>金属类管、混凝土类管、预应力钢筒混凝土管、化学建材管</td><td>管道基础、管道接口连接、管道铺设、管道防腐层（管道内防腐层、钢管外防腐层）、钢管阴极保护</td><td>可选择下列方式划分：①按流水施工长度；②排水管道按井段；③给水管道按一定长度连续施工段或自然划分段（路段）；④其他便于过程质量控制方法</td></tr>
<tr><td>管渠（廊）</td><td>现浇钢筋混凝土管渠、装配式混凝土管渠、砌筑管渠</td><td>管道基础、现浇钢筋混凝土管渠（钢筋、模板、混凝土、变形缝）、装配式混凝土管渠（预制构件安装、变形缝）、砌筑管渠（砖石砌筑、变形缝）、管道内防腐层、管廊内管道安装</td><td>每节管渠（廊）或每个流水施工段管渠（廊）</td></tr>
<tr><td rowspan="2">不开槽施工主体结构</td><td>工作井</td><td>工作井围护结构、工作井</td><td>每座井</td></tr>
<tr><td>顶管</td><td>管道接口连接、顶管管道（钢筋混凝土管、钢管）、管道防腐层（管道内防腐层、钢管外防腐层）．钢管阴极保护、垂直顶升</td><td>顶管顶进：每100m；
垂直顶升：每个顶升管</td></tr>
</table>

续表

分部工程（子分部工程）			分项工程	验收批
管道主体工程	不开槽施工主体结构	盾构	管片制作、掘进及管片拼装、二次内衬（钢筋、混凝土）、管道防腐层、垂直顶升	盾构掘进：每100环； 二次内衬：每施工作业断面； 垂直顶升：个顶升管
		浅埋暗挖	土层开挖、初期衬砌、防水层、二次内衬、管道防腐层、垂直顶升	暗挖：每施工作业断面； 垂直顶升：每个顶升管
		定向钻	管道接口连接、定向钻管道、钢管防腐层（内防腐层、外防腐层）、钢管阴极保护	每100m
		夯管	管道接口连接、夯管管道、钢管防腐层（内防腐层、外防腐层）、钢管阴极保护	每100m
	沉管	组对拼装沉管	基槽浚挖及管基处理、管道接口连接、管道防腐层、管道沉放、稳管及回填	每100m（分段拼装按每段，且不大于100m）
		预制钢筋混凝土沉管	基槽浚挖及管基处理、预制钢筋混凝土管节制作（钢筋、模板、混凝土）、管节接口预制加工、管道沉放、稳管及回填	每节预制钢筋混凝土管
	桥管		管道接口连接、管道防腐层（内防腐层、外防腐层）、桥管管道	每跨或每100m；分段拼装按每跨或每段，且不大于100m
附属构筑物工程			井室（现浇混凝土结构、砖砌结构、预制拼装结构）、雨水口及支连管、支墩	同一结构类型的附属构筑物不大于10个

注：1. 大型顶管工程：指管道一次顶进长度大于300m的管道工程；
2. 大型沉管工程：指预制钢筋混凝土管沉管工程；对于成品管组对拼装的沉管工程，应为多年平均水位水面宽度不小于200m，或多年平均水位水面宽度100～200m之间，且相应水深不小于5m；
3. 大型桥管工程：总跨长度不小于300m或主跨长度不小于100m；
4. 土方工程中涉及地基处理、基坑支护等，可按现行国家标准《建筑地基基础工程施工质量验收规范》（GB 50202）等相关规定执行；
5. 桥管的地基与基础、下部结构工程，可按桥梁工程规范的有关规定执行；
6. 工作井的地基与基础、围护结构工程，可按现行国家标准《建筑地基基础工程施工质量验收规范》（GB 50202）、《混凝土结构工程施工质量验收规范》（GB 50204）、《地下防水工程质量验收规范》（GB 50208）、《给水排水构筑物工程施工及验收规范》（GB 50141）等相关规定执行。

（三）施工质量控制

1. 给排水管道工程所用的原材料、半成品、成品等产品的品种、规格、性能必须符合国家有关标准的规定和设计要求；接触饮用水的产品必须符合有关卫生要求。严禁使用国家明令淘汰、禁用的产品。工程所用的管材、管道附件、构（配）件和主要原材料等产品进入施工现场时必须进行进场验收并妥善保管。进场验收时应检查每批产品的订购合同、质量合格证书、性能检验报告、使用说明书、进口产品的商检报告及证件等，并按国家有关标准规定进行复验，验收合格后方可使用。。

2. 施工测量的允许偏差，应符合表7-16的规定，并应满足国家现行标准《工程测量规范》（GB 50026）和《城市测量规范》（CJJ 8）的有关规定；对有特定要求的管道还应遵守其特殊规定。

表 7-16　施工测量的允许偏差

项目		允许偏差
水准测量高程闭合差	平地	$\pm 20\sqrt{L}$（mm）
	山地	$\pm 6\sqrt{n}$（mm）
导线测量方位角闭合差		$40\sqrt{n}$（″）
导线测量相对闭合差	外槽施工管道	1/1000
	其他方法施工管道	1/3000
直接丈量测距的两次较差		1/5000

3. 现场配制的混凝土、砂浆、防腐与防水涂料等工程材料应经检测合格后方可使用。

4. 所用管节、半成品、构（配）件等在运输、保管和施工过程中，必须采取有效措施防止其损坏、锈蚀或变质。

5. 在质量检验、验收中使用的计量器具和检测设备，必须经计量检定、校准合格后方可使用。承担材料和设备检测的单位，应具备相应的资质。

6. 各分项工程应按照施工技术标准进行质量控制，每分项工程完成后，必须进行检验；相关各分项工程之间，必须进行交接检验，所有隐蔽分项工程必须进行隐蔽验收，未经检验或验收不合格不得进行下道分项工程（各分项工程完成后应进行自检、交接检验、并形成文件，经监理工程师检查验收签认后方可进行下一个分项工程施工）。

7. 管道附属设备安装前应对有关的设备基础、预埋件、预留孔的位置、高程、尺寸等进行复核。

8. 施工单位应按照相应的施工技术标准对工程施工质量进行全过程控制，建设单位、勘察单位、设计单位、监理单位等各方应按有关规定对工程质量进行管理。

（四）施工质量验收组织及质量标准

1. 验收批及分项工程验收

1）验收批及分项工程应由专业监理工程师组织施工项目的技术负责人（专业质量检查员）等进行验收

2）验收批质量验收合格应符合下列规定：

（1）主控项目的质量经抽样检验合格；

（2）一般项目中的实测（允许偏差）项目抽样检验的合格率应达到 80%，且超差点的最大偏差值应在允许偏差值的 1.5 倍范围内；

（3）主要工程材料的进场验收和复验合格，试块、试件检验合格；

（4）主要工程材料的质量保证资料以及相关试验检测资料齐全、正确；具有完整的施工操作依据和质量检查记录。

3）分项工程质量验收合格应符合下列规定：

（1）分项工程所含的验收批质量验收全部合格；

（2）分项工程所含的验收批的质量验收记录应完整、正确；有关质量保证资料和试验检测资料应齐全、正确。

2. 分部（子分部）工程验收

1）分部（子分部）工程应由总监理工程师组织施工项目质量负责人等进行验收。对于涉及重要部位的地基基础、主体结构、非开挖管道、桥管、沉管等分部（子分部）工程，设计和勘察单位工程项目负责人、施工单位技术质量部门负责人应参加验收。

2）分部（子分部）工程质量验收合格应符合下列规定：

（1）分部（子分部）工程所含分项工程的质量验收全部合格；

（2）质量控制资料应完整；

（3）分部（子分部）工程中，地基基础处理、桩基础检测、混凝土强度、混凝土抗渗、管道接口连接、管道位置及高程、金属管道防腐层、水压试验、严密性试验、管道设备安装调试、阴极保护安装测试、回填压实等的检验和抽样检测结果应符合规范规定；

（4）外观质量验收应符合要求。

3. 单位（子单位）工程质量验收

单位工程完成后，施工单位应进行自检，并在自检合格的基础上，将竣工资料、自检结果报监理工程师，申请预验收。监理工程师应在预验合格后报建设单位申请正式验收。建设单位应依相关规定及时组织相关单位进行工程竣工验收。当参加验收各方对工程质量验收意见不一致时，按合同约定处理。单位工程质量验收合格后，建设单位应将有关文件和技术资料归档，并按规定将竣工验收报告和有关文件，报工程所在地建设行政主管部门备案。

1）单位工程验收程序应符合下列规定：

（1）单位工程有分包单位施工时，分包单位对所承包的工程应按规定进行验收，验收时总承包单位应派人参加；分包工程完成后，应及时地将有关资料移交总承包单位。

（2）单位工程完成后，施工单位应进行自检，并在自检合格的基础上，将竣工资料与自检结果报监理单位申请预验收。

（3）总监理工程师应组织监理人员（并约请相关人员）审核竣工资料，进行工程预检；预验合格后依据预检结果写出评估报告，报建设单位申请正式验收。

（4）对符合竣工验收条件的单位工程，应由建设单位按规定组织验收。施工、勘察、设计、监理等单位等有关负责人以及该工程的管理或使用单位有关人员应参加验收。

2）单位（子单位）工程质量验收合格应符合下列规定：

（1）单位（子单位）工程所含分部（子分部）工程的质量验收全部合格；

（2）质量控制资料应完整；

（3）单位（子单位）工程所含分部（子分部）工程有关安全及使用功能的检测资料应完整；

（4）涉及金属管道的外防腐层、钢管阴极保护系统、管道设备运行、管道位置及高程等的试验检测、抽查结果以及管道使用功能试验应符合规范规定；

（5）外观质量验收应符合要求。

4. 给排水管道工程质量验收不合格时，应按下列规定处理：

1）经返工重做或更换管节、管件、管道设备等的验收批，应重新进行验收；

2）经有相应资质的检测单位检测鉴定能够达到设计要求的验收批，应予以验收；

3）经有相应资质的检测单位检测鉴定达不到设计要求，但经原设计单位验算认可，能够满足结构安全和使用功能要求的验收批，可予以验收；

4）经返修或加固处理的分项工程、分部（子分部）工程，改变外形尺寸但仍能满足结构安全和使用功能要求，可按技术处理方案文件和协商文件进行验收。

5. 通过返修或加固处理仍不能满足结构安全或使用功能要求的分部（子分部）工程、单位（子单位）工程，严禁验收。

第八章　工程质量问题及质量事故处理

第一节　概　　述

一、工程质量问题及质量事故概念与分类

（一）工程质量问题及质量事故概念

“百年大计，质量第一”是建筑工程实施中的座右铭。《中华人民共和国建筑法》明确规定“交付竣工验收的建筑工程，必须符合规定的建筑工程质量标准”。而工程质量是工程满足业主明示的、通常隐含的需要或期望，符合国家法律、法规、技术规范标准、设计文件及合同规定的特性综合。在《建筑结构可靠度设计统一标准》GB 50068—2001 总则中明确规定，结构在规定的设计使用年限内应满足四项功能要求，既：①在正常施工和正常使用时能够承受可能出现的各种作用；②在正常使用时具有良好的工作性能；③在正常维护下具有足够的耐久性；④在偶然事件发生时及发生后，仍然保持必要的整体稳定性。《建筑工程施工质量验收统一标准》GB 50300 对建筑工程施工质量验收合格的规定为：①符合工程勘察、设计文件的规定；②符合《建筑工程施工质量验收统一标准》和相关专业验收规范的规定。凡工程质量没有满足某个规定的要求，就称之为质量不合格；对工程质量未满足某个预期的使用要求或合理的期望或建设工程施工质量中不符合规定要求的检验项或检验点称之为工程质量缺陷。凡工程质量不合格，必须进行返工、返修或加固处理，经返修或加固处理仍不能满足安全或使用要求的严禁验收（报废）。

工程质量缺陷按其对结构性能和使用功能的影响程度分为严重缺陷和一般缺陷。对结构构件的受力性能或安装使用性能有决定性影响的缺陷称为严重缺陷；对结构构件的受力性能或安装使用性能无决定性影响的缺陷称为一般缺陷。

根据住房和城乡建设部《关于做好房屋建筑和市政基础设施工程质量事故报告和调查处理工作的通知》（建质［2010］111 号）的规定，工程质量事故、质量问题可理解为：工程质量事故是指由于建设、勘察、设计、施工、监理等单位违反工程质量有关法律法规和工程建设标准，使工程产生结构安全、重要使用功能等方面的质量缺陷，造成人员死亡或重伤，或返修、加固、报废处理造成的直接经济损失在 100 万元及以上的事故。对工程质量不符合规定的要求（工程质量不合格），返工、返修、加固或报废处理造成的直接经济损失在 100 万元以下，且未造成人员死亡或重伤的视为质量问题。质量问题应包括在工程施工、检查、验收、监督和使用过程中发现的各类质量不合格。

（二）工程质量问题分类

工程质量问题表现的形式多种多样，诸如建筑结构的错位、变形、倾斜、倒塌、破坏、开裂、渗水、漏水、刚度差、强度不足、断面尺寸不准等等；质量问题可按对其处置的难易

程度、质量问题对下道工序的影响程度、处置对工期或费用的影响程度、处置对工程安全性或使用性能影响程度等进行分类管理，通常把工程质量问题分为常见质量问题、一般性质质量问题、严重质量问题三类。

常见质量问题指工程中易发生和经常出现的，由材料自身缺陷或施工工艺不完善、不按规范要求工艺施工造成的，对工程安全无影响或影响甚微的质量问题。

严重质量问题是指影响结构安全或重大使用功能的质量问题。

一般性质质量问题是指除上述质量问题外影响工程质量的工程质量缺陷或隐患。

但应注意，有些工程质量事故开始往往只表现为一般性质质量问题而容易被忽视。随着建筑物的使用或时间的推移，缺陷逐步发展，待认识到问题的严重性时，则往往处理困难，或无法补救，甚至最终导致建筑物倒塌。因此，除了明显不会有严重后果的质量缺陷外，对其他的质量问题均应认真分析，进行必要的处理，并做出明确的结论。

（三）工程质量事故分类

1. 按事故造成损失的严重程度划分

依据中华人民共和国住房和城乡建设部 2010 年 7 月 20 日颁发《关于做好房屋建筑和市政基础设施工程质量事故报告和调查处理工作的通知》（建质［2010］111 号）的规定，根据工程质量事故造成的人员伤亡或者直接经济损失，工程质量事故分为特别重大事故、重大事故、较大事故和一般事故 4 个等级，具体规定为：

1）特别重大事故，是指造成 30 人以上死亡，或者 100 人以上重伤，或者 1 亿元以上直接经济损失的事故；

2）重大事故，是指造成 10 人以上 30 人以下死亡，或者 50 人以上 100 人以下重伤，或者 5000 万元以上 1 亿元以下直接经济损失的事故；

3）较大事故，是指造成 3 人以上 10 人以下死亡，或者 10 人以上 50 人以下重伤，或者 1000 万元以上 5000 万元以下直接经济损失的事故；

4）一般事故，是指造成 3 人以下死亡，或者 10 人以下重伤，或者 100 万元以上 1000 万元以下直接经济损失的事故。

本等级划分所称的“以上”包括本数，所称的“以下”不包括本数。

该质量事故等级划分标准与国务院令 493 号《生产安全事故报告和调查处理条例》规定的生产安全事故等级划分标准相同。因此，发生工程质量事故，同时也是安全生产事故。

2. 按事故性质分类

1）倒塌事故：指建筑物整体或局部倒塌。

2）开裂事故：包括砌体和混凝土结构开裂，以及钢材等建筑材料的裂缝。

3）错位事故：包括建筑物方向、位置错误，结构构件尺寸、位置偏差以及预埋件、预留孔洞等错位偏差等。

4）地基工程事故：包括地基失稳或变形，斜坡失稳及人工地基等事故。

5）基础工程事故：包括基础错位、变形过大，基础混凝土孔洞，桩基础事故、设备基础振动过大，地脚螺栓错位偏差等。

6）变形事故：包括结构受力或施工工艺不当引起建筑结构出现倾斜、扭曲或变形过大。

7）结构或构件承载能力不足事故：主要是承载力不足留下的隐患性事故。

8）建筑功能事故：包括房屋漏雨、渗水，隔热隔声功能达不到设计要求，装饰工程质量达不到设计标准。

9）其他事故：塌方、滑坡等。

3. 按事故责任划分

1）指导责任事故：指由于在工程实施指导或领导失误而造成的质量事故。例如，由于工程负责人片面追求施工进度，放松或不按质量标准进行控制和检验，降低施工质量标准等。

2）操作责任事故：指在施工过程中，由于实施操作者不按规程和标准实施操作，而造成的质量事故。例如，浇筑混凝土时随意加水；混凝土拌合物产生离析现象仍浇筑入模等。

3）自然灾害事故：指由于发生不可抗力自然灾害而造成的质量事故。

4. 按质量事故产生的原因划分

1）技术原因引发的质量事故：指在工程项目实施中由于设计、施工在技术上的失误而造成的质量事故。

2）管理原因引发的质量事故：主要是指由于管理上的不完善或失误而引发的质量事故。

3）社会、经济原因引发的质量事故：主要是指由于社会、经济因素及社会上存在的弊端和不正之风引起建设中的错误行为，而导致出现质量事故。

4）其他原因引发的质量事故：指由于其他人为事故（如设备事故、安全事故等）或严重的自然灾害等不可抗力的原因，导致连带发生的质量事故。

二、质量事故质量问题的特点

质量事故质量问题具有复杂性、严重性、可变性和多发性的特点。

1. 质量事故质量问题的复杂性

质量事故质量问题的复杂性，主要表现在引发质量问题的因素复杂，从而增加了对质量问题的性质、危害的分析、判断和处理的复杂性。例如建筑物的倒塌，可能是未认真进行地质勘察，地基的容许承载力与持力层不符；也可能是未处理好不均匀地基，产生过大的不均匀沉降：或是盲目套用图纸，结构方案不正确，计算简图与实际受力不符：或是荷载取值过小，内力分析有误，结构的刚度、强度、稳定性差：或是施工偷工减料、不按图施工、施工质量低劣：或是建筑材料及制品不合格，擅自代用材料等原因所造成。由此可见，即使同一性质的质量问题，原因有时截然不同。所以，在处理质量问题时，必须深入地进行调查研究，针对其质量问题的特征作具体分析。

2. 质量事故质量问题的严重性

质量事故质量问题，轻者影响施工顺利进行，拖延工期，增加工程费用；重者给房屋留下隐患，成为危房，影响安全使用或不能使用：更严重的是引起建筑物倒塌，造成人民生命财产的巨大损失。

3. 质量事故质量问题的可变性

许多质量事故质量问题，还将随着时间不断发展变化。例如，钢筋混凝土结构出现的裂缝将随着环境湿度、温度的变化而变化，或随着荷载的大小和持荷时间而变化：建筑物的倾斜，将随着附加弯矩的增加和地基的沉降而变化：混合结构墙体的裂缝也会随着温度应力和地基的沉降量而变化：甚至有的细微裂缝，也可以发展成构件断裂或结构物倒塌等重大事故。所以，在分析、处理质量事故质量问题时，一定要特别重视质量事故质量问题的可变性，应及时采取可靠的措施，以免事故进一步恶化。

4. 质量事故质量问题的多发性

工程中有些质量问题，常见的有沉、裂、漏及表层剥落而成为常见质量问题，如屋面、卫生间漏水：抹灰层开裂、脱落：地面起砂、空鼓：排水管道堵塞：预制构件裂缝等。另有一些同类型的质量问题，往往一再重复发生，如雨蓬的倾覆，悬挑梁、板的断裂，混凝土强度不足等。因此，吸取多发性质量问题的教训，认真总结经验，是避免质量事故质量问题重演的有效措施。

三、质量事故质量问题的原因分析

（一）质量事故质量问题的原因

由于建筑工程工期较长，所用材料品种复杂；在施工过程中，受社会环境和自然条件方面异常因素的影响，导致质量事故质量问题的表现形式千差万别，类型多种多样。这使得引起质量事故质量问题的成因也错综复杂，往往一项质量问题是由于多种原因引起，既有经济和社会的原因，也有技术的原因。虽然每次发生质量事故质量问题的类型各不相同，但是通过对大量质量事故质量问题的调查与分析，发现其发生的原因有不少相同之处，归纳起来，造成质量事故质量问题发生的原因主要有以下几方面：

1. 违法违规行为。例如，无证设计；无证施工；越级设计；越级施工；工程招、投标中的不公平竞争；超常的低价中标；非法分包；转包、挂靠；擅自修改设计或不按图纸施工等行为。

2. 违背建设程序。基本建设程序是工程项目建设活动规律的客观反映，是我国经济建设经验的总结。《建设工程质量管理条例》明确指出：从事建设工程活动，必须严格执行基本建设程序，坚持先勘察、后设计、再施工的原则。但在具体的建设过程中，违反基本建设程序的现象屡禁不止，如“七无”工程（无立项、无报建、无开工许可、无招投标、无资质、无监理、无验收）；“三边”工程（边勘察、边设计、边施工）；不经可行性论证，不作调查分析就拍板定案；没有搞清工程地质、水文地质就仓促设计；无图施工；工程竣工不进行试车运转、未通过竣工验收就交付使用等。致使不少工程项目留有严重隐患，房屋倒塌事故也常有发生。

3. 地质勘察失真。未认真进行地质勘察，提供地质资料、数据有误。如地质勘察时钻孔间距太大，钻孔深度不够，不能全面反映地基的实际情况，使之基岩起伏及土层分布失真，或未查清地下软土层、滑坡、墓穴、孔洞等地层构造；地质勘察报告不详细、不准确等，均会导致采用错误的基础方案，造成地基不均匀沉降、失稳，使上部结构及墙体开裂、破坏、倒塌。

4. 设计问题。设计考虑不周，结构方案不正确，计算简图与结构实际受力不符；结构荷载漏算或取值过小，结构内力计算、组合有误；不按规范规定验算结构稳定性；结构构造不合理，沉降缝及伸缩缝设置不当，现浇板带的负弯矩钢筋漏项等；悬挑结构未进行抗倾覆验算；盲目套用图纸等都是诱发质量问题的隐患，是导致工程质量事故的直接原因。

5. 施工人员素质和施工管理问题

1）缺乏称职的施工技术、管理人员。施工管理及技术人员的素质差，缺乏基本的业务知识，不具备上岗操作的技术资质，盲目蛮干是造成工程质量事故的一个主要原因。

2）施工管理制度不健全。房屋建筑管理体系和管理制度在整个房屋的建筑施工过程中起着关键性的作用，是所有有关建筑工程管理人员和施工人员的行为规范标准。但部分企业领导层对此没有引起高度的重视，企业管理体系和管理制度还没有进行系统构建，组织机构设置及人员配置，建立健全技术管理制度、各级质量责任制度及落实等亟待完善；制度只存在于形式，没有脚踏实地照章办事，这些都最终导致施工管理上出现漏洞，不利于建筑工程企业的管理，保证不了建筑工程的质量和工程的进度。

3）施工组织管理不善。如：不熟悉图纸，盲目施工；图纸未经会审，仓促施工；任意修改设计，不严格照图施工，不遵守会审纪要、设计变更及技术核定管理制度；不按有关操作规程操作或施工验收规范施工，违章作业；对进场材料与制品不按规定检查验收，存放管理不善；施工方案考虑不周，技术组织措施不当，技术交底不清；施工管理紊乱，违章作业；不重视质量检查及隐蔽验收或其他中间验收工作，一味赶进度，赶工期；土建与各专业施工单位配合协调差；总包对分包缺乏有效管理；出了事故匆忙处理，甚至掩盖隐瞒等等。

4）施工中忽视结构理论。例如：不懂力学原理，造成不应发生的塌方或建筑物移位、沉陷、开裂；忽视砌体工程施工稳定性，不控制砌体结构的自由高度（高厚比），造成砌体在施工过程中失稳破坏；不能正确区别预制构件在使用和施工过程中的受力特点；对装配式结构施工中各阶段的强度、刚度和稳定性认识不足；施工荷载不严格控制，造成严重超载；不验算悬挑结构在施工中的稳定性；悬挑结构负弯矩钢筋放置错误或不到位；模板与支架，以及脚手架设置不当；混凝土结构中任意改预制为现浇或钢筋位置不正确，造成传力途径或内力受力性质的改变等。

5）施工工艺不当。例如：土方开挖出现流砂时，无正确的治理措施；分部分项施工顺序不当，相邻建筑施工顺序错误；砌体工程组砌方法不当，通缝、重缝多；混凝土浇筑成型方法错误，形成孔洞或冷缝；混凝土拆模时间过早，导致裂缝和局部垮塌。

6. 建筑材料问题。建筑材料是建筑工程施工的重要条件，提高采购人员对建筑材料鉴别质量的水平，避免发生采购人员忽视材料质量、以次充好；甚至为了降低生产成本或者谋取私利，使用质量低劣或不合格的原材料、构配件、半成品及设备，必将带来工程质量问题。例如：钢筋物理力学性能不良，化学成分不合格，水泥强度等级不足、安定性不合格、受潮、过期、结块，砂石级配不合理、有害物含量超标，混凝土配合比不准，外加剂性能、掺量不符合要求时，均会影响混凝土强度、和易性、密实性、抗渗性，导致混凝土结构强度不足、裂缝、渗漏、蜂窝、露筋等质量问题；预制构件断面尺寸不准，支承锚固长度不足，未可靠建立预应力值，钢筋放、错位，板面开裂等，必然会出现断裂、垮塌等严重质量问题，甚至导致工程质量事故的发生。

7. 自然环境因素。工程周期长、露天作业多，受自然条件影响大；温度、湿度、日照、雷电、供水、大风、暴雨等都能造成重大的工程质量问题，施工中应特别重视，采取有效措施予以预防。

8. 建筑物使用不当问题。如：任意改变用途，加大设备负荷或使用荷载超过原设计的允许荷载；不经校核、验算，就在原有建筑物上部加层改造；工程装修任意加大荷载、任意拆除承重结构部位、或任意在结构物上开槽、打洞、削弱承重结构的截面；不进行必要的维护维修，屋面积灰过大等。这些都超出了原设计的规定，埋下了工程事故的隐患。

9. 科学技术未达到相当水平。

（二）原因分析

由于影响工程质量的因素众多，一个工程质量问题的实际发生，既可能因设计计算和施工图纸中存在错误，也可能因施工中出现质量问题，也可能因使用不当，或者由于设计、施工甚至使用、管理等多种原因的复合作用。要分析究竟是哪种原因所引起，必须对质量问题的特征表现，以及在施工和使用中的实际情况和条件进行具体分析。分析方法很多，但其基本步骤和要领可概括如下：

1. 工程质量问题原因分析的基本步骤

1）进行细致的现场研究，观察记录全部实况，充分了解与掌握引发质量问题的现象和特征；

2）收集调查与质量问题有关的全部勘察设计和施工资料，分析摸清工程在施工或使用过程中所处的环境及面临的各种条件和情况；

3）找出可能产生质量问题的所有因素；

4）对所有因素进行分析、比较和判断，找出最可能造成质量问题的原因；

5）进行必要的计算分析或模拟实验予以论证确认。

2. 工程质量问题原因分析要领。

1）确定质量问题的初始点。一般指结构构件发生破坏的初始部位，是一系列事故原因最后汇集起来形成事故的爆发点，是事故后果产生的起始点。因其反映出质量问题的直接原因，而在分析过程中具有关键性作用。找出事故原点后，就可以围绕它对现场上各种现象进行分析，把事故发生、发展的顺序逐一揭示出来，并进一步分析事故的直接原因、间接原因、主要原因等。

2）围绕事故原点对现场各种现象和特征进行分析，区别导致同类质量问题的不同原因，逐步揭示质量问题萌生、发展和最终形成的过程。

3）综合考虑原因复杂性，确定诱发质量问题的起源点即真正原因。工程质量问题原因分析是对一堆模糊不清的事物和现象客观属性和联系的反映，它的准确性和管理人员的能力、学识、经验和态度有极大关系，其结果不单是简单的信息描述，而是逻辑推理的产物，其推理可用于工程质量的事前控制。

四、典型工程质量事故质量问题常见原因

（一）建筑物整体倒塌常见原因

1. 地基不均匀沉降严重。

2. 结构方案或设计计算错误。

3. 施工质量低劣。

4. 无证设计，无证施工。

5. 违反基本建设顺序。

（二）柱、墙倒塌常见原因

1. 柱、墙设计截面太小。

2. 砌体结构设计方案错误：①弹性方案误用刚性方案设计；②梁墙节点刚接错用铰接计算。

3. 混凝土质量低劣：①强度严重不足；②混凝土中有孔洞。

4. 砌筑质量低劣：①砂浆饱满度低；②组砌不良，通缝、重缝多；③砂浆强度严重不足；④砌体中配筋遗漏。

5. 柱、墙施工中失稳：①结构吊装中，临时固定不良；②砖砌墙、柱施工中的自由高度超过规定；③升板工程中群柱失稳；④对大风或其他水平外力作用估计不足。

6. 施工超载：楼盖或屋盖严重超载，造成施工不久的墙柱倒塌。

7. 乱改设计：①任意取消梁垫；②改小房间为大房间，造成传力路线改变。

（三）梁、板倒塌常见原因

梁、板倒塌常见原因：①设计截面太小；②钢筋错位太大；③混凝土强度严重不足；④模板支架失稳；⑤预制楼板质量低劣；⑥施工超载。

（四）悬挑结构倒塌常见原因

1. 整体倾覆的常见原因：①设计未作稳定性验算；②施工中过早拆除模板支撑构件。

2. 沿悬挑构件根部断塌常见原因有：①钢筋严重错位；②模板支架方法错误；③混凝土质量低劣；④漏放连接钢筋；⑤拆模过早；⑥施工超载。

（五）屋架、屋盖倒塌常见原因

1. 钢屋架倒塌常见原因：①压杆失稳（设计错误或施工中乱改设计）；②支撑系统不良，屋架整体失稳；③材质不合格，钢材脆断；④屋盖安装顺序违反设计规定；⑤屋盖超载，积灰严重或施工荷载挂在屋架上把屋架拉弯倒塌；⑥制作质量差，尤其是焊接质量差；⑦屋架与柱连接构造，由铰接改为刚性的焊接；⑧屋架各杆件轴线不交汇于一点，造成次应力太大。

2. 钢筋混凝土屋架倒塌常见原因：①组合屋架节点构造处理不当；②屋盖系统未设纵向传力杆件；③屋架吊装中失稳；④屋架拼接、焊接质量差；⑤屋面严重超载。

3. 木屋架和钢木屋架倒塌常见原因：①屋架杆件设计截面太小；②选材不当，木材腐朽、虫蛀或木节太多；③任意锯截下弦外伸段，造成抗剪能力严重不足；④不设支撑或支撑不良。

（六）边坡塌方常见原因

1. 基坑（槽）开挖坡度不够，或通过不同土层时，没有根据土的特性分别放成不同坡度，致使边坡失稳而塌方。

2. 在有地表水、地下水作用的土层开挖时，未采取有效的降排水措施，造成涌砂、涌泥、涌水，内聚力降低，进而引起塌方。

3. 边坡顶部堆载过大，或受外力振动影响，使边坡内切应力增大，边坡土体承载力不足，土体失稳而塌方。

4. 土质松软，开挖次序、方法不当而造成塌方。

（七）回填土密实度达不到要求常见原因

1. 土的含水率过大或过小，因而达不到最优含水率下的密实度要求。

2. 填方土料不符合要求。

3. 碾压或夯实机具能量不够，达不到影响深度要求，使土的密实度降低。

（八）预制桩桩身断裂常见原因

1. 制作桩时，桩身弯曲超过规定，桩尖偏离桩的纵轴线较大，沉入过程中桩身发生倾斜或弯曲。

2. 桩入土后，遇到大块坚硬的障碍物，把桩尖挤向一侧。

3. 稳桩不垂直，压入地下一定深度后，再用走架方法校正，使桩产生弯曲。

4. 两节桩或多节桩施工时，相接的两节桩不在同一轴线上，产生了弯曲。

5. 制作桩的混凝土强度不够，桩在堆放、吊运过程中产生裂纹或断裂未被发现。

（九）泥浆护壁灌注桩坍孔常见原因

1. 泥浆密度不够，起不到可靠的护壁作用。

2. 孔内水头高度不够或孔内出现承压水，降低了静水压力。

3. 护筒埋置太浅，下端孔塌坍。

4. 在松散砂层中钻孔时，进尺速度太快或停在一处空转时间太长，转速太快。

5. 冲击（抓）锥或掏渣筒倾倒，撞击孔壁。

6. 用爆破处理孔内孤石、探头石时，炸药量过大，造成很大震动。

（十）钢筋错位常见原因

1. 钢筋未按照设计或翻样尺寸进行加工和安装。

2. 钢筋现场翻样时，未合理考虑主筋的相互位置及避让关系。

3. 混凝土浇筑过程中，钢筋被碰撞移位后，在混凝土初凝前，没能及时被校正

4. 保护层垫块尺寸或安装位置不准确。

（十一）混凝土强度等级偏低，不符合设计要求常见原因

1. 配置混凝土所用原材料的材质不符合国家标准的规定。

2. 拌制混凝土时没有法定检测单位提供的混凝土配合比试验报告，或操作中未能严格按混凝土配合比进行规范操作。

3. 拌制混凝土时投料计量有误。

4. 混凝土搅拌、运输、浇筑、养护不符合规范要求。

（十二）混凝土裂缝常见原因

1. 材料、半成品质量原因：①水泥的安全性不合格，砂、石含泥或其他有害杂质超过规定，骨料中有碱性骨料或已风化的骨料；②使用不适当的外加剂，水泥、外加剂或掺合料用量超出规范规定；③配合比不良，混凝土水灰比、坍落度偏大，混凝土拌合物的泌水和沉陷，和易性差；④水泥的水化热引起过大的温差。

2. 建筑构造或结构构造原因：①配筋构造违反设计规范规定；②变形缝设置违反有关规范的规定；③结构或连接处出现明显的薄弱截面。

3. 结构受力原因：①设计截面太小；②设计承载力不足，设计中未考虑某些重要的次应力作用；③构建计算简图与实际受力情况不符；④应力集中（如截面突变）。

4. 施工质量原因：①混凝土中任意加水或加大水泥浆量；②外加掺合剂拌合不均匀，搅拌和运输时间过长，浇筑顺序失误、浇筑速度过快、捣固不实，滑模施工时工艺不当，养护差、早期失水太多，混凝土养护初期受冻，混凝土终凝前被扰动；③钢筋保护层过大或过小；④施工缝处理不当，位置不正确；⑤模板拼接不严漏浆漏水，滑膜支撑下沉，模板变形过大；⑥拆模过早，混凝土硬化前受振动或达到预定强度前过早受载；⑦构件运输、吊装或堆放不当；⑧施工超载；⑨大体积混凝土各种温差作用。

5. 地基变形（地基沉降差大、地面荷载过大）。

6. 环境和使用原因：①环境温度与湿度的急剧变化，冻胀、冻融作用；②钢筋锈蚀，腐蚀性介质作用，锚具（锚头）失效；③振动作用，反复荷载作用引起疲劳，使用超载。

7. 火灾、地震作用，燃气爆炸，撞击作用等

（十三）混凝土表面缺陷（麻面、露筋、蜂窝、孔洞等）常见原因

1. 模板表面不光滑、安装质量差，接缝不严、漏浆，模板表面污染未清除。

2. 木模板在混凝土入模之前没有充分湿润，钢模板脱模剂涂刷不均匀。

3. 钢筋保护层垫块厚度或放置间距、位置等不当。

4. 局部配筋、铁件过密，阻碍混凝土下料或无法正常振捣。

5. 混凝土坍落度、和易性不好。

6. 混凝土浇筑方法不当、不分层或分层过厚，布料顺序不合理等。

7. 混凝土浇筑高度超过规定要求，且未采取措施，导致混凝土离析。

8. 漏振或振捣不实。

9. 混凝土拆模过早。

（十四）混凝土柱、墙、梁等构件外形尺寸、轴线位置偏差大常见原因

1. 没有按施工图进行施工放线或误差过大。

2. 模板的强度和刚度不足。

3. 模板支撑基座不实，受力变形大。

（十五）钢结构裂缝常见原因

1. 钢材裂缝常见原因：出厂质量不合格，材料进场验收不认真。

2. 焊接裂缝常见原因：①焊接工艺不良；②钢材可焊性差；③低温焊接措施不当。

（十六）砌体结构裂缝常见原因

1. 温度变形：①混合结构中砌体与混凝土的温度变形不一致；②环境温度影响。

2. 地基变形：①不均匀沉降；②相邻建筑影响；③地基局部塌陷。

3. 建筑构造：①房屋整体性差；②变形缝设置不当。

4. 结构受力：①设计截面太小；②局部承压应力过大。

5. 施工质量低劣：①组砌质量差，通缝、重缝多；②砂浆饱满度低；③砌筑砂浆强度严重不足；④断砖集中使用。

（十七）地下防水工程渗漏质量问题常见原因

1. 防水混凝土施工缝渗漏水常见原因

1）施工缝留的位置不当。

2）在支模和绑钢筋的过程中，掉入缝内的杂物没有及时清除。浇筑上层混凝土后，在新旧混凝土之间形成夹层。

3）在浇筑上层混凝土时，未按规定处理施工缝，上、下层混凝土不能牢固粘结。

4）钢筋过密，内外模板距离狭窄，混凝土浇捣困难，施工质量不易保证。

5）下料方法不当，骨料集中于施工缝处。

6）浇筑地面混凝土时，因工序衔接等原因造成新老接槎部位产生收缩裂缝。

2. 防水混凝土裂缝渗漏水常见原因

1）混凝土搅拌不均匀，或水泥品种混用，收缩不一产生裂缝。

2）设计中，对土的侧压力及水压作用考虑不周，结构缺乏足够的刚度。

3）由于设计或施工等原因产生局部断裂或环形裂缝。

3. 管道穿墙（地）部位渗漏水常见原因

1）穿墙（地）管道周围混凝土浇筑困难，振捣不密实。

2）没有认真清除穿墙（地）管道表面锈蚀层，致使穿墙（地）管道不能与混凝土粘结严密。

3）穿墙（地）管道接头不严或用有缝管，水渗入管内后，又从管内流出。

4）在施工或使用中穿墙（地）管道受振松动，与混凝土间产生缝隙。

5）热力管道穿墙部位构造处理不当，致使管道在温差作用下，因往返伸缩变形而与结构脱离，产生裂缝。

（十八）屋面防水工程施工质量问题常见原因

1. 卷材屋面开裂常见原因

1）产生有规则横向裂缝的主要原因是：温度变化，屋面板产生胀缩，引起板端角变。此外，卷材质量低、老化或在低温条件下产生冷脆，韧性和延伸度降低等原因也会产生横向裂缝。

2）产生无规则裂缝的原因是：卷材搭接太小，卷材收缩后接头开裂、翘起，卷材老化龟裂、鼓泡破裂或外伤等。此外，找平层的分格缝设置不当或处理不好，以及水泥砂浆不规则开裂等，也会引起卷材的无规则开裂。

2. 屋面卷材起鼓常见原因：在卷材防水层中粘结不实的部位，窝有水分和气体，当其受到太阳照射或人工热源影响后，体积膨胀，造成鼓泡。

3. 山墙、女儿墙部位漏水常见原因

1）卷材收口处张口，固定不牢；封口砂浆开裂、剥落，压条脱落。

2）压顶板滴水线破损，雨水沿墙进入卷材。

3）山墙或女儿墙与屋面板缺乏牢固拉结，转角处没有做成钝角，垂直面卷材与屋面卷材没有分层搭槎，基层松动（如墙外倾或不均匀沉陷）。

4）垂直面保护层因施工困难而被省略。

五、工程质量问题处理的任务

工程质量问题处理的主要任务有以下七项：

1. 创造正常施工条件。国内外大量统计资料表明，工程质量问题大多数发生在施工期，而且工程质量问题往往影响施工的正常进行，只有及时、正确地处理工程质量问题，才能创造正常施工条件。

2. 确保建筑物安全。对结构裂缝、变形等明显的质量问题，必须做出正确的分析、鉴定，估计可能出现的发展变化及其危害性，并作适当处理，以确保结构安全。对结构构件中的隐患，如混凝土或砂浆强度不足，构件中漏放钢筋或钢筋严重错位等工程质量问题，都需要从设计、施工等方面进行周密的分析和必要的计算，并采用适当的处理措施，排除这些隐患，保证建筑物安全使用。

3. 满足使用要求。建筑物尺寸、位置、净空、标高等方面的过大误差质量问题；隔热保温、隔声、防水、防火等建筑功能质量问题；以及损害建筑物外观的装饰工程质量问题等，均可能影响生产或使用要求，因此，必须进行适当的处理。

4. 保证建筑物具有一定的耐久性。有些工程质量问题虽然在短期内不影响使用和安全，但可能降低耐久性。如：混凝土构件中受拉区较宽的裂缝，混凝土密实性差，钢构件防锈质量不良等均可能减少建筑物使用年限，也应作适当处理。

5. 防止工程质量问题恶化，减少损失。由于不少工程质量问题随时间和外界条件而变化，必须及时采取措施，避免工程质量问题不断扩大而造成不应有的损失。如：持续发展的过大的地基不均匀沉降，混凝土和砌体受压区中宽度不大的裂缝等均应及时处理，防止发展成倒塌而造成人身伤亡。

6. 有利于工程交工验收。施工中发生的工程质量问题，必须在后续工程施工前，对工程质量问题的原因、危害、要否处理和怎样处理等问题做出必要的结论，并应使有关方面达成共识，避免到工程交工验收时，发生不必要的争议而延误工程的交付使用。

7. 防止工程质量问题再发生。防止同类质量问题或类似质量问题的再次发生而采取必要的纠正措施和预防措施。针对实际存在的工程质量问题原因而采取相应的技术组织措施，称之为纠正措施。如沉桩设备功率太小，导致沉桩达不到设计要求，应采用更换设备的纠正措施。利用适当的信息来源，调查分析潜在的工程质量问题原因，并采取相应的技术组织措施，称为预防措施。如从钢材市场情况获悉，钢筋不合格品比例小，相应采取加强原材料采购质量控制等措施，防止不合格材料进场，同样能有效地防止工程质量问题的再发生。因此采取必要的纠正和预防措施，可以从根本上消除工程质量问题再发生。

六、质量事故、质量问题的处理方法

（一）质量事故、质量问题的处理方法

质量事故、质量问题的处理方法，应当正确地分析和判断质量事故、质量问题产生的原因，根据质量事故、质量问题的范围、性质、原因和影响程度，确定所应采取的处理方法，根据质量问题处理方法的性质概括分为以下几种类型：

1. 返修处理。当部分工程质量虽未达到规范、标准或设计规定的要求，存在一定的缺陷，但经过采取整修等措施后可以达到要求的质量标准，又不影响使用功能或外观的要求时，可采取返修处理的方法。例如，混凝土结构表面出现蜂窝、麻面。经调查分析，该部位经修补处理后，不会影响其使用及外观；混凝土结构局部出现的损伤。如结构受撞击、局部未振实、冻害、火灾、酸类腐蚀、碱骨料反应等，当这些损伤仅仅在结构的表面或局部，不影响其使用和外观，可进行修补处理；混凝土结构出现的裂缝，经分析研究后如果不影响结构的安全和使用时，也可采取修补处理。

2. 加固处理。主要是针对危及承载力的质量缺陷的处理。通过对缺陷的加固、补强、修正处理，使建筑结构恢复或提高承载力，重新满足结构安全性与可靠性的要求。混凝土结构常用加固的方法主要有：增大截面加固法、外包角钢加固法、粘钢加固法、增设支点加固法、增设剪力墙加固法、预应力加固法等。

3. 返工处理。当工程质量缺陷不能通过返修、加固处理达到规定的质量标准要求，或不具备补救可能性，或经济不合理等采取返工处理。

4. 让步处理。即对质量不合格的施工结果，经设计人的核验，虽没达到设计的质量标准，却尚不影响结构安全和使用功能，经业主同意后予以验收。

5. 降级处理。如对已完工部位，因轴线、标高引测差错而改变设计平面尺寸，若返工损失严重，在不影响结构安全和使用功能的前提下，经承发包双方协商验收。

6. 限制使用。当工程质量缺陷按修补方法处理后无法保证达到规定的使用要求和安全要求，而又无法返工处理的情况下，不得已时可做出诸如结构卸荷或减荷以及限制使用的决定。

7. 不做处理。对于轻微的施工质量缺陷，如面积小、点数多、程度轻的混凝土蜂窝麻面、露筋等在施工规范允许范围内的缺陷，可通过后续工序进行修复。

（二）质量问题不作处理的论证

某些工程质量问题虽然不符合规定的要求和标准构成质量事故，经过分析、论证、法定检测单位鉴定、设计单位核验认可、监理审查确认，对工程或结构使用及安全影响甚微的，可不做专门处理。通常不用专门处理的情况有以下几种：

1. 不影响结构安全和正常使用。例如，有的工业建筑物出现放线定位偏差，且超过了规范标准可接受的规定，若要纠正会造成重大经济损失，若经过分析、论证其偏差不影响生产工艺和正常使用，在外观上也无明显影响，可不做处理。又如，某些隐蔽部位结构混凝土表面裂缝，经检查分析，属于表面养护不够的干缩微裂，不影响使用及外观，也可不做处理。

2. 某些轻微的质量缺陷，通过后续工序可以弥补。例如，混凝土表面轻微麻面，可通过后续的抹灰、喷涂或刷白等工序弥补，可不做专门处理。

3. 法定检测单位鉴定合格。例如，某检验批混凝土标养试块强度不满足规范要求，法定检测单位对混凝土实体采用非破损检验等方法测定其实际强度已达规范允许和设计要求值时，可不做处理。

4. 利用后期强度可达到设计强度。混凝土强度未达设计要求，但相差不多，同时短期内不会满载，可考虑利用混凝土后期强度；经分析论证，只要使用前经再次检测可达到设计强度，也可暂不做处理，但应严格控制施工荷载。

5. 通过对原设计进行验算可以满足使用要求。经检测鉴定达不到设计要求，根据实测数据，经原设计单位核算，仍能满足结构安全和使用功能，设计单位同意的可不作处理。但应指出：这是在挖设计潜力，因此需要特别慎重。

最后要强调指出：不论哪种情况，质量问题虽然可以不处理，但仍然需要征得设计等有关单位的同意，并备好必要的书面文件，经有关单位签证后，供交工和使用参考。

第二节　质量事故质量问题的处理

一、工程质量事故报告和调查处理

中华人民共和国住房和城乡建设部《质量事故报告和调查处理工作的通知》（建质[2010] 111号）中工程质量事故等级划分标准与《生产安全事故报告和调查处理条例》（国务院令第493号）中生产安全事故等级划分相同。因此施工过程中发生工程质量事故，同时也是生产安全事故。《生产安全事故报告和调查处理条例》、《河北省生产安全事故报告和调查处理办法》（河北省人民政府令【2007】第13号）、住房和城乡建设部《关于进一步规范房屋建筑和市政工程生产安全事故报告和调查处理工作的若干意见》（建质［2007］257号）、《质量事故报告和调查处理工作的通知》及《关于做好质量事故质量问题查处通报工作的通知》（建质［2012］15号）对房屋建筑和市政基础设施工程质量事故及的事故报告、事故调查及事故处理（处罚）工作提出了明确要求和规定，对社会影响恶劣的工程质量问题也要求按此规定参照执行。

（一）工程质量事故报告

1. 工程质量事故发生后，事故现场有关人员应当立即向工程建设单位负责人、本单位负责人报告。情况紧急时，事故现场有关人员可直接向事故发生地县级以上人民政府住房和城乡建设主管部门、安全生产监督管理部门报告。

事故发生单位负责人接到事故报告后，应当立即启动相应的事故应急预案，采取有效措施，积极组织抢救，并对各类重大危险源实施有效监控，防止事故扩大或者引发次生事故，最大限度地减少人员伤亡和财产损失。

工程建设单位负责人（生产安全事故相关文件中均为施工单位负责人，实行施工总承包的建设工程，由总承包单位负责）接到报告后，应于1小时内向事故发生地县级以上人民政府住房和城乡建设主管部门、安全生产监督管理部门如实报告事故情况。事故情况发生变化的，应当立即补报。

2. 住房和城乡建设主管部门接到事故报告后，应当依照下列规定上报事故情况，并同时通知公安、监察机关等有关部门：

1）较大、重大及特别重大事故逐级上报至国务院住房和城乡建设主管部门，一般事故逐级上报至省级人民政府住房和城乡建设主管部门，必要时可以越级上报事故情况。

2）住房和城乡建设主管部门上报事故情况，应当同时报告本级人民政府；国务院住房和城乡建设主管部门接到重大和特别重大事故的报告后，应当立即报告国务院。

3）住房和城乡建设主管部门逐级上报事故情况时，每级上报时间不得超过2小时。并应同时报告本级人民政府。

一般事故报至设区的市人民政府住房和城乡建设主管部门、安全生产监督管理部门后，设区市人民政府住房和城乡建设主管部门、安全生产监督管理部门应当在24小时内上报省人民政府住房和城乡建设主管部门、安全生产监督管理部门。省人民政府住房和城乡建设主管部门、安全生产监督管理部门以及事故发生地的设区市人民政府接到较大事故以上等级的事故报告后，应当立即报告省人民政府。

3. 事故报告的内容

1）住房和城乡建设部要求事故报告的内容

（1）事故发生的时间、地点、工程项目名称、工程各参建单位名称及法定代表人、项目负责人姓名；

（2）事故发生的简要经过、伤亡人数（包括下落不明的人数）和初步估计的直接经济损失；

（3）事故的初步原因；

（4）事故发生后采取的措施及事故控制情况；

（5）事故报告单位、联系人及联系方式；

（6）其他应当报告的情况。

事故报告后出现新情况，以及事故发生之日起 30 日内伤亡人数发生变化的，应当及时补报。

2）河北省人民政府令要求的首次事故报告的内容

住房和城乡建设主管部门、安全生产监督管理部门接到事故报告后，必须在规定时限内将事故情况报出。首次报出的事故情况应当包括下列内容：

（1）事故发生单位以及事故发生的时间、地点；

（2）初步掌握的人员伤亡、直接经济损失等情况；

（3）可能造成的危害以及采取的措施；

（4）事故报告单位、报告人、批准人、报告时间及联系方式。

事故伤亡人数及直接经济损失情况发生变化的，应当及时补报。

3）河北省人民政府令要求的正式事故报告的内容

住房和城乡建设主管部门、安全生产监督管理部门人员赶赴事故现场，对事故伤亡情况、直接经济损失等情况初步调查核实后，应当拟制正式事故报告。正式事故报告应当包括下列内容：

（1）事故发生单位概况；

（2）事故类别、事故发生简要经过及事故现场情况；

（3）事故伤亡情况、遇险人员及下落不明人员情况；

（4）事故直接经济损失情况；

（5）事故发生的原因；

（6）事故发生后采取的措施；

（7）其他应当报告的情况；

（8）事故报告单位、报告人、批准人、报告时间及联系方式。

4. 事故发生地住房和城乡建设主管部门接到事故报告后，其负责人应立即赶赴事故现场，组织事故救援。

特别重大事故和重大事故发生后，省人民政府及其有关部门负责人应当赶赴事故现场，组织抢险救援。较大事故发生后，事故发生地的设区市人民政府及其有关部门负责人应当赶赴事故现场，组织抢险救援。一般事故发生后，事故发生地的县级人民政府及其有关部门负责人应当赶赴事故现场，组织抢险救援。

发生一般及以上事故，设区的市级住房和城乡建设主管部门应派员赶赴现场了解事故有关情况；发生较大及以上事故，省级住房和城乡建设主管部门应派员赶赴现场了解事故有关情况；发生重大及以上事故，国务院住房和城乡建设主管部门应根据相关规定派员赶赴现场了解事故有关情况。

（二）工程质量事故调查

特别重大事故，由省人民政府、事故发生地的设区市人民政府、县级人民政府及其有关部门配合国务院事故调查组进行调查；重大事故，由省人民政府或者省人民政府安全生产监督管理部门组织事故调查组进行调查；较大事故，由设区市人民政府或者设区市人民政府安全生产监督管理部门组织事故调查组进行调查；一般事故，由事故发生地的县级人民政府或者县级人民政府安全生产监督管理部门组织事故调查组进行调查。也可以由设区市人民政府或者设区市人民政府安全生产监督管理部门组织事故调查组进行调查。对于未造成人员伤亡、直接经济损失三百万元以下的一般事故，可以委托事故发生单位组织事故调查组进行调查，安全生产监督管理部门派人监督。

事故调查组由有关人民政府、安全生产监督管理部门、住房城乡建设主管部门、监察机关、公安机关、工会派人组成，并邀请人民检察院派人参加。根据事故调查工作的需要，事故调查组可以聘请有关专家协助事故调查。事故发生单位自行组织事故调查的，事故调查组应当吸收单位内部安全生产管理、工会、纪检等部门和机构的人员参加。

1. 事故调查组职责

事故调查组组长由负责调查处理的人民政府指定或者由牵头组织事故调查的部门负责人担任。事故调查组组长主持事故调查组的工作。各级住房城乡建设主管部门按照有关规定及有关人民政府的授权或委托，，积极组织或积极参与事故调查组，对质量事故进行认真调查，核实情况，查清原因，认定责任，提出对责任单位和责任人员的处理意见或建议。并履行下列职责：

1）核实事故基本情况，包括事故发生的经过、人员伤亡情况及直接经济损失；

2）核查事故项目基本情况，包括项目履行法定建设程序情况、工程各参建单位履行职责的情况；

3）依据国家有关法律法规和工程建设标准分析事故的直接原因和间接原因，必要时组织对事故项目进行检测鉴定和专家技术论证；

4）认定事故的性质，确认是否存在迟报、漏报、谎报或者瞒报行为；

5）确定事故责任，依照国家有关法律法规提出对事故责任单位和责任人员的处理建议；

6）总结事故教训，提出防范和整改措施；

7）提交事故调查报告。

事故调查组有权向有关单位和个人了解与事故有关的情况，并要求其提供相关文件、资料，有关单位和个人不得拒绝。事故发生单位的负责人和有关人员在事故调查期间不得擅离职守，并应当随时接受事故调查组的询问，如实提供有关情况。

2. 事故调查报告

事故调查组应当对事故调查报告进行充分讨论，并达成一致意见。意见不一致的，根据多数成员单位的意见做出结论，但必须在事故调查报告中说明。事故调查报告应当包括下列内容：

1）事故项目及各参建单位概况；

2）事故发生的时间、地点、经过和事故救援情况；

3）事故造成的人员伤亡和直接经济损失；

4）事故项目有关质量检测报告和技术分析报告；

5）事故发生的原因和事故性质；

6）相关单位的相应制度规定及措施的落实情况；

7）事故责任的认定和事故责任者的处理建议；

8）事故教训、应当采取的防范和整改措施以及整改期限；

9）其他需要载明的事项。

事故调查报告应当附具有关证据材料。事故调查组成员应当在事故调查报告上签名。

（三）事故处理（处罚）

1. 住房和城乡建设主管部门应当依据有关人民政府对事故调查报告的批复和有关法律法规的规定，对事故相关责任者实施行政处罚。处罚权限不属本级住房和城乡建设主管部门的，应当在收到事故调查报告批复后15个工作日内，将事故调查报告（附具有关证据材料）、结案批复、本级住房和城乡建设主管部门对有关责任者的处理建议等转送有权限的住房和城乡建设主管部门。

2. 住房和城乡建设主管部门应当依据有关法律法规的规定，对事故负有责任的建设、勘察、设计、施工、监理等单位和施工图审查、质量检测等有关单位分别给予罚款、停业整顿、降低资质等级、吊销资质证书其中一项或多项处罚，对事故负有责任的注册执业人员分别给予罚款、停止执业、吊销执业资格证书、终身不予注册其中一项或多项处罚。

3. 事故发生单位对事故发生负有责任的，由安全生产监督管理部门依照下列规定处以罚款：

1）一般事故，处十万元以上二十万元以下的罚款；

2）较大事故，造成三人以上六人以下死亡的处二十万元以上三十万元以下的罚款；造成六人以上十人以下死亡的处三十万元以上五十万元以下的罚款；

3）重大事故，造成十人以上十五人以下死亡的处五十万元以上一百万元以下的罚款；造成十五人以上二十人以下死亡的处一百万元以上二百万元以下的罚款；造成二十人以上死亡的处二百万元的罚款；

4）特别重大事故，造成三十人以上四十人以下死亡的处二百万元以上三百万元以下的罚款；造成四十人以上五十人以下死亡的处三百万元以上五百万元以下的罚款；造成五十人以上死亡的处五百万元的罚款。

4. 对涉嫌犯罪的事故责任人员，移交司法机关处理。

二、质量事故质量问题处理原则与依据

（一）质量事故质量问题处理原则

工程质量事故调查处理应当坚持实事求是、尊重科学的原则；坚持以法律法规为准绳，以事实为依据，客观、公正的原则。及时、准确地查清工程质量事故的经过、原因和损失，查明工程质量事故的性质，认定质量事故的责任，总结工程质量事故的教训，提出整改措施，并对事故责任者依法追究责任。

1. 质量事故质量问题处理必须具备以下条件：

1）情况清楚

一般包括质量事故质量问题发生的时间和情况描述，并附有必要的图纸与说明，质量事故质量问题发生后的观测记录和变化规律等。

2）性质明确

主要应明确区分以下三个问题：一是结构性的还是一般性的问题。如建筑物裂缝是由于承载力不足引起，还是由于地基不均匀沉降或温、湿度变形而造成；构件产生过大的变形，是因结构刚度不足，还是施工缺陷所造成等等。二是表面性的还是实质性的问题。如混凝土

表面出现蜂窝麻面，就需要查清内部有无孔洞；又如结构裂缝，需要查清裂缝深度，对钢筋混凝土结构，还要查明钢筋锈蚀情况等。三是区分工程质量问题处理的迫切程度。如工程质量问题不及时处理，建筑物会不会突然倒塌？是否需要采取防护措施，以免工程质量问题扩大恶化等。

3）原因分析准确、全面

如地基承载能力不足而造成事故，应该查清是地基土质不良，还是地下水位改变，或者出现侵蚀性环境；是原地质勘察报告不准，还是发现新的地质构造，或是施工工艺或组织管理不善而造成等等；结构或构件承载力不足，是设计截面太小，还是施工质量低劣，或是超载等。

4）评价基本一致

对发生工程质量问题部分的建筑结构质量进行评估，主要包括建筑功能、结构安全、使用要求以及对施工的影响等评价。

5）处理目的、要求明确

常见的处理目的要求有：恢复外观、防渗堵漏、封闭保护、复位纠偏、减少荷载、结构补强、限制使用、拆除重建等。事故处理前，有关单位对处理的要求应基本统一，避免事后无法做出一致的结论。

6）所需资料齐全

包括有关施工图纸、施工原始资料（材料质量证明，各种施工记录，试块试验报告，检查验收记录等）、事故调查报告、有关单位对事故处理的意见和要求等。

2. 质量事故质量问题处理的一般原则

1）正确确定质量事故质量问题性质：这是质量事故质量问题处理的先决条件。

2）正确确定处理范围：除了事故直接发生部位（如局部倒塌区）外，还应检查事故对相邻结构的影响，正确确定处理范围。

3）满足处理的基本要求，主要包括：安全可靠，不留隐患；满足使用或生产要求；经济合理；材料、设备和技术条件满足需要；施工方便、安全。

4）选好处理方案和时间：根据事故原因和处理目的，正确选用处理方案和时间。

5）制定措施：制定有效、可行的纠正措施和预防措施。

3. 质量事故质量问题处理的注意事项

1）注意综合治理。首先要防止原有质量问题处理的处理引发新的质量问题处理；其次注意处理方法的综合应用，以利取得最佳效果。如构件承载能力不足，不仅可选择补强加固，还应考虑结构卸荷、增设支撑、改变结构方案等多种方案的综合应用。

2）注意消除事故的根源。这不仅是一种处理方向和方法，而且还是防止质量事故质量问题处理再次发生的重要措施。例如超载引起的质量问题处理，应严格控制施工或作用荷载；地基浸水引起地基下沉，应消除浸水原因等。

3）注意质量事故质量问题处理期的安全。

(1) 不少严重质量问题岌岌可危，随时可能发生倒塌，只有在得到可靠地支护后，方准许进行处理，以防发生人员伤亡。

(2) 对需要拆除的结构部分，应在制定安全措施后，方可开始拆除工作。

(3) 凡涉及结构安全，都应对处理阶段的结构强度和稳定性进行核算，提出可靠的安全措施，并在处理中严密监视结构的稳定性。

（4）重视处理中所产生的附加内力，以及由此引起的不安全因素。

（5）在不卸荷条件下进行结构加固时，要注意加固方法对结构承载力的影响。

4）加强质量事故质量问题处理处理的检查验收工作

为确保质量事故质量问题处理处理的工程质量，必须从准备阶段开始，进行严格的质量检查验收。处理工作完成后，如有必要，还应对处理工程的质量进行全面检验，以确认处理效果。

（二）建筑质量事故、质量问题处理的依据

质量事故、质量问题的发生，原因是多方面的，必须分析原因，做出正确的处理决策，就要以充分的、准确的有关资料作为决策基础和依据，质量事故、质量问题处理的主要依据有四个方面：质量事故、质量问题的实况资料；具有法律效力的，得到有关当事各方认可的相关合同文件；有关的技术文件、档案和相关的法律法规、技术标准。

1. 质量事故质量问题的实况资料

实况资料包括质量事故质量问题发生的时间、地点；质量事故质量问题状况的描述；质量事故质量问题发展变化的情况；有关质量事故质量问题的观测记录、现场状态的照片或录像；调查组调查研究所获得的第一手资料。

2. 有关合同及合同文件

包括勘察设计合同、施工承包及分包合同、工程监理合同、设备与器材购销合同等。

3. 有关的技术文件和档案

1）有关的勘察设计文件（包括岩土工程勘察报告，施工图纸和技术说明等

2）与施工有关的技术文件、档案和资料。属于这类文件、档案有：

（1）施工组织设计或施工方案、施工计划；

（2）施工记录、施工日志、监理日志、旁站记录等；

（3）有关建筑材料的质量证明资料及进场验收记录；

（4）现场制备材料的质量证明资料及验收记录；

（5）隐蔽工程、检验批、分项分部工程验收记录及有关检查、试验记录或试验报告等；

（6）质量事故发生后，对事故状况的观测记录、试验记录或试验报告等；

4. 相关的法律法规、技术标准

《中华人民共和国建筑法》《建设工程质量管理条例》《建设工程勘察设计管理条例》、《河北省建筑条例》的颁布实施，对加强建筑活动的监督管理，维护市场秩序，保证建设工程质量提供了法律保障。与工程质量及质量事故质量问题处理有关的有以下五类。

1）. 勘察、设计、施工、监理等单位资质管理方面的法规

《中华人民共和国建筑法》明确规定“国家对从事建筑活动的单位实行资质审查制度”。《建设工程勘察设计资质管理规定》（建设部令第160号）、《建筑业企业资质管理规定》（建设部令第159号）和《工程监理企业资质管理规定》（建设部令第158号）等规定了勘察、设计、施工和监理等单位的等级划分及各级企业所能承担的任务范围；明确各级企业应具备的条件。

2）从业者资格管理方面的法规

《中华人民共和国建筑法》规定对注册建筑师、注册结构工程师、注册建造师和注册监理

工程师等有关人员实行资格认证制度。如《中华人民共和国注册建筑师条例》《中华人民共和国注册建筑师条例实施细则》《注册结构工程师执业资格制度暂行规定》《注册建造师管理规定》和《注册监理工程师管理规定》等。这类法规主要涉及建筑活动的从业者应具有相应的执业资格；注册等级划分；执业范围；权利、义务及管理等。

3）建筑市场方面的法规

这类法律、法规主要涉及工程发包、承包活动，以及国家对建筑市场的管理活动。如《中华人民共和国合同法》和《中华人民共和国招标投标法》、《中华人民共和国招标投标法实施条例》、《工程建设项目施工招标投标办法》（七部委30号令，2013年4月修订）、《河北省建筑条例》《房屋建筑和市政基础设施工程施工分包管理办法》《工程建设项目货物招标投标办法》（七部委27号令，2013年4月修订）等。

4）建筑施工方面的法律法规

这类法律、法规主要涉及施工技术管理、建设工程监理、建筑安全生产管理、施工机械设备管理和建设工程质量监督管理等，其特点是大多与现场施工有直接关系。如《中华人民共和国建筑法》《中华人民共和国安全生产法》《建设工程质量管理条例》《建设工程安全生产管理条例》《生产安全事故报告和调查处理条例》《河北省建筑条例》《建筑起重机械安全监督管理规定》《建筑施工特种作业人员管理规定》《危险性较大的分部分项工程安全管理办法》《房屋建筑工程施工旁站监理管理办法（试行）》《建设工程勘察质量管理办法》《建设工程质量检测管理办法》《河北省建设工程竣工验收及备案管理办法》全面系统地对与建设工程有关的质量责任和管理问题做了明确的规定，它不但对建设工程的质量管理具有指导作用，而且是全面保证工程质量和处理工程质量事故的重要依据。它们与现场施工密切相关，因而与工程施工质量有密切关系或直接关系。

5）关于标准化管理方面的法规及技术标准

这类法规主要涉及技术标准（勘察、设计、施工、安装、验收等）、经济标准和管理标准（如建设程序、设计文件深度、企业生产组织和生产能力标准、质量管理与质量保证标准等）。

《实施工程建设强制性标准监督规定》（建设部令第81号）和《工程建设标准强制性条文》（房屋建筑部分2013版）是典型的标准化管理类法规，它的实施为《建设工程质量管理条例》提供了技术法规支持，是参与建设活动各方执行工程建设强制性标准和政府实施监督的依据，同时也是保证建设工程质量的必要条件，是分析处理工程质量事故，判定责任方的重要依据。

三、质量事故质量问题处理的程序

质量事故质量问题发生后，工程参建各方应按法律法规及相关规定进行事故报告，同时应按照应急预案采取相应措施，防事态扩大。及时组织调查，确定质量事故质量问题的范围、性质、影响和原因等，为质量事故质量问题的分析与处理提供依据。对每一个质量事故质量问题，无论是否需要处理都要经过分析，做出明确的结论。质量事故、社会影响恶劣的工程质量问题调查处理的一般工作程序见，质量事故报告、质量事故调查组的组成及职责、质量事故调查报告及处理（处罚）详见本章第一节；施工质量问题调查处理的一般工作程序见。

1. 工程质量事故的应急预案

工程施工前，在进行项目质量控制的策划时应根据辨识的质量影响因素及可能导致的后果，编制质量事故的应急预案，当工程出现施工质量事故时，应根据质量事故的性质和严重程度及时启动相应的应急预案，做出应急响应。

2. 质量事故质量问题调查分析

质量事故调查按事故等级由相应级别的人民政府直接或授权委托有关部门组织事故调查组，负责事故的调查分析工作，提供事故调查报告。事故项目各责任主体单位及相关人员有积极协助事故调查的义务，全面、客观的汇报事故有关情况、提供相关文件和资料。

工程质量问题调查分析一般由施工项目部负责；必要时（严重质量问题或监理指令有要求的）由建设单位项目负责人或项目总监理工程师主持，各责任主体单位参加组成的调查组组织质量问题调查分析工作。发现质量问题施工项目部应迅速采取措施，防止质量问题事态扩大；对存在质量问题的产品进行标志、隔离和记录，并对质量问题展开调查。对项目监理机构提出的质量问题，应按监理指令采取措施和质量问题调查。质量问题调查的内容包括质量问题发生的范围、部位、性质、影响程度、施工单位及人员等，写出调查报告。施工项目部应根据质量问题的性质、严重程度，向建设单位、监理单位和本单位管理部门进行报告。

1）质量事故质量问题调查

质量事故质量问题调查应力求及时、客观、全面，以便为质量事故质量问题的分析与处理提供正确的依据。质量事故质量问题调查包括初步调查、详细调查和补充调查。初步调查主要对施工现场的工程情况，质量问题状况，地质勘察设计、施工情况调查与技术资料，建筑物的使用情况与荷载情况进行调查，重点在于查清事故的严重性（质量事故对结构安全的影响程度）与迫切性（若不及时进行处理，是否会导致质量事故的恶化而产生严重后果）。详细调查是对工程的地质勘测、设计文件复核，地基及基础、结构实际情况进行核查，对建筑物变形、裂缝等进行观察、检测等。补充调查是对有怀疑的地基进行补充勘测，测定所用材料实际性能，工程内部质量缺陷检查检验及较长时期观测等。其中

（1）补充勘测地基。查清持力层的承载力，不同土层的分布情况与技术指标，建筑物下有无古墓、溶洞、树根和其他设施。

（2）设计复核。设计的依据是否可靠，计算简图与设计计算是否正确无误，连接构件有无问题（如受力构件的连接或锚固是否牢靠，构件的支承长度是否满足要求），新结构、新材料和新技术的使用是否有充分的依据。

（3）施工情况及技术资料调查。是否严格按施工图施工，施工工艺是否符合施工规范要求，地基实际情况，材料、半成品、构件的质量，施工顺序与进度情况，施工荷载，施工日志、隐蔽工程记录，质量检查验收有关数据，沉降观测记录及施工环境条件等。

2）原因分析

原因分析要建立在充分调查的基础上，避免情况不明就主观推断原因。特别是对涉及勘察、设计、施工、材料和管理等方面的质量事故质量问题，原因往往错综复杂，因此，必须对调查所得到的数据及资料，从影响质量因素人、机、料、法、环等方面进行仔细的分析，本着客观、公正的原则，采用科学分析方法，依据国家有关法律法规和工程建设标准分析事故的直接原因和间接原因，必要时组织对事故项目进行检测鉴定和专家技术论证，去伪存真，找出造成事故的主要原因。

（1）确定质量问题原点：质量问题原点的状况往往反映出质量问题的直接原因；

（2）正确区别同类型质量问题的不同原因：根据调查的情况，对质量问题进行认真、全

面的分析，找出质量问题的主要原因；

(3) 注意质量问题原因的综合性：要全面估计各种因素对质量事故质量问题的影响，以便采取综合治理措施。

3) 结构可靠性鉴定

根据质量问题调查取得的资料，对结构的安全性、适用性和耐久性进行科学的评定，为质量事故质量问题的处理决策确定方向。可靠性鉴定一般由专门从事建筑物鉴定的机构做出。

4) 质量问题调查报告

质量问题调查报告应以事实为依据，以规范、规程为准绳，以科学分析为基础，准确可靠，重点突出。质量问题调查报告主要包括：

(1) 工程概况，与质量问题相关的工程情况；

(2) 质量问题概况，发生的时间、地点、部位、性质、现状及发展变化等详细情况及所采取的应急措施；

(3) 调查记录，现场检测数据及有关资料等（包括调查中的实测数据和试验数据、模拟试验报告等）；

(4) 原因分析与判断；

(5) 结构可靠性鉴定结论，是否需要采取临时防护措施；

(6) 质量问题处理补救的建议方案；

(7) 涉及的有关人员和责任及预防该质量问题重复出现的措施。

(8) 必要的附录（现场照片、录像、实测记录、专家会商记录、会议记录、复核计算书、测试报告、试验原始数据记录等）。

3. 质量事故质量问题处理方案

质量事故质量问题处理方案是指技术处理方案。质量事故质量问题处理要建立在原因分析的基础上，要广泛地听取专家及有关方面的意见，经科学论证，决定质量事故质量问题是否要进行技术处理和怎样处理。在制定、审核确认技术方案时，均应做到安全可靠、不留隐患、满足项目的安全和使用功能要求、技术可行、经济合理、具有针对性、可操作性。如果某些问题一时认识不清，且一时不致产生严重恶化，可以继续进行调查、观测，以便掌握更充分的资料和数据，做进一步分析，找出起源点，再确认处理方案，避免急于求成造成反复处理的不良后果。对确认不需专门处理的质量问题，应能保证它不构成对工程安全的危害，且满足安全和使用要求。并应总结经验、吸取教训，采取有效措施予以预防。

1) 根据质量事故质量问题的范围、性质、原因和影响程度，确定处理方案，包括：返工、返修、加固、报废等。

2) 施工项目部制定的处置方案应经建设单位、监理单位同意并签认。对于能够通过返工、返修处理达到标准要求的，由施工项目部针对产生质量问题的原因制定整改措施，明确整改方法、质量要求、整改时间和整改人员，整改完成后按原施工质量验收规范进行验收。

3) 对于需要进行加固处理（加固、补强、修正）技术处理方案，一般应委托原设计单位提出，由其他单位提供的技术处理方案，应经原设计单位同意签认。经监理审核确认、建设单位代表批准，并商定接受标准。对于必须进行报废处理的，施工项目部应制定拆除方案，明确拆除范围、拆除方法、防护措施、人员要求等，对重新制作的工程要制定质量预防措施。

4) 技术处理方案的设计应依据有关设计规范的规定，重视现场环境和结构环境的不良影响及施工可行性，防止事故再次发生。

5）选择最适用处理方案的辅助方法

（1）实验验证。即对某些有严重质量缺陷的项目，可采取合同规定的常规试验方法进一步进行验证，以便确定缺陷的严重程度。例如，混凝土构件的试件强度低于要求的标准不太大时，可进行加载实验，以证明其是否满足使用要求。

（2）定期观测。有些工程，在发现其质量缺陷时其状态可能尚未达到稳定仍会继续发展，在这种情况下一般不宜过早做出决定，可以对其进行一段时间的观测，然后再根据情况做出决定。属于这类的质量问题如基础在施工期间发生沉降超过预计的或规定的标准；混凝土表面发生裂缝，并处于发展状态等。有些有缺陷的工程，短期内其影响可能不十分明显，需要较长时间的观测才能得出结论。

（3）专家论证。对于某些工程质量问题，可能涉及的技术领域比较广泛，或问题很复杂，有时仅根据合同规定难以决策，这时可提请专家论证。采用这种方法时，应事先做好充分准备，尽早为专家提供尽可能详尽的情况和资料，以便使专家能够进行较充分的、全面和细致地分析、研究，提出切实的意见与建议。

（4）多方案比较。这是比较常用的一种方法。同类型和同一性质的质量事故质量问题可先设计多种处理方案，然后结合当地的资源情况、施工条件等逐项给出权重，做出对比，从而选择具有较高处理效果又便于施工的处理方案。

4. 处理实施和验收

1）处理实施。严格按照技术处理方案和有关的标准、规范的规定组织实施，认真落实建设程序和各项施工质量管理制度，复查事故实际状况，加强技术交底、材料进场验收；加强施工“三检”工作和工序质量控制，监理人员应通过旁站、巡视和平行检验，加强过程质量监理控制，确保施工质量和施工安全。

2）检查验收。依据施工质量验收标准及有关规范规定、技术处理方案设计要求，通过实际检验，检查各种资料数据进行验收，签署相关质量验收记录。技术处理方案全部完成后，应办理交工验收文件，组织各有关单位会签。

3）必要的鉴定

为确定工程质量事故的处理效果，凡涉及结构承载力等使用安全和其他重要性能的处理工作，常需做必要的实验和检验鉴定工作。如：检查密实性和裂缝修补效果，检测实际强度，检验结构实际承载力（结构荷载实验），检测焊接或结构内部质量，池、罐、箱柜工程的渗漏检验，以及质量事故处理施工过程中严重缺乏保证资料的建筑材料及构配件复验等。检测鉴定必须委托具有相应检测资质的法定检测机构进行。

4）验收结论

质量事故质量问题无论是经过技术处理、通过检查鉴定验收的，还是不需专门处理的，均应有明确的书面结论。若对后续工程施工有特定要求，或对建筑物使用有一定限制条件，应在结论中提出。验收结论通常有以下几种：

（1）质量事故质量问题已排除，可以继续施工。

（2）隐患已消除，结构安全有保证。

（3）经修补处理后，完全能够满足使用要求。

（4）基本上满足使用要求，但使用时有附加限制条件，例如限制荷载等。

（5）对耐久性的结论。

（6）对建筑物外观的结论。

（7）对短期内难以做出结论的，可提出进一步观测检验意见。

5. 技术处理报告

质量事故质量问题技术处理报告的主要内容包括：

（1）质量事故质量问题情况、原因、造成损失。

（2）处理的依据。

（3）技术处理方案。

（4）实施技术处理施工中有关问题和资料。

（5）对处理结果的检查鉴定和验收。

（6）处理结论。

不论哪种情况，特别是不做处理的质量问题，均应做好处理资料的归档工作，对事故报告、监理指令、调查报告、技术处理方案、不做处理结论和各方协商文件等有关档案资料认真组织签认。

四、工程质量事故处理的资料

（一）与质量事故有关的原技术文件和档案

1. 工程施工许可证，质量、安全监督备案资料。

2. 工程勘察单位现场勘察记录，土工试验记录，岩土工程勘察报告。

3. 相关的施工图纸和技术说明，设计计算书，施工图审查、审批资料，设计交底与图纸会审记录，设计变更、技术核定单等设计文件

4. 相关的施工技术文件、档案和资料。

1）施工项目部关键岗位人员任职文件及资格证书，特殊工种相关人员资格证书；

2）施工项目部质量管理制度及考核检查记录；

3）相关专业承包或劳务分包单位的合同、资质证书，关键岗位人员资格证书；

4）施工组织设计，专项施工方案、施工计划、技术交底记录；

5）相关施工测量、计量器具及施工机械技术资料及进场调试记录、报验资料；

6）相关工程质量检测机构的资质证书；

7）有关建筑材料、设备、构件质量证明文件及进场验收记录，进场报验资料；

8）现场制备材料的质量证明文件（包括施工记录、检查记录、试验报告，质量验收记录等）；

9）施工日志，相关施工记录、施工检查记录及其原始记录；

10）隐蔽工程、检验批等中间质量验收资料及有关检查、检测原始记录、试验报告等。

5. 相关监理资料

1）项目经理机构总监理工程师、专业监理工程师、见证取样送检人员资格证书；

2）监理规划及相关监理实施细则；

3）施工组织设计或施工方案、施工计划审批资料及审核记录；

4）相关施工测量、计量器具等进场报验监理审批资料；

5）有关建筑材料、设备、构件等进场报验监理审批资料；

6）监理日志、旁站记录、监理通知及监理通知回复单等监理资料；

7）隐蔽工程、检验批等中间质量验收监理检查、平行检验资料。

（二）质量事故处理过程资料

1. 质量事故报告。

2. 质量事故发生后，施工单位采取的应急措施相关资料。

3. 对事故状况的检查、检测记录、结构可靠性鉴定资料及现场影像资料。

4. 工程质量事故调查、分析相关资料，补充调查进行的补充勘测，原材料性能检测、工程内部质量缺陷检测等。

5. 事故调查报告。

6. 质量事故技术处理方案及审批资料。

7. 质量事故技术处理过程施工、监理资料，检查验收资料及必要的鉴定资料。

（三）质量事故质量问题处理结果资料

1. 质量事故技术处理报告。

2. 质量事故行政处罚文件。

参考文献

[1] 张悠荣．质量员岗位知识与专业技能［M］．北京：中国建筑工业出版社，2013
[2] 赵妍，胡兴福．质量员通用与基础知识［M］．北京：中国建筑工业出版社，2014.
[3] 丁仕昭，逄宗展．建设工程项目管理［M］．北京：中国建筑工业出版社，2014.
[4] 丁仕昭，逄宗展．建设工程施工管理［M］．北京：中国建筑工业出版社，2013.
[5] 刘伊生，温健．建设工程质量控制［M］．北京：中国建筑工业出版社，2014.
[6] 申禧．建设工程监理专业基础知识与实务［M］．石家庄：河北人民出版社，2010.
[7] 王建雷，申禧．建筑工程施工管理与技术［M］．石家庄：河北人民出版社，2012.
[8] GB 50300—2013 建筑工程施工质量验收统一标准［S］
[9] GB 50325—2010 民用建筑工程室内环境污染控制规范［S］
[10] GB 50303 建筑电气工程施工质量验收规范［S］
[11] GB 50204 混凝土结构工程施工质量验收规范［S］
[12] GB 50210—2011 建筑装饰装修工程质量验收规范［S］
[13] GB 50208—2011 地下防水工程施工质量验收规范［S］
[14] GB 50203—2011 砌体工程施工质量验收规范［S］
[15] GB 50204—2015 混凝土结构工程施工质量验收规范［S］
[16] GB 50209—2010 建筑地面工程施工质量验收规范［S］
[17] GB 50207—2012 屋面工程质量验收规范［S］
[18] CJJ 1 城镇道路工程施工与质量验收规范［S］
[19] CJJ 2—2008 城市桥梁工程施工与质量验收规范［S］
[20] GB 50268—2008 给水排水管道工程施工及验收规范［S］
[21] GB 50026 工程测量规范［S］
[22] CJJ 8 城市测量规范［S］
[23] GB 50202 建筑地基基础工程施工质量验收规范［S］
[24] GB/T 50328 建设工程文件归档整理规范［S］
[25] GB/T 10609.3 技术制图　复制图的折叠方法［S］
[26] GB 50068—2001 建筑结构可靠度设计统一标准［S］